SCHLÖSSER SCHMIEDEN

EINE VERGESSENE KUNST

Denis Frechette & Bill Morrison

WIELAND

Denis Frechette & Bill Morrison

Schlösser schmieden

Eine vergessene Kunst

Titel der Originalausgabe: The New Spruce Forge Manual of Locksmithing

Herausgeber der Originalausgabe:
Artisan Ideas
Artisan North America
753 Valley Road
Watchung, NJ 07069-6120
USA

Technischer Redakteur der Originalausgabe: Gerald Franklin

1. Auflage der deutschen Ausgabe, 2024

ISBN 978-3-948264-23-9

Layout der deutschen Fassung: Caroline Wydeau
Ins Deutsche übersetzt von: Oliver Lang
Fachlektorat: Tobias Haselmayr
Lektorat: Birgit Arnold
Schlussredaktion: Karola Wieland

Rosenheimer Str. 22
83043 Bad Aibling
www.wieland-verlag.com

Druck: Print Consult
Printed in EU

MIX
Papier | Fördert gute Waldnutzung
FSC® C084279

INHALT

ABSCHNITT B: DIE SCHLÖSSER – TYPEN UND ANLEITUNGEN 72

ABSCHNITT A

TECHNISCHE GRUNDLAGEN

HÄUFIG VERWENDETE BEGRIFFE

Einige Begriffe und Ausdrücke werden immer wieder verwendet und sind – sofern im jeweiligen Kontext nicht anders angegeben – wie folgt zu verstehen:

Alle **verwendeten Stahlbleche** haben eine Stärke von 1,5 mm.

Sofern von **Stahl**, **Metall**, **Rundstahl**, **Vierkantstahl**, **Flachstahl** oder **Stangenmaterial** die Rede ist, handelt es sich um Baustahl (sofern das Material nicht als Kohlenstoffstahl bezeichnet wird).

Der verwendete **Kohlenstoffstahl** ist im Fachhandel erhältlich, kann aber genauso gut aus nicht mehr benötigten Schrauben- oder Blattfedern gewonnen werden.

Jeder Schmiedeprozess, wie zum Beispiel **Absetzen**, **Herunterschmieden** oder etwa die **Bearbeitung mit verschiedenen Gesenken**, setzt stets eine vorhergehende Wärmebehandlung voraus – selbst wenn diese nicht explizit in der Beschreibung genannt ist.

Sofern nicht anders angegeben, werden **Niete** und **Zapfen** kalt geschmiedet.

Begriffe wie **Schulter**, **Stufe** oder **Übergang** beziehen sich auf die Art und Weise, wie sich das Schmiedestück im Querschnitt ändert.

Bei Werkstücken, die wärmebehandelt werden müssen, wird nur die **endgültige Anlassfarbe** genannt. Es wird vorausgesetzt, dass das Werkstück vor dem Anlassen einem vollständigen Normalisierungs- und Härteverfahren unterzogen wurde.

Den **Maßangaben** im US-amerikanischen Original dieses Buchs liegt das angloamerikanische Maßsystem zugrunde. Zollangaben wurden in der Übersetzung in metrische Millimeter-Angaben umgewandelt. Das ist allerdings nicht exakt möglich. Daher wurde auf- beziehungsweise abgerundet. 1/2 Zoll beispielsweise entspricht rund 12,7 mm und wurde auf 13 mm gerundet, 3/4 Zoll auf 19 mm. Diese geringen Abweichungen führen jedoch zu keinerlei funktionellen Einschränkungen.

Als **Härteöl** wird Rapsöl (Speiseöl) verwendet. Aufbereitete Öle wie Motoröl oder Hydraulikflüssigkeit können giftige Dämpfe abgeben.

AUSRÜSTUNG UND WERKZEUGE

DIE SCHMIEDE

Eine eigene Schmiede in der Werkstatt ist für jeden Handwerker eine echte Bereicherung. Und da dieses Buch dazu gedacht ist, Schmiede an die Herstellung von Schlössern heranzuführen, spielt das Schmieden bei den meisten Projekten eine entscheidende Rolle. Dabei muss die Schmiede gar kein spezieller Raum oder ein bestimmter Platz in Ihrer Werkstatt sein. Viele Schmiede besitzen transportable Schmiedefeuer, die sie immer nur dann aufbauen, wenn sie etwas schmieden müssen.

DIE FESTBRENNSTOFF-SCHMIEDE

Das Feuer in der Schmiede-Esse muss sehr heiß sein, um den Stahl auf Umformungstemperatur zu bringen. Das Verbrennen von Festbrennstoffen war dafür über Jahrhunderte die einzige Möglichkeit, die den Schmieden zur Verfügung steht. Bis zum heutigen Tag übertrifft nichts die vielfältigen Möglichkeiten und die Wärmeleistung eines richtig geschürten Schmiedefeuers. Wenn Sie guten Zugang zu Festbrennstoffen haben, ist eine Kohle-Esse das Mittel der Wahl.

Steinkohle

HÄUFIG VERWENDETE BRENNSTOFFE

Kohle, Holzkohle und Schmiede-Koks sind die besten und verbreitetsten Festbrennstoffe für Schmiede. Allerdings sind sie nicht überall gleich gut oder überhaupt verfügbar. Bevor Sie sich ihre traditionelle Schmiede einrichten, gilt es abzuklären, welche Brennstoffe Sie beziehen können.

Steinkohle: Sie ist die von Schmieden am häufigsten verwendete Kohle. Sie enthält viel flüchtiges Material, das zunächst verbrannt werden muss, bevor sie im Zentrum des Schmiedefeuers verwendet werden kann. Steinkohle erzeugt ein sehr heißes Feuer, der richtige Umgang damit erfordert jedoch einen gewissen Lernprozess und damit Zeitaufwand.

Holzkohle: Diese brennt sehr schnell ab und erzeugt ein sehr heißes, sauberes Feuer. Sie ist ein ausgezeichneter Brennstoff, doch Holzkohle-Essen müssen größer sein als Steinkohle- oder Koks-Essen, um die Menge an Brennstoff aufnehmen zu können, die zur Versorgung des Feuers benötigt wird.

Heizkohle: Hierbei handelt es sich in der Regel um eine Art Anthrazitkohle. Anthrazit ist jedoch sicher nicht die erste Wahl für Schmiede, die ihre Esse mit Kohle betreiben wollen, da Heizkohle zum Abbrennen eine konstante Luftzufuhr benötigt. Im Vergleich zu Steinkohle brennt sie auch sehr langsam und erzeugt nicht die gleiche intensive Hitze. Allerdings ist Heizkohle in vielen Gegenden die einzige verfügbare Kohle, und viele Schmiede haben gelernt, damit zu arbeiten.

Koks von metallurgischer Qualität: Er wird im industri ellen Maßstab in spezialisierten Öfen hergestellt. Es ist ein hartes und poröses Material, das ein extrem heißes Feuer erzeugt. Koks brennt – wie Anthrazit – nur, wenn konstant Luft zugeführt wird.

Holzkohle

Heizkohle

UMGANG MIT STEINKOHLEFEUER

Wer zum ersten Mal ein Kohlefeuer in Gang bringt, wird vermutlich erstmal viel Rauch und Qualm erzeugen und eine Menge Anzündholz verbrauchen, um das Kohlefeuer zu entfachen. Sobald die Kohle die nicht gewünschten Bestandteile (zum Beispiel Schwefel und Teer) verbrannt hat, beginnt das Zentrum des Feuers sauberer zu brennen und mehr Hitze zu erzeugen. Von diesem Punkt an ist es wichtig, die brennende Kohle in der Mitte des Feuers zu halten und die frische Kohle rundherum anzuhäufen. Die Hitze des inneren Feuers verbrennt die meisten unerwünschten Bestandteile und lässt somit das Feuer nicht mehr rauchen.

Wenn die Kohle im Zentrum des Feuers verbrennt, entsteht dort ein Hohlraum. Doch die beiden Wände aus frischer Kohle, die sich rund um das Feuer gebildet haben, fallen nicht automatisch herunter, um diese Lücke zu füllen, da sie jeweils zu einem festen Kohlehaufen „verbacken" sind. Diese verbackene Kohle muss zuerst in kleinere Stücke zerbrochen werden, damit man sie ins Zentrum des Schmiedefeuers schieben kann. Dazu zertrümmert man sie mit einer schweren Zange oder der scharfen Spitze eines Schürhakens. Sobald die verbackenen Kohleteile in kleinere Klumpen zerlegt sind, werden diese in die Mitte des Feuers bewegt. Dazu schiebt man den Rand des Feuers in Richtung Zentrum. Die an den Außenseiten des Feuers entstandenen Hohlräume füllt man dann wieder mit frischer Kohle auf und wiederholt diesen Vorgang beständig. Diese Art des Schmiedefeuers

Koks von metallurgischer Qualität

Anfangs hat die Kohle noch nicht die richtige Hitze für eine saubere Verbrennung (links). Sobald diese erreicht ist, verzieht sich der Rauch, und die Arbeit kann beginnen (rechts).

DAS SCHMIEDEFEUER

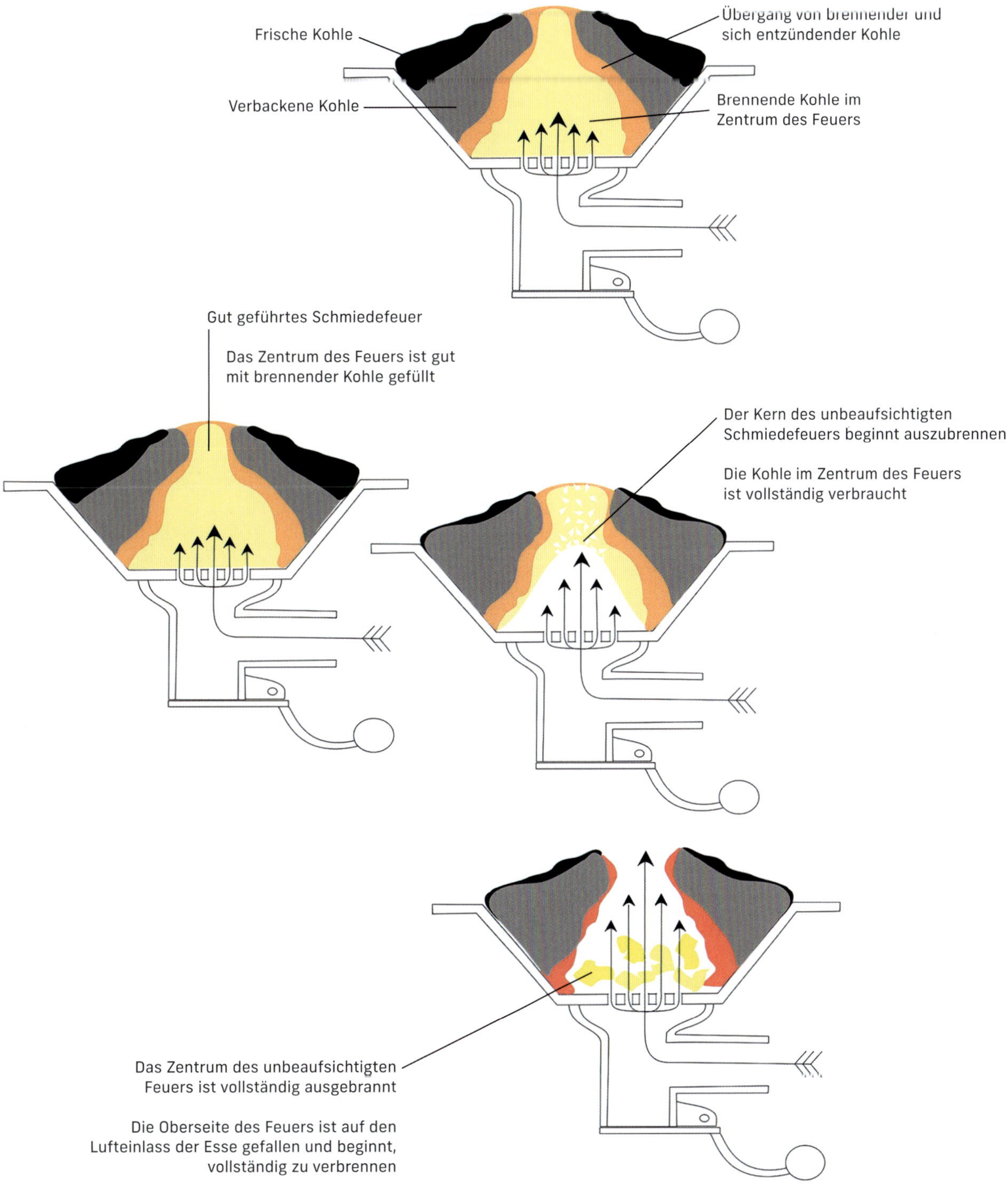

erfordert vom Schmied ständige Aufmerksamkeit, da der Boden des Feuers, der sich über dem Lufteinlass der Esse befindet, schnell ausbrennt und sich ständig zusammengebackene Kohle auf beiden Seiten des Feuers bildet, wenn mehr frische Kohle hinzugefügt wird.

Die nächsten drei Festbrennstoff-Optionen erzeugen eine ganz andere Art von Feuer, doch das Feuer selbst wird auf die gleiche Weise geführt. Diese Brennstoffe verbacken nicht zu Klumpen, und das Zentrum des Feuers brennt nicht aus. Sobald der Brennstoff im Zentrum des Feuers verbraucht ist, fällt der obere Teil der Kohle nach unten und füllt so die Lücke auf. Um das Feuer am Laufen zu halten, muss man vor allem dafür sorgen, dass genügend Brennstoff in der Esse vorhanden ist.

GAS-ESSEN

Die zweite Brennstoffoption, die Schmieden heute zur Verfügung steht, ist Gas. Betrieben werden Gas-Essen entweder mit Erdgas oder Propangas. Es handelt sich dabei um kleine Öfen, die mit Gasbrennern beheizt werden. Sie funktionieren gut, haben aber einen schwerwiegenden Nachteil: Die maximale Größe des Schmiedestücks wird durch die Öffnung des Ofens bestimmt.

Propangas-Essen sind bei weitem der einfachste Einstieg in die Kunst des Schmiedens. Sie sind kompakt, und die meisten laufen mehrere Stunden lang, wenn man sie mit einer 10-Liter-Gasflasche (wie man sie vom Grillen kennt) verwendet. Obwohl eine Propangas-Esse nicht so vielseitig nutzbar wie eine Festbrennstoff-Esse ist, ist sie aufgrund der einfachen Bedienung, der guten Verfügbarkeit des Brennstoffs und den geringen Investitionskosten die bevorzugte Wahl vieler Schmiede.

Propangas-Esse

SCHMIEDE-WERKZEUGE

SCHMIEDE-AMBOSSE

Bevor man überhaupt mit dem Schmieden beginnen kann, benötigt man einen Schmiede-Amboss, dessen Aussehen den meisten bekannt sein dürfte. Es gibt sie in vielen Formen und Größen, und im Grunde besitzen sie fast alle die gleichen Ausstattungsmerkmale. Ein guter Schmiede-Amboss kann aus leicht verfügbarem Grundmaterial hergestellt werden.

Ein einfacher Schmiede-Amboss lässt sich grundsätzlich aus jedem Stahlblock fertigen, der sich sicher mit einem schweren Fundament verbinden lässt. Sofern sich der Amboss und das Fundament zu einer Einheit verbinden lassen, trägt das Gesamtgewicht maßgeblich zur Effektivität des Ambosses bei.

Ein Beispiel dafür: Ein 20 kg schwerer Stahlblock, der fest mit einem 70 kg schweren Rahmen verschweißt ist, der wiederum mit 50 kg Beton gefüllt ist, wird zu einem sehr stabilen 140-Kilogramm-Amboss.

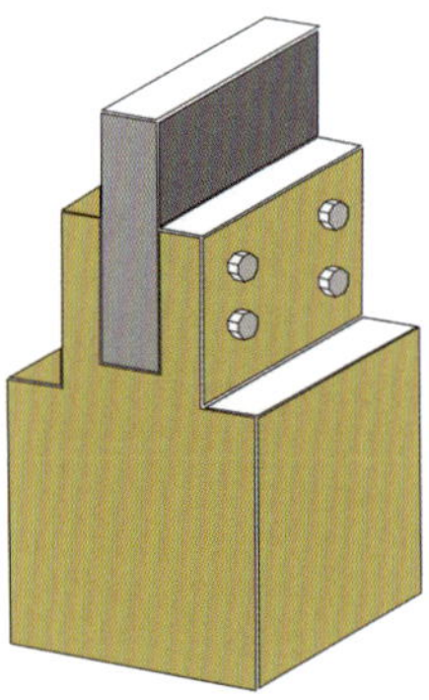

Würde man denselben 20-Kilogramm-Stahlblock nur auf den besagten Rahmen setzen, wäre es einfach nur ein 20-Kilogramm-Amboss auf einem stabilen, 120 kg schweren Fundament. Da es beim Schmieden praktisch immer nur um das Umformen von Metall geht, ist ein einfacher, quadratischer Stahlblock alles, was Sie brauchen.

Schmiede-Amboss

SCHMIEDE-SCHRAUBSTOCK

Der traditionelle Schmiede-Schraubstock wurde speziell dafür entwickelt, selbst große Schmiedestücke unter heftigen Hammerschlägen sicher zu halten. Letztendlich sind aber alle großen Werkstatt-Schraubstöcke für Schmiede geeignet, sofern die Materialqualität massiv und gut ist.

Selbst kleinere Werkstatt-Schraubstöcke sind nützlich, vor allem dann, wenn der von Ihnen benutzte Amboss kein Horn oder ein Vierkantloch besitzt. Befestigen Sie einen oder mehrere dieser Schraubstöcke so auf einer niedrigen Werkbank, dass die Backen auf gleicher Höhe mit der Bahnfläche des Ambosses sind. Nun können Sie damit Amboss-Gesenke und Halte- und Klemmvorrichtungen spannen. Auch ist es möglich, Rundmaterial so zu befestigen, dass es sich wie ein Amboss-Horn zum Formen gebogener und gerundeter Schmiedestücke verwenden lässt.

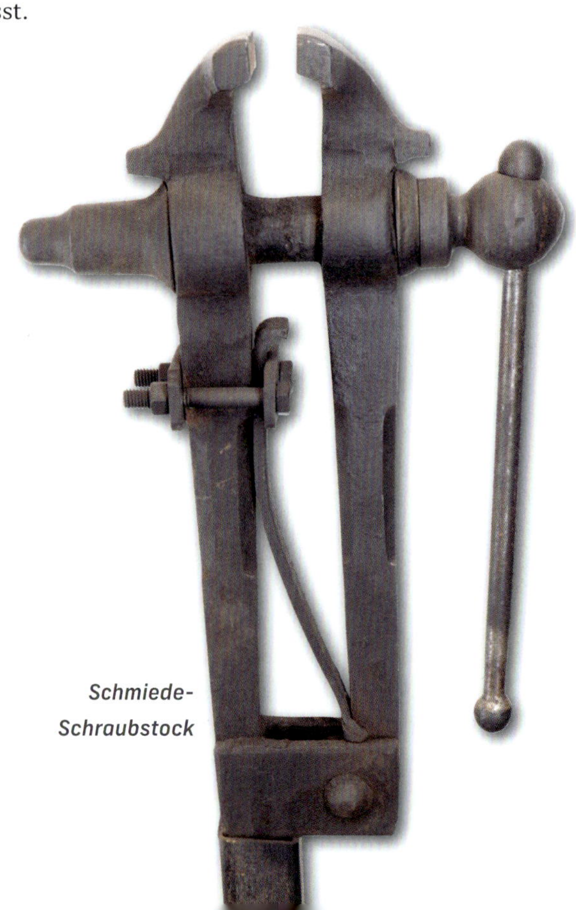

Schmiede-Schraubstock

Dieses Sperrhorn (kleiner Amboss) ist ideal für feine Schmiedearbeiten an kleinen Werkstücken.

DIE DRITTE HAND – DIE SCHNELLKLEMME

Die Schnellklemme wird seit langem benutzt, um Werkstücke an der Vorderseite einer Werkbank oder eines Ambosses zu befestigen. Sie ist ideal für die Schmiedearbeiten geeignet, da sie mit nur einer Hand sehr schnell eingestellt werden kann. Die Klemme wird aus einer Federstahl-Stange geschmiedet, deren Durchmesser etwas kleiner ist als das Rund- oder Vierkantloch im Amboss. Bitte beachten Sie, dass die Schnellklemme nicht in gusseisernen Ambossen verwendet werden darf. Denn durch die Keilwirkung der Schnellklemme könnte die Ecke eines gegossenen Ambosses ausbrechen. Die Schnellklemme sollte aus Federstahl bestehen, muss aber nicht wärmebehandelt werden. Schmieden Sie die Form und lassen Sie den Spanner langsam auf Raumtemperatur abkühlen. Nicht in Öl oder Wasser abschrecken.

Schnellklemme (Dritte Hand)

Durch Schläge auf die gebogene Oberseite wird die Schnellklemme fixiert.

Zum Lösen der Schnellklemme schlägt man mit dem Hammer auf die Rückseite.

SKIZZE DORNE

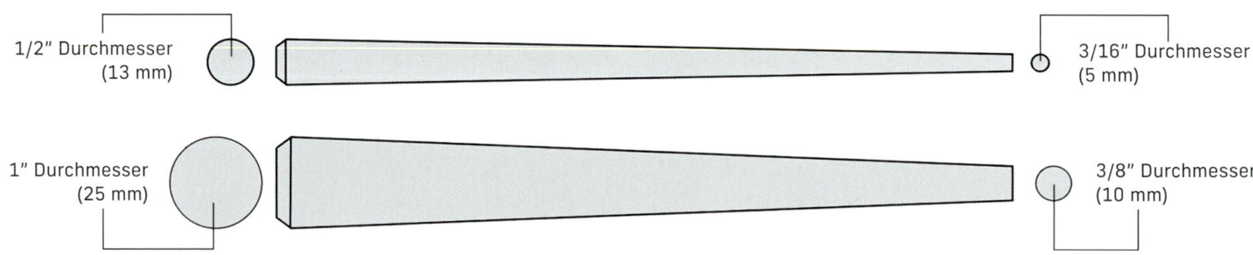

Der obere Dorn verjüngt sich von 1/2" (13 mm) auf 3/16" (5 mm), der untere Dorn verjüngt sich von 1" (25 mm) auf 3/8" (10 mm).

DORNE

Mit Hilfe von Dornen formt man bereits vorhandene Löcher aus. Dabei bestimmt die Form des Dorns die Form des Lochs. Dorne sollten aus Kohlenstoffstahl bestehen, müssen aber nicht wärmebehandelt werden. Für die Projekte in diesem Buch wird ein Paar Rund-Dorne empfohlen, die zum Formen von Löchern zwischen 5 und 25 mm verwendet werden können.

KLEINE BIEGEGABELN

Zieh- oder Biegegabeln kommen speziell dann zum Einsatz, wenn sich Schmiedearbeiten nicht auf dem Amboss formen lassen. Diese Biegegabeln werden für Feinarbeiten verwendet, wie zum Beispiel das Formen von Schlossfedern oder Schlossbügeln. Die Spitzen sollten gut abgerundete Kanten haben, um die Werkstücke nicht zu zerkratzen oder zu beschädigen. Der Durchmesser der Spitzen sollte etwas größer sein als der Abstand zwischen den beiden Spitzen. Biegegabeln für Detailarbeiten können gut aus ungehärtetem Federstahl hergestellt werden.

GIESSKANNE

Behälter mit einer Ausgusstülle werden oft benötigt, um bestimmte Bereiche eines Schmiedestücks abzukühlen, damit ein Verbiegen oder Verformen an ungewünschter Stelle verhindert werden kann.

Kleine Biegegabeln

Gießkanne

ZANGEN

Die in der Schmiede eingesetzten Zangen besitzen lange Griffe und sind zum Greifen und Bewegen von Schmiedestücken in verschiedenen Formen und Größen ausgelegt. Ihre Form ist darauf abgestimmt, welche Arbeiten man damit ausführt.

Flachmaulzangen: Diese Zangen sind echte Allrounder und werden in der Schmiede für alle möglichen Arbeiten eingesetzt. Beim eigentlichen Schmieden sind sie jedoch nicht die erste Wahl, da das Werkstück nicht genügend Halt in der Zange findet und sich bewegen kann. Sie sind jedoch die vielseitigsten Zangen in der Werkstatt und helfen nicht nur im Umgang mit heißen Materialien.

Flachmaulzangen können zwar zum Schmieden von Flachmaterial verwendet werden, sind dabei jedoch nicht so sicher im Handling wie Klauenzangen, da sich das Schmiedestück beim hämmernden Bearbeiten der Kanten leichter lösen kann. Auf dem Foto erkennt man gut, dass Flachmaulzangen einem seitlichen Verrutschen des Schmiedestücks wenig entgegenzusetzen haben. Daher sind sie nicht die beste Wahl zum Schmieden von Flachmaterial. Wenn möglich sollte man fürs Schmieden von Flachmaterial Klauenzangen (siehe unten) verwenden.

Rundmaulzangen: Zum Halten von Rundmaterial oder Vierkantprofilen eignen sich Rundmaulzangen am besten. Die geschwungene Form des Mauls umschließt Schmiedestücke und bietet einen sehr sicheren Halt.

Klauenzangen: Diese eignen sich gut zum Halten von Flachmaterial. Wie bei der Rundmaulzange umschließt ihr Maul das Schmiedestück rundum und hält es daher sicher in Position.

Flachmaulzange

Rundmaulzange

Klauenzange

SCHMIEDEHÄMMER

Der Schmiedehammer wurde speziell dafür entwickelt, Metall kontrolliert umzuformen. Traditionell kommen Hämmer mit schmaler Finne und leicht gerundeter Bahn zum Einsatz.

Diese klassische Form wurde bereits vor Jahrhunderten entwickelt und ist nach wie vor die beste Allround-Form zum Schmieden von Metall. Als Hauptschlagfläche wird die quadratisch oder achteckig geformte Bahn verwendet.

Das andere Ende des Hammers wird als Finne bezeichnet. Diese schmale Fläche hat bei einem traditionellen Hammer die Breite des Hammerkopfs.

Das letzte Bild zeigt einen Kreuzschlaghammer, bei dem die Finne um 90 Grad zur normalen Finne versetzt ist.

Klassischer Schmiedehammer

Achteckige Bahn

Finne eines klassischen Schmiedehammers

Kreuzschlaghammer (Finne um 90 Grad versetzt)

VOM NORMALEN HAMMER ZUM SCHMIEDEHAMMER

Zur Herstellung von Schmiedestücken guter Qualität eignen sich praktisch alle Hammerarten. Der normale Schlosser- oder Schmiedehammer ist zwar seit langem der Standard und nach wie vor die beste Konstruktion, doch Schmiedehämmer sind nicht unbedingt notwendig, um eine gute Arbeit abzuliefern. Indem man die Flächen eines kleinen Vorschlag- oder Fäustelhammers in Form schleift, kann ebenfalls ein guter Schmiedehammer entstehen.

Jeder Hammer zwischen 1.000 und 1.500 Gramm lässt sich in einen guten Schmiedehammer umwandeln. Die meisten neuen Hämmer haben eine flache Schlagfläche mit scharfen Fasen an den Kanten. Die Hauptschlagfläche des Schmiedehammers muss eine flache Schlagfläche besitzen, die auf beiden Seiten der Schlagfläche in abgerundete Ecken übergeht.

Die Bahn des Schmiedehammers kann zu einer durchgehend gekrümmten Fläche geformt sein, die die volle Breite des Hammers einnimmt. Die Krümmung muss in gerader Linie zum Stiel sitzen.

STANDARDWERKZEUGE

Wie in jedem Handwerk spielt die verwendete Werkzeugqualität eine wichtige Rolle hinsichtlich des erreichbaren Endergebnisses. Das Schmieden von Schlössern stellt keine Ausnahme dar. Aufgeführt werden im Folgenden wichtige Werkzeuge, die in jeder Werkstatt vorhanden sein sollten.

LINEALE

Edelstahl-Lineale von guter Qualität sind ein Muss für jede Werkstatt. Sie sollten eine gravierte Maßteilung von 0,5 mm besitzen. Zum Abmessen des Ausgangsmaterials oder zum Einstellen von Zirkeln bietet sich ein präzises 150-mm-Lineal an. Längere Lineale müssen von nicht ganz so hoher Qualität sein, da sie hauptsächlich als Anreißhilfe und Lehre für gerade Kanten genutzt werden.

MESSSCHIEBER

Zum schnellen Abmessen des Ausgangsmaterials eignen sich günstige Messschieber mit einer Anzeigegenauigkeit von 0,2 mm. Sie sollten komplett aus Metall bestehen, da Kunststoff-Messspitzen bei Hitze schnell beschädigt werden.

KLEINER FLACHWINKEL

Der typische Zimmermannswinkel lässt sich flach aufs Werkstück legen und ist die erste Wahl zur Prüfung von Innen- und Außenkanten. Flachwinkel sind in vielen Größen erhältlich und üblicherweise aus Werkzeugstahl gefertigt.

BÜGELSÄGEN

Bügelsägen sind ein wichtiges Werkzeug bei der anfänglichen Bearbeitung von Werkstücken. Daher sollten Sie nicht bei der Qualität sparen – weder beim Rahmen noch bei den Sägeblättern. Denn schlechte Qualität kann Sie viel Zeit kosten. Um den Schnitt zu erleichtern, sollten Sie darauf achten, dass mindestens zwei Zähne des Blatts in Kontakt mit dem Werkstück sind.

Lineale

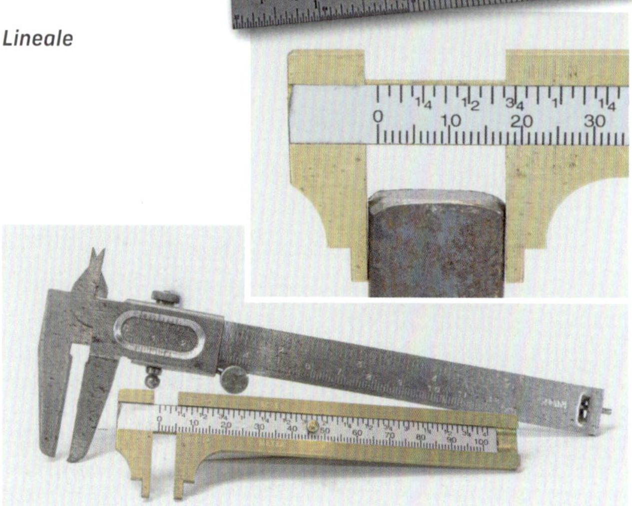

Messschieber

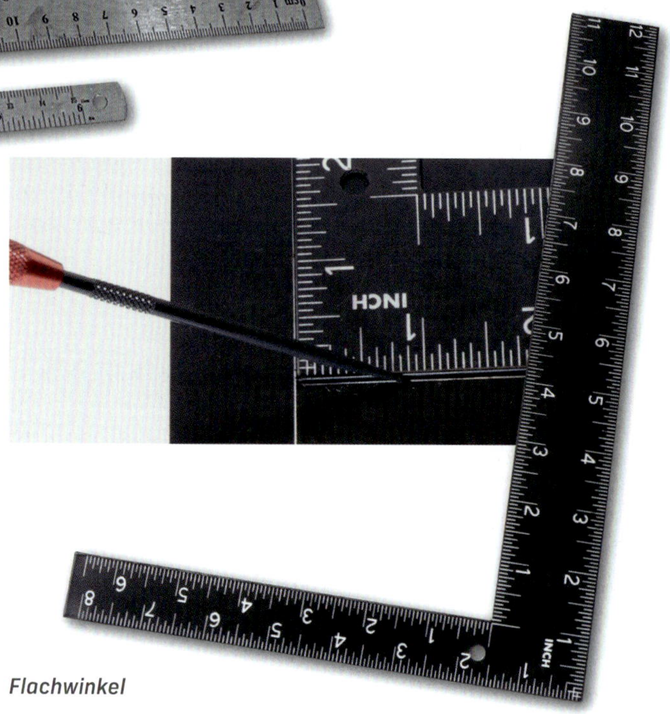

Flachwinkel

Bügelsäge

Gasbrenner

GASBRENNER

Handelsübliche Gasbrenner werden oft zum Anzünden des Schmiedefeuers oder zum Abbrennen der Papierschablonen auf den Bauteilen verwendet.

ZANGEN

Zum Halten und Formen kleinerer Werkstücke helfen Kombizangen, Spitzzangen und Gripzangen.

REISSNADELN

Mit Anreißern überträgt man die Umrisse von Musterstücken auf das Metall und zeichnet Referenzlinien an. Standard-Reißnadeln für die Metallbearbeitung haben normalerweise eine gerade Spitze und eine gebogene Spitze, mit der man auch komplexere Formen übertragen kann.

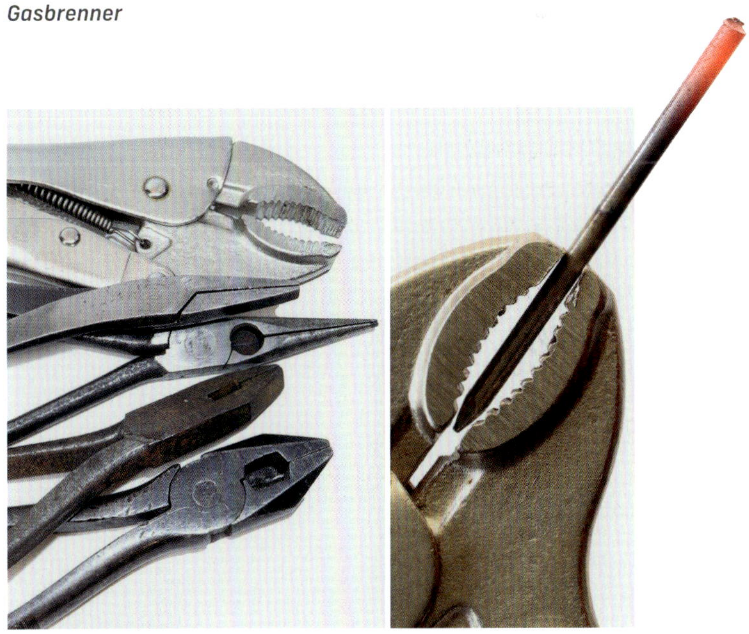

Zangen

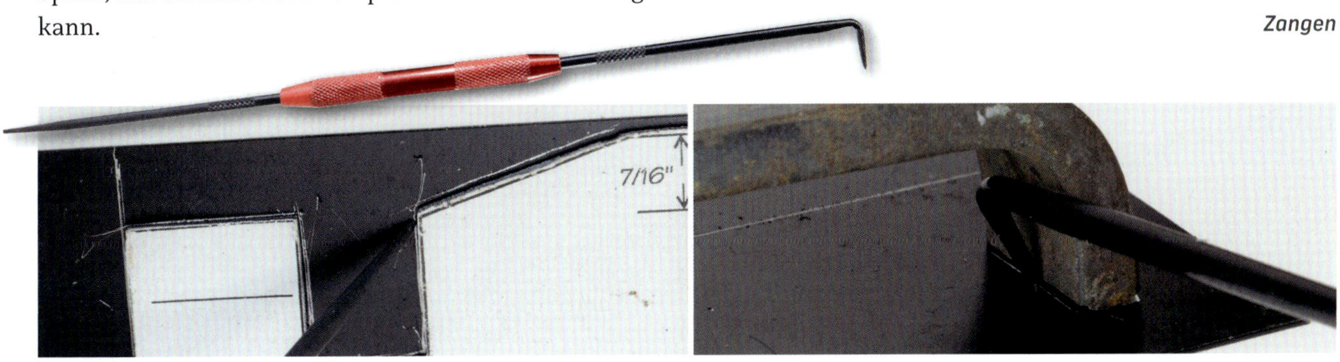

Reißnadel

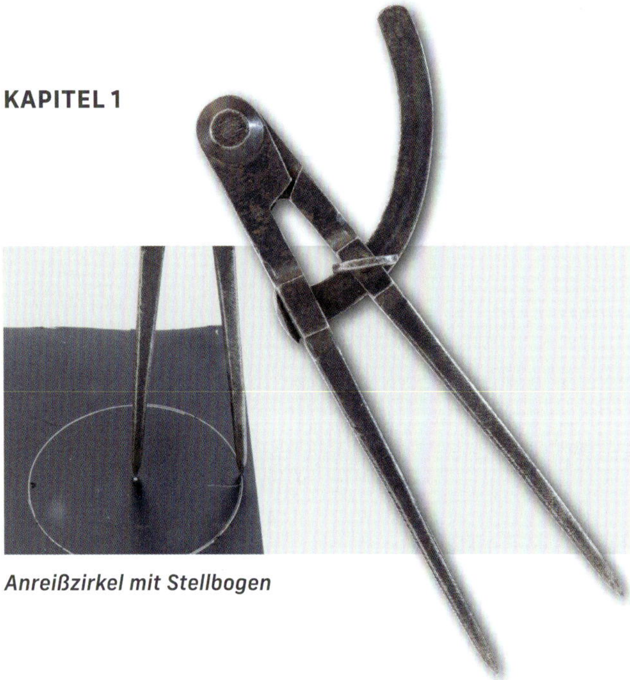

Anreißzirkel mit Stellbogen

Zirkel lassen sich am besten mithilfe von Linealen auf das gewünschte Maß einstellen.

ZIRKEL

Es gibt verschiedene Arten: Federzirkel, Spitzzirkel, Greif- und Lochzirkel. Alle bestehen aus zwei spitz zulaufenden Schenkeln, die am gegenüberliegenden Ende gelenkig verbunden sind. Jeder Zirkel hat spezielle Einsatzgebiete.

Anreißzirkel mit Feststellschraube und Stellbogen: Sie kommen zum Einsatz, wenn die vorgenommene Einstellung fixiert bleiben soll. Diese Art von Anreißzirkel besitzt einen gebogenen Arm, mithilfe dessen die Schenkel arretiert werden. Damit überstehen sie auch härteren Einsatz, ohne die fixierte Einstellung zu verlieren.

Greif- oder Lochzirkel: Diese speziellen Zirkel werden beim Schmieden häufig zum schnellen Vergleichen von Längen und Querschnitten eingesetzt. Für den Schmiedeeinsatz stellen sie nicht die erste Wahl dar, da die Fixierung der Einstellung allein über den Reibungswiderstand des Achsniets zustande kommt. Diesen Mangel kompensieren viele Schmiede, indem sie die Achsverbindung so stark stauchen, dass eine Änderung der Einstellung nur mithilfe von Werkzeugen möglich ist. Greif- oder Lochzirkel, die zum Messen verwendet werden, benötigen am Gelenk eine ausreichend hohe Reibung, um ein versehentliches Verstellen zu verhindern und die Einstellung beim Arbeiten zu halten. Gleichzeitig sollten sie leichtgängig genug sein, um sie noch händisch einstellen zu können. Eine typische Anwendung für Greif- oder Lochzirkel besteht darin, die Maße eines Werkstücks abzunehmen und exakt mit einem anderen zu vergleichen.

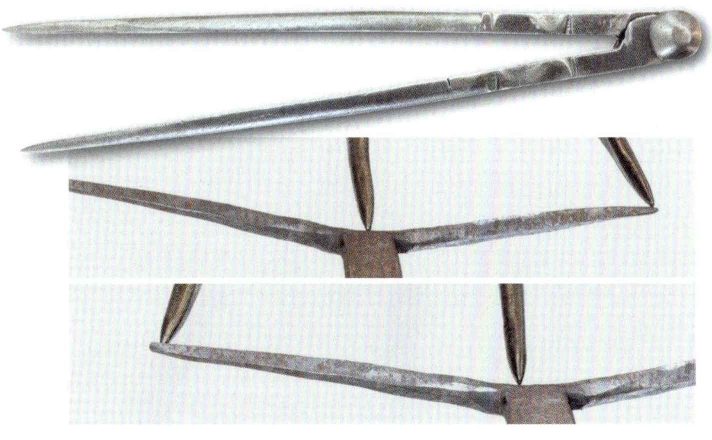

Spitzzirkel ohne Stellbogen

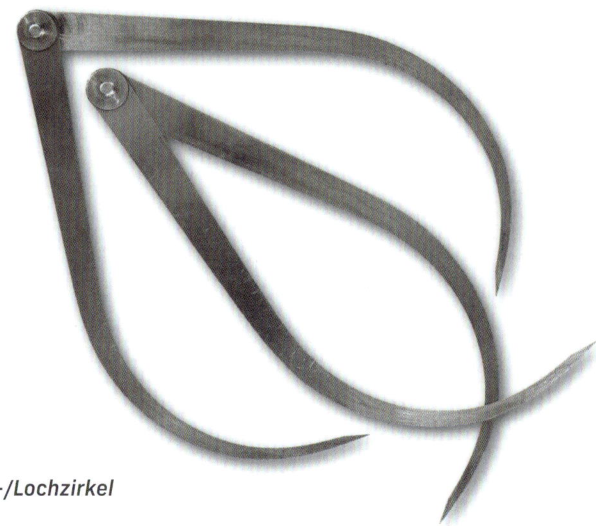

Greif-/Lochzirkel

Präzisions-Federzirkel: Sie besitzen am oberen Ende eine starke Feder, die die Schenkel fest in ihrer Position hält. Eine Spindel mit Gewinde und einhändig bedienbarem Rändelrad erlaubt es, die Schenkel präzise zu verstellen und dabei zu sichern. Mit dem Zirkel lassen sich auch sehr gut bogenförmige Längen ermitteln

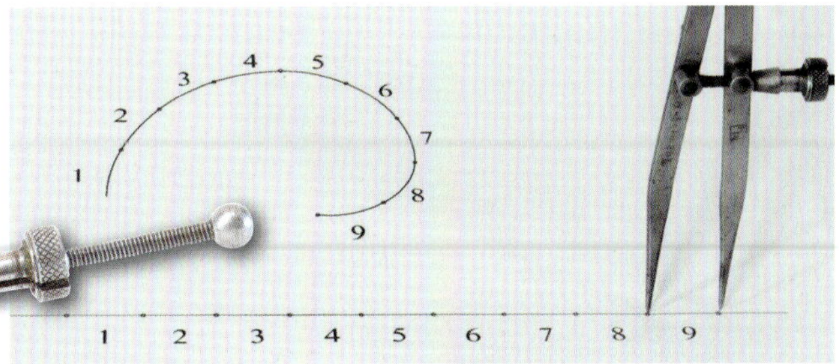

Präzisions-Federzirkel

GEWINDEBOHRER UND SCHNEIDEISEN

Mit Gewindebohrern schneidet man Gewinde in die Bohrung eines Werkstücks. Mit Schneideisen bringt man Gewinde an der Außenseite einer Welle an.

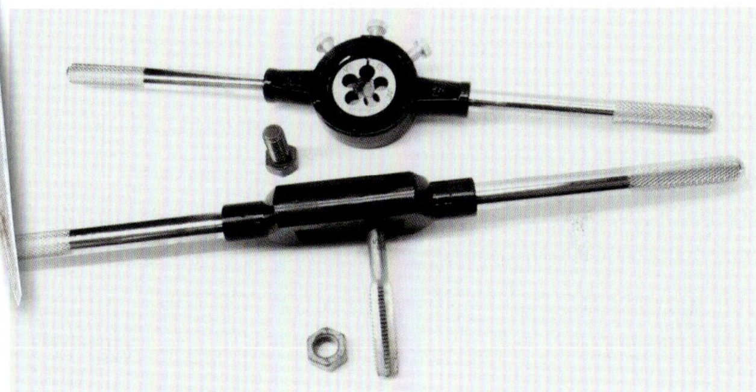

Gewindebohrer und Schneideisen

FEILEN

Die in diesem Buch verwendeten Feilen sind handelsübliche Werkbankfeilen und Nadelfeilen, wie sie in jedem Baumarkt erhältlich sind. Einige der Feilen wurden modifiziert, um ein versehentliches Beschädigen von Oberflächen zu verhindern. Dazu wurde der Hieb an einer oder mehreren Seiten durch Abschleifen entfernt.

BACKOFEN

Ein Backofen erreicht eine Temperatur, die ausreicht, um die meisten Werkzeuge nach dem Härten anzulassen. Zu seinen beiden großen Vorteilen gehört, dass er nicht beaufsichtigt werden muss und dass man darin mehrere Werkzeuge gleichzeitig anlassen kann. Das bringt eine erhebliche Zeitersparnis mit sich, insbesondere wenn Sie ihre Werkstatt einrichten und viele verschiedene Größen und Arten von Meißeln benötigen. Eventuell finden Sie ja einen guten gebrauchten Backofen. Diesen Kauf werden Sie nicht bereuen.

Feilen

Backofen

WERKZEUGE FÜR PRÄZISIONSARBEITEN

BELEUCHTUNG

Eine ausreichende Beleuchtung ist einer der entscheidenden Punkte, den Sie beim Einrichten Ihres Arbeitsplatzes für Präzisionsarbeiten berücksichtigen sollten. Denn wenn man den angerissenen Umriss nicht genau erkennt, ist es schlichtweg unmöglich, das Werkstück exakt auszuschneiden oder zu formen. Als einfachste Lösung empfiehlt sich eine tragbare Beleuchtung, deren Position und Ausrichtung sich je nach Bedarf anpassen lässt.

KLEMMLUPEN, AUGENLUPEN UND KOPFBANDLUPEN

Mithilfe von vergrößernden Lupen lassen sich Körnermarkierungen exakt ausrichten oder Präzisionsschnitte und Feilarbeiten an kleinen Teilen durchführen.

SCHRAUBSTÖCKE

Ein Parallelschraubstock oder ein Schmiede-Schraubstock lassen sich gut zum Schmieden von Schlössern verwenden, sofern die Schraubstockbacken in gutem Zustand sind. Um auch kleinere Werkstücke sicher zu halten, müssen die Backenflächen in gerade Kanten auslaufen, die oben und an den Seiten perfekt ausgerichtet sind.

Schraubstockeinsätze sind ein zusätzlicher Backensatz, der in die Backen eines größeren Schraubstocks passt. Sie ermöglichen es auf diese Weise, auch ungewöhnlich geformte Teile im Schraubstock zu halten. Jedem Schraubstockeinsatz kommt dabei eine eigene Aufgabe zu.

Ein kleiner Parallelschraubstock, der fest mit einem Vierkantrohr verbunden wird, ermöglicht die Nutzung eines Schraubstocks mit abgenutzten Backen. Die so erreichte Arbeitshöhe erleichtert Meißel- und Feilarbeiten.

PLANIER-AMBOSS

Mithilfe der Fläche eines Schmiede-Ambosses lässt sich die Oberfläche eines geschmiedeten Stücks verfeinern. Komfortabler ist es jedoch, an einem separaten, kleineren Amboss zu arbeiten, der rund 25 cm höher als der Schmiede-Amboss montiert wird. Dieser kleinere Amboss sollte ausschließlich für feinere Arbeiten genutzt werden. Er muss eine glatte Oberfläche (= Ambossbahn) und gut definierte Kanten besitzen und wird verwendet, um Teile herzustellen, die optisch „wie geschmiedet" bleiben oder mit einer Feile weiter verfeinert werden müssen. Die glatte Ambossbahn hinterlässt – kombiniert mit sorgfältigem Hämmern – eine fein strukturierte Oberfläche auf dem Werkstück. Dieser Amboss kann ein Stiftamboss, ein kleiner Bankamboss oder ein Stück einer polierten Eisenbahnschiene sein.

Sofern der Arbeitsbereich nicht allzu groß ist, sollte man darauf achten, dass sich der Amboss gut bewegen lässt. Dazu muss er entsprechend leicht sein. Sofern die Größe des Arbeitsbereichs eine dauerhafte Montage zulässt, sollten Sie ihn in Reichweite des Schmiedefeuers platzieren. Das minimiert bei kleinen Schmiedestücken Wärmeverluste auf dem Weg vom Feuer zum Amboss.

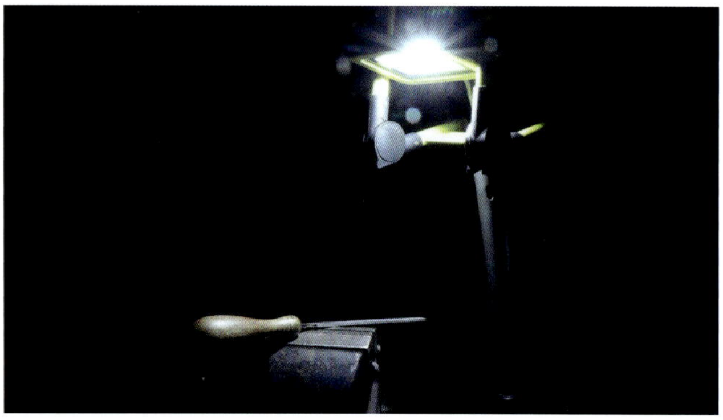

Beleuchtung

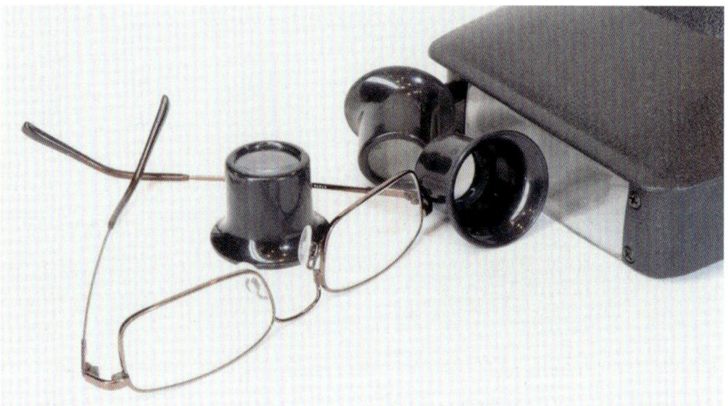

Lupen

Schmiede-Schraubstock (grau) und Parallelschraubstock (blau)

Backenflächen mit geraden Kanten

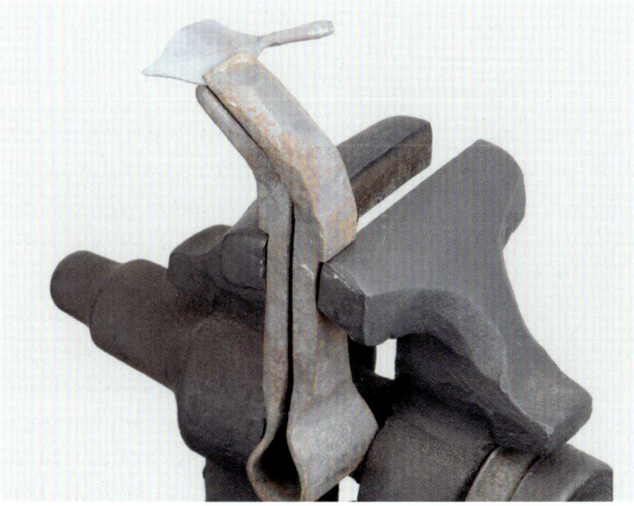

Schraubstockeinsatz

Parallelschraubstock auf Vierkantrohr montiert

Ein kleiner Stiftamboss kann im Amboss oder Schraubstock befestigt werden.

Ein Sperrhorn-Pfahlamboss wird normalerweise so geformt, dass er einem Amboss ähnelt.

Eine Eisenbahnschiene, die fest mit einer stabilen Basis verbunden ist, gibt einen guten Planier-Amboss ab.

ZUSÄTZLICHE WERKZEUGE

Auf einige Werkzeuge können Sie zwar zu Beginn noch verzichten, doch über kurz oder lang kommen Sie um ihre Anschaffung nicht herum.

WINKELSCHLEIFER

Ein kleiner Winkelschleifer ist eine sinnvolle Ergänzung für jede Werkstatt und ein echtes Multitalent: Er kann zum Schleifen, zum Trennen von Material oder zum Glätten von Metall verwendet werden.

SCHWEISSGERÄT

Ein gutes Schweißgerät ist definitiv das erste Werkzeug, das sich jeder kaufen sollte, wenn er seine Werkstatt einrichtet. Schweißgeräte sind von unschätzbarem Wert für die Herstellung von Werkzeugen, von Haltevorrichtungen und anderen Hilfsmitteln. Allerdings ist die finanzielle Investition zur Anschaffung eines Schweißgeräts etwas höher. Möglicherweise bietet es sich daher zumindest zu Beginn an, einen lokalen Schweißer mit der Fertigung der essenziellen Werkstattausstattung zu beauftragen.

BOHRMASCHINEN

Zwar können handgeführte Bohrmaschinen für jedes Projekt in diesem Buch verwendet werden. Standbohrmaschinen bieten aber deutlich größere Vorteile. Sie erleichtern das Bohren erheblich und bieten ein Maß an Präzision, das mit einer Handbohrmaschine nicht erreicht werden kann.

Winkelschleifer

Lichtbogen eines Elektrodenschweißgeräts

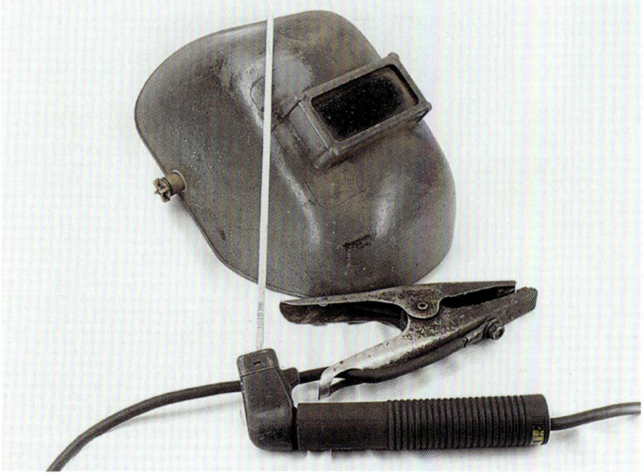

Schweißerhelm, Erdungsklemme und Elektrodenhalter

Mit dem Schweißgerät hergestellte Werkzeuge

Standbohrmaschine

Bandsäge

BANDSÄGEN FÜRS HORIZONTALE UND VERTIKALE SCHNEIDEN VON METALL

Bandsägen dieser Art sind hauptsächlich fürs Ablängen von Stangenmaterial ausgelegt. Vertikal können sie auch zum Sägen von Teilen und Werkstücken verwendet werden, die sich nicht im Schraubstock einspannen lassen. Gute Bandsägen sind zwar teuer, machen sich aber sehr schnell bezahlt.

GROSSE HANDKURBEL-SCHLEIFMASCHINE

Dieses vergessene Werkzeug ist ideal zum Schärfen von kleineren Präzisionswerkzeugen. Größere Maschinen, die Schleifsteine mit einem Durchmesser von 150 mm aufnehmen, sind zwar schwer zu finden, aber ihren Preis wert. Nutzt man diese Schleifmaschinen mit einem feinen Stein, muss der an den geschärften Werkzeugen entstandene Schleifgrat nicht mehr allzu aufwendig abgezogen werden.

Große Handkurbel-Schleifmaschine

SPEZIELLE WERKZEUGE

Die folgende Liste an Werkzeugen erleichtert die Fertigung von Schlössern ungemein. Sie sind nicht unbedingt notwendig, dennoch sollten Sie über diese Investition an Zeit und Material nachdenken – insbesondere, wenn Sie vorhaben, mehrere Schlösser zu fertigen.

SCHMIEDELEHRE ZUR HERSTELLUNG EINES VORHÄNGESCHLOSSES

Unter einer Schmiedelehre versteht man eine speziell angefertigte Lehre mit mehreren festen Einstellungen. Solche Lehren kommen beim Schmieden in der Regel vor allem dann zum Einsatz, wenn mehrere Werkstücke angefertigt werden müssen, die identisch in Größe und Form sind.

Zirkel oder Messschieber sind dafür nicht die beste Wahl, da sie jeweils nur eine feste Einstellung bieten. Und die parallele Nutzung mehrerer Zirkel ist sehr zeitintensiv. Eine Schmiedelehre vereinfacht das Messen eines komplizierten Werkstücks, da es alle maßgeblichen Maß-Informationen enthält.

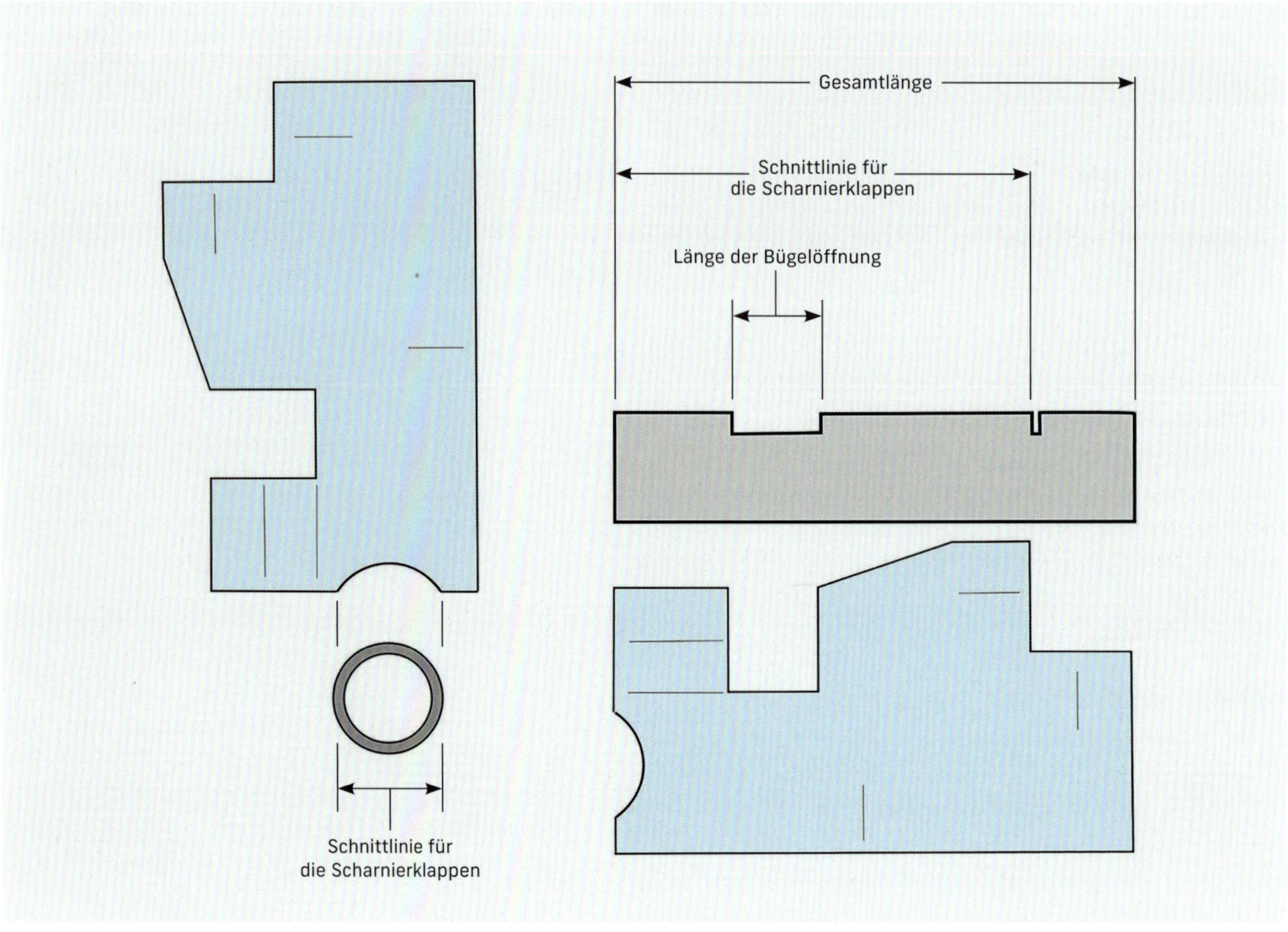

Diese einfache Schmiedelehre wird zum Bau eines Vorhängeschlosses verwendet. Sie allein ist notwendig, um alle Teile des Schlosses in Position zu bringen.

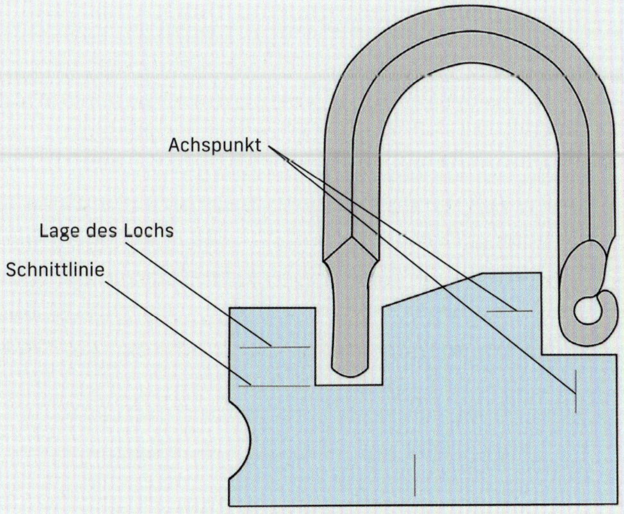

Die Bügelschloss-Schmiedelehre hat zwei wesentliche Funktionen: Sie wird als Anreißwerkzeug für den Schlosskörper genutzt und als Lehre zum Anbringen des Bügels am Schlosskörper.

NIETPLATTE

Die Nietplatte vereinfacht das Setzen von einfachen Nieten. Es handelt sich dabei um ein Flachmaterial mit einer Reihe von Löchern. Diese Löcher sind unterschiedlich tief und allesamt deutlich stärker im Durchmesser als die Niete. Die Tiefe jedes Lochs entspricht jedoch dem Durchmesser der jeweils verwendeten Niete.

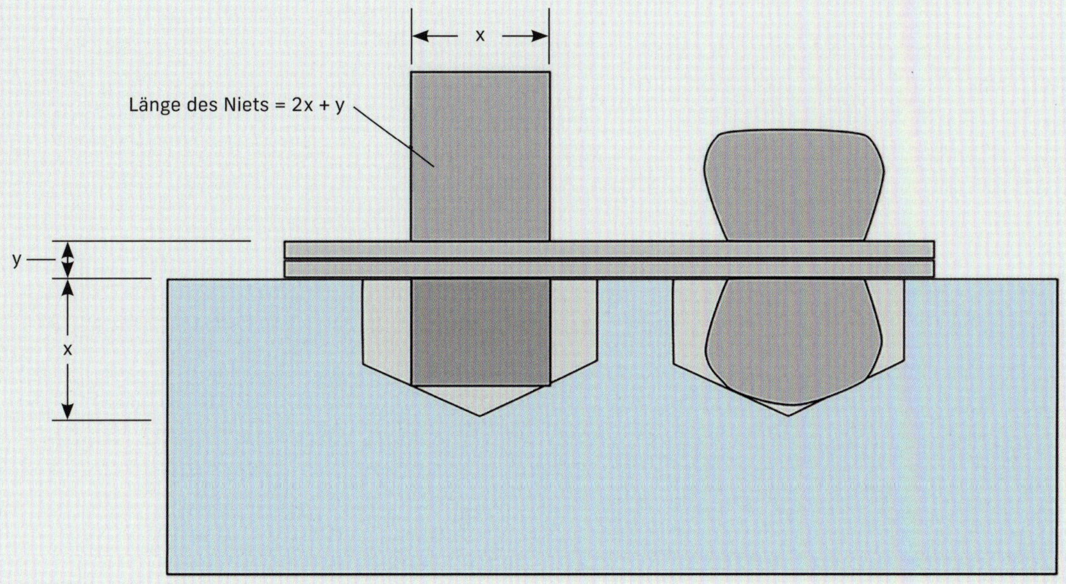

BIEGEGABEL ZUR HERSTELLUNG DEKORATIVER BÜGEL

Mit dieser Biegegabel wird der Bügel des Schlosses zurecht gebogen. Im Gegensatz zu normalen Biegegabeln, die flache Innenseiten haben, sind die Innenseiten dieser Gabel eingekerbt, um die Kanten einer Vierkantstange aufzunehmen.

Die Biegegabel wird aufrecht in einen Schraubstock eingespannt. Dann setzt man einen Vierkantstab so in die Gabel, dass dessen Kanten in den Kerben ruhen. Diese Kerben sorgen während des Biegens für einen sicheren Halt des Stabs. Diese Form des Biegens dient dekorativen Zwecken. Natürlich könnte man auch einen herkömmlich gebogenen Bügel verwenden, den man mit einer normalen Biegegabel oder über das Horn des Ambosses biegt.

Letztlich lässt sich der Bügel in jeder Form herstellen, vorausgesetzt, dass die Enden in die Schmiedelehre passen. Die Biegegabel für unsere Arbeiten besteht aus einem Rundstab mit 19 mm Durchmesser, der mindestens 250 mm lang ist.

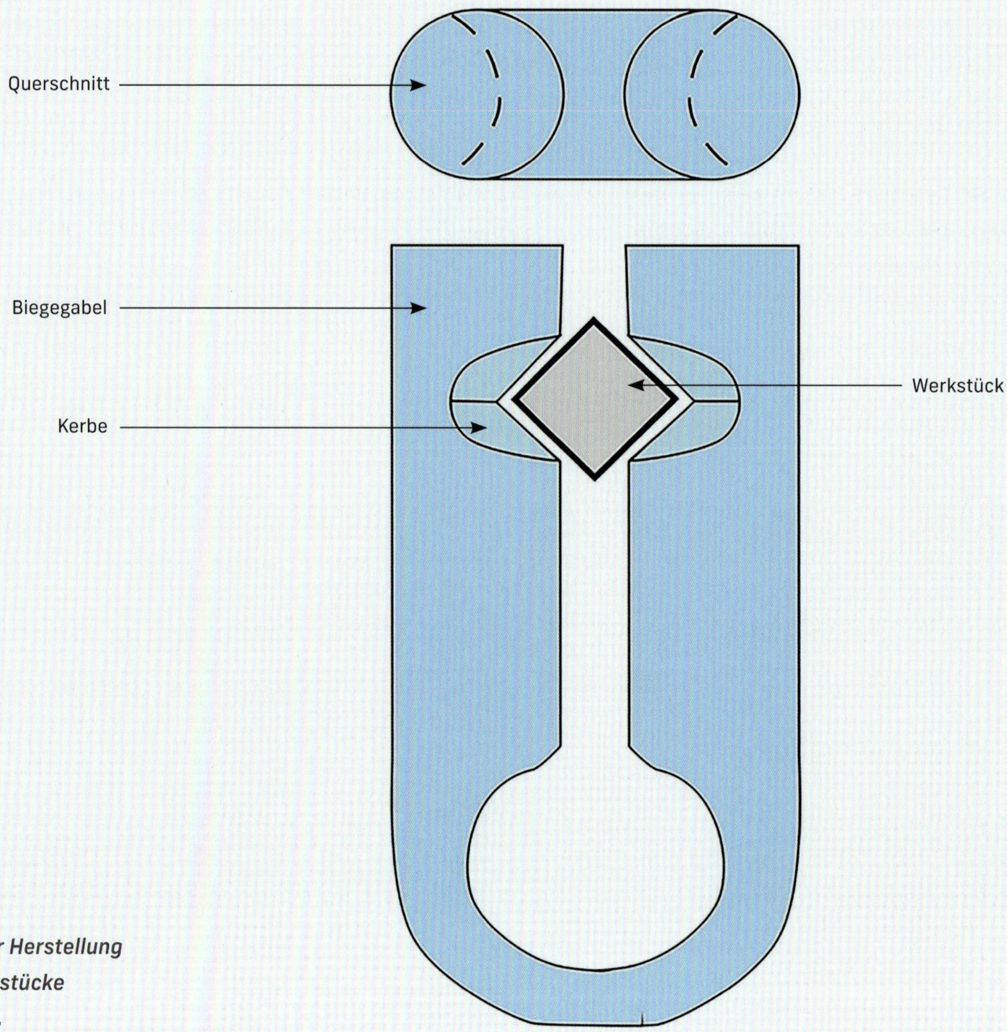

Die Biegegabel zur Herstellung rechteckiger Werkstücke (oben: Draufsicht).

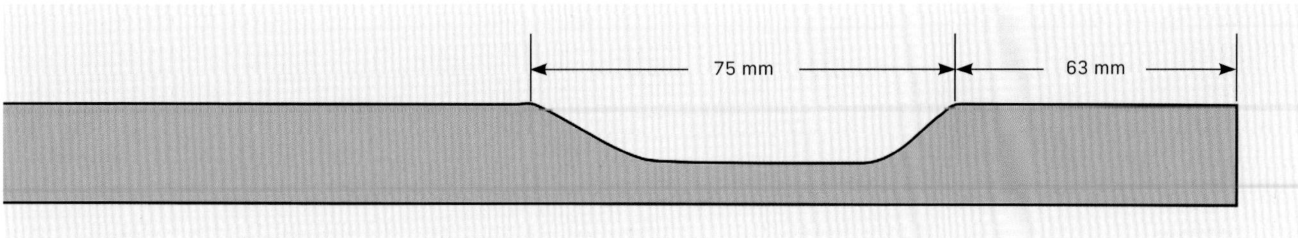

Schmieden Sie mindestens 63 mm vom Ende des für die Biegegabel verwendeten Rundmaterials einen Versatz am Amboss. Der ausgedünnte Bereich sollte ungefähr 75 mm lang sein.

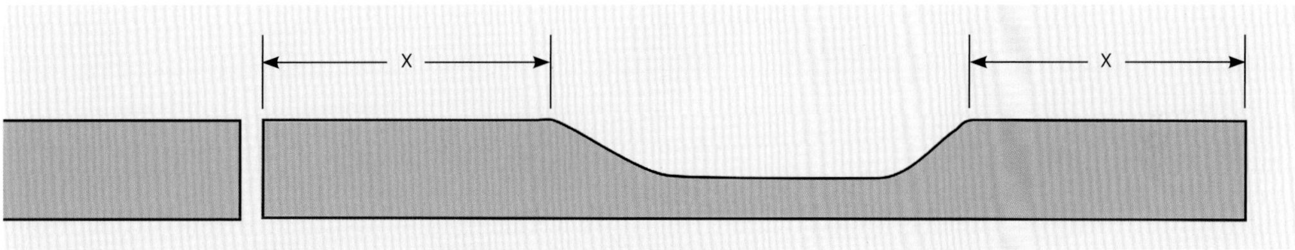

Ermitteln Sie die exakte Distanz zwischen dem Ende der Stange bis zum Beginn des ausgedünnten Bereichs. Übertragen Sie dieses Maß auf die andere Seite und längen Sie die Stange an dieser Stelle ab. Beide – an den ausgedünnten Bereich anschließende – Enden sollten nun gleich lang sein.

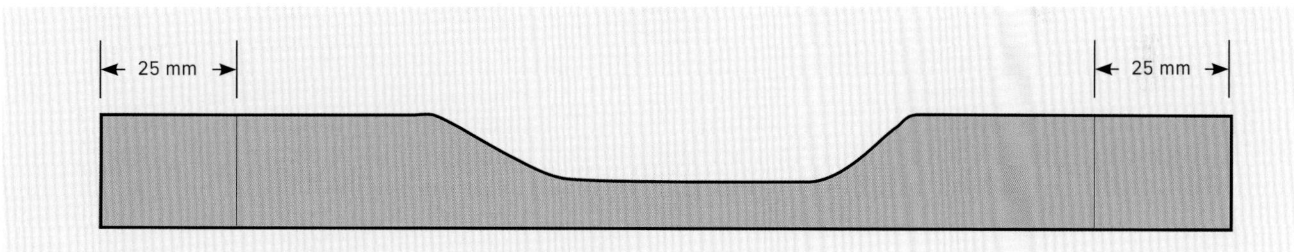

Reißen Sie 25 mm von den Enden entfernt rund um die Stange eine Markierung an.

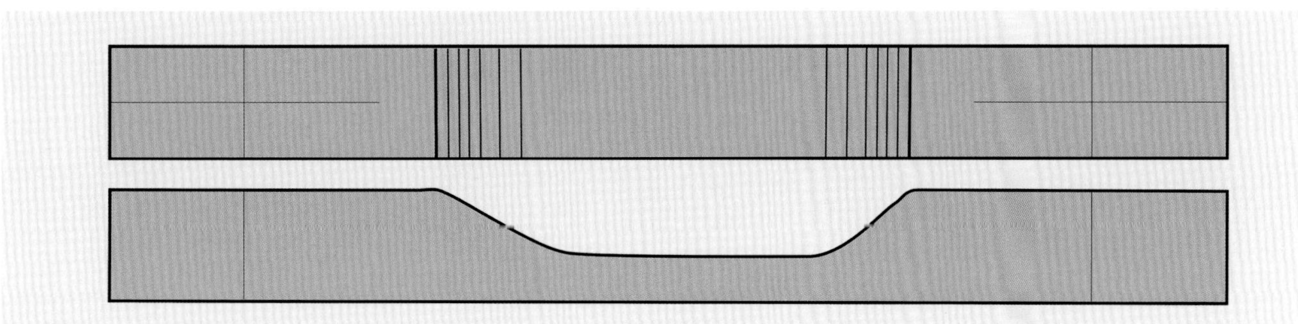

Anschließend reißen Sie eine Mittellinie auf der Stange an, die im 90-Grad-Winkel zum geschmiedeten Abschnitt verläuft.

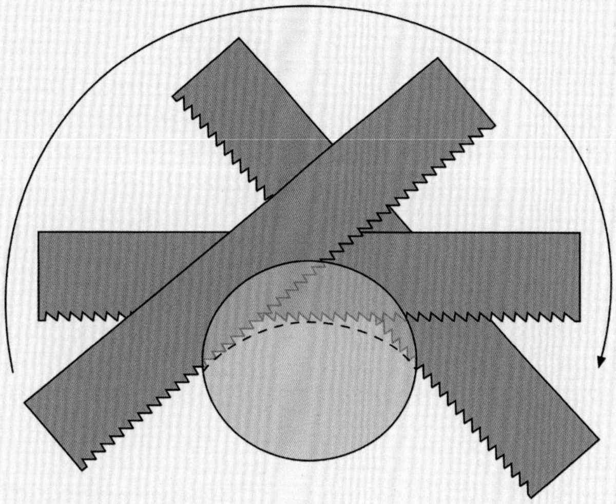

Mit einer Metallsäge bringen Sie auf zwei Drittel des Umfangs einen flachen Einschnitt an. Achten Sie darauf, die Mitte des Sägeschnitts mit der Mittellinie auf der Stange auszurichten.

Feilen Sie eine 90-Grad-Nut um zwei Drittel der Stange herum.

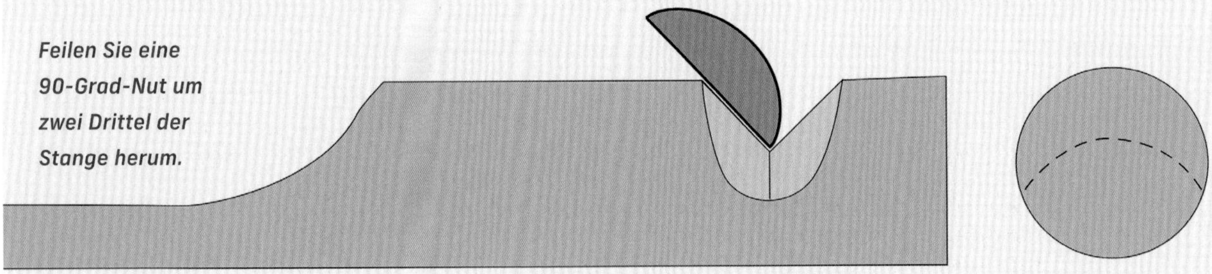

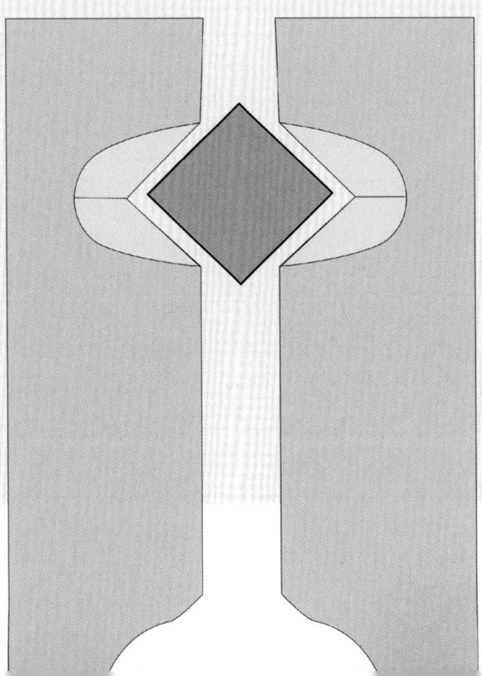

Biegen Sie die Biegegabel in zwei Hälften und versuchen Sie, die beiden Kerben möglichst deckungsgleich auszurichten. Stellen Sie die Seiten der Biegegabel so ein, dass sie für eine 13-mm-Stange passt.

Spannen Sie die Biegevorrichtung aufrecht in einen Schraubstock ein.

Platzieren Sie das auf Umformungstemperatur gebrachte Material in der Biegegabel und biegen Sie das Ende herum.

GESENK FÜR DIE VERSCHLUSSFEDER

Dieses Gesenk wird speziell dafür verwendet, Federn auf eine gleichmäßige Stärke zu schmieden. Die Feder wird beim Schmieden über den unteren Teil des Gesenks herausgezogen. Die obere Stufe des Gesenks dient zur Kontrolle der Stärke.

Die Höhe der Stufe bestimmt die Stärke der Feder. Die Sperrfeder sollte aus Kohlenstoffstahl hergestellt und bronzefarben angelassen werden. Es kann als Ambossgesenk hergestellt werden oder auch aus Flachmaterial. In letzterem Fall spannt man es dann in einen Schraubstock.

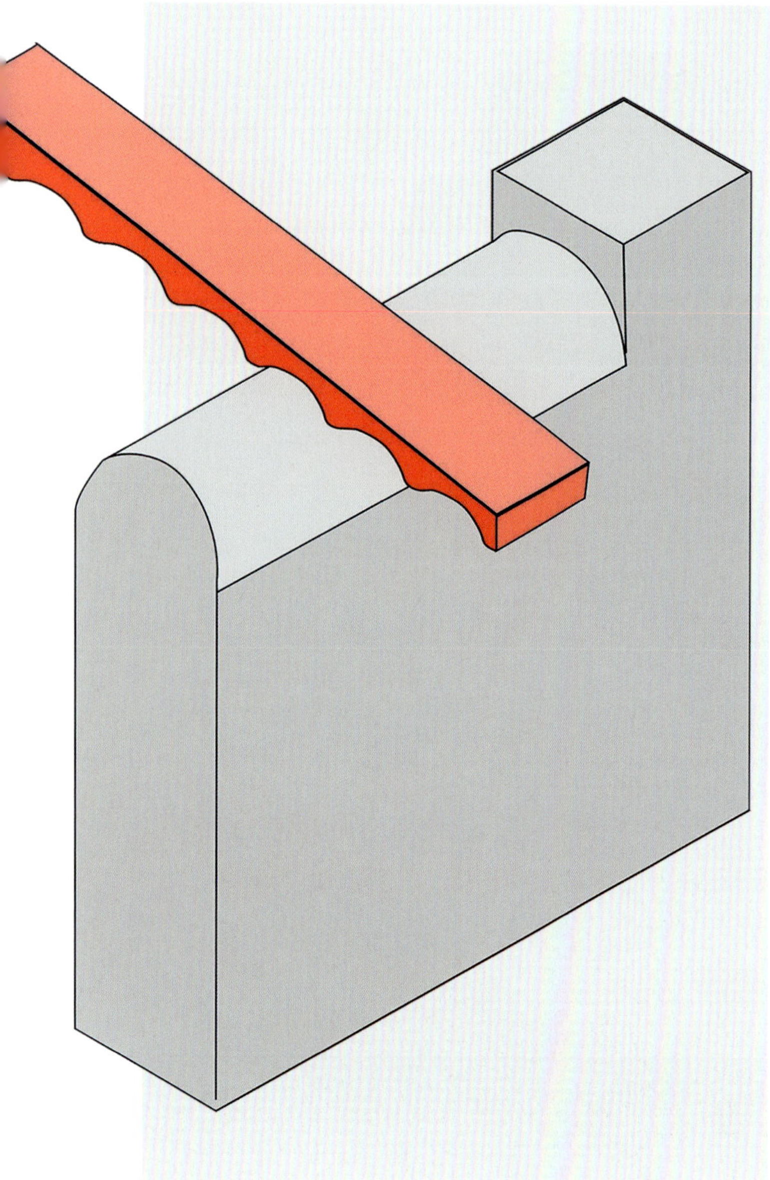

Das halbrunde Gesenk (in Grau) wird zum präzisen und schnellen Recken von Werkstücken verwendet.

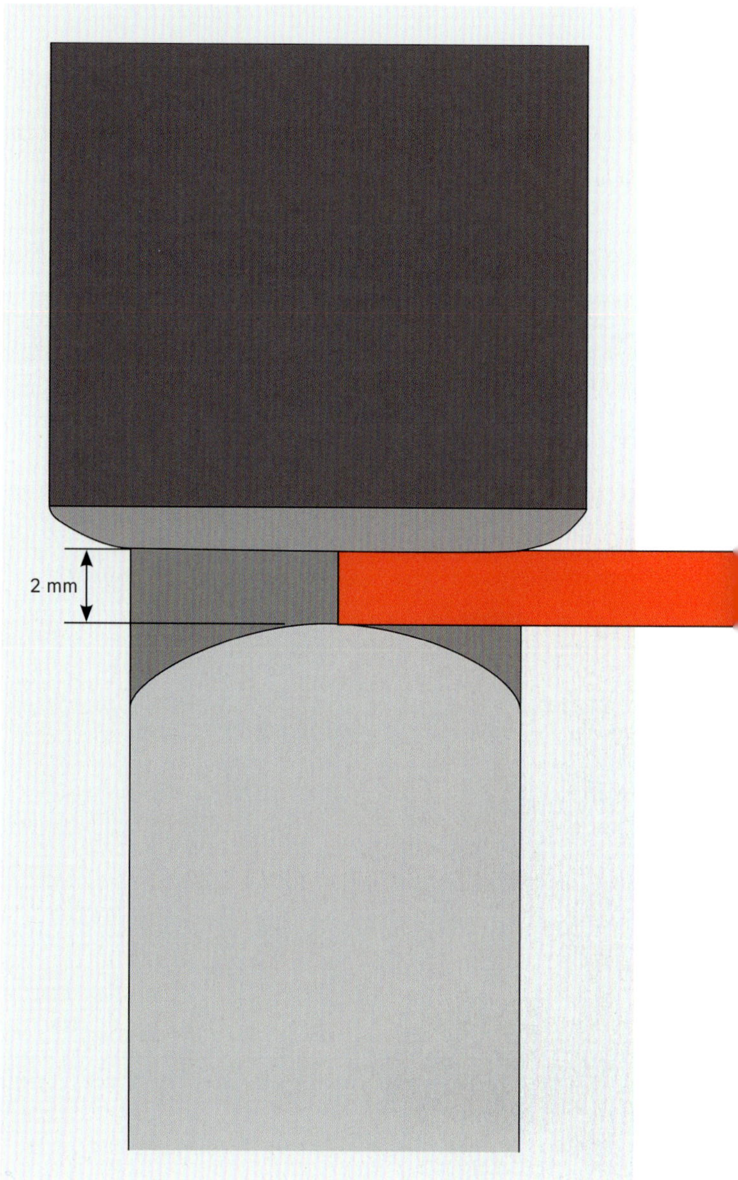

Der Hammer, das Werkstück und das Gesenk in der Schnitt-Ansicht (von oben).

AHLE

Ahlen sind kleine Dorne, die zum Formen von Löchern in Blech verwendet werden. Sie werden nicht mit dem Hammer benutzt, sondern von Hand. Man drückt sie mit einer leichten Schaukelbewegung ins Metall. Dadurch entsteht ein Loch im Blech, das die gleiche Form wie die Ahle hat. Ahlen werden aus Kohlenstoffstahl gefertigt und auf die Farbe Violett angelassen.

Ahle

Kantig geformte Dorne wie dieser werden zum kantigen Ausformen von Löchern in Blechen eingesetzt.

TRUHENSCHLOSS-BIEGEVORRICHTUNG

Biegelehren sind hilfreich für das Biegen komplizierter Formen. Die hier gezeigte Lehre wird zur Herstellung der Hauptfeder eines Truhenschlosses verwendet. Die gitarrenförmige Feder muss sehr sorgfältig geformt werden, um sicherzustellen, dass die beiden Hälften der Feder symmetrisch sind. Die Biegevorrichtung ist der einfachste Weg, um das zu erreichen.

Die Form der Feder kann auch freiformgeschmiedet werden, indem man sie über ein kleines Horn schmiedet oder kleine Biegegabeln verwendet – solange die Form stimmt, wird sie ihre Aufgabe erledigen.

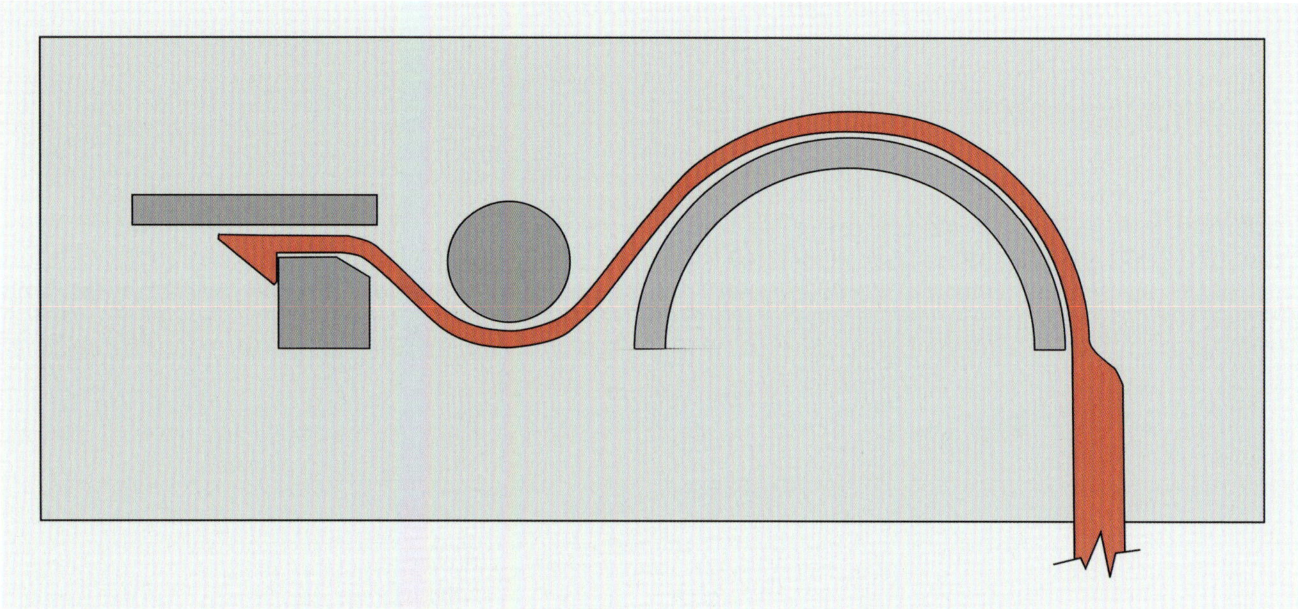

In der Biegevorrichtung (grau hinterlegt) wird die gitarrenförmige Feder des Schlosses in Form gebogen.

Hier der Biegevorgang in der Seitenansicht. In der Grafik auf der rechten Seite ist die Abfolge zu erkennen.

(1)

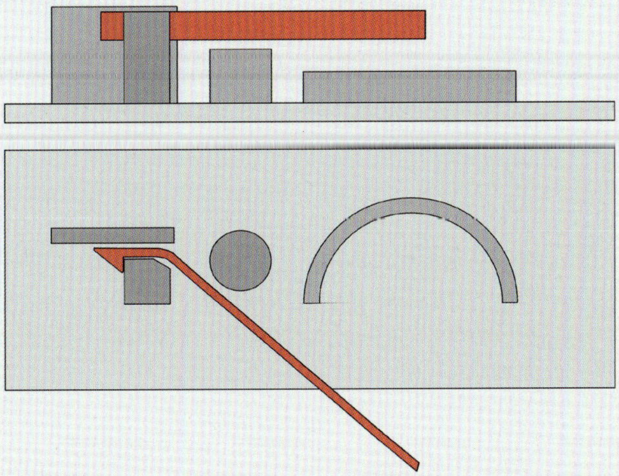

(2)

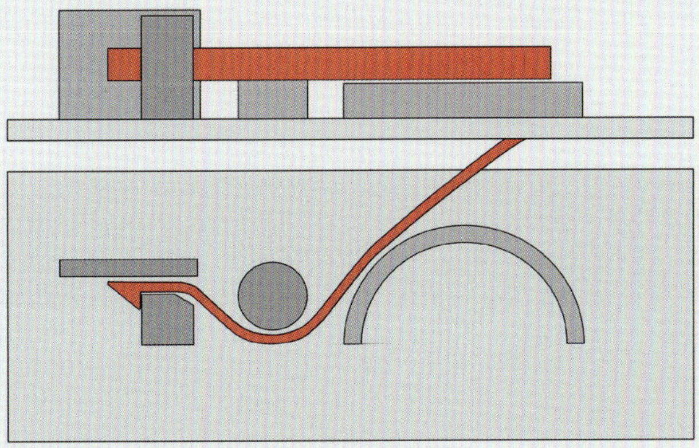

(3)

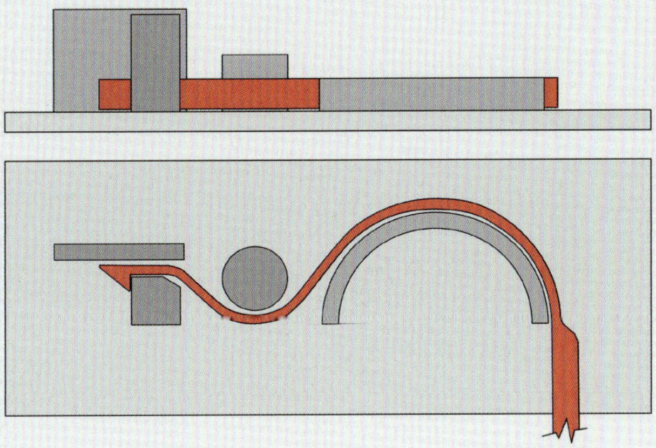

SCHMIEDETECHNIKEN

GLÜHFARBEN

Wird Stahl bis zu dem Punkt erhitzt, an dem er zu glühen beginnt, wird er weich und lässt sich umformen. Dabei gibt es unterschiedliche Stadien. Die erste Glühfarbe, die erreicht wird, ist ein sehr dunkles Rot (1). Wird die Temperatur weiter erhöht, ändert sich die Farbe zu einem helleren Rot (2). Als nächste Farbe erscheint ein dunkles Orange (3), aus dem dunklen Orange wird ein helles Orange (4). Zuletzt glüht das Material Gelb (5). Ab diesem Punkt verschwindet das Gelb, und das Metall wird hellweiß (6).

Die jeweiligen Glühfarben treten beim Erreichen bestimmter Temperaturen auf und werden seit Jahrhunderten verwendet, um zu beurteilen, wann mit dem Schmieden begonnen und aufgehört werden soll. Die Wahrnehmung dieser Glühfarben verändert sich durch die Lichtverhältnisse in der Schmiede oder der Werkstatt.

Ein helles Gelb wirkt in einer dunklen Werkstatt fast weiß. Bei hellem Sonnenlicht erscheint die gleiche Farbe jedoch dunkelorange.

Von dieser Wahrnehmungsveränderung, die abhängig vom Umgebungslicht ist, stammt vermutlich die Überzeugung, dass eine Schmiede dunkel sein muss. Bevor es künstliche Lichtquellen gab, war die Sonne das Hauptlicht in einer Werkstatt. Wanderte die Sonne über den Himmel, war sie oft hinter Wolken, Bäumen und benachbarten Gebäuden verborgen. Infolgedessen hätten sich die Lichtverhältnisse in der Schmiede ständig verändert. Für die meisten Handwerksberufe spielte das keine Rolle, für den Schmied jedoch war es ein echtes Problem. Damals bestand die einzige Lösung darin, das Sonnenlicht komplett draußen zu halten und einen dunklen Innenraum zu schaffen. Heute muss in einer Schmiede nur ein gleichmäßiges Licht herrschen, um die Glühfarben beurteilen zu können. Zwar sollten es Schmiede auch heute noch vermeiden, ihre Esse und den Amboss so aufzustellen, dass sie direkter Sonneneinstrahlung ausgesetzt sind, doch es gibt keinen Grund mehr, in einer dunklen Werkstatt zu arbeiten.

DER ABLAUF BEIM SCHMIEDEN

Die Aufgabe der Esse besteht darin, das Schmiedestück so weit zu erhitzen, dass es durch Hämmern auf einem Amboss geformt werden kann. Die Bearbeitung mit dem Hammer kann so lange erfolgen, bis die Temperatur auf das untere Ende des Schmiedebereichs fällt. Dann muss das Werkstück erneut erhitzt werden.

Der Schmiede-Zyklus, der beginnt, sobald Sie den Metallbarren zum ersten Mal aus dem Feuer ziehen, ihn am Amboss schmieden und das Metall zum erneuten Erhitzen wieder in die Esse setzen, wird normalerweise als Hitze oder „in die Hitze bringen" bezeichnet. Dieser Ablauf kann mehrere Minuten dauern. Allerdings beträgt die Zeit, die dem Schmied zum Formen des Metalls am Amboss bleibt, nur wenige Sekunden – nämlich so lange, bis das Schmiedestück von einem hellen Gelb auf ein leuchtendes Rot abkühlt. Bei stärkeren Querschnitten dauert dieser Prozess etwas länger, doch bei kleinen Schmiedestücken bleibt kaum ausreichend Zeit, um zum Amboss zu gelangen.

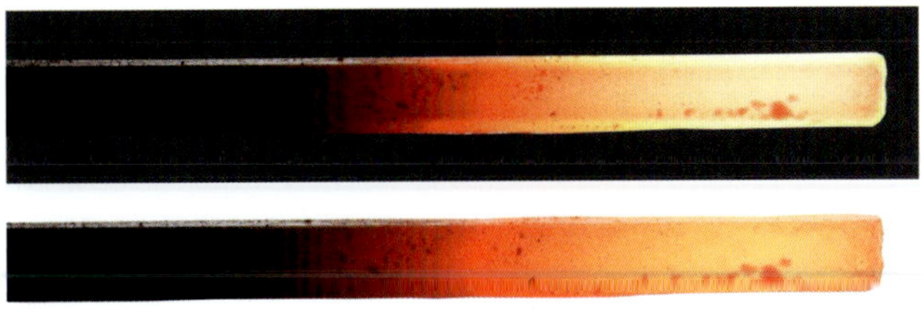

Je nach Lichtquelle kann die Glühfarbe heller oder dunkler erscheinen.

Schmiede nutzen den Begriff Hitze aber auch zur Beschreibung der Temperatur des Schmiedestücks zu einem bestimmten Zeitpunkt. Etwa: „Bring das Metall auf eine gelbe Hitze" oder „Hör auf zu schmieden, wenn die Glühfarbe auf eine hellrote Hitze abfällt".

TEMPERATURBEREICHE

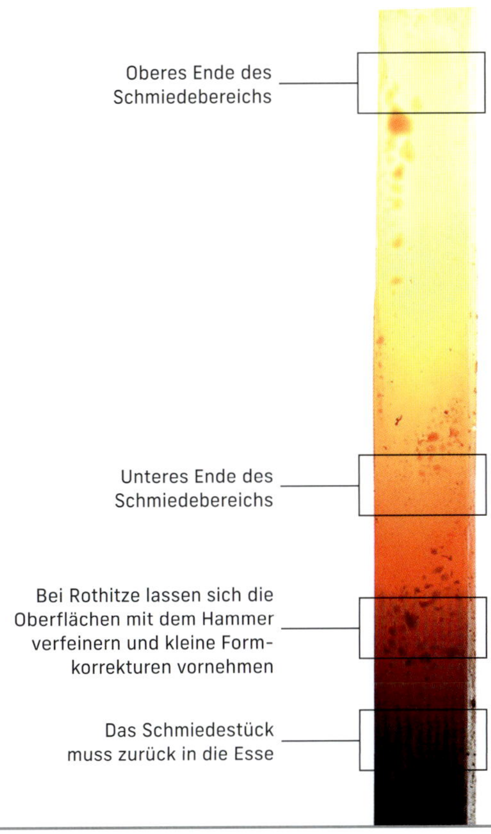

GRUNDLEGENDE SCHMIEDETECHNIKEN

Stahl ist ein formbares Material. Es kann in verschiedenste Formen gegossen oder gepresst werden, ohne dass seine Struktur beschädigt wird.

Es ist schwer vorstellbar, dass sich so ein massives Stück Stahl überhaupt verformen lässt, doch genau das ist der Fall, wenn es auf eine hohe Temperatur erhitzt wird. Während sich das Metall in diesem Zustand befindet, kann der Schmied das Werkstück mit der nötigen Kraft und mithilfe des Hammers und des Ambosses in jede gewünschte Form bringen. Für jeden Schmied, der Stahl möglichst effektiv in eine neue Form schmieden will, ist es unerlässlich, zu verstehen, wie sich Metall umformen lässt und welche Techniken es dafür gibt.

DAS AUSSCHMIEDEN

Beim Ausschmieden eines Stahlbarrens auf eine bestimmte Form verringert man eine oder mehrere seiner Dimensionen. Dabei werden das Volumen und das Gewicht des Barrens praktisch nicht verändert. Ein Barren, der eine Ausgangslänge von X hat und auf die Hälfte seiner ursprünglichen Stärke ausgeschmiedet wird, hat danach eine Länge von 2 X.

Das gleiche Material, einmal im Ausgangszustand (oben) und ausgeschmiedet (unten).

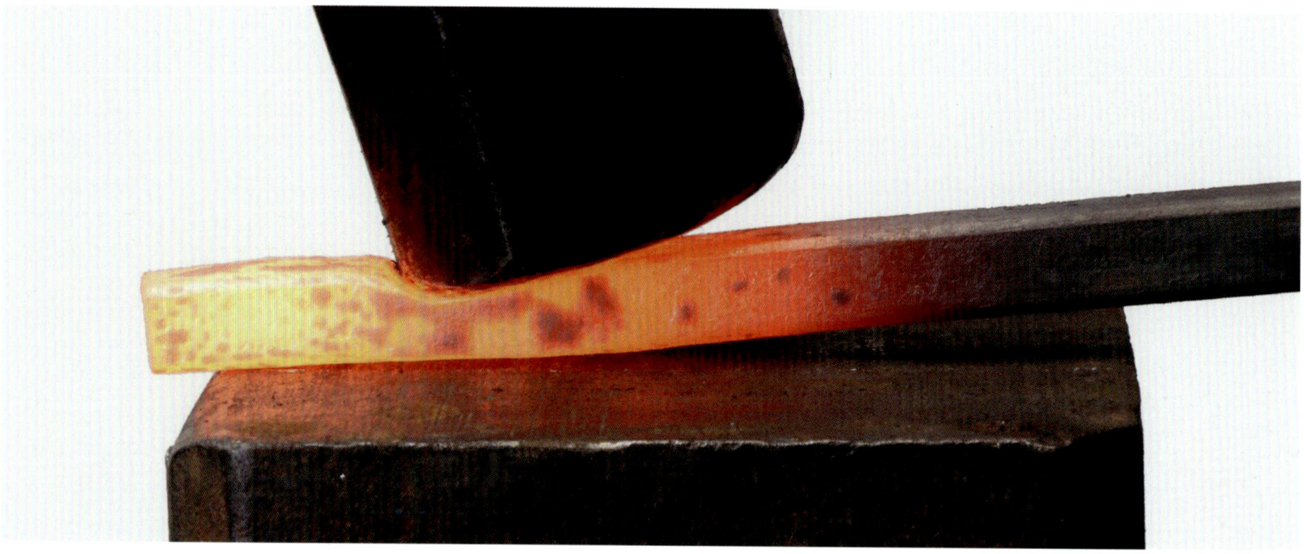

Die einfachste Streck-Technik beim Ausschmieden besteht darin, den Hammer leicht zur Seite zu neigen und mit der abgerundeten Außenkante der Hammerbahn auf das Werkstück zu schlagen. Dabei dringt das schmale Kantenprofil in die Metalloberfläche ein. Die abgewinkelte Schlagfläche und die Seite des Hammers wirken dabei als Keil, der die Oberfläche des Barrens von den Flächen des Keils wegdrückt. Indem der Barren dadurch länger wird, verformt er sich dauerhaft.

Das Ausschmieden kann nur auf der Stärke des Barrens erfolgen, ohne dabei die Breite zu beeinflussen – oder es kann gleichmäßig auf beiden Seiten des Barrens erfolgen und somit die Stärke und die Breite verändern.

Beim Ausschmieden nutzt man die Technik des Streckens. Dabei zwingt man das Metall, sich in eine bestimmte Richtung auszudehnen. Das Strecken kann auf verschiedene Arten erfolgen.

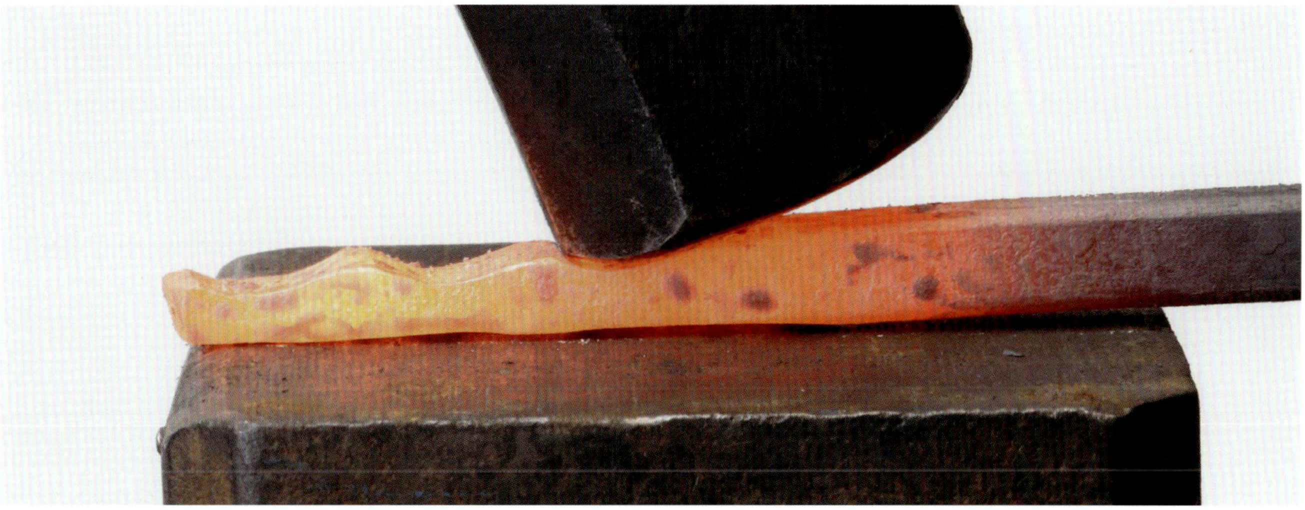

Mehr Hämmern erzeugt mehr Hohlkehlen. Als Ergebnis erhält man einen Querschnitt, der dünner und länger ist als das ursprüngliche Ausgangsmaterial.

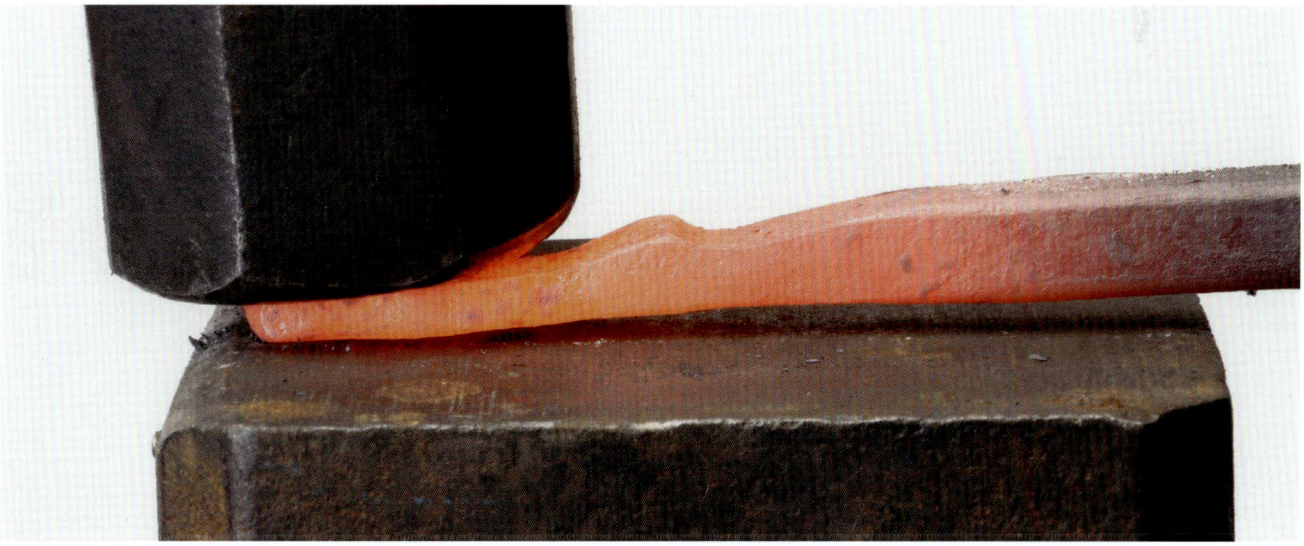

Um den Streckvorgang abzuschließen, müssen alle hohen Stellen wieder zurück in die Stange gehämmert werden. Dazu bringt man den Hammer wieder in eine vertikale Position und hämmert so lange, bis die Oberfläche wieder plan ist. Durch das Zurücktreiben dieser hohen Stellen wird das Werkstück zwangsläufig noch länger.

DER ABLAUF DES HERUNTERSCHMIEDENS

Beim Umformen eines Halbzeugs in einen bestimmten Querschnitt ist es wichtig, das Strecken stets auf allen vier Seiten des Schmiedestücks durchzuführen, unabhängig von der endgültigen Form, die man anstrebt. Sofern die endgültige Form quadratisch oder rechteckig ist, können Sie direkt mit dem Annähern an diese Form beginnen. Sofern das fertige Werkstück jedoch rund sein soll, müssen Sie vor dem Strecken erst einen Vierkantstab ausschmieden.

Bei einem quadratischen oder rechteckigen Schmiedestück sind alle Unregelmäßigkeiten in der Größe oder Form des Werkstücks leicht zu erkennen, da Sie nur zwei Bezugsebenen im Auge behalten müssen: Die beiden Seiten des Schmiedestücks lassen sich durch eine 90-Grad-Drehung schnell überprüfen. Bei einem runden Schmiedestück hingegen können rundum Fehlschläge oder zu dünne Durchmesser auftreten. Das erschwert es deutlich, erzeugte Unregelmäßigkeiten in der Form zu korrigieren.

Sobald Sie den Vierkant in die gewünschte Größe und Form gebracht haben, können Sie ihn zu einer runden Stange formen. Dazu schmieden Sie zuerst auf die Kanten des Vierecks, um so eine achteckige Form zu erzeugen. Dann überschmieden Sie die Kanten des Achtecks und formen es in ein 16-Eck um.

FORMVERÄNDERUNG BEIM AUSSCHMIEDEN

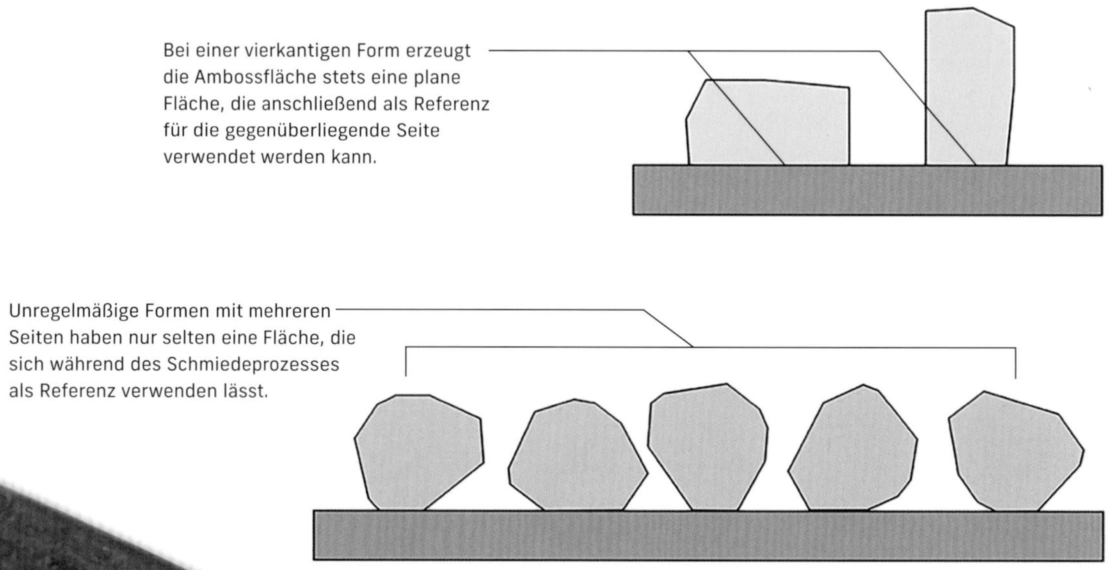

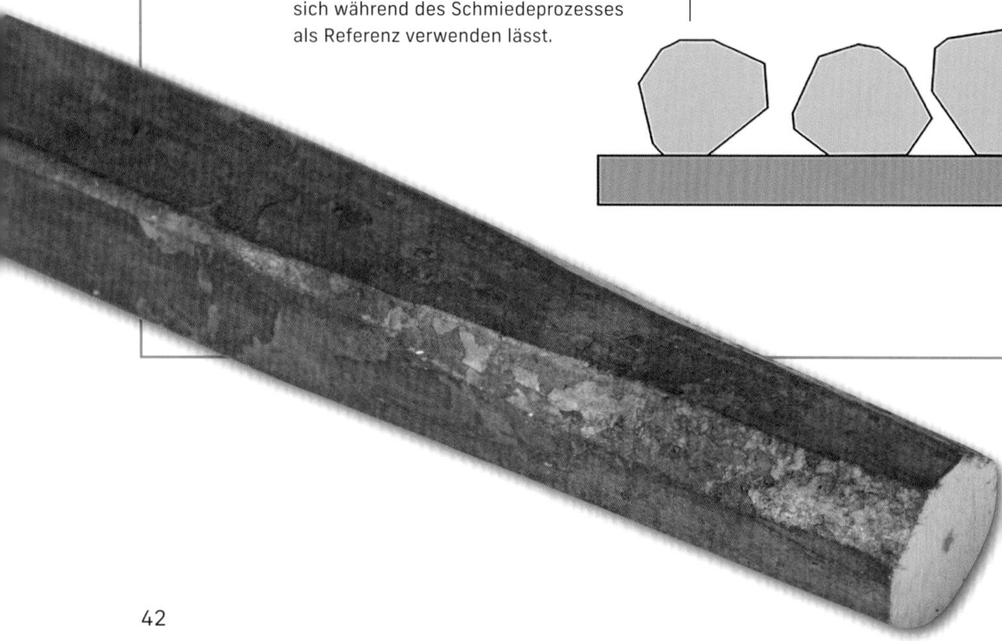

Ein sauber ausgeschmiedeter Achtkant, der aus einem Vierkantstab geformt wurde.

SCHMIEDEN EINES ABGESCHRÄGTEN ENDES DURCH STRECKEN

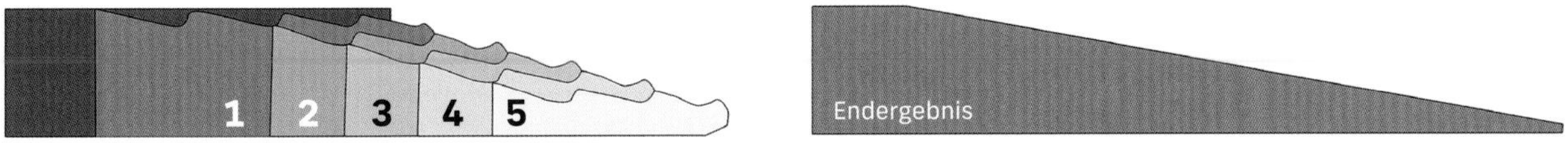

DAS SCHMIEDEN VON SPITZEN UND ABGESCHRÄGTEN ENDEN

Eine weitere Anwendung des Streckens ist das Schmieden von Spitzen oder abgeschrägt zulaufenden Enden. Will man ein abgeschrägtes Ende schmieden, muss man das Werkstück zum Ende hin zunehmend strecken.

Je dünner das Werkstück zum Ende hin wird, desto mehr kommen das Gewicht des Hammers und die Wucht der Hammerschläge zum Tragen. Zum Ausgleich muss man deutlich behutsamer hämmern, sobald das Werkstück dünner wird.

Will man eine Spitze schmieden, streckt man das Werkstück parallel auf zwei Seiten. Achten Sie darauf, dass die beiden Seiten im Verlauf von einem Hitzezyklus mit selber Intensität gestreckt werden.

Um sicherzugehen, dass beide Seiten gleichförmig gestreckt werden, dreht man das Werkstück im Verlauf einer Hitze von der ersten auf die zweite Seite.

DAS AUSSCHMIEDEN EINER SPITZE

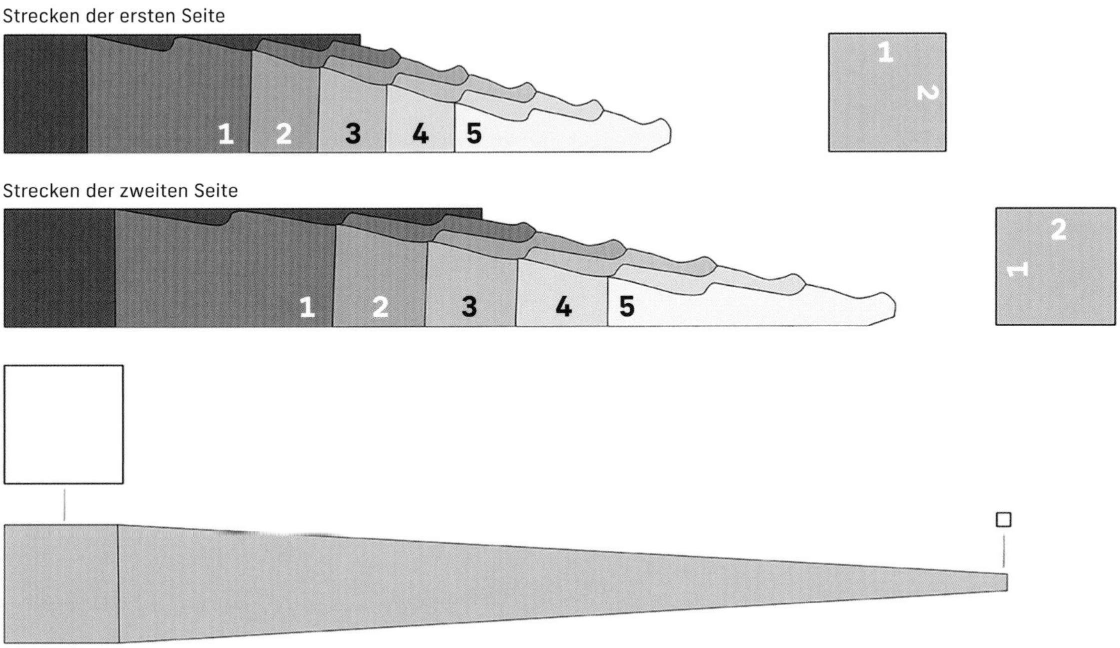

DAS PLANIEREN/PLANSCHMIEDEN

Beim Planieren verfeinert man die Oberfläche des Schmiedestücks, ohne den Querschnitt zu verändern. Häufig kombiniert man das Planieren allerdings auch mit Schmiedearbeiten, bei denen eine stärkere Umformung stattfindet. Die größte Hitze wird dabei stets fürs grobe Umformen verwendet. Hat sich das Werkstück bis zum unteren Rand des schmiedbaren Bereichs abgekühlt, kann der Schmied mit der Korrektur von Unregelmäßigkeiten beginnen, die eventuell beim Schmiedevorgang entstanden sind. Auf diese Weise nutzt man den unteren Temperaturbereich, um entstehenden Problemstellen effektiv zu begegnen und das Werkstück bestmöglich auf den nächsten Schmiedezyklus vorzubereiten. Das leichte Hämmern und die geringere Hitze ermöglichen eine kontrollierte Verfeinerung der Oberfläche. Achten Sie stets darauf, den Amboss effektiv in diese Arbeit miteinzubeziehen.

Durch das Planschmieden wird die Oberfläche des Werkstücks deutlich verfeinert.

DAS BREITEN

Beim Breiten wird das Volumen des Werkstücks nicht in Längsrichtung gestreckt, sondern über die Breite verteilt. Dazu nutzt man die Finne des Hammers. Die Finne sitzt im 90-Grad-Winkel zum Stiel, ist keilförmig und besitzt eine schmale, abgerundete Schlagfläche. Sie wird, im Gegensatz zur Hammerbahn des Hammers, ausschließlich zum Austreiben und Strecken verwendet. Schlägt man damit in die Mitte des Werkstücks, erzeugt das parallel zur Länge des Stabs verlaufende Hohlkehlen. Das Werkstück wird dabei breiter, verändert sich in der Länge jedoch kaum.

DAS BIEGEN

Beim Biegen verändert man zwar die Form einer Metallstange, nicht jedoch die Querschnittsform. Denn die auf die Metallstange ausgeübte Kraft hat keinen Einfluss auf ihren Querschnitt, führt aber zu einer Richtungsänderung im Verlauf. Gebogen wird über die Kante des Ambosses oder Horns oder mithilfe einer Biegeschablone, die die gewünschte Form hat.

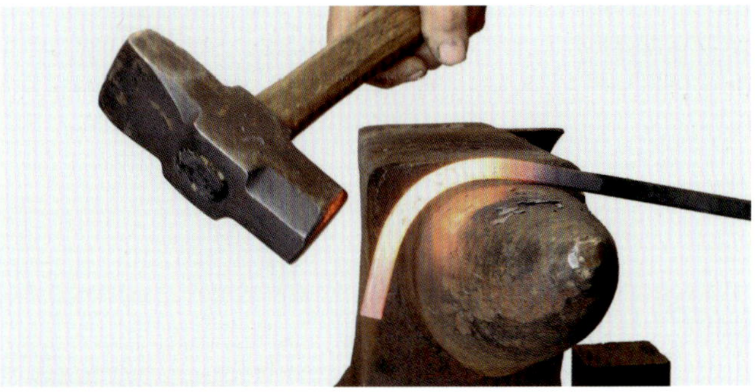

Ist die genaue Form der Biegung nicht allzu relevant, kann man freihändig biegen.

Biegt man mithilfe von Biegeschablonen, erzielt man reproduzierbare Ergebnisse.

Das Biegen einer Öse am Ende von Werkstücken wird üblicherweise freihändig gemacht.

Der Biegevorgang beginnt an der Ambosskante. Dabei bestimmt der über den Amboss herausragende Teil der Metallstange den Radius der Biegung. Um eine gleichmäßige Rundung zu erzeugen, muss man auf das Ende der Metallstange schlagen.

Durch Schläge direkt an der Kante des Ambosses winkelt man die Metallstange stark ab.

Durch weitere Hammerschläge erzeugt man eine gleichmäßige Rundung, die schließlich auf der Seite des Ambosses anschlägt.

Dann dreht man die Metallstange um und vollendet die Biegung durch Hammerschläge auf die Außenwölbung.

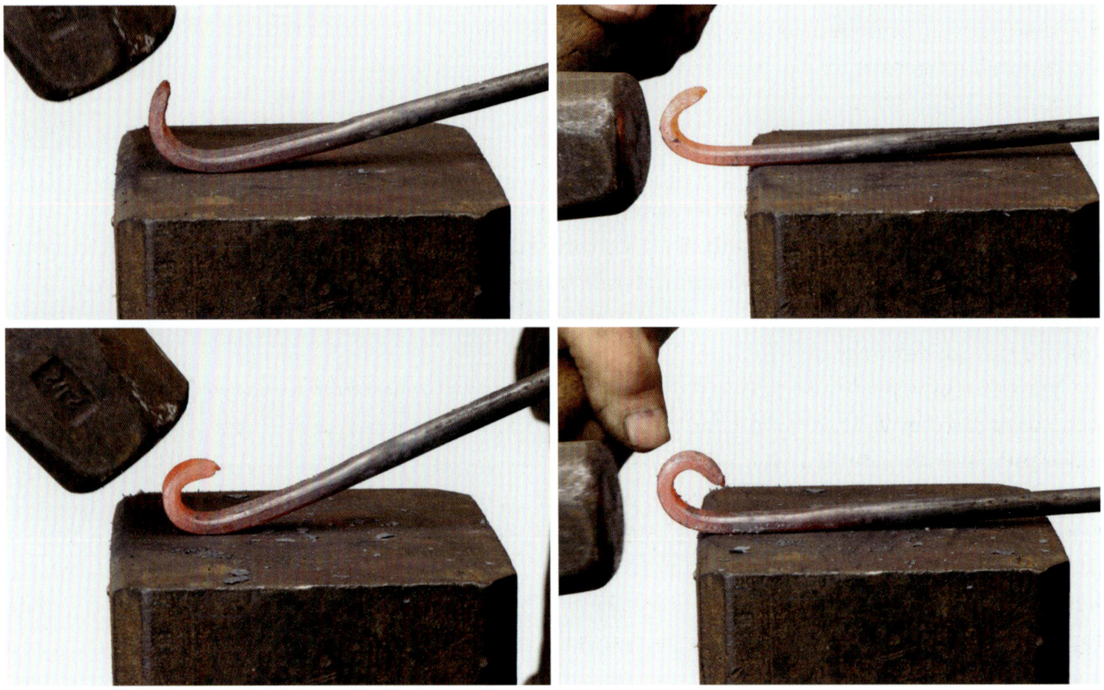

Der Winkel, in dem man den Hammer einsetzt, und die Positionierung der Metallstange auf dem Amboss bestimmen die Form der Biegung.

Die endgültige Form erzeugt man durch Schläge auf die Öse, in der sich ein Rundmaterial mit dem gewünschten Durchmesser befindet.

DAS STAUCHEN

Das Stauchen ist das Gegenteil des Streckens. Beim Stauchen drängt man Material zurück in den Körper des Werkstücks und verändert dabei dessen Form, Länge und Dicke. Im Vergleich zum Strecken wird das Stauchen deutlich seltener angewandt. Denn in der Regel ist es deutlich effizienter, aus einem starken Werkstück ein schlankeres und längeres zu machen als umgekehrt.

DAS SCHMIEDEN VON SCHARFEN KANTEN

Bei dekorativen Schmiedearbeiten kommt das Stauch-Verfahren häufiger vor, insbesondere, wenn rechtwinklige Formen Teil der Arbeiten sind. Dazu wird die in einem Winkel von 90 Grad gebogene Metallstange so bearbeitet, dass eine klar definierte Außenkante entsteht.

Etwas verständlicher wird der Vorgang des „Eckenstauchens", wenn man sich vorstellt, dass die rechteckige Kante nicht Teil einer durchgehenden Metallstange ist. Stellen Sie sich stattdessen zwei einzelne Metallstangen vor, die sich an der Ecke „treffen".

Nur wenn man beiden Seiten die gleiche Aufmerksamkeit zuteil werden lässt, bekommt man eine gute Kante hin. Zunächst wird die Rundung am Ansatz mit einem leichten Hammer begradigt. Bearbeiten Sie jede der beiden Seiten so lange, bis die Rundung verschwunden ist. Die erste Serie an Hammerschlägen wird dabei relativ weit von der späteren Ecke entfernt ausgeführt. Sobald sich die Ecke deutlicher abzeichnet, konzentrieren Sie sich stärker auf die mittleren Teile. Dies allein erzeugt eine scharfe 90-Grad-Krümmung. Allerdings wird die äußere Ecke zu diesem Zeitpunkt immer noch abgerundet sein.

Im Vergleich: eine „normal" gebogene, gerundete Metallstange und eine Stange mit einem scharfen 90°-Winkel.

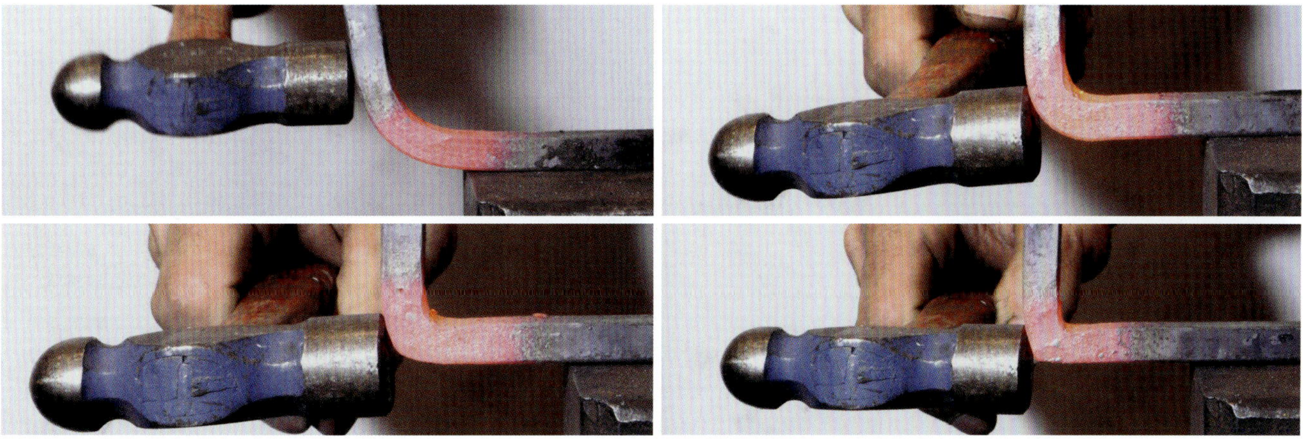

Unschöne Verformung bei einer angestauchten Kante.

Halbrund angestauchte Innenkante mit definierter Außenkante.

Der zweite Teil des Kantenschmiedens besteht darin, die Enden jeder Seite derart zu stauchen, dass schlussendlich genügend Material vorhanden ist, um eine rechtwinklige Ecke zu schmieden. Damit dabei die Form der Innenkante beibehalten wird, müssen Sie sehr behutsam vorgehen. Übermäßiges Hämmern oder Schmieden bei geringer Hitze kann leicht zu einer unschönen Verformung der Stäbe anstelle eines präzisen Übergangs führen. Das zeigt sich – wie im Bild – zunächst als sehr scharfkantig ausgeformte Innenecke und schließlich als tiefer Einschnitt, der die Ecke endgültig ruiniert.

Das Bild oben rechts zeigt eine korrekt geschmiedete rechteckige Kante, die auf der Innenseite durch einen gerundeten Übergang zwischen den Stäben gekennzeichnet, außen aber gut definiert und scharfkantig ist.

Sobald das Schmieden der Ecke abgeschlossen ist, kann es mit dem Ausrichten des Werkstücks weitergehen.

ÜBERGÄNGE

Übergänge entstehen, wenn sich der Querschnitt im Werkstück zu ändern beginnt. Zur Optimierung der Belastbarkeit sollten sie grundsätzlich fließend angelegt sein. Die einfachste Form des Übergangs wird oft als Absatz oder Schulter bezeichnet. Er wird hergestellt, indem man die abgerundete Kante des Ambosses verwendet, um eine Stufe zwischen dem ursprünglichen Querschnitt und dem neuen Querschnitt zu erzeugen.

DAS LOCHEN

Durch das Warmlochen erzeugt man ein Loch im Werkstück. Die benötigten Meißel und Durchschläge können verschiedene Formen und Größen haben und müssen aus Kohlenstoffstahl bestehen. Gehärtet müssen sie jedoch nicht sein.

Ein Durchschlag besitzt ein dünnes Profil und wird verwendet, um ein Loch ins Werkstück zu schlagen. Dazu wird das schmal auslaufende Ende des Durchschlags bis fast zur Bahn des Ambosses getrieben. Zum Lösen des Durchschlags dreht man das Werkstück um und treibt den Durchschlag (die Punze/den Durchschläger) in entgegengesetzter Richtung wieder heraus.

Durchschläge laufen in verschiedenen Spitzen rund oder kantig aus.

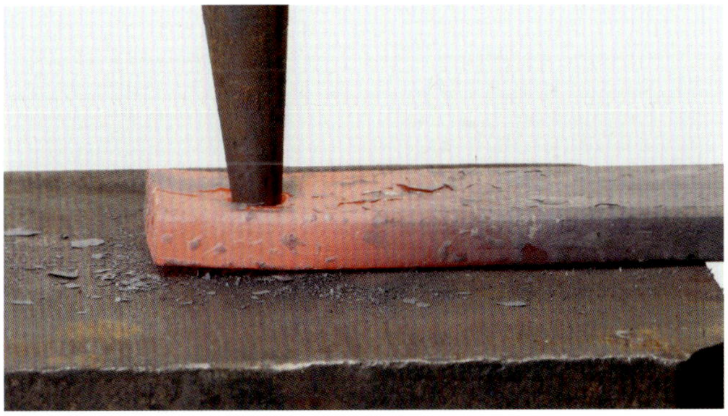

Treibt man den Durchschlag ins heiße Metall, wird sämtliches Material unterhalb der Spitze zur Seite verdrängt. Dabei entsteht ein Loch – und das mit minimalem Materialverlust.

Erreicht der Durchschlag fast die Oberfläche des Ambosses, kühlt das Metall unterhalb der Spitze rasch ab. Dadurch wird der Durchschlag zunächst gestoppt.

Hier sehen Sie die Unterseite des Werkstücks nach den ersten Schlägen. Die Spitze des Durchschlags ist zwar nicht durchgedrungen, das Zentrum des Lochs lässt sich aber schon gut erkennen.

Setzen Sie den Durchschlag von der anderen Seite aus direkt an dieser Stelle an und treiben Sie den Durchschlag durchs Loch. Durch das Eintreiben des Durchschlags schlägt man das kleine Metallplättchen heraus, das zuvor noch vorhanden war.

Das wars – mehr Materialverlust tritt nicht auf.

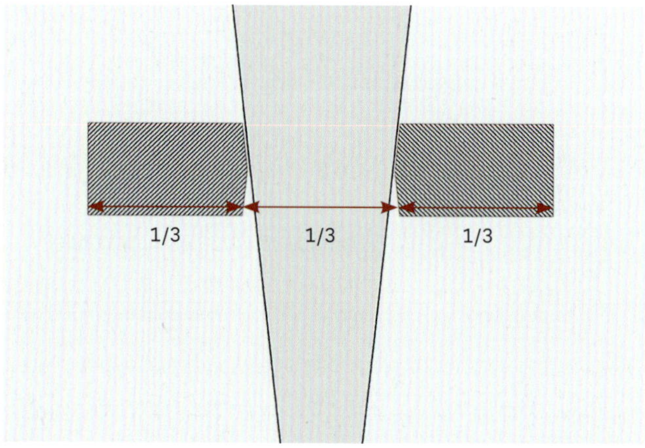

Sofern der Durchmesser des zu stanzenden Lochs weniger als ein Drittel der Breite des Werkstücks beträgt, kann das Loch in einem Arbeitsgang direkt in der gewünschten Größe gestanzt werden.

Löcher, die größer als ein Drittel der Breite des Werkstücks sind, müssen in einem zweistufigen Verfahren hergestellt werden. Dazu wird zuerst ein Schlitz in die Stange geschlagen.

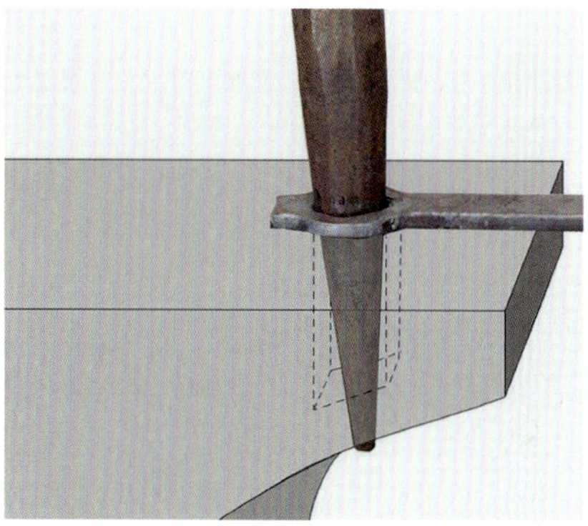

Danach wird das Loch mit einem Dorn geformt.

Die Durchschläger verjüngen sich und dienen zum Ausformen der Löcher.

DIE SCHLÜSSELREIDE

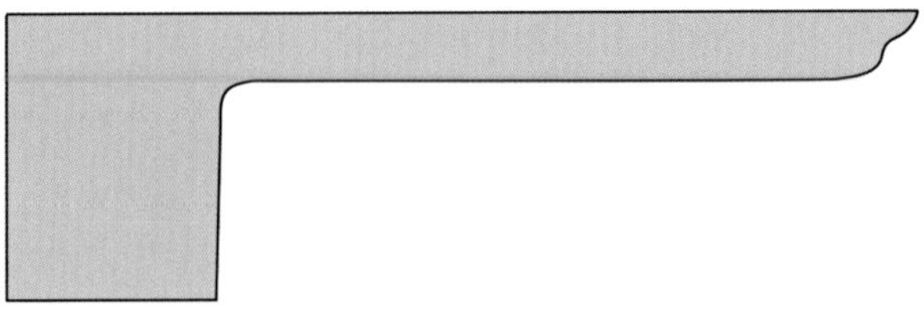

Beim Schmieden von Schlössern wird das Lochen vor allem zum Formen der sogenannten Schlüsselreide eingesetzt – das ist der Teil, an dem man den Schlüssel hält und befestigt. Ein Teil des Rohlings für den Schlüssel ist für die spätere Reide (auch Griffbereich des Schlüssels) reserviert.

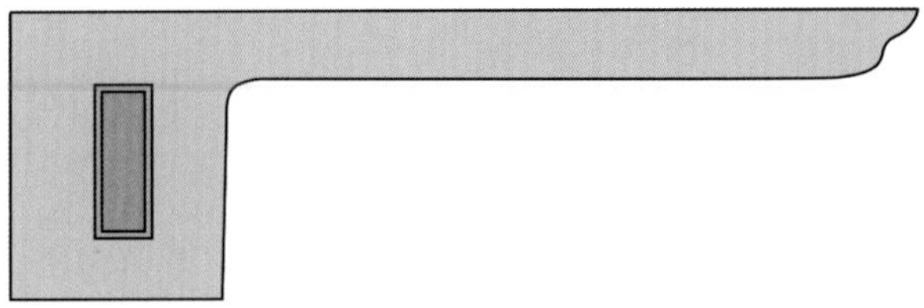

Das Zentrum der Reide wird mit einem rechteckigen Durchschlag ausgestanzt.

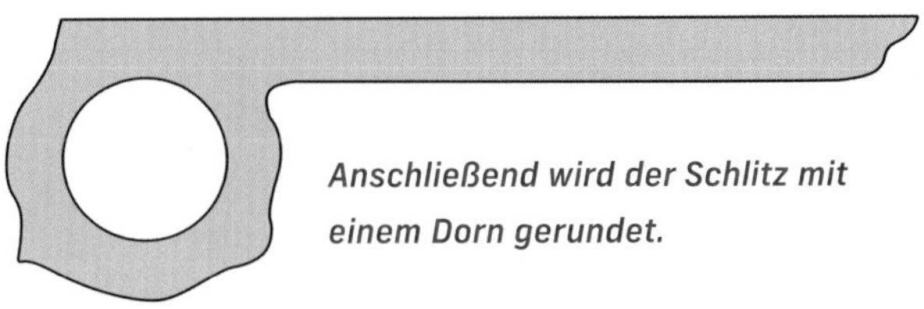

Anschließend wird der Schlitz mit einem Dorn gerundet.

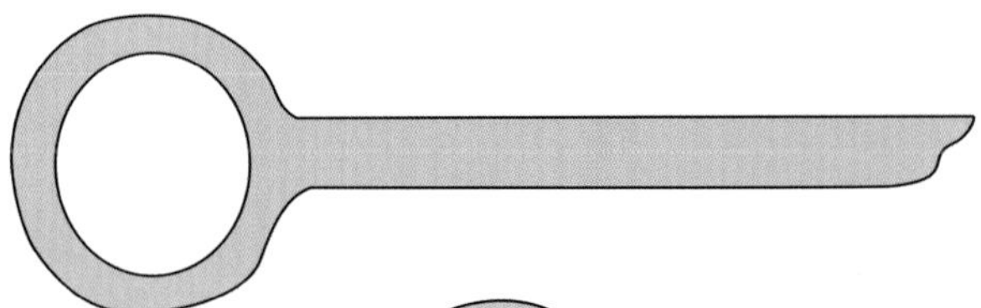

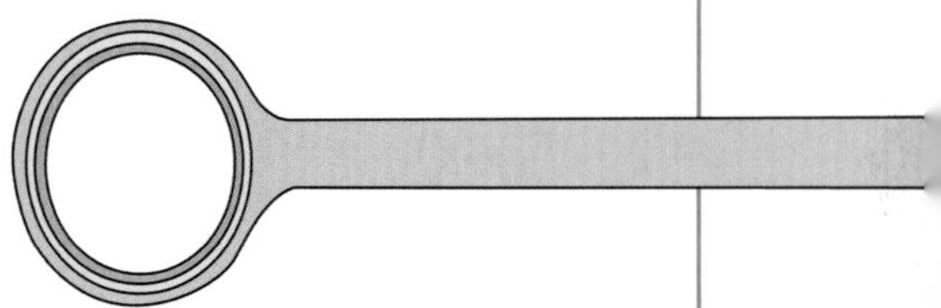

Im Bild ist die Reide bereits mit dem sogenannten Schaft des Schlüssels ausgerichtet. Die endgültige Formgebung der Reide kann entweder heiß schmiedend auf dem Ambosshorn geschehen oder kalt mit Meißeln und Feilen.

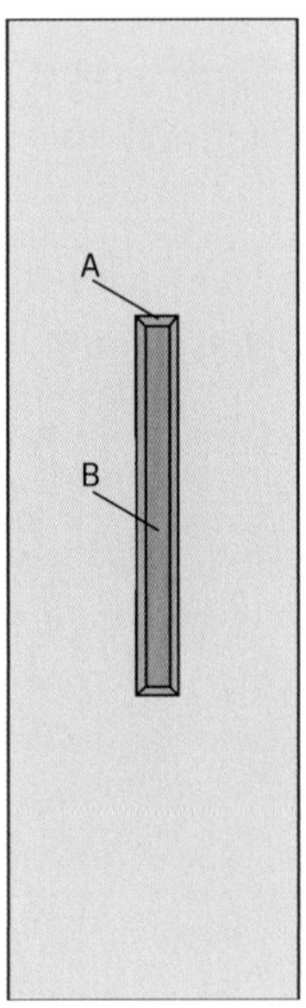

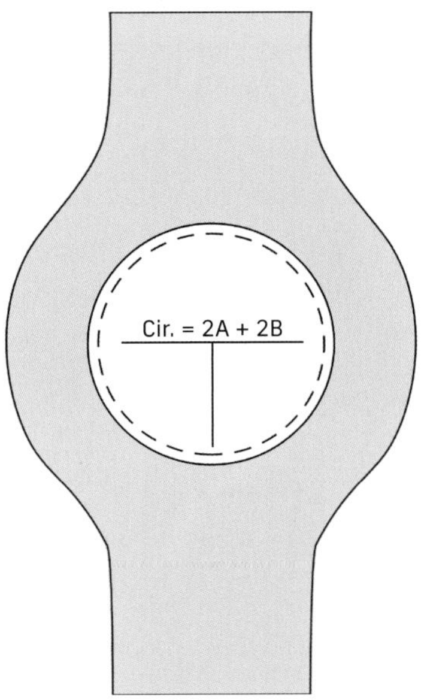

Es ist wichtig, den Durchschlag auf den Dorn abzustimmen, der zum Formen des Lochs verwendet wird. Der Umfang des Durchschlags muss etwas kleiner sein als der Umfang des Dorns. Zum Beispiel hat ein Durchschlag, der 6 x 13 mm misst, einen Umfang von 38 mm. Dieser Durchschlag wird in Verbindung mit einem 16-mm-Dorn verwendet, der einen Umfang von 48 mm hat.

DAS LÖTEN

Löten ist eine Methode, um Metallteile miteinander zu verbinden. Die Verbindung erfolgt mithilfe des Lots: Das ist eine Metalllegierung, die einen niedrigeren Schmelzpunkt als die zu verbindenden Teile hat. Das Lot erzeugt eine metallische Verbindung von zwei Bauteilen. Bei dieser starken Verbindung besteht nur ein geringes Risiko, die beiden Ausgangsteile zu beschädigen. Das Löten in der Esse ist eine sehr primitive, aber effektive Methode, um Bauteile zu verbinden, die entweder zu klein sind, um zusammengenietet zu werden, oder zu empfindlich, um feuerverschweißt zu werden. Das Löten in der Esse ist vom Konzept her einfach, aber nicht immer ganz so einfach in der Durchführung.

Um in der Esse löten zu können, müssen die Bauteile miteinander fixiert werden. Dafür eignet sich in vielen Fällen dicker Stahldraht.

Zur Komplettierung dieses Ensembles fehlt nun nur noch das passende Lot. Üblicherweise verwendet man zum Löten eine Bronzelegierung. Kupferdraht ist jedoch ähnlich gut geeignet und oft leichter und zudem in mehr Varianten verfügbar.

Während des Erhitzens der zu lötenden Teile und des Lots gibt man dem Ganzen ein Flussmittel hinzu. Das Flussmittel der Wahl ist Borax. Es sorgt dafür, dass das geschmolzene Kupfer an den Teilen haften bleibt. Borax ist mittlerweile in Deutschland schwer zu bekommen und oft nur noch mit Gewerbeschein erhältlich. Schweißfachhändler bieten aber fertige Lötflussmittel für jeden Temperaturbereich an.

Um das Flussmittel im Schmiedefeuer auf die Lötstelle zu geben, eignet sich ein langstieliger Löffel.

Durch langsames Erhitzen im Schmiedefeuer schmilzt auch das Kupfer, das daraufhin die Fuge zwischen den zu verlötenden Teilen füllt. Kurz bevor das Kupfer schmilzt, erscheint die Oberfläche schillernd.

Sobald die Teile abgekühlt sind, kann der Draht entfernt werden. Alles Scharfkantige mit einer Feile glätten.

Durch das Flussmittel erscheint das ganze Werkstück wie mit einer harten, glasähnlichen Schicht bedeckt.

Um diese glasähnliche Schicht zu entfernen, erhitzt man das Werkstück erneut, bis es dunkelrot glüht. Mit einer Drahtbürste lässt sich die dicke Flussmittelschicht dann weitestgehend von der Oberfläche entfernen.

Nach dem Abkühlen auf Raumtemperatur können das überschüssige Kupfer und alle verbleibenden Flussmittelreste, die sich noch auf der Oberfläche befinden, mit einer Feile entfernt werden.

HÄRTEN

ALLGEMEINES

Für Werkzeuge, die belastbare Schneidkanten benötigen oder besonders hart oder flexibel sein müssen, reichen normale Stahlqualitäten, wie sie etwa zum Schmieden von dekorativen Elementen verwendet werden, nicht aus. Dafür braucht man Stahllegierungen, die besondere Eigenschaften aufweisen. In diesem Buch erklären wir die Herstellung von Werkzeugen auf eine möglichst einfache Weise. Entdecken Sie, wie man Stahlbauteile recyceln kann, um an brauchbaren Kohlenstoffstahl zu kommen, und wie man daraus – selbst mit nur einfachen Essen – brauchbare Werkzeuge herstellt.

Durch den Prozess der Wärmebehandlung verändert der Schmied wesentliche Eigenschaften des Stahls. Die einzigen modernen Stähle, die in einer einfachen Schmiede erfolgreich wärmebehandelt werden können, sind reine Kohlenstoffstähle oder niedrig legierte Kohlenstoffstähle. Der Kohlenstoffgehalt bestimmt maßgeblich mit, was mit dem Stahl gemacht werden kann. Baustahl enthält nur sehr wenig Kohlenstoff und wird daher durch den Härteprozess nur geringfügig beeinflusst. Stähle mit einem höheren Anteil an Kohlenstoff hingegen werden beim Härten sehr spröde.

Viele Schmiede bezeichnen jeden Stahl, den sie in ihrer Schmiede wärmebehandeln können, als Kohlenstoffstahl. Die Erfahrung sagt ihnen, welche Ausgangsmaterialien sich gut zum Recyceln und der Herstellung guter Werkzeuge eignen. Natürlich kann man auch einfach hochwertigen Stahl kaufen, aber viele Schmiede setzen Zeit ihres Lebens auf das Recyceln von Stahl und stellen dabei gute Werkzeuge her. Wie das geht, wird hier erklärt.

Diese Methode mag unzuverlässig erscheinen, doch die meisten Kohlenstoffstähle, die in der Industrie für einen bestimmten Zweck verwendet werden, besitzen in der Regel ähnliche Eigenschaften. So bestehen Blattfedern von Autos aus Kohlenstoffstahl, der sich sehr gut zur Herstellung von Kaltmeißeln eignet. Es mag Unterschiede zwischen den jeweiligen Blattfeder-Legierungen geben, doch schlussendlich eignet sich jede Blattfeder zur Herstellung eines guten Meißels.

Von allen verfügbaren Altmetallteilen, die sich grundsätzlich zur Herstellung von Werkzeugen eignen, sind Schraub- und Blattfedern sicher die erste Wahl für die meisten Schmiede. Als Legierung dafür kommt in der Regel der Federstahl 1.7176 (auch 55Cr3 oder SAE 5160) zum Einsatz, der sehr zäh und belastbar ist und sich leicht schmieden und wärmebehandeln lässt. Was diesem Stahl an Schnitthaltigkeit fehlt, macht er durch Zuverlässigkeit und gute Verfügbarkeit wett. Fürs Herstellen brauchbarer Werkzeuge ist das Recyceln von Altmetall eine gute Möglichkeit, um Werkzeuge zu bauen, ohne dabei viel Geld auszugeben.

Wenn Sie einen Stahl mit höherer Schnitthaltigkeit benötigen, sollten Sie den Kauf eines einfachen Kohlenstoffstahls wie 1.0628 (auch C88 D oder SAE 1084) in Betracht ziehen. SAE 1084 lässt sich ebenfalls gut schmieden und ist leicht wärmezubehandeln. Vor allem als Schmiedeanfänger sollten Sie Spezialstähle oder legierte Stähle wie W2 oder O1 meiden – sie sind zwar ausgezeichnet, aber nicht ganz einfach im Handling.

SCHMIEDEN VON KOHLENSTOFFSTAHL

Unabhängig von ihren Verarbeitungseigenschaften erfordern alle Kohlenstoffstähle besondere Sorgfalt während des Schmiedeprozesses. Der höhere Kohlenstoffgehalt reduziert erheblich seine Verformbarkeit und damit die Fähigkeit, neue Formen anzunehmen. Aus diesem Grund dauert das Schmieden von Kohlenstoffstahl mindestens doppelt so lange wie das Schmieden eines ähnlichen Werkstücks aus Baustahl.

Das Umformen darf nur allmählich erfolgen. Versucht man, den Umformungsprozess durch schwerere Hämmer und wuchtigere Schläge zu beschleunigen, führt das zu Spannungen im Stahl. Man sollte auch der Versuchung widerstehen, die Bearbeitungszeit zu verlängern, indem man den Stahl zunächst überhitzt und dann unterhalb der Umformungstemperatur, also wenn die Glühfarbe schon bei einem dunklen Orange liegt, weiter bearbeitet. Auch das erzeugt Spannungen.

Diese Belastungen müssen den Stahl nicht unbedingt sichtbar schädigen, doch sie können in der Stahlstruktur angelegt sein und dadurch zu dauerhaften Schäden führen, die sich auch durch die Wärmebehandlung nicht mehr korrigieren lassen. Das kann letztlich dazu führen, dass das Werkzeug schon während der Wärmebehandlung bricht oder sich verformt.

Schädigende Spannungen können auch – selbst wenn die Schmiedetemperatur stimmt – durch unsachgemäßes Schmieden verursacht werden. Daher ist es wichtig, das Werkstück während des Schmiedens in Bewegung zu halten. Lassen Sie dünne Stücke nicht zu lange auf dem Amboss liegen. Drehen Sie das Werkzeug während des

Spannungen im Stahl durch falsches Schmieden oder Härten können zu Rissen und anderen Schäden führen.

Die unterschiedlichen Gefügestrukturen in einer Bruchkante sind hier deutlich zu erkennen.

Schmiedens ständig um. Das gleicht nicht nur die Wirkung der Hammerschläge aus, sondern auch die Abkühlung, die durch den Kontakt mit der Schlagbahn des Ambosses entsteht.

Ein weiterer Faktor, der das erfolgreiche Schmieden von Kohlenstoffstahl-Werkzeugen beeinflusst, ist die Korngröße im Metall. Alle Stähle haben ein körniges Gefüge. Die Größe der Körner innerhalb dieses Gefüges nimmt beim Erhitzen zu. Durch das Schmieden lässt sich das Gefüge jedoch verfeinern. Ein korrekter Wärmebehandlungsprozess führt letztlich dazu, dass das Gefüge wieder sein ursprüngliches Maß erreicht. Nur bloßes Abkühlen reicht dafür nicht aus.

Aus diesem Grund ist es sehr wichtig, den Stahl in der Endphase des Schmiedens nicht zu überhitzen. Beendet man den Schmiedeprozess, obwohl sich der Stahl noch oberhalb der orangefarbenen Hitze befindet, ist die Korngröße noch zu groß, um sie mit der anschließenden Wärmebehandlung maßgeblich verfeinern zu können. Das erzeugt Werkzeuge mit einer eher grobkörnigen Struktur, die wenig belastbar sind und leicht splittern oder brechen.

WÄRMEBEHANDLUNG VON KOHLENSTOFFSTAHL

Bevor das geschmiedete und in Form geschliffene Werkzeug eingesetzt werden kann, muss es wärmebehandelt werden. Die Wärmebehandlung ist ein Prozess, der verwendet wird, um die physikalischen Eigenschaften von Kohlenstoffstahl zu ändern. Kohlenstoffstahl kann sehr hart oder sehr weich gemacht werden, je nachdem wie man die Abkühlgeschwindigkeit reguliert, nachdem der Stahl zuvor auf seine kritische Härtetemperatur gebracht wurde. Die Härtetemperatur variiert von einer Stahlsorte zur anderen, liegt aber im Allgemeinen zwischen einer dunkelroten und einer orangefarbenen Hitze. Mithilfe eines Magnets lässt sich ganz einfach feststellen, ob ein Stahl seine Härtetemperatur erreicht hat – denn dann ist Stahl nicht mehr magnetisch.

Das Normalisieren ist der erste Schritt im Wärmebehandlungsprozess. Es verfeinert die Kornstruktur und entfernt alle Spannungen im Metall, sofern diese nicht bereits während des Schmiedeprozesses entstanden sind und dadurch zu einer dauerhaften Beschädigung des Metallgefüges geführt haben.

Erhitzen Sie den zu härtenden Bereich langsam, bis er leicht oberhalb der Härtetemperatur liegt. Halten Sie das Werkstück einige Minuten lang auf dieser Temperatur. Nehmen Sie es dann vom Feuer und lassen Sie es langsam wieder auf Zimmertemperatur abkühlen. Wiederholen Sie diesen Vorgang einige Male, um sicherzustellen, dass alle Spannungen im Metall gelöst wurden. Es ist wichtig, die Temperatur des Werkzeugs nicht allzu weit über die Härtetemperatur zu erhöhen, da das die Kornstruktur beeinträchtigt.

Das Härten ist der nächste Schritt der Wärmebehandlung. Wie der Name sagt, entsteht dabei ein Werkzeug, das

HÄRTETEMPERATUR

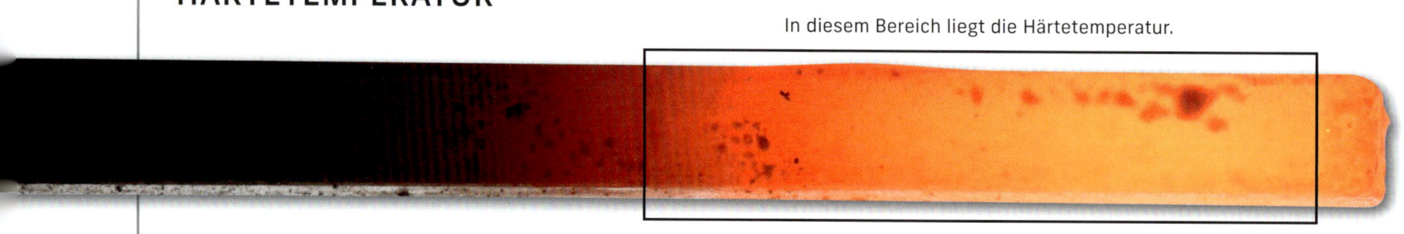

HINWEIS FÜR MESSERSCHMIEDE

Die folgende Beschreibung zu wasserhärtenden Stählen gilt für die Werkzeuge, die in diesem Buch verwendet werden. Empfindliche Werkzeuge wie große Messer oder feine Meißel, die aus wasserhärtendem Stahl geschmiedet sind, können sich verziehen, wenn sie in Wasser abgeschreckt werden. Die meisten Messermacher verwenden daher ein sehr dünnflüssiges Öl, das die Hitze schnell genug abführt, um auch wasserhärtende Stähle zu härten, aber immer noch langsam genug, um die Belastung des Stahls während des Härtens zu minimieren.

sehr hart und spröde ist. Das Härten erfolgt durch erneutes langsames Erhitzen des Stahls bis leicht oberhalb der Härtetemperatur, woran sich das Abkühlen des Stahls mit einer bestimmten Geschwindigkeit anschließt. Die am häufigsten in der Industrie verwendeten Kohlenstoffstähle müssen in Öl abgeschreckt werden. Diese Stahlsorten werden üblicherweise als ölhärtende Stähle bezeichnet. Wasserhärtende Stähle sind zwar weit verbreitet, aber nicht so dominant wie ölhärtende Stähle. Lufthärtende Stähle werden immer häufiger eingesetzt, sind jedoch schwieriger zu handhaben, da sie normalerweise einem bestimmten Wärmezyklus folgen müssen, um die besten Ergebnisse zu erzielen. Unabhängig davon, welchen Stahl Sie nutzen, werden Sie mit jedem recycelten Stahl experimentieren müssen, um herauszufinden, ob er für Ihre Werkstatt und Schmiede geeignet ist.

Es ist überaus wichtig, den Stahl richtig abzuschrecken. Nur so kann man ihn an sein Leistungsmaximum bringen. Würde man einen ölhärtenden Stahl in Wasser abschrecken, würde das zu einer Überlastung führen: Er würde zwar hart erscheinen, aber eine schwache Struktur haben. Das Abschrecken eines wasserhärtenden Stahls in einem dickflüssigen Öl wie Rapsöl wiederum würde dazu führen, dass das Werkzeug nicht seine maximale Härte erreicht. Das Abschrecken eines lufthärtenden Stahls in Öl oder Wasser hingegen führt dazu, dass er zerbricht.

Wenn Sie mit einem unbekannten Stahl arbeiten, lassen Sie das Werkzeug zunächst langsam an der Luft abkühlen. Falls der Stahl nicht gehärtet wurde, wiederholen Sie den Härtevorgang und schrecken Sie ihn diesmal in Öl ab. Dabei muss das Werkzeug so lange eingetaucht bleiben, bis es sich kühl anfühlt. Mit einer Feile können Sie die Härte prüfen. Falls die Feile nicht in die Oberfläche des Werkzeugs greift, ist der Stahl gehärtet.

Greift die Feile, wurde der Stahl nicht korrekt gehärtet. In diesem Fall wiederholen Sie den Härtevorgang und schrecken das Werkstück in Wasser ab. Wenn auch das den Stahl nicht härtet, handelt es sich entweder um

Um ein Werkzeug anzulassen, schleift man zunächst die Zunderschicht vom gehärteten Teil ab, bis die Oberfläche glänzt.

nicht härtbaren Baustahl oder um eine Legierung, die ein spezielles Wärmebehandlungsverfahren benötigt, das sich in der Schmiede nicht durchführen lässt.

Unmittelbar nach dem Härten sollte das Werkzeug angelassen werden. Dadurch reduziert der Schmied die Härte wieder ein wenig, um den Stahl flexibler zu machen. Einige Werkzeuge, wie zum Beispiel Feilen, brauchen keine Flexibilität, aber eine hohe Härte. Sie werden daher überhaupt nicht angelassen. Federn hingegen müssen sehr flexibel sein und werden daher so lange angelassen, bis praktisch die gesamte Härte entfernt ist. Alle anderen Werkzeuge liegen beim Härtegrad irgendwo dazwischen.

Das Anlassen erfolgt durch Erhitzen des Werkzeugs auf eine vorgegebene Temperatur. Diese Temperaturen sind sehr niedrig, und die erzeugten Anlassfarben sind auf einer sauberen Oberfläche gut erkennbar. Jede Farbe steht dabei für eine bestimmte Temperatur.

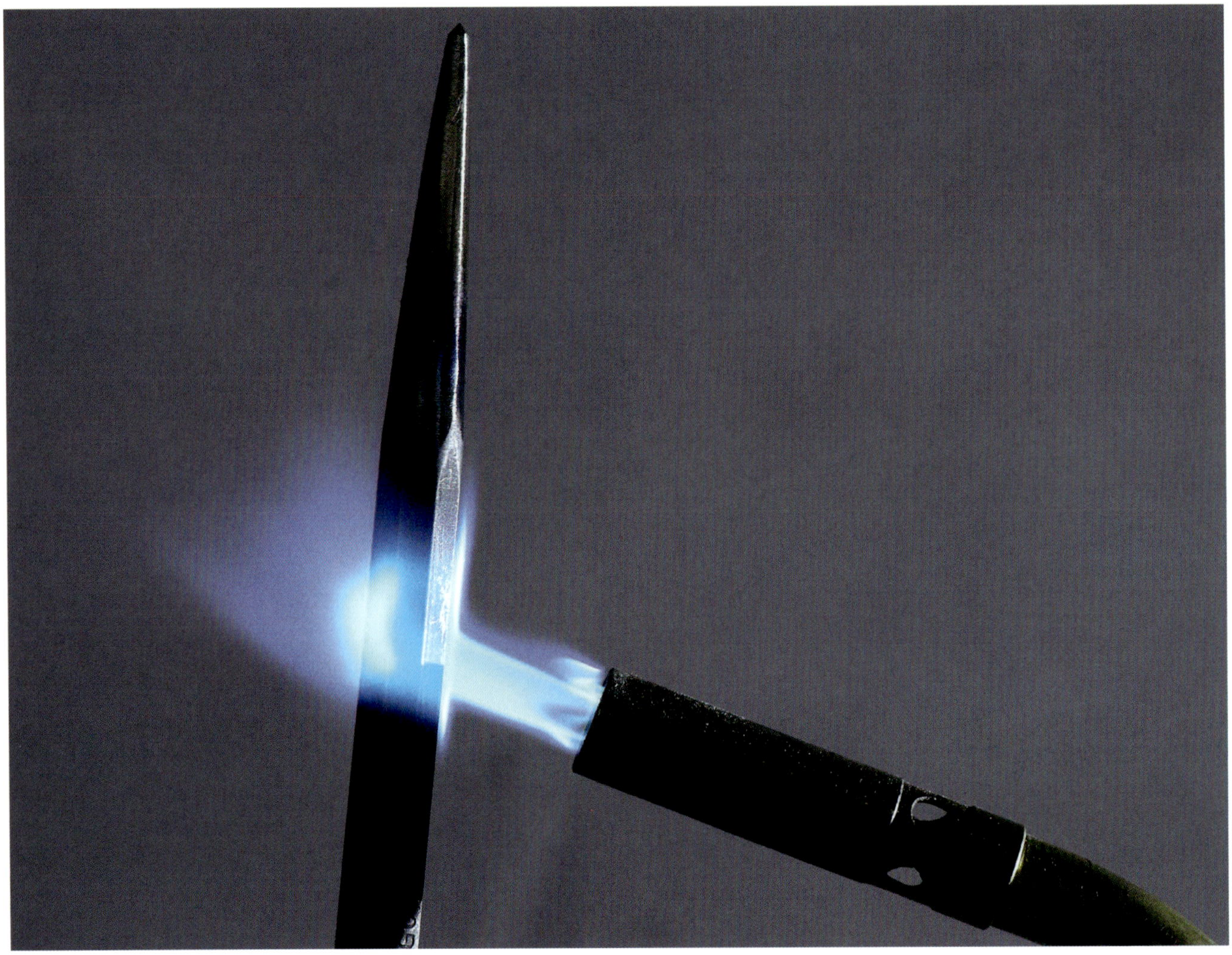

Verwenden Sie einen Propangasbrenner, um einen Abschnitt des Werkzeugs zu erhitzen, der einige Zentimeter von der Schneide oder Spitze entfernt ist. Erhitzen Sie das Werkzeug langsam, bis die Farben am Rand zum gehärteten Bereich des Werkzeugs sichtbar werden. In einem Ofen können mehrere Werkzeuge gleichzeitig angelassen werden. Mithilfe eines Stücks polierten Stahls lässt sich vorab testen, welche Wärmestufe und Einwirkdauer die besten Ergebnisse erzielen.

Die erste Anlassfarbe ist ein leichtes Strohgelb.

Darauf folgt ein dunkleres Strohgelb.

Diese Farbfolge erscheint der Reihe nach, je mehr Wärme zugeführt wird.

Entfernen Sie den Brenner, wenn sich die Farben zum Ende hin ausbreiten. Auf diese Weise kann sich die Wärme verteilen. Das Farbspektrum erweitert sich dadurch und verlangsamt das Erhitzen. Erst wenn sich keine neuen Anlassfarben bilden, sollten Sie erneut Wärme zuführen.

***HINWEIS:** Beim Anlassen im Ofen erscheint nur die gewünschte Anlassfarbe.*

Kühlen Sie das Werkzeug im Wasser ab, sobald die gewünschte Anlassfarbe an der Spitze sichtbar wird. Das stoppt die Ausbreitung der Hitze. Zum Ermitteln der richtigen Anlassfarbe sind vermutlich ein paar Testläufe notwendig. Prüfen Sie Ihr Werkzeug. Falls die Schneide zu spröde ist, können Sie das Werkzeug erneut erhitzen, bis es eine dunklere Anlassfarbe zeigt. Ist die Schneide zu weich, muss der gesamte Wärmebehandlungsprozess wiederholt werden. Lassen Sie die Schneide dieses Mal auf eine niedrigere Temperatur an, was sich an einer helleren Anlassfarbe zeigt.

ARBEITEN AN DER WERKBANK

Die Metallbearbeitung an der Werkbank umfasst alle traditionellen Handwerkstechniken, die früher verwendet wurden, um ein Stück Metall im kalten Zustand zu schneiden, zu formen oder zu montieren. Damit gehören diese Arbeiten mehr oder weniger Teil zum Alltag aller Handwerksberufe – auch dem des Schmieds.

Der Schmied kann zwar den größten Teil seines Werkzeugs und seiner Werkstücke nur mit der Esse und dem Amboss herstellen, doch um Teile von Werkzeugen anzupassen und zusammenzubauen, muss auch er darauf zurückgreifen. Der Spengler hingegen arbeitet fast ausschließlich an der Werkbank.

Die Projekte zur Herstellung von Schlössern, die in diesem Buch dargestellt werden, liegen irgendwo in der Mitte. Einige Schlösser werden fast vollständig in der Schmiede hergestellt, andere hingegen überwiegend an der Werkbank. Obwohl diese traditionelle Arbeit in der heutigen Industrie keinen Platz mehr hat, sind wir der Meinung, dass es sich für jeden lohnt, diese alte Herangehensweise zu erlernen.

BENÖTIGTE HANDWERKZEUGE

MEISSEL

Für Arbeiten an der Werkbank benötigt man verschiedene Meißel, die jeweils für bestimmte Aufgaben ausgelegt sind. Kaltmeißel müssen der Belastung durch starkes Hämmern standhalten. Sie werden verwendet, um sehr dicke Späne abzutragen oder um Kerben direkt in die Metalloberfläche zu setzen.

Graviermeißel sind feiner, haben ein dünneres Profil und werden mit leichten Hämmern benutzt. Sie werden verwendet, um feine Späne von einem Stück abzutragen.

Mit dem Kreuzmeißel wird eine Nut ausgehauen.

Planfeilen einer Oberfläche mit der Flachfeile.

Jeder Meißeltyp kann in beliebiger Form hergestellt werden, um speziell auf die Anforderungen der jeweiligen Arbeit abgestimmt zu sein.

Kehlen mit dem Meißel zum Erleichtern des Biegevorgangs.

Abtragen eines feinen Spans mit Hilfe eines Kreuzmeißels.

FEILEN

Mit Feilen kann Metall präzise und kontrolliert abgetragen werden. Feilen haben normalerweise an allen vier Seiten Schneidkanten. Beim Feilen einer ebenen Fläche stellt das kein Problem dar. Doch wenn auf engstem Raum gearbeitet wird, kann das zu Beschädigungen angrenzender Stellen führen. Um dieses Problem zu vermeiden, benutzt man zum Beispiel zum Feilen von Nuten eine Feile mit geglätteten Kanten. Bei der Anwendung im Bild wurde die schmale Kante der Feile weggeschliffen, damit sie nicht in die Oberseite des Schraubstocks schneidet. Die Hauptfläche der Feile hingegen schneidet seitlich in die Nut. Jede Fläche einer Feile lässt sich glätten. Im Beispiel wurden beide Seitenflächen glatt geschliffen. Dadurch kann der Boden der Nut bearbeitet werden, ohne Gefahr zu laufen, die Seiten zu beschädigen.

Beim Herstellen von Schlössern kommt es regelmäßig vor, dass kleine Bauteile gefeilt werden müssen, die sich nicht kurzerhand in einen Schraubstock spannen lassen. Hier bieten sich Hartholzblöcke an. Sie lassen sich gut in Form schneiden und halten dann auch unregelmäßig geformte Bauteile sicher.

Ausarbeiten einer Form mit der Flachfeile zur Herstellung einer 90-Grad-Aussparung.

Da Feilen auch entlang der Längskanten oft einen Hieb besitzen, ist Vorsicht geboten.

Bei schmalen Konturen wird die Feile hochkant geführt. Ein Schraubstock hilft beim Fixieren des Werkstücks.

Zur Schonung bearbeiteter Flächen kann man den Hieb auf einer Seite der Feile entfernen.

Hartholzblöcke eignen sich hervorragend zur schnellen Herstellung von Hilfs-Klemmvorrichtungen.

BLECH BIEGEN

KEHLMEISSEL

Eine einfache Methode zum schonenden Biegen von Blechteilen besteht darin, mit einem Kehlmeißel eine flache Nut im Metall zu erzeugen. Dadurch biegt sich das zu bearbeitende Werkstück genau an dieser Stelle. Ein Kehlmeißel ist ein Werkzeug, das speziell entwickelt wurde, um eine Rille oder Kerbe, die sogenannte „Kehle", in der Oberfläche eines Metallstücks zu erzeugen. Er wird wie ein Kaltmeißel hergestellt, hat jedoch anstelle der scharfen Schneide eine abgerundete Kante.

SCHRAUBSTOCK UND HOLZHAMMER

Das Biegen von Metallteilen, die im Biegebereich die volle Materialstärke beibehalten müssen, erfordert eine andere Vorgehensweise. Der Teil, an den die Biegung

Kehlmeißel

anschließen soll, wird in einen Schraubstock oder in eine Halterung eingespannt. Dann biegt man das andere Ende mit einer Flachzange oder einem verstellbaren Schraubenschlüssel. Durch Schläge mit einem Holzhammer oder einem Holzklotz auf den Biegebereich konzentriert man den Druck an dieser Stelle. Das Blech wird sich nun ein kurzes Stück oberhalb der Backen des Schraubstocks biegen.

Mit dem Kehlmeißel bringt man eine flache Kerbe entlang der gesamten Breite an, an der das Blech gebogen werden soll. Der Kehlmeißel wird direkt in die Metalloberfläche geschlagen. Der so ausgedünnte Bereich lässt sich leichter biegen als das umgebende Metall.

Die Tiefe der Kerbe sollte nur ein Drittel der Dicke des Blechs betragen.

Durch die Kerbe biegt sich das Blech in diesem Bereich in einem sehr engen Radius.

Beim rechtwinkligen Biegen von Blechen im Schraubstock sollte mit einem Holzhammer direkt an der Biegekante unterstützt werden.

Längere Teile, die nicht zwischen die Schraubstockbacken passen, werden mit einem schweren Flachmaterial abgestützt, das dann in einem Schraubstock gehalten oder an die Kante einer Werkbank geklemmt wird.

Um längere Bleche zu biegen, muss man in kleinen Schritten vorgehen. Man beginnt dabei an der Kante des Blechs, die wie oben beschrieben gebogen wird. Als nächstes wird der Abschnitt gebogen, der an die erste Biegung anschließt. Wenn die gesamte Biegung den gleichen Winkel aufweist, wiederholen Sie den Vorgang, um die Biegung zu erhöhen. Bis zu einer vollständigen 90-Grad-Biegung müssen mehrere Schritte durchgeführt werden.

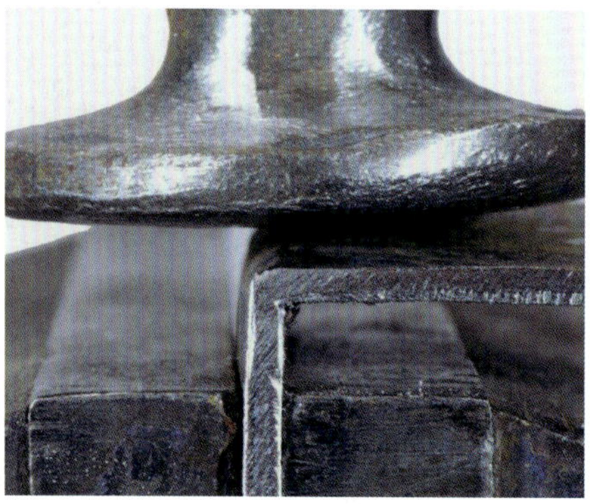

Um eine rechtwinklige Ecke im Blech zu formen, wendet man das gleiche Prinzip an wie beim Schmieden eines rechten Winkels.

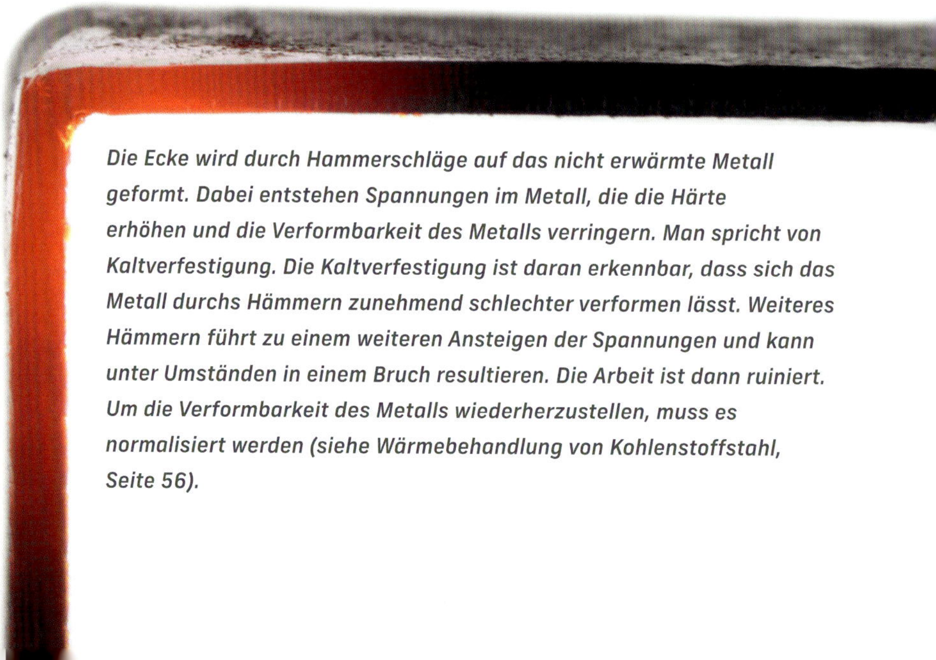

Die Ecke wird durch Hammerschläge auf das nicht erwärmte Metall geformt. Dabei entstehen Spannungen im Metall, die die Härte erhöhen und die Verformbarkeit des Metalls verringern. Man spricht von Kaltverfestigung. Die Kaltverfestigung ist daran erkennbar, dass sich das Metall durchs Hämmern zunehmend schlechter verformen lässt. Weiteres Hämmern führt zu einem weiteren Ansteigen der Spannungen und kann unter Umständen in einem Bruch resultieren. Die Arbeit ist dann ruiniert. Um die Verformbarkeit des Metalls wiederherzustellen, muss es normalisiert werden (siehe Wärmebehandlung von Kohlenstoffstahl, Seite 56).

UMSCHLAGEISEN

Eine weitere Methode ist das Biegen mit einem Umschlageisen. Das ist ein spezialisierter Amboss mit einem sehr dünnen, klingenähnlichen Profil. Er wird in der Spenglerei normalerweise zum Biegen von dünnem Blech verwendet, kann aber auch für dickere Bleche verwendet werden. Das Umschlageisen ist besonders vorteilhaft, wenn man eine Biegung in der Nähe des Blechendes ausführen muss. Dabei wird das Blech mit einem Holzhammer oder einem einfachen Hartholzklotz bearbeitet. Die schmale Kante und die spitzwinklige Fase ermöglichen das Biegen sehr kurzer Blechabschnitte.

Profil eines Umschlageisens

Das Umschlageisen wird oft für die ersten Schritte zum Biegen von kleinen Zylindern verwendet. Die Außenkanten des Zylinders werden zuerst gebogen. Lehren aus Karton eignen sich gut zur Bestimmung des Radius.

Die Biegung in der Mitte des Zylinders erfolgt, indem man ihn entlang der Innenkante mit einem Kehleisen einkerbt. Der Zylinder liegt dabei stabil gelagert auf zwei schweren Rundstäben auf.

Die Grundform des Zylinders wird fertiggestellt, indem man die Außenkanten des Zylinders vollständig zusammen biegt. Dabei kann es erforderlich sein, den Zylinder zwischendurch zu normalisieren (siehe S. 56), um etwa entstandene Spannungen im Material zu beseitigen. Sobald der Zylinder vollständig normalisiert und damit wieder weich ist, kann der Spalt vollständig geschlossen werden.

ARBEITEN MIT SCHABLONEN

Jedes Projekt zur Herstellung eines Schlosses wird in diesem Buch mit Zeichnungen dargestellt. Darin sind alle Details des Schlossmechanismus ersichtlich sowie alle Bauteile, die zum Zusammenbau des Schlosses benötigt werden. Da die Pläne nicht maßstabsgetreu sind, müssen Sie selbst die darin enthaltenen Informationen in eine maßstabsgetreue Zeichnung übersetzen. Diese Zeichnung kann dann kopiert und als Schablone verwendet werden. Einige der Bauteile lassen sich leichter in maßstabsgetreue Zeichnungen übertragen, wenn Sie anstatt auf Messungen auf die Rastermethode zurückgreifen. Für diese Teile steht optional ein Gittermuster zur Verfügung.

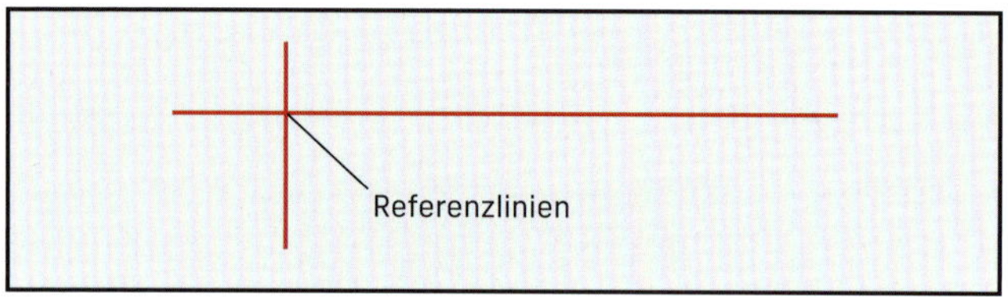

Referenzlinien oder Referenzkanten dienen zur Orientierung auf den Plänen. Referenzlinien wurden den Zeichnungen hinzugefügt, um sie als Basis für Messungen zu verwenden. Sie stellen kein Detail dar, das ausgeschnitten werden muss.

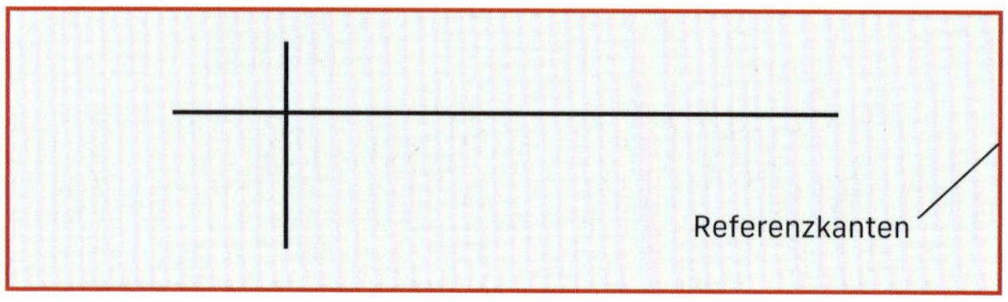

Referenzkanten sind diejenigen Linien, die den Umriss des Bauteils selbst definieren.

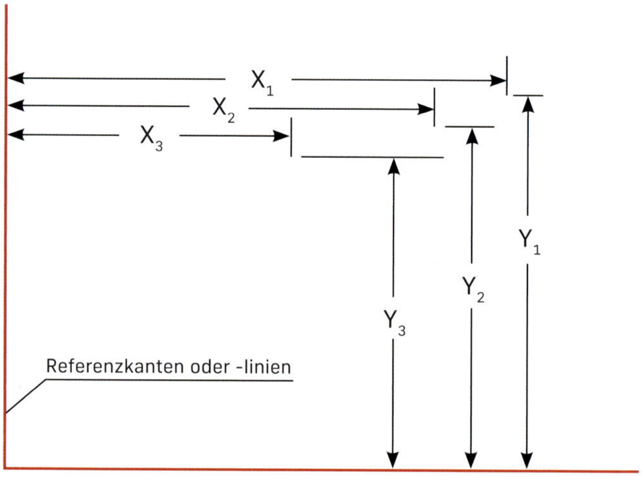

Um die Pläne in eine maßstabsgetreue Zeichnung zu übertragen, übertragen Sie zunächst alle in den Plänen umrissenen Referenzlinien oder Referenzkanten. Ausgehend von diesen Linien können Sie dann alle Maße auf den maßstabsgetreuen Plan übertragen.

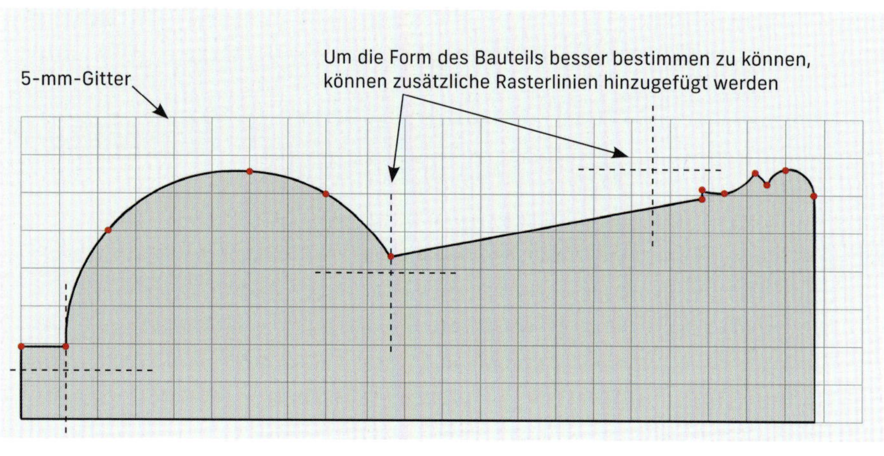

Die Gittermuster bestehen aus einer Reihe von sich im rechten Winkel kreuzenden Referenzlinien. Der Maßstab des Gitters ist auf der Zeichnung angegeben. Zur Erstellung einer maßstabsgetreuen Schablone müssen Sie zuerst ein maßstabsgetreues Raster erstellen, das als Referenz dient. Tragen Sie in dieses Raster zunächst alle Punkte ein, die das Gitter kreuzen und sich lokalisieren lassen. Danach verbinden Sie alle Punkte.

ZUSCHNITT ANHAND VON SCHABLONEN

Sägen und Meißel waren für die Schmiede früher die einzig verfügbaren Werkzeuge für den Zuschnitt. Damit sind lange und gerade Schnitte deutlich arbeitsintensiver als mit einer Metallbandsäge.

Allerdings lässt sich mit Meißeln auf kleinem Raum besser arbeiten. In vielen Fällen sind Meißel immer noch die einzige Methode, die dem durchschnittlichen Schmied zur Verfügung steht.

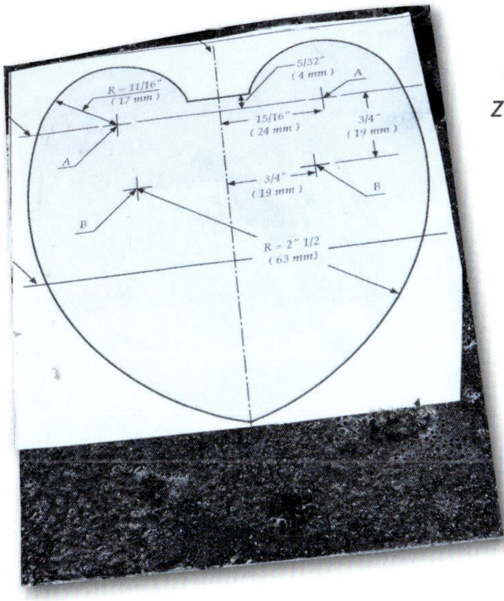

Die einfachste Methode, um die Zeichnung auf ein Werkstück zu übertragen, besteht darin, eine Fotokopie der Schablone mit Sprühkleber darauf zu kleben.

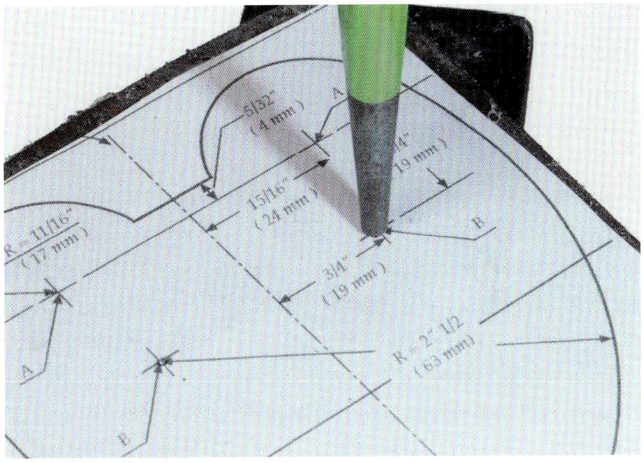

Zunächst markieren Sie mit dem Körner die Endpunkte aller Referenzlinien sowie alle Stellen, die später gelocht werden.

Legen Sie das Werkstück dann auf einen Amboss und meißeln Sie den Umriss in die Oberfläche des Metallblechs. Nutzen Sie dafür einen schmalen Kaltmeißel.

Der Meißel wird direkt in die Stirnseite des Blechs geschlagen. Setzen Sie den Meißel dann ein kleines Stück weiter an und schlagen Sie den Meißel an dieser Stelle in die Platte. Übertragen Sie auf diese Weise den gesamten Umriss. Die Kerbe sollte etwa halb so tief sein wie das Blech. Dadurch erzeugen Sie eine so hohe Spannung im Material, dass die Kerbe letztlich wie eine Sollbruchstelle wirkt.

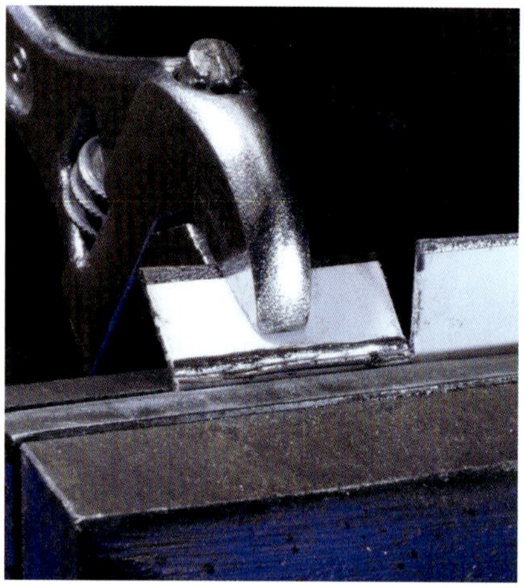

Der nicht benötigte Metallrand kann nun abgebrochen werden. Bauteile mit geraden Linien können direkt in den Schraubstock gespannt werden. Biegen Sie das Randstück so lange hin und her, bis es abbricht. Arbeiten Sie sich auf diese Weise voran.

Bei gebogenen Linien müssen Sie das Randstück möglicherweise zunächst mehrfach einschneiden. Mit einer Metallsäge können Sie die Randstücke in besser handhabbare Stücke sägen.

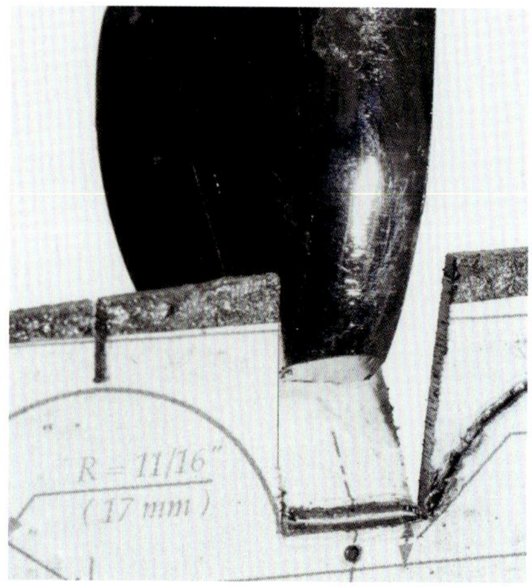

Schnittteile mit Innenecken können auch mit einer Metallsäge ausgeformt werden. Sägen Sie dazu direkt in die Ecken und erzeugen so zwei gerade Schnittkanten.

Sobald das Papiermuster nicht mehr als Referenz benötigt wird, kann es entfernt werden. Dazu verbrennt man es gewöhnlich. Zeichnen Sie nun im letzten Schritt alle Verbindungslinien zwischen den Körnermarkierungen mit einer Reißnadel oder einem Marker mit feiner Spitze ein.

Sämtliche scharfe Kanten sollten mit einer Feile geglättet werden.

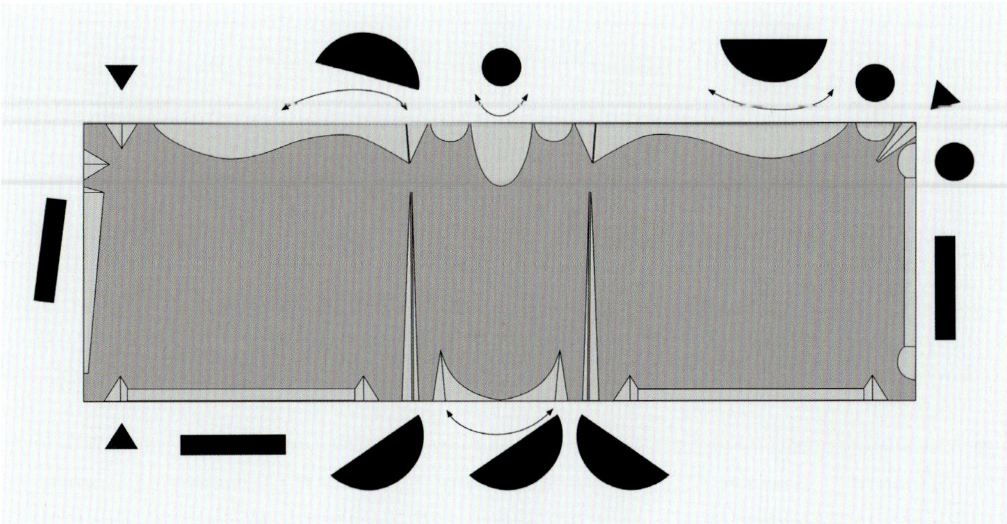

Früher brachte man häufig dekorative Feilarbeiten an Schlossteilen und geschmiedeten Beschlägen an. Für einfache Feilmuster braucht man lediglich einige Feilen.

Um stärkeres Material in Form zu schneiden, kann man auch Kaltmeißel nutzen. Die Vorgehensweise ähnelt dabei dem Ausschneiden einer bogenförmigen Linie in Stahlblech. Allerdings müssen die Sägeschnitte nun viel dichter gesetzt werden.

Setzen Sie das Werkstück so in den Schraubstock ein, dass sich die Schnittlinie direkt oberhalb der Backen befindet. Mit einem schmalen, aber stabilen Meißel können die einzelnen Einschnitte herausgemeißelt werden. Die Schraubstockbacken dienen dabei als Führung. Der Kaltmeißel schneidet die Bruchlinie an. Die Schneidfase wirkt wie ein Keil, der den eingeschnittenen Abschnitt so lange druckvoll biegt, bis er abbricht.

Anschließend entfernen Sie mit einem alten, aber scharfen Meißel alle rauen und störenden Überreste.

Im richtigen Winkel gehalten, erzeugt der Meißel eine glatte, flache Oberfläche.

BLECHE PASSGENAU EINSCHNEIDEN

Für manche Projekte ist es erforderlich, dass man einen Schlitz in die Kante eines Blechstücks schneidet, der genau die Dicke eines anderen Blechstücks hat. Selbst wenn das Sägeblatt der Metallsäge dünner als das Blech ist, kann man dafür eine Metallsäge nutzen. Sägen Sie das Stahlblech zunächst entlang einer der Kanten ein. Dann befestigen Sie mit Klemmen ein nicht benötigtes Stahlblech am zu schneidenden Blech. Dieses Behelfsblech muss mindestens so dick sein wie das Blech, das es zu bearbeiten gilt. Es muss den ersten Sägeschnitt komplett abdecken. Machen Sie nun den zweiten Schnitt entlang der Führungslinie für die andere Seite des Schlitzes. Das Behelfsblech verhindert, dass das Sägeblatt versehentlich in den ersten Sägeschnitt abrutscht.

Um einen breiteren Sägeschnitt zu setzen, kann man zur Führung ein Behelfsblech benutzen.

NIETEN UND ZAPFEN

NIET

Ein Niet ist ein Befestigungselement, das seit Jahrhunderten zum Zusammenbau von Metallteilen verwendet wird. In diesem Buch verwenden wir Nietstifte aus gewöhnlichen Nägeln. Die Gesamtlänge der Niete sollte dem doppelten Durchmesser der Stärke des Niets zuzüglich der Dicke der zu nietenden Teile entsprechen.

Um den Niet zu setzen, platzieren Sie das Werkstück auf dem Amboss oder einem Nietblock. Schlagen Sie mit der flachen Seite des Hammers gerade nach unten auf den Niet. Dadurch wird er gestaucht. Auf jeder Seite der Platte formt sich ein Kopf. Anschließend kann der Nietkopf mit der Finne des Hammers weiter ausgearbeitet werden. Bei einem Niet,

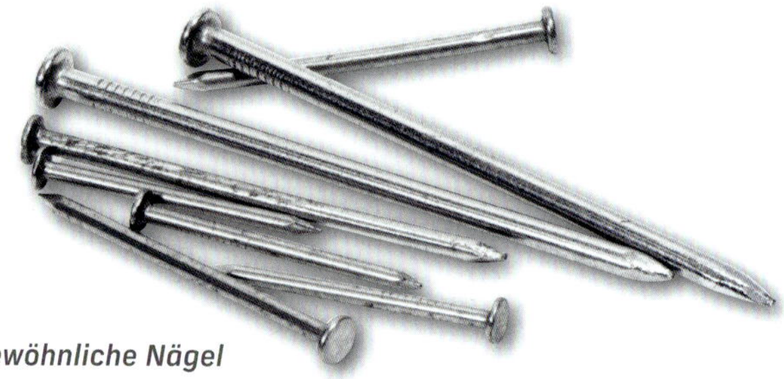

Gewöhnliche Nägel eignen sich gut für die Herstellung von Nieten.

Der Niet wird mit Hammerbahn oder Finne breit geschlagen.

der oberflächenbündig gefeilt werden muss, wird das Loch angesenkt, damit sich der Nietkopf unter der Plattenoberfläche ausbilden kann.

ZAPFEN

Ein Zapfen ist ähnlich wie ein Niet. Doch er ist kein separates Bauteil, sondern Teil eines größeren Metallstücks: zum Beispiel ein rechteckiger Zapfen in der Seitenkante eines Blechs oder ein kleiner runder Zapfen am Ende einer größeren runden Stange. Der Zweck eines Niets ist es, zwei separate Teile miteinander zu verbinden. Der Zapfen soll dagegen verschiedene Teile zu einer Einheit zusammenfügen. Die gebräuchlichste Zapfenform in der Schlosserei ist der rechteckige Zapfen, der in Blechteile geschnitten wird. Dieser Zapfentyp muss in einen rechteckigen Schlitz eingesetzt werden, der die gleiche Größe wie der Zapfen hat.

Um diese Aufnahme herzustellen, bohren Sie zunächst so viel Material wie möglich aus. Das restliche Metall lässt sich in der Regel mit einem kleinen Gravurmeißel entfernen. Das Werkstück sollte dabei auf einem Holzblock sitzen, um Beschädigungen der Ambossfläche durch den Meißel zu verhindern. Verbinden Sie die Bauteile anschließend hämmernd. Nutzen Sie dazu die Finne des Hammers und bearbeiten Sie die gesamte Breite des Zapfens hinweg.

Der rechteckige Zapfen hat eine ähnliche Aufgabe wie ein Niet.

Der Zapfen wird vorgestaucht.

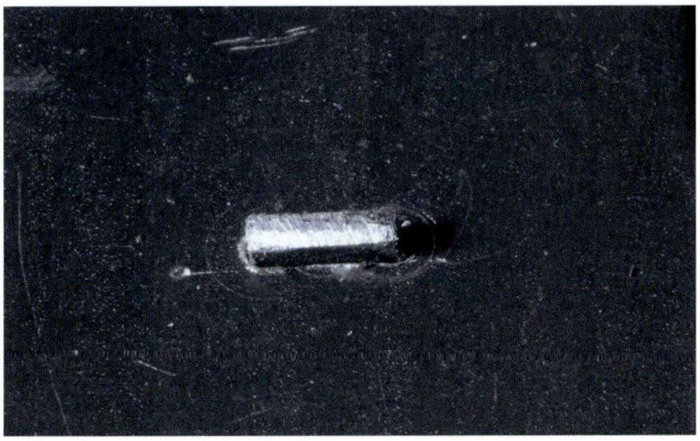

Der durchgesteckte, aber nicht vernietete Zapfen.

Der Zapfen wird mit der Hammerfinne vernietet.

ABSCHNITT B

DIE SCHLÖSSER – TYPEN UND BAUAN

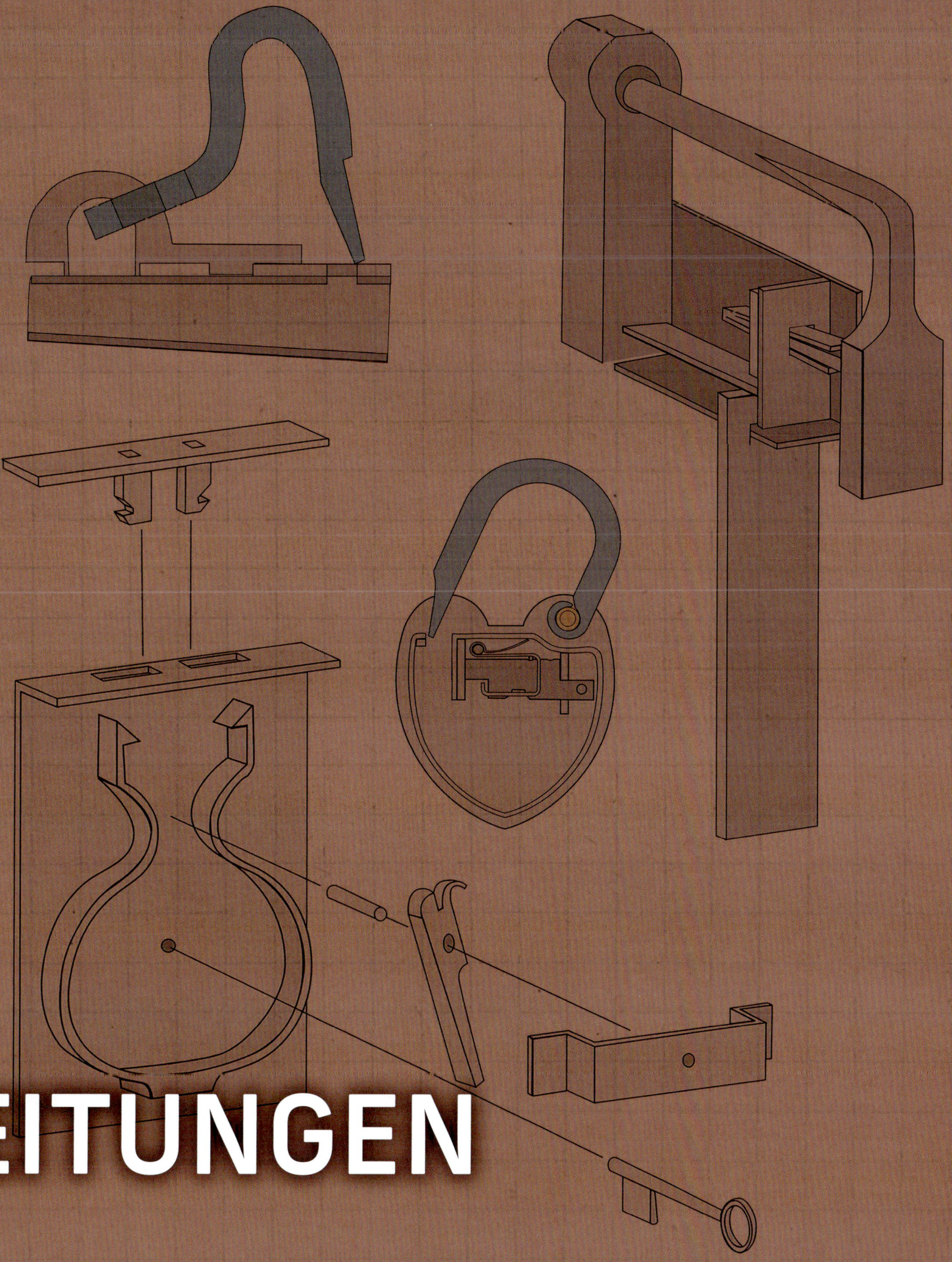

LEITUNGEN

FUNKTIONSWEISE UND AUFBAU

SCHLÜSSELBETÄTIGTE RIEGELSCHLÖSSER

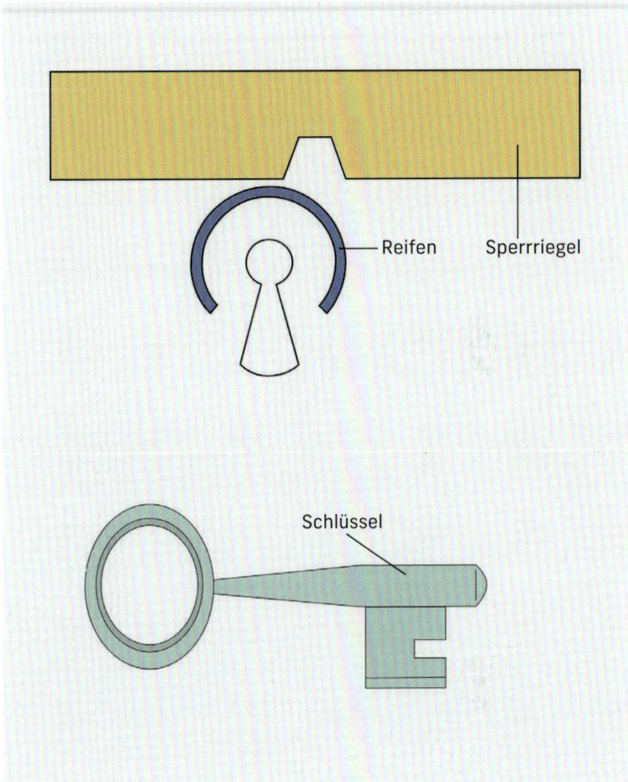

Die Hauptelemente eines schlüsselbetätigten Riegelschlosses sind der Schlüssel, die Reifen und der Riegelmechanismus. Der Schlüssel ist im Grunde eine Art Hebel, der in das Schloss passt und den Mechanismus betätigt. Der Schlüsselbart wird entweder von einer Kerbe aufgenommen, die direkt in den Bolzen geschnitten ist, oder er bewegt den Riegel über einen Sperrriegel-Zapfen, der im Englischen als „dog" (Hund) bezeichnet wird. Die Reifen sorgen dafür, dass sich nur passende Schlüssel ins Schloss einführen oder darin drehen lassen.

Die Sicherheit des Schlosses beruht maßgeblich auf der Anzahl der Reifen sowie ihrer Komplexität. Besitzt ein Schloss nur eine einfache Schlüssellochform und simpel geformte Reifen, ist die Wahrscheinlichkeit groß, dass viele verschiedene Schlüssel passen. Je detailreicher hingegen der Aufbau, desto sicherer das Schloss.

Die Reifen im Schloss helfen dabei zu verhindern, dass ein Schloss mit dem falschen Schlüssel bedient wird. Einen echten Schutz stellen sie jedoch nicht dar – zumin-

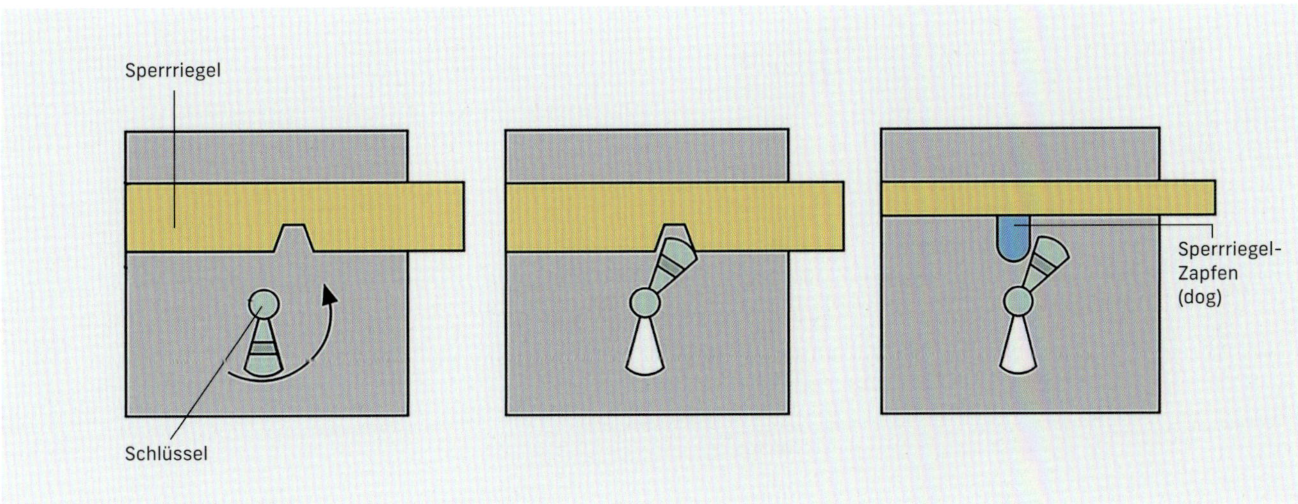

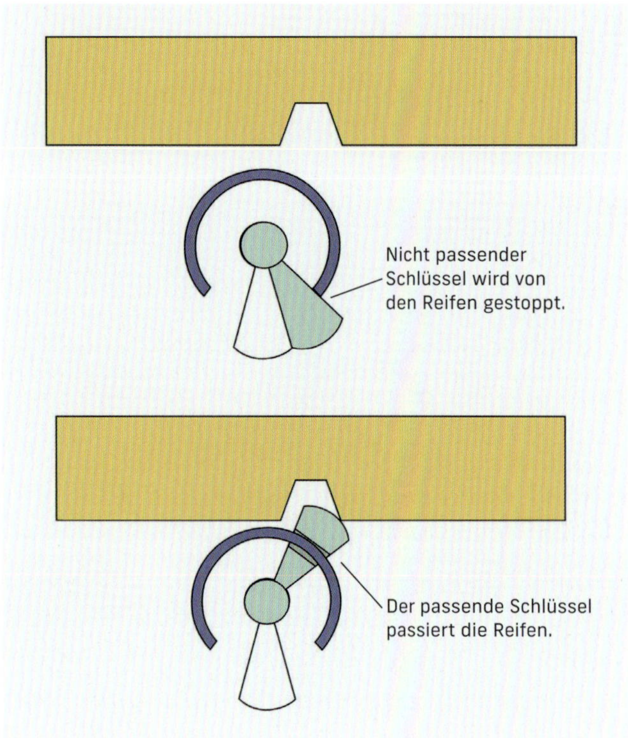

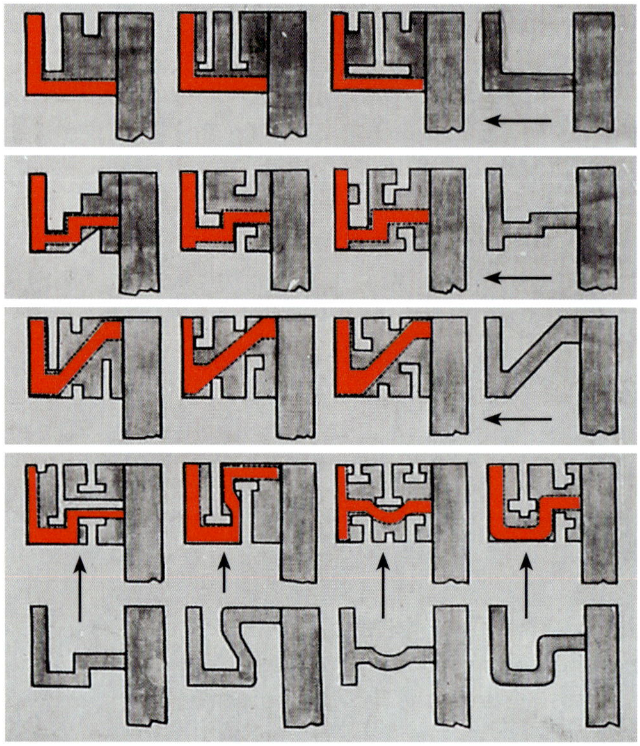

dest nicht gegen jemanden, der gewillt ist, sich ausführlich mit der Positionierung der Reifen im Schloss zu befassen. Findige Menschen entwickelten im Laufe der Zeit Skelettschlüssel, mit denen sich die in Schlössern verwendeten Standardkonfigurationen umgehen lassen.

Die Reifen sind kein wesentlicher Bestandteil eines Schlosses. Ihre einzige Funktion besteht darin, ein grundlegendes Maß an Sicherheit zu bieten. Im Buch finden Sie alle Reifenformen, die in den Schlössern verwendet werden, die wir für dieses Buch ausgewählt haben. Dazu erhalten Sie Beschreibungen, wie die Reifen in den Schlössern gesetzt werden. Diese Informationen können

Je mehr Reifen ein Schloss aufweist, desto höher ist seine Sicherheit.

notwendig sein, um ein funktionierendes Schloss herzustellen oder ein Schloss zu reparieren. Sofern Sie vorhaben, ein Schloss für historische Beschläge an Möbeln oder Schränken herzustellen, empfehlen wir, entweder nur einfache Reifen oder gar keine zu verwenden. Sorgen Sie stets für eine einfache Möglichkeit, das Schloss zu öffnen, wenn der Schlüssel verloren geht.

MECHANISMEN

Bei schlüsselbetätigten Riegelschlössern findet man zwei Mechanismen, die sich deutlich unterscheiden.

RIEGELSCHLÖSSER MIT FEDER

Der Riegel eines Federriegelschlosses steht immer unter Druck. Diese Belastung geht von einer starken Feder aus, die auf das Ende des Bolzens drückt. Dieser Federdruck hält den Sperrriegel in einer arretierenden Position. Durch Drehen des Schlüssels übt der Nutzer den erforderlichen Druck aus, um den Sperrriegel – gegen die Kraft der Feder – in die entriegelnde Position zu bewegen. Dann lässt sich das Schloss öffnen.

SPERR-RIEGELSCHLÖSSER MIT FEDER UND ZUHALTUNG

Bei Sperr-Riegelschlössern kommt der federbelastete Arretiermechanismus „Zuhaltung“ zum Einsatz, der verhindert, dass sich der Riegel im Schloss bewegt oder zurückschnappt. Der Schlüssel bewegt dabei nicht nur den Sperrriegel, sondern muss in einem ersten Schritt auch den Zuhaltungsmechanismus gegen die Kraft der Feder anheben. Bei dieser Schloss-Art bleibt der Sperrriegel nach dem Abziehen des Schlüssels entweder in einer verriegelnden oder einer entriegelten Position.

Die Gemeinsamkeit der beiden Riegelschloss-Typen liegt darin, dass die Bedienung mit einem Schlüssel erfolgt. Welcher Riegelmechanismus in einem Schloss verbaut wurde, ist von außen nicht unbedingt erkennbar.

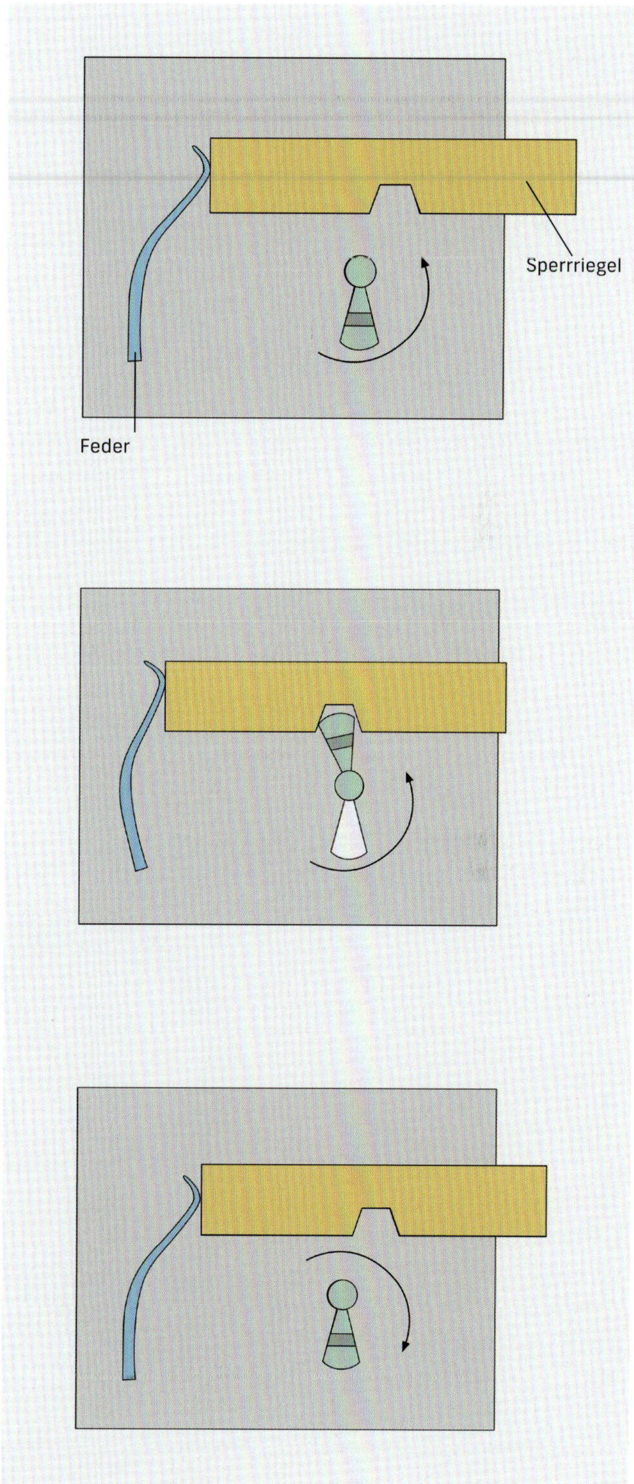

Riegelschloss mit Feder

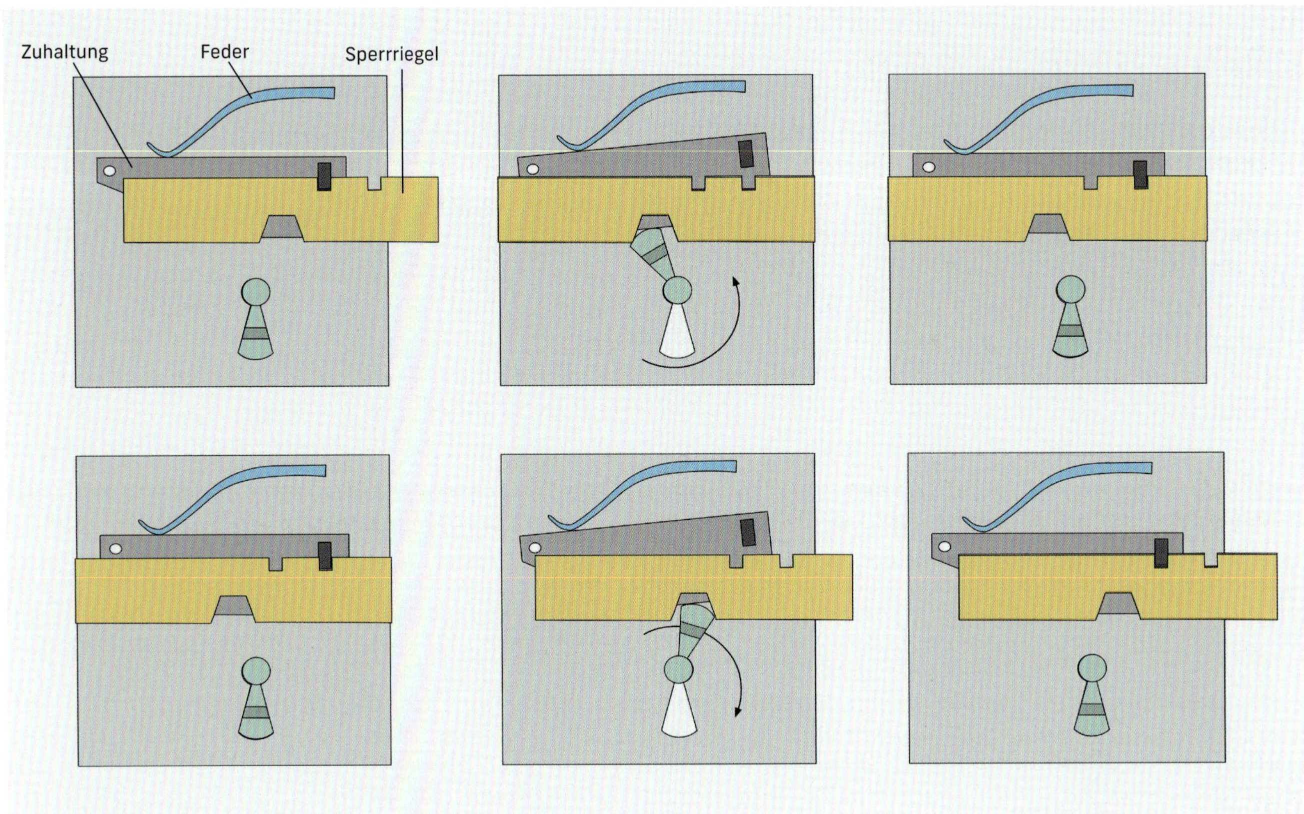

Sperr-Riegelschlösser mit Feder und Zuhaltung

Beiden Riegelschloss-Typen gemeinsam ist die Bedienung mit einem Schlüssel. Welcher Riegelmechanismus in einem Schloss verbaut wurde, ist von außen nicht sofort erkennbar. Die Bebilderung zeigt zwei optisch identische Vorhängeschlösser: einmal mit einem Feder-Riegelmechanismus (links), einmal mit einem Sperr-Riegelmechanismus (rechts).

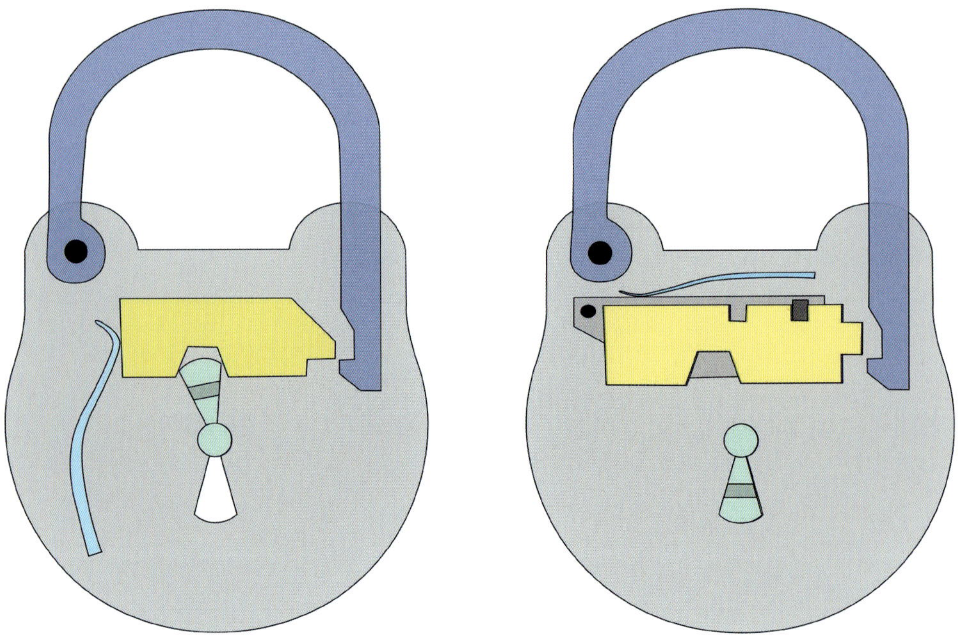

DIE PROJEKTE IM BUCH

Die Schlösser in diesem Buch sind in zwei Gruppen eingeteilt:

• **Einfache Vorhängeschlösser:** Darunter verstehen wir in diesem Buch antike Schlösser, die mit verschiedenen Konstruktionen arbeiten. Es muss sich dabei nicht ausschließlich um Vorhängeschlösser handeln. In diesem Buch haben wir jedoch alle Varianten in dieser Form realisiert.

• **Schlüsselbetätigte Riegelschlösser:** Bei der zweiten Gruppe handelt es sich um Riegelschlösser, die per Schlüssel betätigt werden. Diese Form der Verriegelung kommt in zwei Varianten vor: als Feder-Riegelschloss (engl. Spring Bolt Lock) und als festes Riegelschloss (engl. Dead Bolt Lock).

Diese zwei Varianten des Riegelschlosses sind einfach zu bauen und können leicht für eine Vielzahl von Schlössern angepasst werden. Diese Vielseitigkeit machte sie über mehrere Hundert Jahre zur vorherrschenden Schlossform. In ihrer einfachsten Form können sie in einer gewöhnlichen Schmiede hergestellt werden. Die komplexeren Varianten, die von Schlossern hergestellt wurden, boten ein für die damalige Zeit akzeptables Sicherheitsniveau.

Einfache Vorhängeschlösser

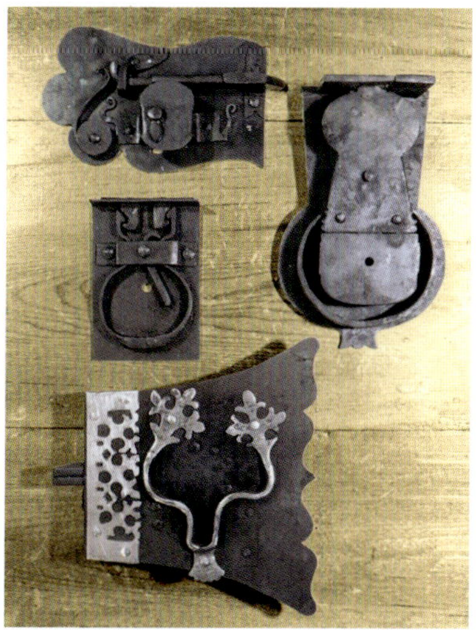

Feder-Riegelschlösser

Feste Riegelschlösser

BEVOR ES LOSGEHT

Die Pläne und technischen Zeichnungen der folgenden 14 Projekte sind nicht maßstabsgerecht gedruckt. Bitte beachten Sie zum Verständnis die Hinweise auf Seite 66.

Im englischsprachigen Original dieses Buchs werden Zollangaben verwendet. Wir haben diese in Millimeter umgerechnet, wobei sich geringe Rundungsdifferenzen ergeben!

Kapitel 7

EINFACHE VORHÄNGESCHLÖSSER

Projekt 1: Rohrschloss – Variante 1

Projekt 2: Rohrschloss – Variante 2

Projekt 3: Sperrfederschloss – Variante 1

Projekt 4: Sperrfederschloss – Variante 2

PROJEKT 1:
ROHRSCHLOSS – VARIANTE 1

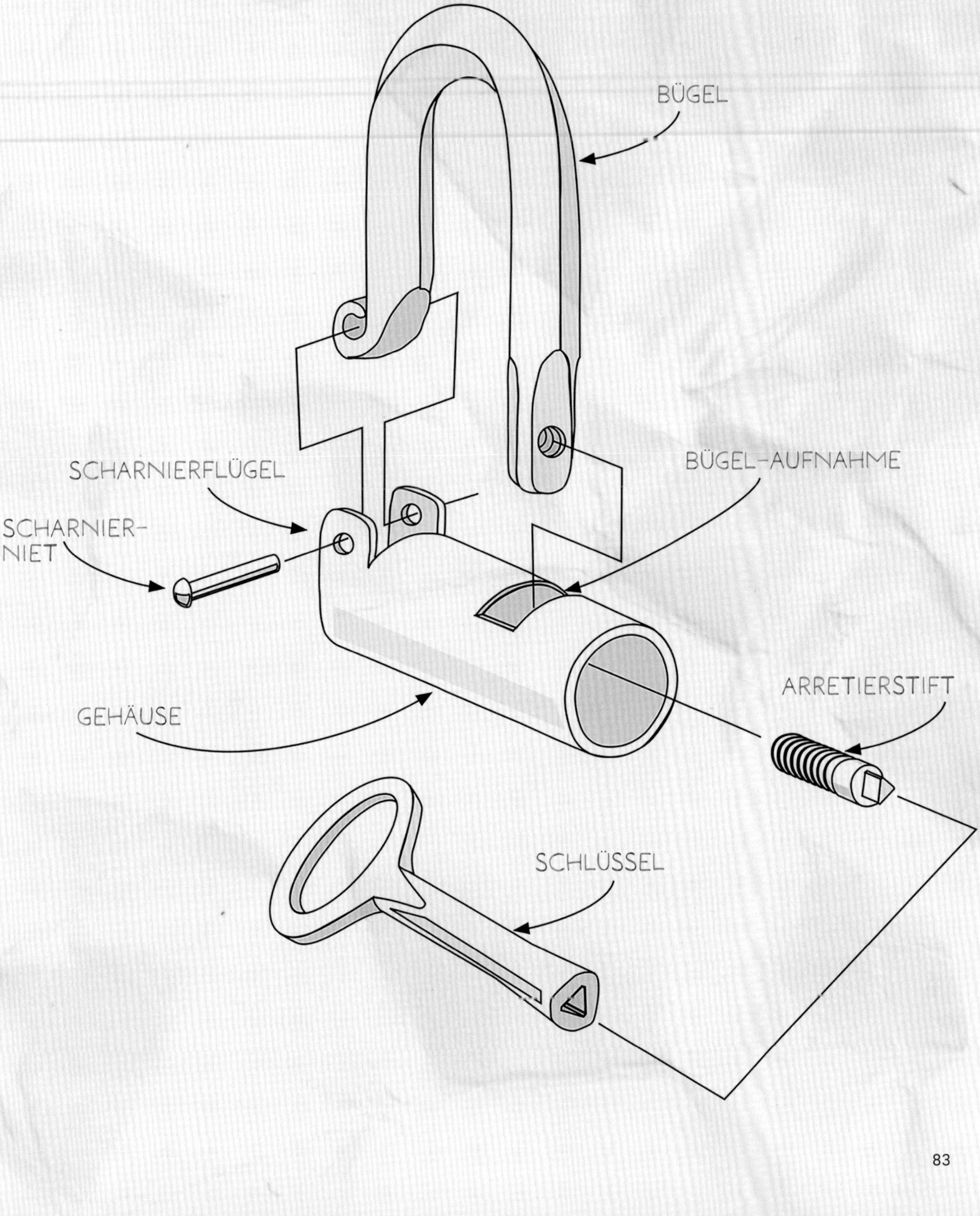
BÜGEL
SCHARNIERFLÜGEL
BÜGEL-AUFNAHME
SCHARNIER-
NIET
GEHÄUSE
ARRETIERSTIFT
SCHLÜSSEL

SCHMIEDELEHRE ZUR HERSTELLUNG EINES ROHRSCHLOSSES

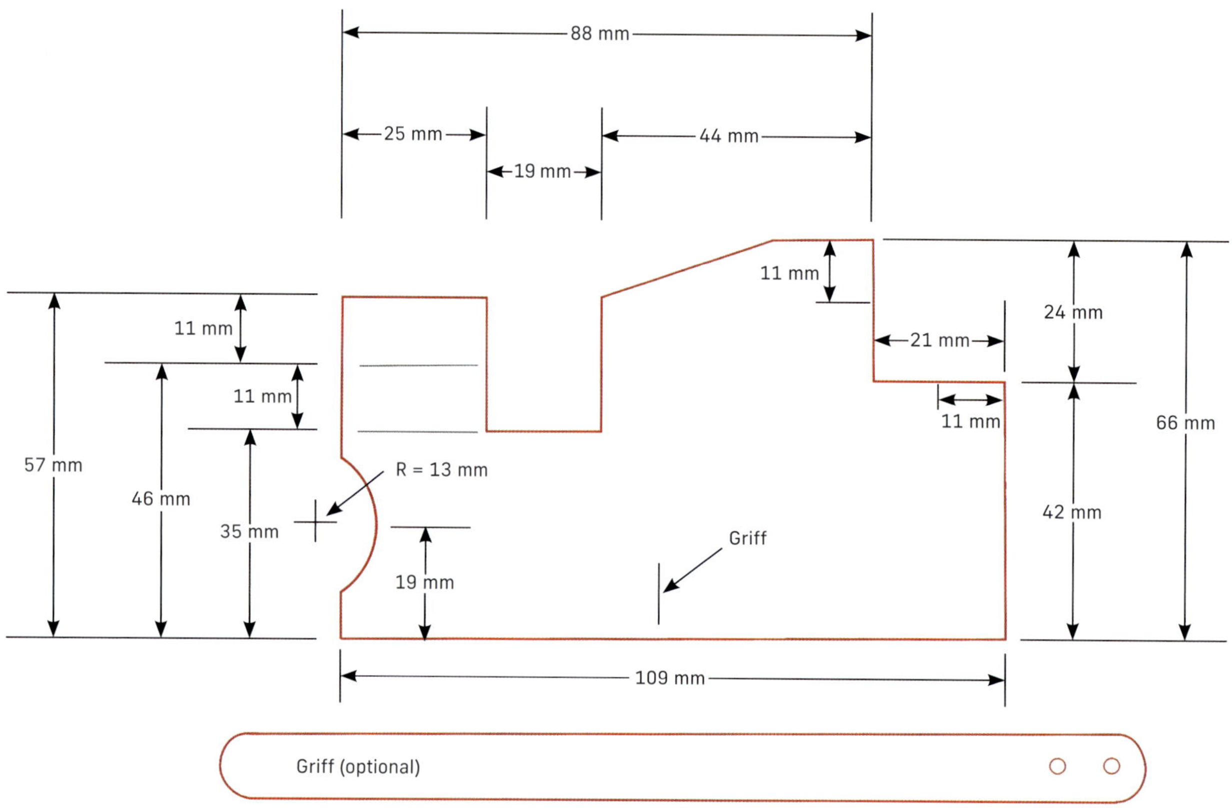

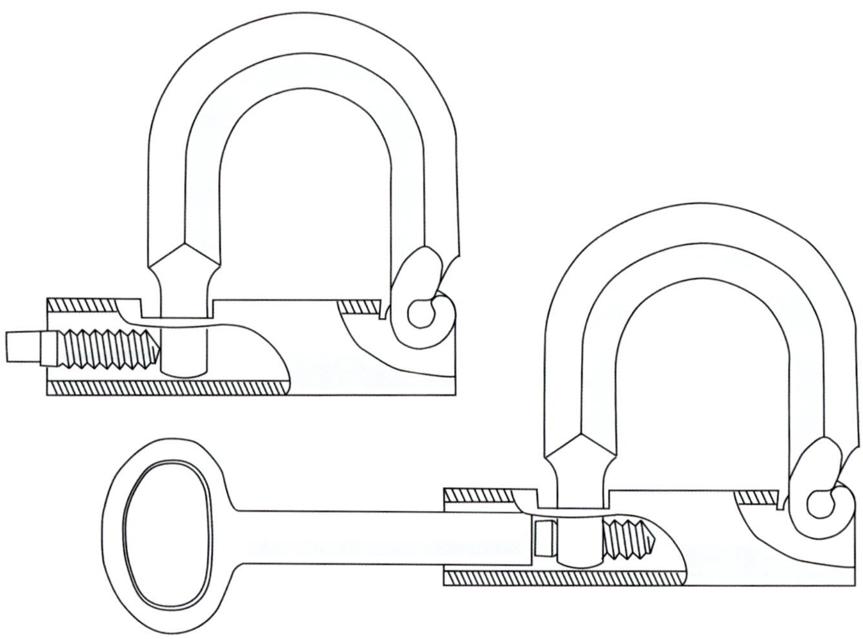

Das Rohrschloss ist ein schönes Schmiedeprojekt, das auch funktioniert, wenn es nicht allzu fein ausgearbeitet ist. Das grundlegende Design ist einfach gehalten, und die Einzelteile sind leicht zu schmieden. Leider ist nicht bekannt, wer diesen besonders einfachen Vorhängeschloss-Typ erfunden hat.

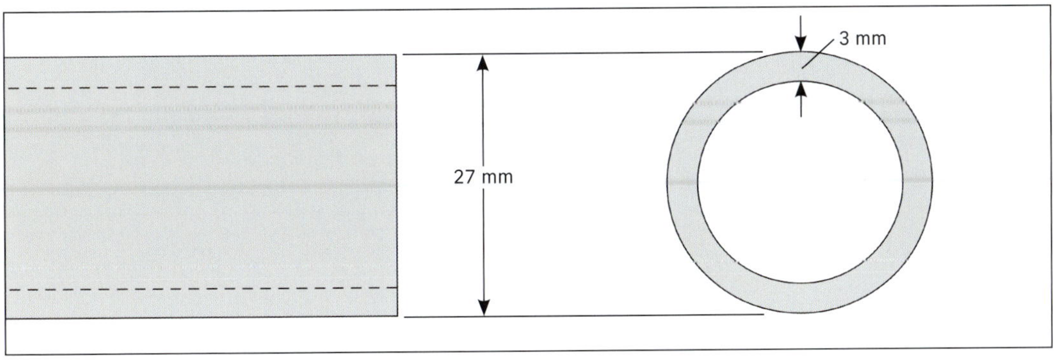

Der Körper des Schlosses besteht aus einem Standard-Stahlrohr mit einem Innendurchmesser von 21 mm.

Mit Hilfe der Schmiedelehre legen Sie die Länge des Gehäuses fest.

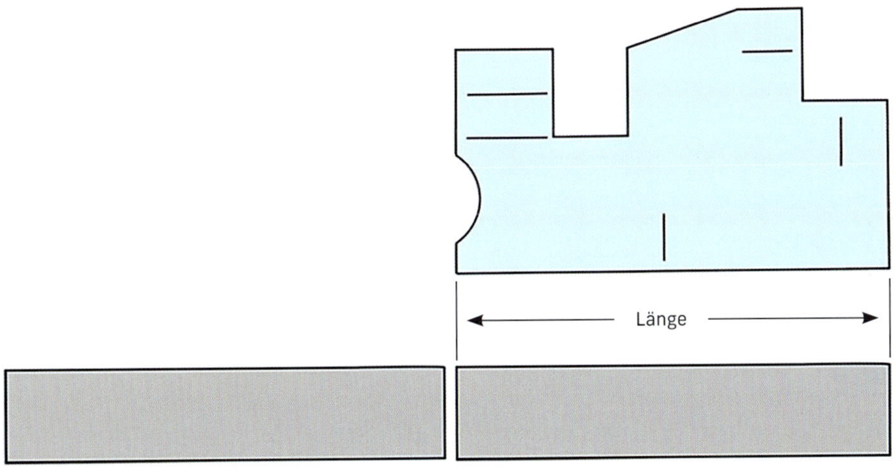

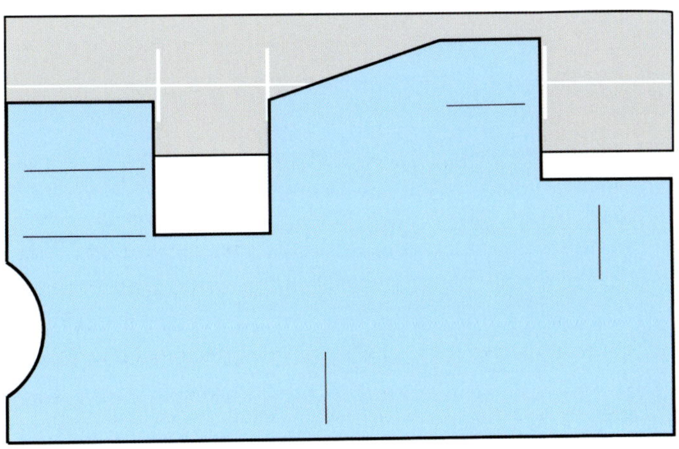

Mit der Oberseite der Schmiedelehre wird die Position der Bügel-Aufnahme und der Scharnierflügel übertragen.

Die Bügel-Aufnahme erfordert eine 13 mm breite Öffnung. Legen Sie zur Bestimmung der Länge des Sägeschnitts den kreisförmigen Ausschnitt der Schmiedelehre auf die Mittellinie des Schloss-Gehäuses. Reißen Sie die Außenkanten der Schmiedelehre an.

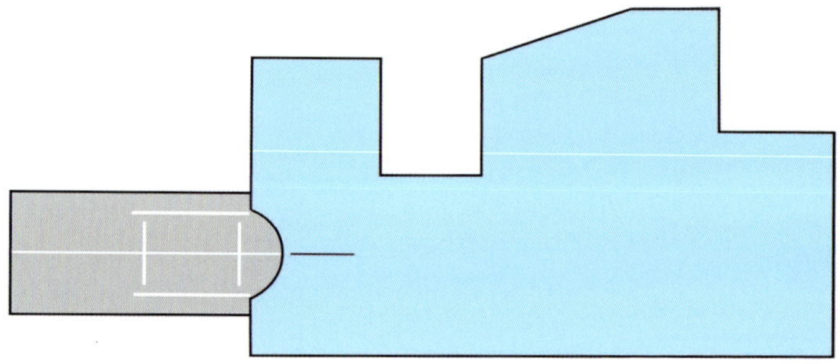

Mit der gleichen Schmiedelehre reißen Sie den Sägeschnitt für die Scharnierflügel an.

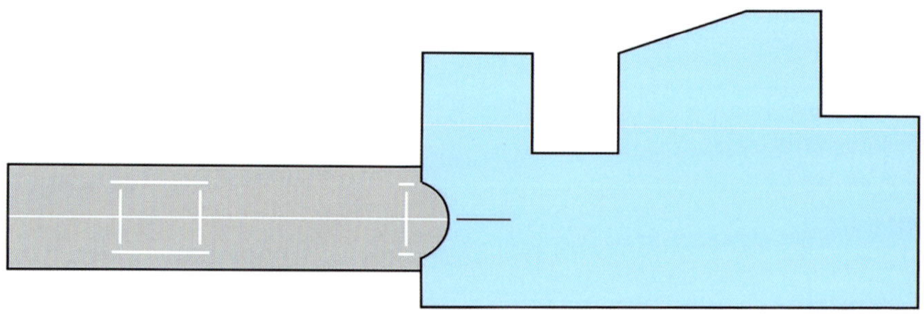

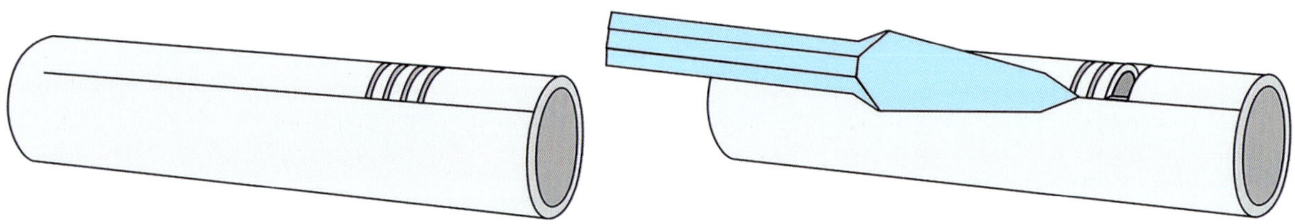

Die Öffnung für den Bügel wird mit einer Metallsäge und einem schmalen Meißel geschaffen.

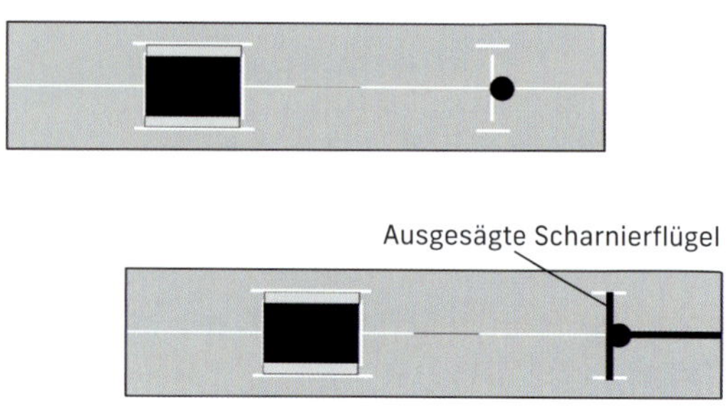

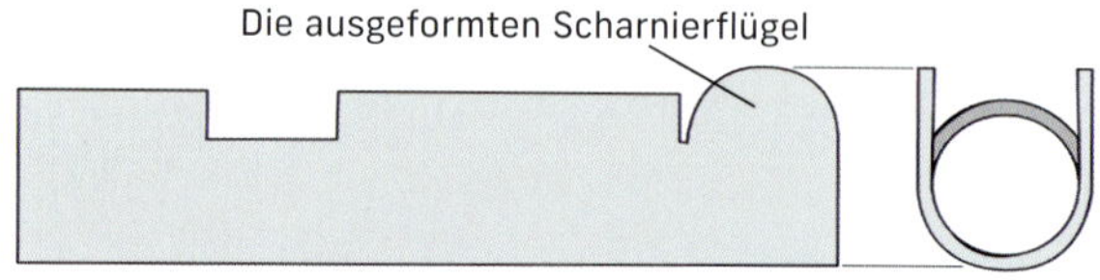

Legen Sie den Scharnierbereich an, indem Sie ein 6-mm-Loch auf der oberen Mittellinie bohren. Verbinden Sie das Ende des Schlossgehäuses und das Bohrloch mit Sägeschnitten.

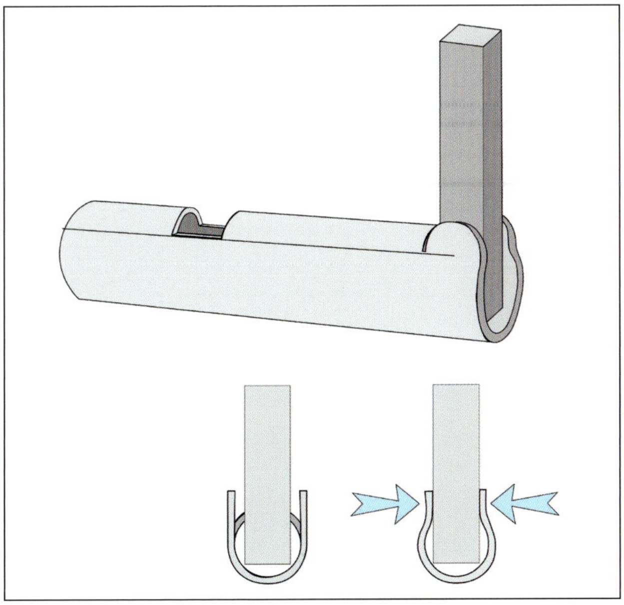

Mit einem 13-mm-Vierkantstab legen Sie die Größe der Öffnung fest. Bohren Sie nun das Loch für den Scharnier-Niet.

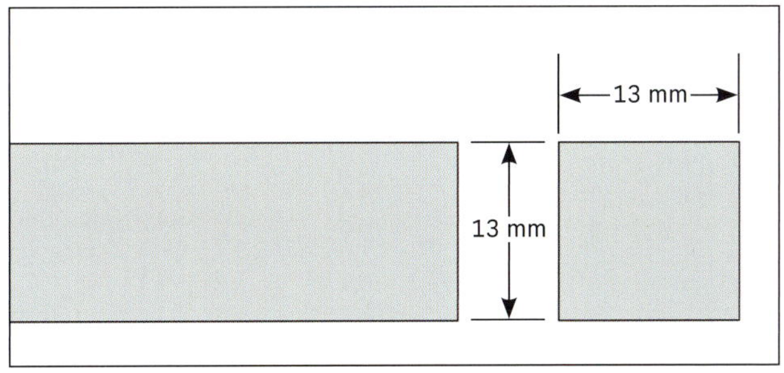

Der Bügel besteht aus einer Vierkantstange mit quadratischem Querschnitt und 13 mm Kantenlänge. Sie sollte eine Länge von mindestens 305 mm haben. Das erleichtert die Handhabung.

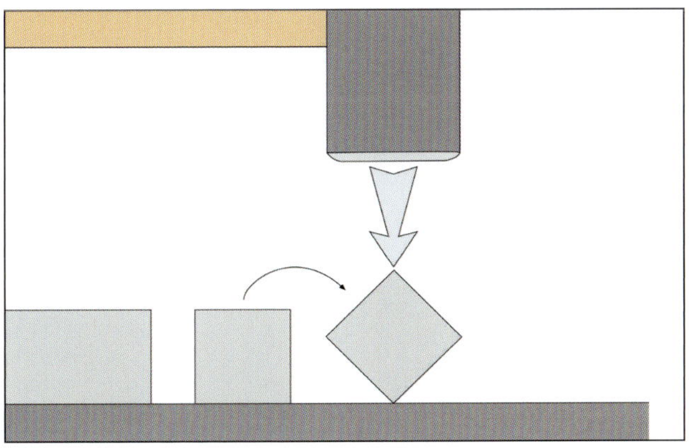

Zunächst wird der Scharnier-Bereich geschmiedet. Legen Sie die Vierkantstange so auf den Amboss, dass eine Seite flächig auf dem Amboss sitzt. Als nächstes drehen Sie die Stange um 45 Grad, sodass die Stange nun mit einer der Längskanten auf der Ambossfläche sitzt. Richten Sie die Kanten so aus, dass sie sich direkt übereinander befinden. Auf diese Weise wird der Bügel geschmiedet. Funktional wäre das nicht notwendig, doch Sie werden sehen, dass diese Art des Schmiedens zu einer deutlich attraktiveren Optik führt.

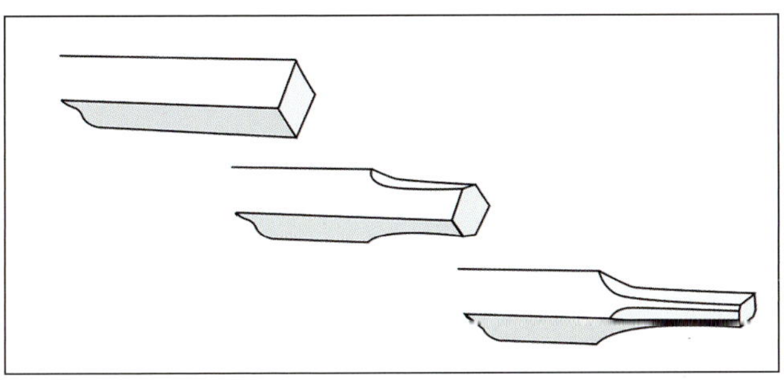

Schmieden Sie 19 mm vom einen Ende entfernt einen Versatz. Das Ende bringen Sie auf 6 x 13 mm. Die Länge sollte 38 mm betragen.

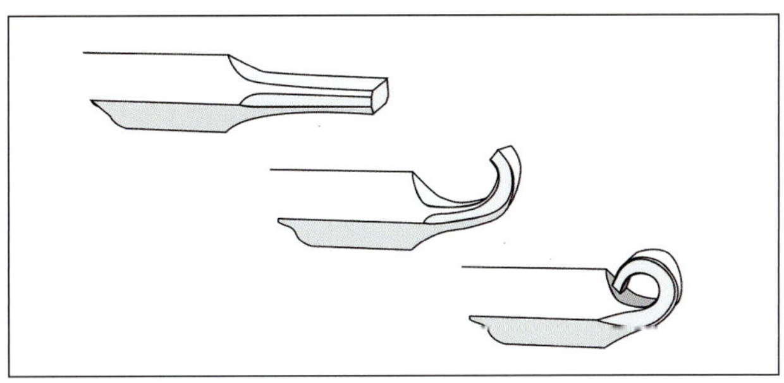

Schmieden Sie die Niet-Aufnahme des Bügels und biegen Sie diese in einem engen Radius. Die entstehende Öffnung muss groß genug für einen 6-mm-Niet sein.

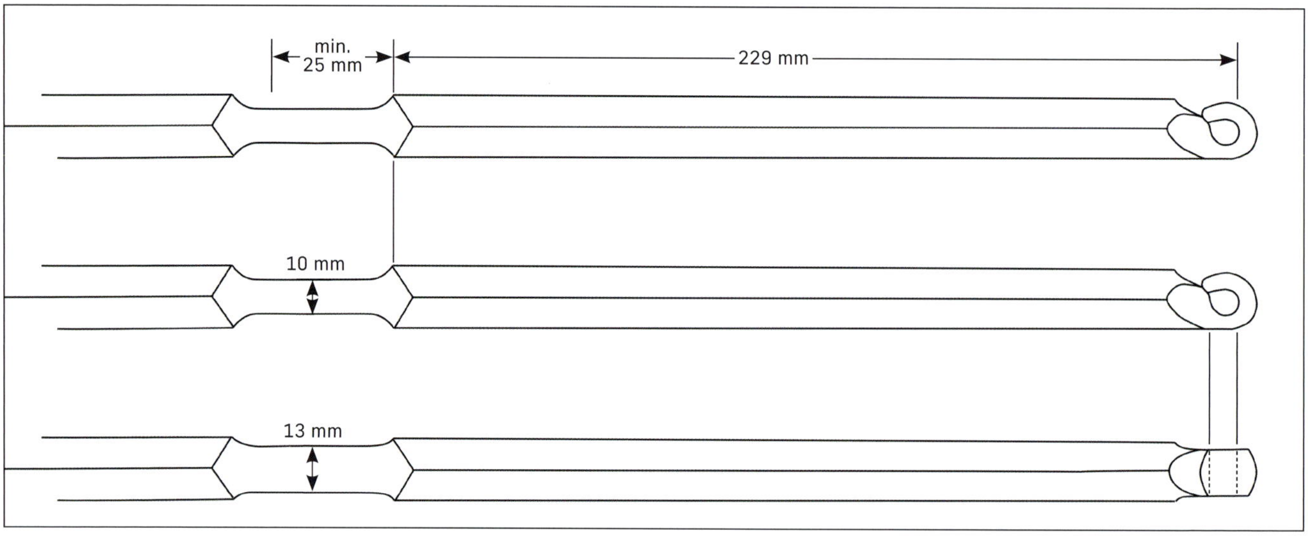

Als nächstes wird das offene Ende des Bügels geschmiedet. Messen Sie – ausgehend von der Mitte der Scharnier-Aufnahme – 229 mm. Schmieden Sie, dort beginnend und wie abgebildet, einen flachen Abschnitt in den Bügel.

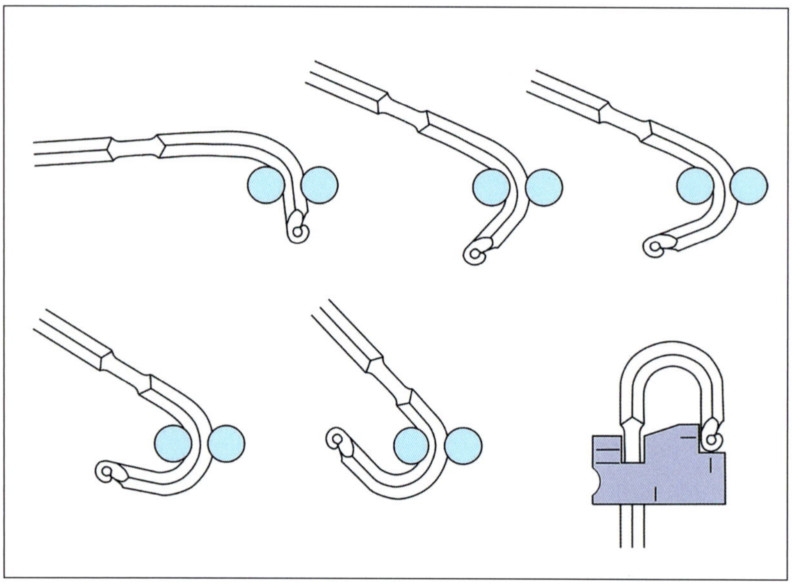

Setzen Sie die Biegegabel in den Schraubstock ein. Erhitzen Sie einen Teil des Bügels und stecken Sie ihn in die Gabel. Biegen Sie nun das Ende der Stange, um eine erste leichte Biegung zu erreichen. Schieben Sie den Bügel tiefer in die Gabel und versuchen Sie, diesen Abschnitt auf die gleiche Weise und in der gleichen Form zu biegen. Fahren Sie damit so lange fort, bis die Temperatur im Werkstück zu gering dafür wird. Biegen Sie den Bügel zunächst nur sanft und gleichmäßig. Am Ende jedoch sollte der Bügel wie ein Hufeisen geformt sein und der Schmiedelehre entsprechen.

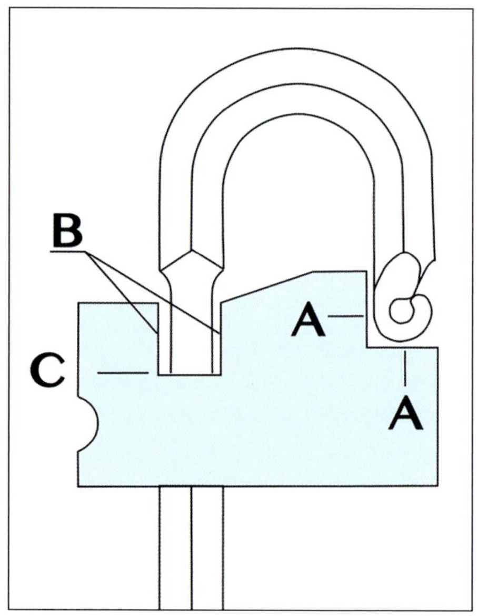

Biegen Sie den Bügel so lange, bis er die gewünschte Form hat. Richten Sie ihn so aus, dass der Drehpunkt des Scharniers bei (A) ausgerichtet ist. Der flache Abschnitt des Bügels sollte mittig in der Bügel-Aufnahme – und parallel zu deren Seitenwänden – sitzen. Auf der mit (C) markierten Höhe wird der Bügel abgelängt.

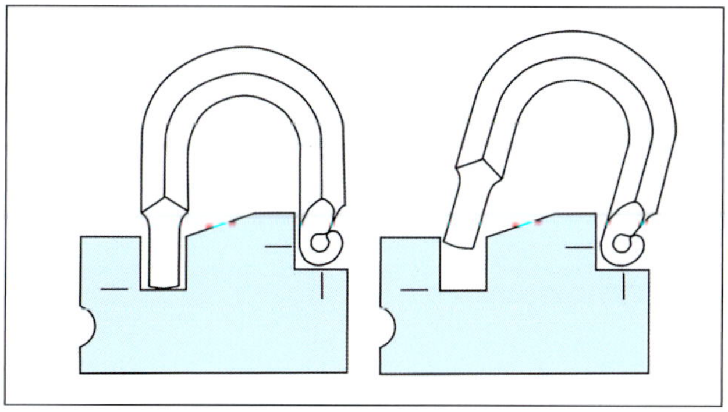

Nachdem Sie den Bügel auf Länge geschnitten haben, setzen Sie ihn erneut in die Schmiedelehre ein. So können Sie überprüfen, ob und wie der Bügel im Schloss funktionieren wird. Fixieren Sie dabei das Gelenk. So können Sie testen, ob der Bügel die Bügel-Aufnahme frei passiert.

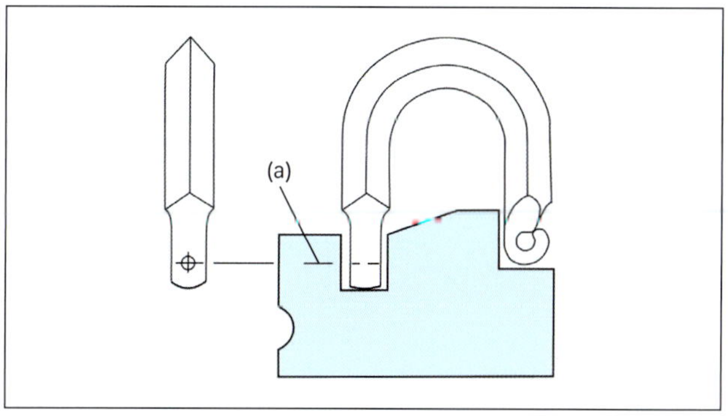

Auf Höhe der Referenzlinie (a) übertragen Sie die Position des Lochs im Bügel. Bohren Sie ein Loch mit 8 mm Durchmesser in die Mitte des flachen Abschnitts.

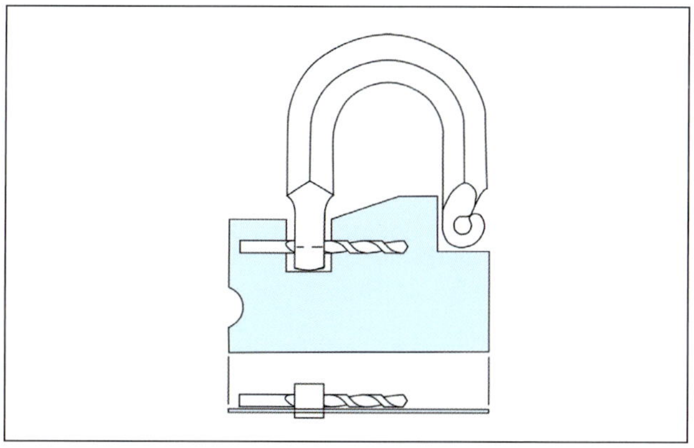

Prüfen Sie die Ausrichtung und den Verlauf des Bohrlochs, indem Sie den Bohrer bei eingesetztem Bügel in das Loch einsetzen. Der Bohrer sollte flach auf der Schmiedelehre aufliegen und parallel zur Mittellinie des Rohrs verlaufen. Weicht die Bohrung zu weit von der erforderlichen Ausrichtung ab, klemmt der Schlüssel auf der Innenseite des Schlosses, wenn der Arretierstift in den Bügel geschraubt wird.

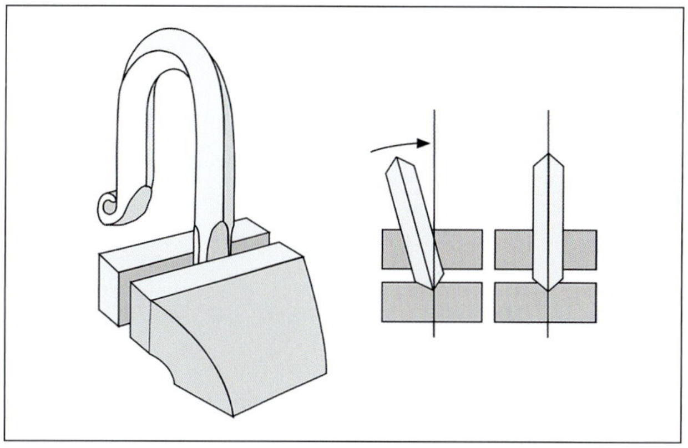

Eine nicht passend ausgerichtete Bohrung korrigieren Sie, indem Sie das Scharnierende des Bügels erhitzen und ihn aufrecht in einen Schraubstock spannen. Biegen Sie dann das Scharnierende des Bügels nach Bedarf, um so das Loch neu auszurichten. Das Loch kann jetzt mit einem Gewindebohrer M10 x 1,5 gebohrt werden.

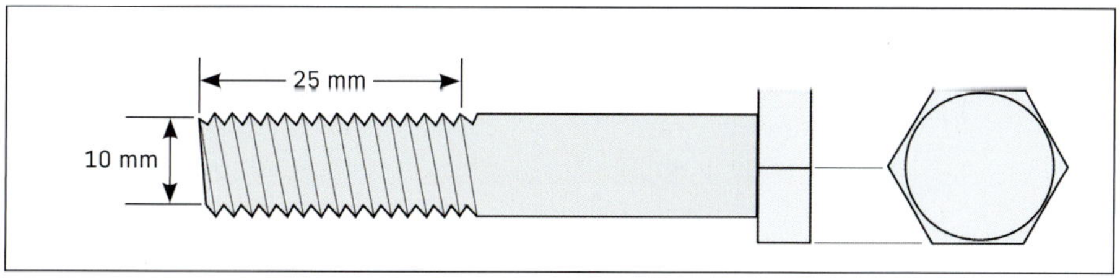

Der Arretierstift besteht aus einer Standardschraube M10 x 1,5. Das Gewinde der Schraube sollte mindestens 25 mm lang sein.

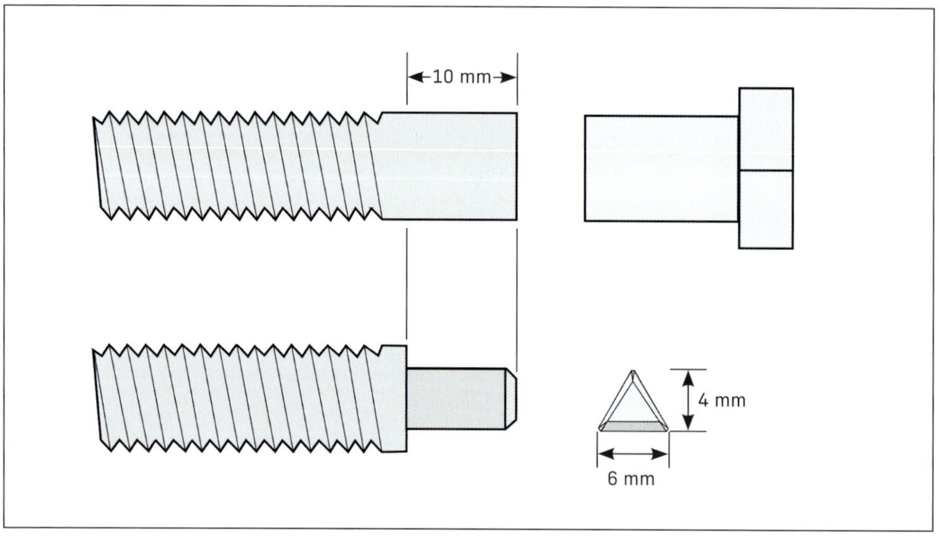

Sägen Sie den Schraubenkopf ab. Feilen Sie anschließend drei Flächen in den gewindelosen Teil der Schraube, um so einen neuen Kopf zu formen. Die drei Fasen stehen in einem 60-Grad-Winkel zueinander. Zeichnen Sie die drei Winkel auf dem Schraubstock mit Kreide an, das erleichtert das Feilen. Verwenden Sie dazu eine Feile mit glatten Seitenkanten. Das hilft, Beschädigungen am Schraubstock zu vermeiden. Der neue Schraubenkopf sollte mindestens 10 mm lang sein.

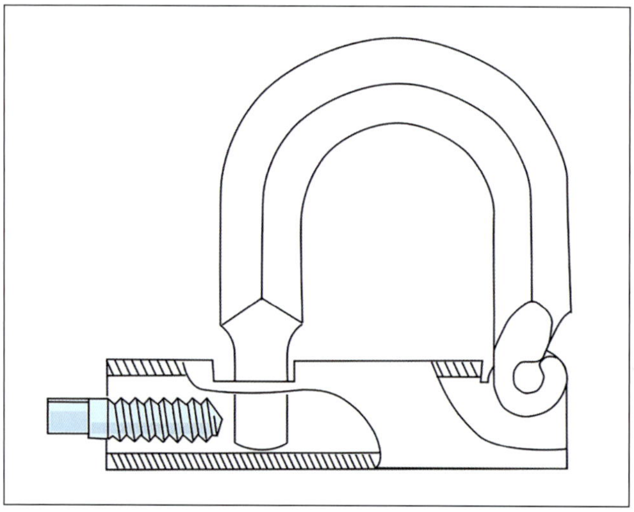

Es gibt keine feste Regel, wie lang das Gewinde am Arretierstift zu sein hat. Letztlich lässt sich das Schloss aber einfacher bedienen, wenn sich der Arretierstift von Hand drehen lässt.

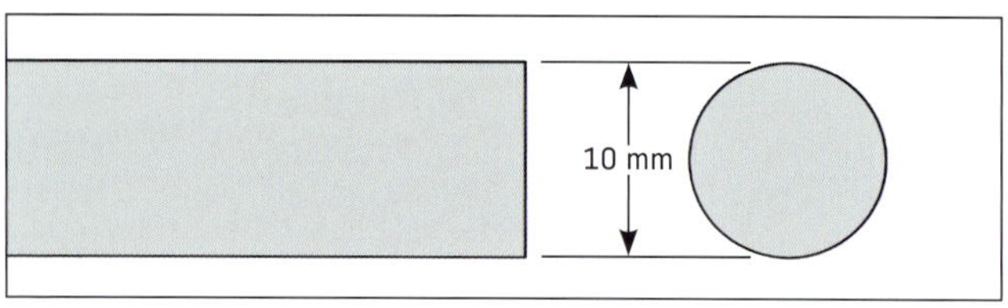

Der Schlüssel wird aus Rundmaterial der Stärke 10 mm gefertigt.

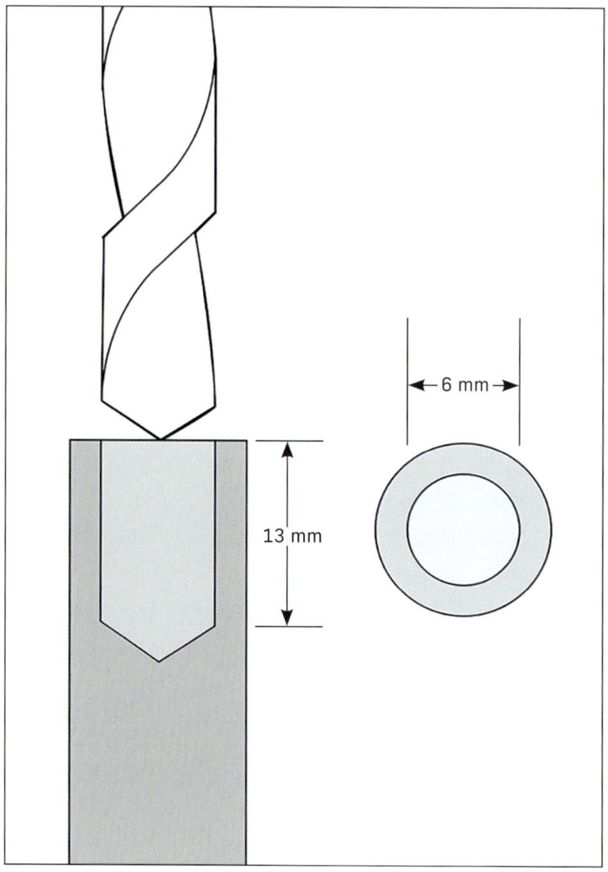

Bohren Sie ein 6-mm-Loch ins Ende des Rundstabs. Die Tiefe beträgt 13 mm.

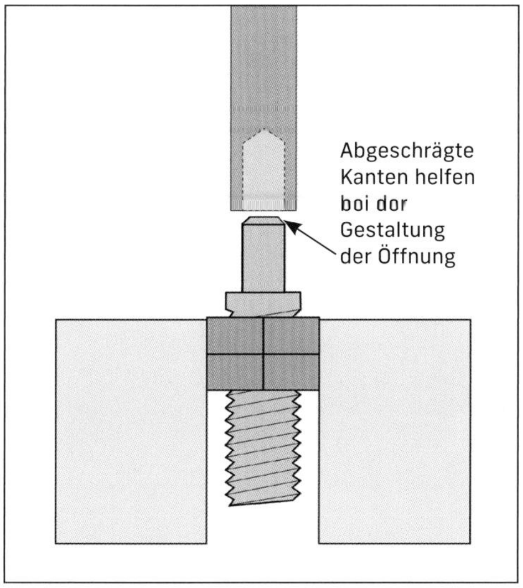

Der zurecht gefeilte Kopf des Arretierstifts wird wie ein Gesenk zum Formen des Schlüssels verwendet. Spannen Sie den Arretierstift in den Schraubstock. Zwei Muttern schützen dabei das Gewinde. Erhitzen Sie nun das gebohrte Ende des Schlüssels und treiben Sie ihn über den Kopf des Stifts.

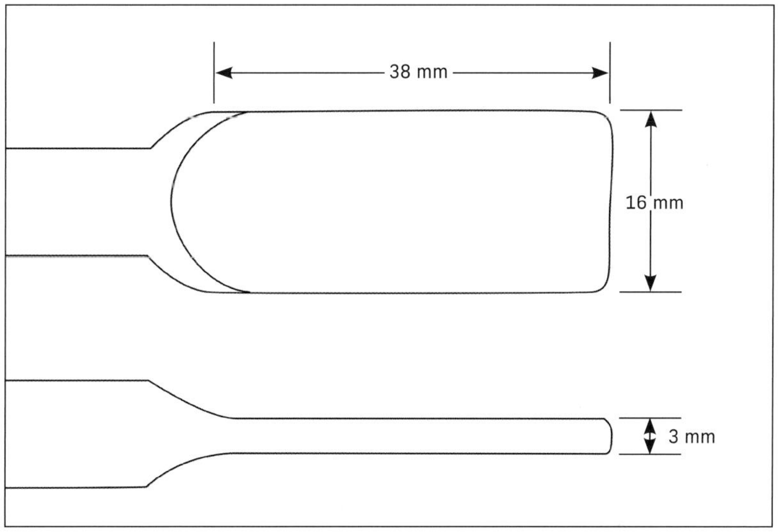

Das andere Ende des Schlüssels soll rund werden. Schmieden Sie einen flachen Abschnitt mit einer Länge von 38 mm, einer Breite von 16 mm und einer Stärke von 3 mm.

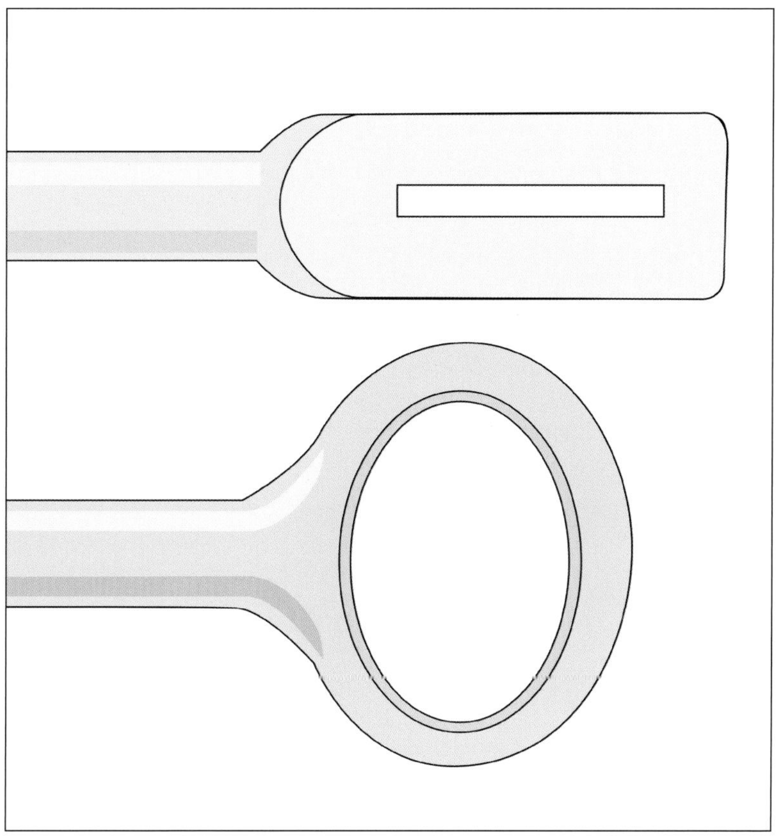

Treiben Sie einen schmalen Schlitz in das abgeflachte Ende. Dieses wird dann zum Ring geformt. Erhitzen Sie den Schlüsselrohling und legen Sie die spätere Position des Schlitzes fest, indem Sie einen Schlitzmeißel leicht in die Oberfläche treiben. Prüfen Sie die Körnermarkierung. Sollte sie nicht genau in der Mitte des Rohlings sitzen, wiederholen Sie den Vorgang. Die Markierung für das Loch sollte – gleichmäßig von Material umgeben – exakt in der Mitte des Rohlings sein. Wenn sich die Markierung an der richtigen Stelle befindet, können Sie den Schlitz in den Rohling durchtreiben. Weiten Sie den Schlitz vorsichtig mit einem schmalen, runden Lochdorn auf. Säubern Sie alle Unregelmäßigkeiten mit einer Feile und schmieden Sie die Rundung in Form.

PROJEKT 2:
ROHRSCHLOSS – VARIANTE 2

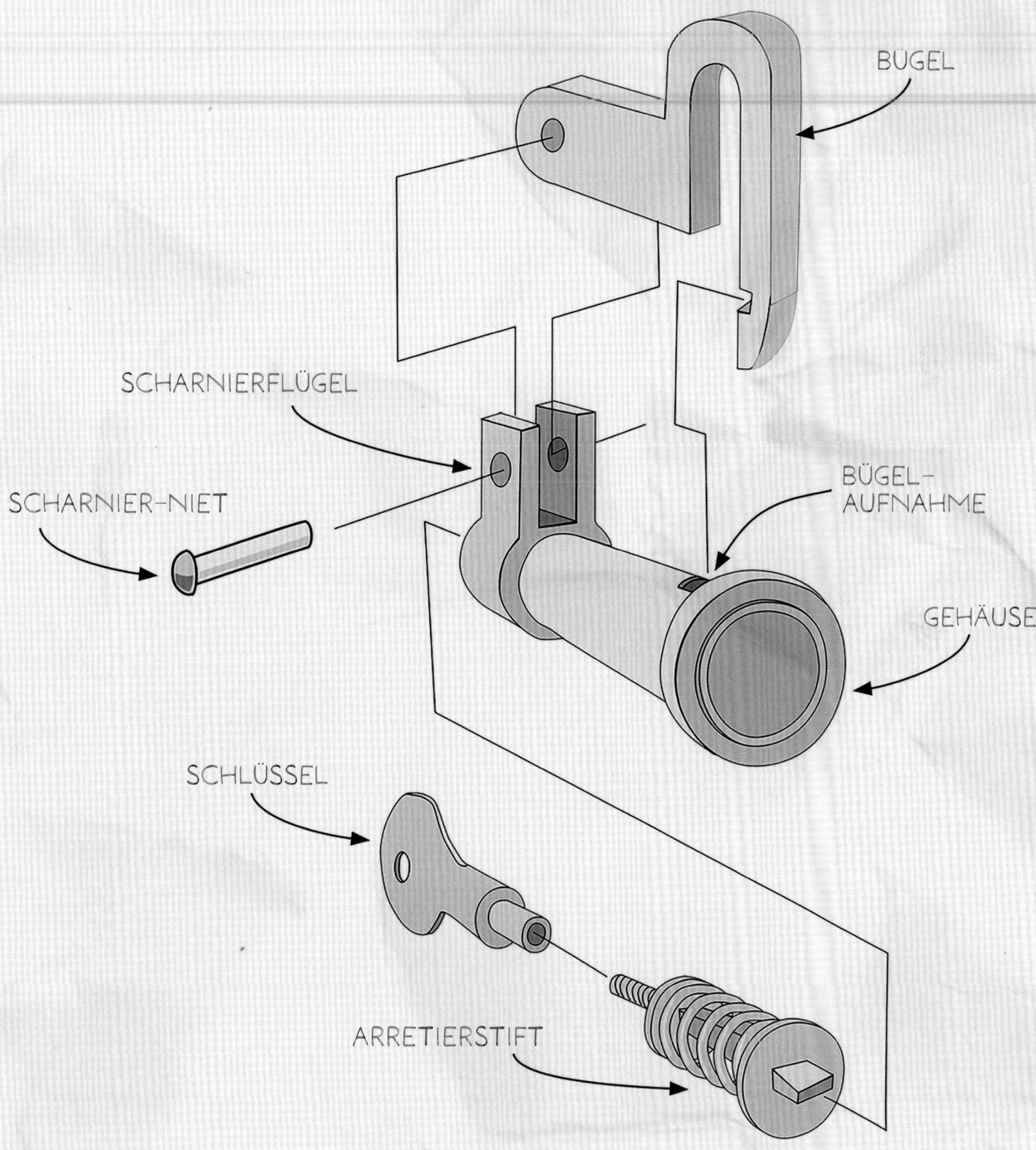
BÜGEL
SCHARNIERFLÜGEL
BÜGEL-
AUFNAHME
SCHARNIER-NIET
GEHÄUSE
SCHLÜSSEL
ARRETIERSTIFT

SCHABLONE FÜR DAS SCHLOSSGEHÄUSE

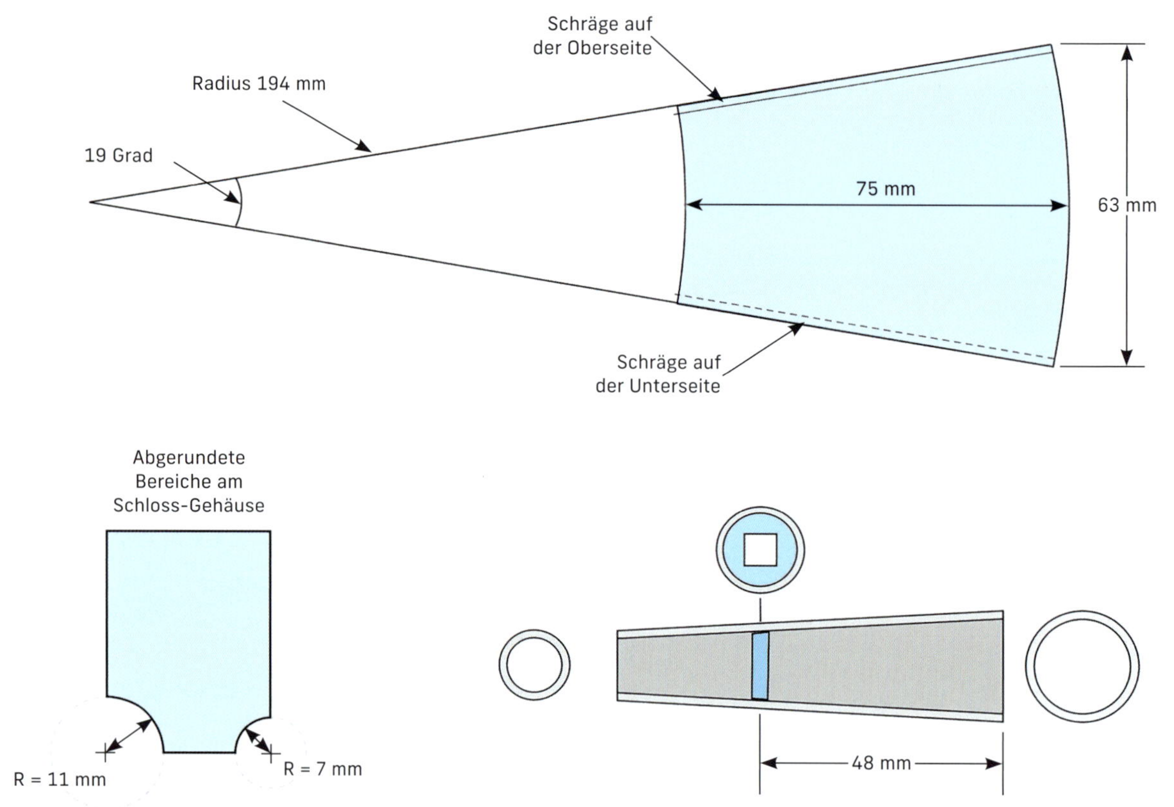

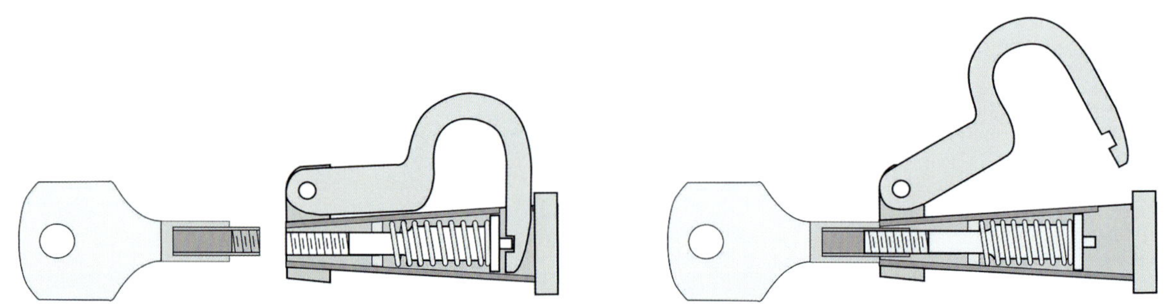

Für diese Art von Rohrschloss benutzt man einen Schlüssel, der auf einen Bolzen im Inneren des Schlosses geschraubt wird. Der Bolzen wiederum ist mit einem federbelasteten Arretierstift verbunden, der das freie Ende des Bügels fixiert und damit sichert. Durch Drehen des Schlüssels zieht man den Sicherungsstift zurück und der Bügel ist wieder frei beweglich. Da der Schlüssel mit dem Arretierstift „verschraubt" ist, lässt man den Schlüssel in der Regel stecken, so lange das Schloss geöffnet ist.

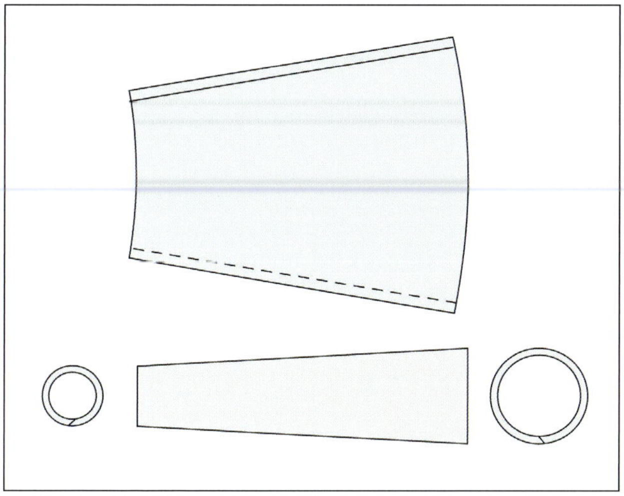

Das Gehäuse des Rohrschlosses besteht aus einem sich verjüngenden Rohr. Schneiden Sie den Blechzuschnitt für den Schlosskörper mit Hilfe der Schablone aus.

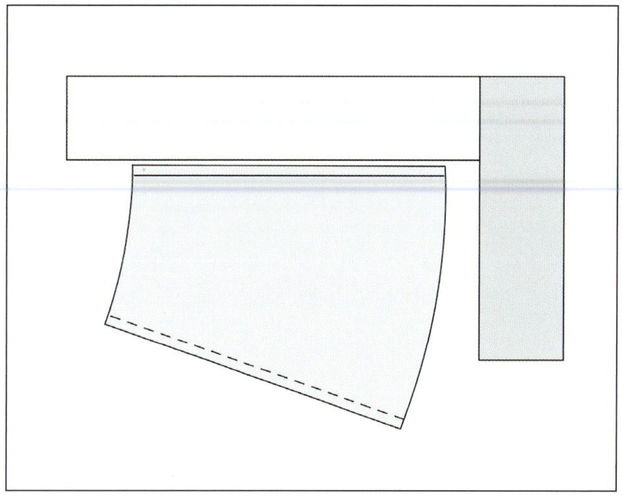

Feilen Sie die Längskanten des Schlosskörpers, bis sie möglichst gerade sind.

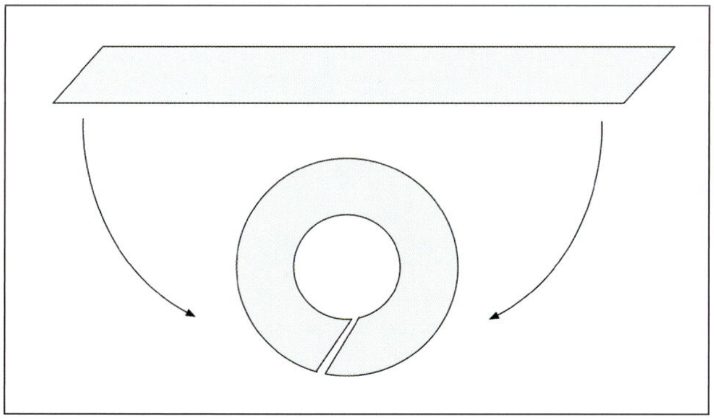

Die Kanten müssen angefast werden, damit sie sich überlappen können, sobald der Schlosskörper in Form gebogen ist.

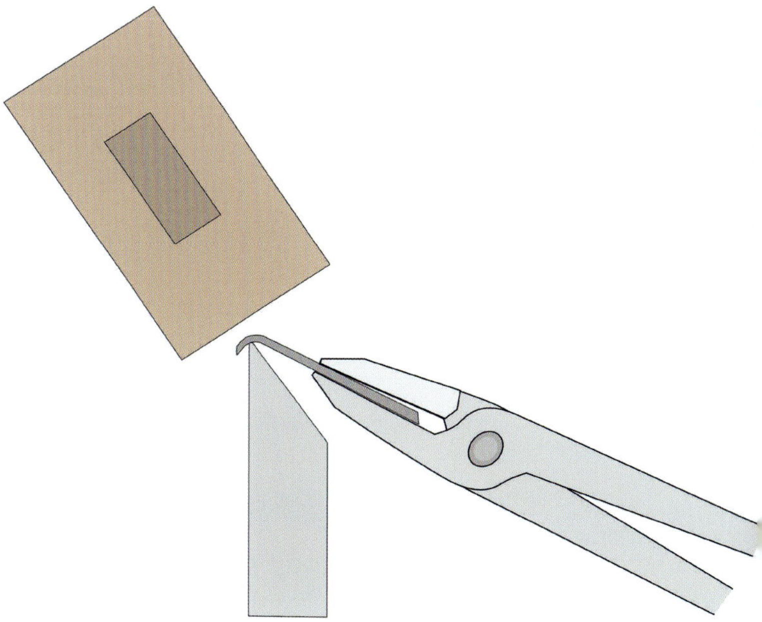

Mit dem Umschlageisen können Sie die beiden Außenkanten des Rohrs formen. Beachten Sie, dass das Rohr konisch ist. Die Biegelinien verlaufen konisch zum schmaleren Ende des Blechs.

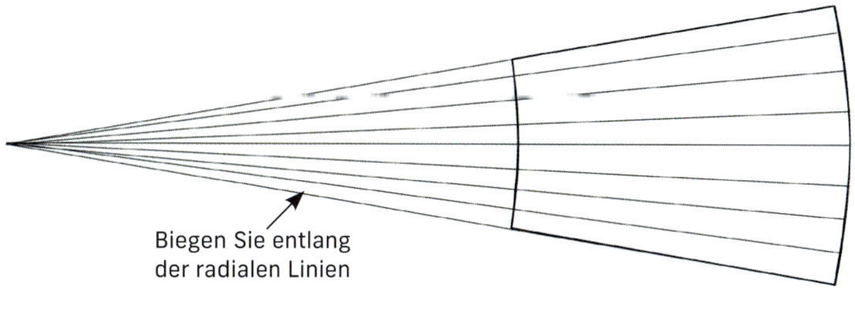

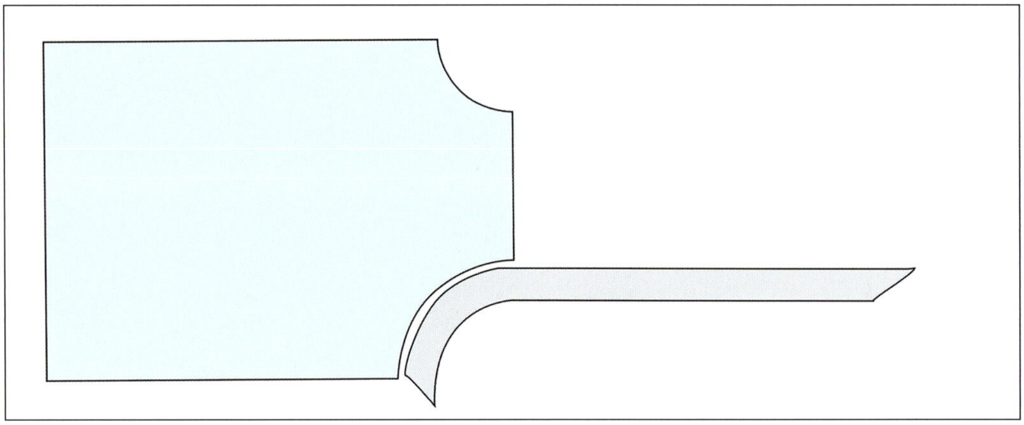

Die gebogenen Außenkanten müssen so nah wie möglich am endgültigen Radius liegen, bevor mit dem Biegen der Rohrmitte begonnen wird. Mit einer Pappschablone können Sie den Radius prüfen.

Der Mittelteil des Schlossgehäuses lässt sich mit Hilfe eines Kehleisens biegen. Legen Sie das Blech dazu auf zwei Rundstäbe.

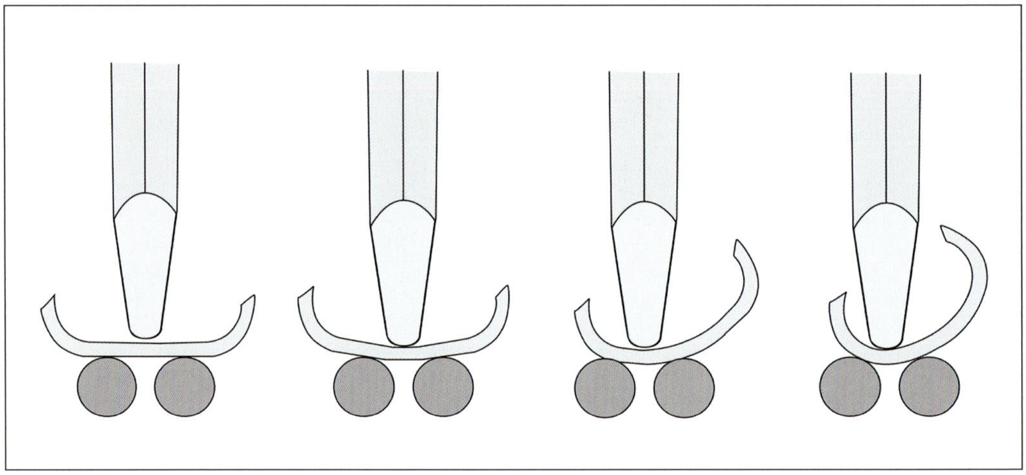

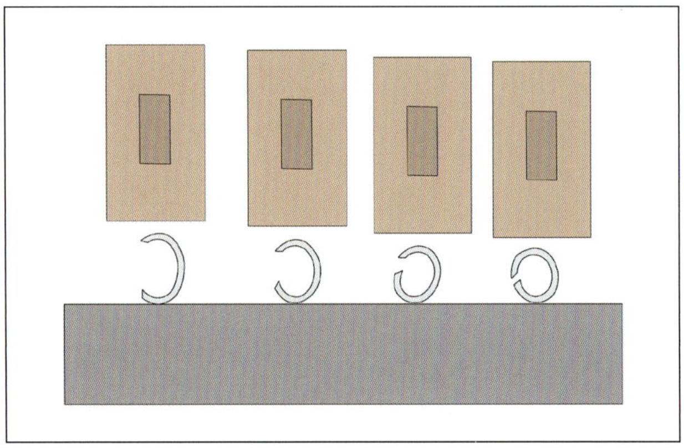

Auf dem Amboss lässt sich das Gehäuse des Rohrschlosses endgültig in Form bringen. Leichte Hammerschläge reichen dazu aus.

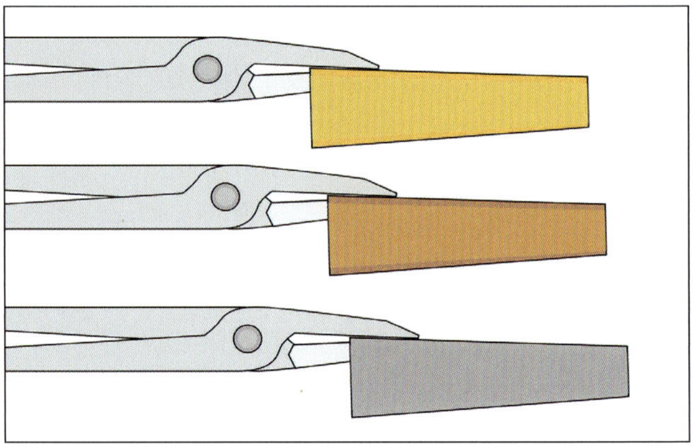

Normalisieren Sie den Schlosskörper. Das beseitigt mögliche Spannungsbelastungen, die während der Formgebung des Körpers aufgetreten sind.

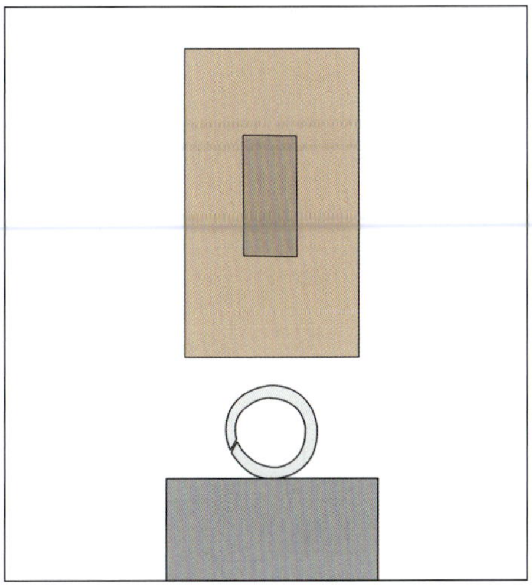

Hämmern Sie weiter auf die Außenkanten des Rohrs, bis sich die Kanten vollständig überlappen. Möglicherweise muss das Gehäuse dazu nochmals normalisiert werden.

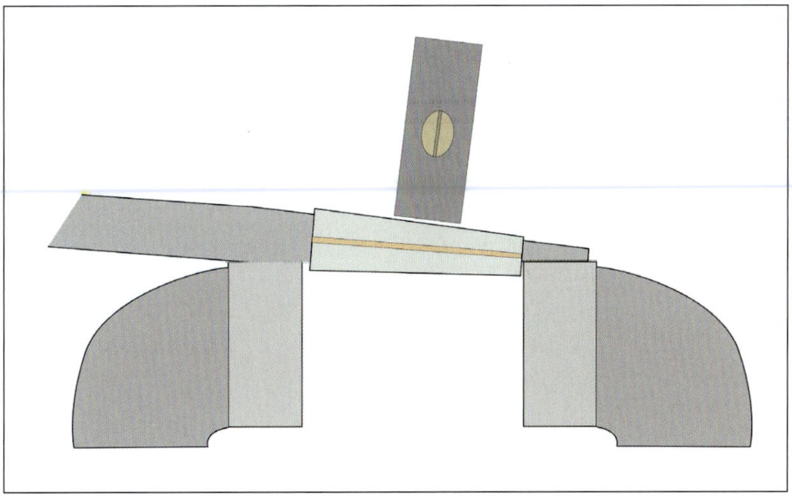

Das Hartlöten des Falzes erleichtert die endgültige Formgebung. Schieben Sie den Schlosskörper dazu über einen konischen Dorn, der vom Schraubstock gestützt wird.

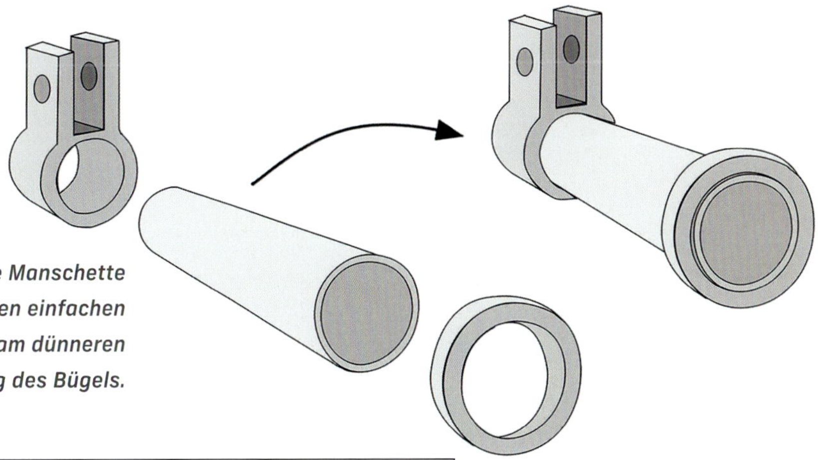

Beide Enden des Schlossgehäuses werden durch eine Manschette verstärkt. Am breiten Ende handelt es sich dabei um einen einfachen Ring, der passgenau sitzt. Der Ring für die Manschette am dünneren Gehäuseende hat Scharnierflügel zur Befestigung des Bügels.

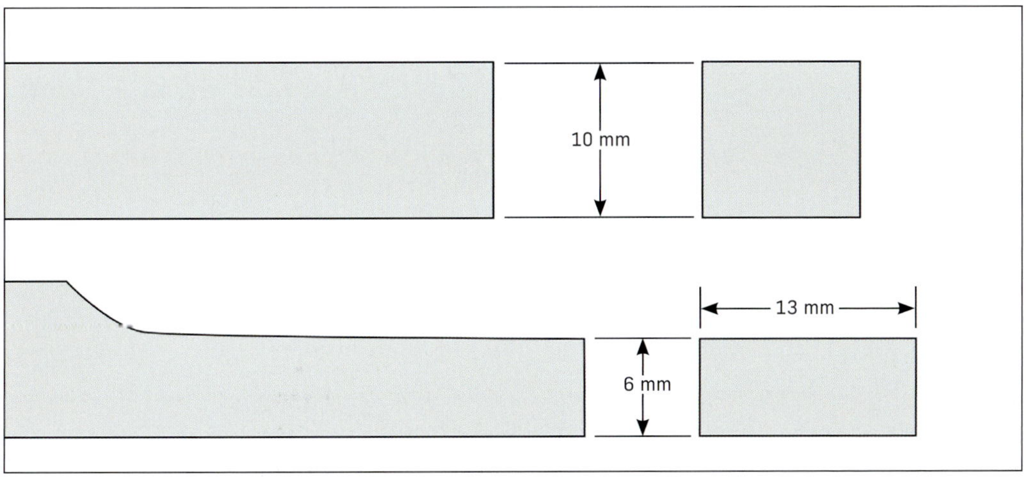

Die Manschette für das breitere Ende des Rohrs besteht aus Vierkantmaterial der Stärke 10 mm. Schmieden Sie einen flachen Abschnitt ans Ende der Stange, der ungefähr 6 mm dick und 13 mm breit ist.

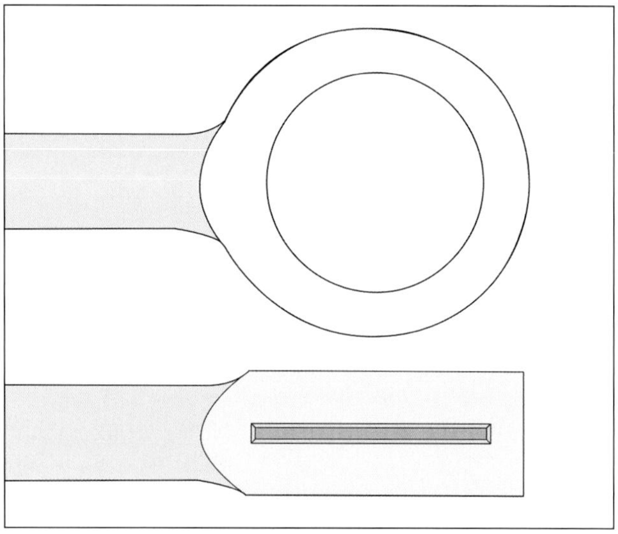

Treiben Sie einen schmalen Schlitz der Länge 25 mm in die Mitte der Stange. Weiten Sie das Loch, bis es fast so breit ist wie das Ende des Schlossgehäuses.

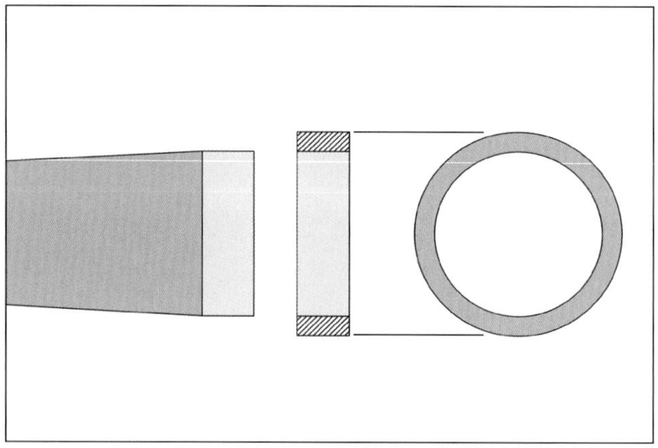

Feilen Sie ausgehend von der Außenkante des Schlossgehäuses eine Verjüngung, um so einen Rand zu erzeugen, der parallel zur Mittellinie ausgerichtet ist. Feilen Sie die Innenseite der Manschette, bis sich diese auf das Ende des Gehäuses treiben lässt. Sägen Sie die Manschette von der Vierkantstange und feilen Sie die Außenrundung in Form.

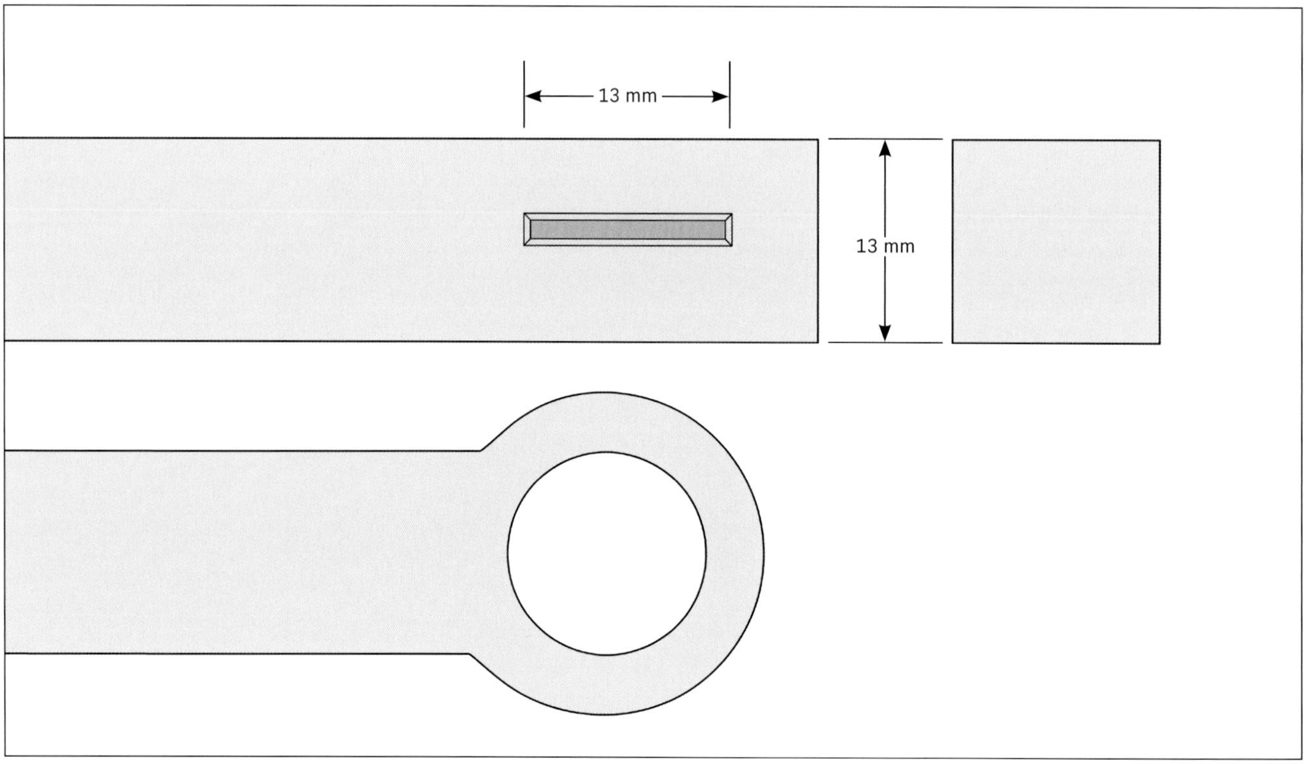

Die andere Manschette wird aus einer 13-mm-Vierkantstange geschmiedet. Stanzen Sie einen Schlitz mit einer Länge von 13 mm und weiten Sie das Loch, bis es etwas kleiner ist als das schmale Ende des Gehäuses.

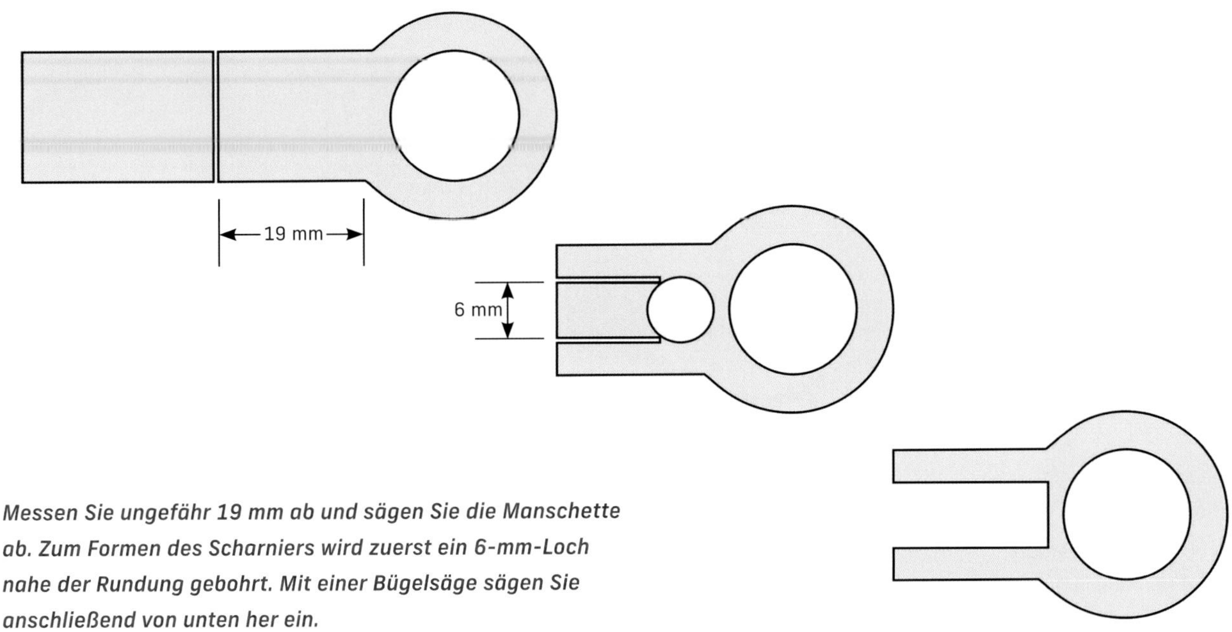

Messen Sie ungefähr 19 mm ab und sägen Sie die Manschette ab. Zum Formen des Scharniers wird zuerst ein 6-mm-Loch nahe der Rundung gebohrt. Mit einer Bügelsäge sägen Sie anschließend von unten her ein.

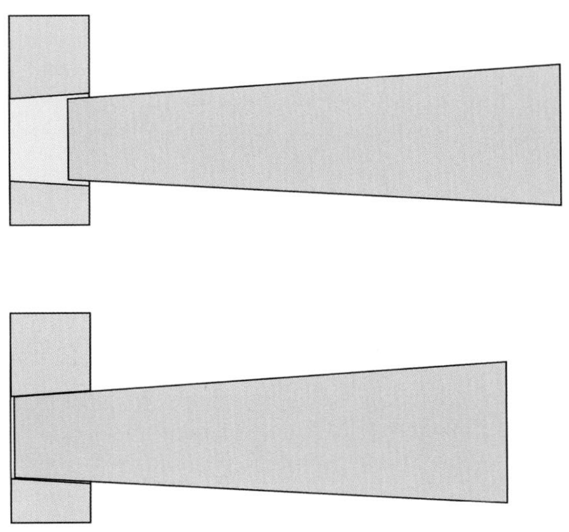

Die Innenseite der Manschette muss angefast werden, um mit der sich verbreiternden Form des Schlossgehäuses überein-zustimmen. Formen Sie die Manschette so lange, bis sie auf das Ende des Gehäuses getrieben werden kann.

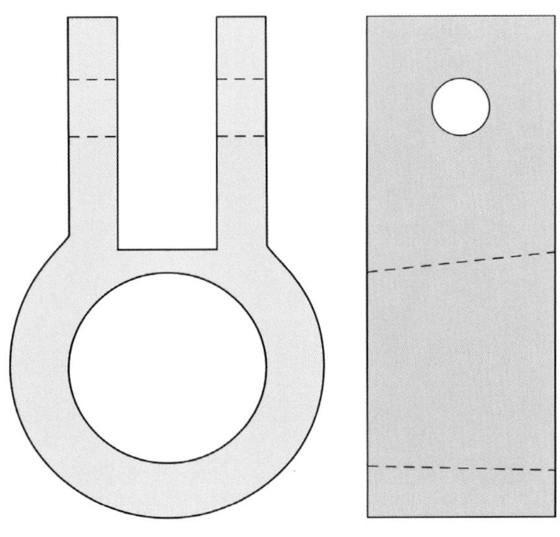

Bohren Sie ein Loch für den Scharnier-Niet in die Manschette, um die Arbeiten daran abzuschließen.

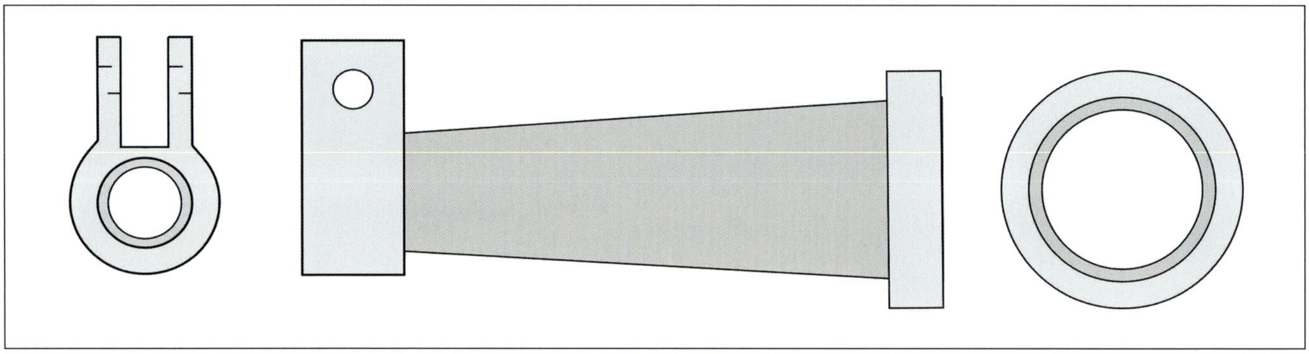

Treiben Sie die beiden Manschetten aufs Schlossgehäuse.

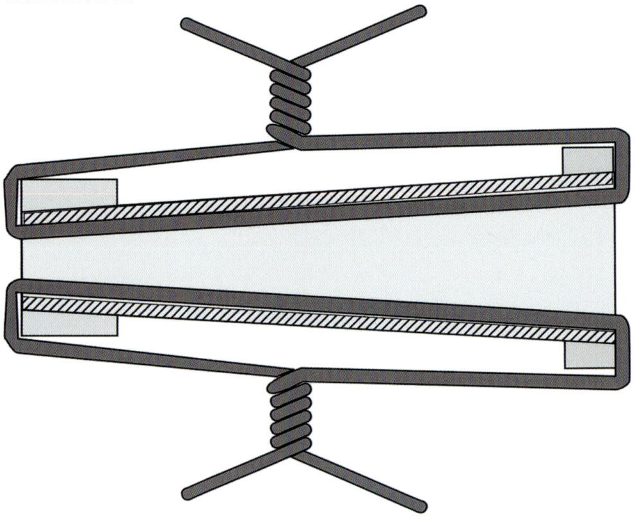

Führen Sie dann einen stabilen Stahldraht durchs Gehäuse, um die Manschetten zu fixieren. Sichern Sie die Manschetten dreifach. Diese Drahtsicherung ist unbedingt notwendig, denn durch die Hitze des Feuers während des Lötens können sich auch scheinbar festsitzende Verbindungen lockern.

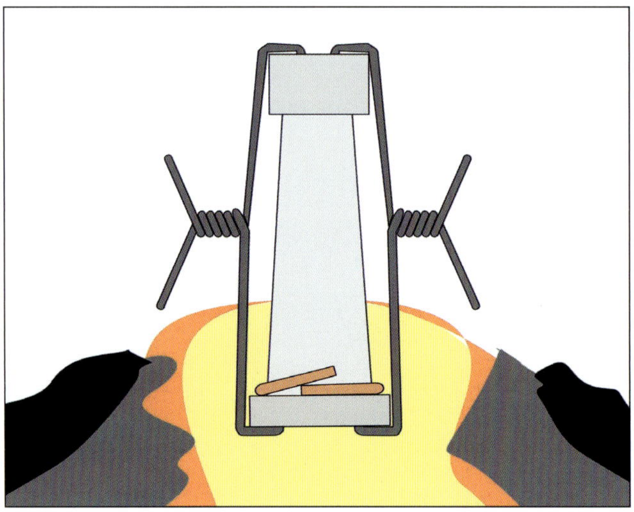

Umwickeln Sie die Oberseite der Manschette mit einem dünnen Kupferdraht und stellen Sie das Schlossgehäuse aufrecht ins Feuer.

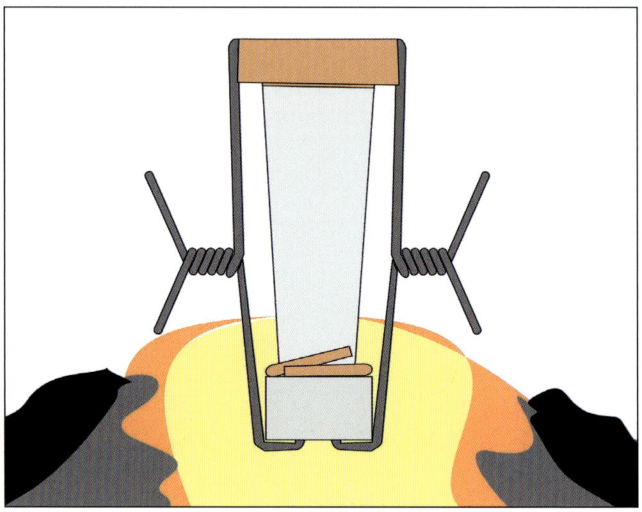

Die andere Manschette wird auf die gleiche Weise verlötet.

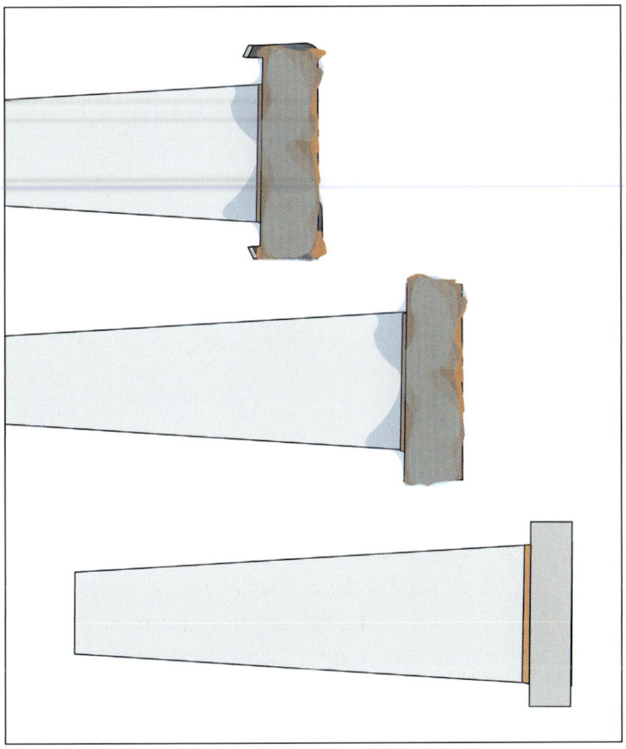

Entfernen Sie die Drähte und glätten Sie alle scharfen Kanten. Das Rohr wird durch das Flussmittel glasartig beschichtet sein. Indem Sie das Gehäuse erneut auf Rotglut bringen und mit einer Drahtbürste bearbeiten, lässt sich der größte Teil dieser Beschichtung entfernen. Möglicherweise bedarf es dafür mehrerer Durchläufe.

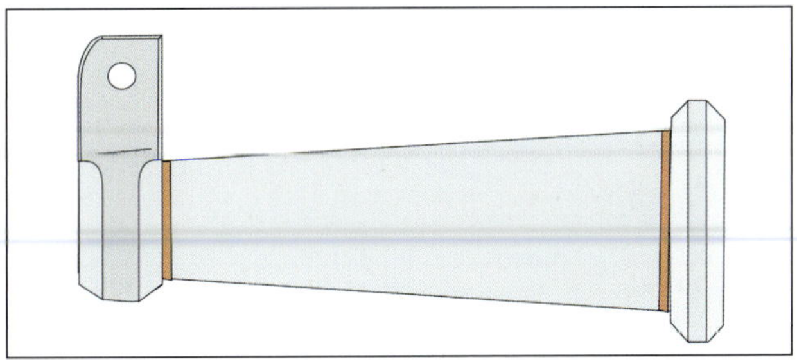

Die abschließende Reinigung und Formgebung kann mit einer Feile erfolgen.

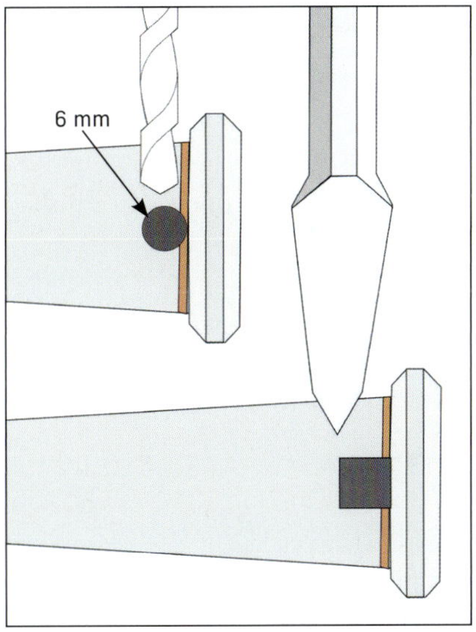

Für die Bügel-Aufnahme bohrt man mit einem 6-mm-Bohrer ein Loch. Formen Sie die Aufnahme für den Bügel anschließend mit einem schmalen Meißel oder Nadelfeilen rechteckig.

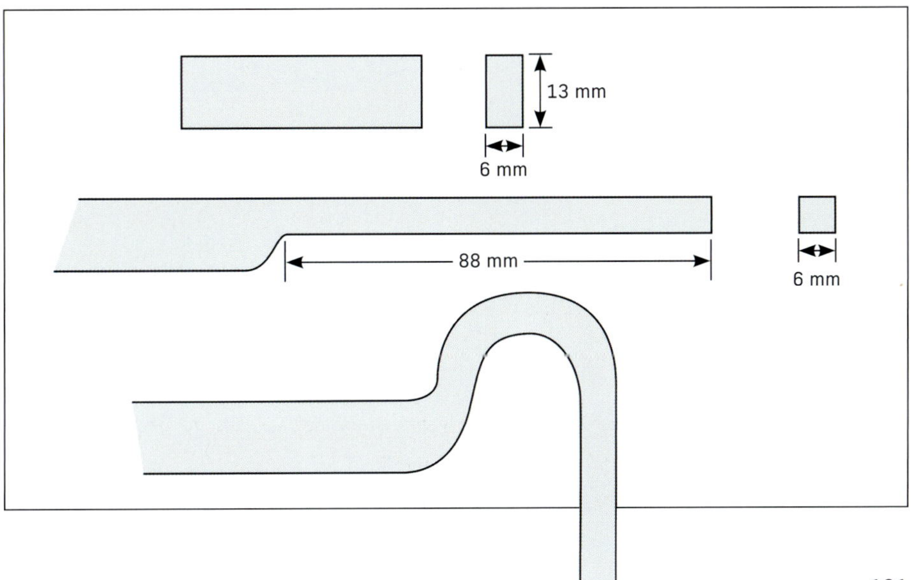

Der Bügel wird aus Flachstahl geschmiedet, der 6 x 13 mm stark ist. Schmieden Sie ein Ende der Stange zu einer 6-mm-Vierkantstange um. Diesen Abschnitt biegen Sie zu einer Rundung mit einem Innendurchmesser von etwa 13 mm.

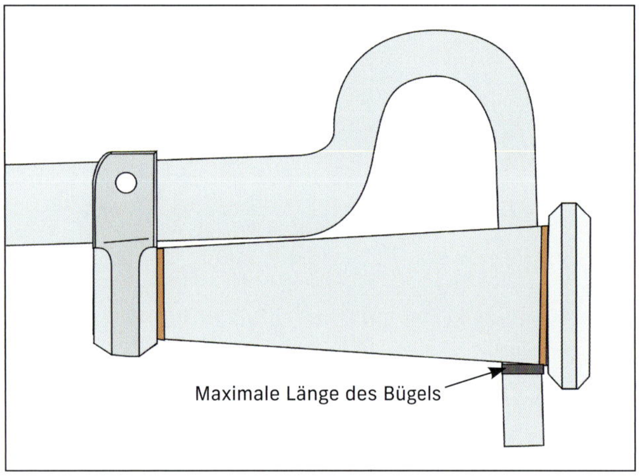

Platzieren Sie den Bügel auf dem Schlossgehäuse und richten Sie das bewegliche Ende des Bügels an der Aufnahme aus. Reißen Sie den Umriss des Schlosskörpers auf dem Bügel an und entfernen Sie das überstehende Material.

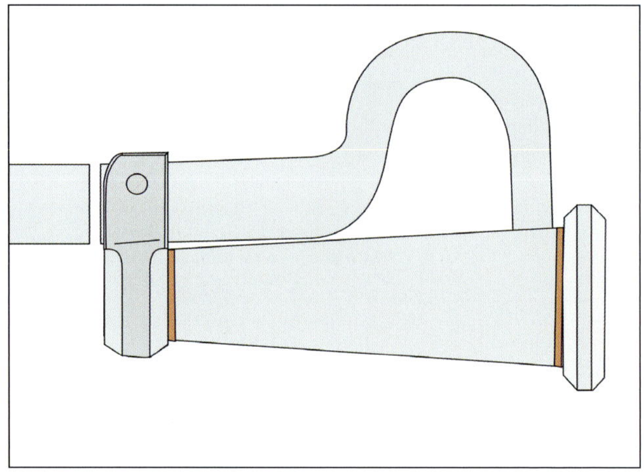

Setzen Sie den Bügel ins Gehäuse ein und reißen Sie die Außenkanten des Scharniers auf dem Bügel an. Längen Sie den Bügel anschließend ab.

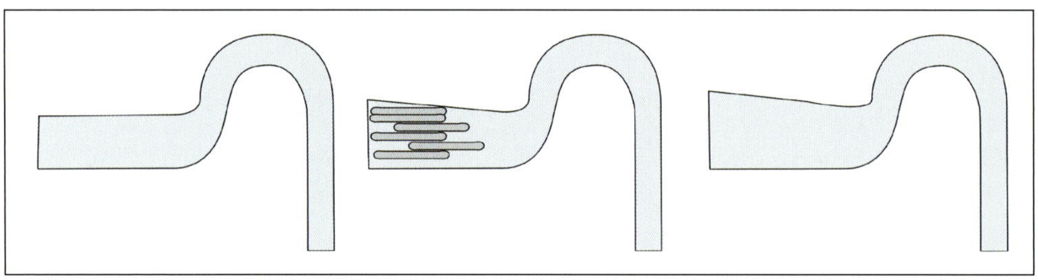

Weiten Sie das andere Ende des Bügels behutsam. Dieser Bereich wird anschließend so geformt, dass er passgenau auf der Manschette sitzt und den Scharnier-Niet aufnimmt.

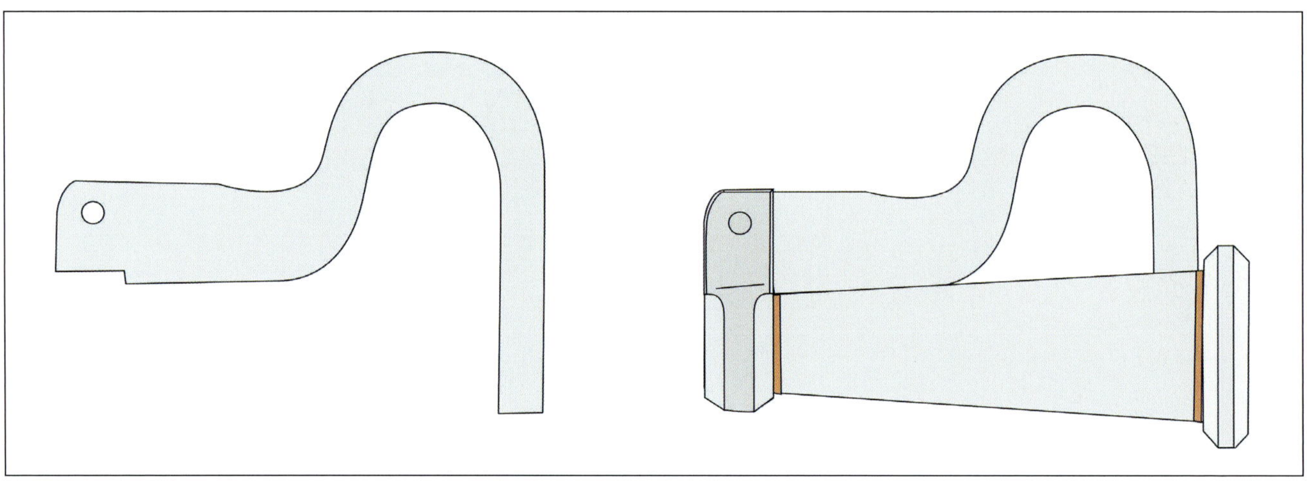

Feilen Sie eine Stufe ins Ende, die der Höhe und der Form der Manschette entspricht. Legen Sie die Position der Vernietung fest und bohren Sie anschließend ein Loch für den Niet. Vernietet wird aber erst später.

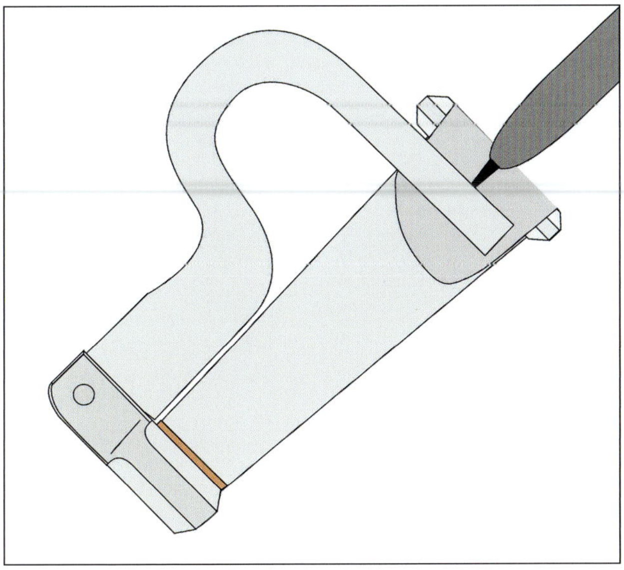

Reißen Sie dann – bei eingesetztem Bügel – die ungefähre Mittellinie des Schloss-Gehäuses am beweglichen Ende des Bügels an.

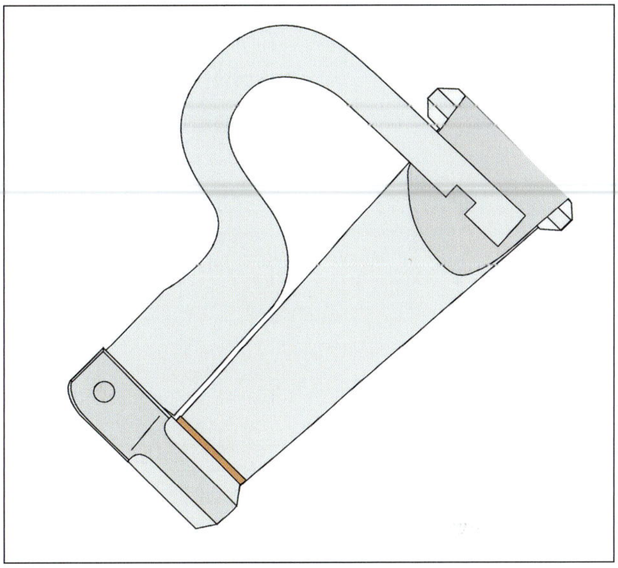

Bringen Sie auf der Innenseite des Bügelendes eine 6 mm tiefe, quadratische Kerbe an.

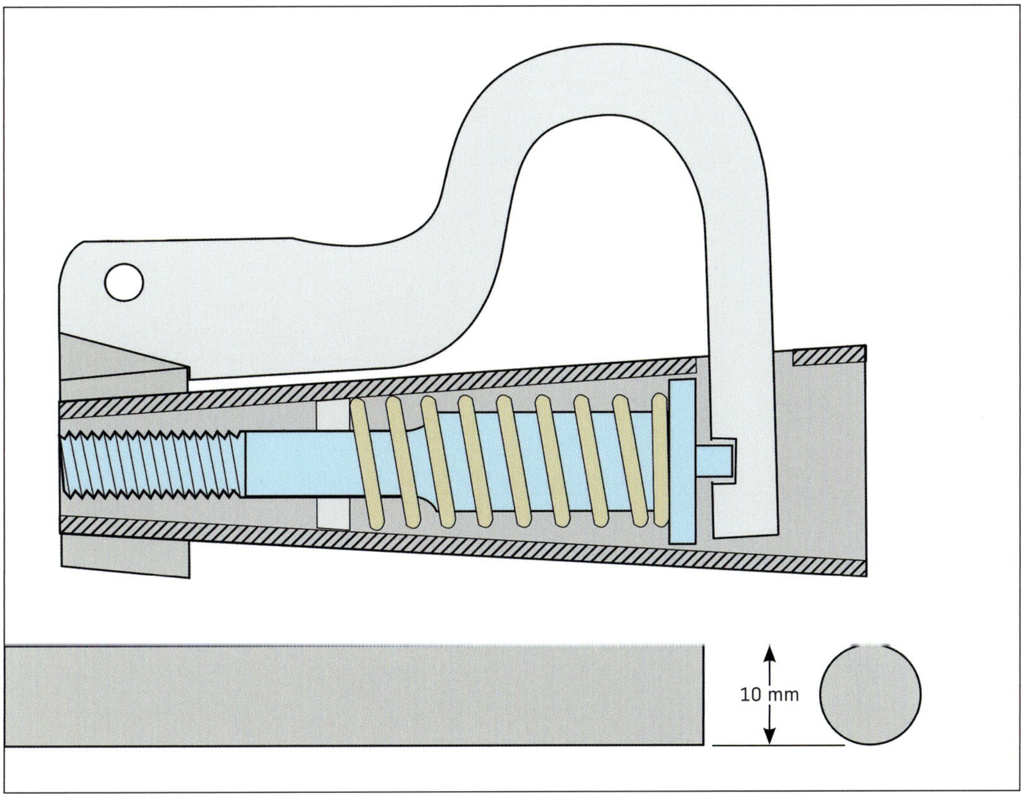

Die Arretierung des Bügels erfolgt durch einen federbelasteten Arretierbolzen, der in die 6-mm-Kerbe passt. Gefertigt wird der Bolzen aus einem 10-mm-Rundstab.

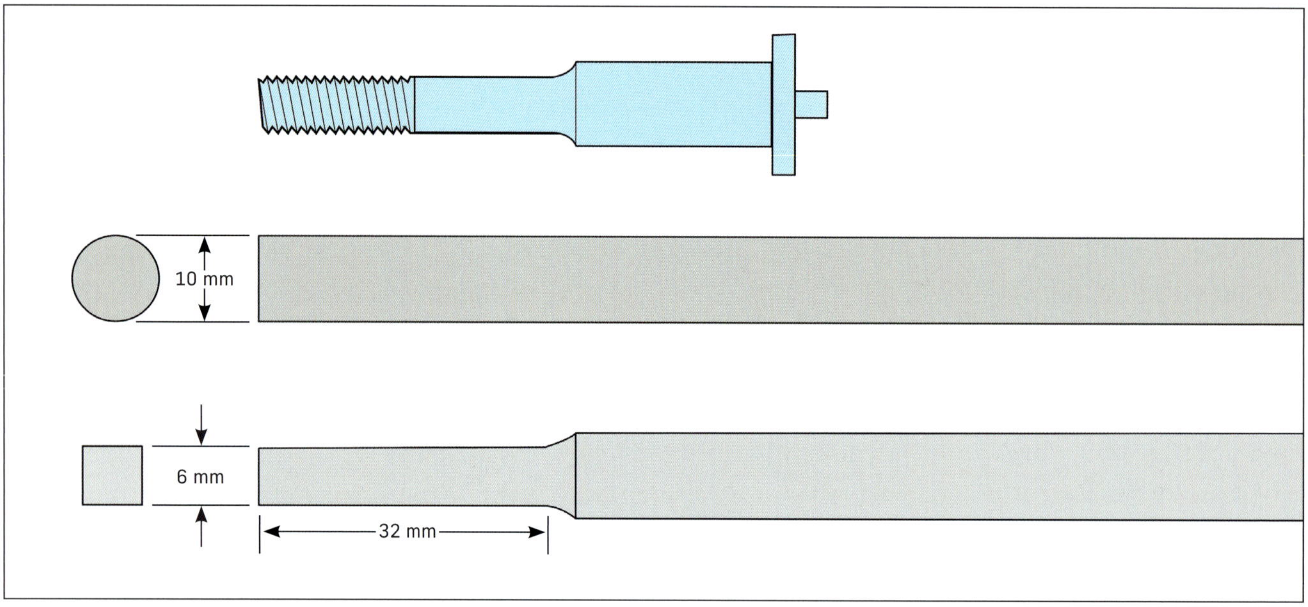

Feilen Sie das Ende der Rundstange zu einem Vierkantzapfen mit 6-mm-Außenkanten. Die Länge des Abschnitts beträgt 32 mm.

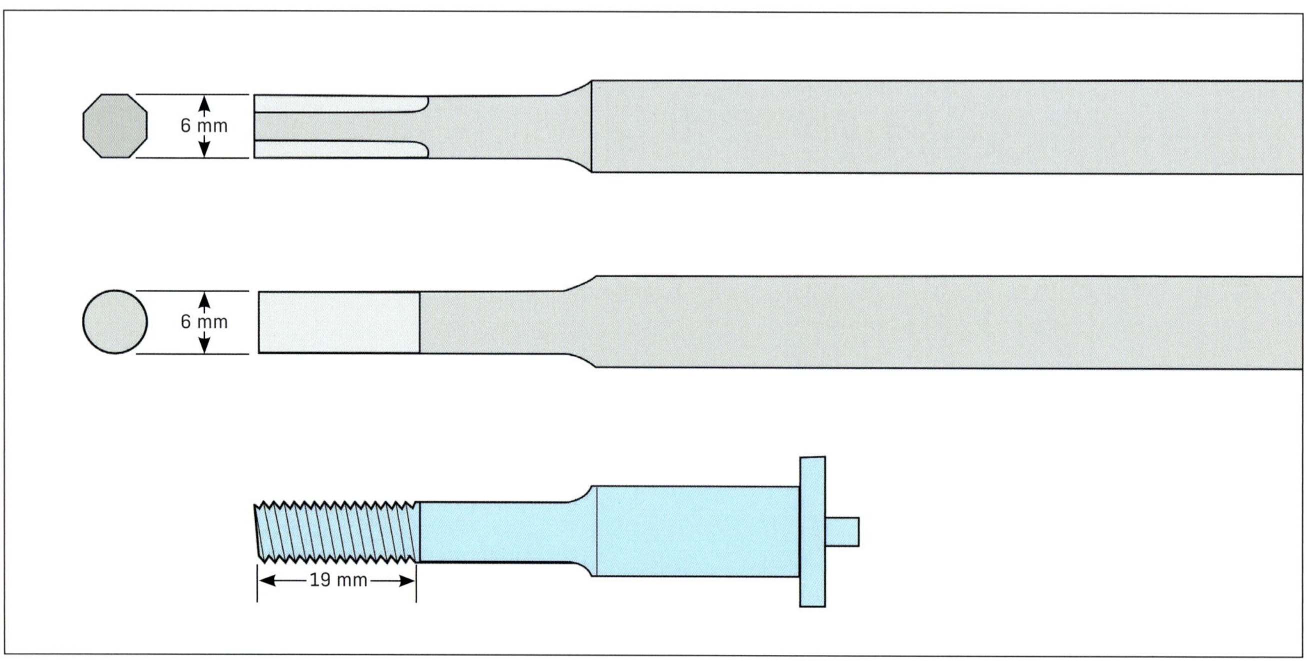

Anschließend feilen Sie den quadratischen Zapfen um, sodass er acht Außenkanten hat. Hier muss genau gearbeitet werden. Alle acht Kanten müssen parallel zur Mittellinie der Rundstange ausgerichtet sein, und die einzelnen Fasen müssen gleich breit sein. Formen Sie mit der Feile dann aus dem Achtkant ein Rundmaterial mit einem Durchmesser von 6 mm. Am Schluss schneiden Sie auf das Rundmaterial ein M6-Gewinde.

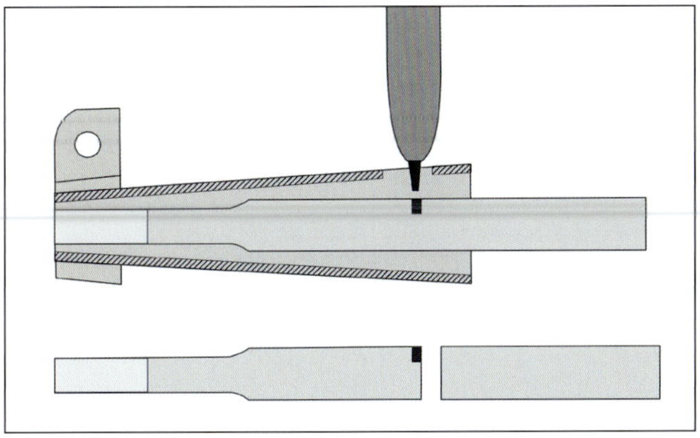

Setzen Sie den Arretierstift ins Schlossgehäuse ein. Das zurecht gefeilte Ende zeigt dabei in Richtung des enger zusammenlaufenden Endes. Schieben Sie die 10-mm-Rundstange so weit ins Gehäuse, bis das achteckige Ende bündig mit der Außenkante des Gehäuses ist. Reißen Sie auf Höhe der Bügel-Aufnahme von oben her das Ende des Bolzens an. Dieses sollte mittig in der Aufnahme liegen. Sägen Sie den Arretierstift auf dieser Höhe ab.

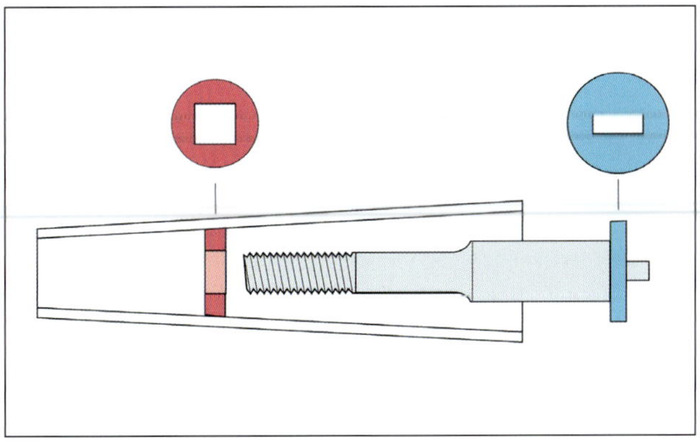

Die Führung des Arretierbolzens innerhalb des Schloss-Gehäuses erfolgt über zwei Scheiben. Die Scheibe, die dem Bügel am nächsten liegt, wird mit dem Arretierbolzen verlötet. Sie wird ins Gehäuse des Schlosses geschoben. Die andere Scheibe wird mit dem Gehäuse verlötet. Sie dient als Führung des Arretierstifts und richtet diesen im Schloss korrekt aus.

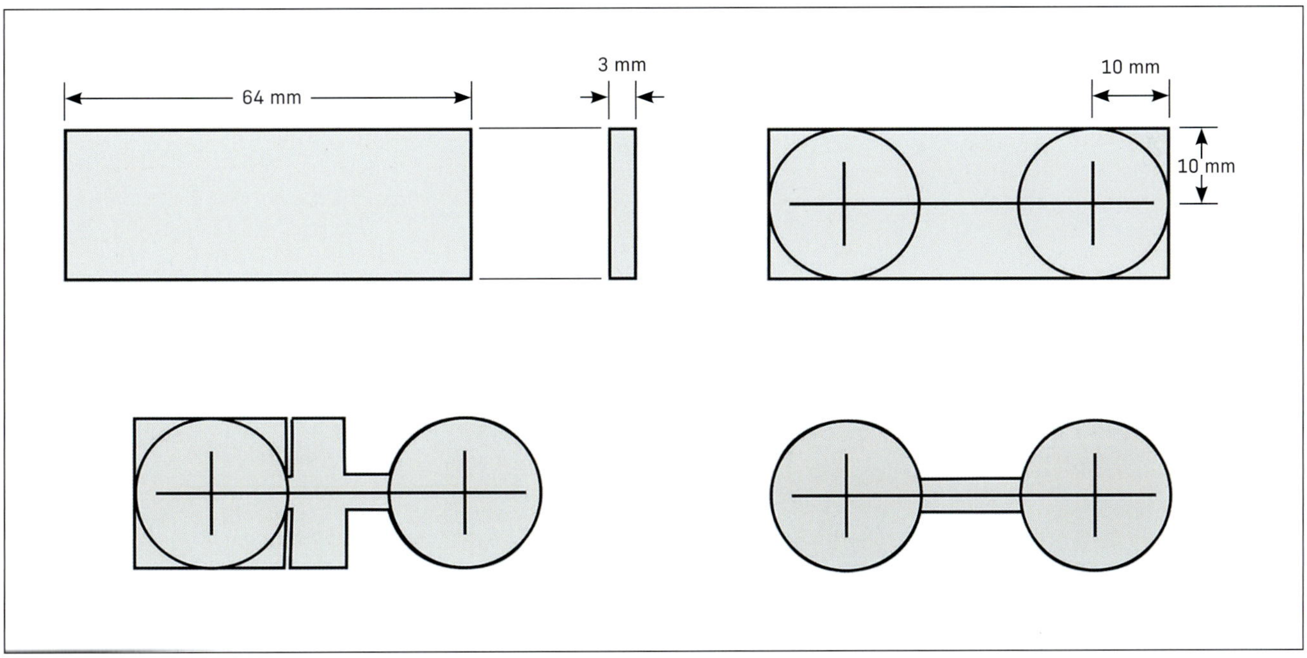

Die Scheiben werden aus Flachmaterial mit den Maßen 3 x 20 x 64 mm gefertigt. Setzen Sie 10 mm von jedem Ende entfernt Körnermarkierungen auf Höhe der Mittellinie. Schneiden Sie die beiden Unterlegscheiben aus. Lassen Sie dabei einen Verbindungssteg stehen.

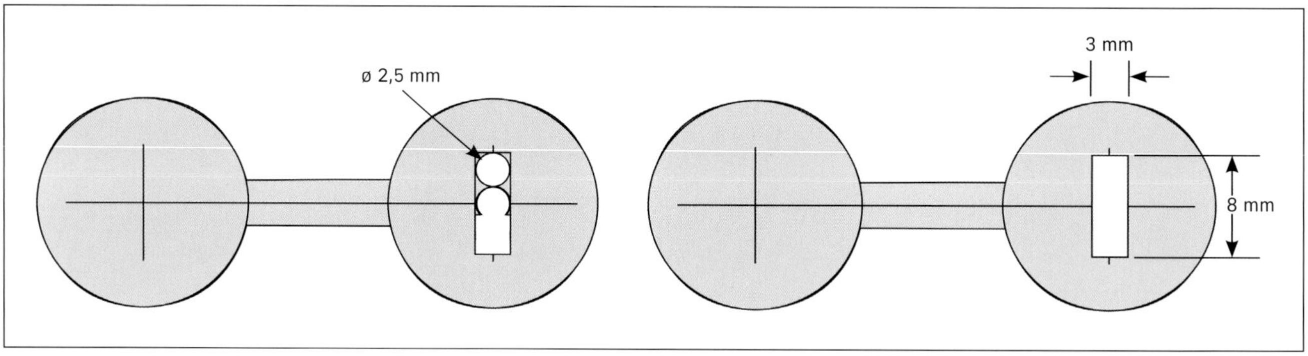

Die runde Scheibe, die später mit dem Arretierstift verlötet wird, erhält einen mittig positionierten, rechteckigen Durchbruch mit den Maßen 3 x 8 mm. Zum Anlegen des Durchbruchs bohren Sie drei Löcher mit 2,5 mm Durchmesser in die Scheiben.

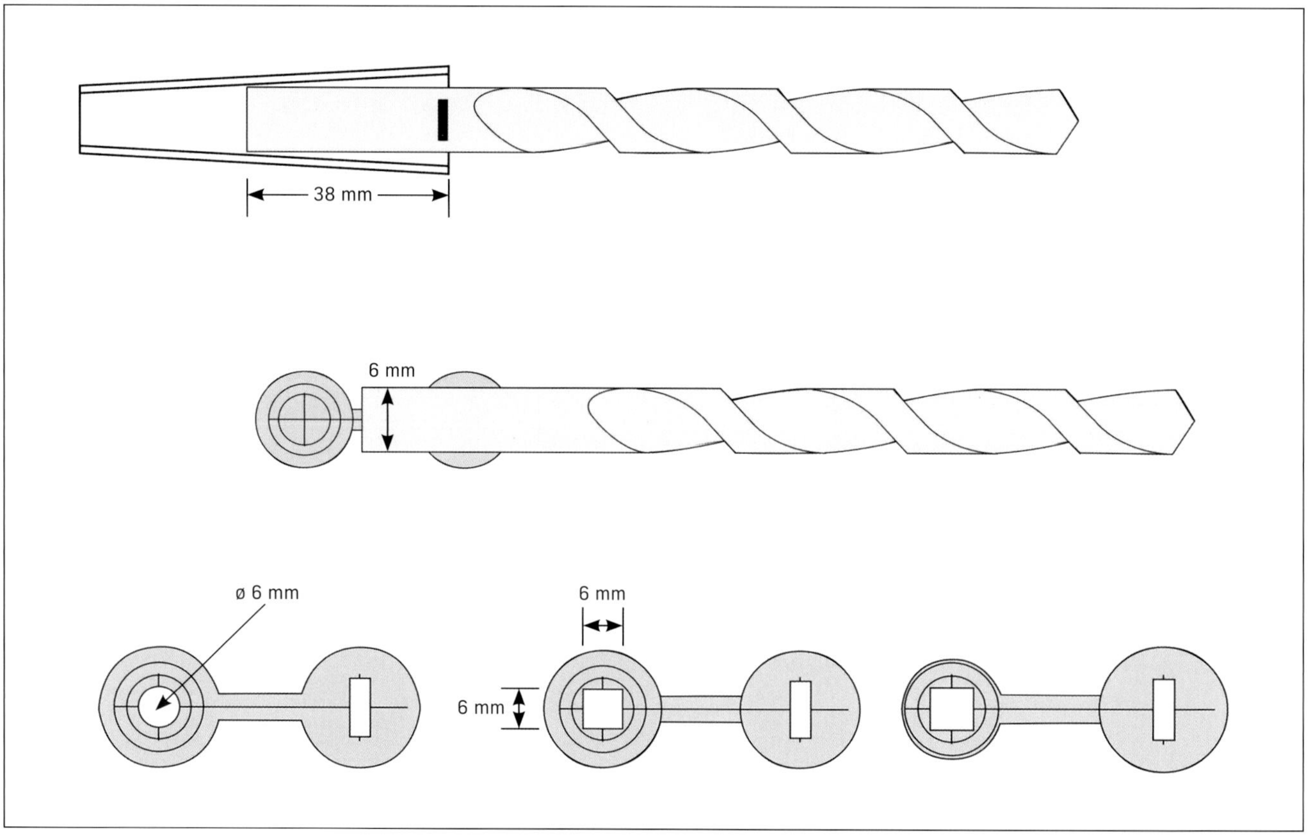

Die andere Scheibe wird später im Gehäuse platziert. Ihr Durchmesser muss exakt geformt sein. Denn ist die Scheibe zu groß, lässt sie sich nicht tief genug ins Gehäuse setzen. Ist sie zu klein, rutscht sie an der intendierten Position vorbei. Mithilfe eines Bohrers lässt sich der richtige Durchmesser ermitteln. Ein Bohrer mit dem richtigen Durchmesser lässt sich exakt 38 mm tief ins Gehäuse schieben. Bringen Sie die Scheibe auf diesen Durchmesser. Reißen Sie zur Orientierung für diese Arbeit Referenzlinien auf, die kleiner als der letztliche Durchmesser sind. Schneiden Sie einen quadratischen 6-mm-Durchbruch in die Mitte dieser Scheibe. Der Arretierstift sollte in das Loch passen und darin über seine gesamte Länge hinweg frei beweglich sein.

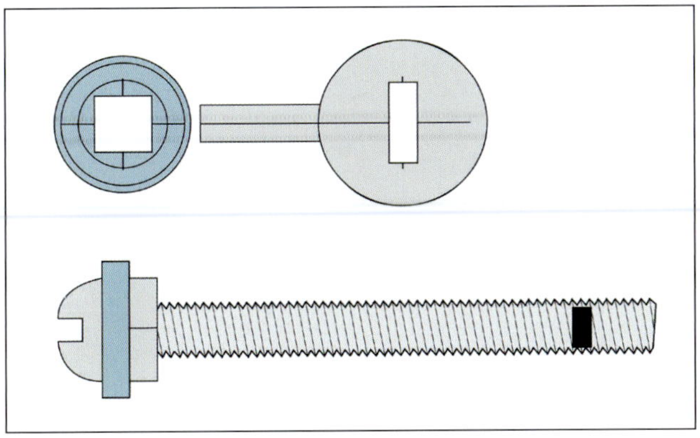

Schneiden Sie die kleine Scheibe am Steg zur anderen Scheibe ab. Befestigen Sie die Scheibe auf einer 6-mm-Rundkopfschraube (mit Sechskantmutter). Sie dient beim Testen als Griff.

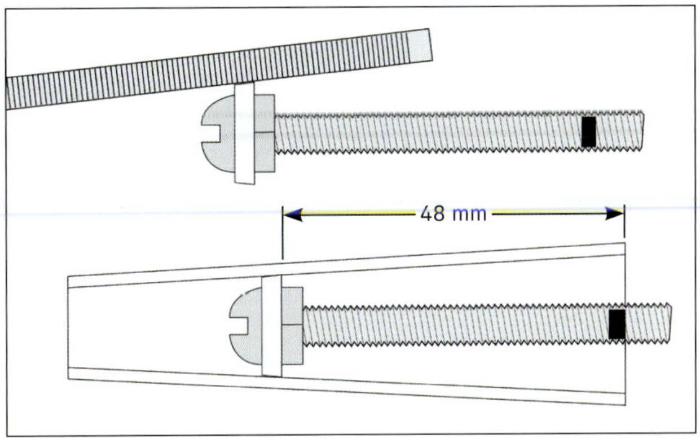

Die Scheibe muss angefast werden, um zur konischen Form des Schlossgehäuses zu passen. Feilen Sie den Umfang der Unterlegscheibe nach und nach in Form. Schlussendlich sollte sich die Unterlegscheibe so tief ins Gehäuse schieben lassen, dass der Abstand ihrer Mittellinie zum durchmesserstärkeren Ende des Gehäuses 48 mm beträgt.

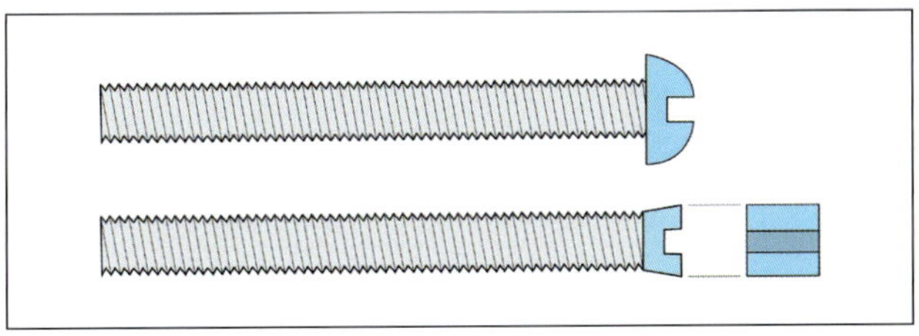

Wenn die Unterlegscheibe den richtigen Umfang hat, kann sie mit dem Schloss-Gehäuse verlötet werden. Die Rundkopfschraube, die als Griff verwendet wurde, dient nun als Klemme für die Unterlegscheibe. Feilen Sie den Rundkopf dazu in ein Viereck, sodass er in den quadratischen Durchbruch der Unterlegscheibe passt.

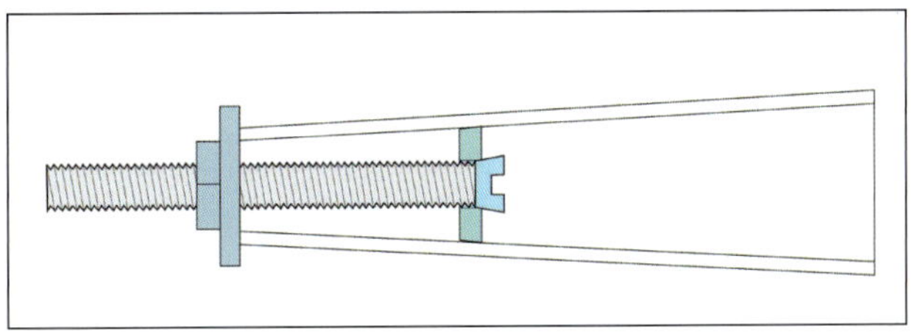

Richten Sie die Kanten des Kopfs am Schlitz des Schraubenkopfes aus. Das hilft später, die richtige Positionierung im Schloss zu bestimmen. Die Seiten des quadratischen Durchbruchs in der Scheibe sollten parallel sein zu den Seiten der Scharnierflügel, die Teil der Manschette sind.

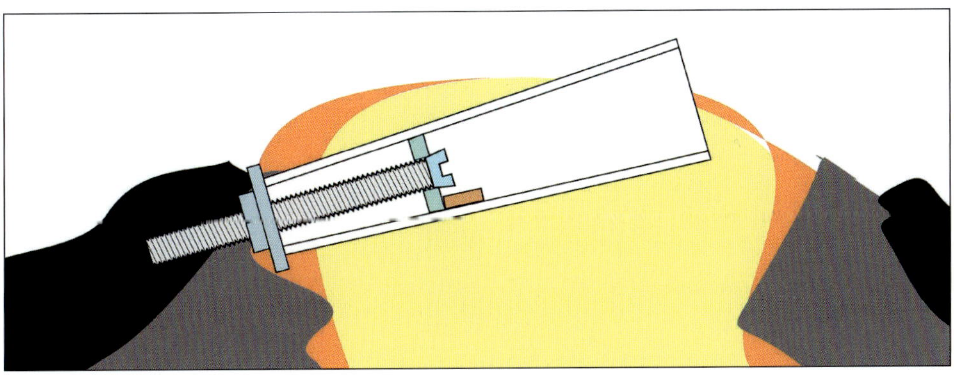

Legen Sie etwas Kupferdraht ins Schlossgehäuse. Das dünnere Ende des Gehäuses sollte am kühleren Rand des Feuers liegen, um eine Überhitzung zu vermeiden.

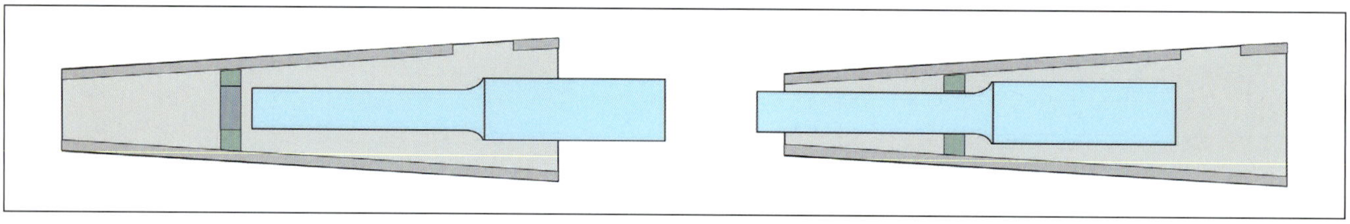

Überprüfen Sie, ob sich der Arretierstift immer noch leicht im Schloss bewegen lässt.

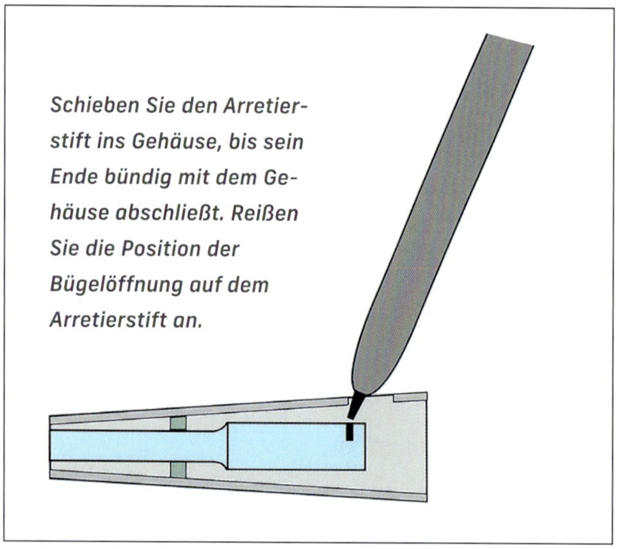

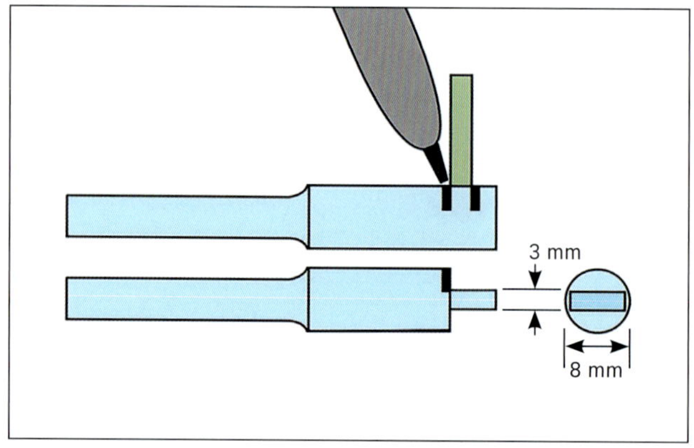

Richten Sie die Scheibe an dieser Markierung aus und reißen Sie die Außenkante der Scheibe auf dem Arretierstift an. Formen Sie einen Vierkantzapfen mit den Maßen 3 x 8 mm am Ende des Stifts aus.

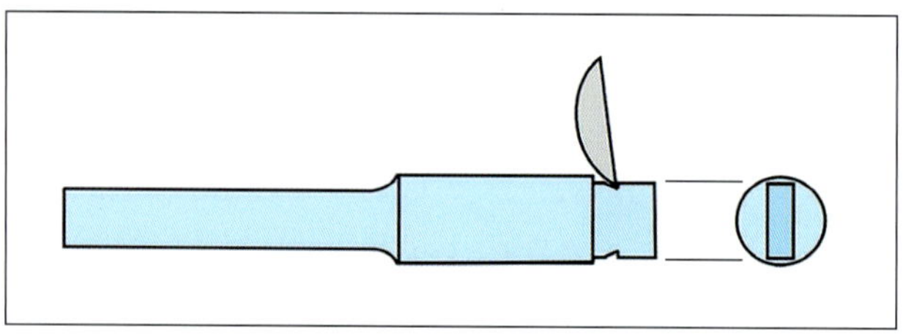

Hinterschneiden Sie die Außenkanten des Zapfens, sodass ein kleiner Grat entsteht.

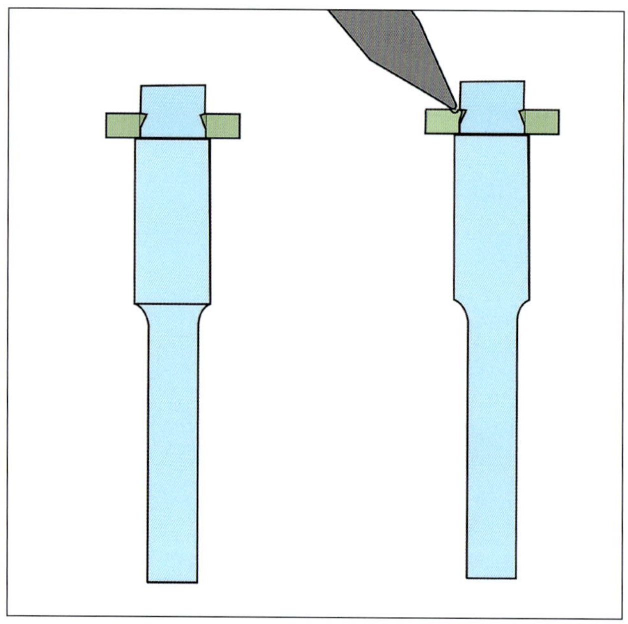

Setzen Sie die Scheibe auf den Arretierstift. Fixieren Sie die Unterlegscheiben, indem sie den Grat mit einem kleinen Meißel an die Scheibe anlegen.

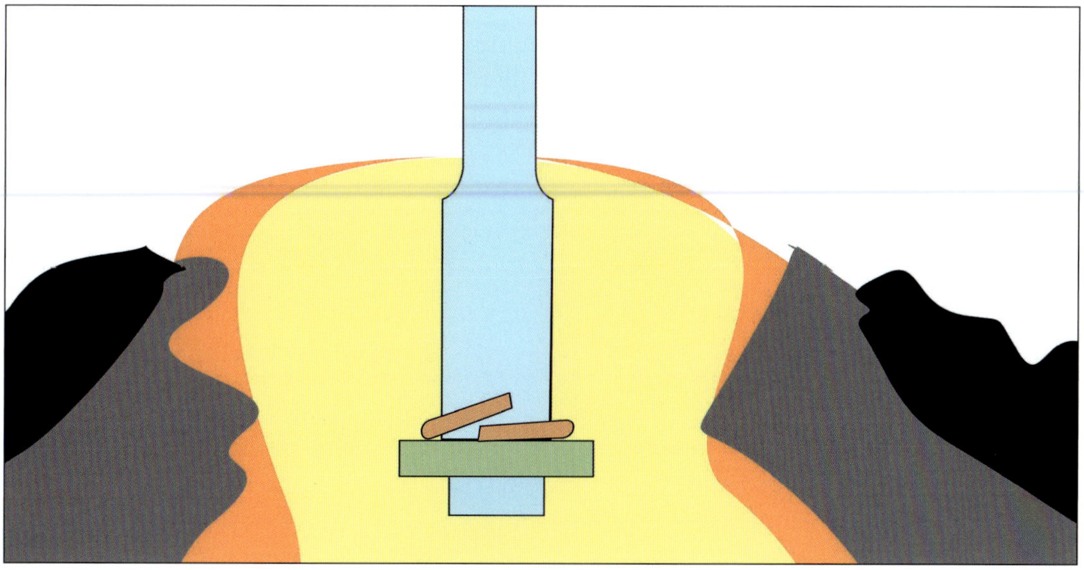

Verlöten Sie die Scheibe mit dem Arretierstift.

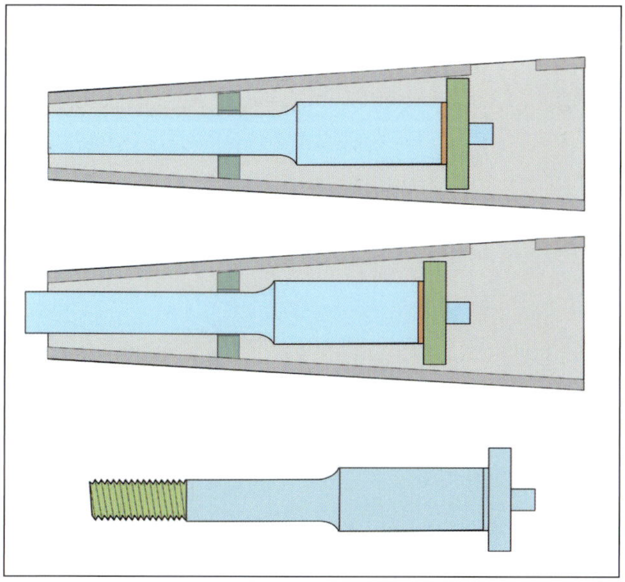

Nun kann die Außenseite der Unterlegscheibe in ihre endgültige Form gefeilt werden. Die Unterlegscheibe muss gerade klein genug sein, damit das Ende des Arretierstifts die Bügelöffnung vollständig freigeben kann. Schneiden Sie ein M6-Gewinde auf den Stift.

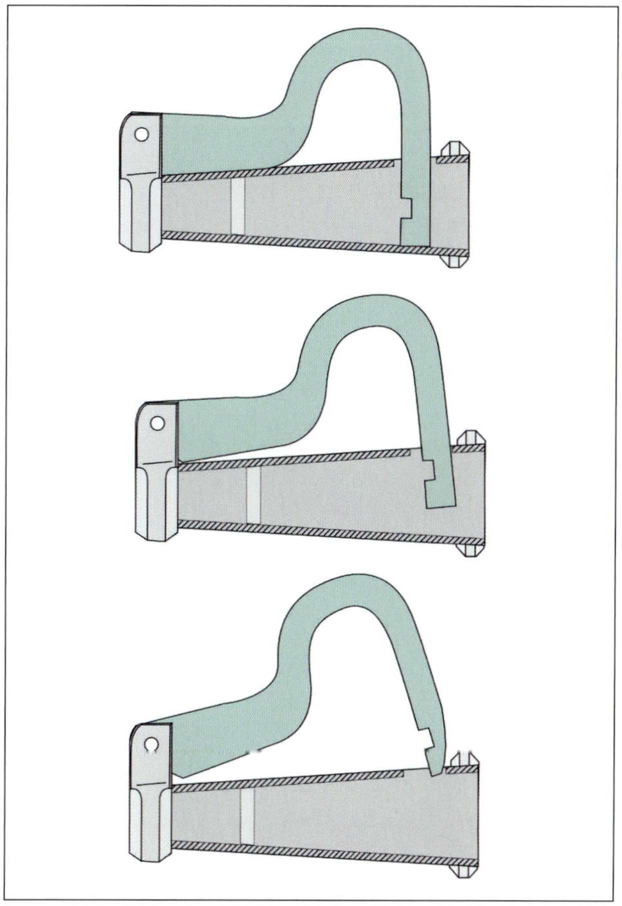

Testen Sie den Gang des eingesetzten Bügels. Bearbeiten Sie die Vorderseite des Bügels, bis er sich frei öffnen lässt.

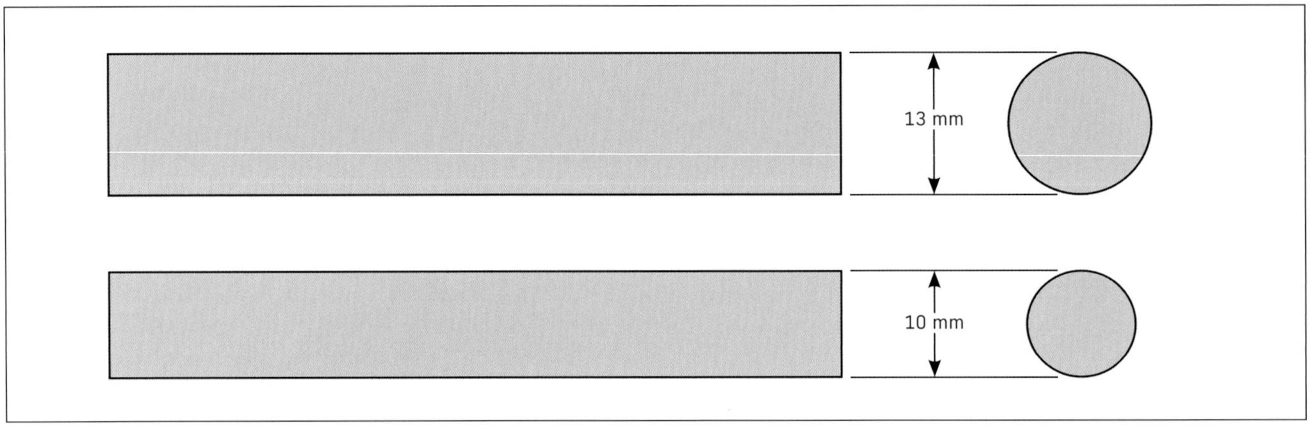

Der Schlüssel besteht aus zwei Teilen. Für das gerundete Ende kommt eine 13-mm-Rundstange zum Einsatz, für den Rest eine 10-mm-Rundstange.

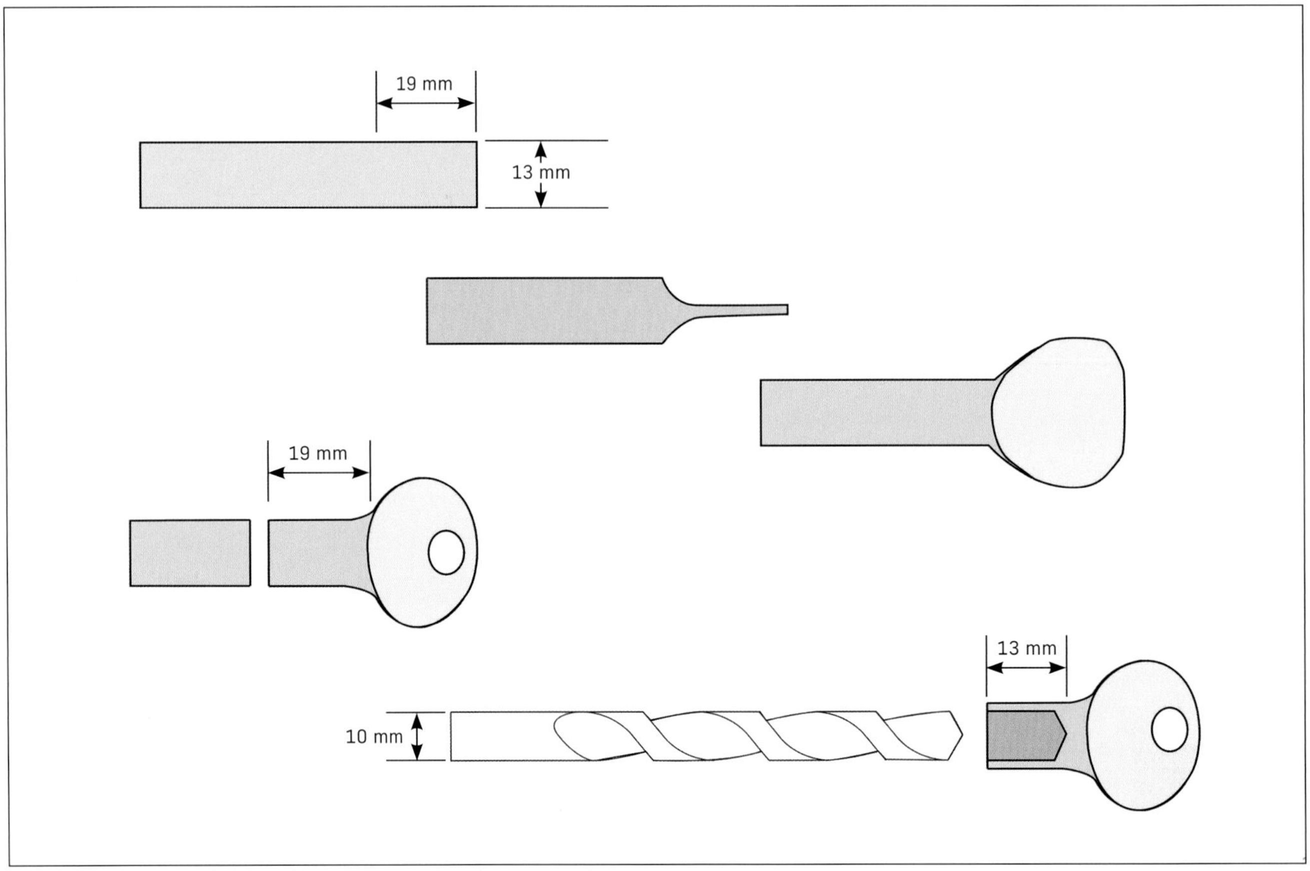

Für das gebogene Ende flacht man einen 19 mm langen Abschnitt am 13 mm starken Rundstab ab. Feilen Sie das Ende in Form und bohren Sie mittig ein Loch zur Aufnahme eines Schlüsselrings. Trennen Sie die Rundstange 19 mm vor dem Bogenbeginn ab. Bohren Sie anschließend mit einem 10-mm-Bohrer ein 13 mm tiefes Loch in die Rundstange.

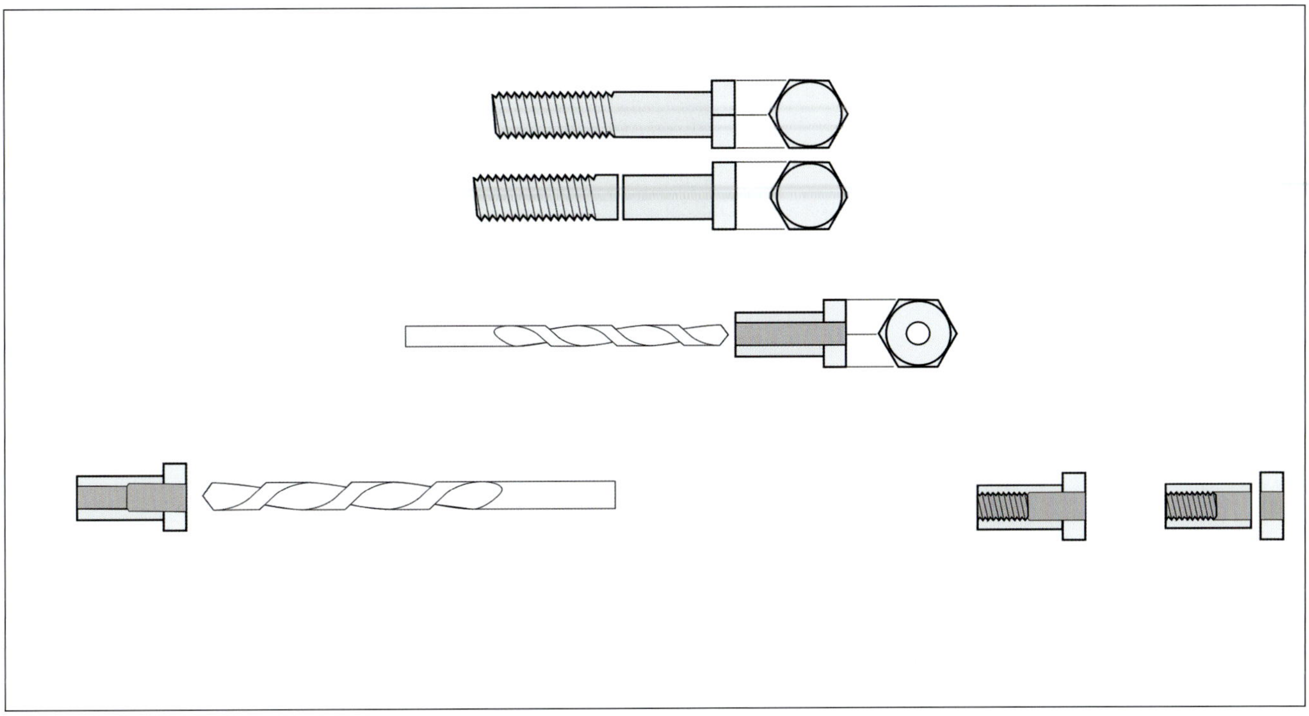

Der schließende Teil des Schlüssels besteht aus einer Hülse mit kurzem Gewinde, die mit dem bogenförmigen Schlüsselende verlötet wird. Sie besteht aus einer kurzen 10-mm-Schraube. Der Schraubenkopf erhöht beim späteren Einspannen in den Schraubstock die Stabilität. Bohren Sie mit einem 5er-Bohrer ein Loch durch die Schraube. Die Hälfte des Lochs wird mit einem 6-mm-Bohrer aufgebohrt. Schneiden Sie dann ein M6-Gewinde in die Hülse. Trennen Sie die Hülse beim Kopf der Schraube ab.

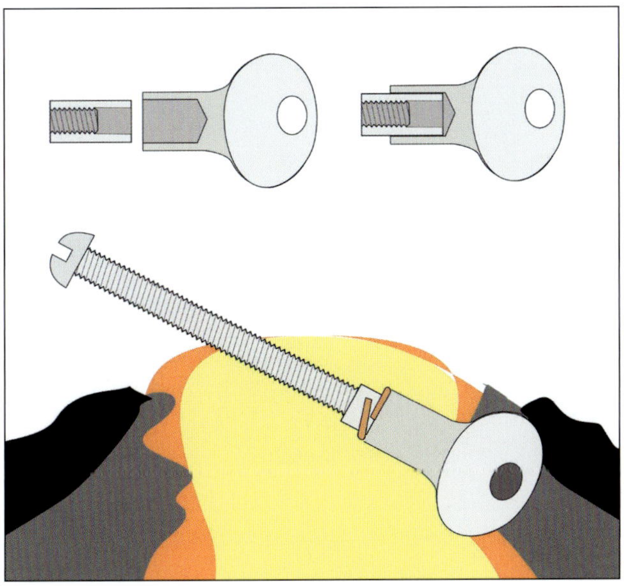

Verlöten Sie die beiden Teile des Schlüssels.

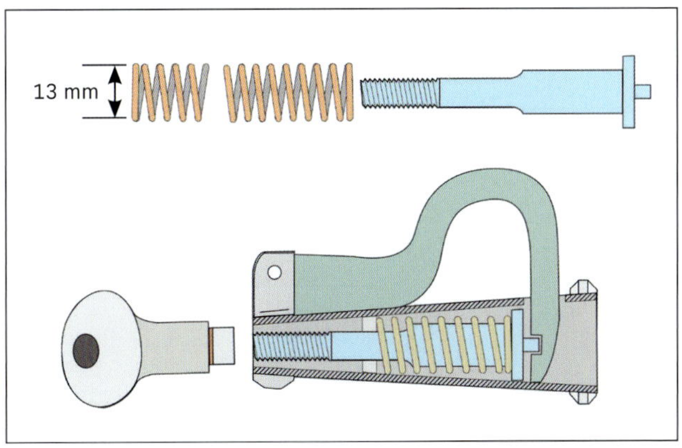

Für die Feder, die später den Arretierbolzen bewegt, nimmt man eine einfache Schraubenfeder aus dem Baumarkt, die einen Außendurchmesser von 13 mm hat und ungefähr 50 mm lang ist. Lassen Sie die Feder zunächst etwas länger und kürzen Sie nach Bedarf, um die richtige Federspannung zu erhalten.

Schieben Sie die Feder auf den Arretierstift und stecken Sie ihn in das Schloss. Schieben Sie den Arretierstift so tief hinein, dass das Gewinde aus dem Schloss hervorschaut und mit dem Schlüssel gedreht werden kann. Die Federkraft sorgt dafür, dass der Rand des Schlüssels gegen das Schlossgehäuse gezogen wird. Drehen Sie den Schlüssel, bis die Scheibe des Arretierstifts den Bügel zum Öffnen freigibt. Drehen Sie den Schlüssel so lange, bis das Ende des Arretierbolzens komplett aus der Öffnung im Bügel gezogen wird. Sollte der Schlüssel zu stark gespannt sein, muss die Feder etwas gekürzt werden. Versuchen Sie es in dem Fall erneut – so lange, bis der Schlüssel das Schloss problemlos öffnet.

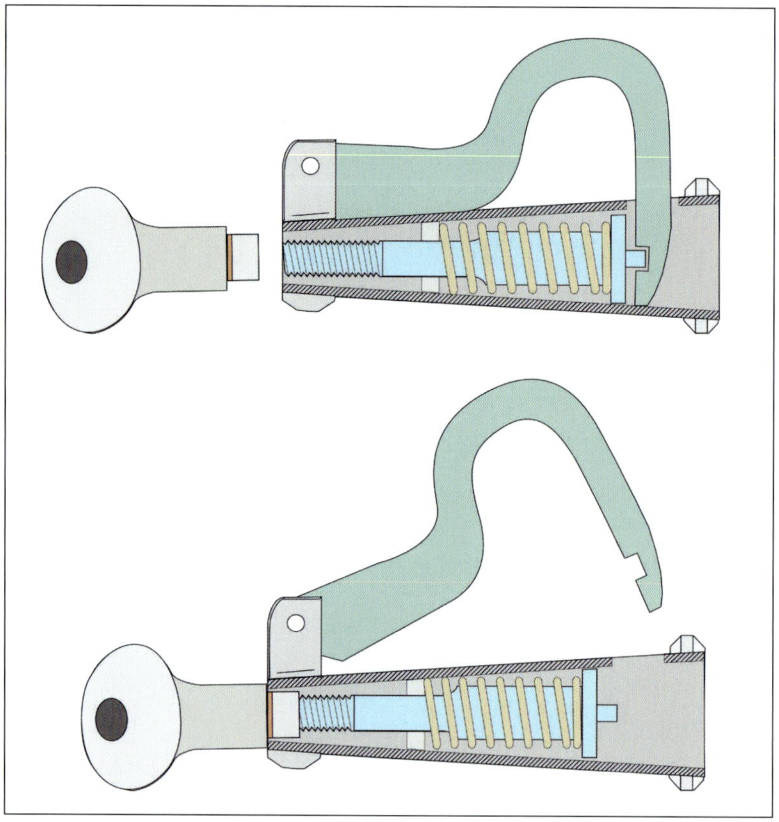

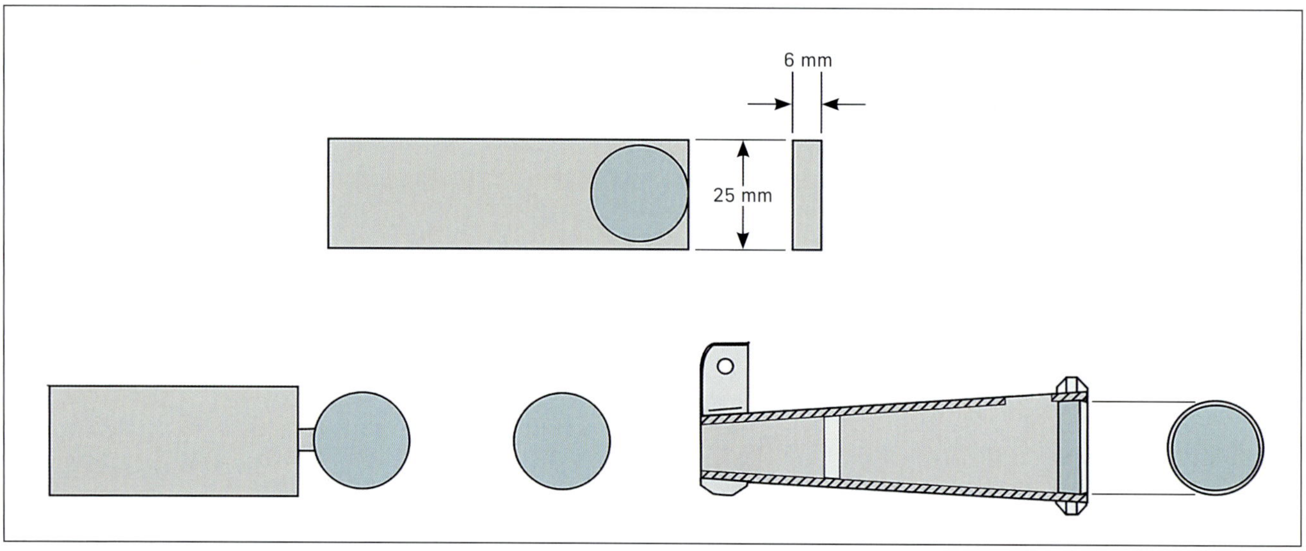

Das letzte Bauteil zur Fertigstellung des Schlosses ist ein Deckel, der das offene Ende des Schlosses verschließt. Der massive runde Deckel wird aus Flachstahl (6 x 25 mm) hergestellt. Meißeln und feilen Sie den Deckel, bis er die Öffnung sicher verschließt. Die Außenkanten des Deckels müssen – passend zum konischen Gehäuse des Schlosses – angefast werden.

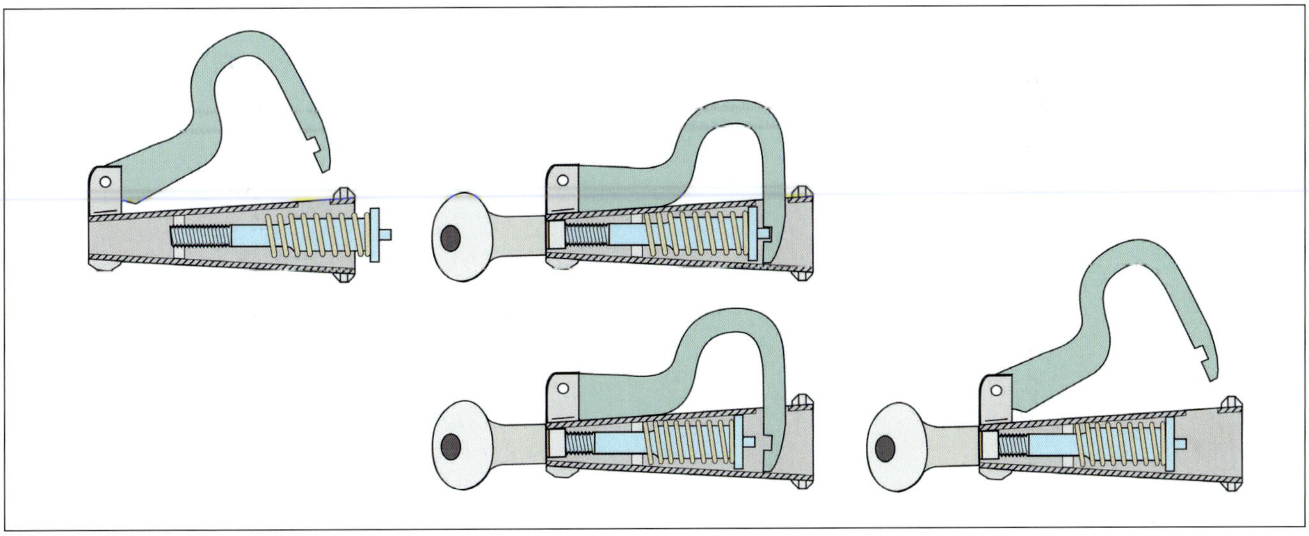

Legen Sie die Feder über den Arretierstift und setzen Sie ihn in das Schloss ein. Ziehen Sie den Arretierstift mit dem Schlüssel zurück und schließen Sie den Bügel. Testen Sie den Schlüssel und den Sitz des Arretierstifts im Bügel. Sollte es irgendwo noch haken, muss jetzt nachgearbeitet werden. Denn sobald der Deckel eingebaut ist, gibt es keine Möglichkeit mehr, zerstörungsfrei ans Innere des Schlosses zu gelangen.

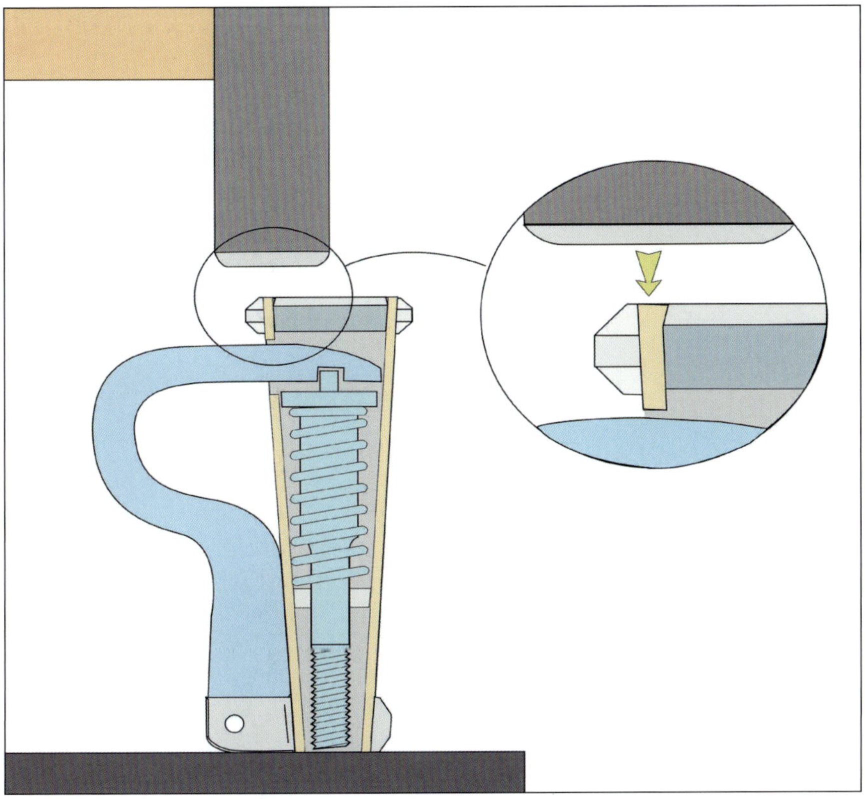

Schließen Sie den Schließbügel und ziehen Sie den Schlüssel ab. Mit einer geraden und stabilen Fläche als Untergrund können Sie nun den Deckel ins Schloss hämmern. Vernieten Sie die Abdeckung des Gehäuses mit der Finne Ihres Hammers.

PROJEKT 3:
SPERRFEDER-SCHLOSS – VARIANTE 1

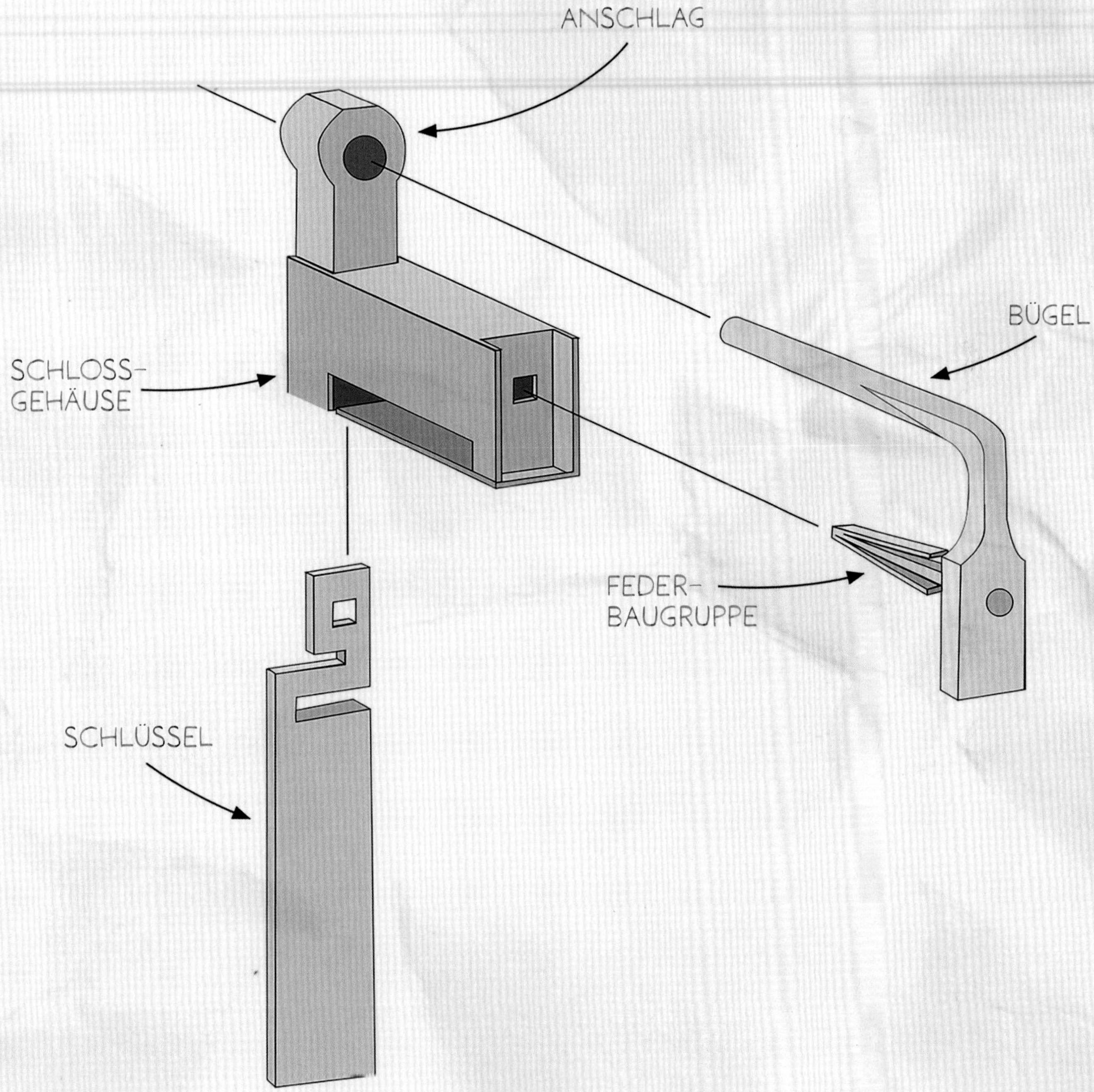
ANSCHLAG
BÜGEL
SCHLOSS-
GEHÄUSE
FEDER-
BAUGRUPPE
SCHLÜSSEL

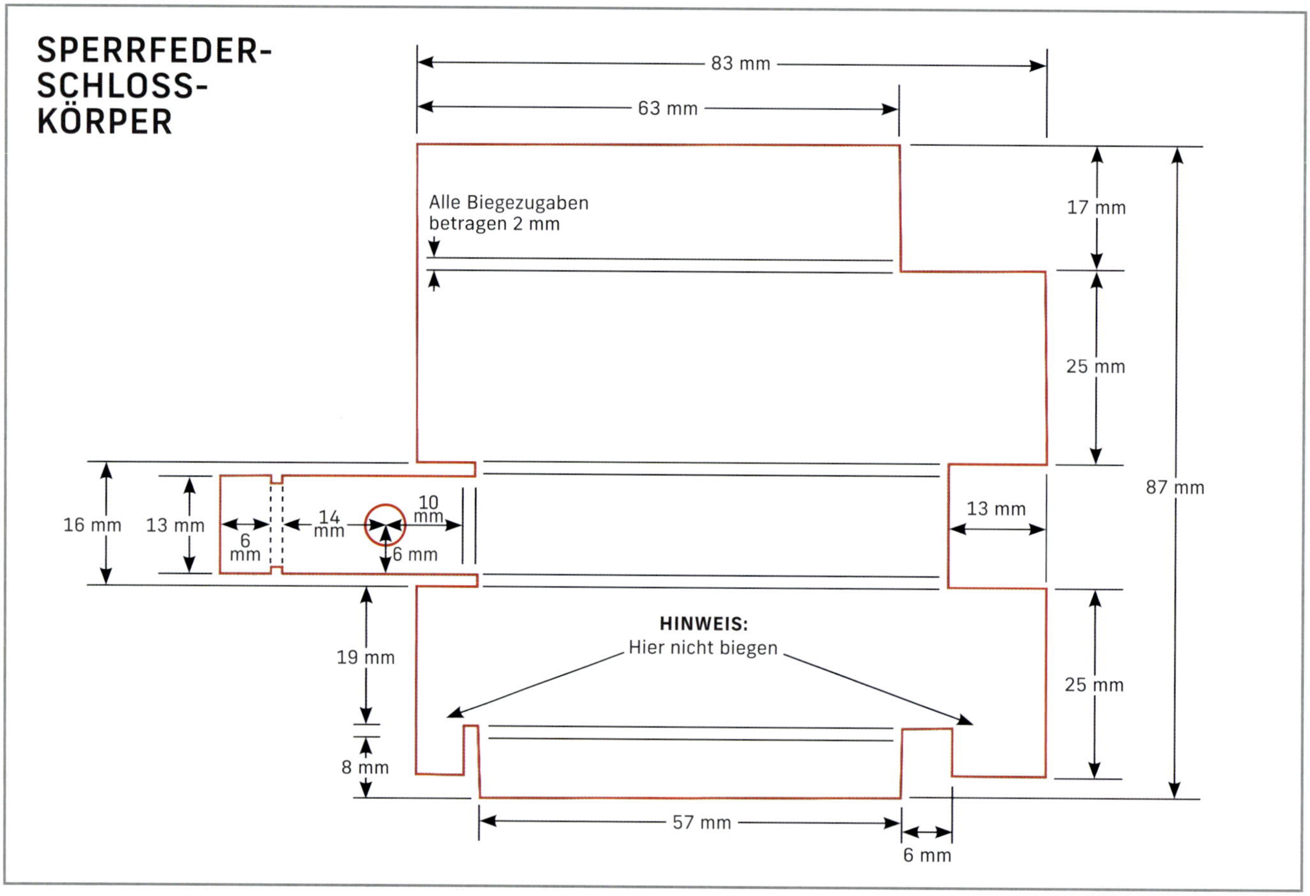

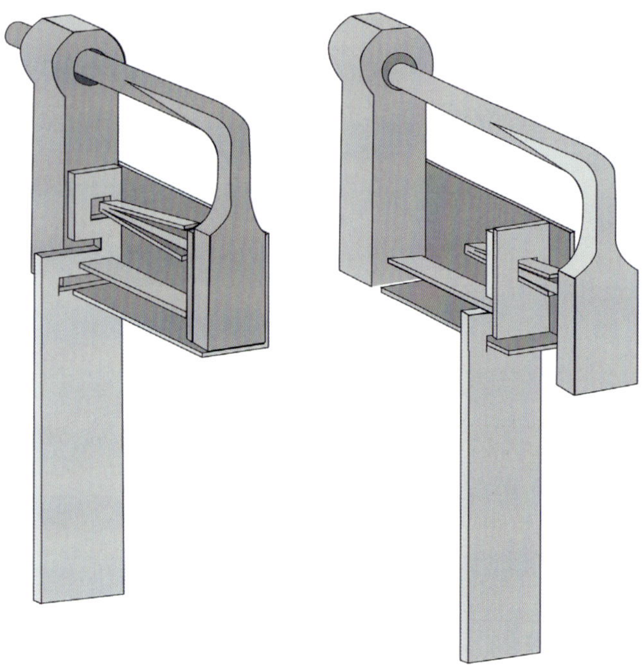

Das Sperrfederschloss ist einzigartig unter den Schloss-Typen. Die Feder an sich ist das Hindernis, das beseitigt werden muss, um das Schloss zu öffnen.

Ein Sperrfederschloss besteht aus drei Teilen: dem Gehäuse, dem Federmechanismus und dem Bügel. Der Federmechanismus ist am Bügel befestigt. Die Feder hat eine Pfeilspitzenform und passt dadurch in die kleine Öffnung im Gehäuse des Schlosses. Sobald der Bügel vollständig eingerastet ist, kann sich die Feder wieder weiten und ihre Ausgangsform annehmen. Um den arretierten Bügel wieder zu lösen, gibt es nur eine Möglichkeit: Die Sperrfeder muss mit einem speziellen Schlüssel wieder zusammengedrückt werden. Dieses einfache Schloss ist mit nur einer Feder konstruiert. Andere Sperrfederschlösser enthalten mehrere Federn. Jede Feder erhöht dabei die Komplexität und die Sicherheit des Schlosses.

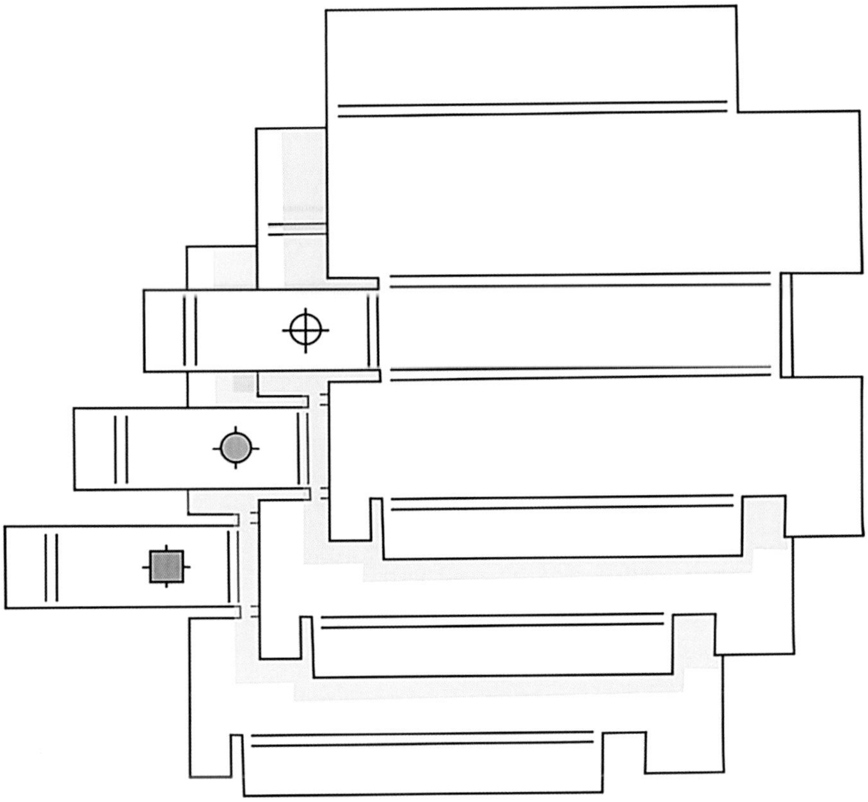

Schneiden Sie das Schnittmuster für das Schlossgehäuse aus und übertragen Sie alle Hilfslinien. Das Vierkantloch für den Federmechanismus wird in die Endplatte geschnitten. Dieses Loch wird durch Bohren eines 5-mm-Lochs angelegt. Verwenden Sie Meißel oder Nadelfeilen, um das quadratische Loch zu formen. Im nächsten Schritt müssen alle Biegelinien mit dem Meißel vorbereitet werden.

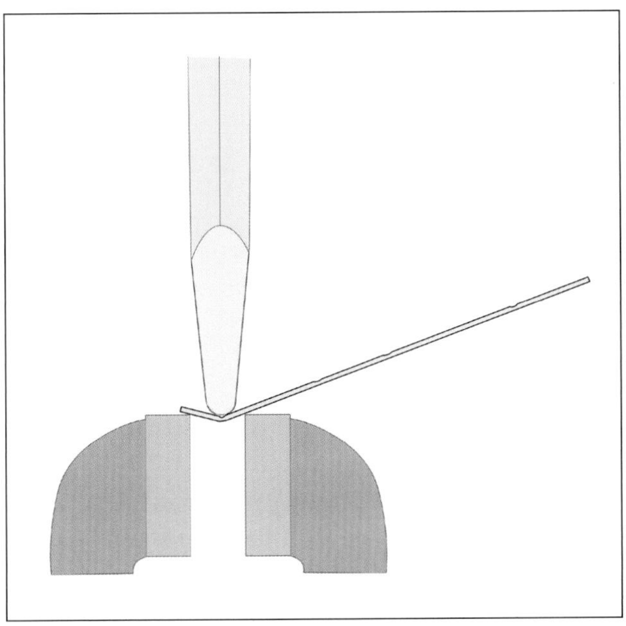

Stützen Sie das Gehäuse des Sperrfederschlosses auf den leicht geöffneten Backen eines Schraubstocks ab. Nutzen Sie zum Biegen einen kleinen, nicht zu scharfen Meißel. Hämmern Sie mit dem Meißel entlang der Biegelinien. Dadurch entsteht eine Biegekante.

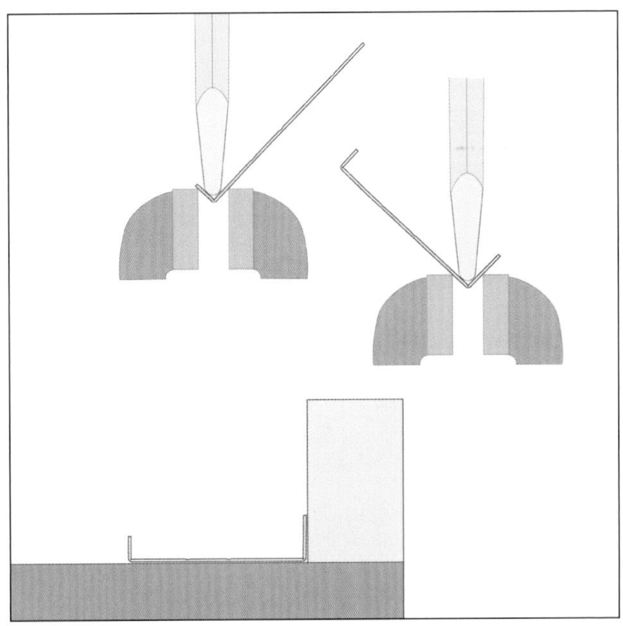

Biegen Sie zunächst die äußeren Ecken des Schlosses. Verwenden Sie einen rechtwinkligen Stahlblock, um zu überprüfen, ob die Ecken einen 90-Grad-Winkel besitzen. Die Endplatte wird nicht gebogen.

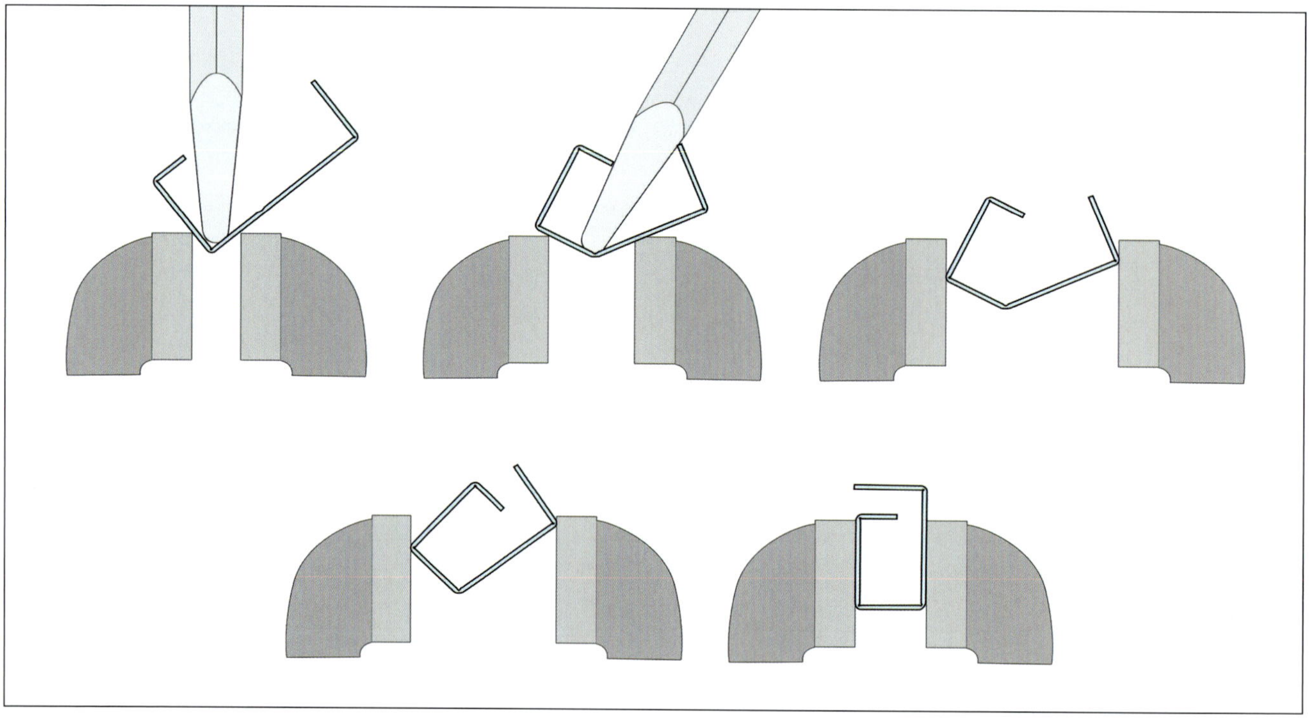

Mit derselben Methode werden anschließend die Innenkanten gebogen. Irgendwann werden Sie mit dem Meißel nicht mehr an die Biegelinien kommen. Dann können Sie das Gehäuse mit Hilfe des Schraubstocks zurecht pressen und biegen.

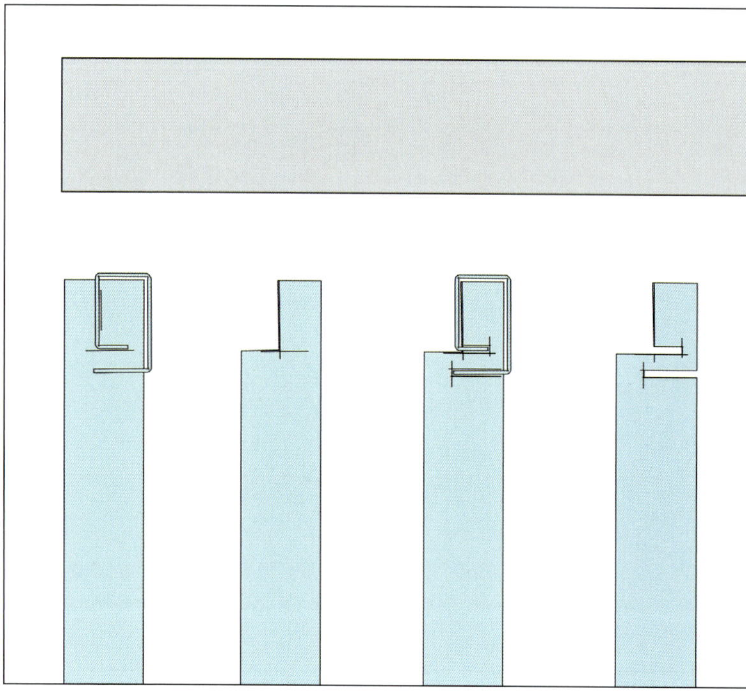

Den Schlüssel formt man noch bevor das Schlossgehäuse fertiggestellt wird. Schneiden Sie den Schlüssel aus Flachmaterial mit einer Stärke von 3 x 19 mm. Die obere Breitseite wird so eingeschnitten, dass sie in den oberen Abschnitt des Gehäuses passt. Legen Sie den Schlüsselrohling ins Schloss und reißen Sie die Umrisse der beiden unteren Platten des Schlossgehäuses am Schlüssel an.

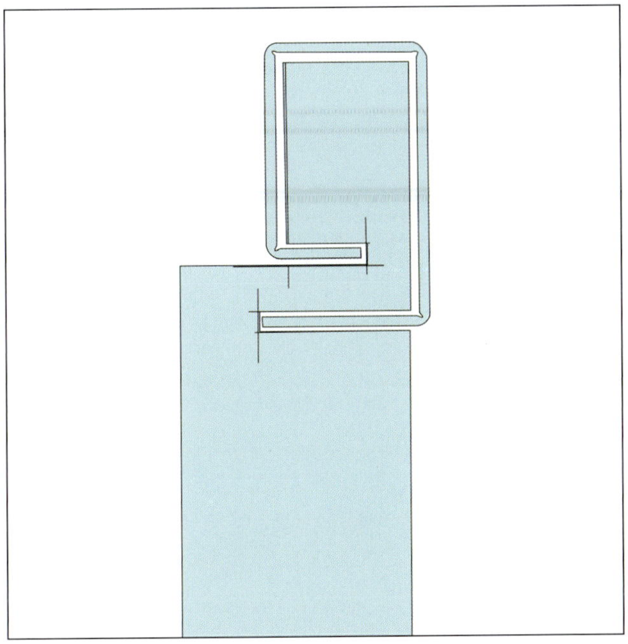

Prüfen Sie den Sitz des Schlüsselrohlings im Schlossgehäuse. Feilen Sie alle Bereiche zurück, die die Seiten berühren. Der Schlüssel muss über die gesamte Länge des Gehäuses gleiten, darf dabei aber nur wenig Spiel haben.

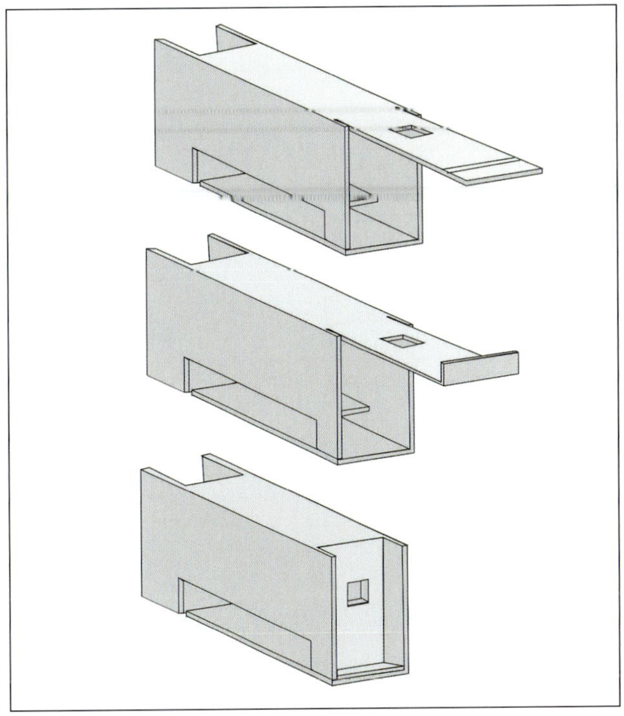

Vervollständigen Sie nun das Gehäuse, indem Sie an den Biegelinien die Endplatte in Position biegen.

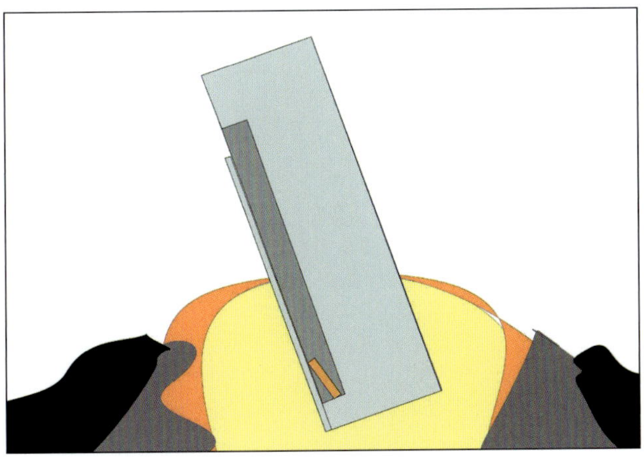

Die Basis der Endplatte wird dann mit der Bodenplatte sowie den Kanten der Seitenplatten des Schlosses verlötet. Dafür sollten Sie niedrig schmelzendes Hartlot anstelle von Kupferdraht verwenden. Die niedrigere Schmelztemperatur des Hartlots erleichtert das Zusammenfügen der Teile und verringert das Risiko, dass die empfindlichen Kanten des Schlossgehäuses zu heiß werden und verbrennen.

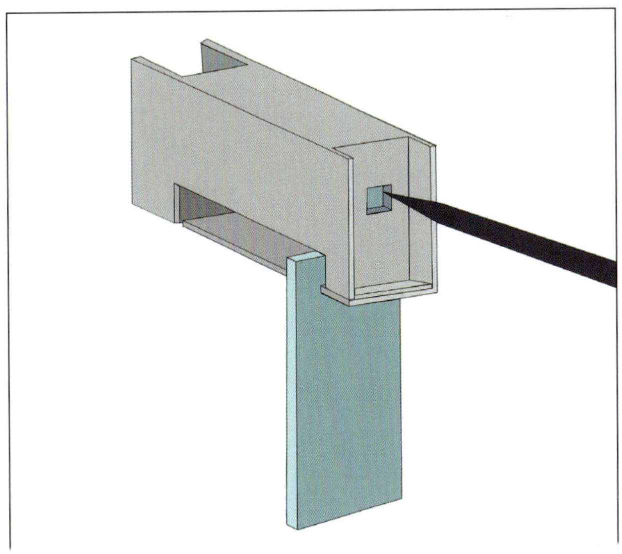

Stecken Sie den Schlüssel ins Schloss und reißen Sie die Position des Lochs in der Endplatte am Schlüsselrohling an. Um später gut zu funktionieren, müssen die Löcher im Schlüssel und der Endplatte exakt übereinstimmen.

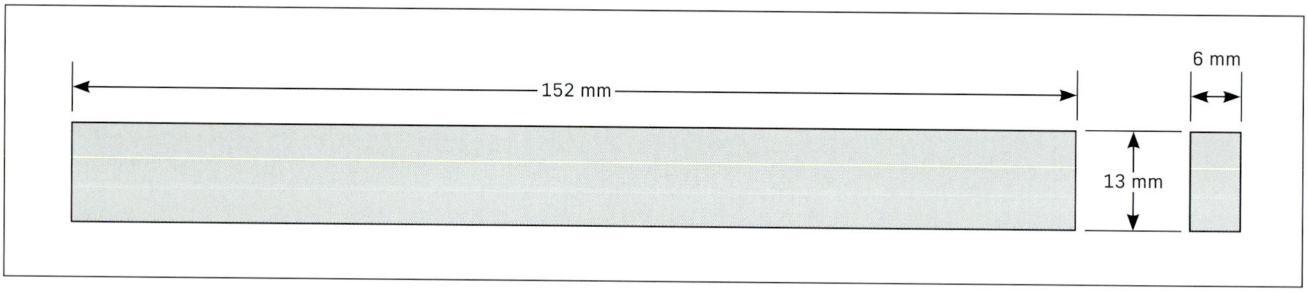

Der Bügel wird aus gut 150 mm langem Flachmaterial mit den Maßen 6 x 13 mm geschmiedet.

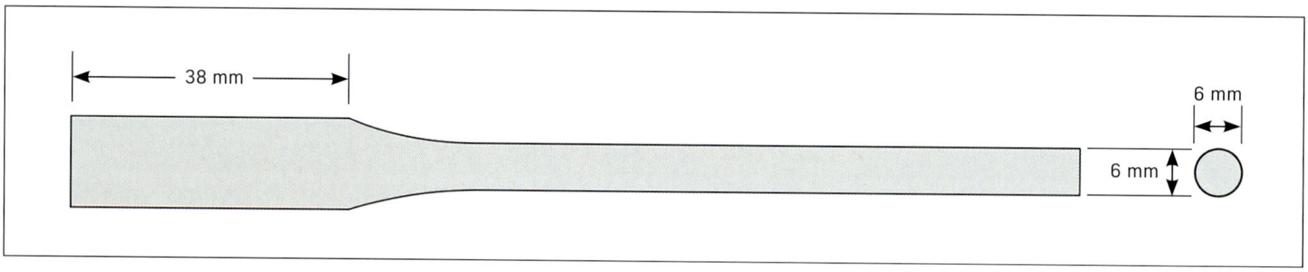

Lassen Sie einen Bereich von 38 mm Länge kantig. Ab hier wird der Rest zu einer 6-mm-Rundstange geschmiedet.

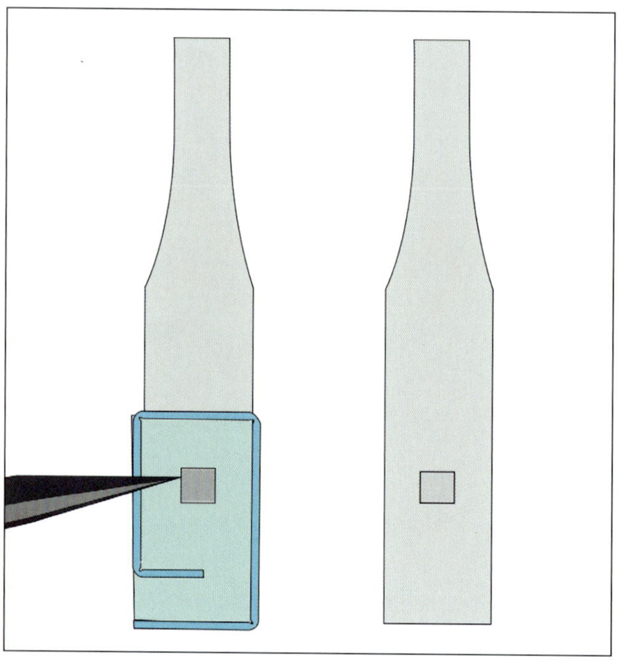

Legen Sie das kantige Ende des späteren Bügels und die Endplatte aufeinander. Reißen Sie den Umriss des quadratischen Durchbruchs am Bügel an. Das ist die Position der Federhalterung.

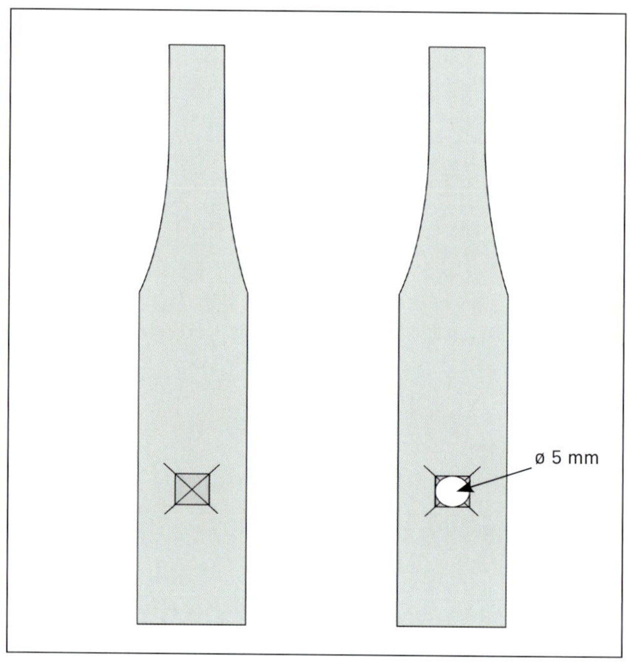

Bestimmen Sie die Mitte des quadratischen Lochs, das Sie zuvor am Bügel angerissen haben. Bohren Sie dort mit dem 5er-Bohrer ein Loch.

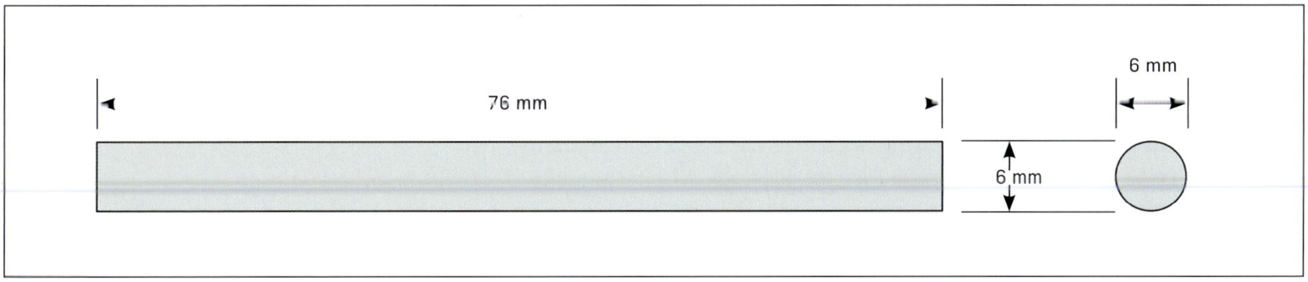

Die Federhalterung besteht aus einem 76 mm langen Rundstab mit einem Durchmesser von 6 mm.

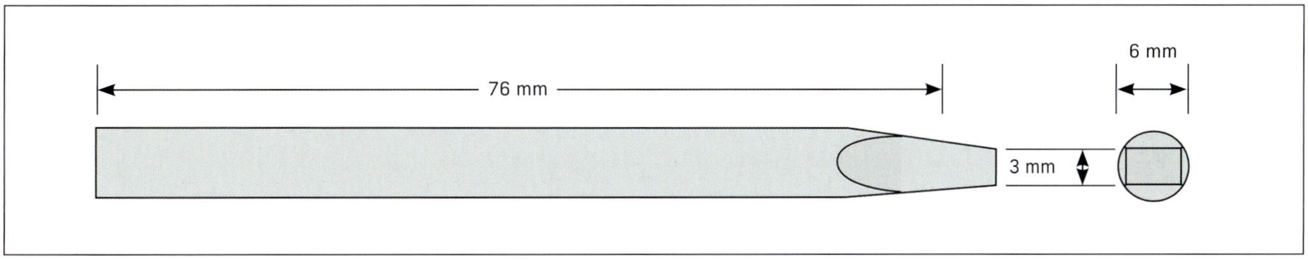

Schmieden Sie am Ende der Stange eine abgeflachte Spitze. Sie sollte sich von etwa 6 mm Breite auf 3 mm verjüngen. Erhitzen Sie das Endteil des Bügels. Verwenden Sie die Spitze der Federhalterung als Dorn, um das Loch im Schäkel konisch zu formen.

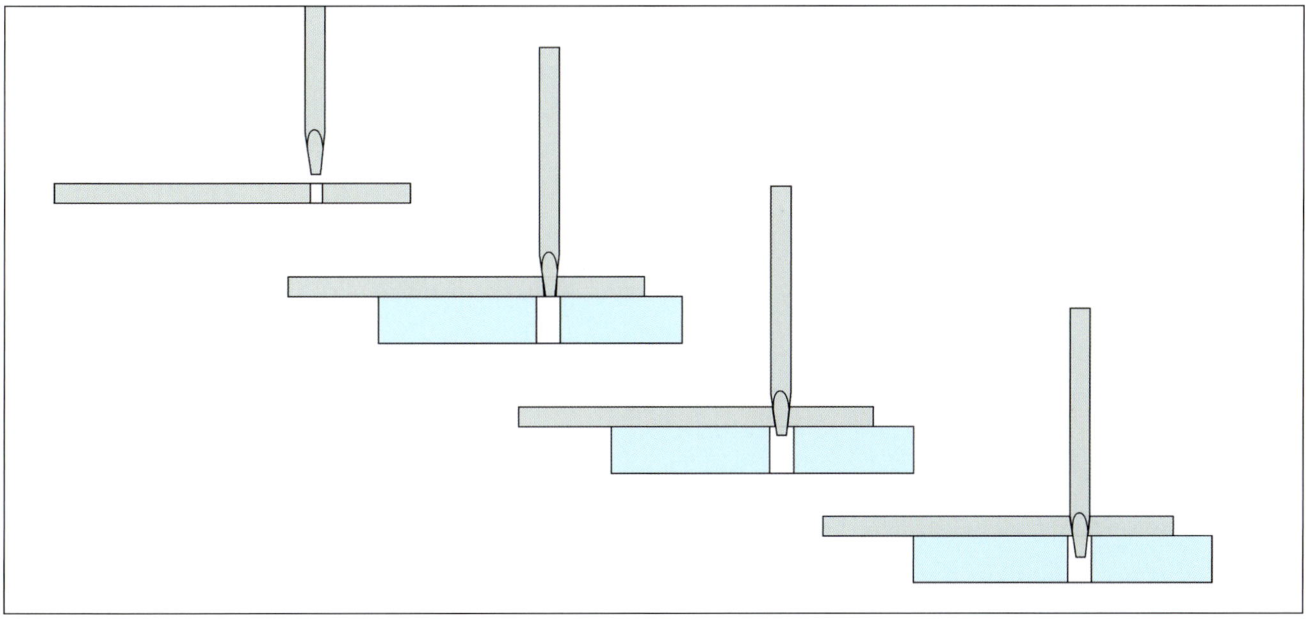

Dazu legen Sie die Bügelplatte auf eine stabile Metallunterlage mit einem Loch, das etwas größer ist als die Spitze der Federhalterung. Nutzen Sie für diese Arbeit mehrere Hitzen. Versuchen Sie nicht zu viel auf einmal. Sollte die Spitze dennoch beschädigt werden, so schmieden Sie einfach eine neue Spitze in die Federhalterung. Formen Sie das Loch weiter aus, bis die Spitze der Federhalterung komplett in das Loch passt. Die Passung zwischen der Spitze der Federhalterung und dem Bügel sollte eng sein.

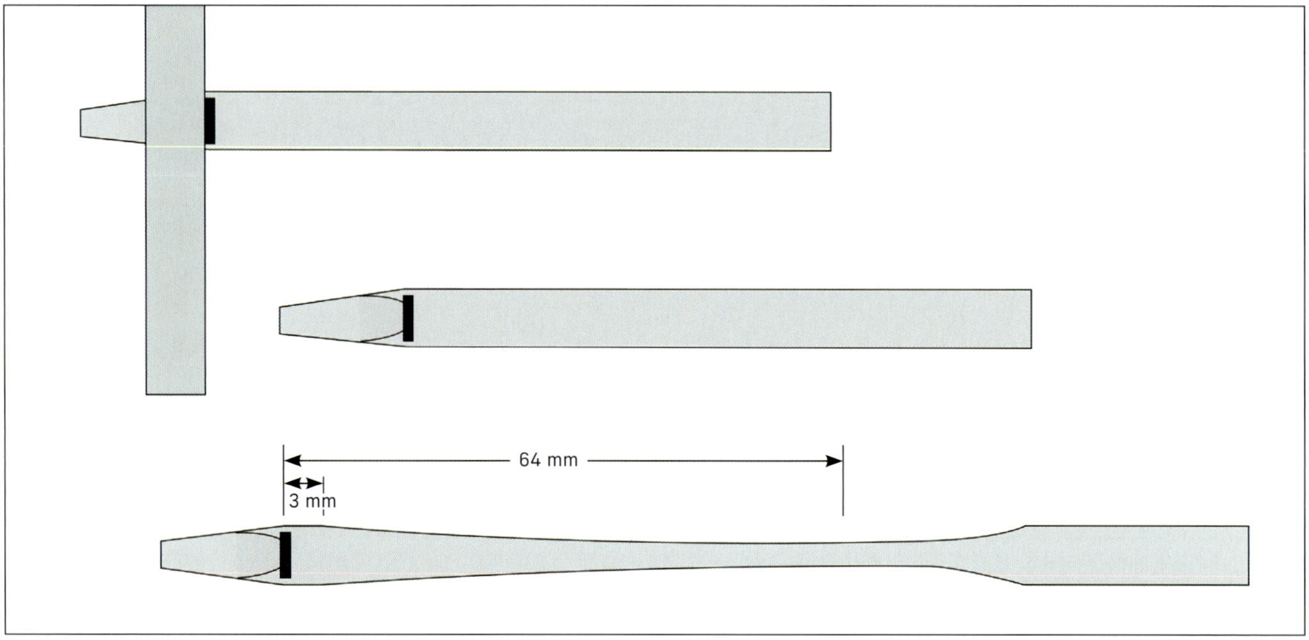

Der Rest der Federhalterung kann relativ grob in Form geschmiedet werden. Das meiste Material wird ohnehin weggeschliffen oder -gefeilt. Der Übergang zum rechteckigen Ende des Bügels muss stabil dimensioniert bleiben.

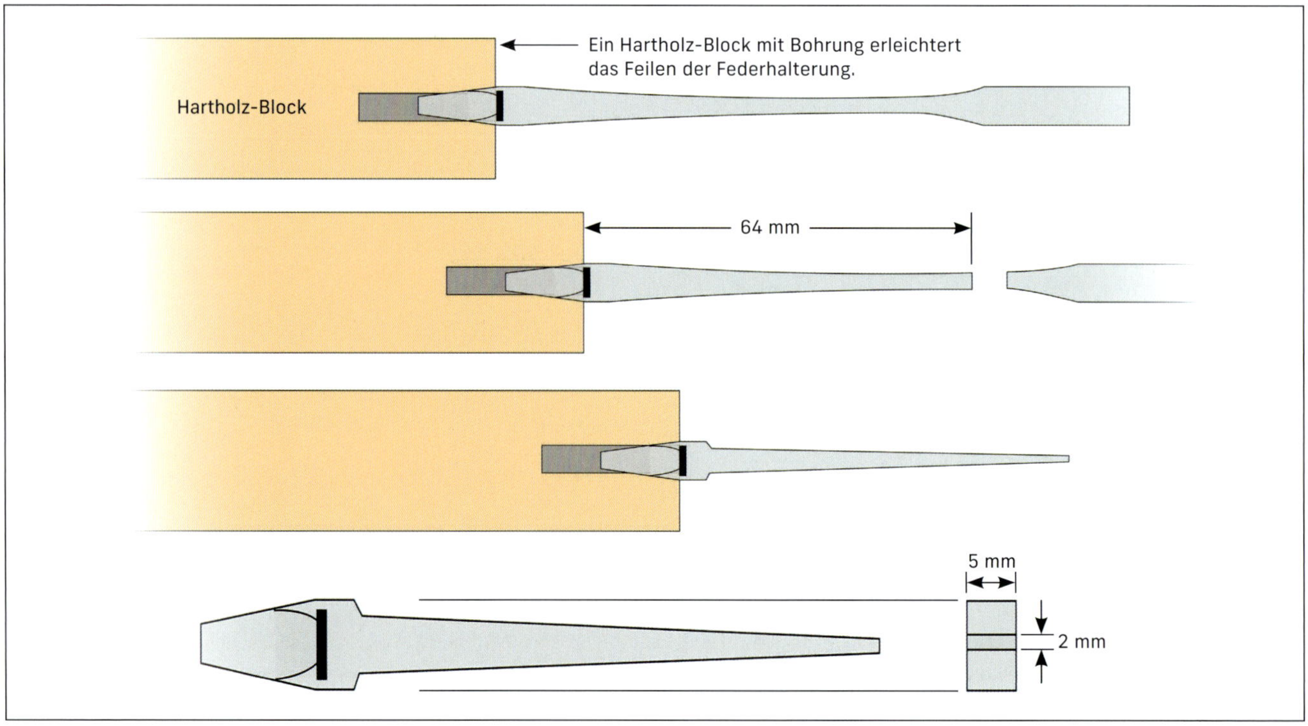

Die fertige Federhalterung sollte 64 mm lang und 5 mm breit sein. Die Stärke sollte sich von 3 mm auf 2 mm verjüngen.

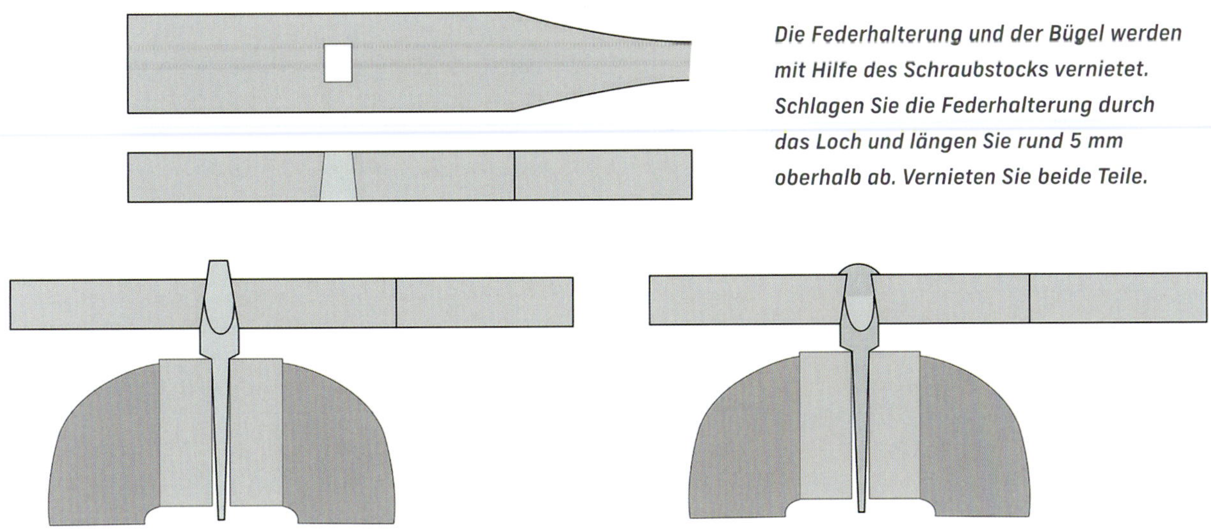

Die Federhalterung und der Bügel werden mit Hilfe des Schraubstocks vernietet. Schlagen Sie die Federhalterung durch das Loch und längen Sie rund 5 mm oberhalb ab. Vernieten Sie beide Teile.

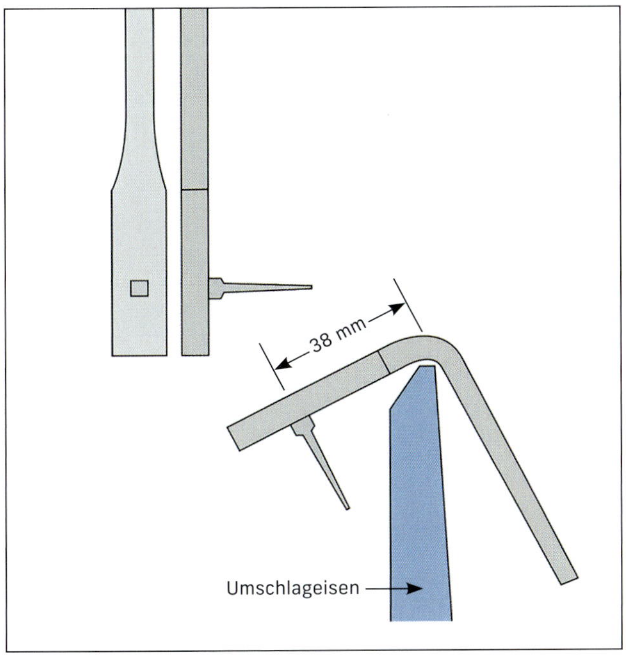

Der Arm des Bügels muss um 90 Grad gebogen werden, damit er ins Endstück des Schlosses eingeführt werden kann. Die Biegung sollte etwa 38 mm von der eingesetzten Federhalterung erfolgen. Nutzen Sie zum Biegen ein Umschlageisen oder ein flaches Stück Metall, das Sie im Schraubstock einspannen.

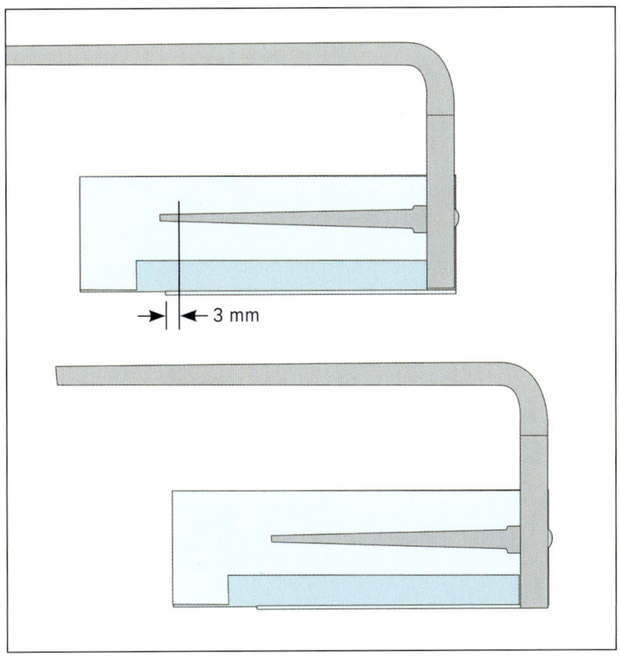

Legen Sie den Bereich mit der Federhalterung von oben auf das Schlossgehäuse. Kürzen Sie das Ende der Federhalterung, sodass sich die Spitze 3 mm hinter der Öffnung für den Schlüssel an der Unterseite des Gehäuses befindet.

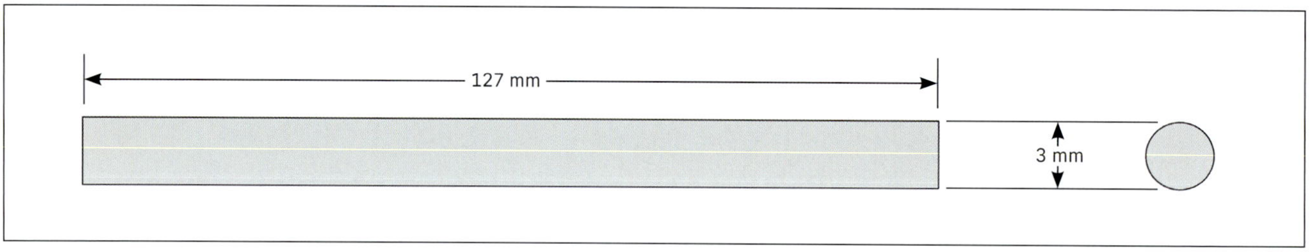

Die Feder wird aus einem 127 mm langen und 3 mm starken Kohlenstoffstahl-Draht geschmiedet.

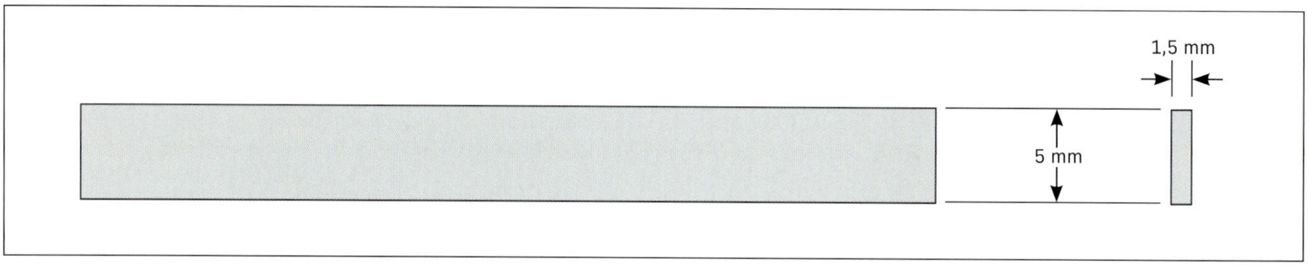

Schmieden und feilen Sie diesen Rohling flach auf die Maße 1,5 x 5 mm aus.

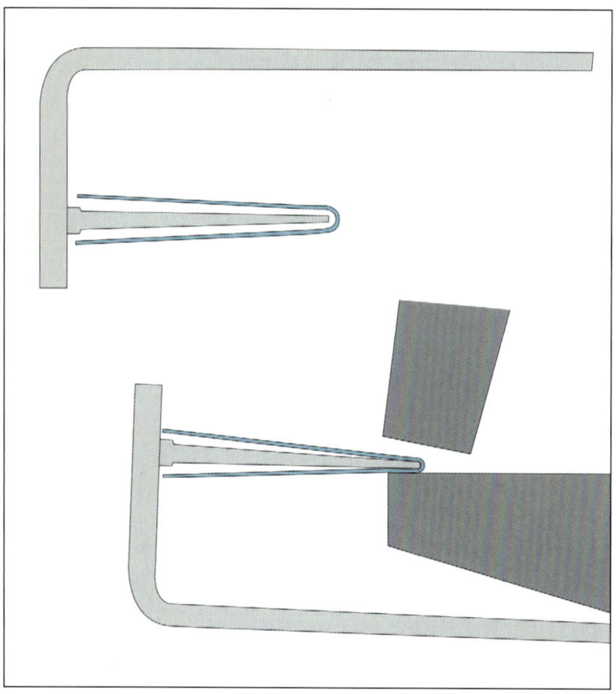

Erhitzen Sie die Feder mittig und biegen Sie die beiden Hälften um. Setzen Sie die Feder auf die Federhalterung, um den Sitz zu prüfen. Erhitzen Sie die Feder und pressen Sie sie so an die Federhalterung, dass kein Spalt mehr vorhanden ist.

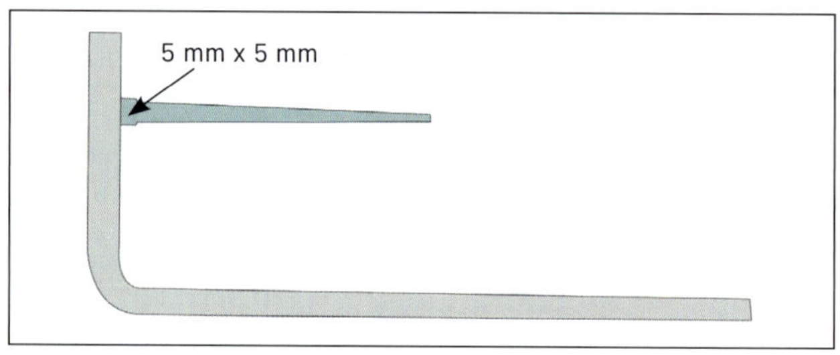

Nun feilen Sie das Ende der Federhalterung in eine quadratische Form. Dieses Ende sollte etwas kleiner als das Loch in der Endplatte des Schlosses sein.

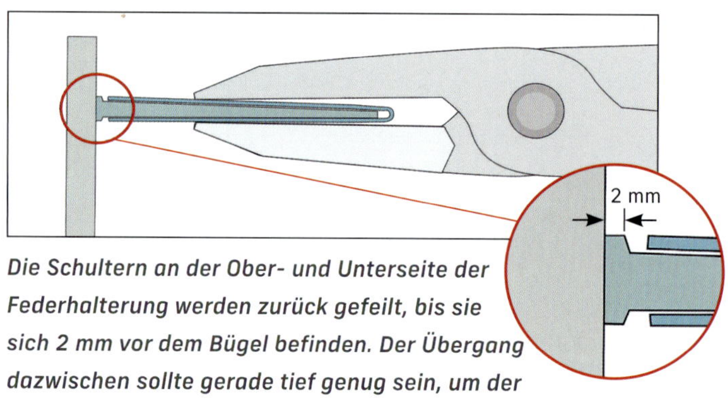

Die Schultern an der Ober- und Unterseite der Federhalterung werden zurück gefeilt, bis sie sich 2 mm vor dem Bügel befinden. Der Übergang dazwischen sollte gerade tief genug sein, um der Dicke der Feder zu entsprechen.

Die Feder kann nun an die Länge der Halterung angepasst werden. Schneiden Sie die Enden zunächst so weit ab, dass sie die Schultern der Federhalterung gerade so freigeben.

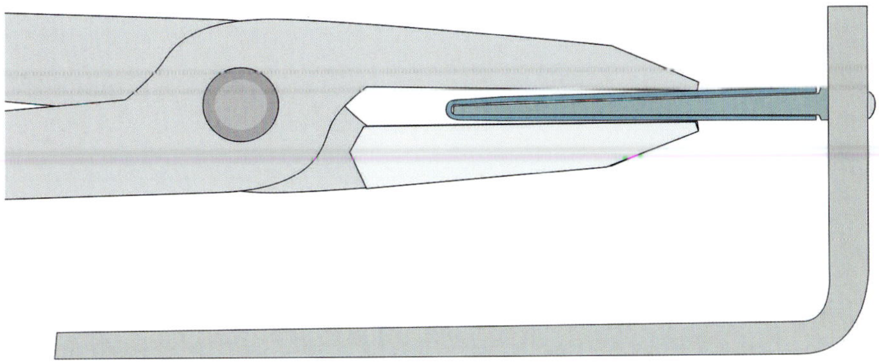

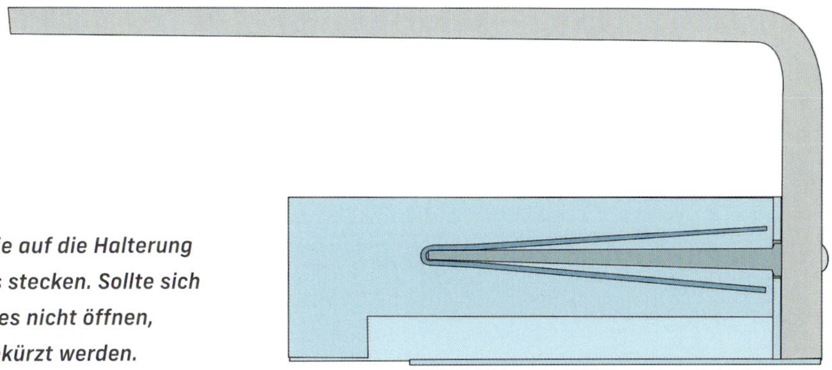

Testen Sie die Feder, indem Sie sie auf die Halterung setzen und den Bügel ins Schloss stecken. Sollte sich die Feder im Inneren des Schlosses nicht öffnen, müssen die Enden noch etwas gekürzt werden.

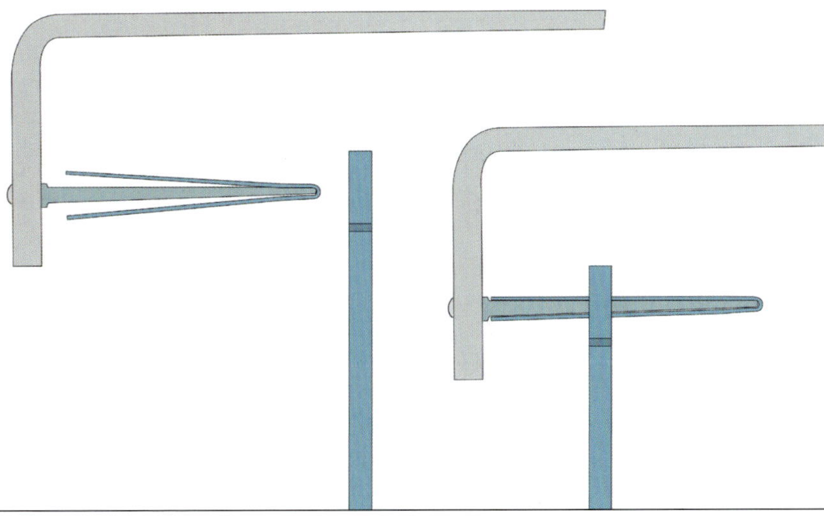

Setzen Sie die Feder wieder auf die Federhalterung. Schieben Sie den Schlüssel bis zum Anschlag über die Feder. Die Feder sollte nun bündig an der Federhalterung anliegen. Sollte sich der Schlüssel nicht weit genug bewegen lassen, um die Feder vollständig zusammenzudrücken, muss zusätzliches Material des Schlüssels entfernt werden.

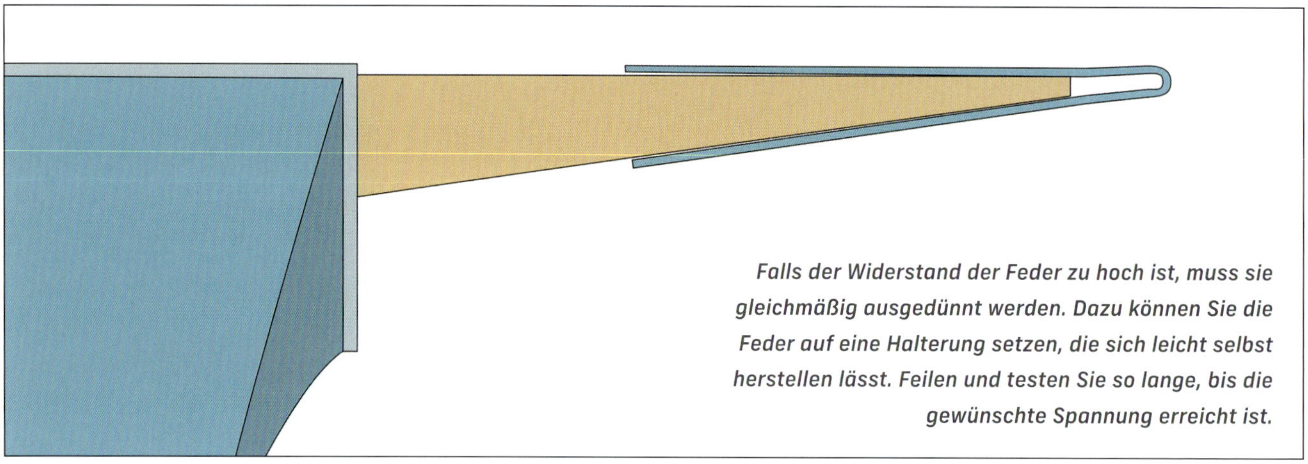

Falls der Widerstand der Feder zu hoch ist, muss sie gleichmäßig ausgedünnt werden. Dazu können Sie die Feder auf eine Halterung setzen, die sich leicht selbst herstellen lässt. Feilen und testen Sie so lange, bis die gewünschte Spannung erreicht ist.

Um die Feder-Baugruppe während des Lötens stabil zusammenzuhalten, müssen Sie eine provisorische Halterung herstellen. Diese Halterung sorgt auch dafür, dass sich die Hitze beim Lötvorgang nicht zu weit ausdehnt. Bohren Sie ein Loch in ein schweres Flachmaterial. Das Loch muss so bemessen sein, dass die Stange fest eingetrieben werden kann, ohne die Feder oder die Federhalterung zu beschädigen.

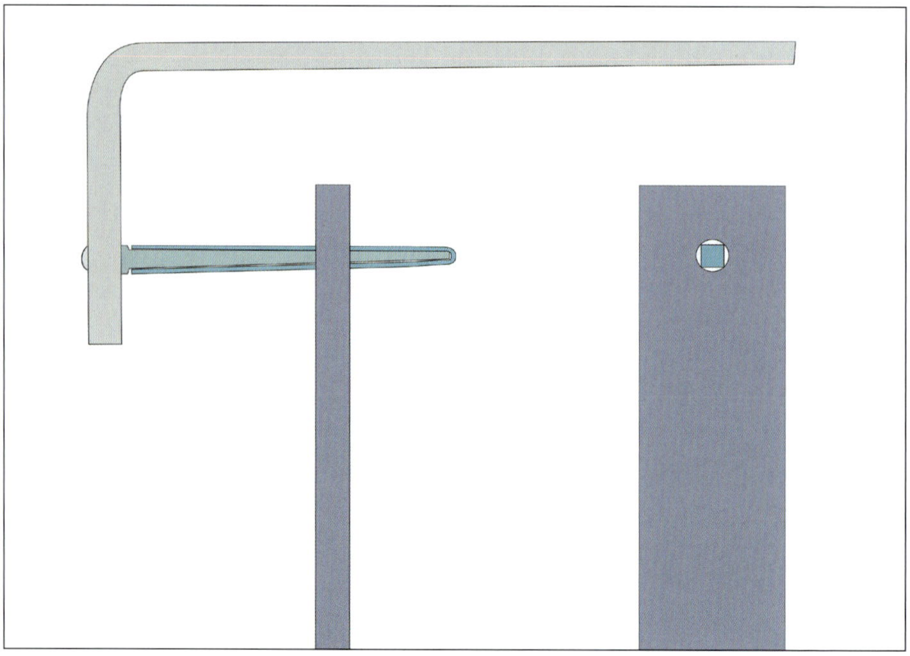

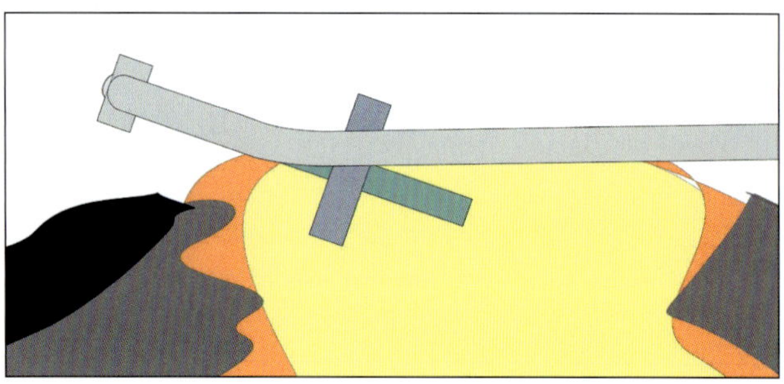

Die Spitze der Federhalterung muss beim Löten im Feuer nach unten zeigen. Möglicherweise müssen Sie den Bügelarm dafür zur Seite biegen. Diese Biegung sollte die Federhalterung nicht beeinträchtigen.

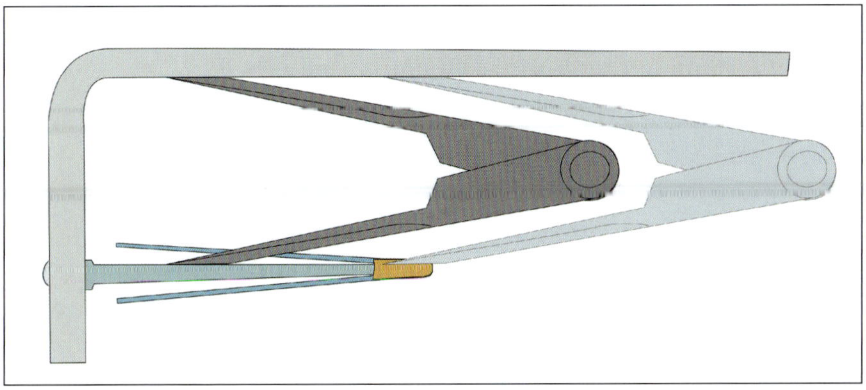

Säubern Sie nach dem Löten die Feder-Baugruppe und stellen Sie den Bügelarm so ein, dass er parallel zur Feder-halterung ausgerichtet ist. Testen Sie die Funktion von Schlüssel und Schloss noch einmal.

Zuletzt muss noch das Endstück hergestellt werden, das den Bügel sichert. Er wird aus einem 13-mm-Vierkantstab geschmiedet. An einem Ende wird ein 10-mm-Loch gebohrt.

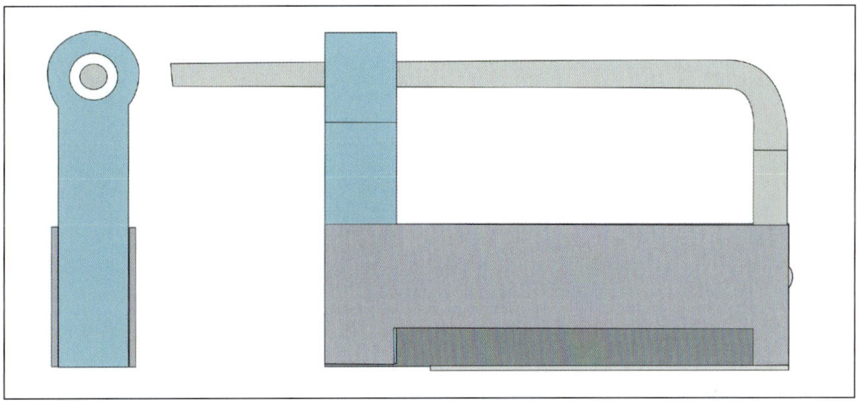

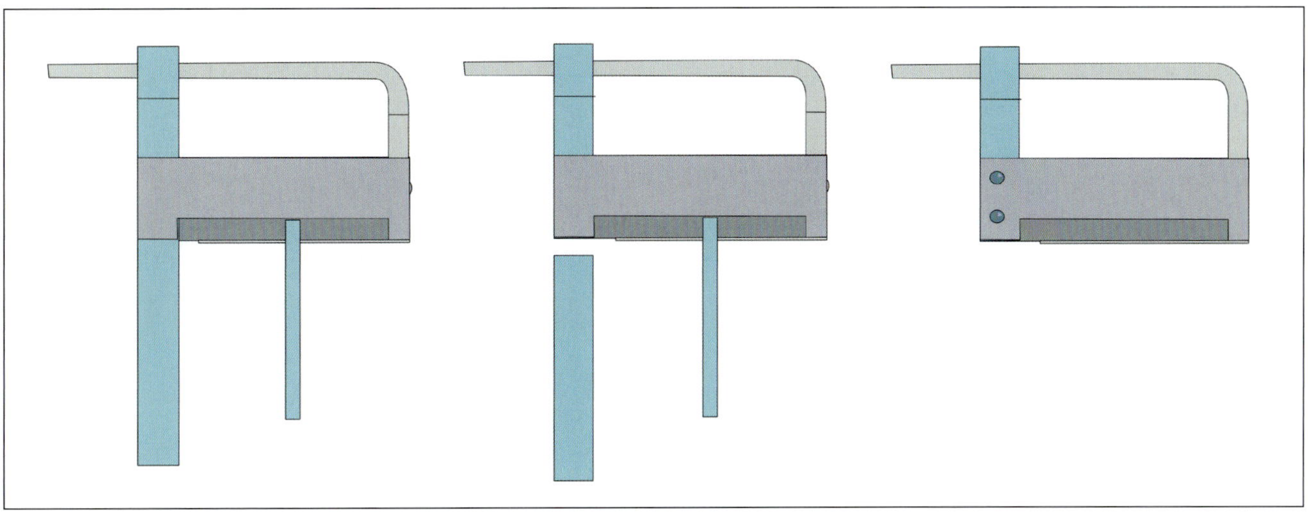

Stecken Sie den Bügel ins Gehäuse des Schlosses und schieben Sie den Schlüssel teilweise in das Schloss. Dadurch wird der Bügel in der richtigen Position im Schloss gehalten. Schieben Sie das Endstück über das Ende des Bügels und schneiden Sie das End-stück auf Höhe der Unterkante des Gehäuses ab. Feilen Sie den Schnitt glatt. Dann werden die Teile miteinander vernietet.

PROJEKT 4: SPERRFEDERSCHLOSS – VARIANTE 2

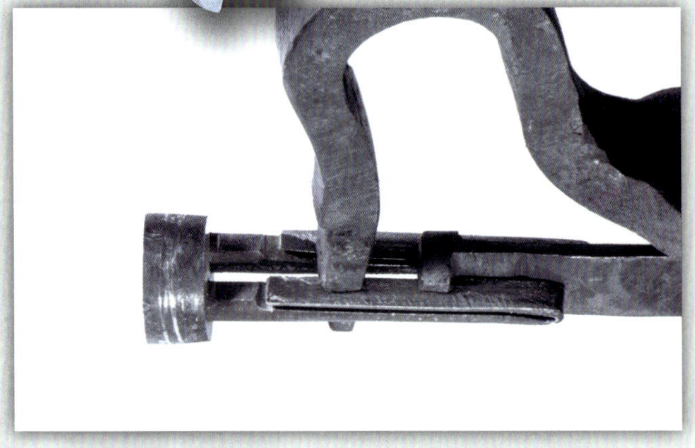

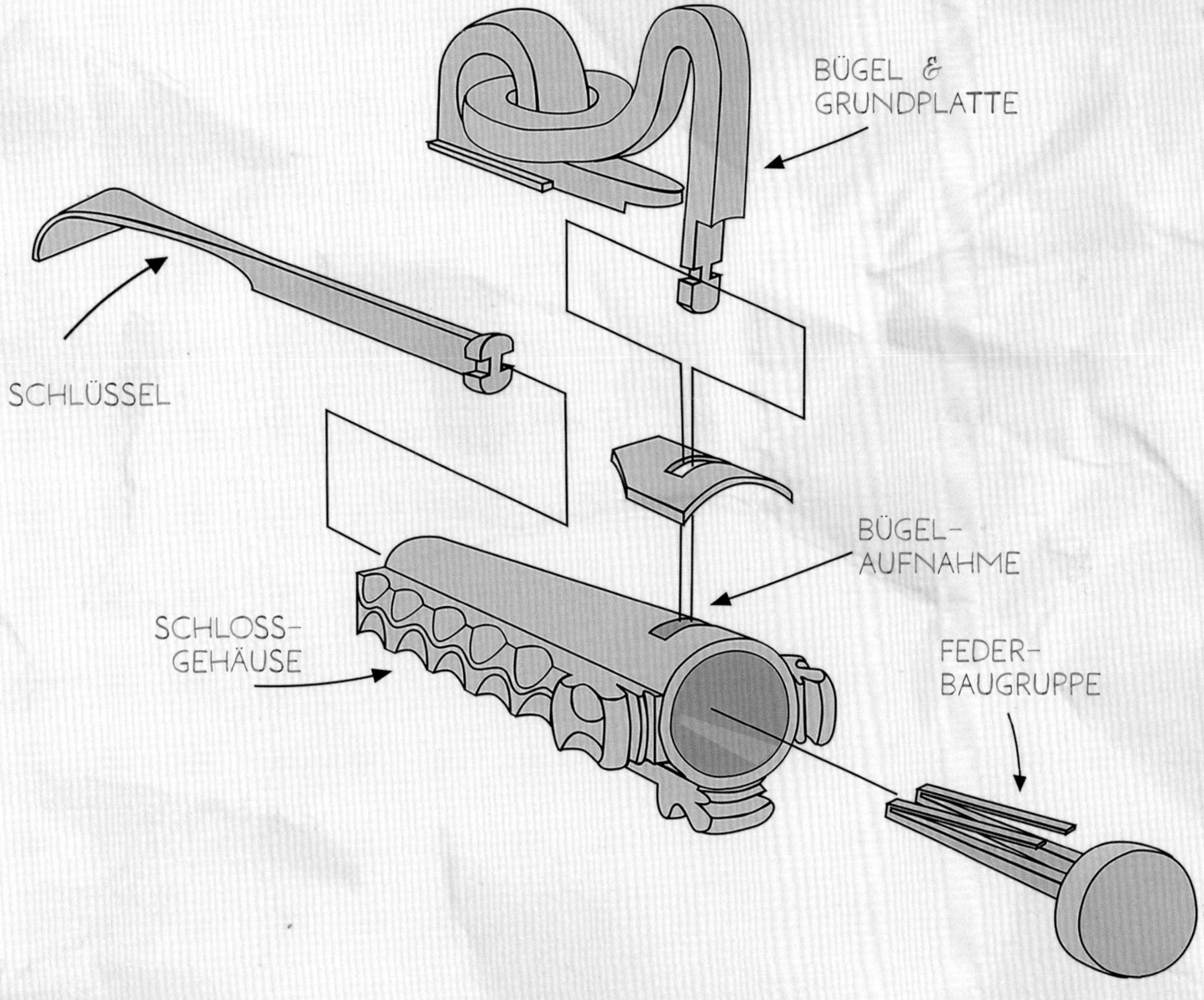
BÜGEL &
GRUNDPLATTE
SCHLÜSSEL
BÜGEL-
AUFNAHME
SCHLOSS-
GEHÄUSE
FEDER-
BAUGRUPPE

SCHARNIERBÜGEL UND BÜGELFIXIERUNG

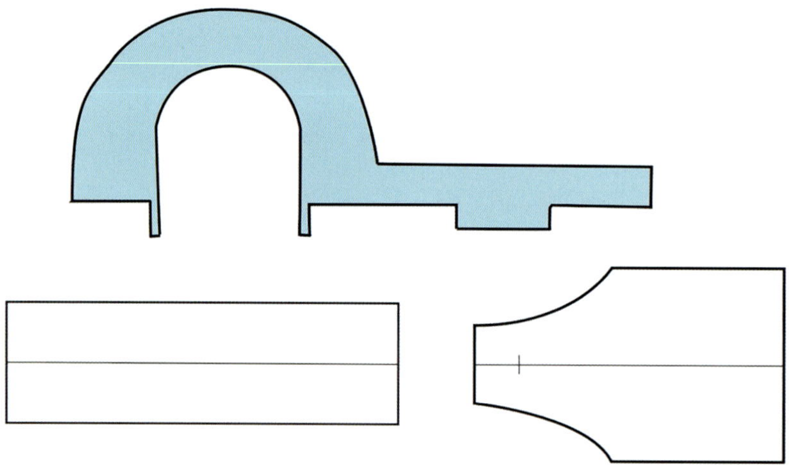

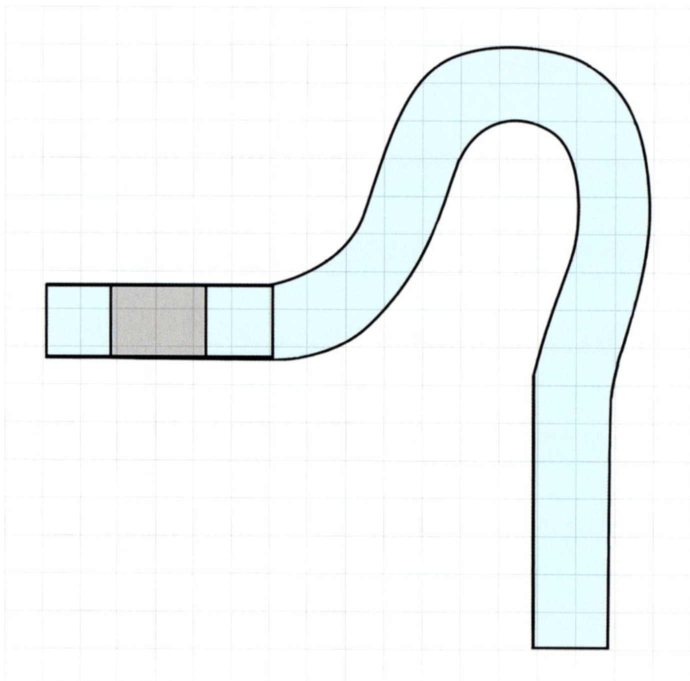

5-mm-Raster

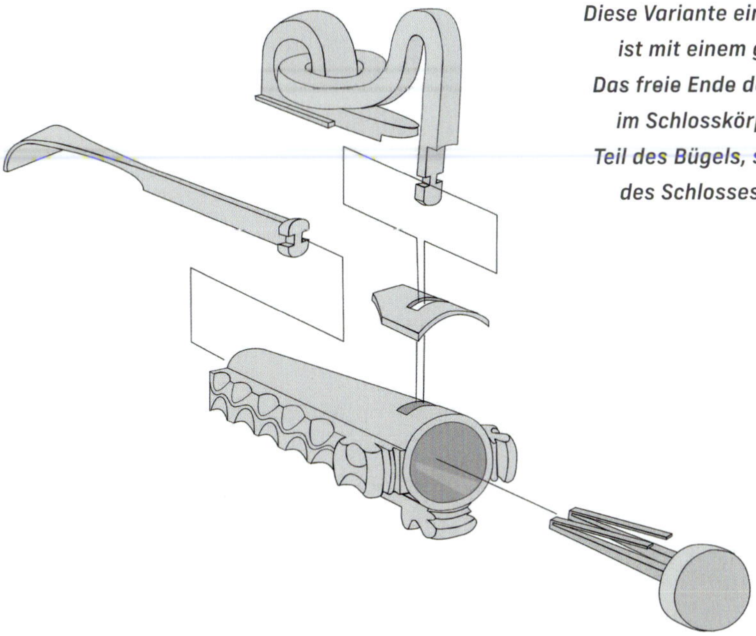

Diese Variante eines Vorhängeschlosses mit Federmechanismus ist mit einem geschwungenen Scharnier-Bügel ausgestattet. Das freie Ende des Bügels wird durch einen Federmechanismus im Schlosskörper verriegelt. Diese Feder-Baugruppe ist nicht Teil des Bügels, sondern ein separates Bauteil. Zum Aufsperren des Schlosses muss das Federpaket mit Hilfe des Schlüssels gelöst und entfernt werden.

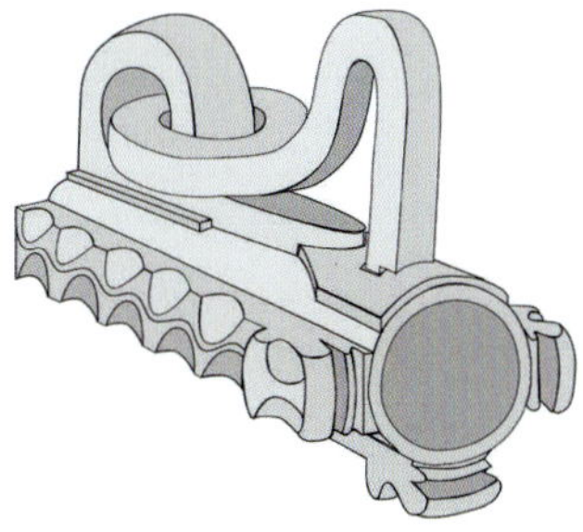

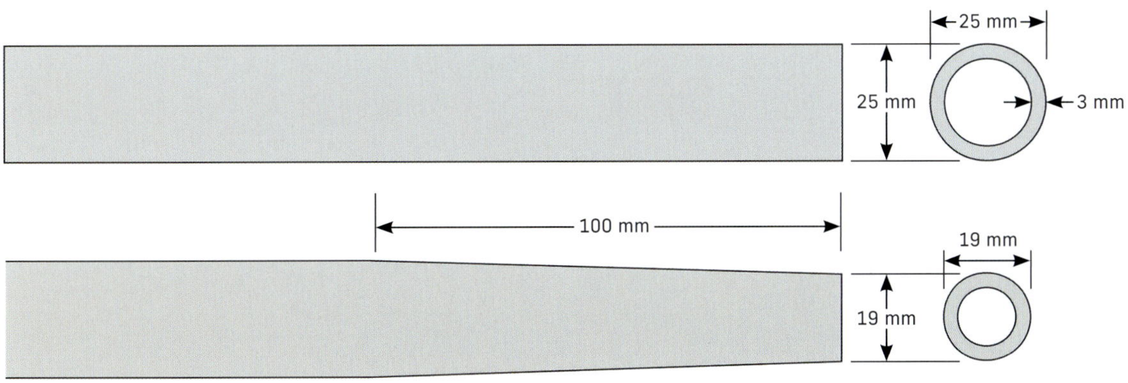

Das Gehäuse des Schlosses besteht aus einem Standardrohr mit einem Außendurchmesser von 25 mm (1-Zoll-Rohr).

SICHERHEITSHINWEIS:
Verwenden Sie kein verzinktes Rohr. Beim Verbrennen von verzinkten Metallen entstehen giftige Dämpfe.

Schmieden Sie eines der Enden des Rohrs auf einer Länge von 100 mm in eine sich leicht verjüngende Form. Das Rohrende sollte anschließend etwa einen Außendurchmesser von 19 mm haben.

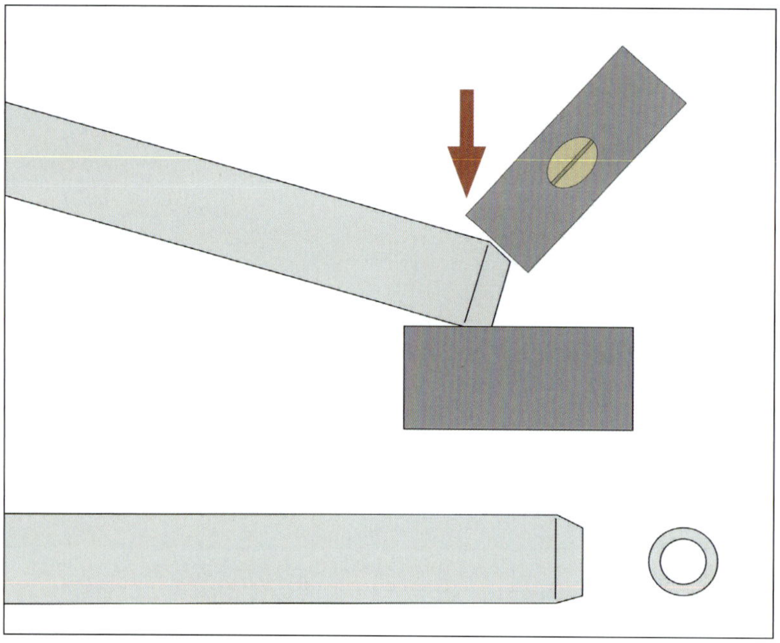

Schmieden Sie zunächst direkt am Ende des Rohrs eine steile Verjüngung. Die Hitze des Feuers sollte dabei eng begrenzt auf das Rohrende bleiben. Andernfalls könnte sich das Rohr beim Schmieden verziehen. Verwenden Sie einen leichten Hammer und schlagen Sie in einem 45-Grad-Winkel auf das Ende des Rohrs. Bearbeiten Sie das Rohrende gleichmäßig von allen Seiten, bis der Außendurchmesser etwa bei 19 mm liegt. Versuchen Sie nicht, zu viel auf einmal zu formen. Machen Sie stattdessen mehrere Umläufe um das Rohr herum, um eine gleichförmige und glatte Öffnung zu schaffen. Diese geschmiedete Fase am Rohrende dient zur Verstärkung der Rohrwände, wenn der restliche Gehäuseteil des Schlosses konisch geschmiedet wird.

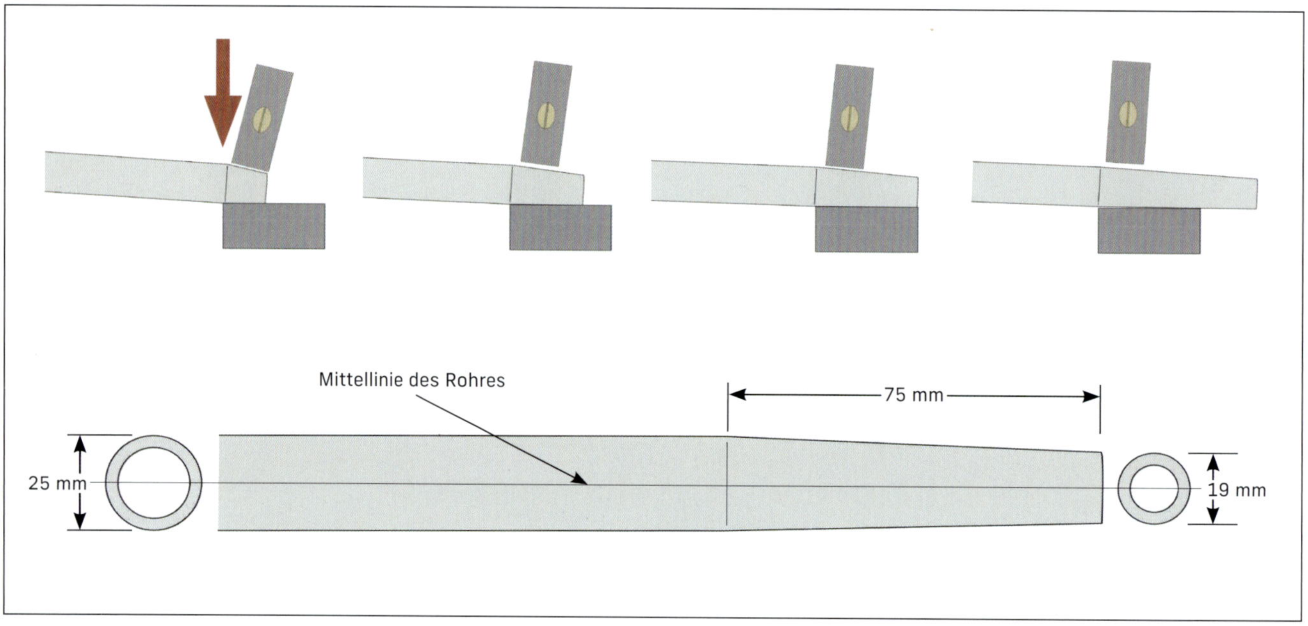

Erhitzen Sie das Rohr erneut im Feuer. Konzentrieren Sie die Hitze dabei auf einen 75 mm langen Bereich am Ende des Rohrs. Formen Sie das Rohrende auf der Vorderseite des Ambosses mit leichten Hammerschlägen. Gehen Sie wie zuvor systematisch und behutsam vor – so lange, bis dieser Rohrabschnitt gleichmäßig ins bereits ausgeformte Ende übergeht. Die Verjüngung erstreckt sich nun weiter ins Rohr hinein. Bearbeiten Sie das Rohr auf gleiche Weise, bis es eine gleichförmige Verjüngung von 25 mm Außendurchmesser auf 19 mm Außendurchmesser aufweist. Achten Sie während des Schmiedens darauf, dass sich die Mittellinie über das gesamte Rohr hinweg – also vom unbearbeiteten bis zum bereits ausgeformten Bereich – stets auf einer Höhe befindet.

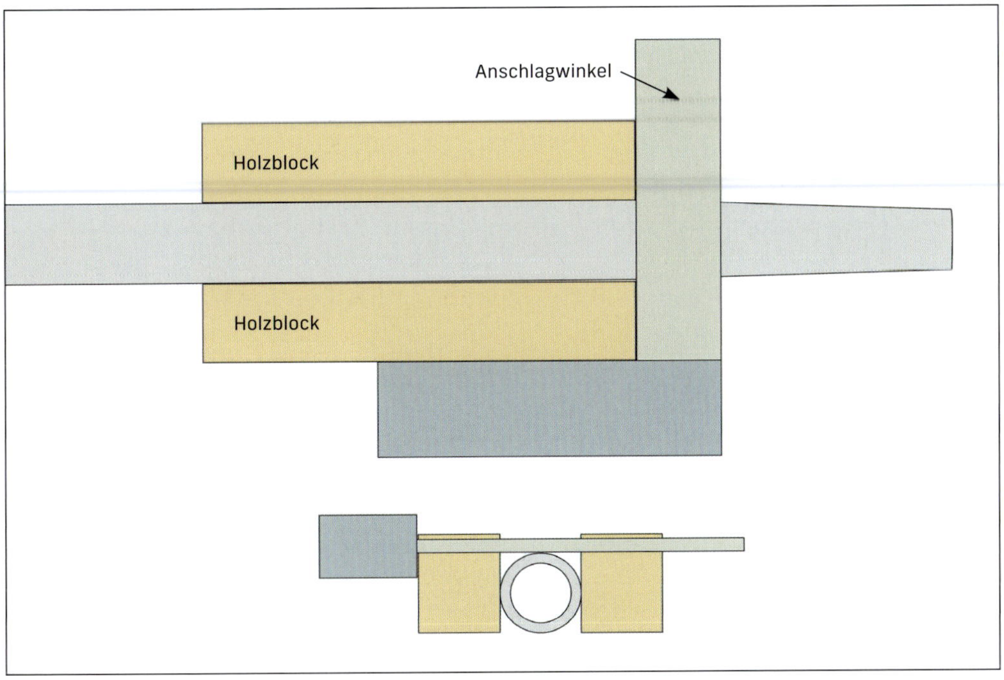

Der noch nicht geschmiedete Abschnitt des Rohrs wird als Referenzkante verwendet, um eine Linie um das Rohr herum anzuzeichnen. Diese ist rechtwinklig ausgerichtet zur Mittellinie, den die Verjüngung im geschmiedeten Bereich aufweist. Nutzen Sie Holzblöcke, um den Anschlagwinkel entlang der Seiten des Rohrs auszurichten.

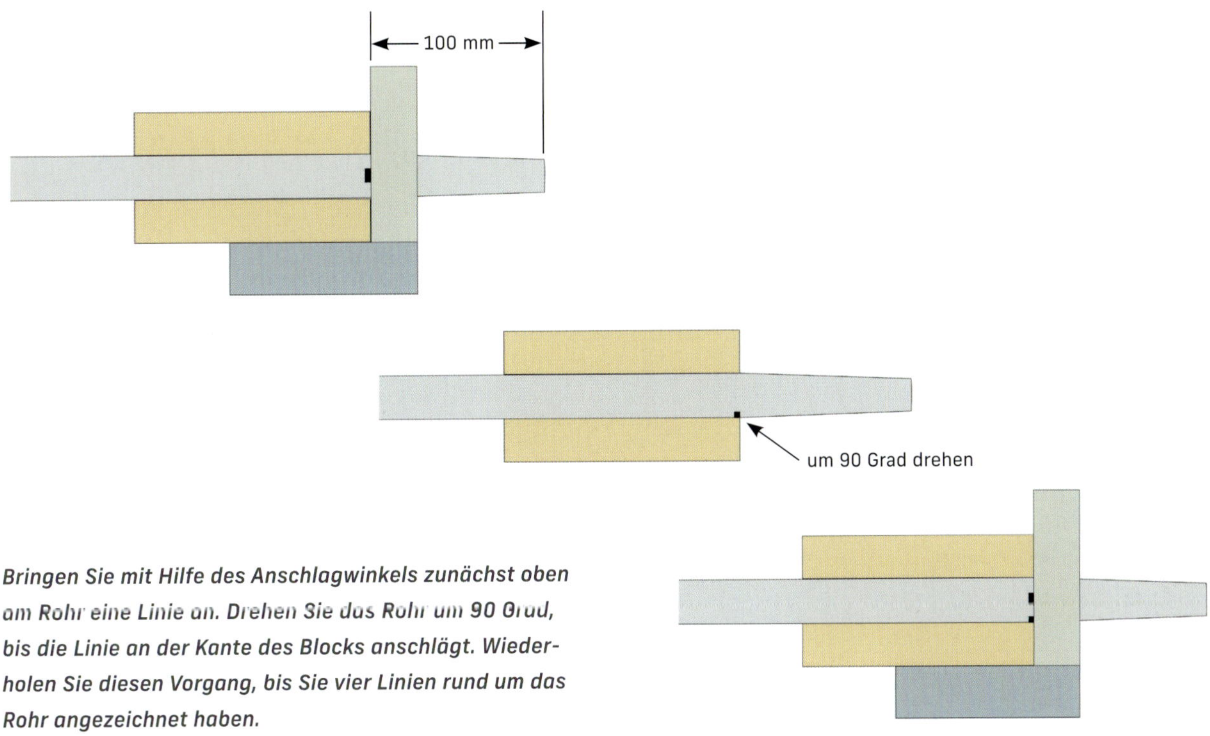

Bringen Sie mit Hilfe des Anschlagwinkels zunächst oben am Rohr eine Linie an. Drehen Sie das Rohr um 90 Grad, bis die Linie an der Kante des Blocks anschlägt. Wiederholen Sie diesen Vorgang, bis Sie vier Linien rund um das Rohr angezeichnet haben.

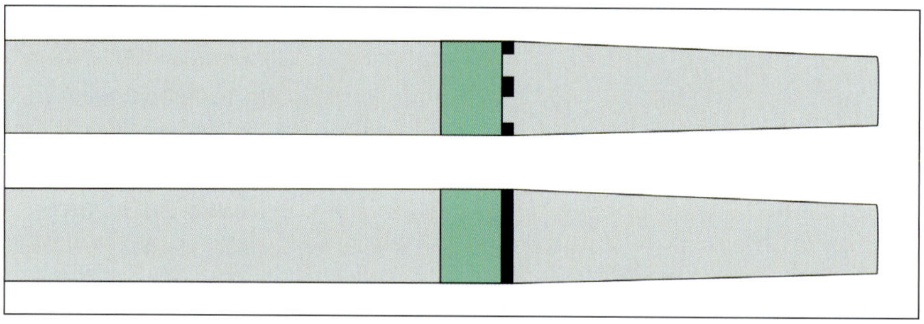

Verbinden Sie die vier Referenzmarkierungen mit etwas Klebeband, und ziehen Sie eine Linie um das Rohr.

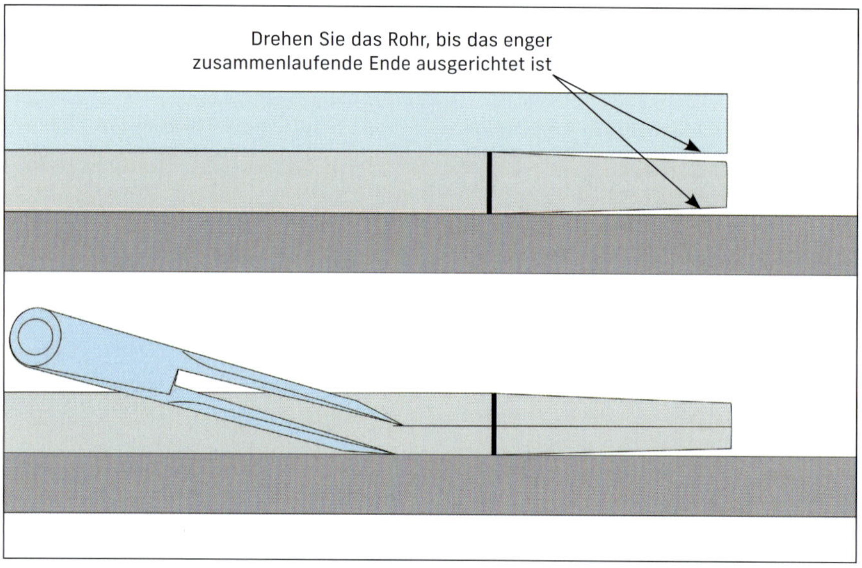

Legen Sie das Rohr auf eine ebene Fläche und richten Sie es so aus, dass die Mittellinie parallel zur Auflage verläuft. Reißen Sie mit einem Zirkel die Mittellinie am Rohr an.

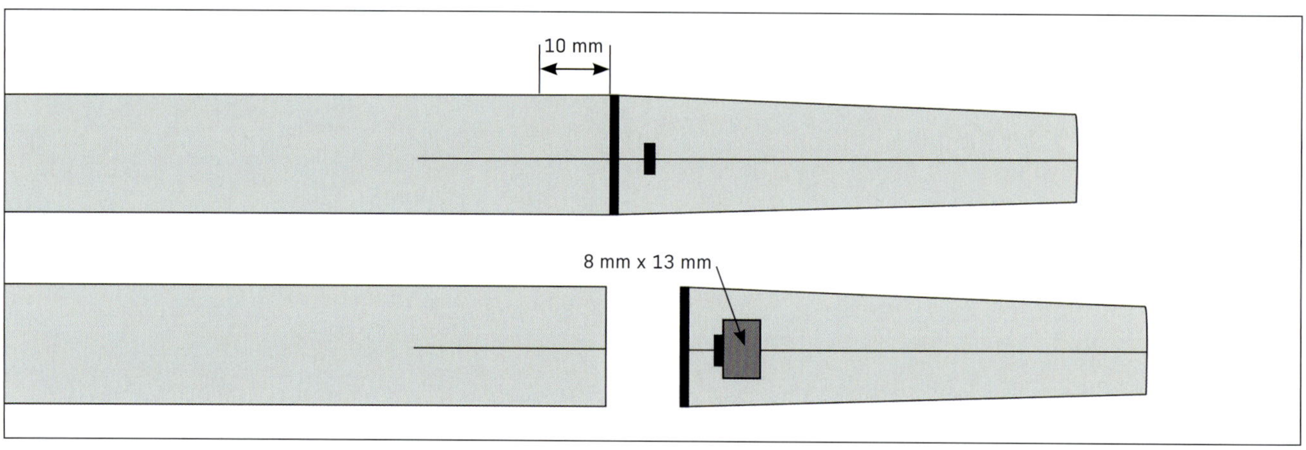

In 10 mm Abstand zur angezeichneten Linie reißen Sie nun eine weitere Linie an. Sie markiert die Position der Vorderkante der Bügel-Aufnahme. Achten Sie darauf, dass die Mittellinie der Bügel-Aufnahme mit der Mittellinie des Rohrs übereinstimmt. Längen Sie das Rohr nun entlang der zunächst angebrachten Markierung ab. Feilen Sie die Schnittkante bis zur Linie zurück.

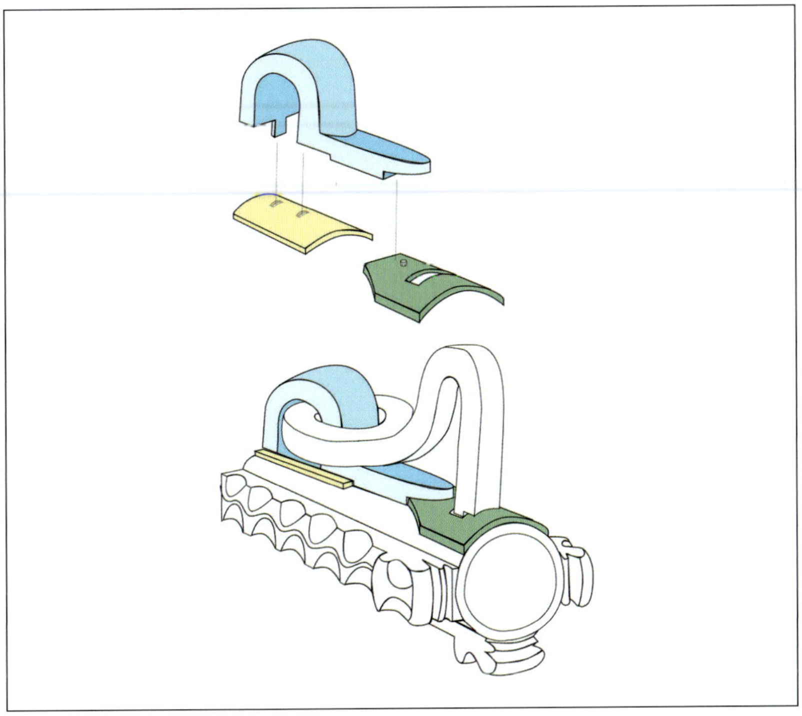

Dieses Vorhängeschloss besitzt eine sehr aufwendig gearbeitete, bogenförmige Bügelfixierung. Deren sich nach vorn erstreckendes Ende dient zur Verstärkung der Bügelaufnahme.
Diese Bügelfixierung ist aus drei separaten Teilen zusammengesetzt. Der Bogen und seine Verlängerung werden aus einem Stück geschmiedet und anschließend mit den beiden dekorativen Endplatten verlötet.

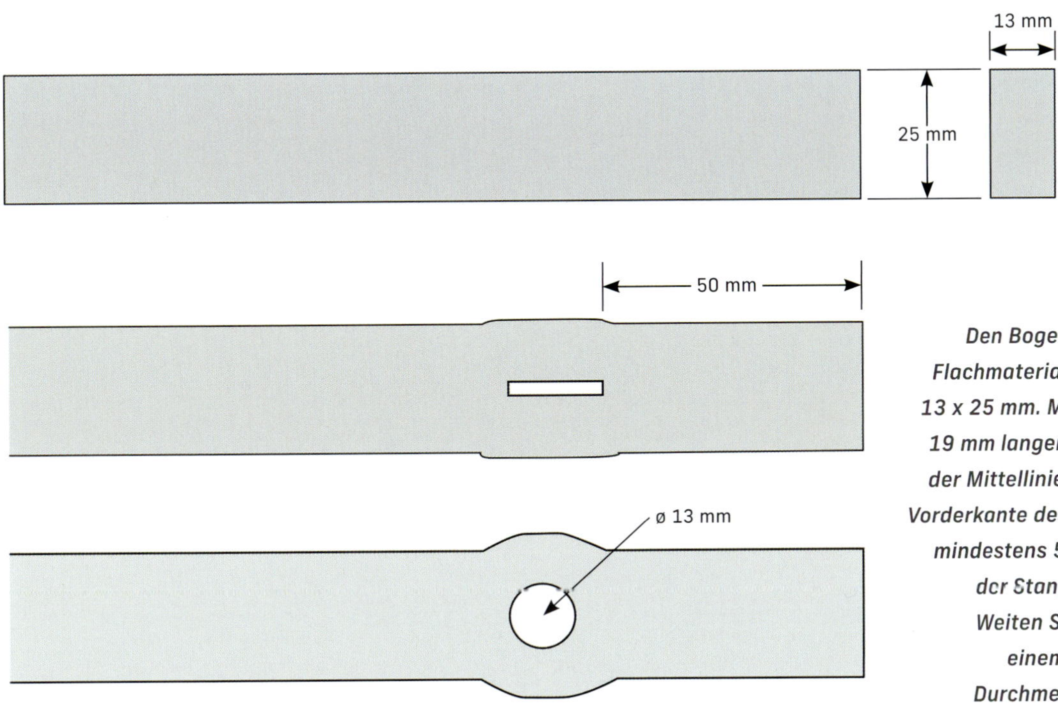

Den Bogen formt man aus Flachmaterial mit den Maßen 13 x 25 mm. Meißeln Sie einen 19 mm langen Schlitz entlang der Mittellinie der Stange. Die Vorderkante des Schlitzes muss mindestens 50 mm vom Ende der Stange entfernt sein. Weiten Sie den Schlitz zu einem Loch mit einem Durchmesser von 13 mm.

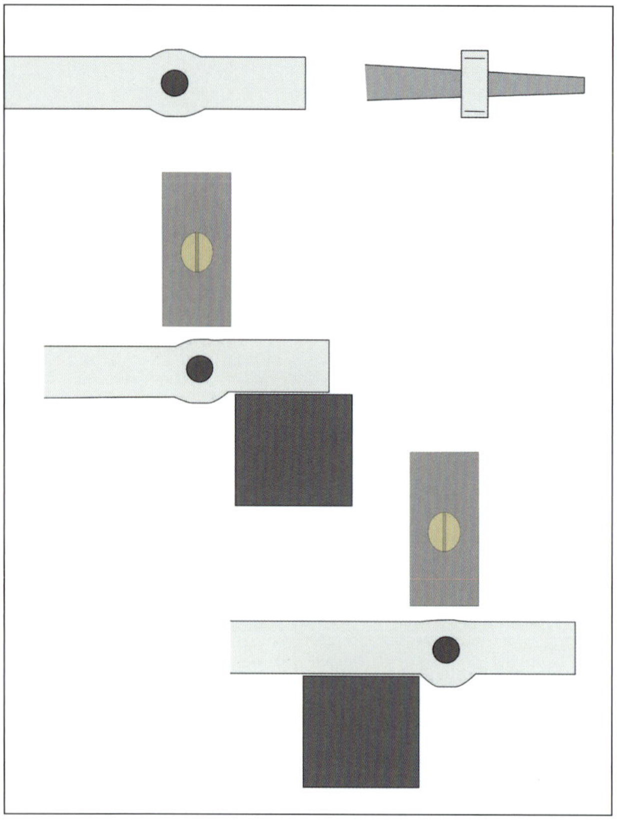

Schmieden Sie – bei eingesetztem Dorn – die Seiten des Flachmaterials mit Hilfe der Ambosskante in Form. Ziel ist es, entlang der Unterseite des Lochs eine gerade Kante zu schaffen. Behalten Sie dabei den Durchmesser im Blick. Weiten Sie das Loch erneut, bis der Innendurchmesser des Rings wieder bei 19 mm liegt.

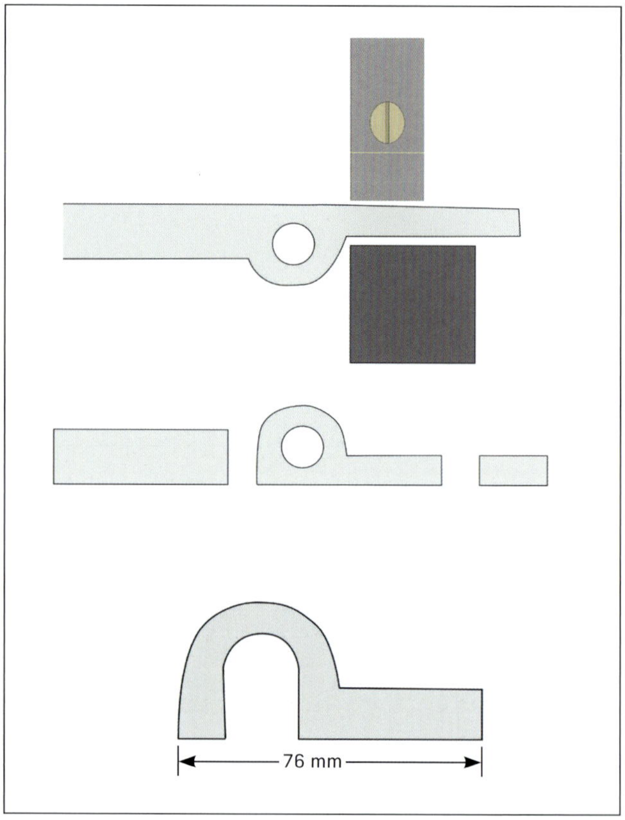

Der Bereich vor dem Ring wird zu einem 13-mm-Vierkantstab geschmiedet. Feilen Sie die Unterseite der Bügelfixierung plan. Sägen und öffnen Sie den Bereich unterhalb des Rings mit einer Metall-Bügelsäge.

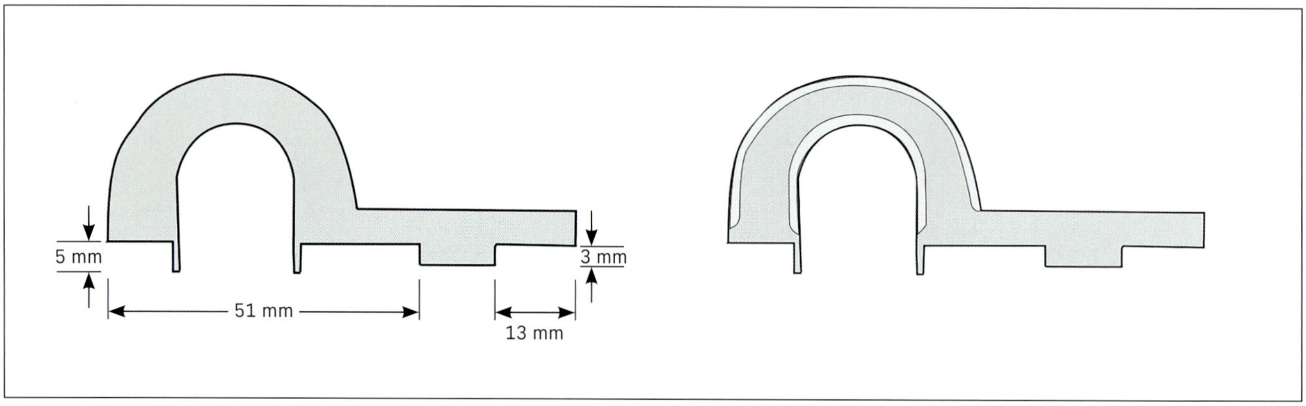

Bringen Sie die Unterseite der Bügelfixierung im Anschluss in die abgebildete Form.

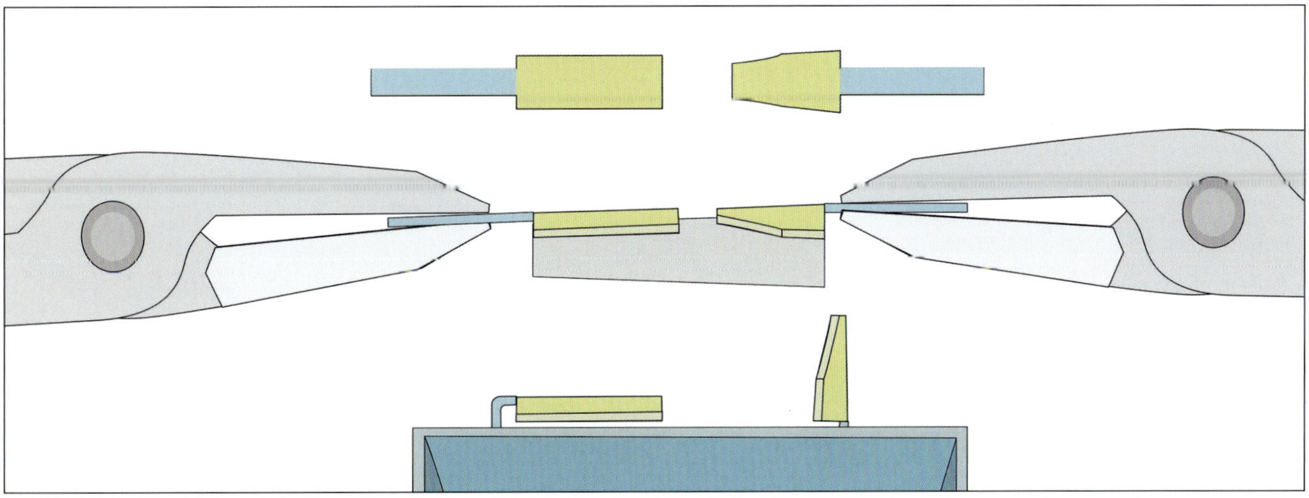

Die Endplatten, die später mit der Bügelfixierung verlötet werden, bestehen aus 3-mm-Flachstahl. Die Platten werden durch Biegen an den Radius des Rohrs angepasst. Der überstehende Teil (im Bild blau) wird verwendet, um die Platten beim Ausarbeiten zu halten. Sobald die Montage abgeschlossen ist, werden sie abgetrennt.

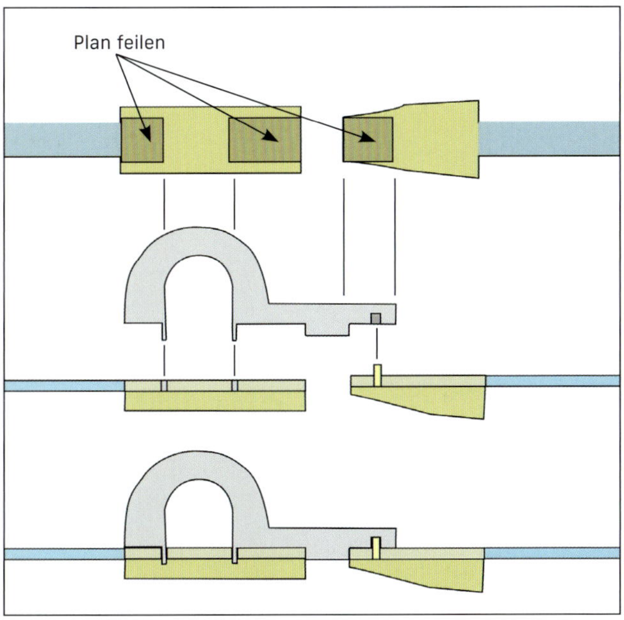

Die kurzen Zapfen an der Unterseite des Rings dienen später zum Vernieten der Rückenplatte mit der Grundplatte. Das Endstück der Bügelfixierung kann erst nach der Montage des Bügels vernietet werden.

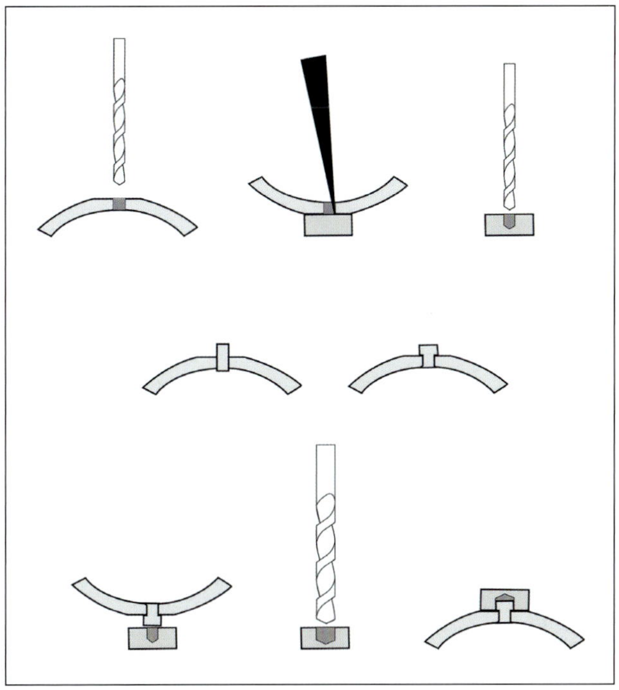

Die Frontplatte wird mit einem kurzen Niet in Position gehalten. Das Loch für den Niet wird zuerst durch die Platte gebohrt. Das Loch in der Platte wird dann als Bohrführung für das Loch in der Basis verwendet. Niet und Platte werden miteinander verbunden. Der überstehende Teil des Niets wird dann zu einem abgerundeten Zapfen gefeilt. Das Loch in der Basis muss möglicherweise etwas größer gebohrt werden, um den Niet aufzunehmen.

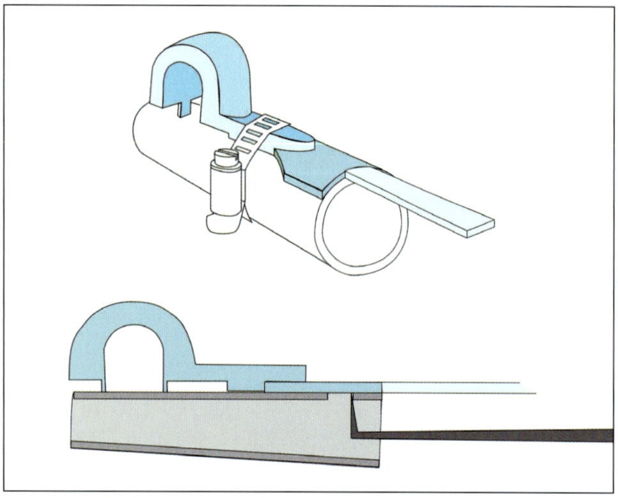

Montieren Sie die Bügelfixierung und die Frontplatte. Für diesen noch öfter wiederkehrenden Arbeitsschritt bietet sich eine Schlauchschelle an. Richten Sie die Mittellinie der Baugruppe an der Längsachse des Gehäuses aus. Verwenden Sie das gebogene Ende einer Reißnadel, um die Position der Bügelaufnahme auf die Innenseite der Endplatte zu übertragen.

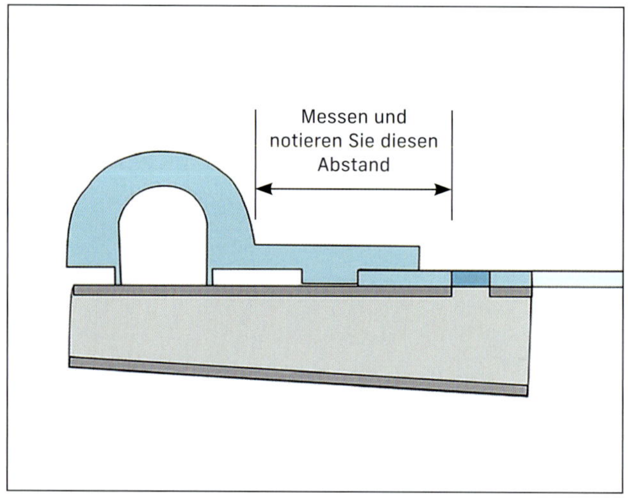

Die Frontplatte wird entfernt. Anschließend wird die Bügelaufnahme in die Platte geschnitten.
Dann wird die Frontplatte wieder montiert. Messen Sie den Abstand von der Vorderkante des Bügels zur Hinterkante der Bügelaufnahme im Gehäuse. Dieses Maß benötigen Sie später zum Formen des Bügels.

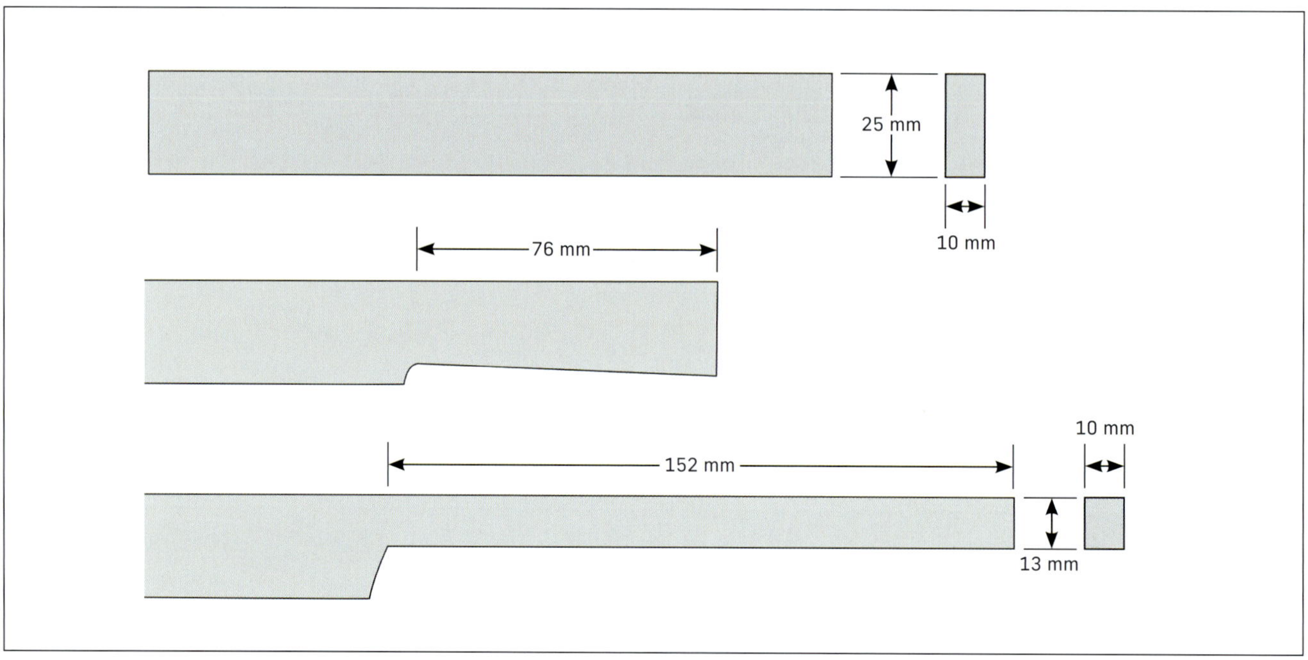

Der Bügel wird aus Flachstahl mit den Maßen 10 x 25 mm geschmiedet. Setzen Sie den Rohling 76 mm vom Ende her ab. Dieser Abschnitt wird zu einem mindestens 152 mm langen Vierkantstab (10 x 13 mm) geschmiedet.

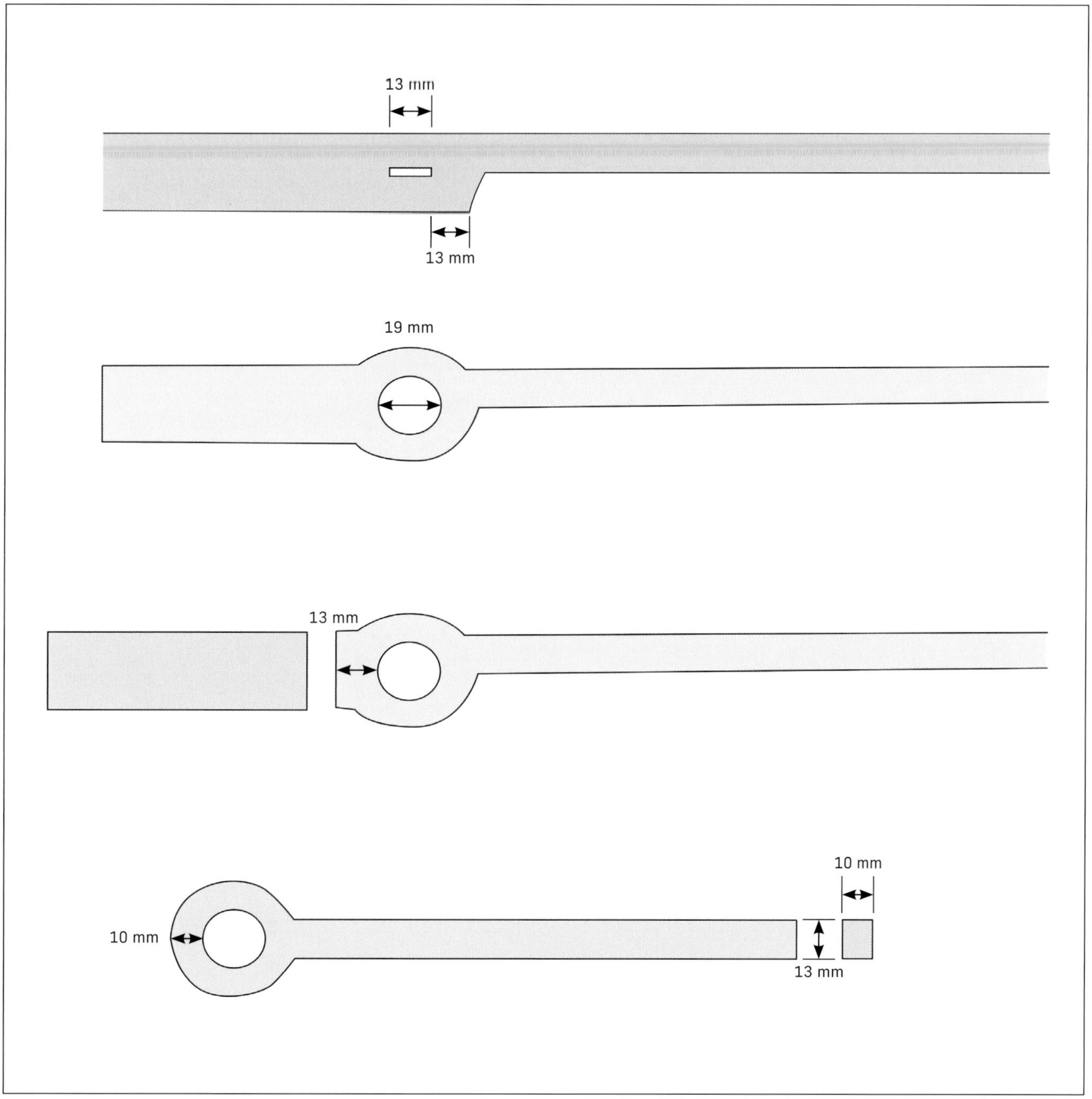

Meißeln Sie einen 13 mm langen Schlitz in die Mitte des 25 mm breiten Abschnitts der Stange. Die Außenkante des Schlitzes sollte mindestens 13 mm vom Anfang der abgesetzten Kante entfernt sein. Weiten Sie den Schlitz zu einem Loch mit 19 mm Durchmesser. Trennen Sie den Bügel 13 mm vor der Lochung ab.

Falls der Amboss kein Horn besitzt, können Sie während des Grobschmiedens der Außenseiten einen Dorn benutzen, um die Innenseite der Lochung in Form zu halten.

Das Loch im Bügel ist mittig ausgerichtet. Durch Schleifen oder Feilen bringen Sie es auf das gewünschte Endmaß.

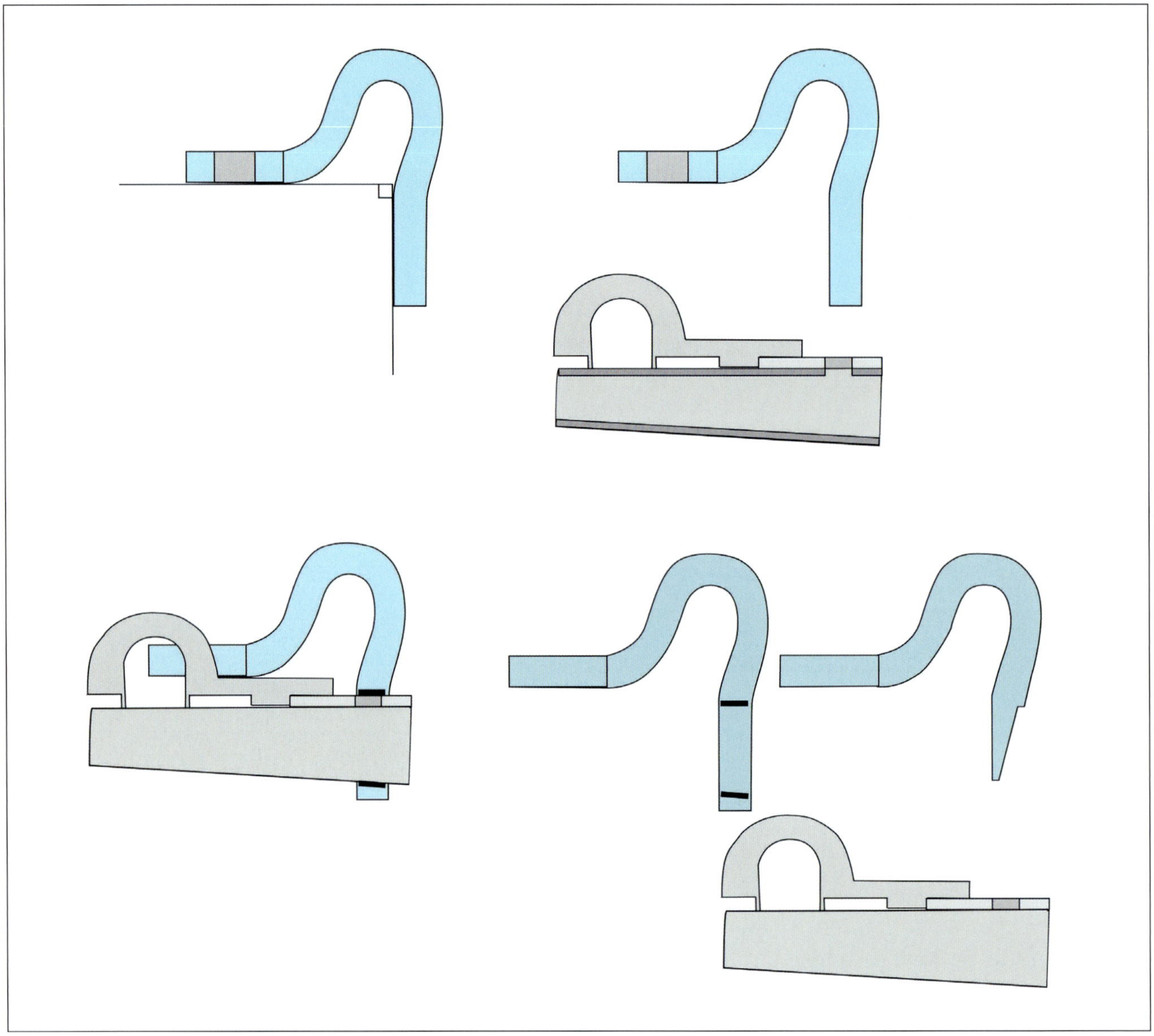

Der Bogen des Bügels kann beliebig geformt werden. Für eine einwandfreie Funktion des Schlosses müssen allerdings sowohl der Ring des Bügels als auch das vertikal ausgerichtete Ende des Bügels korrekt ausgerichtet sein.
Die untere Fläche des Bügelrings und die Innenfläche des frei beweglichen Bügelendes sollten möglichst exakt im 90-Grad-Winkel zueinander stehen.
Der Übergang vom Bogen des Bügels zum beweglichen Ende muss mit der Unterseite des Bügelrings fluchten.
Außerdem muss der Abstand zwischen der Vorderkante des Rings im Bügel und der Innenfläche des vertikalen Bügelendes mit dem zuvor gemessenen Maß übereinstimmen.
Platzieren Sie den Bügel hinter dem Gehäuse. Markieren Sie dann die Höhe der Ober- und Unterkante des Gehäuses auf dem Bügelarm.
Bringen Sie den beweglichen Bügelarm mit Hilfe dieser Markierungen grob in Form.

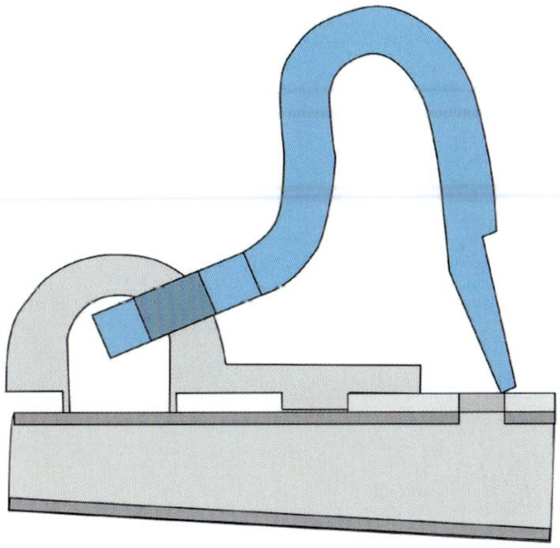

Nun werden der Schließbügel und die Bügelfixierung zusammengefügt.

Klemmen Sie die ringförmige Bügelfixierung vorübergehend ans Gehäuse. Richten Sie sie so aus, dass das freie Ende des Bügels in die Bügelaufnahme passt. Bis die korrekte Position gefunden ist, kann mehrfaches Testen, Zerlegen, Abändern und erneutes Zusammenbauen erforderlich sein.

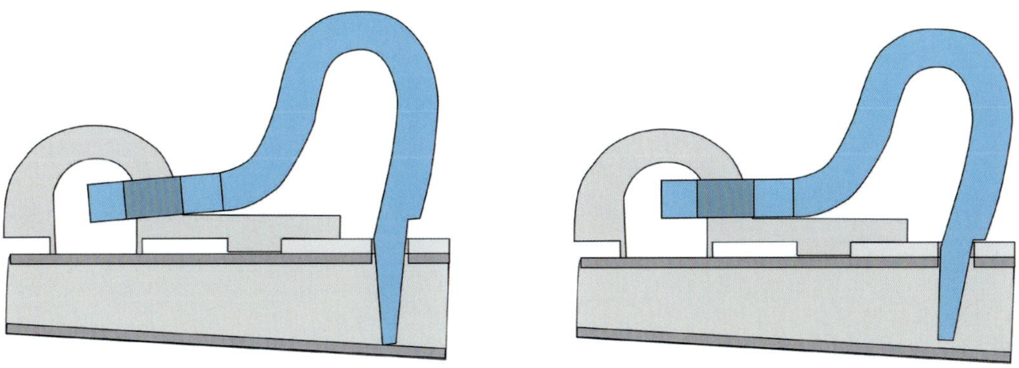

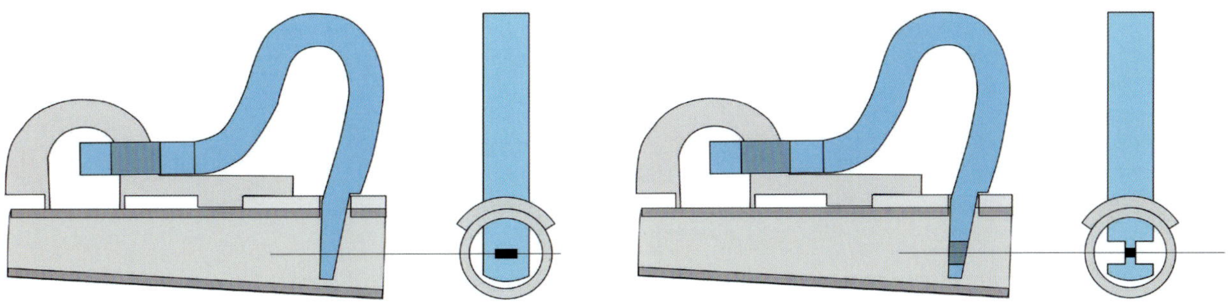

Reißen Sie auf der Vorderseite des Bügels eine Linie an. Sie sollte so exakt wie möglich auf Höhe der Mitte der Rohröffnung liegen. Feilen Sie – auf jeder Seite des Bügels – entlang der angerissenen Linie eine Kerbe mit den Maßen 6 x 5 mm.

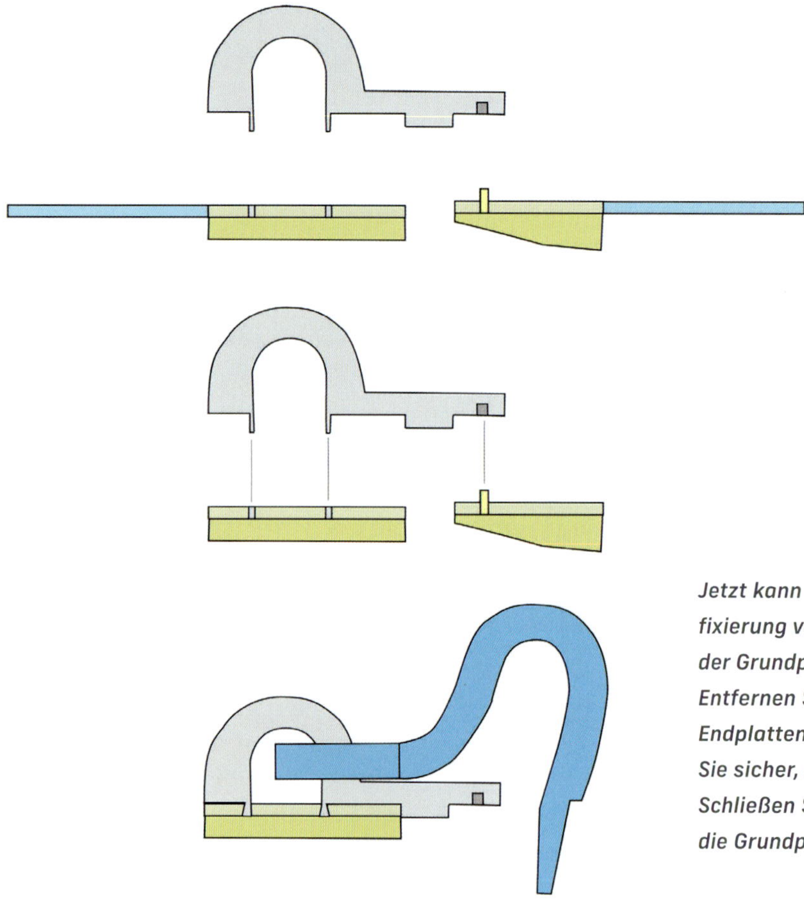

Jetzt kann der Bügel dauerhaft mit der Bügelfixierung verbunden werden. Bringen Sie in der Grundplatte die Löcher für die Zapfen an. Entfernen Sie dann die „Handgriffe" von den Endplatten. Setzen Sie den Bügel ein und stellen Sie sicher, dass er in die richtige Richtung zeigt. Schließen Sie den Zusammenbau ab, indem Sie die Grundplatte mit der Bügelfixierung vernieten.

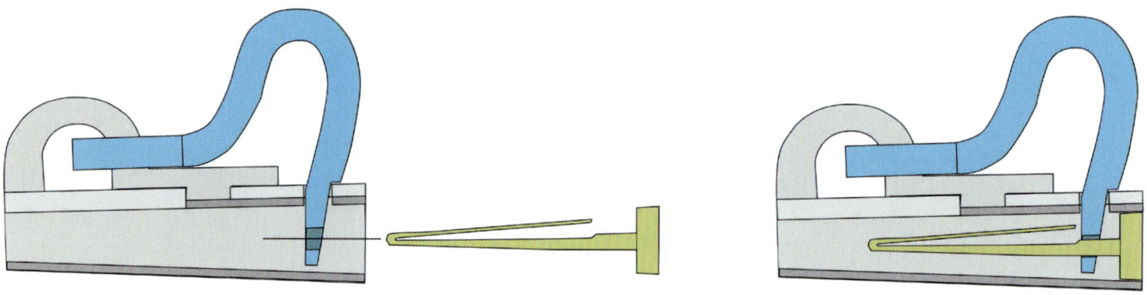

Die Feder-Baugruppe ist ein steckerförmiges Bauteil, das so geformt ist, dass es in Richtung der Bügelöffnung ins Gehäuse des Schlosses passt. Dieser „Stecker" hat zwei Federn, die nebeneinander montiert sind. Sie verriegeln das freie Ende des Bügels innerhalb des Gehäuses. Zum Öffnen des Schlosses muss dieser „Stecker" herausgezogen werden.

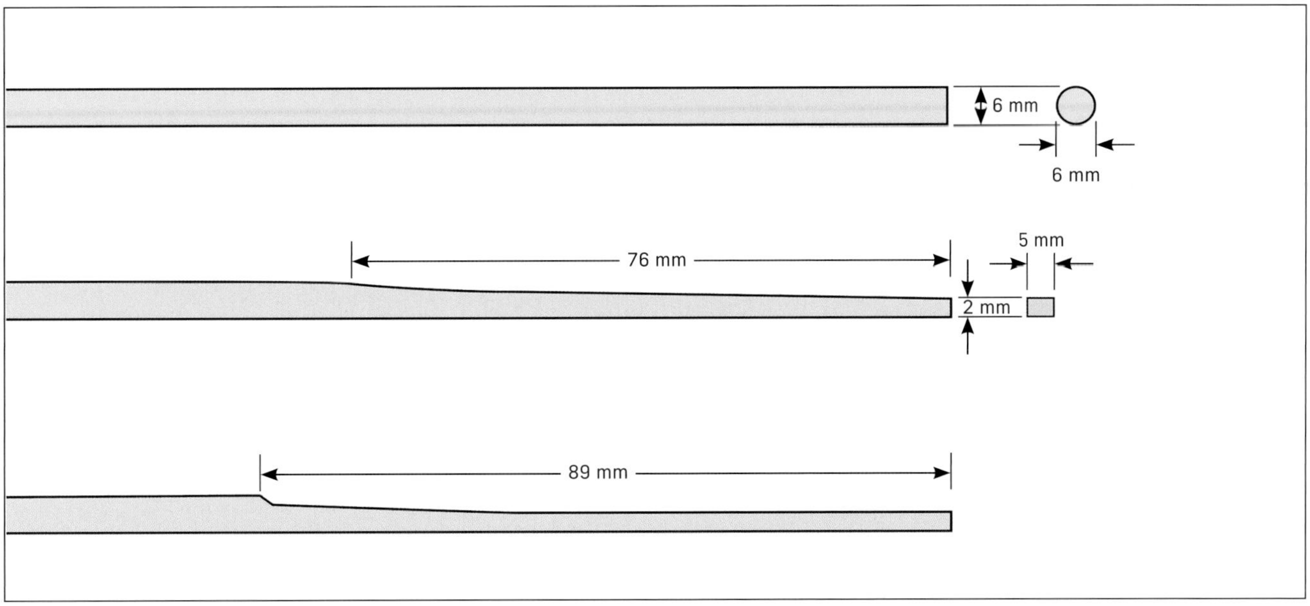

Die Federn werden aus Kohlenstoffstahl-Rundmaterial gefertigt, das einen Durchmesser von 6 mm hat.
Das Ende wird zunächst dünn ausgeschmiedet auf 5 x 2 mm. Anschließend wird dieser Bereich durch Feilen weiter verfeinert: auf eine Stärke von 1 mm und eine Länge von 89 mm.

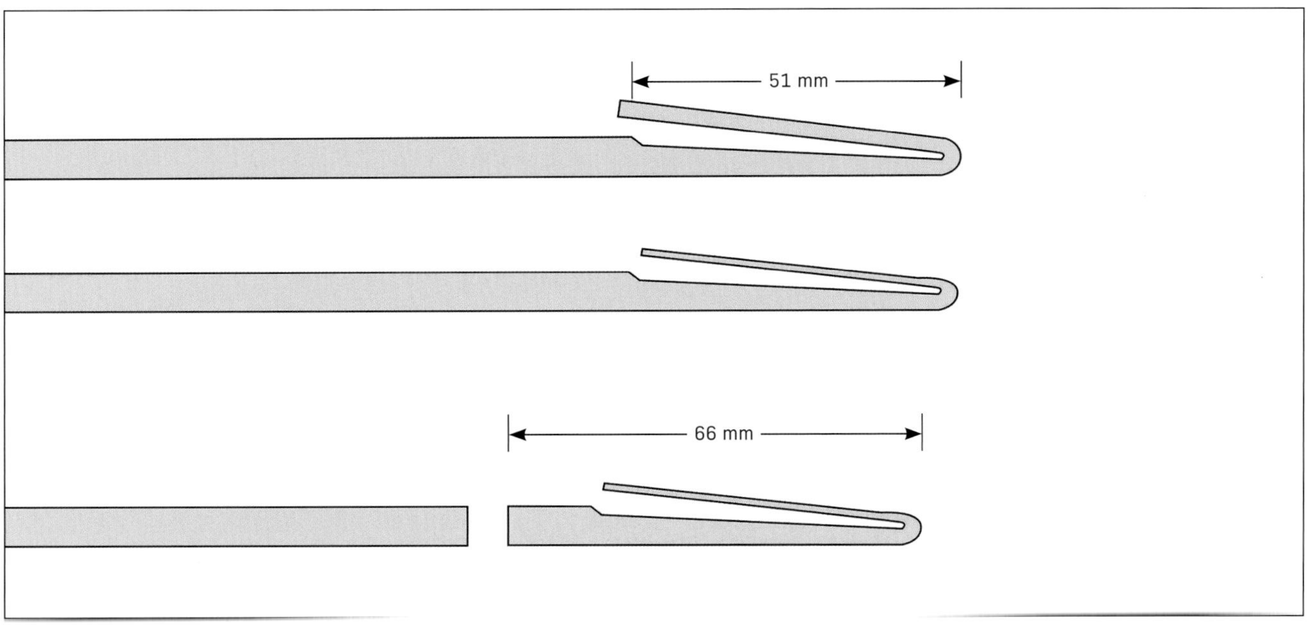

Biegen Sie das Ende der Feder zurück, bis es über dem nicht geschmiedeten Bereich liegt. Längen Sie das Bauteil so ab, dass es insgesamt 66 mm lang ist. Wiederholen Sie diesen Vorgang mit der anderen Feder.
Feilen Sie die Enden der Federn, bis sie leicht abgerundet und genau gleich lang sind. Die Innenkanten der Federn werden flach gefeilt. Beim Einbau in den „Stecker" sollte der Abstand zwischen den Federn 3 mm betragen.

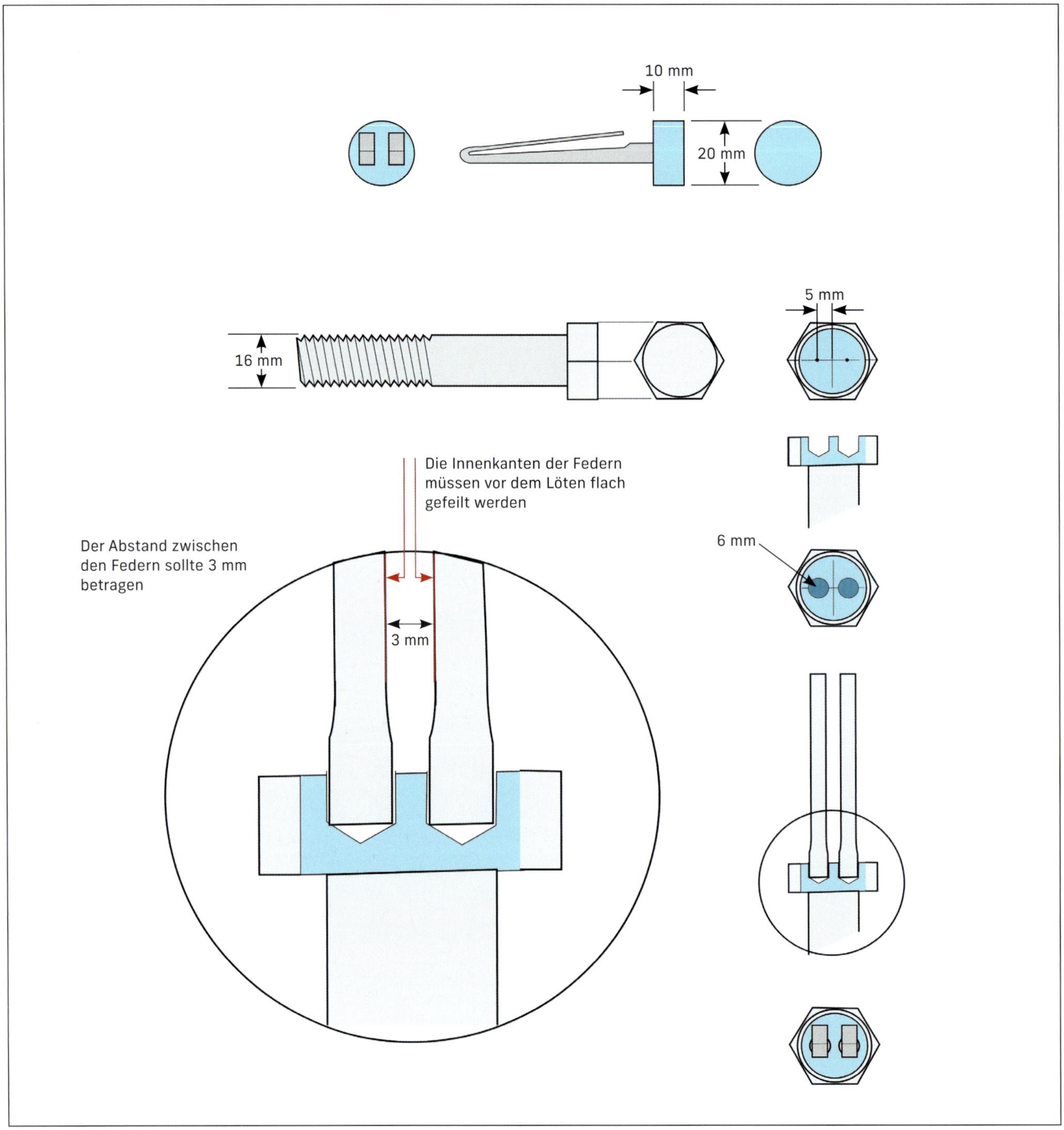

Die Basis für die Feder-Baugruppe ist ein runder Stecker, der lose in das Ende des Schlosskörpers passen muss. Eine 16-mm-Schraube eignet sich dafür als Ausgangsmaterial. Der Schraubenkopf muss später nur wenig zurecht gefeilt werden, um eine Verschlusskappe in der richtigen Größe abzugeben. Durch den Schraubenkopf lässt sich der Stecker während des Bearbeitens auch besser greifen.

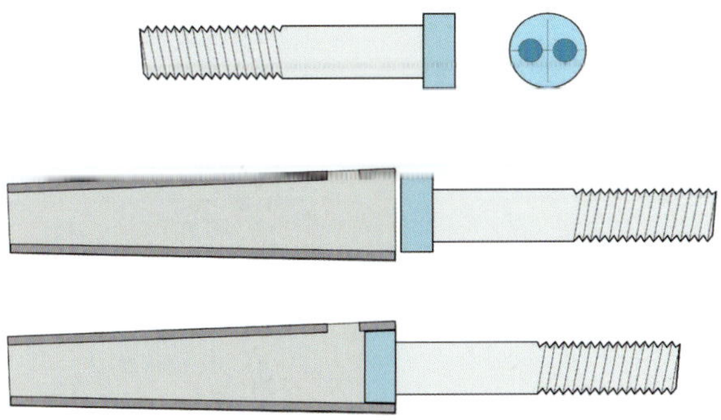

Die Kante des Schraubenkopfs, also die spätere Verschlusskappe, muss abgeschrägt werden, um ins Gehäuse des Schlosses zu passen.

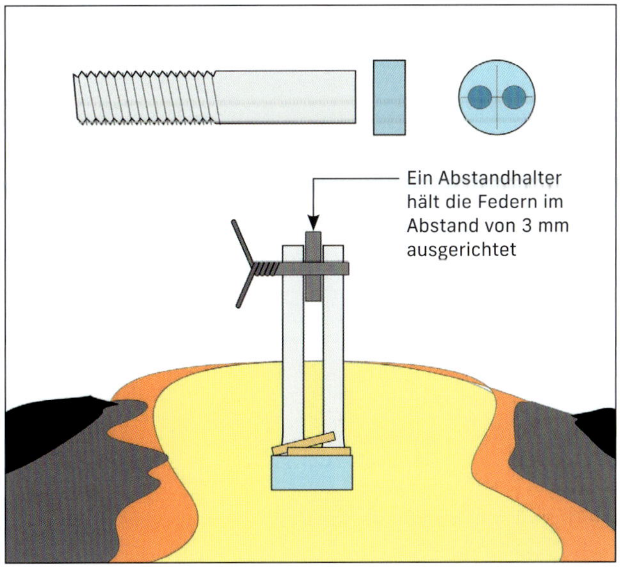

Sägen Sie die spätere Verschlusskappe von der Schraube ab. Montieren Sie die Federn an der Verschlusskappe. Die gefeilten Kanten sind dabei einander zugewandt. Beide Federn sollten parallel zueinander und nach oben ausgerichtet sein. Setzen Sie einen 3-mm-Abstandhalter zwischen die Federn. Verlöten Sie die Federn mit der Kappe.

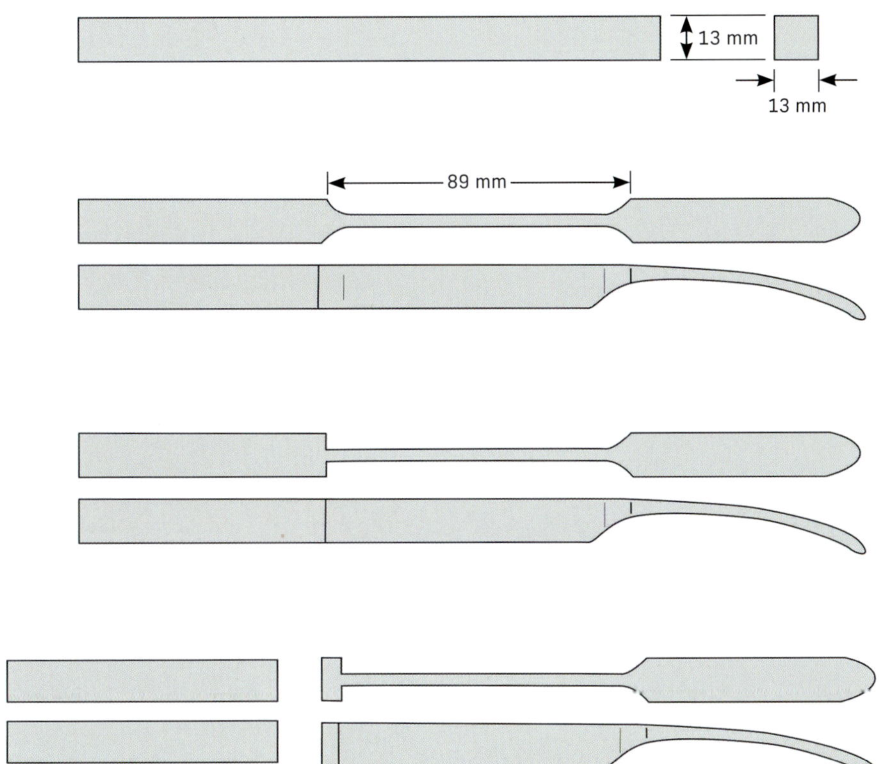

Mit dem Schlüssel werden die Federn zusammengedrückt, bis sie den Bügel freigeben. Er wird aus einer Vierkantstange mit einer Kantenlänge von 13 mm geschmiedet.

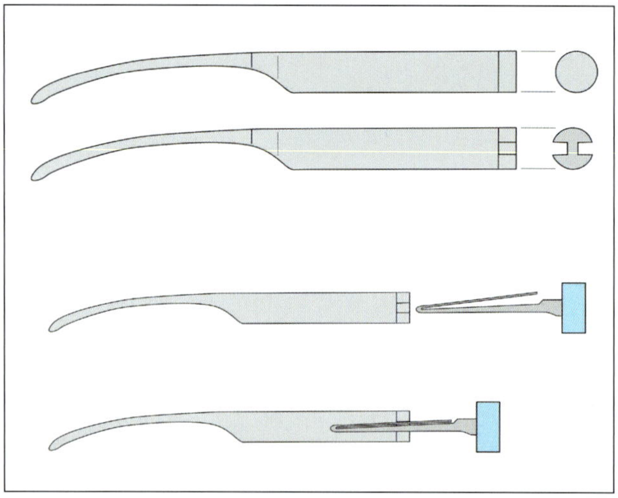

Die Kerben am Schlüssel sollten so bemessen sein, dass die Federn vollständig zusammengedrückt werden, wenn der Schlüssel zu drei Viertel auf den Federhalter geschoben wird. Dadurch kann der Schlüssel die Federn am Bügel vorbeischieben und zugleich die Feder-Baugruppe teilweise aus dem Schloss bewegen.

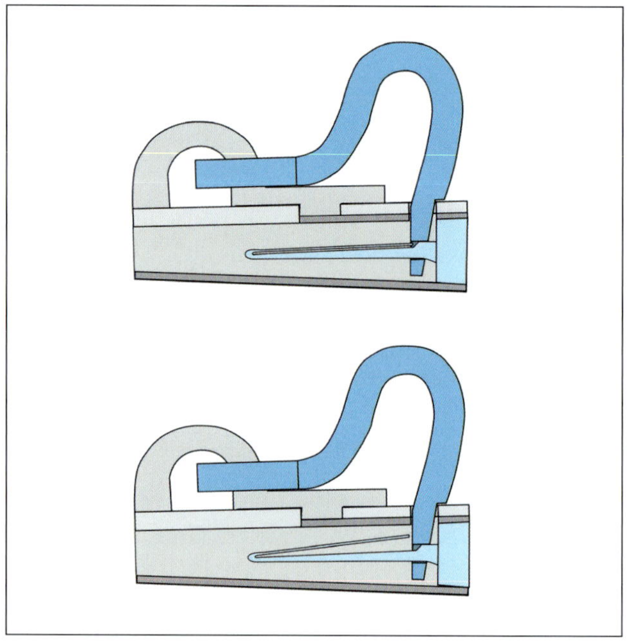

Setzen Sie die Feder-Baugruppe in das Schloss ein und testen Sie den Schlüssel.

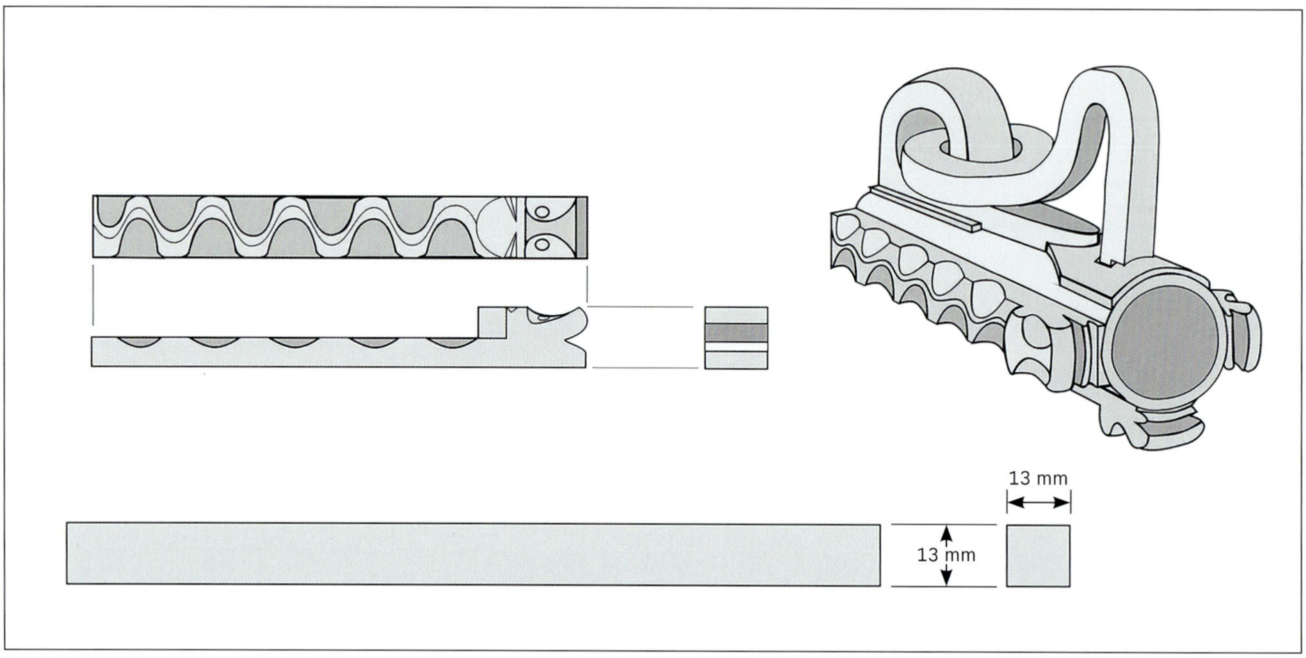

Die Außenseite des Schlossgehäuses ist mit dekorativen Details in Form von mittelalterlichen Schlangen versehen. Diese Details sind optional. Doch sie sind einfach herzustellen und tragen maßgeblich zur gelungenen Optik des Schlosses bei. Die Schlangen werden aus einer 13-mm-Vierkantstange geschmiedet.

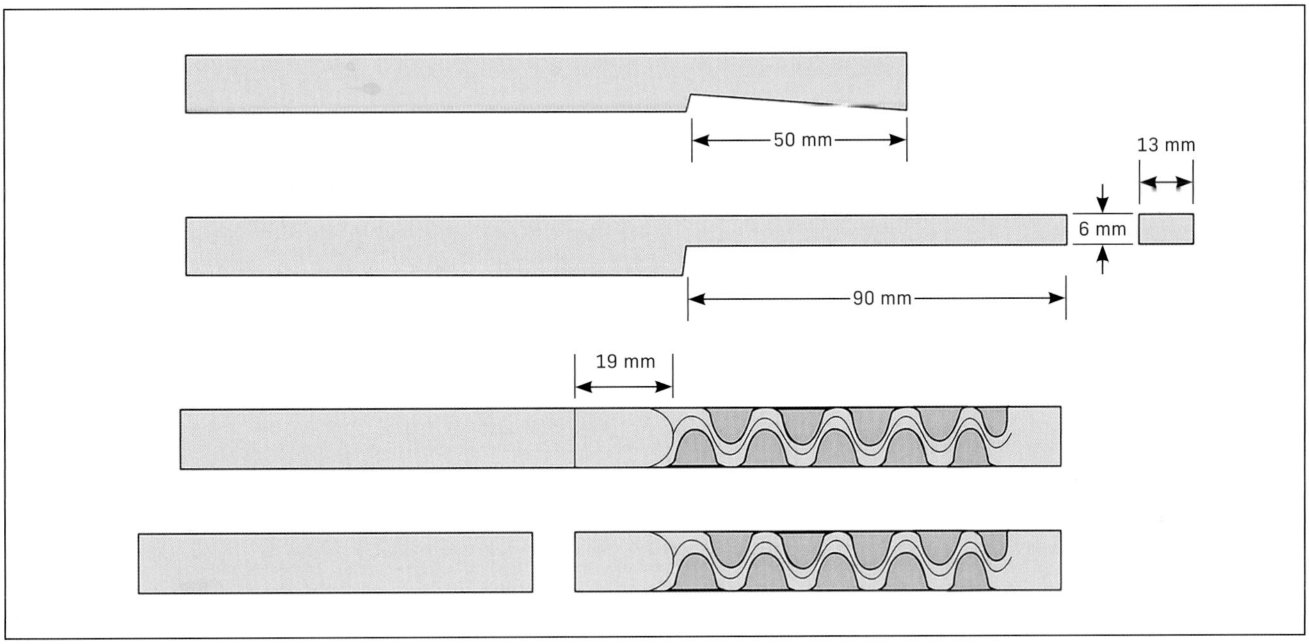

Schmieden Sie 50 mm vom Ende der Stange einen Absatz. Schmieden Sie diesen Bereich rechteckig aus, bis er 90 mm lang, 13 mm breit und 6 mm dick ist.

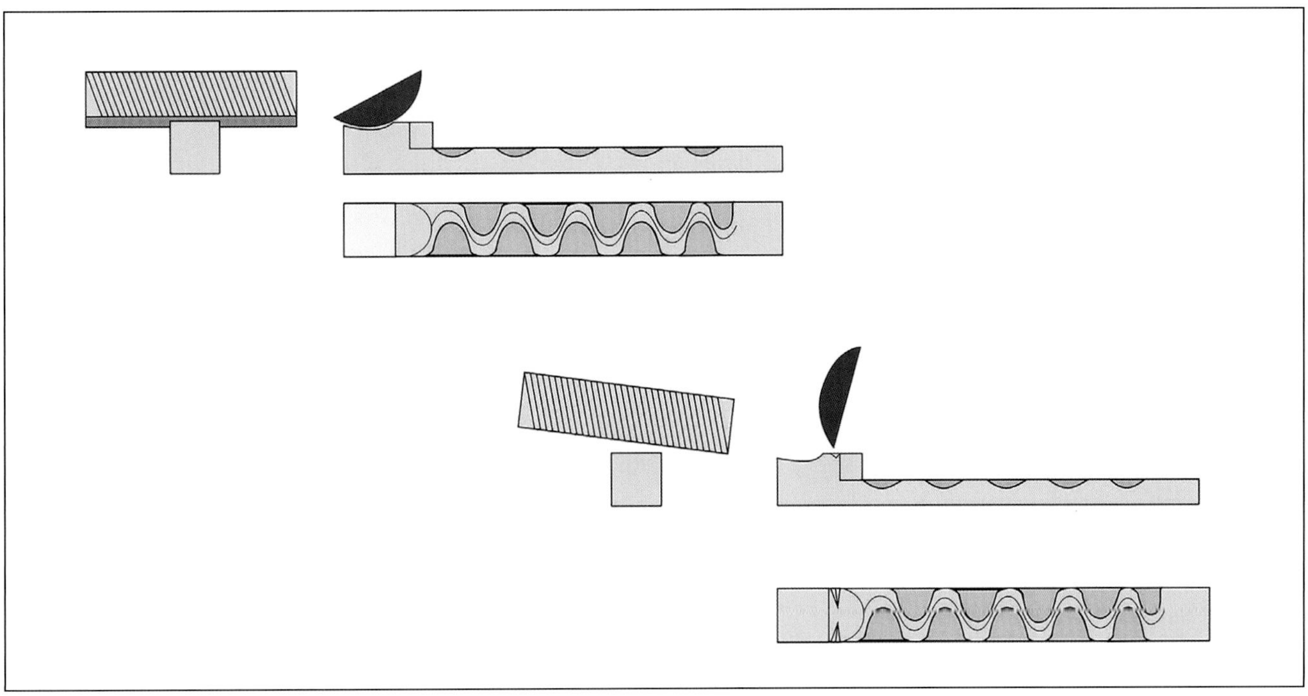

Feilen Sie die Rundungen der Schlange ein. Setzen Sie 19 mm vor der Feilarbeit eine Markierung und trennen Sie das Werkstück von der Stange ab. Nutzen Sie für den Kopf der Schlange eine halbrunde Feile.

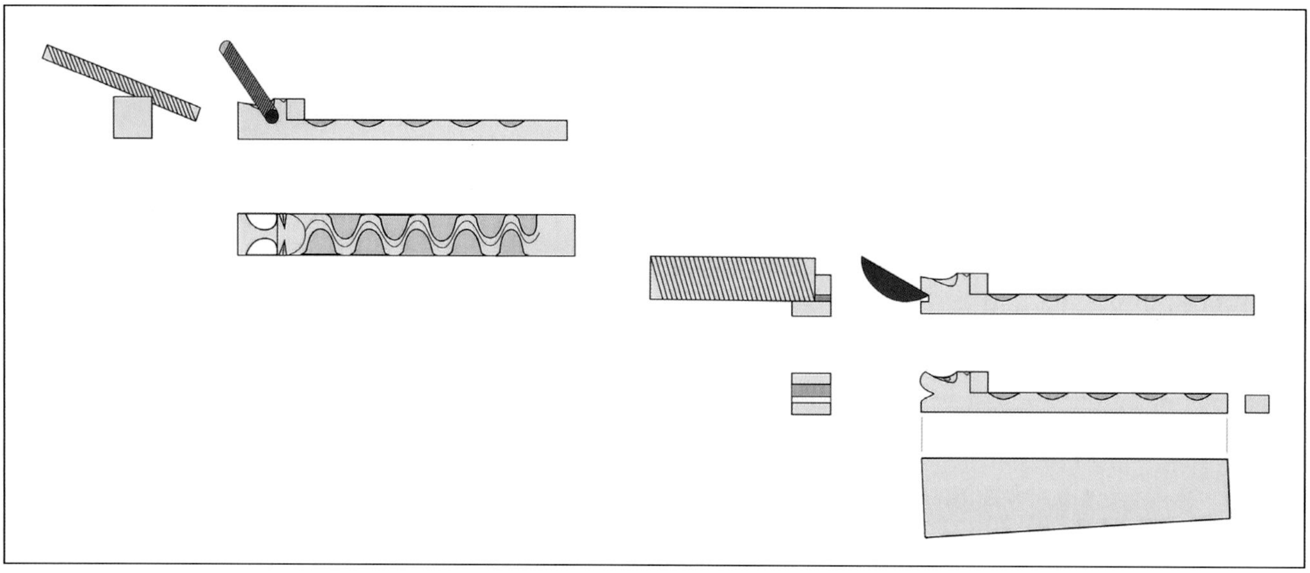

Die Öffnung des Mauls wird mit einer Metallsäge geschnitten und mit einem Meißel ausgeformt. Mit einem Körner können Sie die Nasenlöcher und Augenhöhlen gestalten. Passen Sie die Länge der Details an die Länge des Gehäuses an. Die beiden anderen Schlangen-Verzierungen werden auf die gleiche Weise gefertigt.

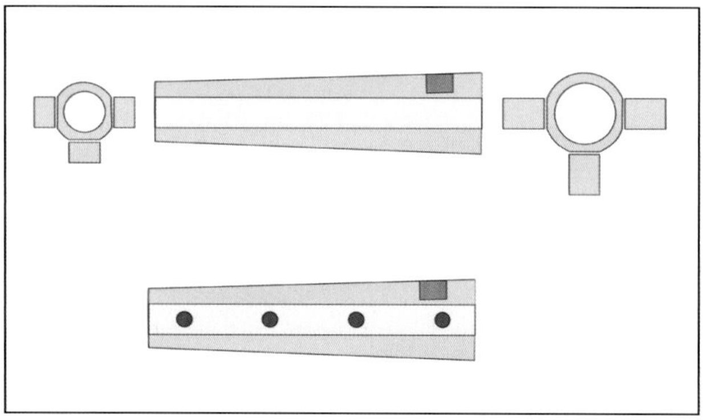

Feilen Sie entlang des Gehäuses auf den Positionen 3 Uhr, 6 Uhr und 9 Uhr eine mindestens 10 mm breite, ebene Fläche. Bohren Sie entlang der Mittellinie jeder dieser drei Flächen vier 5-mm-Löcher. Entfernen Sie alle Grate an der Außen- und Innenseite des Gehäuses.

Zuletzt werden mit einer Schlauchklemme alle Bauteile vorübergehend am Gehäuse fixiert und ausgerichtet. Verbinden Sie alle Elemente anschließend mit stabilem Draht. Achten Sie darauf, dass der Draht keine Details verdeckt, die nach dem Löten schwer zu reinigen sind.

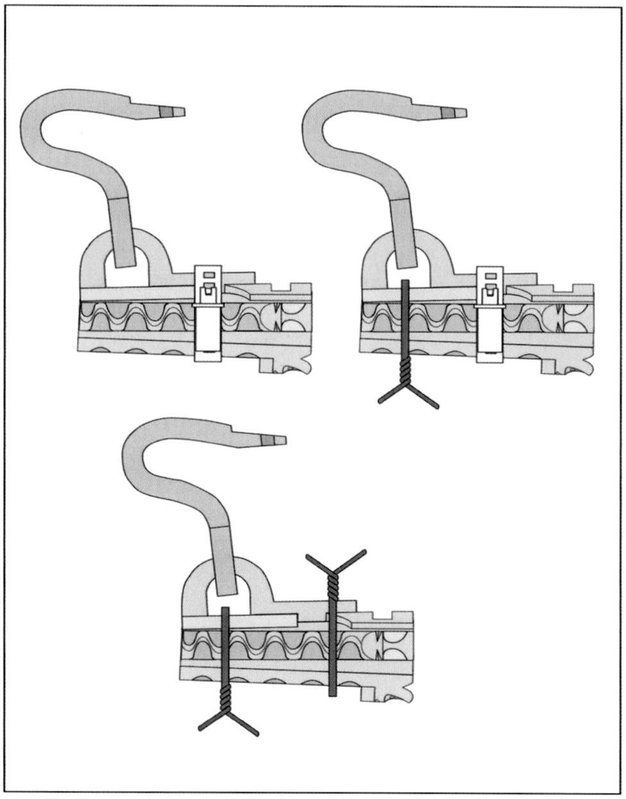

Erhitzen Sie das gesamte Schloss vorsichtig im Feuer, bis es eine Rotglut erreicht. Tragen Sie Flussmittel auf die Innenseite des Schlosses auf.
1 | Legen Sie das Schloss auf eine Seite und bringen Sie es vorsichtig auf eine leuchtend orange Hitze. Legen Sie in der Nähe der Bohrlöcher ein kurzes Stück Kupferdraht ins Innere des Schlosses. Erhöhen Sie langsam die Temperatur, bis das Kupfer schmilzt und durch die Bohrlöcher seitlich herausfließt.
2 und 3 | Wiederholen Sie diesen Vorgang auf der Unterseite und der anderen Seite des Schlosses. Zum Schluss wird die Grundplatte des Bügels mit dem Gehäuse verlötet.

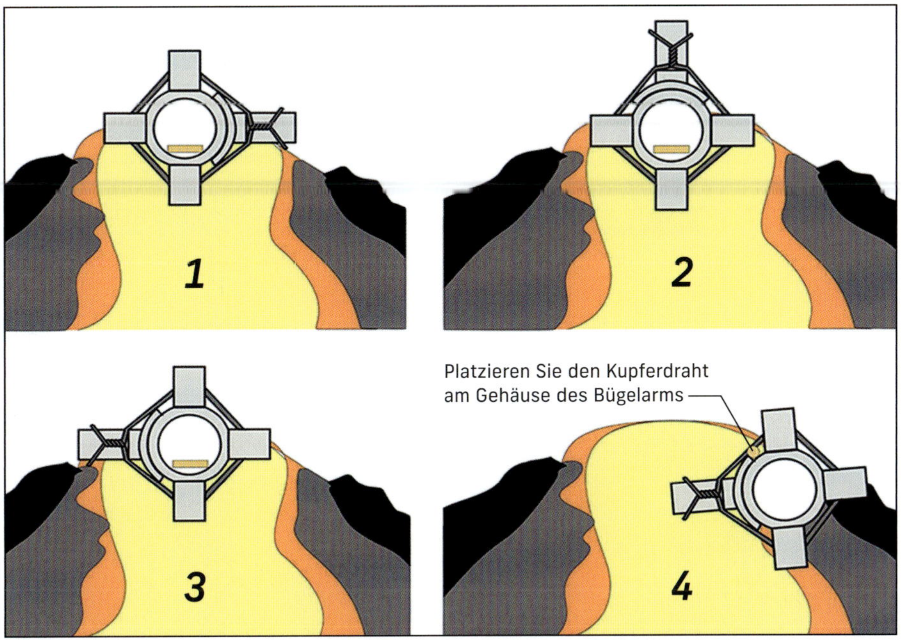

4 | Drehen Sie das Gehäuse so, dass nur die Oberseite des Schlosses dem heißesten Teil des Feuers zugewandt ist. Legen Sie in der Nähe der Grundplatte Kupferdraht auf das Schloss. Erhitzen Sie die Oberseite des Schlosses langsam, bis das Kupfer schmilzt und unter die Grundplatte fließt. Möglicherweise muss während dieses Vorgangs mehr Flussmittel zugesetzt werden.

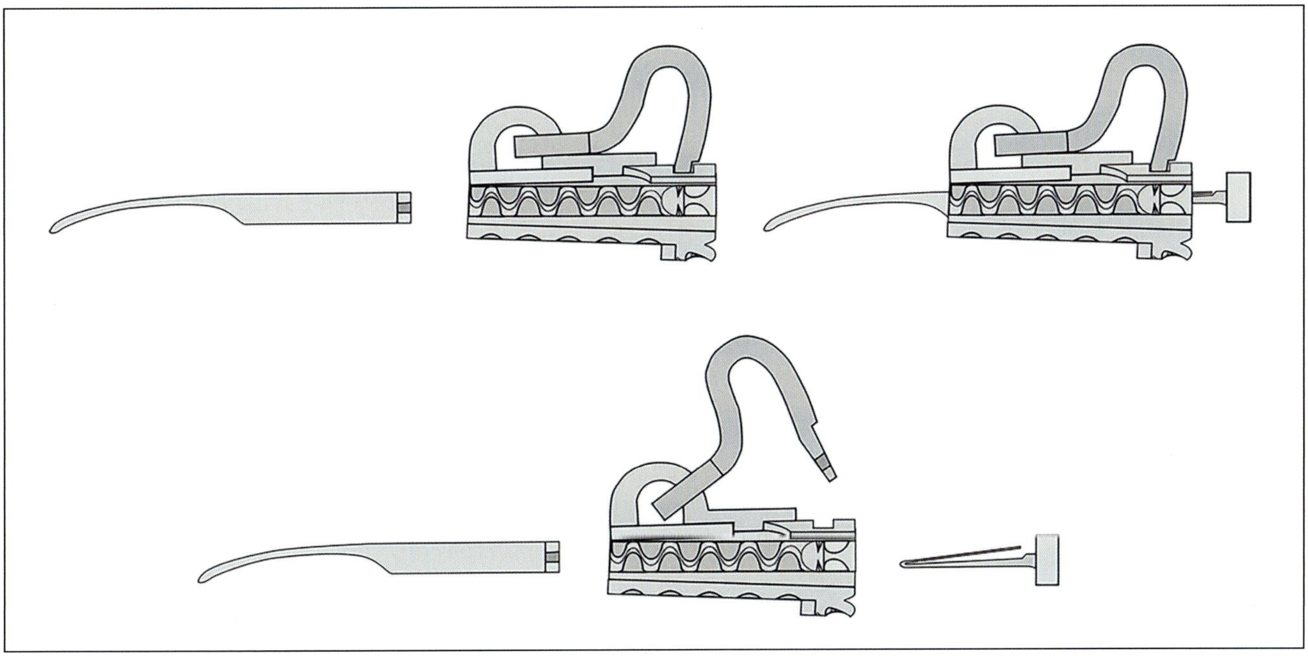

Säubern Sie alle Teile, setzen Sie das Federpaket ein und testen Sie die Verriegelung.

Kapitel 8

FEDERRIEGELSCHLÖSSER

Projekt 5: Truhenschloss

Projekt 6: Klassisches Zangenschloss

Projekt 7: Schrankschloss

Projekt 8: Klassisches mittelalterliches Federschloss

PROJEKT 5:
TRUHENSCHLOSS

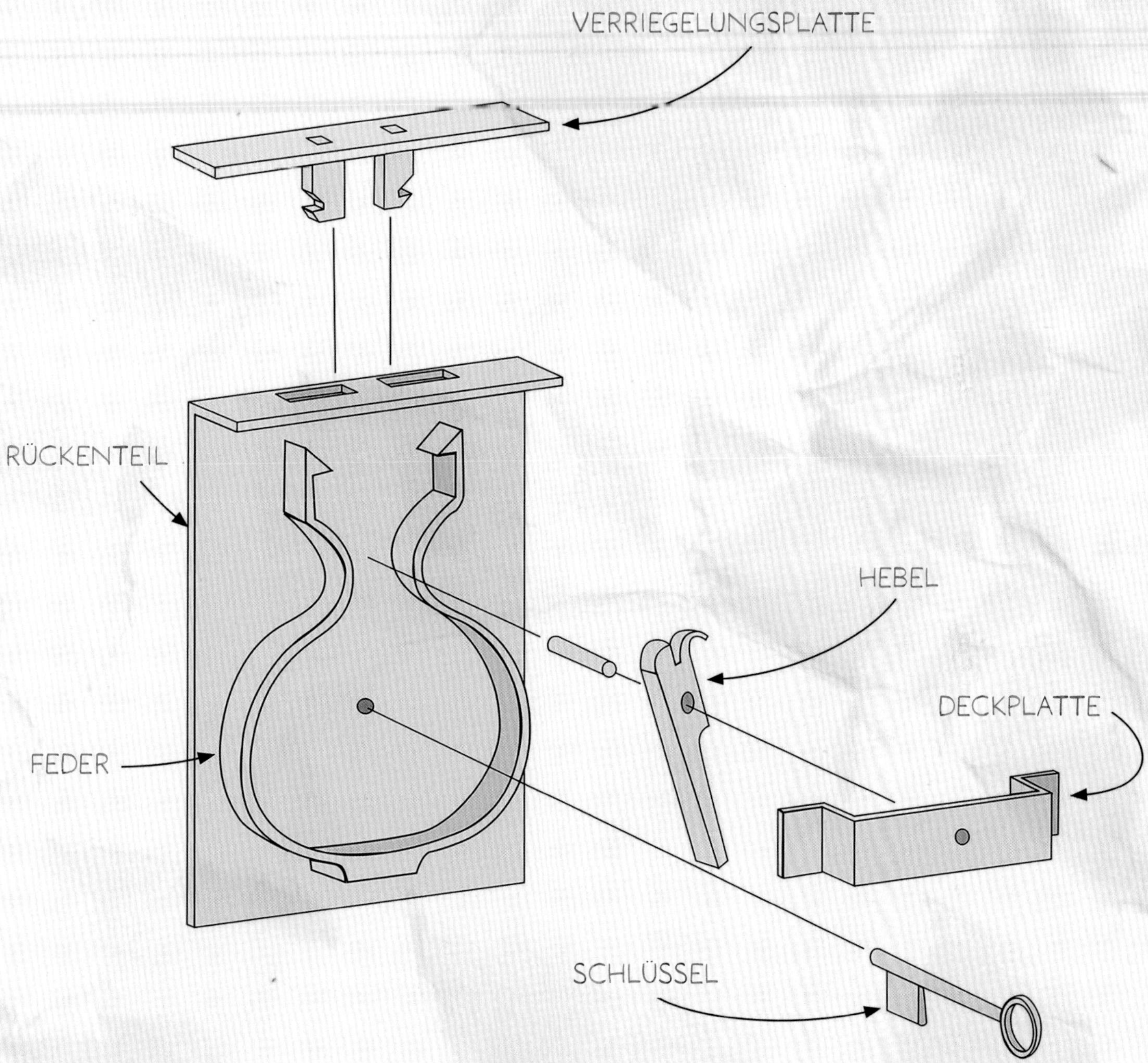
VERRIEGELUNGSPLATTE
RÜCKENTEIL
HEBEL
DECKPLATTE
FEDER
SCHLÜSSEL

DAS RÜCKENTEIL

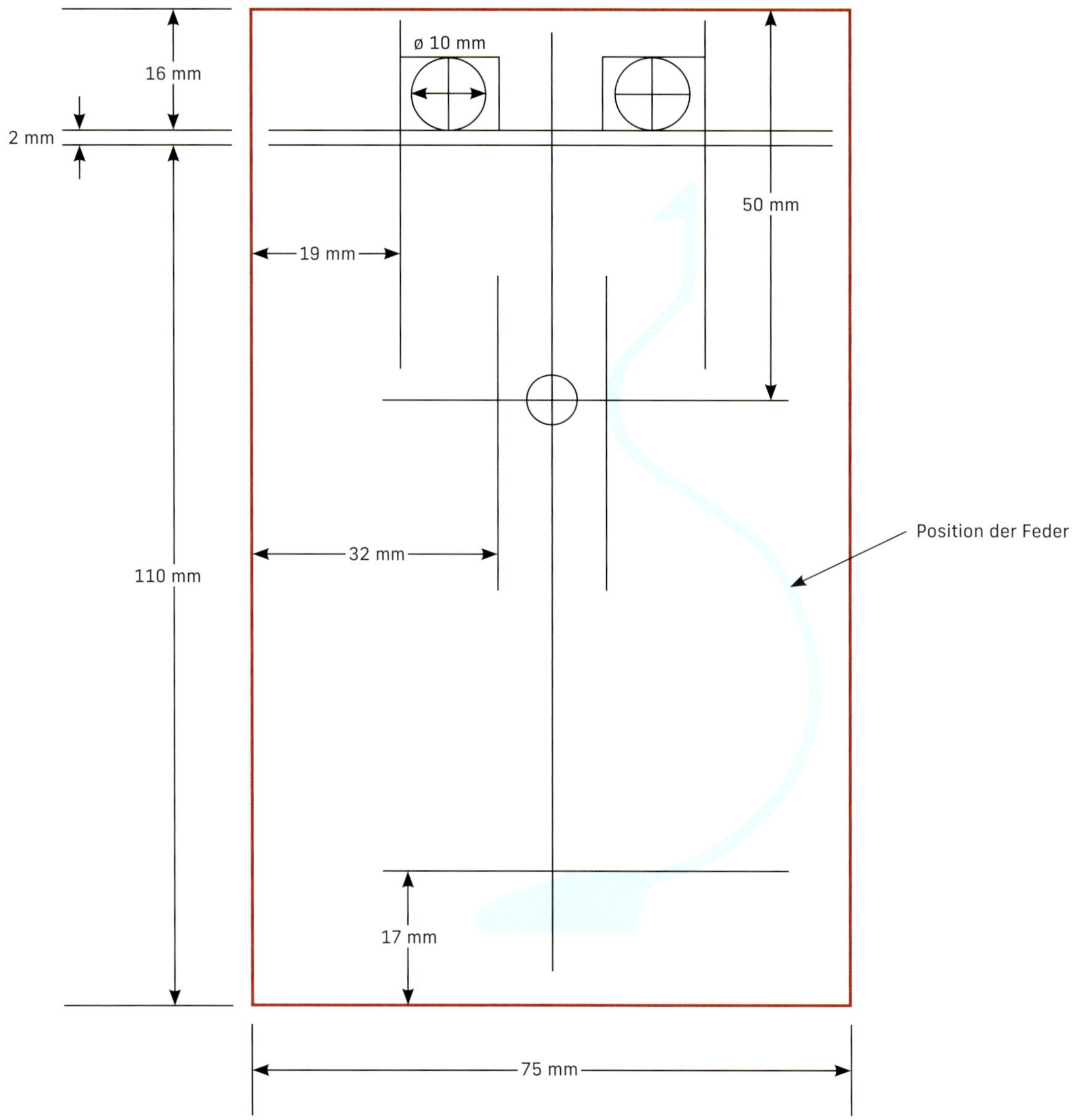

DIE DECKPLATTE

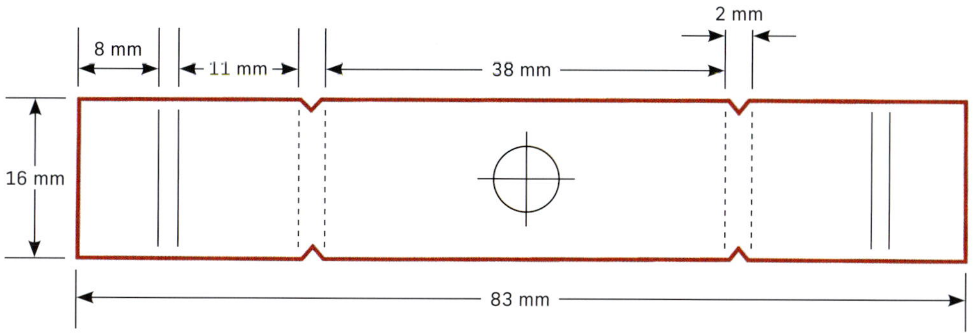

DER SCHLÜSSELROHLING

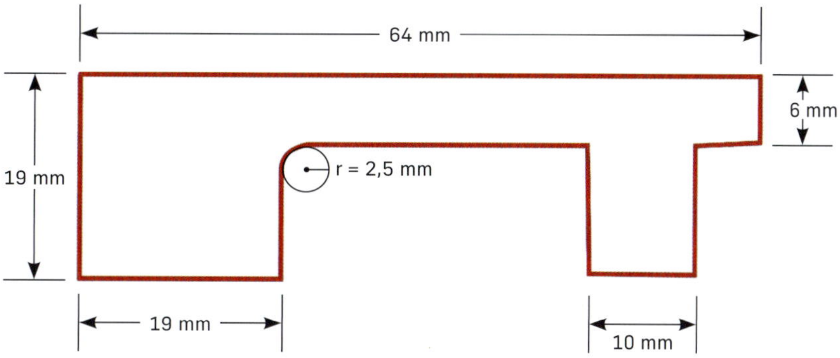

BIEGEVORRICHTUNG FÜR DIE FEDER

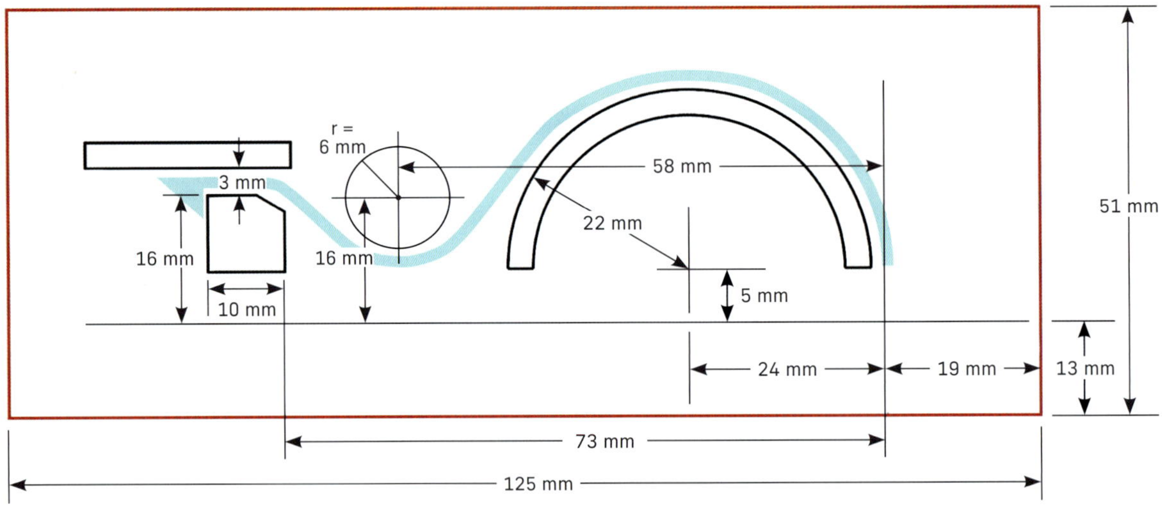

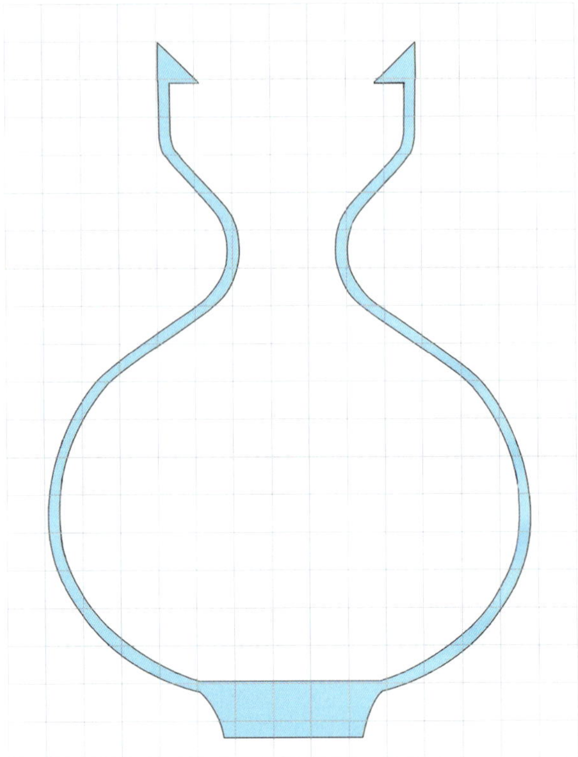

Gittermuster für die Feder

Truhenschlösser findet man häufig an einfachen Holzkisten und Werkzeugkisten. Sie werden an der Innenseite des Kastens angebracht. Die Riegelplatte wiederum ist an der Unterseite des Deckels montiert. Das Schloss passt an alle Holzkisten, deren Front mindestens 19 mm stark ist, denn die Front wird später für die Montage des Schlosses ausgestemmt.

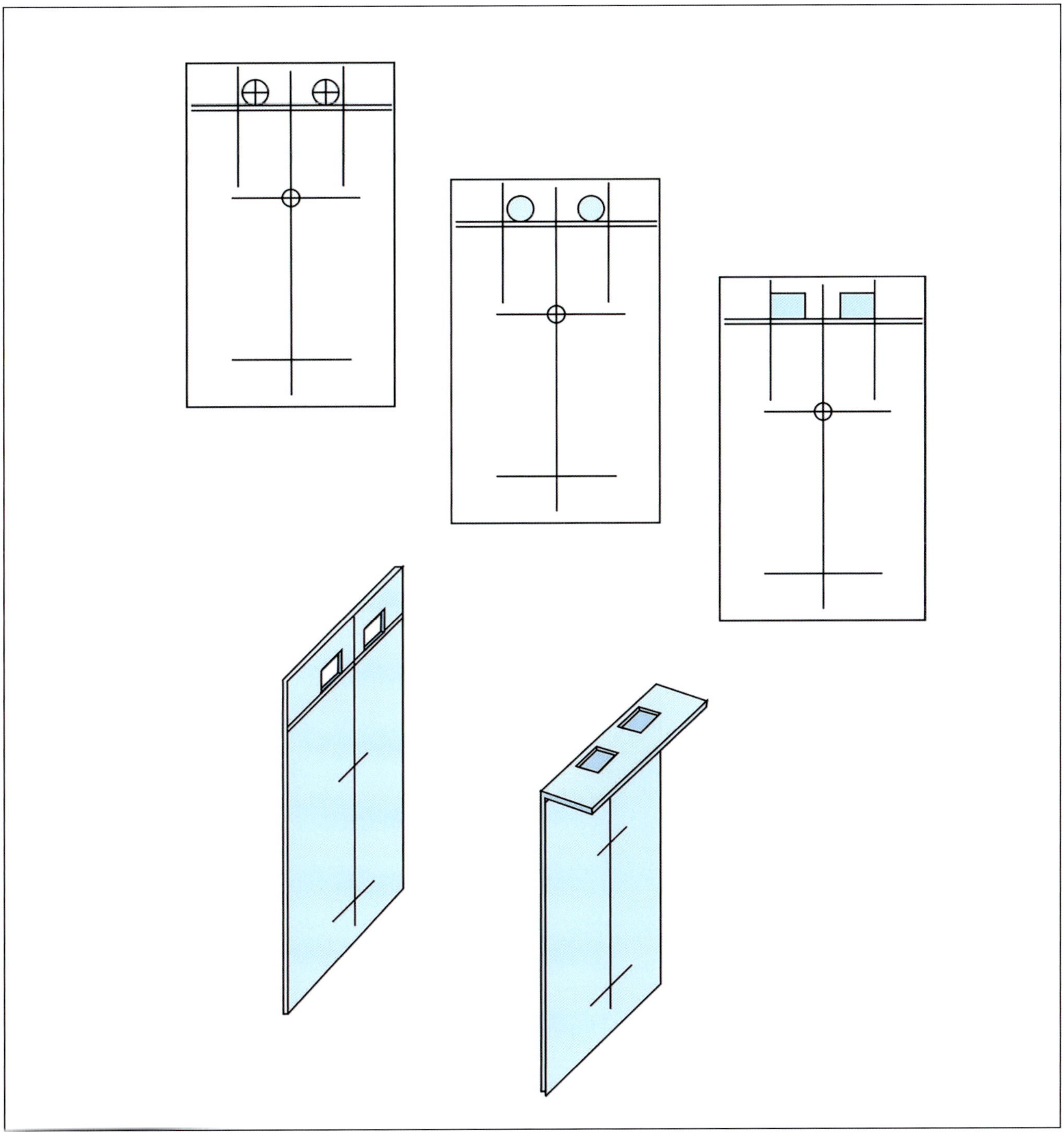

Schneiden Sie die Schablone für das Rückenteil aus. Übertragen Sie alle Referenzlinien. Verwenden Sie einen 10-mm-Bohrer, um die rechteckigen Öffnungen für die Zähne der Riegelplatte, die am Deckel der Truhe montiert wird, vorzubohren. Zeichnen Sie die Biegelinie oben an der Rückenplatte mit dem Meißel vor. Verwenden Sie dann einen leichten Hammer, um die Oberkante um 90 Grad zu biegen.

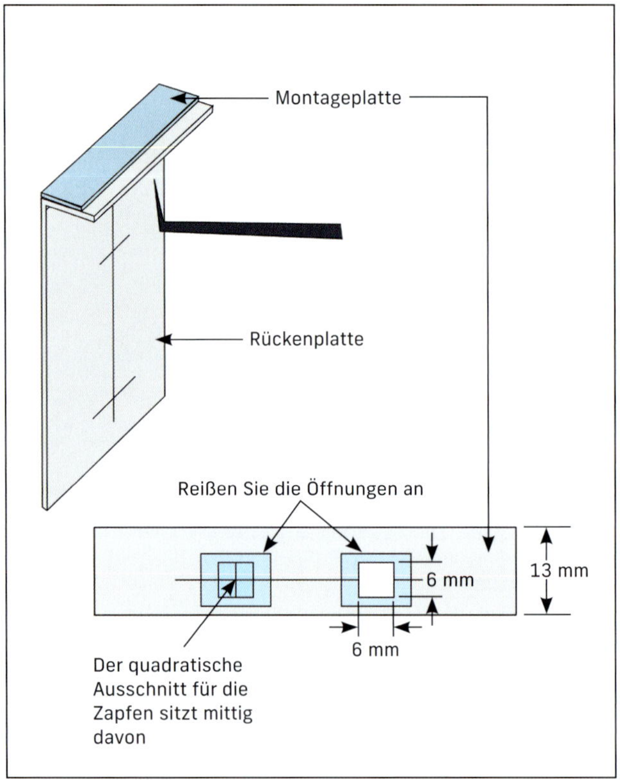

Die Montageplatte für die Verriegelungsplatte besteht aus Stahlblech mit einer Breite von 13 mm. Ermitteln Sie die Position der Zähne, indem Sie die Montageplatte auf den Falz der Rückenplatte legen und die Position der Löcher direkt auf der Montageplatte anreißen. Markieren Sie mittig innerhalb der beiden Umrisse jeweils ein 6 x 6 mm großes Quadrat. Das sind die Zapfenlöcher, um die Zähne der Verriegelungsplatte zu vernieten.

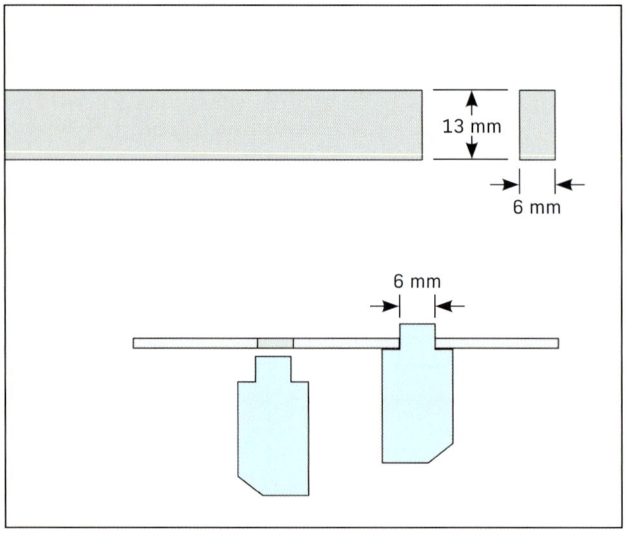

Die Zähne werden aus Flachstahl mit den Maßen 6 x 13 mm geschnitten. Schneiden Sie die Zapfen aus, mit denen die Zähne an der Montageplatte vernietet werden. Bringen Sie die entsprechenden Aufnahmen für die Zapfen in der Montageplatte an.

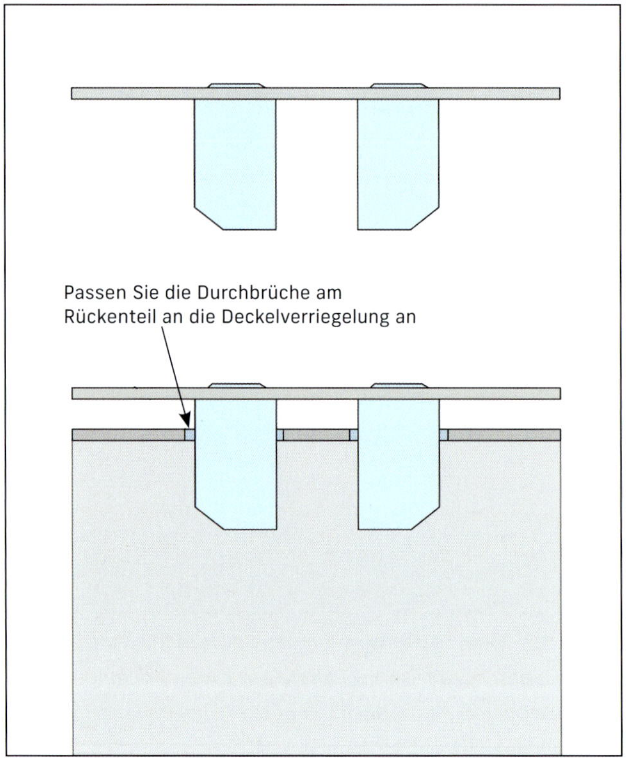

Vernieten Sie die Zahn-Rohlinge leicht mit der Montageplatte. Überprüfen Sie den Sitz der Verriegelungsplatte an der Oberseite der Rückenplatte. Die Zahn-Rohlinge sollten ohne allzu viel Spiel in die Öffnungen passen. Nehmen Sie eventuell notwendige Anpassungen vor und vernieten Sie die Rohlinge endgültig mit der Montageplatte.

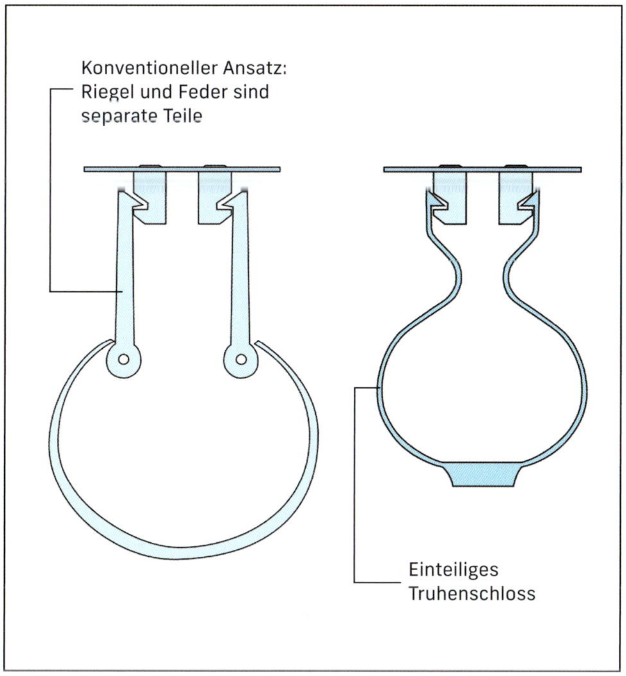

Dieses Truhenschloss hat eine einzigartige Funktion: Die Riegel, die den Deckel sichern, werden mit der Feder aus einem einzigen Stück durch Schmieden hergestellt. Diese Form der Feder entstand vermutlich, weil die damaligen Schmiede umgehen wollten, die Verriegelung in mühsamer Werkbankarbeit aus mehreren Einzelteilen zu fertigen und anschließend zu montieren.

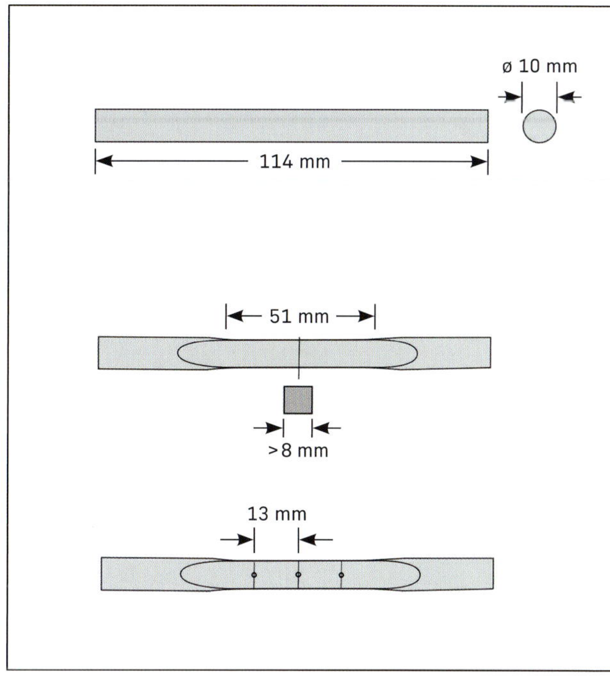

Die Feder wird aus 10-mm-Rundstahl (Kohlenstoffstahl) geschmiedet und ist 114 mm lang.
Schmieden Sie einen 51 mm langen Abschnitt in die Mitte der Stange, der etwas mehr als 8 mm im Quadrat hat.
Finden Sie die exakte Mitte der Stange und markieren Sie sie mit einem Körner. Meißeln Sie davon ausgehend, jeweils 13 mm entfernt, zwei Markierungen ein.

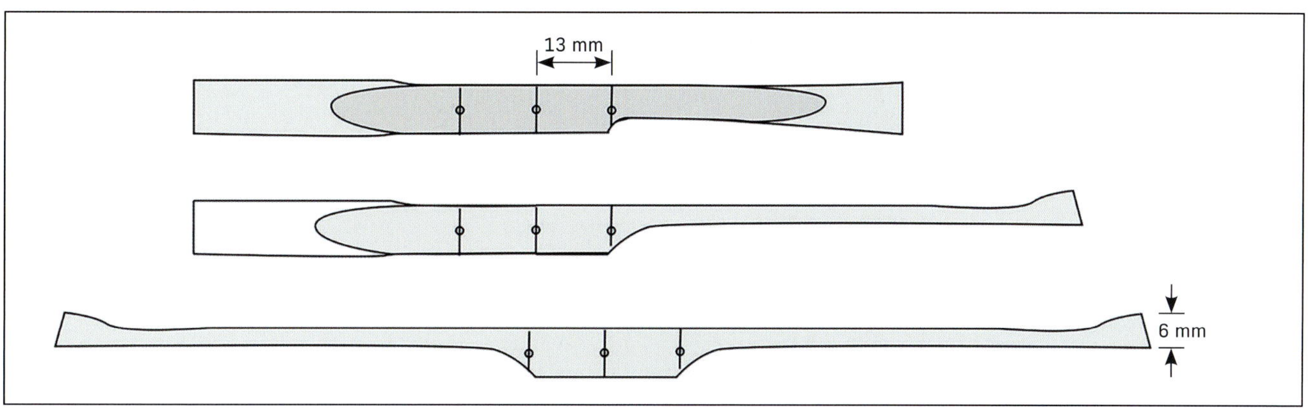

Schmieden Sie ausgehend von einer dieser Markierungen eine Stufe, um so eine Seite des Befestigungsblocks der Hauptfeder zu formen. Fahren Sie mit dem Schmieden dieser Seite der Feder fort. Lassen Sie die Spitze der Feder mindestens 6 mm stark. Schmieden Sie die andere Seite auf die gleiche Weise. Obwohl es in diesem Stadium nicht entscheidend ist, sollten Sie beide Seiten der Feder so gleichmäßig wie möglich halten.

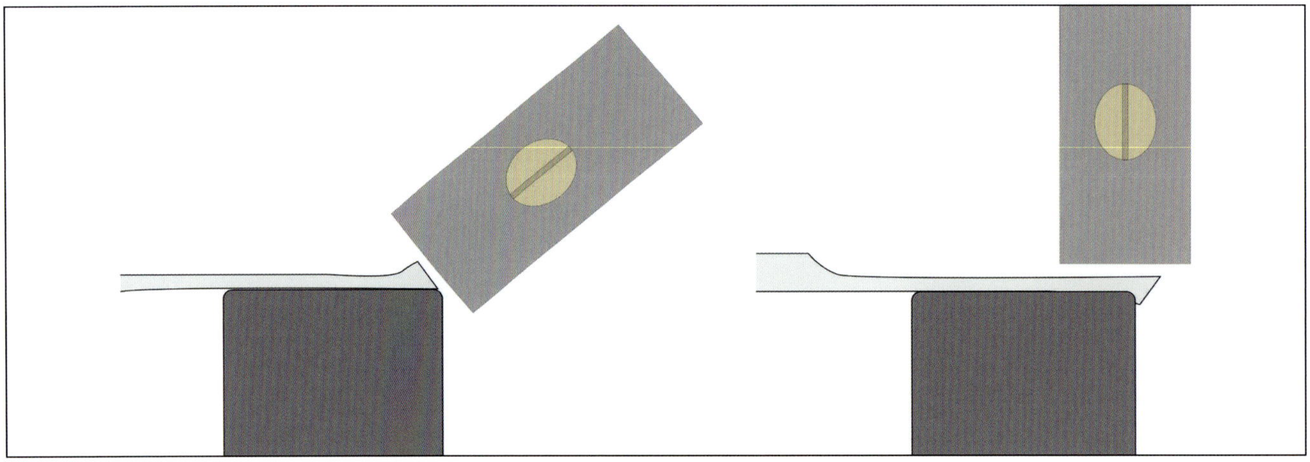

Der Haken wird an der Kante des Ambosses geformt. Achten Sie darauf, dass sich der Feder-Montageblock und die Haken auf gegenüberliegenden Seiten der Feder befinden.

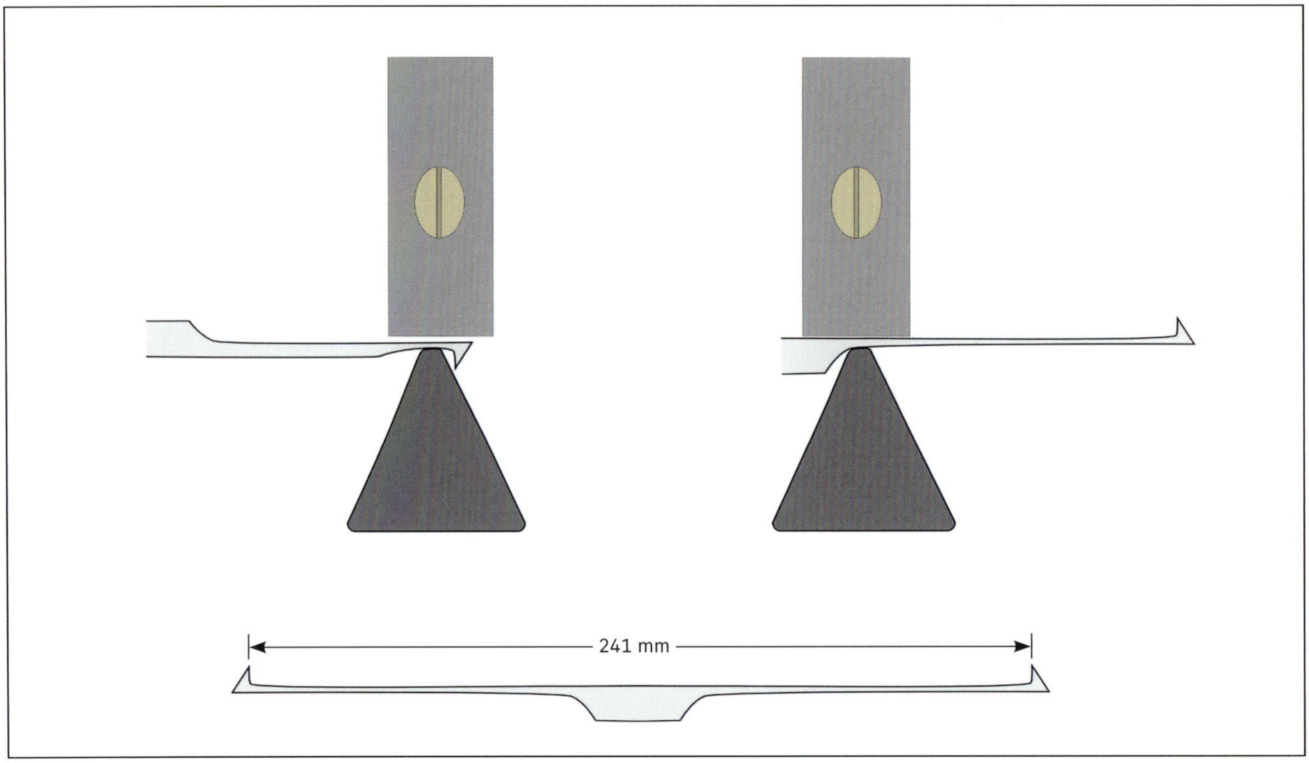

Verwenden Sie ein Gesenk mit einem Radius, um die Arme der Feder auf ihre endgültige Stärke zu schmieden. Prüfen Sie, ob beide Seiten gleich lang sind. Falls eine etwas kürzer ist, so schmieden Sie diese vorsichtig in die Länge. Gehen Sie behutsam vor. Manchmal braucht es nur ein paar Hammerschläge, um das Problem zu beheben. Vollenden Sie die Form der Haken mit einer Feile. Die Feder sollte nach dem Schmieden leicht überdimensioniert sein. Dadurch lässt sich die Oberfläche durch Schleifen oder Feilen weiter verfeinern. Beide Seiten sollten nun in Größe und Federspannung identisch sein.

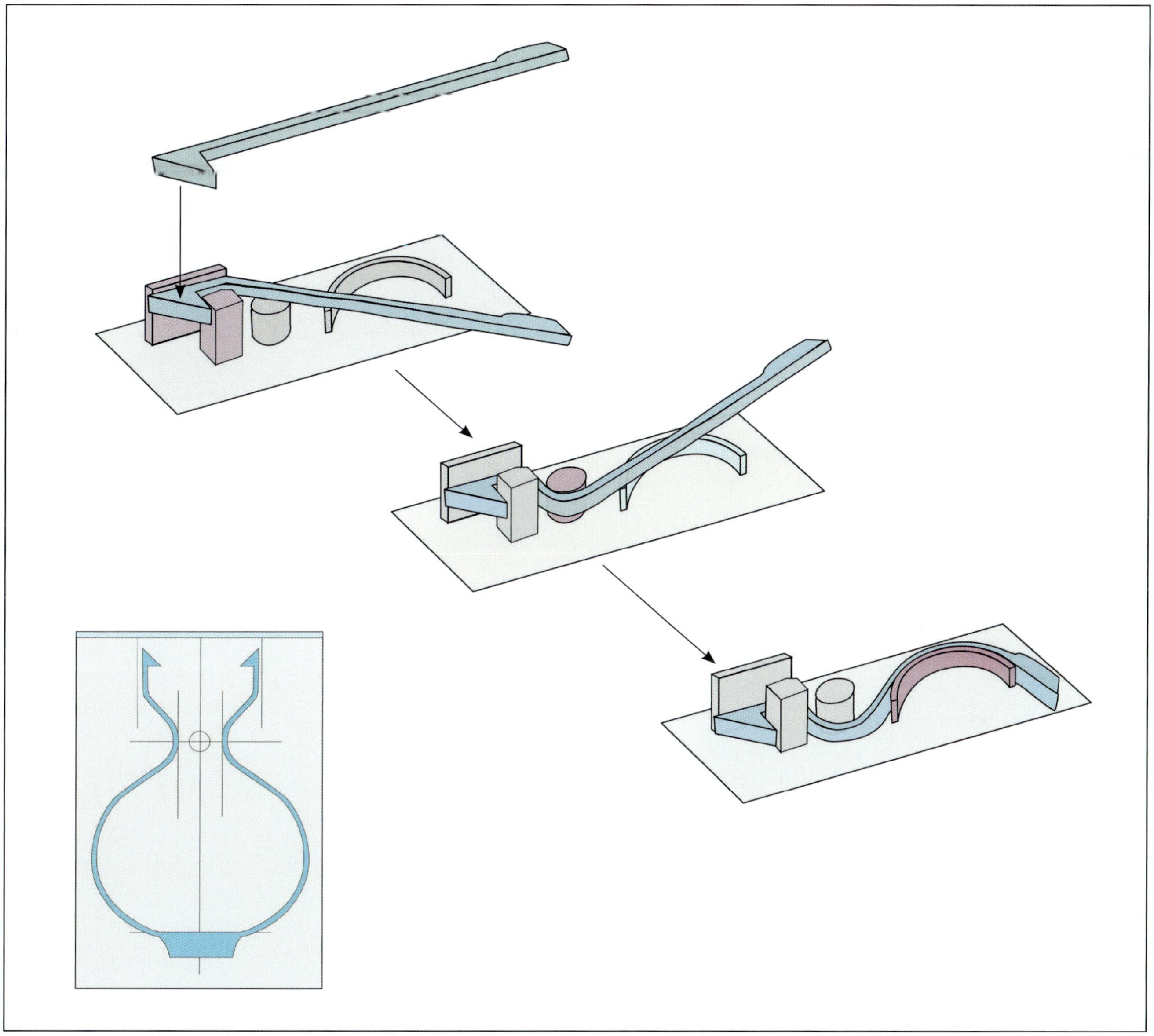

Mit einer Biegevorrichtung werden die Arme der Feder geformt. Erhitzen Sie an einem der Arme den Hakenbereich. Setzen Sie den Haken in die Biegevorrichtung ein und formen Sie eine erste Biegung. Die Anschläge in der Biege-Vorrichtung sind unterschiedlich hoch. Für den ersten Teil der Biegung benötigt man den höchsten Anschlag. Für den folgenden Abschnitt der Feder nutzt man den nächsthöheren. Die niedrigste Stufe braucht man dann für den letzten Abschnitt. Nachdem ein Abschnitt fertiggestellt ist, wird die Feder tiefer in der Vorrichtung platziert, um den nächsten Abschnitt zu biegen. Erhitzen Sie jeden Abschnitt, bevor Sie ihn in die Biege-Vorrichtung einsetzen. Die andere Hälfte der Feder wird auf die gleiche Weise in Form gebogen. Vergleichen Sie die Form der Feder mit den Referenzlinien auf der Rückenplatte. Passen Sie die Form der Feder an, bis sie zwischen alle Bezugslinien passt. Wenn das erledigt ist, bohren Sie durch die Rückenplatte die Befestigungslöcher für die Feder. Die Feder nicht vernieten. Es folgt die Wärmebehandlung der Feder. Lassen Sie sie auf blau an. Dieser Schritt ist optional, denn die Zähigkeit und Elastizität des Kohlenstoffstahls sorgt selbst ohne Wärmebehandlung für ausreichend Federkraft.

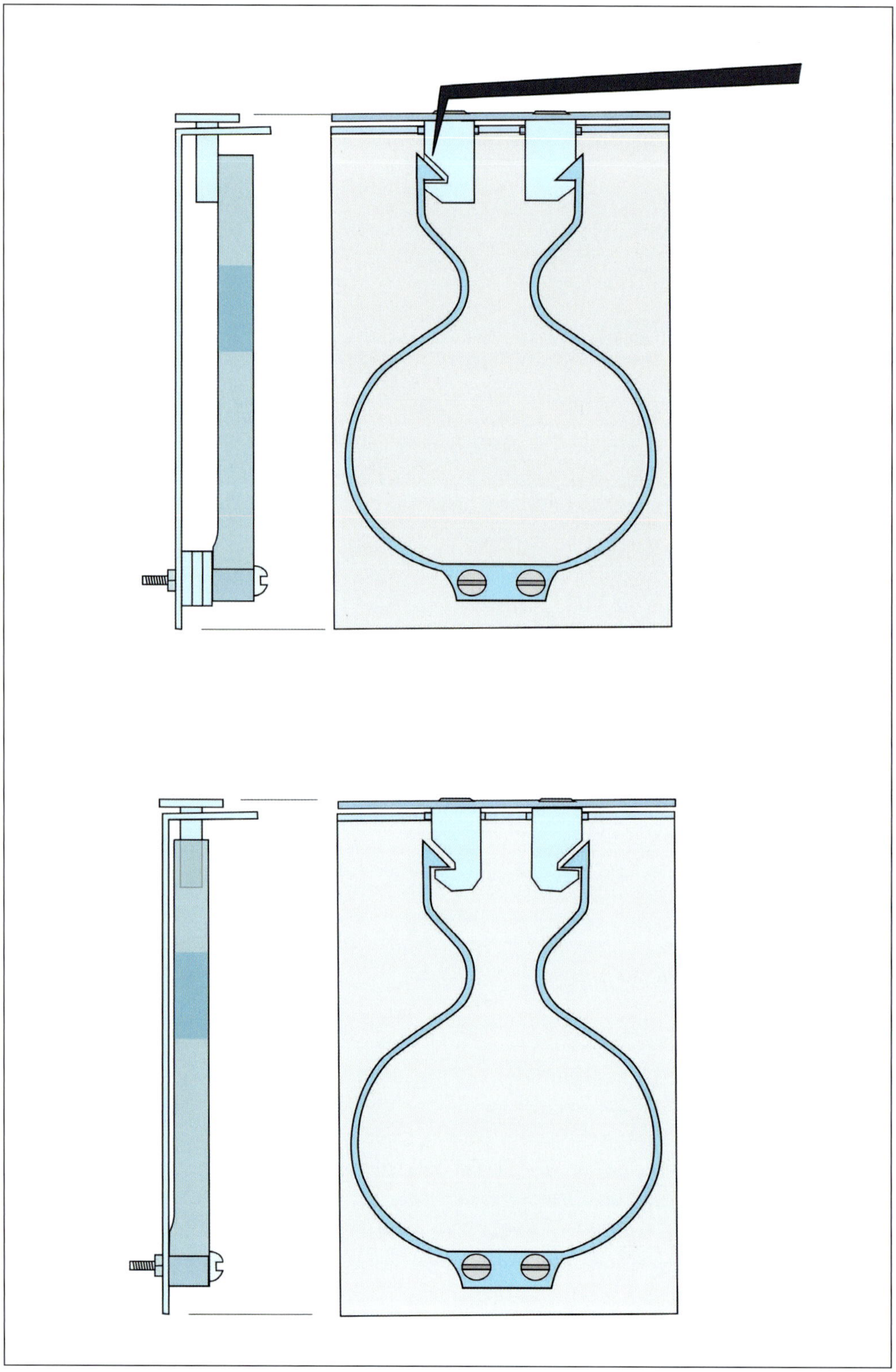

Setzen Sie die Verriegelungsplatte in das Schloss ein und verschrauben Sie die Feder so, dass die Haken der Feder auf den Zähnen der Verriegelungsplatte sitzen. Unterlegscheiben helfen möglicherweise dabei, die Feder ausreichend weit anzuheben. Übertragen Sie die Position der Haken auf die Verriegelungsplatte. Entfernen Sie die Verriegelungsplatte und formen Sie die Zähne aus. Positionieren Sie die Feder wieder auf dem Rückenteil und montieren Sie sie dieses Mal direkt damit. Testen Sie den Sitz der Verriegelungsplatte, indem Sie sie durch die Öffnung an der Oberseite der Rückenplatte stecken. Passen Sie die Form der Zähne an, bis die Verriegelungsplatte leichtgängig ins Schloss einrastet. Zwischen der Montageplatte und der Oberseite der Rückenplatte sollte ein Abstand von etwa 3 mm sein. Dadurch können die Zähne die Federhaken freigeben.

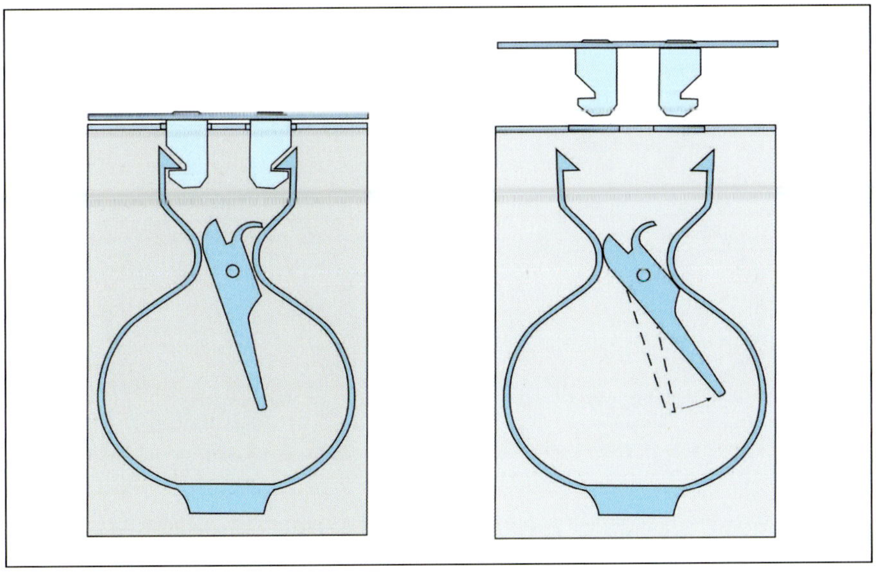

Die Feder wird durch einen Hebel gespreizt. Das löst die Federhaken aus der Aufnahme.

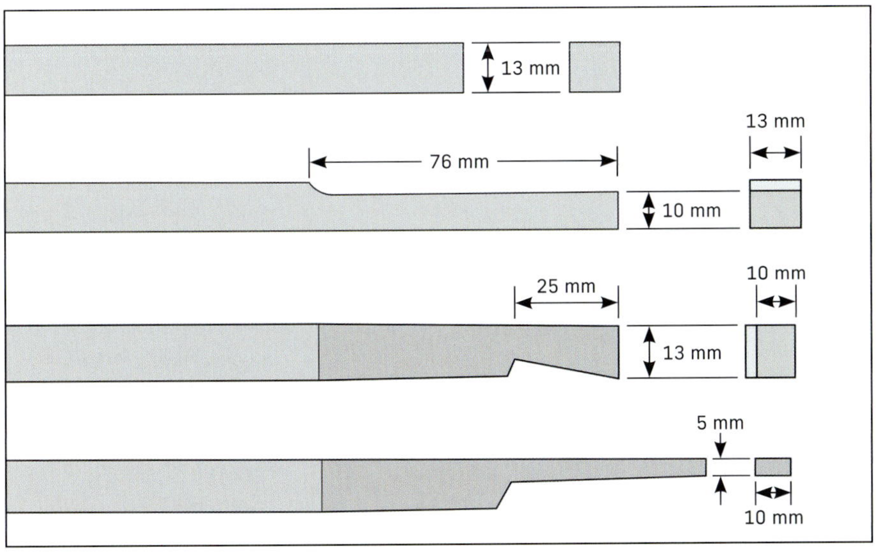

Dieser Hebel wird aus einer 13-mm-Vierkantstange gefertigt. Schmieden Sie diese Stange auf einer Länge von 76 mm um, so dass sie hier ein Profil mit 10 x 13 mm hat.
Bringen Sie 25 mm vom Stangenende entfernt einen ausgeprägten Absatz im 10-mm-Teil der Stange an. Schmieden Sie diesen Bereich, bis er 5 mm stark und 10 mm breit ist.

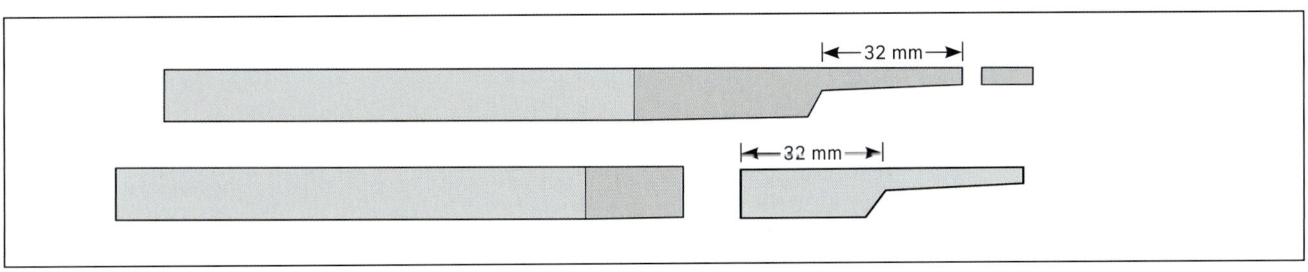

Kürzen Sie die Stange jeweils vor dem Absatz und im 10 x 13-mm-Bereich nach dem Absatz auf 32 mm ab.

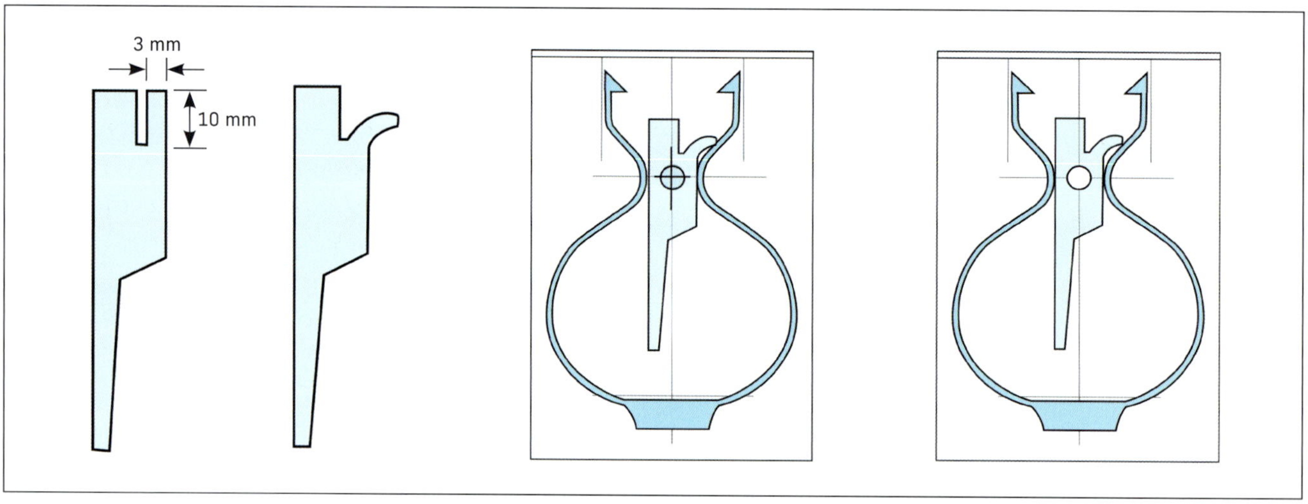

Bringen Sie in 3 mm Entfernung von der Kante einen Sägeschnitt an. Dieser sollte 10 mm tief sein. Dieser dünne Metallstreifen wird zum Anschlag und verhindert später, dass sich der Hebel aus seiner Position im Schloss bewegt. Erhitzen Sie den Bereich und biegen Sie ihn in Form. Ermitteln Sie mit Hilfe der Referenzlinien auf der Rückenplatte die Position der Hebelbefestigung. Momentan ist der Hebel noch etwas größer als nötig. Eventuell müssen Sie die Feder daher aufbiegen, um den Hebel zu montieren. Bohren Sie ein 6-mm-Loch durch den Hebel und die Rückenplatte.

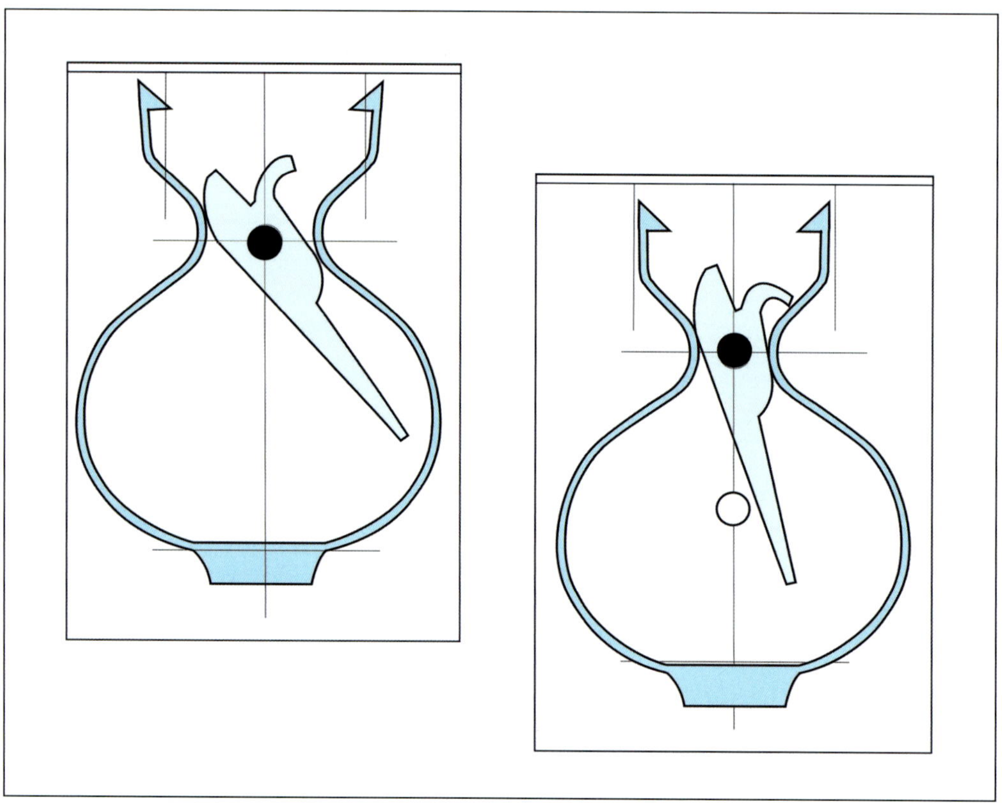

Damit sich das Schloss später leicht öffnen lässt, müssen die Seiten des Hebels, die gegen die Feder drücken, leicht abgerundet sein. Diese beiden Seiten müssen so geformt werden, dass sie die Feder gleichzeitig berühren.
Bohren Sie ein 6-mm-Loch für die Schlüsselführung in die Rückenplatte. Es befindet sich ungefähr in der Mitte des unteren Federbogens. Stellen Sie den Anschlag, also die zuvor gebogene Nase, so ein, dass das Ende des Hebels direkt neben der Drehachse des Schlüssels liegt.

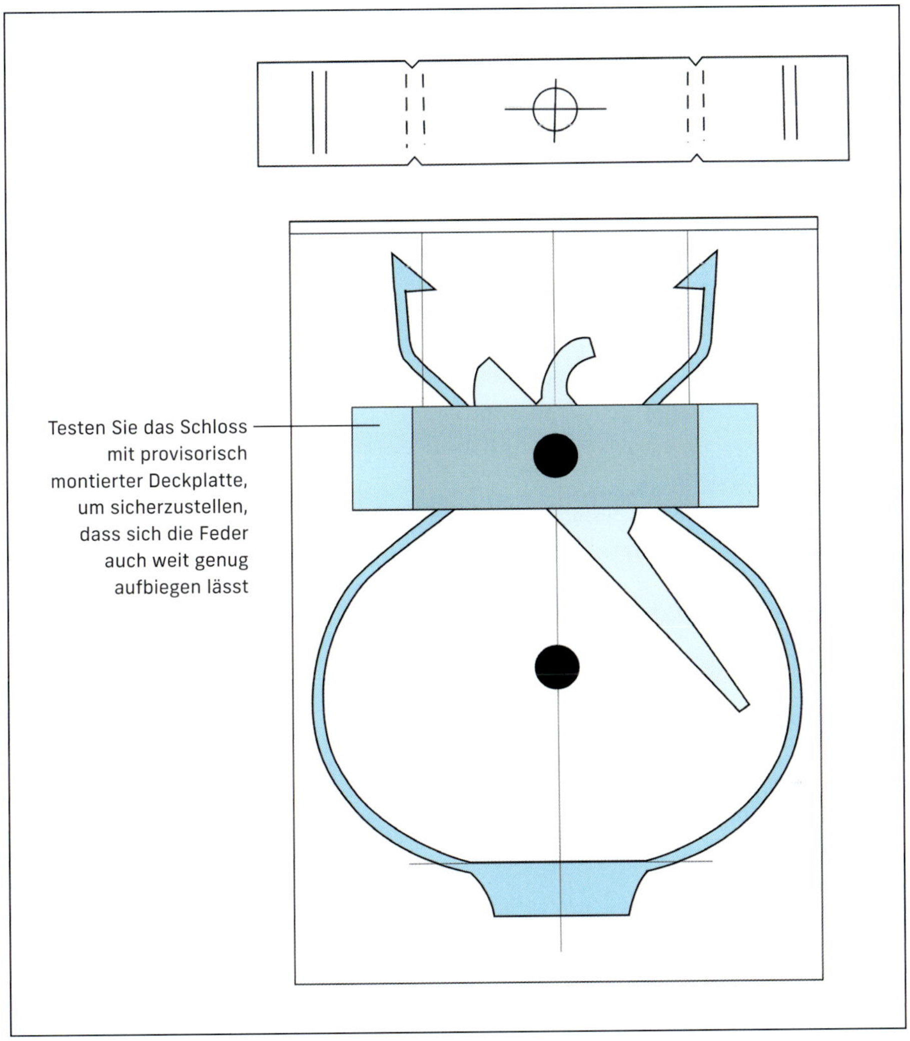

Schneiden Sie die Deckplatte aus und biegen Sie sie in Form. Bohren Sie ein Loch für den Drehbolzen. Befestigen Sie den Hebel über dem Drehbolzen mit der Deckplatte, vernieten Sie das Ganze aber noch nicht. Klammern Sie alles provisorisch zusammen. Testen Sie das Schloss, indem Sie den Hebel bewegen, um die Feder aufzubiegen. Dazu muss die Deckplatte breit genug sein. Andernfalls kann sich die Feder nicht vollständig öffnen. Nehmen Sie erforderliche Anpassungen vor. Wenn das Schloss ordnungsgemäß funktioniert, vernieten Sie die Deckplatte mit der Rückenplatte. Der Drehbolzen des Hebels zwischen Rückenplatte und Deckplatte ist nur leicht vernietet.

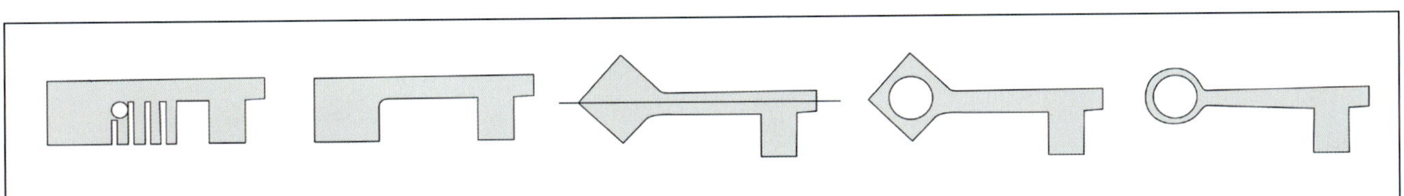

Der Schlüssel ist 63 mm lang und wird aus einem Rohling gefertigt, der ein Profil von 6 x 19 mm hat. Dort, wo der abgerundete Griffbereich später in den Schaft des Schlüssels übergehen soll, bohren Sie zunächst ein 5-mm-Loch. Sägen Sie den Bereich mehrfach ein, um die Form des Schafts anzulegen. Ein quadratischer Abschnitt mit 10 mm Seitenlänge wird zum runden Griffbereich des Schlüssels. Erhitzen Sie den Schlüsselrohling und drehen Sie den Bereich um 45 Grad – bis er mit der Längsachse des Schlüssels übereinstimmt. Bohren Sie ein Loch mit einem Durchmesser von 13 mm in die Mitte des quadratischen Abschnitts. Formen Sie den Bereich mit einer Feile kreisrund. Zum Schluss feilen Sie den Schaft und den Bereich vor dem Schlüsselbart rund auf einen Durchmesser von 6 mm.

PROJEKT 6:
KLASSISCHES ZANGENSCHLOSS

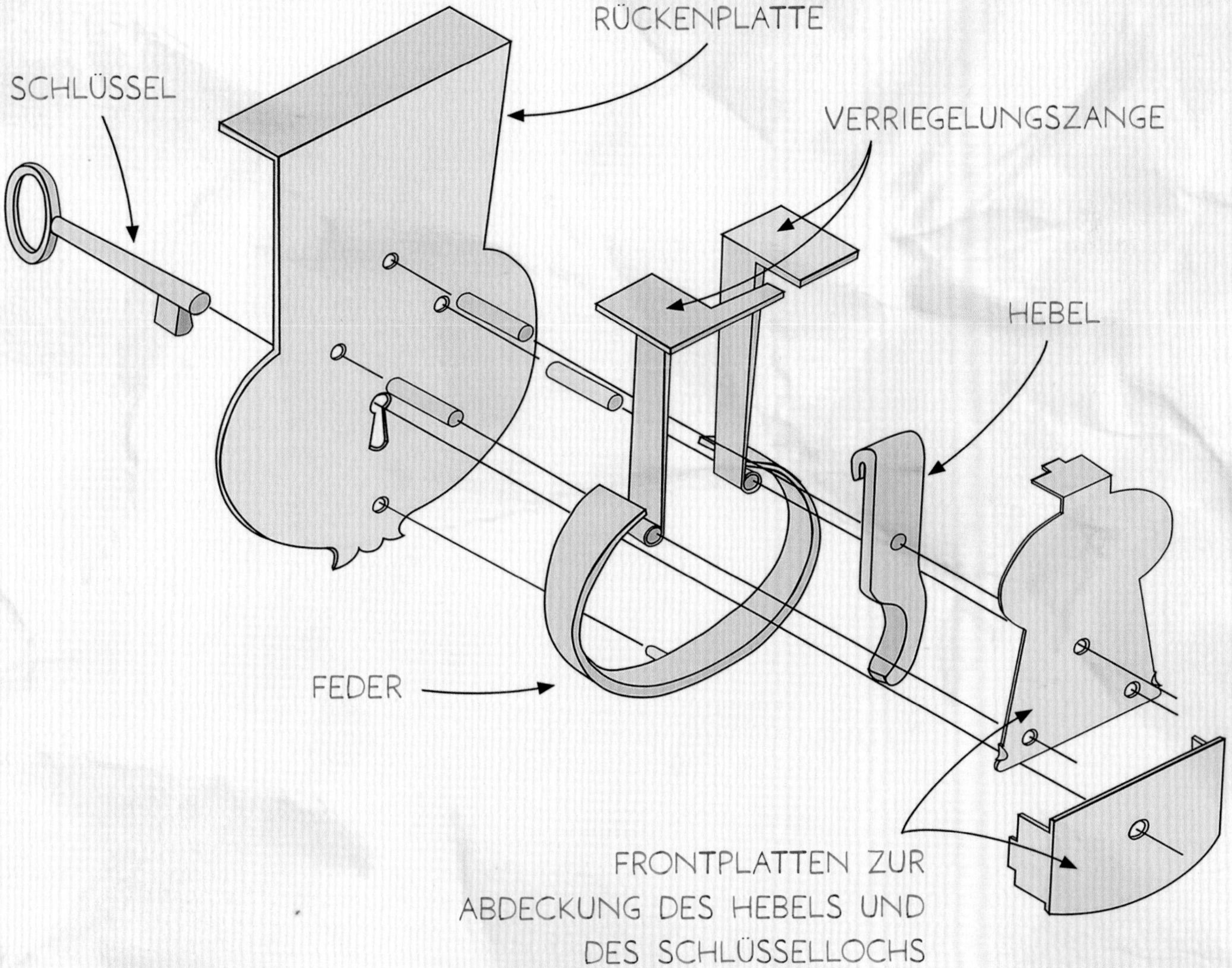
RÜCKENPLATTE
SCHLÜSSEL
VERRIEGELUNGSZANGE
HEBEL
FEDER
FRONTPLATTEN ZUR ABDECKUNG DES HEBELS UND DES SCHLÜSSELLOCHS

RÜCKEN-PLATTE 1

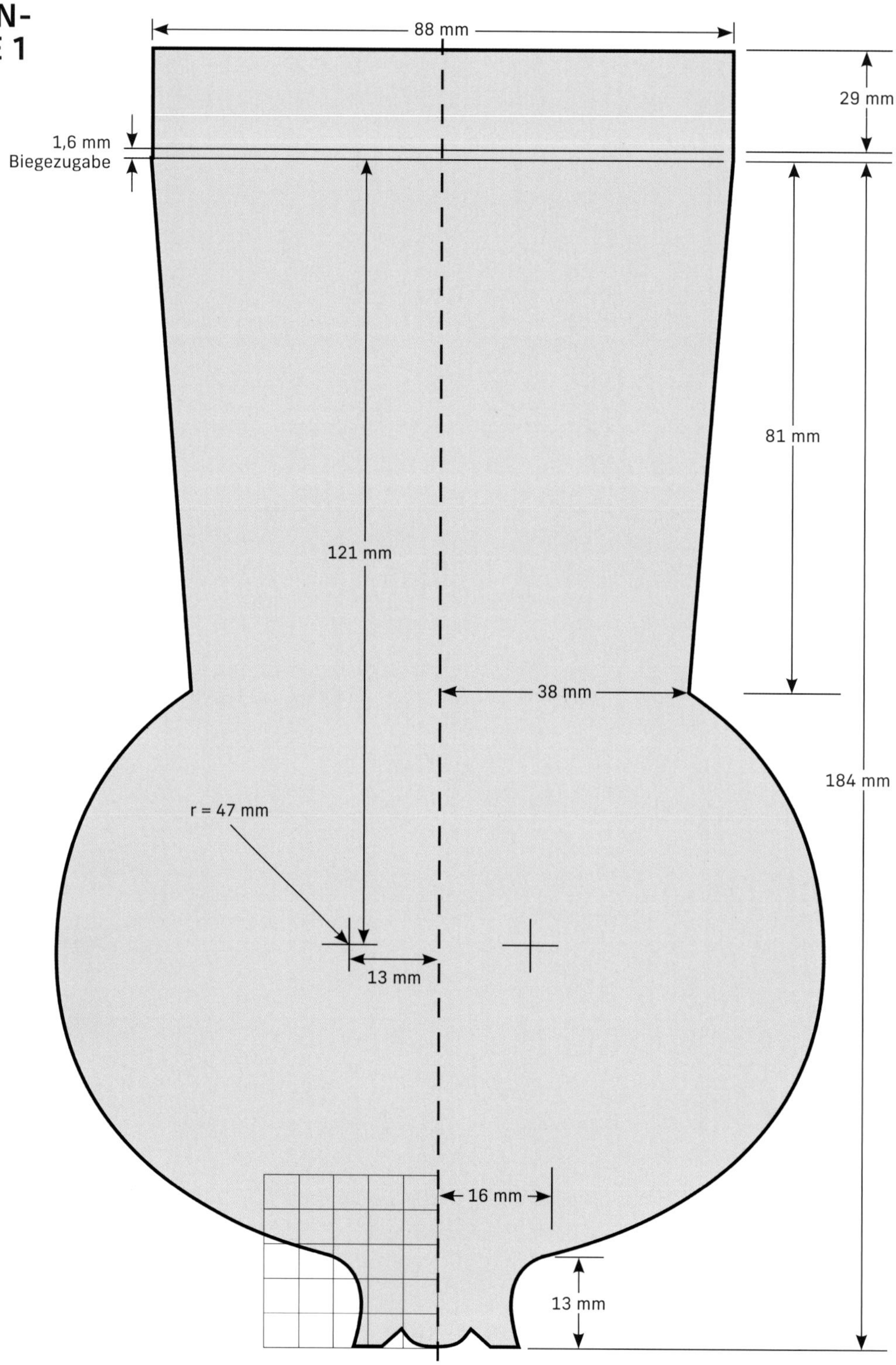

RÜCKEN-PLATTE 2

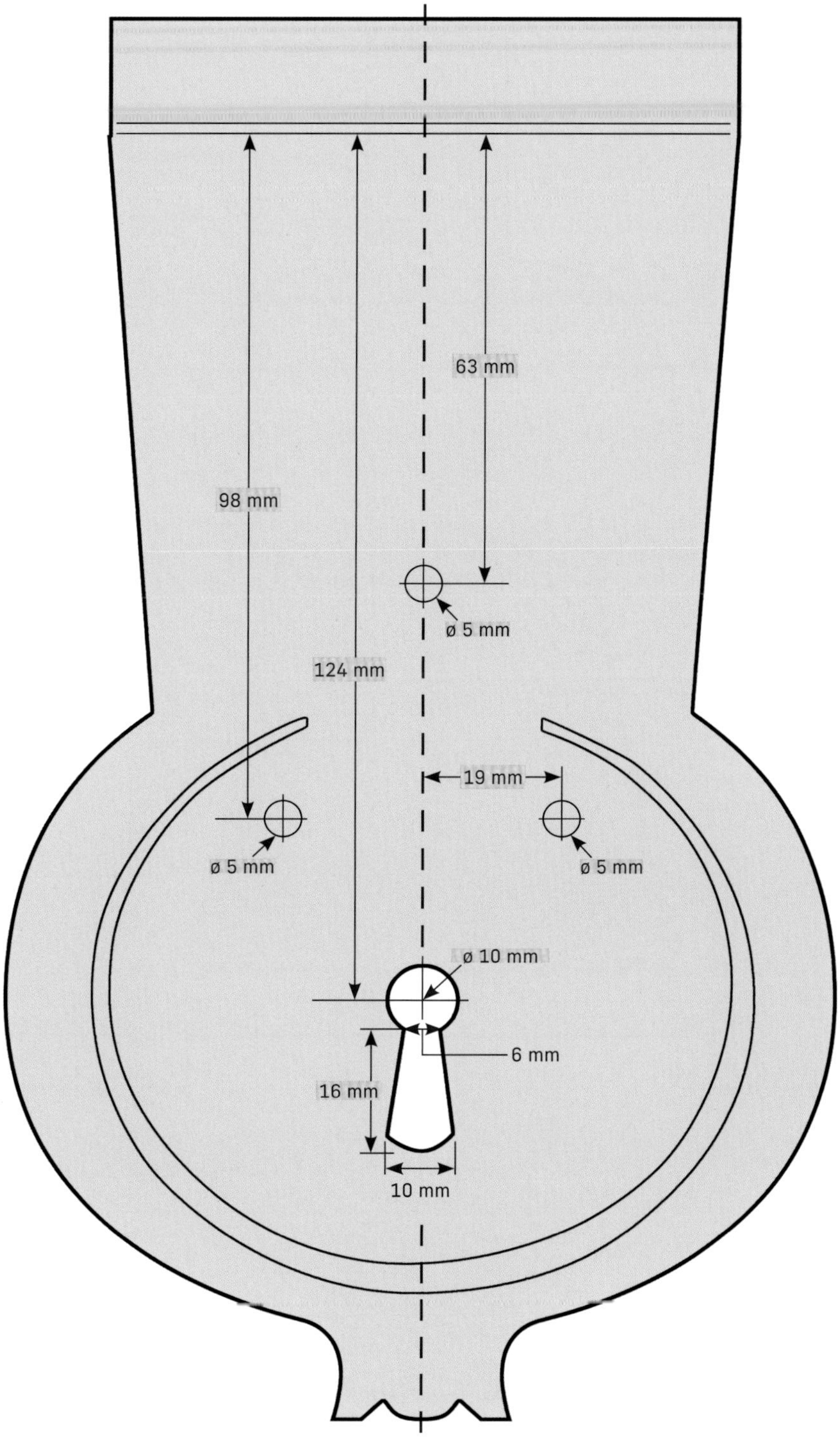

FRONTPLATTE

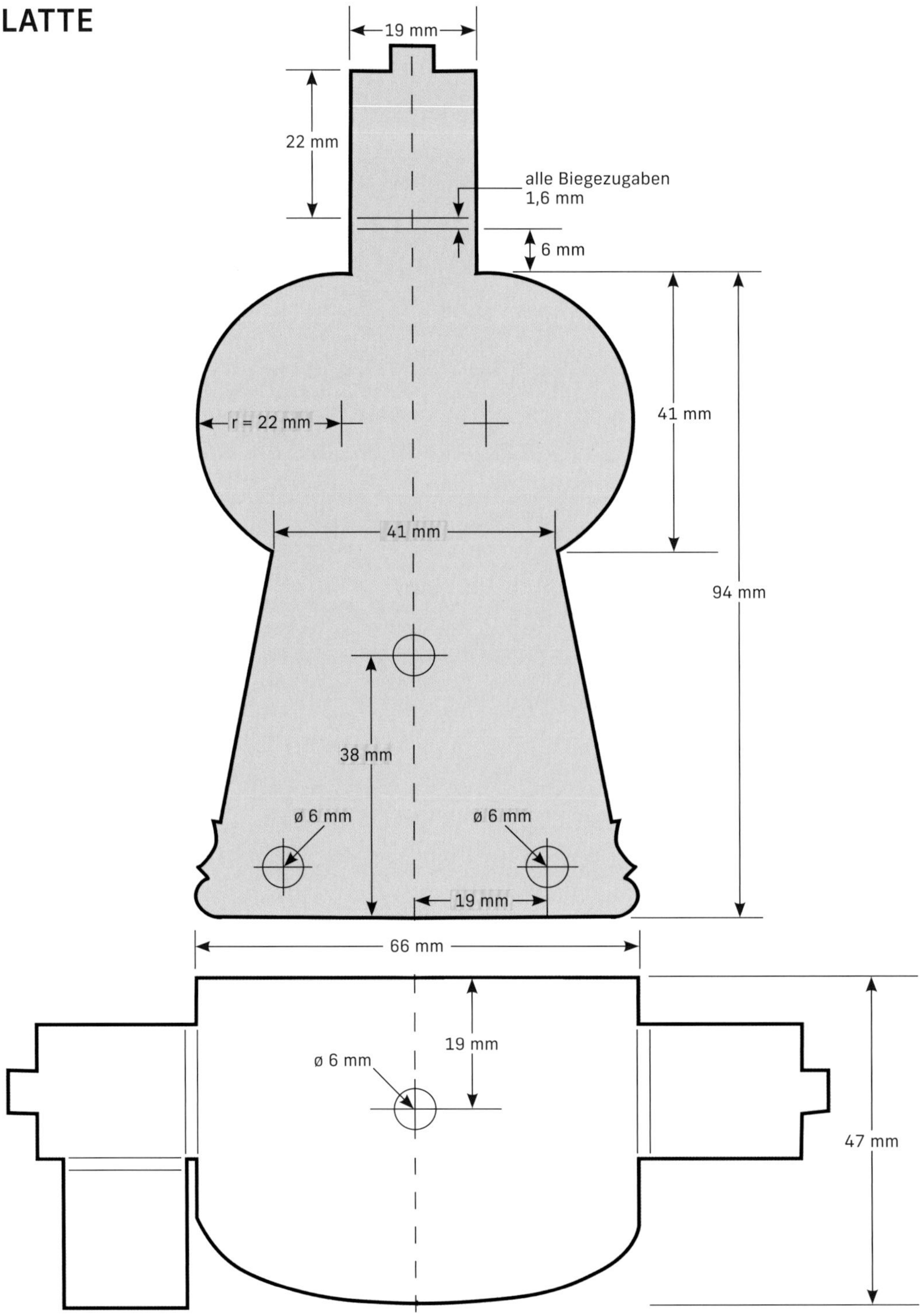

HEBEL UND VERRIEGELUNGSPLATTE

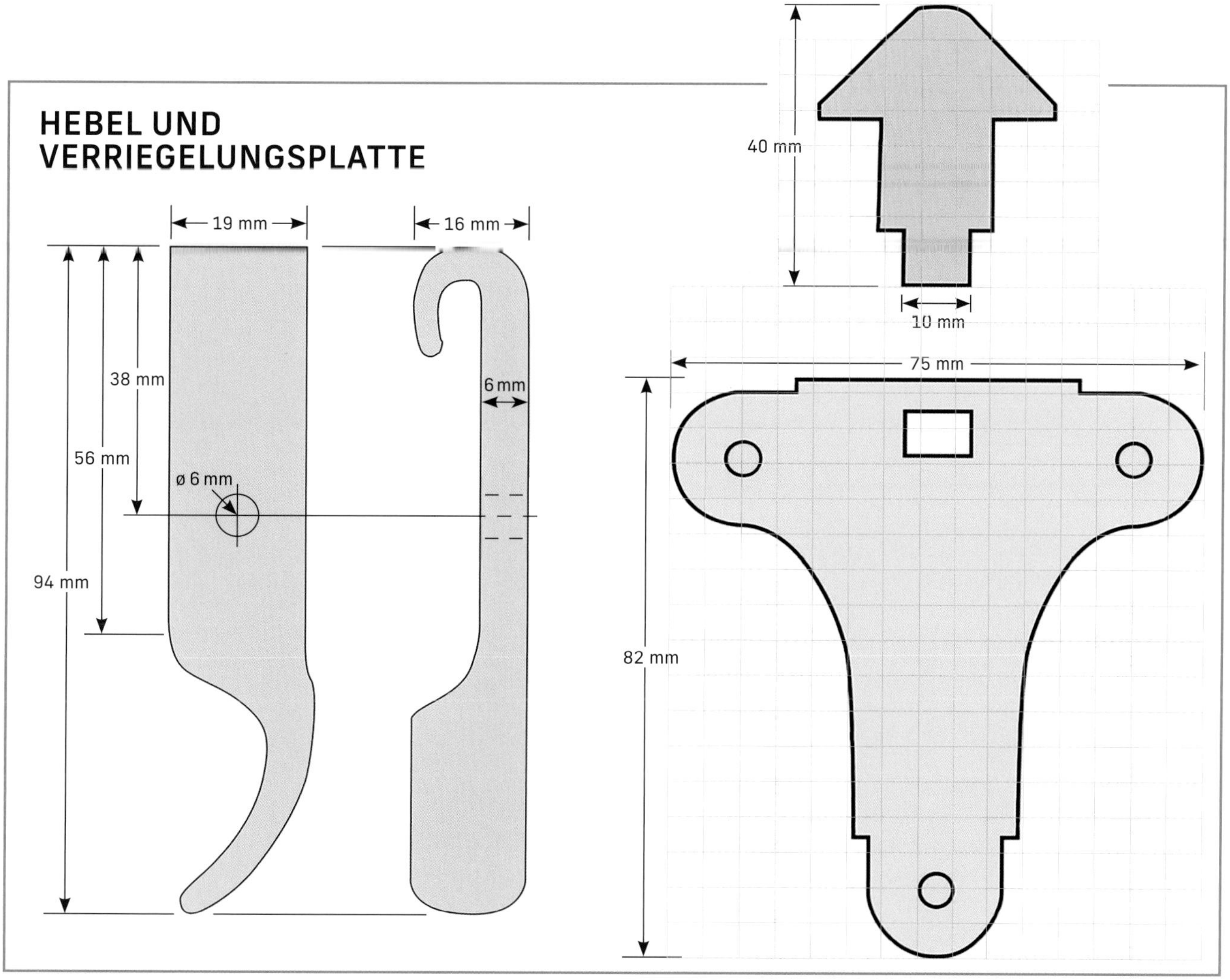

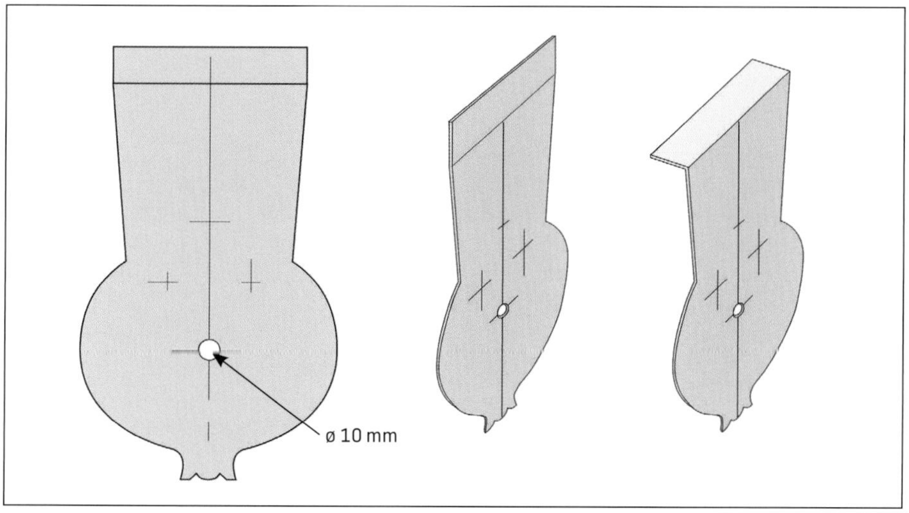

Schneiden Sie die Rückenplatte aus und übertragen Sie alle Referenzlinien. Bohren Sie das Schlüsselloch. Die exakte Form wird erst herausgearbeitet, nachdem der Schlüssel hergestellt wurde. Meißeln Sie die Oberseite der Rückenplatte ein und biegen Sie sie im 90-Grad-Winkel.

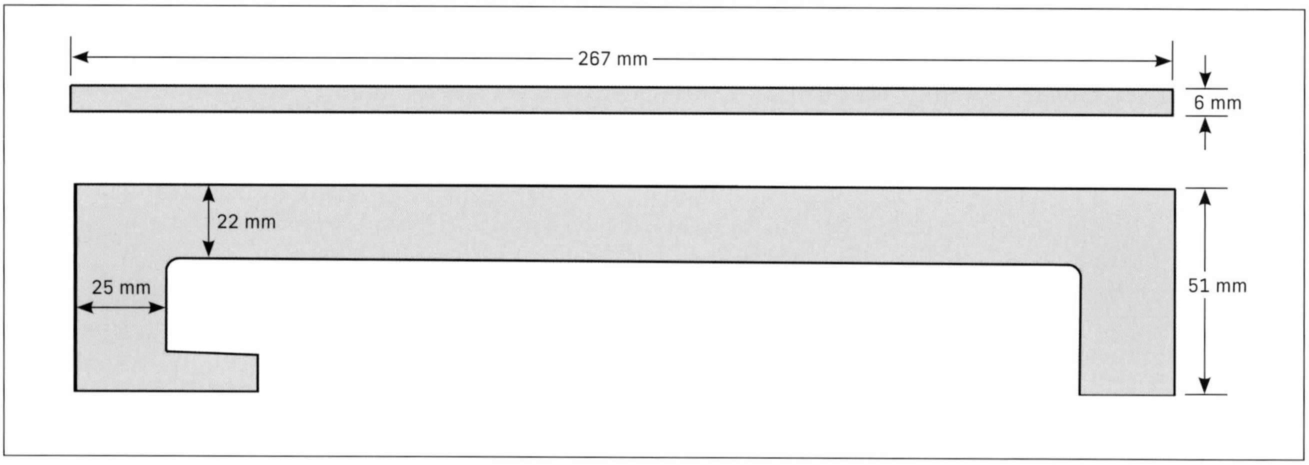

Die Verschlussklauen (auch als Zangen bezeichnet) werden aus 6-mm-Blech geschnitten.

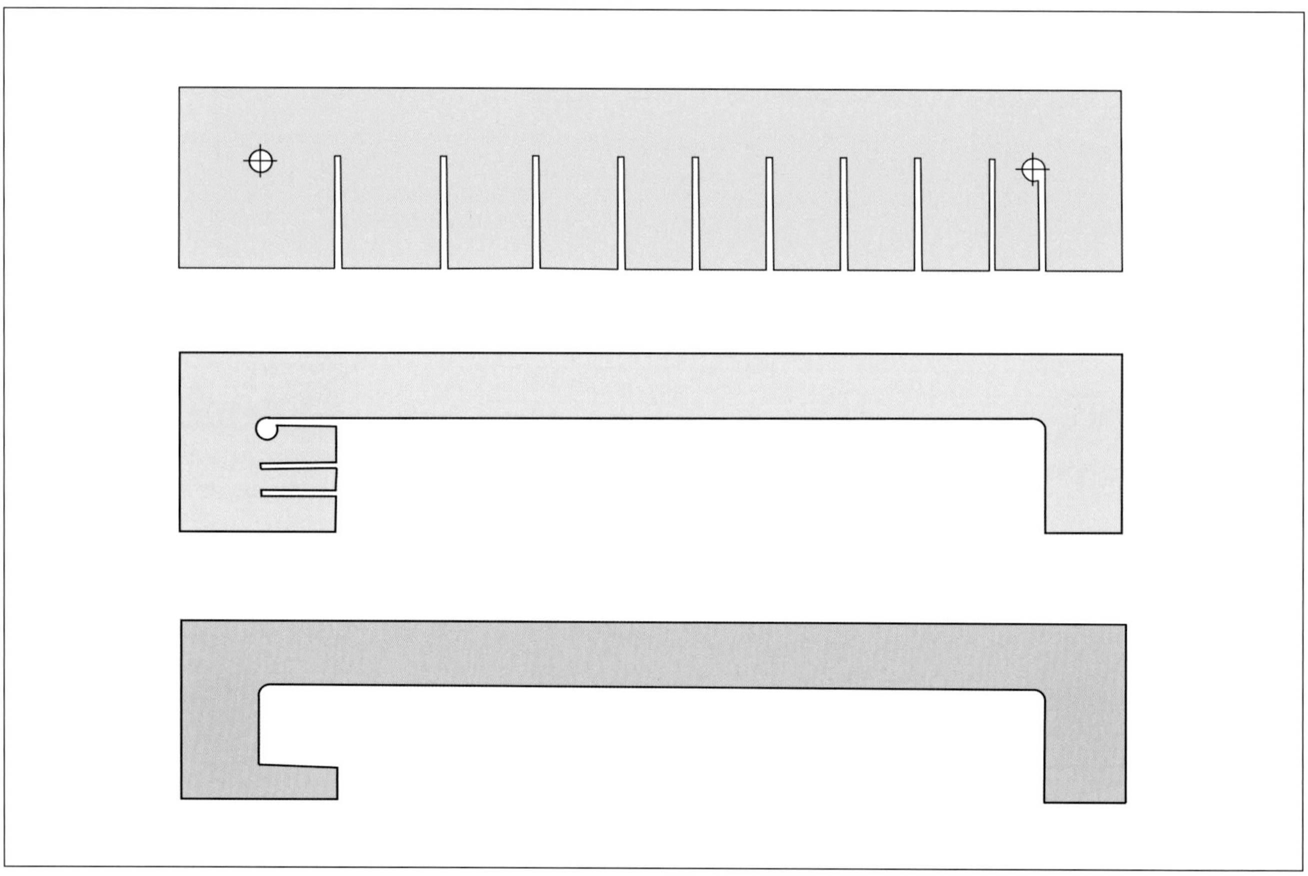

Setzen Sie Entlastungsschnitte und entfernen Sie das Metall dazwischen mit dem Meißel. Bei diesem Schloss bilden die beiden Klauen eine Einheit. Ein Tipp: Bleiben die Klauen während des Schmiedens zusammengefügt, erleichtert die zusätzliche Länge die Arbeit am Amboss.

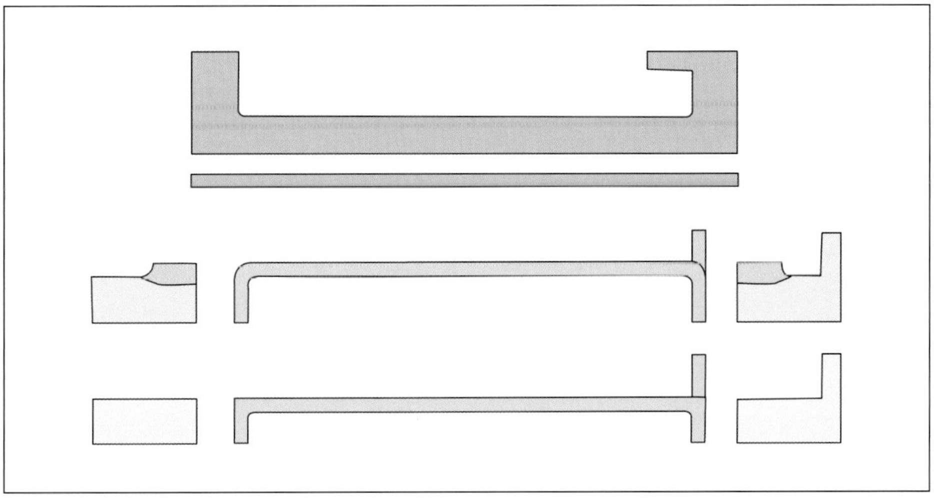

Die flache Seite der Klauen wird in einem 90-Grad-Winkel gebogen. Beim Biegen entsteht unweigerlich eine gerundete Außenkante. Zur Behebung muss der Übergang zwischen der Fläche der Klauen und den Schenkeln exakt rechtwinklig geformt werden. Dadurch werden die Schenkel unter den Krallen neu positioniert.

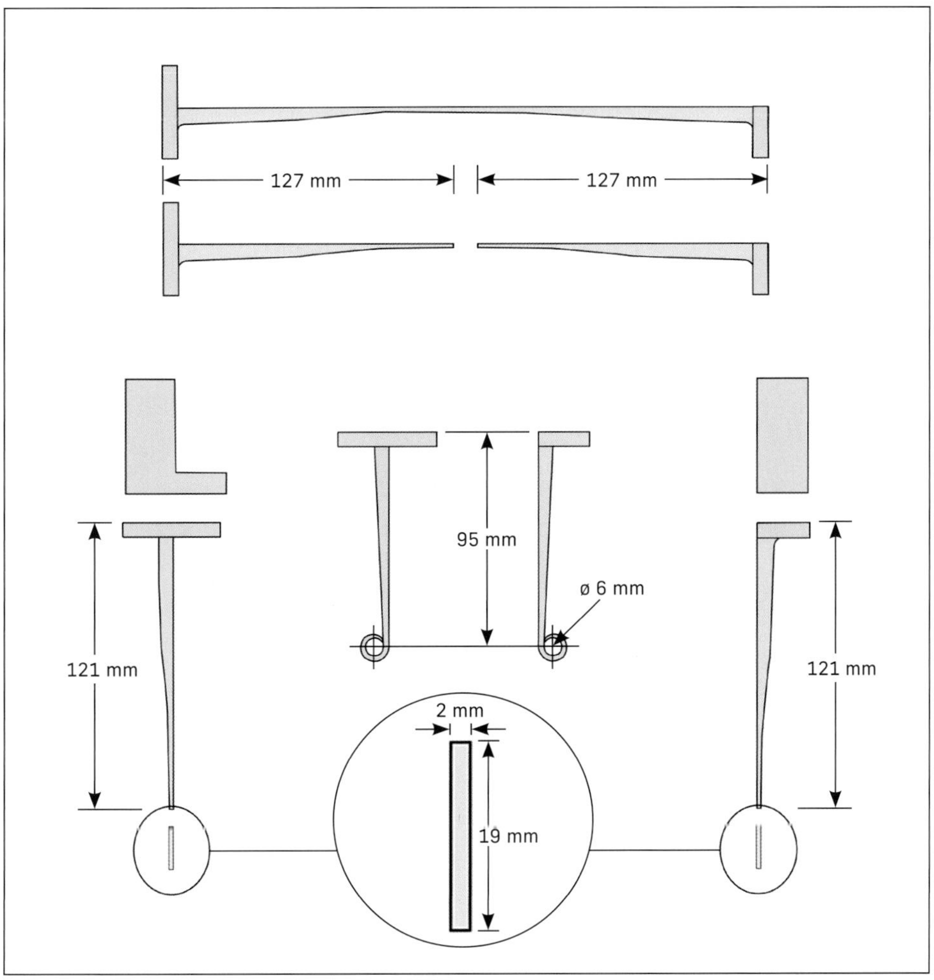

Die Schenkel der Riegel werden je mindestens 127 mm lang geschmiedet. Am Ende sollte das Profil 19 x 2 mm betragen. Schneiden und feilen Sie die Enden der Beine, bis sie beide 121 mm lang sind. Das Ende der Schenkel wird eingerollt. Schmieden Sie einen engen Radius an jedem Schenkel. Ein 6-mm-Rundmaterial hilft dabei, die Öffnung gleichmäßig zu formen. Hier ist Passgenauigkeit gefragt. Der Niet muss später gerade so viel Spiel haben, dass alles frei beweglich bleibt – aber nicht mehr.

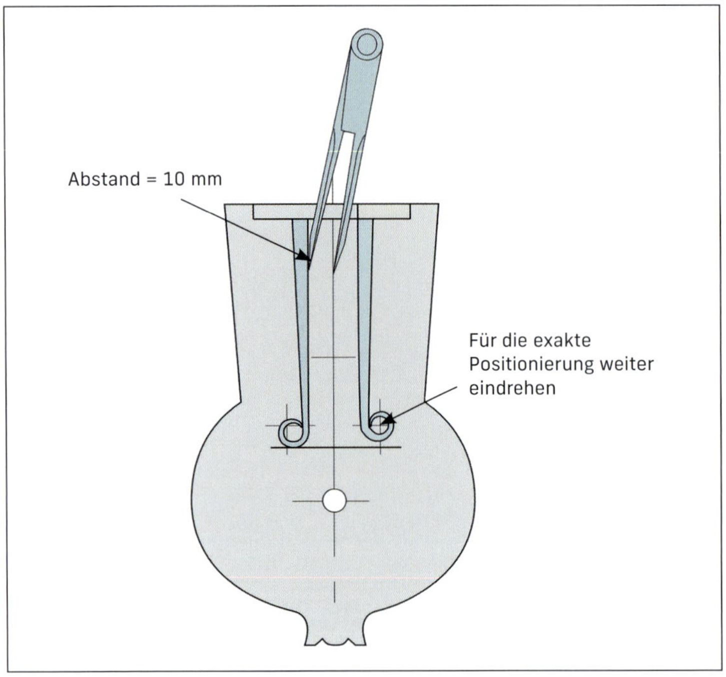

Richten Sie die Riegel auf der Rückenplatte aus. Die Innenfläche der Schenkel muss genau 10 mm von der Längsachse der Rückenplatte entfernt sein. Kontrollieren Sie den Abstand mit einem Zirkel. Damit der Hebel, der die Backen öffnet, ordnungsgemäß funktioniert, muss der Gesamtabstand zwischen den Schenkeln 19 mm betragen.

Die eingedrehten Enden der Schenkel/Achsaufnahmen müssen möglichst exakt auf der angezeichneten Position der Rückenplatte liegen. Nehmen Sie notwendige Anpassungen vor.

Die Distanz von der Oberseite der Backen bis zur Mitte des Scharniers beträgt 92 mm. Die am Ende eingedrehten Schenkel sollten etwas länger als nötig sein. Passen Sie die Länge an, indem Sie die Schenkelenden weiter einrollen.

Falls die eingerollten Achsaufnahmen nicht genau mit dem Muster übereinstimmen, zeichnen Sie deren neue Position auf der Rückenplatte an.

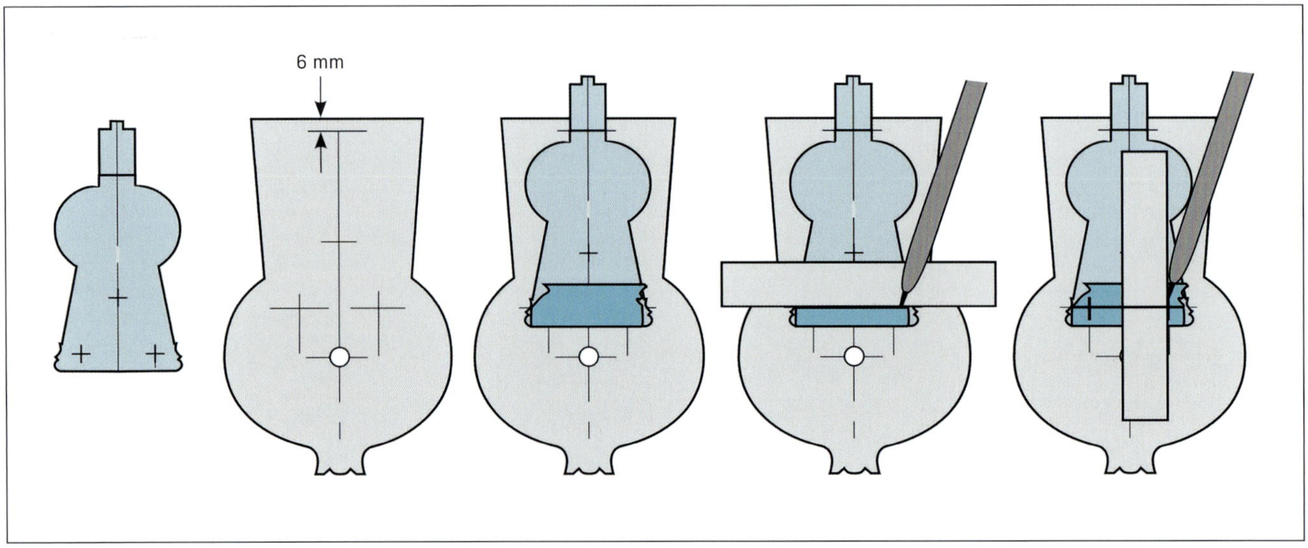

Schneiden Sie die Schablone für die Frontplatte aus, die später den Hebel abdeckt. Reißen Sie 6 mm von der Oberkante entfernt eine Linie an. Verlängern Sie die Referenzlinien für die Niete auf der Rückenplatte, sodass sie über den Umriss der Frontplatte reichen. Setzen Sie die Frontplatte auf die Rückenplatte. Richten Sie die Biegelinie auf der Frontplatte an der zuvor angerissenen Linie aus. Beide Mittellinien müssen übereinstimmen.

Verwenden Sie ein Lineal, um die angerissenen Linien für die Achsniete von der Rückenplatte auf die Frontplatte zu übertragen. Sollten die Stellen nicht exakt zusammenpassen, so überdecken Sie die ursprünglichen Markierungen mit Klebeband und zeichnen Sie die neuen Positionen an.

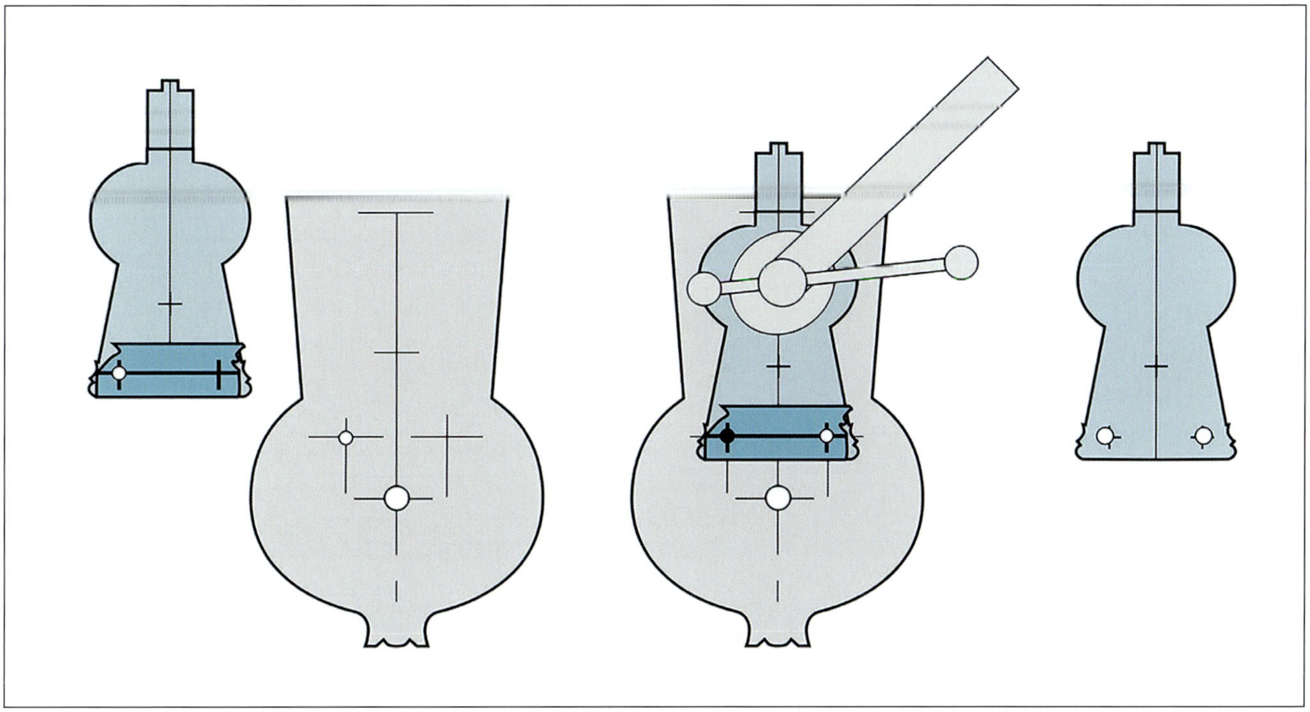

Bohren Sie ein 5-mm-Loch an einer der Nietmarkierungen durch die Rückenplatte und die Frontplatte. Verbinden Sie die beiden Platten provisorisch mit einem 5-mm-Niet. Noch nicht endgültig vernieten! Richten Sie nun das andere Teil der Frontplatte an der Rückenplatte aus. Klemmen Sie beide zusammen. Bohren Sie das andere Nietloch. Entfernen Sie dann die Frontplatte und bohren Sie – ausschließlich hier – die angezeichneten Löcher (6 mm).

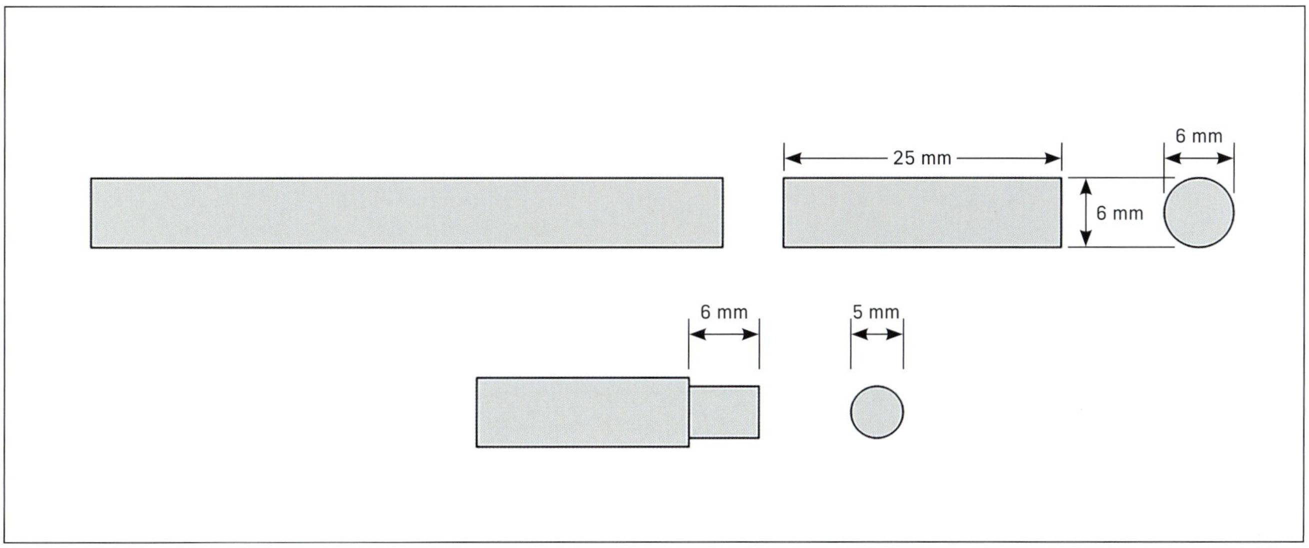

Die Niete für die Zangen bestehen aus Rundstiften mit einem Durchmesser von 6 mm, die mindestens 25 mm lang sind. Feilen Sie an jeden Niet einen Zapfen, der 6 mm lang ist und einen Durchmesser von 5 mm hat.

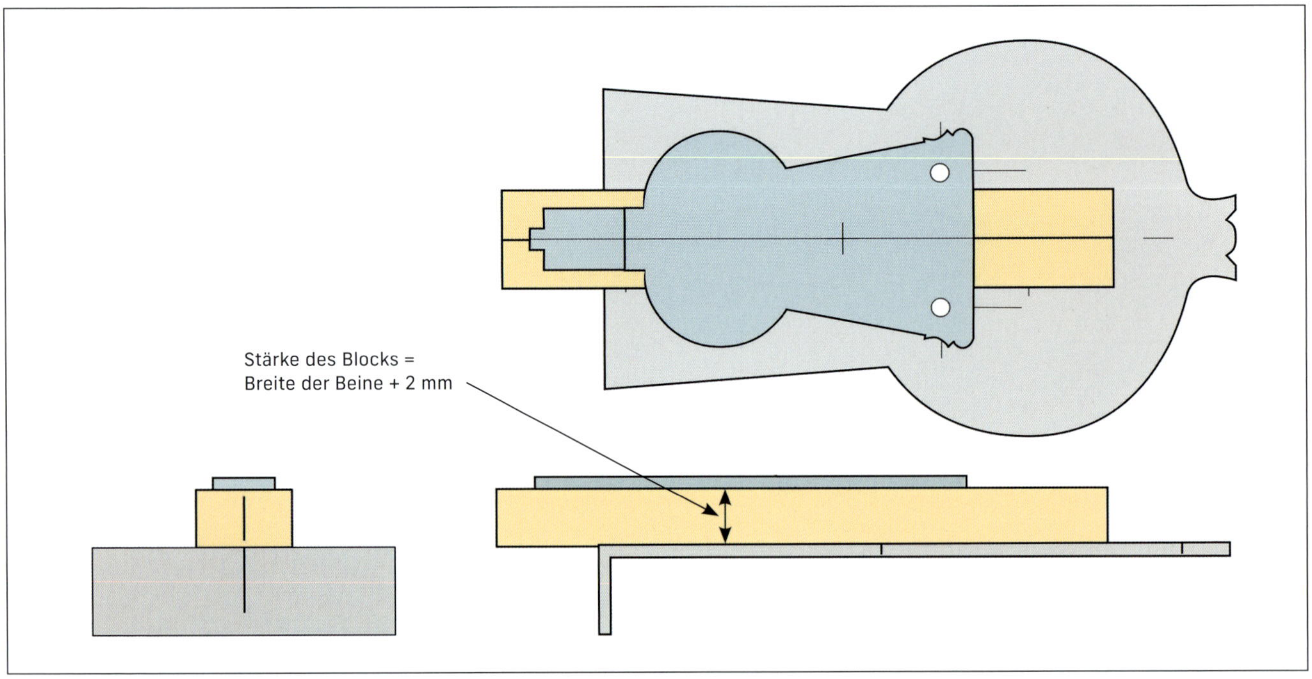

Benutzen Sie einen Holzblock, um die Frontplatte und die Rückenplatte während des Vernietens zu stabilisieren. Der Block sollte so lang wie die Frontplatte sein und etwas breiter als die Schenkel der Zange. Zeichnen Sie auf der Oberseite des Holzblocks die Längsachse an und führen Sie diese auf die Seitenflächen fort. Verlängern Sie mit einem feinen Stift die Mittellinie bis zur oberen Kante der Rückenplatte. Richten Sie die auf dem Block angezeichnete Längsachse an den Mittellinien der Frontplatte und der Rückenplatte aus.

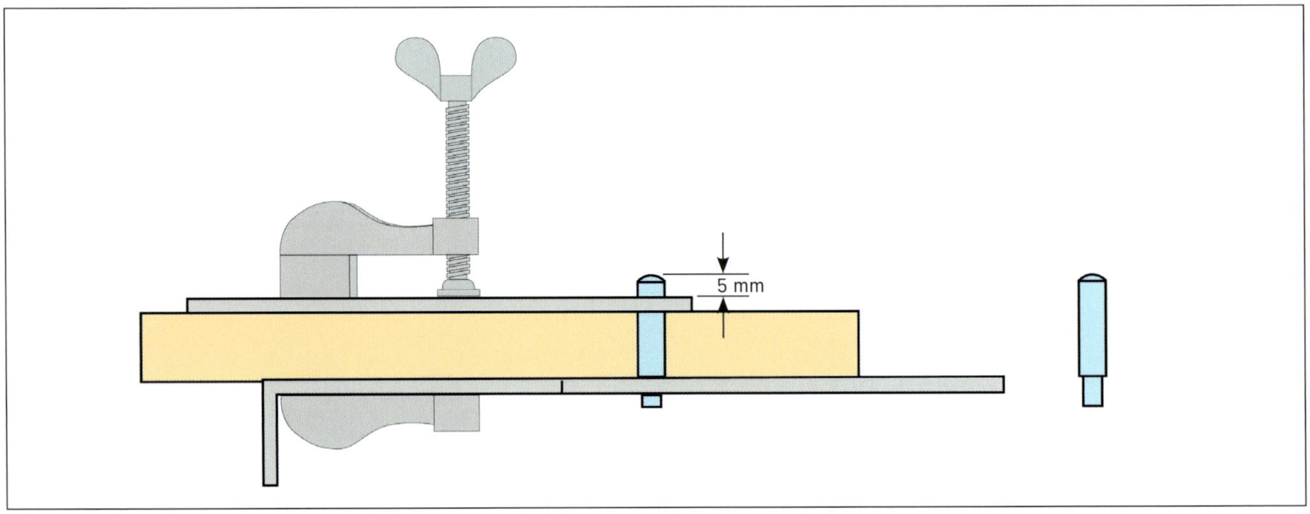

Spannen Sie Front- und Rückenplatte mit einer Schraubzwinge zusammen. Stecken Sie die Niete in die Rückenplatte. Messen Sie die Gesamtlänge der Niete. Sie sollten mindestens 5 mm aus der Frontplatte herausstehen. Längen Sie die Stifte ab und runden Sie die Spitzen mit einer Feile.

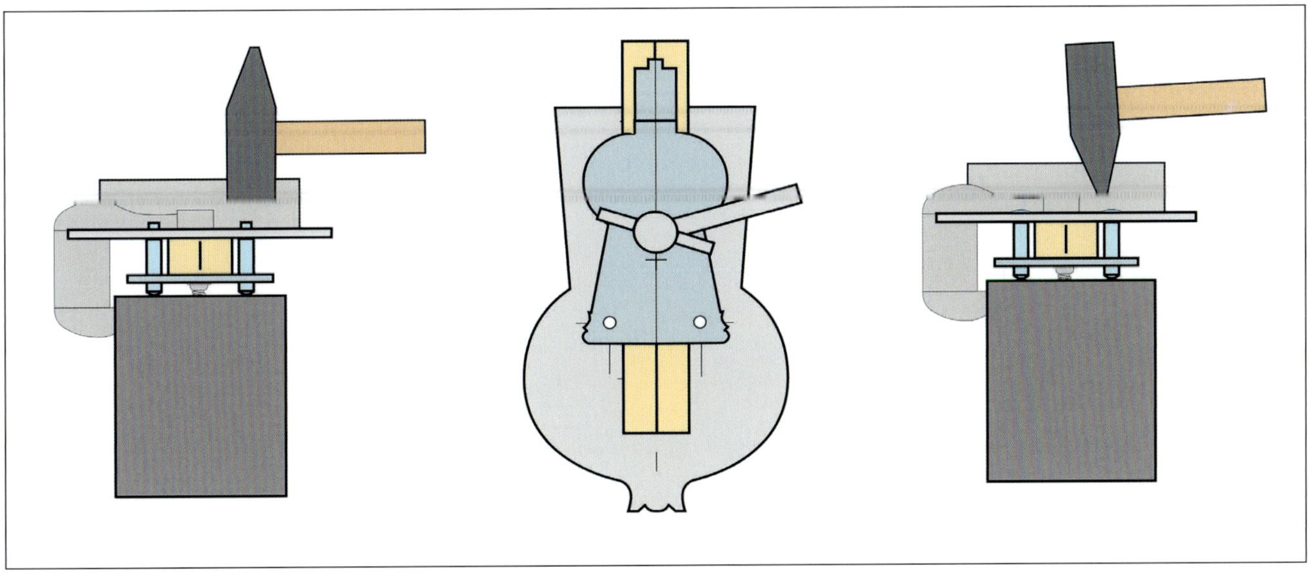

Für das Vernieten benötigen Sie einen Amboss, der groß genug ist, um beide Niete in einem Arbeitsgang vernieten zu können. Bearbeiten Sie behutsam mal den einen, dann wieder den anderen Niet. Achten Sie während des gesamten Nietvorgangs darauf, dass Front- und Rückenplatte richtig zueinander ausgerichtet sind.

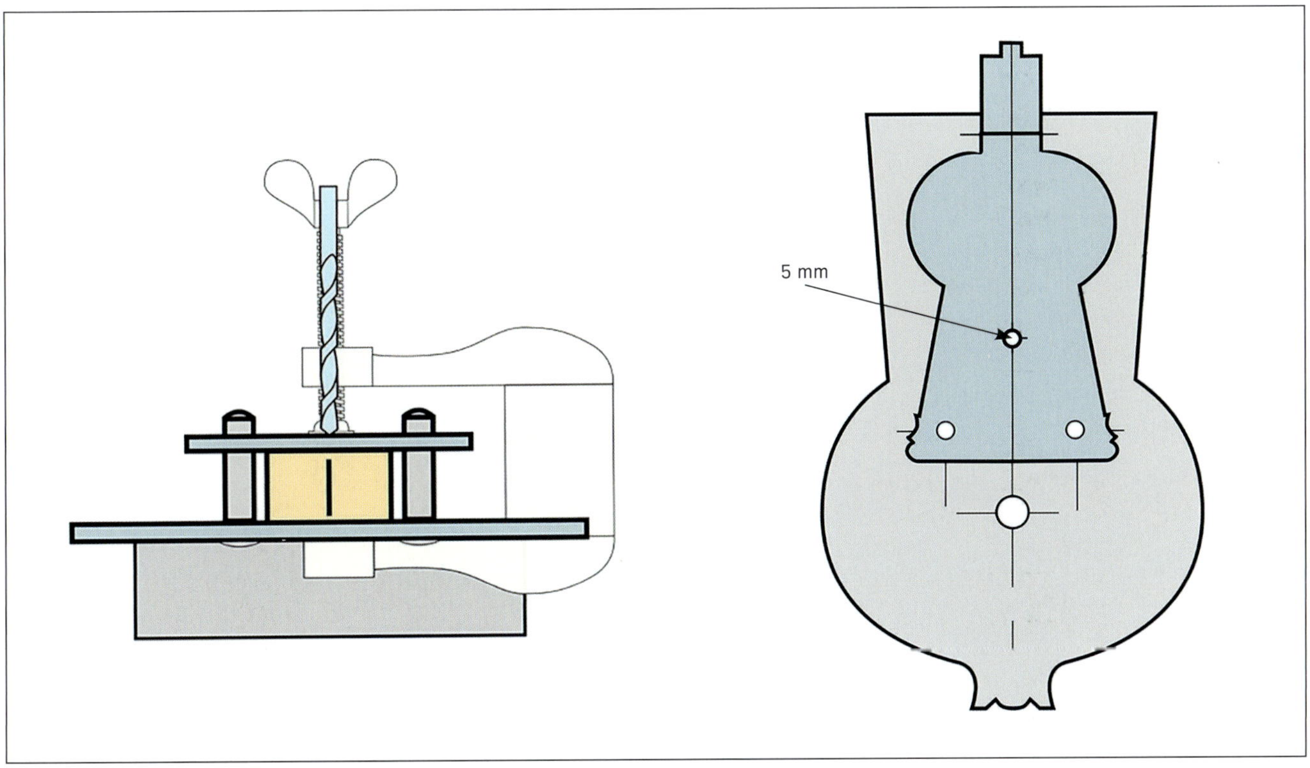

Bohren Sie – solange noch alles zusammengespannt ist – ein 5-mm-Loch für die Achse des Hebels, der die Riegel betätigt.

Entfernen Sie die Schraubzwinge. Biegen Sie den oberen Bereich der Frontplatte. Mit Hilfe des hölzernen Abstandhalters lässt sich die Position der Schultern des Zapfen bestimmen. Die Frontplatte muss 2 mm oberhalb der Schenkel der Krallen sitzen. Arbeiten Sie den Zapfen auf der Frontplatte mit dem Meißel und der Feile aus. Setzen Sie die Frontplatte auf die Niete und reißen Sie auf der Rückenplatte die Position der Zapfen-Aufnahme an. Arbeiten Sie die Aufnahme mit Meißel und Feile aus.

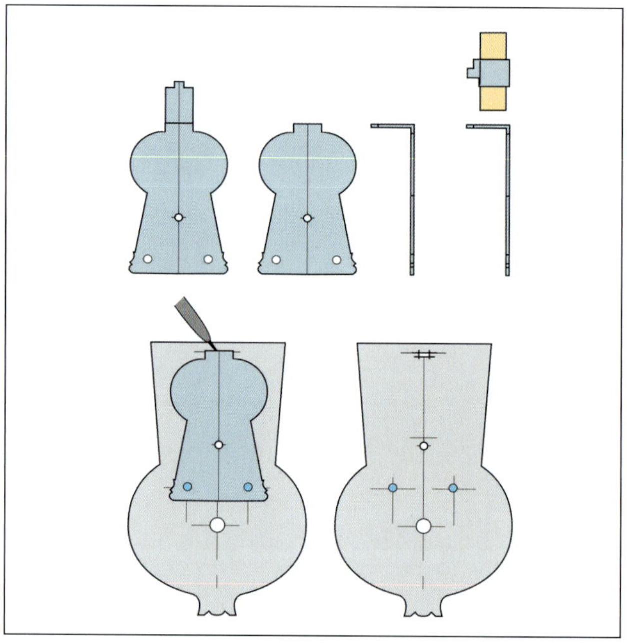

Der Achsniet zur Befestigung des Hebels besteht aus Rundmaterial mit 6 mm Durchmesser. Feilen Sie beide Enden zu einem Zapfen mit 5 mm Durchmesser. Die Länge des 6-mm-Abschnitts der Pins entspricht der Höhe des Falzes der Frontplatte.

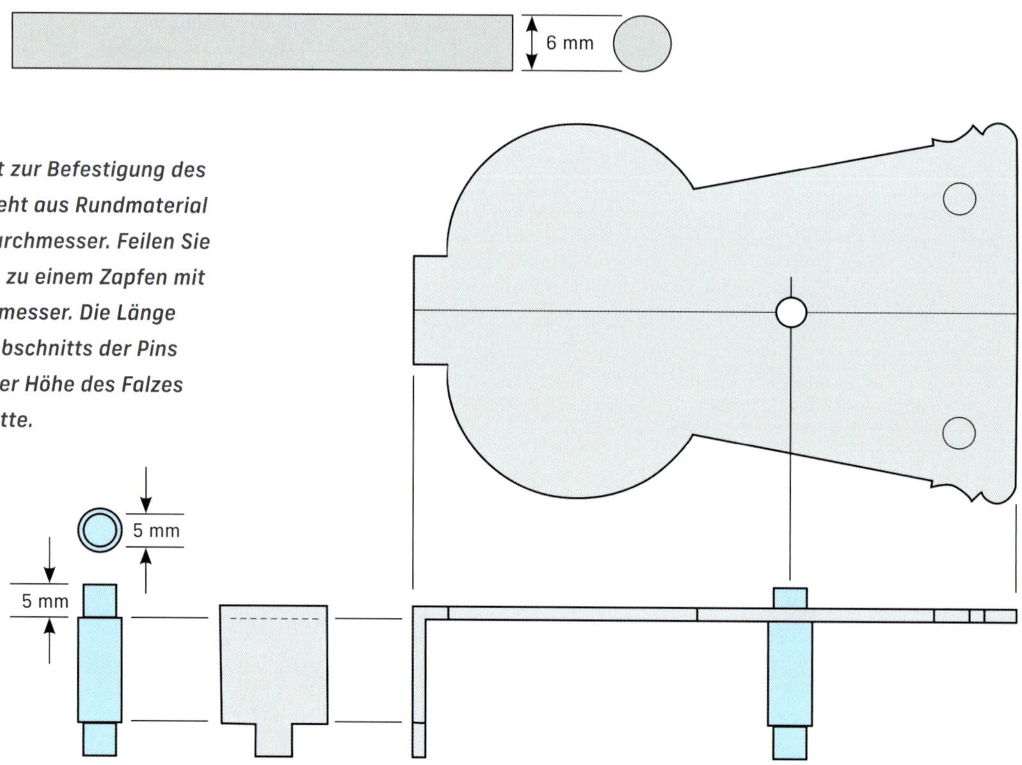

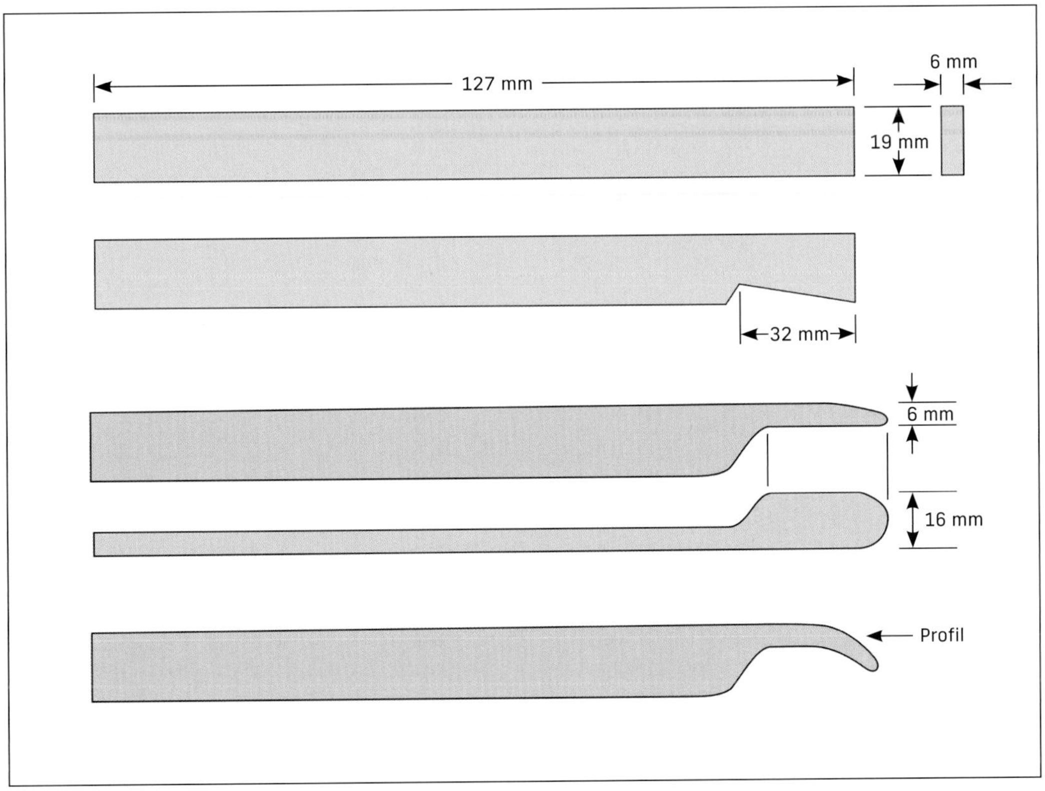

Der Hebel besteht aus Flachmaterial mit einem Profil von 6 x 19 mm, das mindestens 127 mm lang ist. Erstellen Sie 32 mm vom Ende entfernt eine Stufe. Arbeiten Sie diesen Bereich flach aus auf 6 x 16 mm. Das Profil dieses Abschnitts ist leicht gebogen.

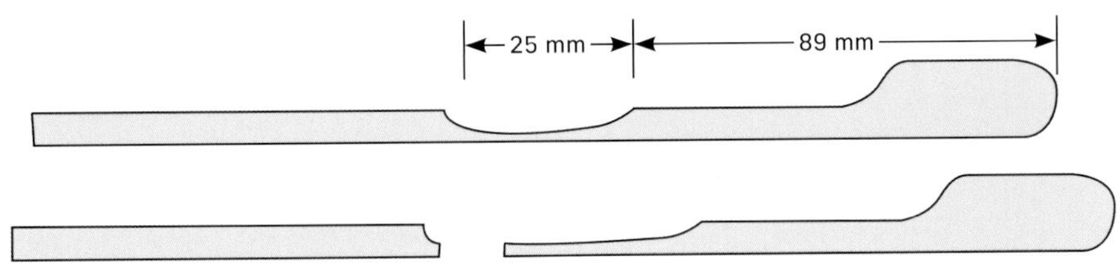

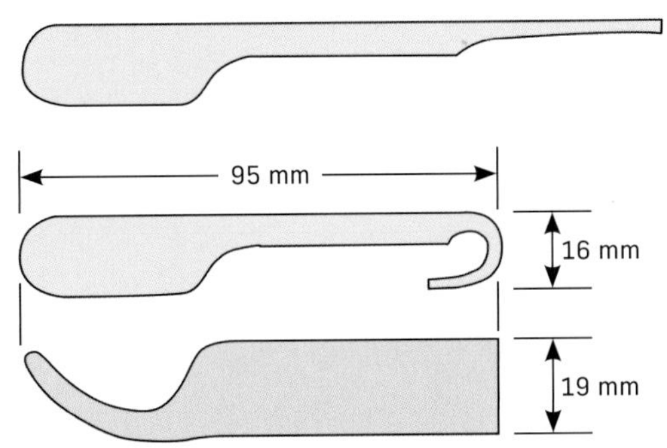

89 mm vom Endes des Hebels entfernt muss ein ungefähr 25 mm langer Bereich ausgedünnt werden. Längen Sie den Hebel vor der Stufe ab. Biegen Sie den ausgedünnten Abschnitt – so weit, bis die Gesamtlänge des Hebels bei 95 mm liegt. Flachen Sie den Bogen ab, bis dessen Breite bei 16 mm liegt.

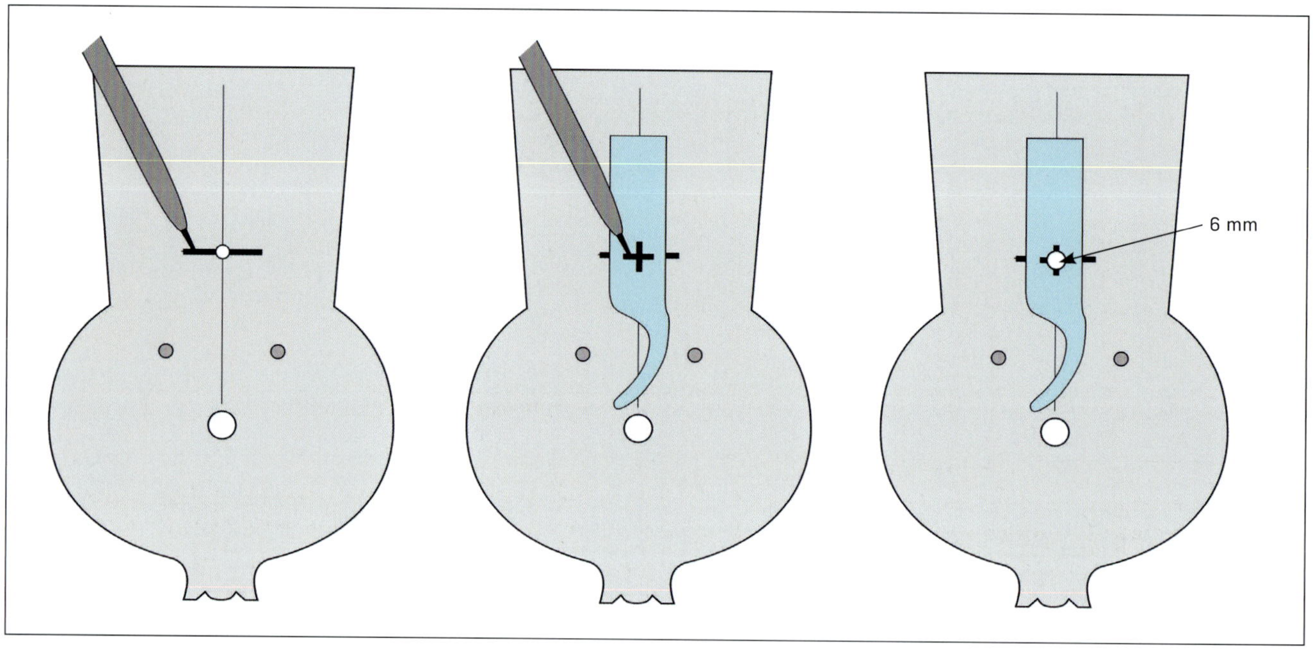

Reißen Sie beiderseits der Bohrung des Niets eine Bezugslinie an. Setzen Sie den Hebel so auf die Rückenplatte, dass die Mittellinie des Hebels mit der Mittellinie der Rückenplatte übereinstimmt. Positionieren Sie den Hebel so, dass sein gebogenes Ende direkt über dem Schlüsselloch sitzt. Übertragen Sie die Position des Achsniets auf den Hebel und bohren Sie dort ein 6-mm-Loch in den Hebel. Vernieten Sie den Achsniet noch nicht. Die endgültige Fixierung erfolgt erst im Rahmen der Endmontage.

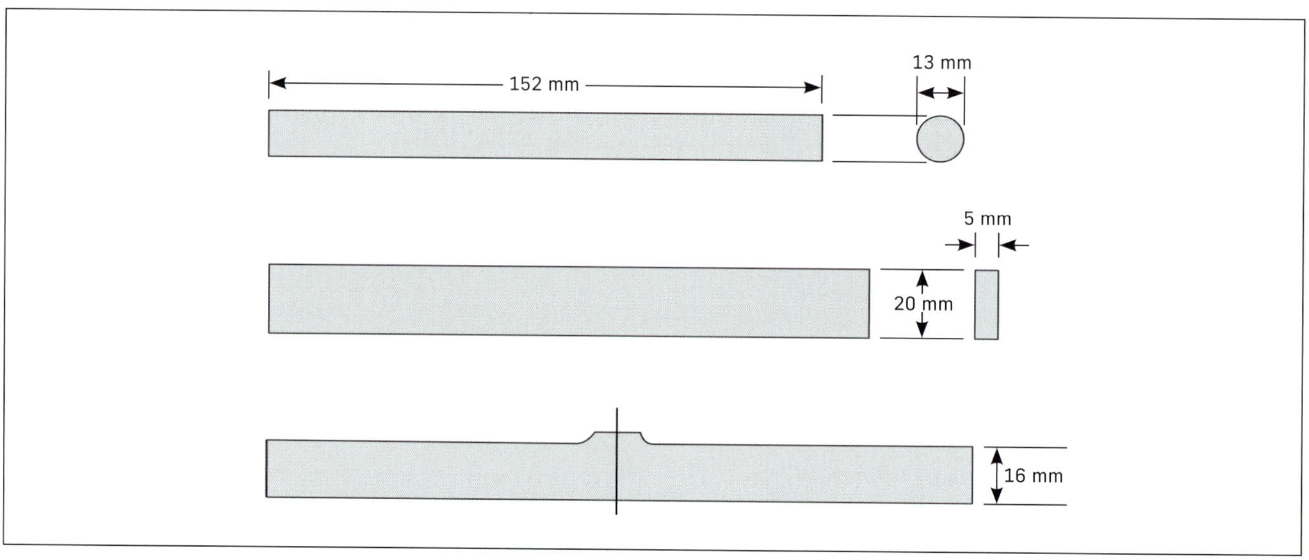

Die Feder übt Druck auf die Riegel aus und hält ihn dadurch in einer verriegelnden Position. Sie wird aus Kohlenstoffstahl-Rundmaterial mit einem Durchmesser von 13 mm geschmiedet. Die Länge beträgt 152 mm. Flachen Sie den Rohling auf 5 mm ab. Dadurch sollte er 20 mm breit werden. In der Mitte der Feder soll ein etwa 8-10 mm langer Bereich die volle Breite von 20 mm beibehalten. Links und rechts davon werden die Federenden flach auf eine Breite von 16 mm ausgeschmiedet.

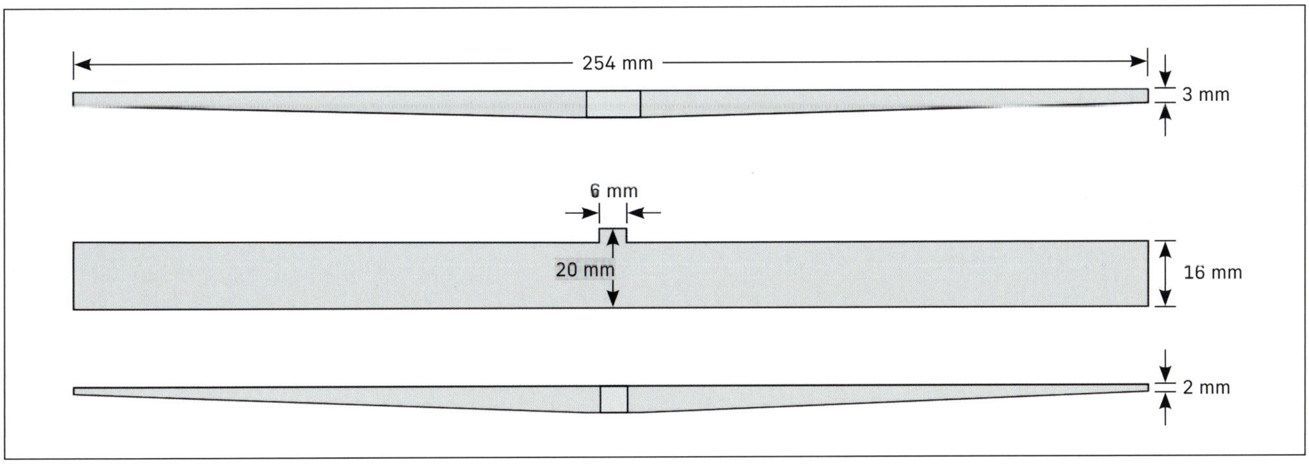

Jede Seite wird dann zu einer flachen Feder geschmiedet, die sich gleichmäßig von 5 mm in der Mitte auf 3 mm an jedem Ende verjüngt. Befestigt wird die Feder an der Rückenplatte mit nur einem Zapfen (5 x 6 mm). Er wird aus dem 20 mm breiten Abschnitt in der Mitte der Feder gefeilt. Die Enden der Feder werden gleichmäßig verjüngend gefeilt, bis sie nur noch 2 mm stark sind. Beide Seiten der Feder müssen identisch sein. Die Gesamtlänge der Feder sollte 254 mm betragen.

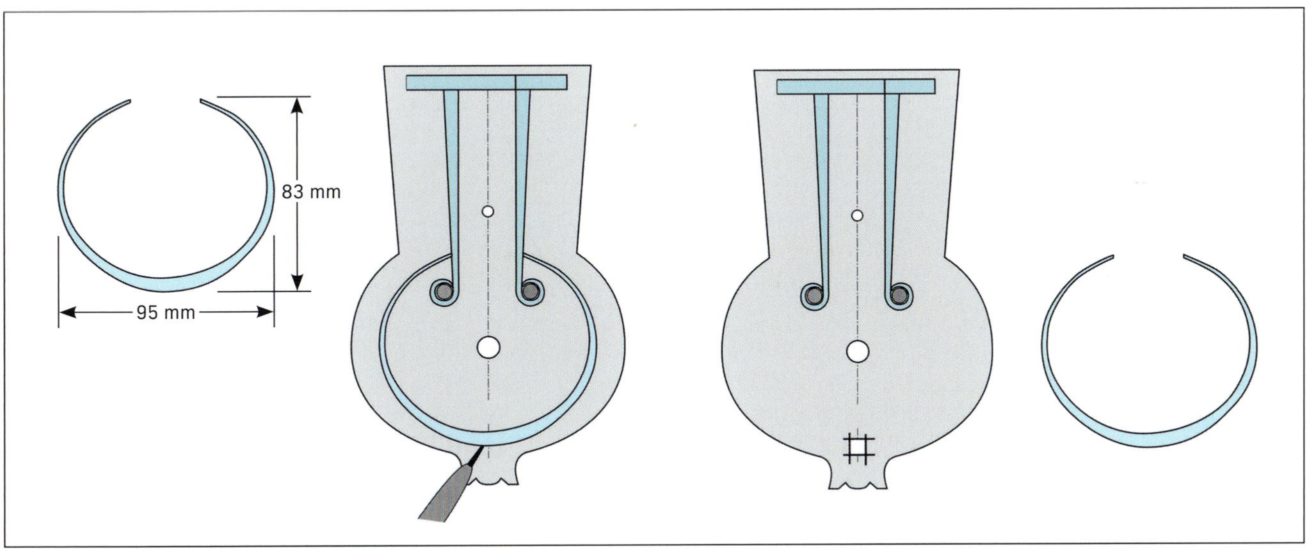

Schmieden Sie die Feder kreisförmig, bis sie in den unteren Bereich der Rückenplatte passt. Dazu muss die Feder ungefähr 83 mm hoch und 95 mm breit sein. Bis zum Rand der Bodenplatte sollte mindestens 10 mm Raum sein. Dieser Platz wird benötigt, um das Schloss an der Innenseite einer Holztruhe anzubringen. Diese starke Feder ist relativ starr. Sie muss aus Kohlenstoffstahl hergestellt werden, bedarf aber keiner Wärmebehandlung.
Die Riegel werden mittels der Nietstifte auf der Rückenplatte befestigt. Die Enden der Feder werden so eingestellt, dass sie eng an beiden Riegeln anliegen. Dabei muss die auf die Riegel wirkende Federspannung nicht übermäßig stark sein – sie muss nur ausreichen, um die Riegel an Ort und Stelle zu halten.
Die Position des Zapfens an der Feder kann nun auf die Rückenplatte übertragen werden. Feilen Sie den Durchbruch für den Zapfen und montieren Sie beides, vernieten Sie die Feder aber noch nicht.

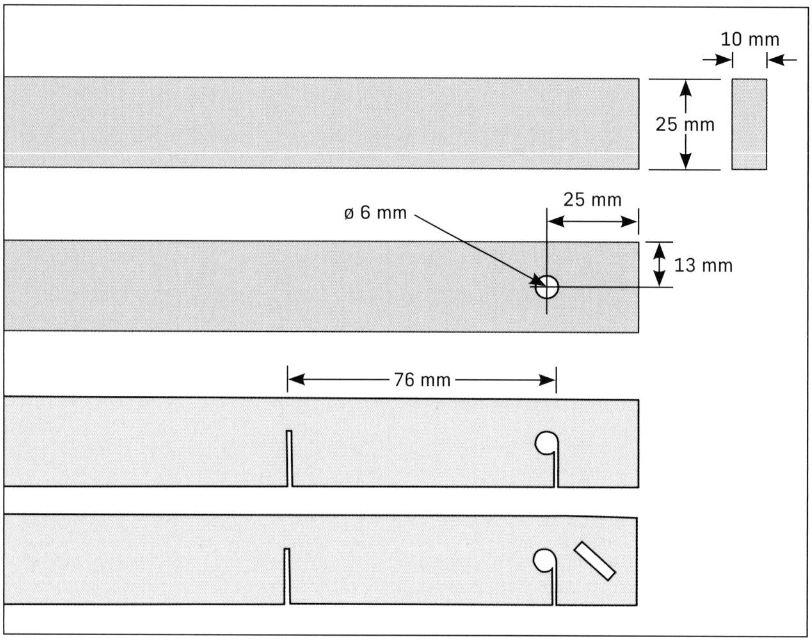

Der Schlüssel wird aus Flachmaterial mit einem Profil von 10 x 25 mm geschmiedet. Bohren Sie 13 mm von der Oberkante des Rohlings und 25 mm vor dem Ende mit dem 6-mm-Bohrer ein Loch. Sägen Sie den Rohling auf Höhe der Außenkante des Bohrlochs ein. Bringen Sie in 76 mm Entfernung einen weiteren Sägeschnitt an, um hier später den Schlüsselbart zu formen.
Die Länge des Schlüsselschafts ist abhängig von der Stärke des Kistenmaterials. Der Schaft muss lang genug sein, um den Schlüsselbart durch die Außenwand der Kiste ins Innere des Schlosses stecken zu können. Stanzen Sie – wie abgebildet – einen rechteckigen Durchbruch (3 x 13 mm) in die Ecke des Rohlings.

Drehen Sie den quadratischen Abschnitt um 45 Grad und weiten Sie das Loch auf 25 mm.
Das meiste Material zwischen den Sägeschnitten dürfte sich nun warm ausmeißeln lassen.
Zunächst wird der runde Griffbereich des Schlüssels ausgeformt. Der Schlüsselbart und der Schaft werden erst später – nach dem Ablängen – an der Werkbank in Form gebracht.
Das Profil des Schlüsselbarts kann beliebig geformt werden. Stecken Sie den Schlüssel ins vorbereitete Loch in der Rückenplatte und zeichnen Sie die Umrisse des Schlüsselbarts nach. Meißeln und feilen Sie anschließend das Schlüsselloch aus.

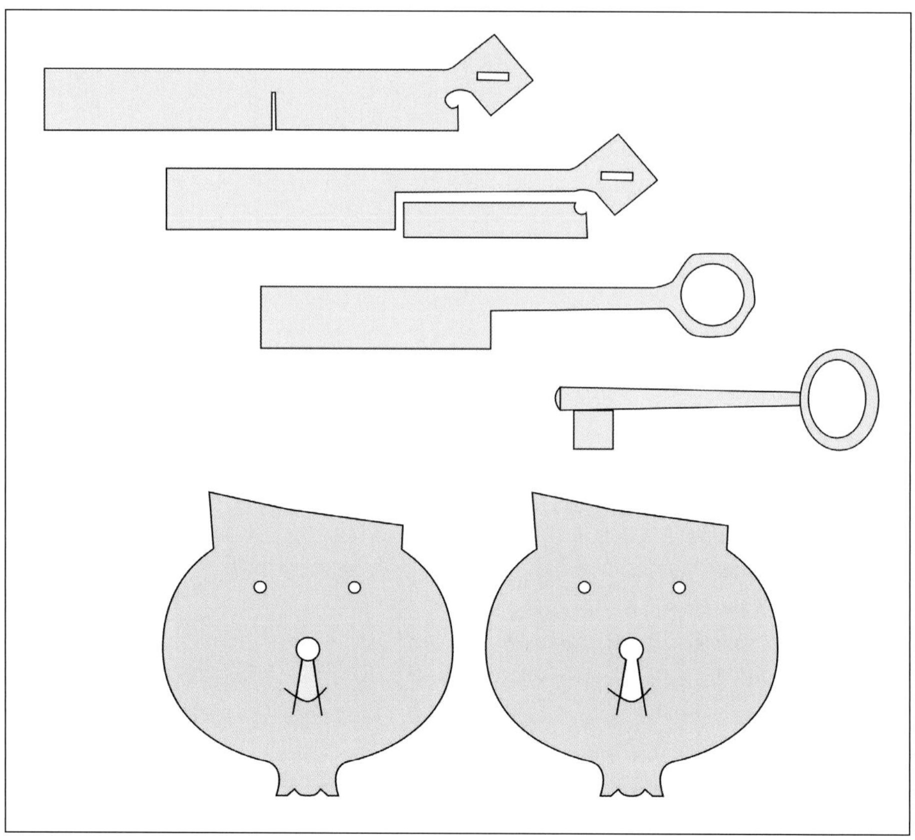

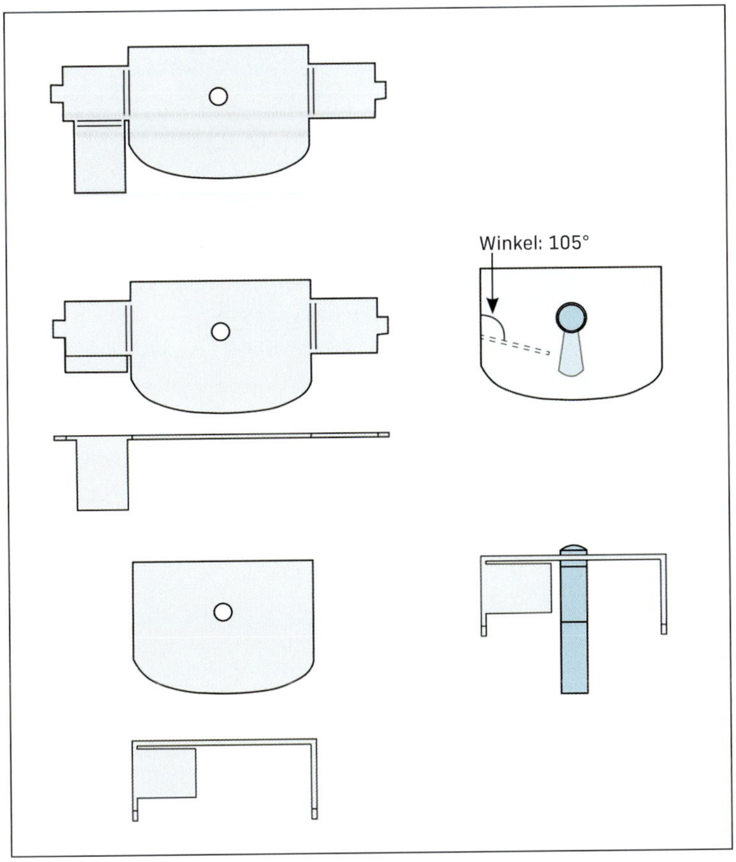

Jetzt ist die zweite Frontplatte dran, die als Abdeckung des Schlüssellochs dient. Ihre flache Seite passt später zur Unterseite der Abdeckung für die Feder.
Biegen Sie zunächst den Fortsatz, der sich am linken Flügel befindet, sodass er in einem Winkel von 105 Grad nach unten zeigt. Er dient nachher als Anschlag für den Schlüssel, der sich dann nicht mehr falsch herum im Schloss drehen lässt. Biegen Sie anschließend beide Flügel um 90 Grad nach hinten. Bei dieser Deckplatte handelt es sich um ein modifiziertes Design, das die Symmetrie des Schlosses aufrecht erhält. Denn normalerweise verhindert man, dass sich der Schlüssel falsch herum im Schloss drehen lässt, indem man die Deckplatte versetzt neben der Mittellinie montiert. Dadurch schlägt der Schlüssel an der Seitenkante an.
Feilen Sie Zapfen ans Ende der Füße. Die Länge der Füße sollte der Länge des Fußes auf der Deckplatte für den Hebel entsprechen. Bringen Sie die Deckplatte an. Markieren Sie die Positionen für die entsprechenden Steckplätze in der Rückenplatte. Um mit der Reißnadel an die Rückenplatte zu gelangen, kann es erforderlich sein, die Feder zu entfernen.

Schneiden Sie die Verriegelungsplatte zu und montieren Sie sie. Bringen Sie die Zange, die Feder und den Hebel in Position. Vernieten Sie die Deckplatte für den Schlüssel. Testen Sie die Funktion und nehmen Sie gegebenenfalls letzte Anpassungen vor, bevor Sie die Deckplatte, den Achsniet und die Feder dauerhaft verbinden.

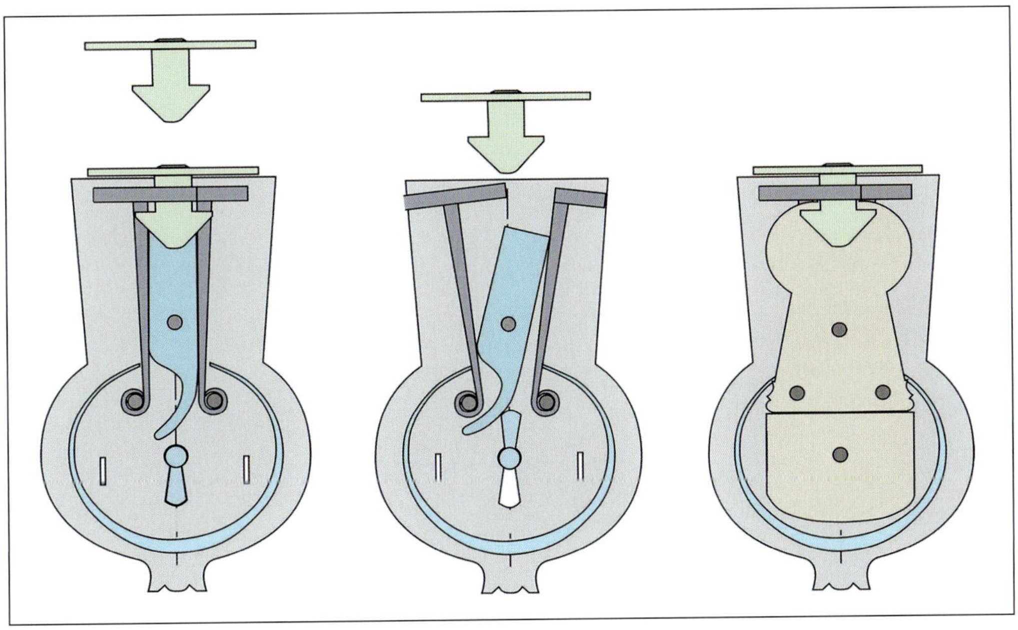

PROJEKT 7: SCHRANKSCHLOSS

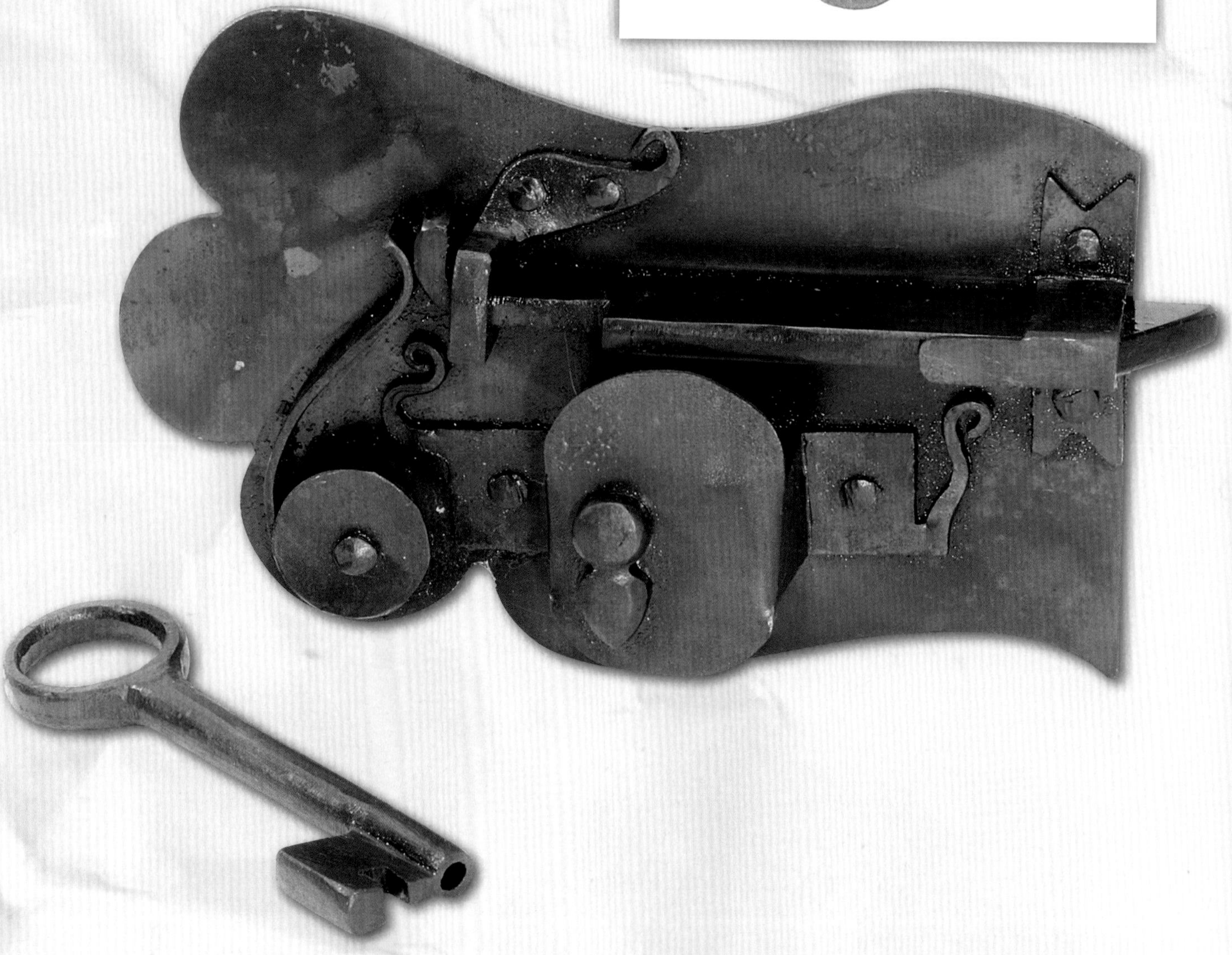

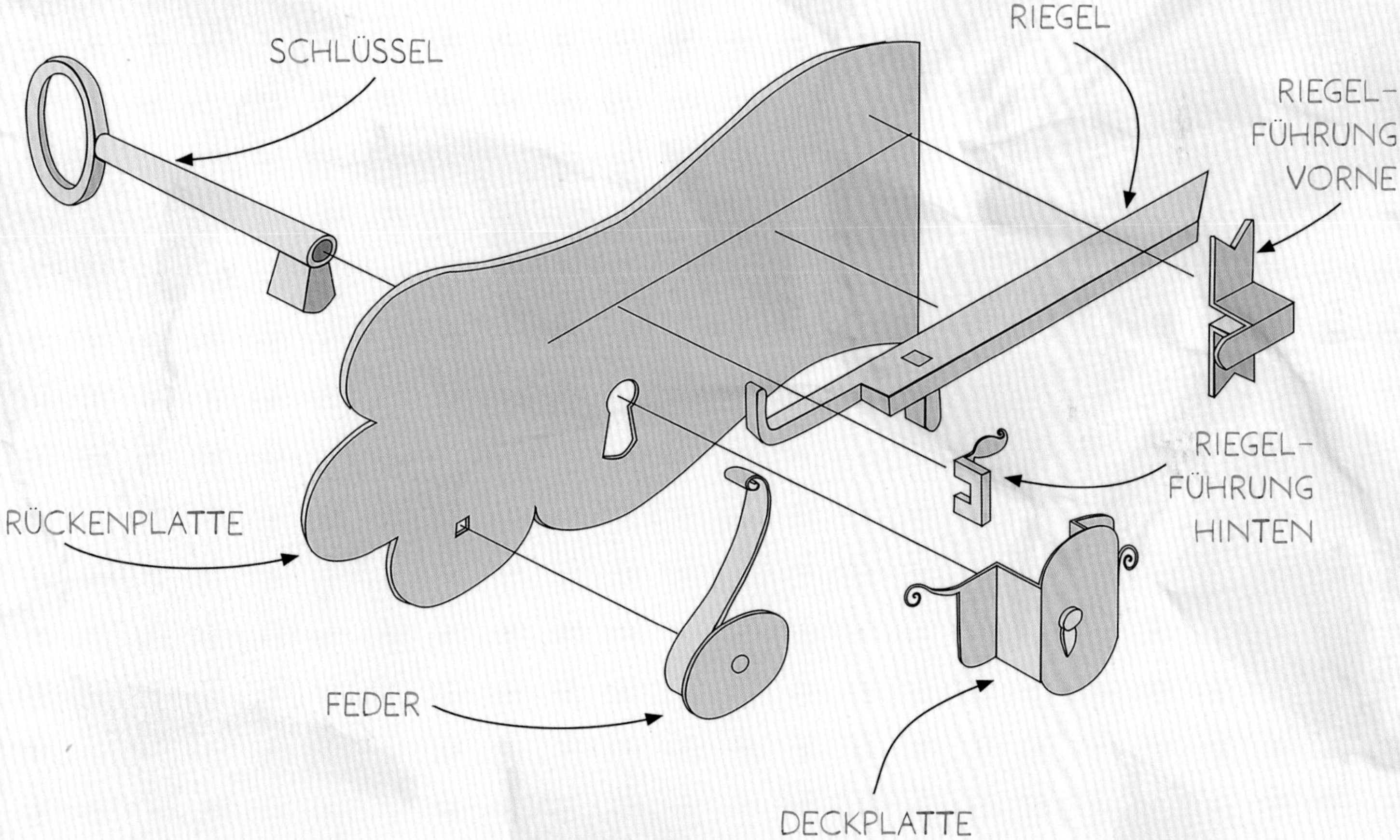
SCHLÜSSEL
RIEGEL
RIEGEL-
FÜHRUNG
VORNE
RIEGEL-
FÜHRUNG
HINTEN
RÜCKENPLATTE
FEDER
DECKPLATTE

RÜCKENPLATTE

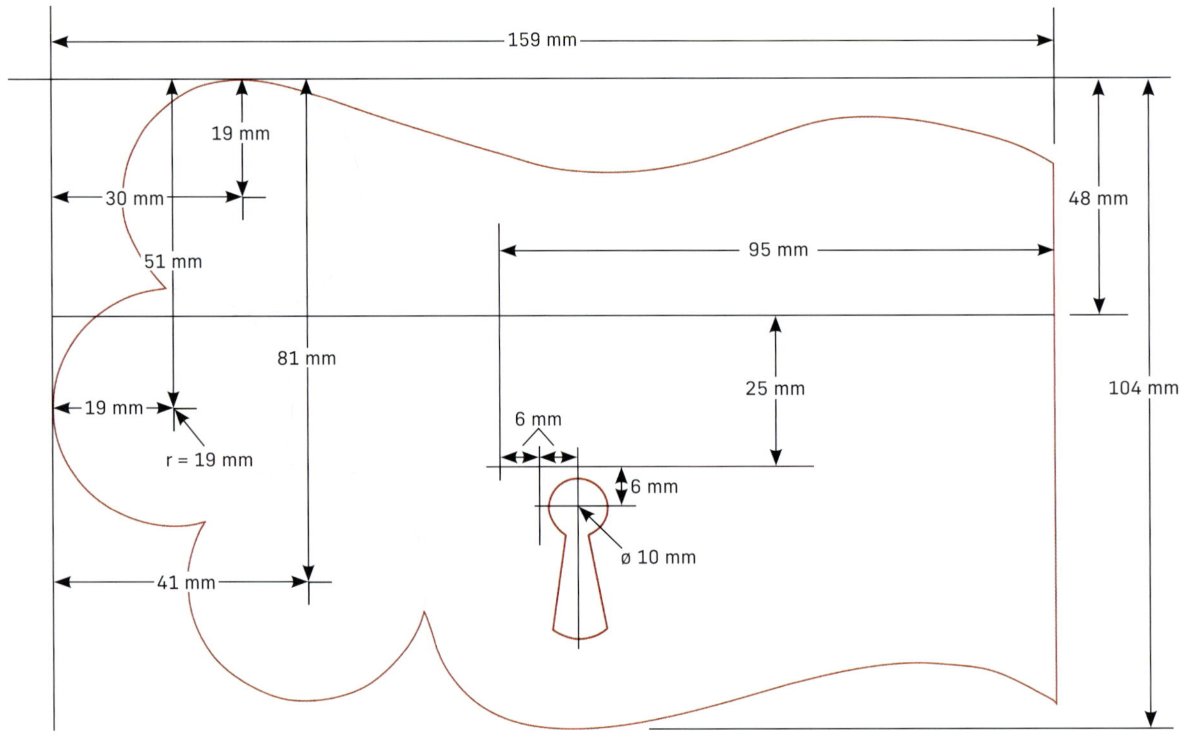

DECKPLATTE

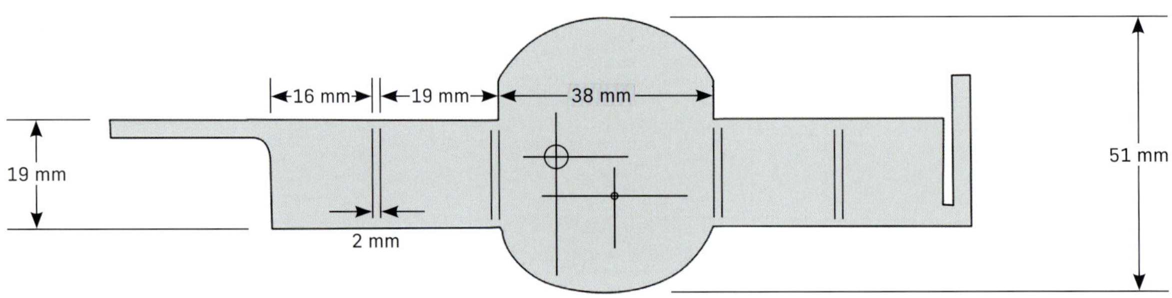

SCHLÜSSELLOCH

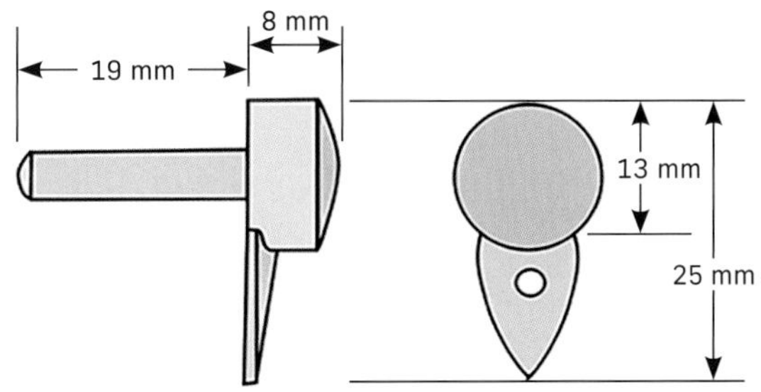

RIEGELFÜHRUNG VORNE

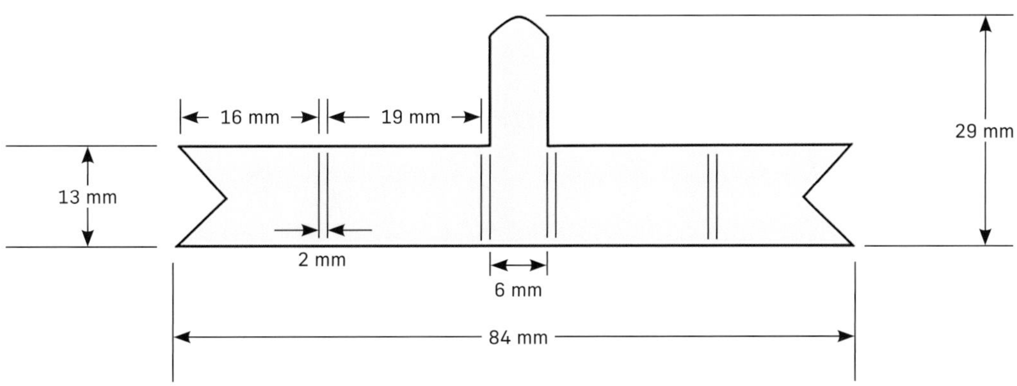

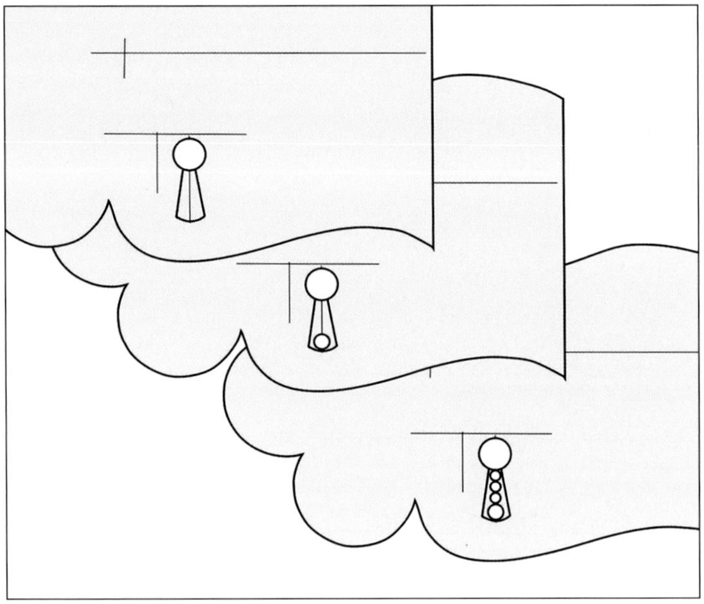

Diese Art von Schloss wird gerne für Schranktüren verwendet. Dann wird das Schloss mit seiner Rückseite an der Innenseite der Tür montiert. Bei diesem dekorativen Schloss ist der Schließmechanismus bei geöffneter Tür stets sichtbar. Der Schlüssel dient zugleich als „Türgriff" zum Aufziehen der Tür, da sich der Schlüssel nicht abziehen lässt, sobald das Schloss aufgesperrt ist.

Schneiden Sie die Rückenplatte aus und reißen Sie alle Referenzlinien an. Bohren Sie zunächst im oberen Bereich ein 10-mm-Loch. Anschließend bohren Sie ein 6-mm-Loch an der Unterseite. Drei 3-mm-Löcher bilden die Verbindung und damit den Mittelteil. Die Kontur des Schlüssellochs wird mit Meißel und Feile ausgearbeitet.

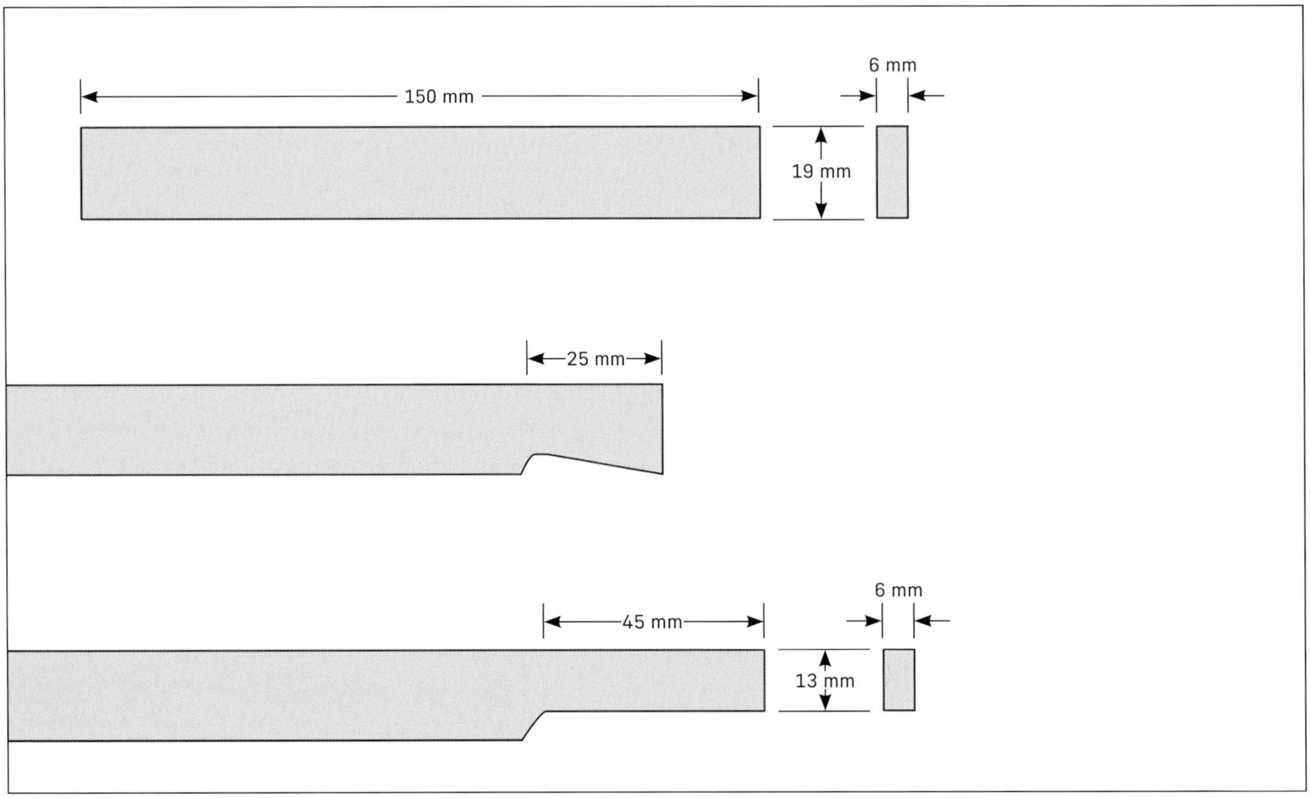

Der Riegel wird aus einem mindestens 150 mm langen Stück Flachstahl (6 x 19 mm) gefertigt. Schmieden Sie 25 mm vom Ende der Stange entfernt einen Absatz. Schmieden Sie diesen Bereich auf 6 x 13 mm herunter. Er sollte damit etwa 45 mm lang werden.

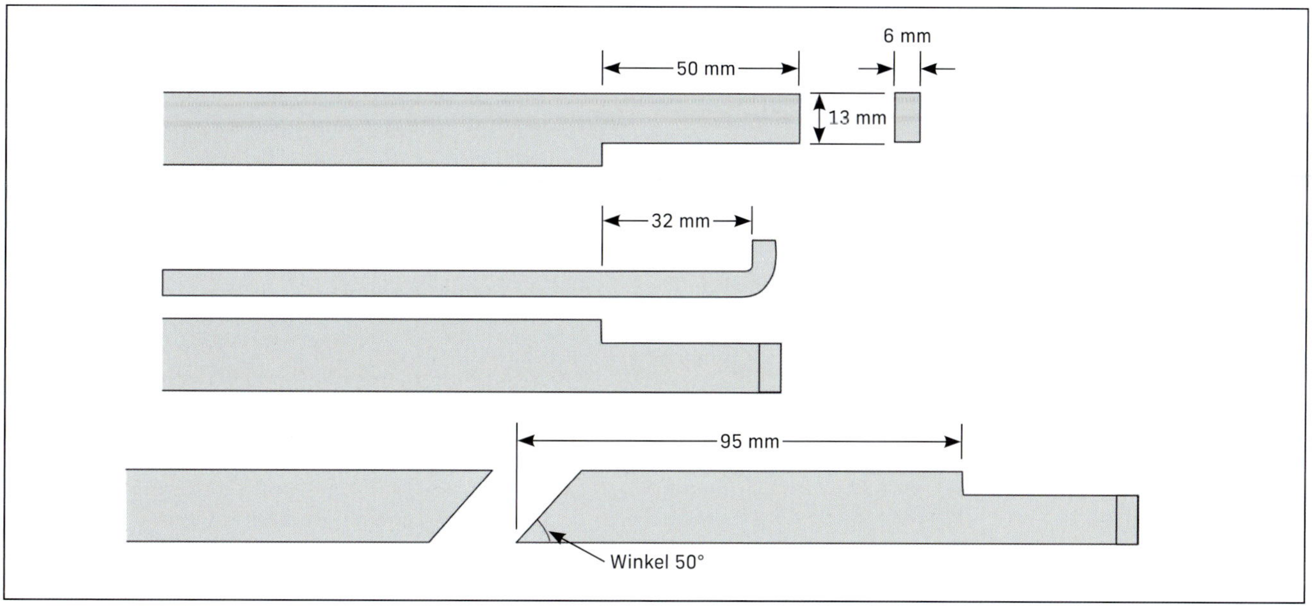

Feilen Sie die Kante zu dem Bereich, in dem sich der Bolzen von 19 auf 13 mm verjüngt, rechtwinklig. Der zuvor auf 13 mm heruntergeschmiedete Bereich sollte am Ende ungefähr 50 mm lang sein. Biegen Sie ihn, etwa 32 mm vor der Schulter, um 90 Grad. Messen Sie ab der Schulter 95 mm nach hinten. Trennen Sie den Rohling dort in einem Winkel von 50 Grad ab.

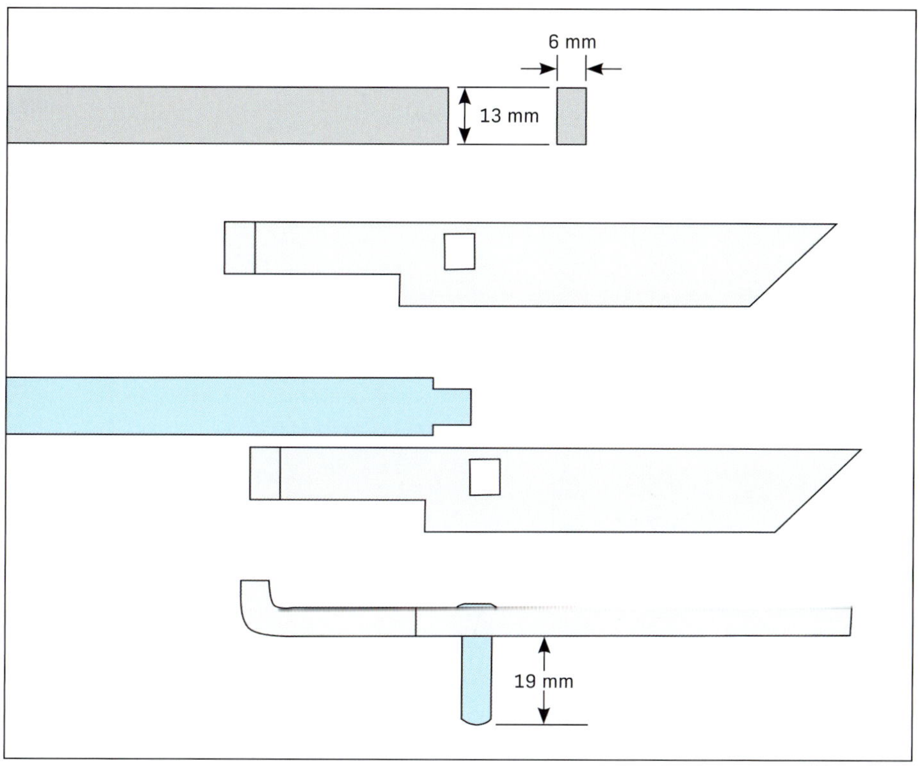

Beim Türriegel-Anschlag handelt es sich um ein Metallteil, das an der Unterseite des Bolzens angebracht wird. Dort schlägt der Schlüssel später an. Er besteht aus einem 32 mm langen Stück Flachstahl mit einem Querschnitt von 6 x 13 mm.

Die Befestigung des Anschlags erfolgt über eine rechteckige Aufnahme im Riegel. Diese wird zuerst hergestellt. Anschließend wird am Anschlag der passgenaue Zapfen ausgearbeitet. Nun können Bolzen und Anschlag miteinander vernietet werden.

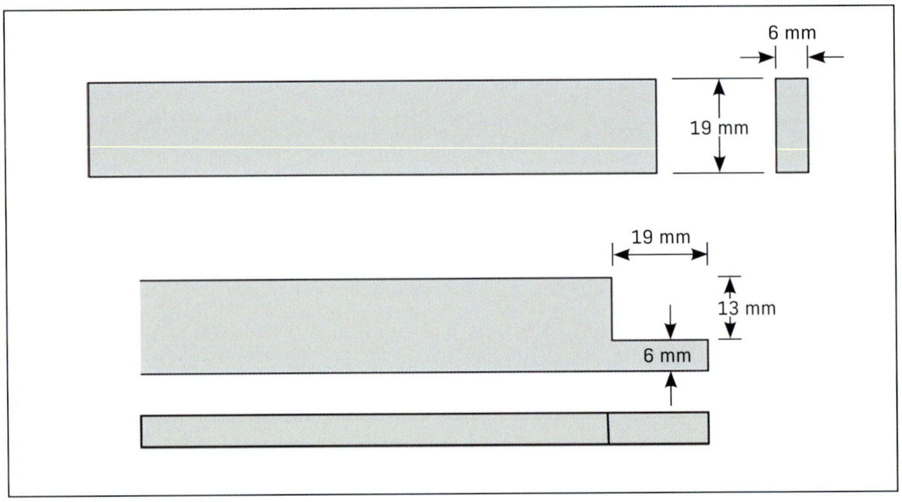

Auch die hintere Riegelführung wird aus Flachstahl mit einem Profil von 6 x 19 mm geschmiedet. Längen Sie die Bolzenführung erst vom Flachstahl ab, wenn die gesamte Formgebung abgeschlossen ist.

Sägen Sie mit einer Metallsäge eine 13 mm tiefe und 19 mm lange Stufe ins Ende der Stange. Schmieden Sie den Stufenbereich zu einer dekorativen Blattform. Sie dient später zum Vernieten der Riegelführung an der Rückenplatte.

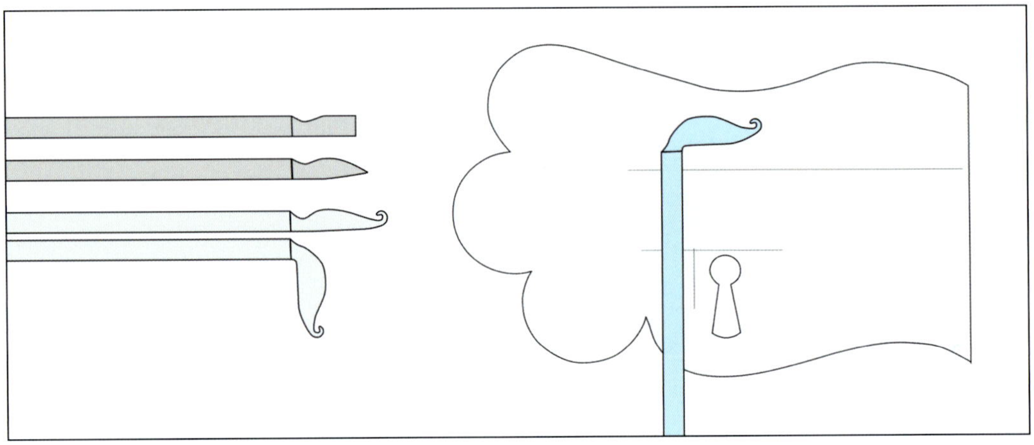

Legen Sie die Riegelführung auf den Zuschnitt der Rückenplatte. Prüfen Sie, ob das dekorative Ende in das Schloss passt.

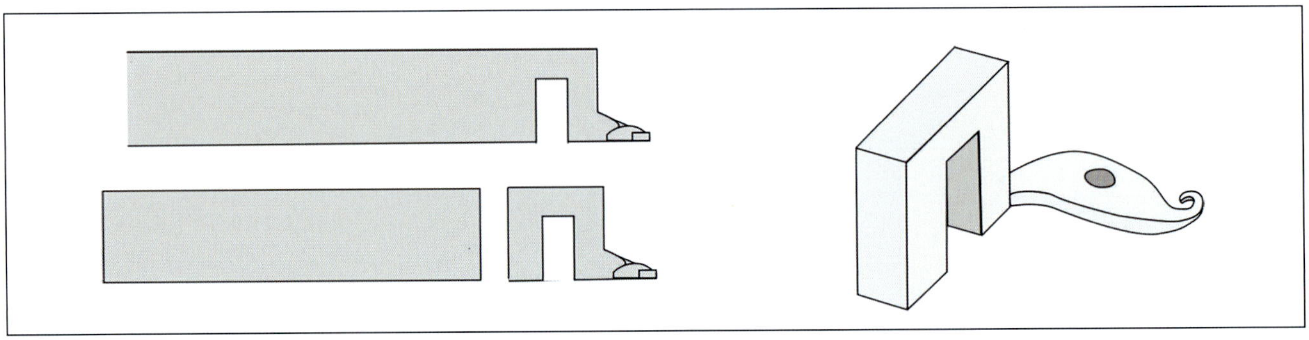

Sägen Sie eine Kerbe mit den Maßen 6 x 13 mm in die hintere Bolzenführung. Bleiben Sie leicht unter den späteren Maßen. Passen Sie die Kerbe und das Ende des Bolzen mit der Feile an. Der Riegel sollte sich leichtgängig mit etwas Spiel durch die Führung bewegen lassen. Bohren Sie das Nietloch und sägen Sie die Riegelführung vom Flachstahl ab. Glätten Sie die Sägespuren und raue Stellen mit einer Feile.

Schneiden Sie die Vorlage für die vordere Riegelführung aus. Biegen Sie diese in Form. Bringen Sie die vordere und die hintere Riegelführung über dem Riegel in Position. Achten Sie darauf, dass der Riegel gut läuft, dabei aber nicht zu viel Spiel hat.

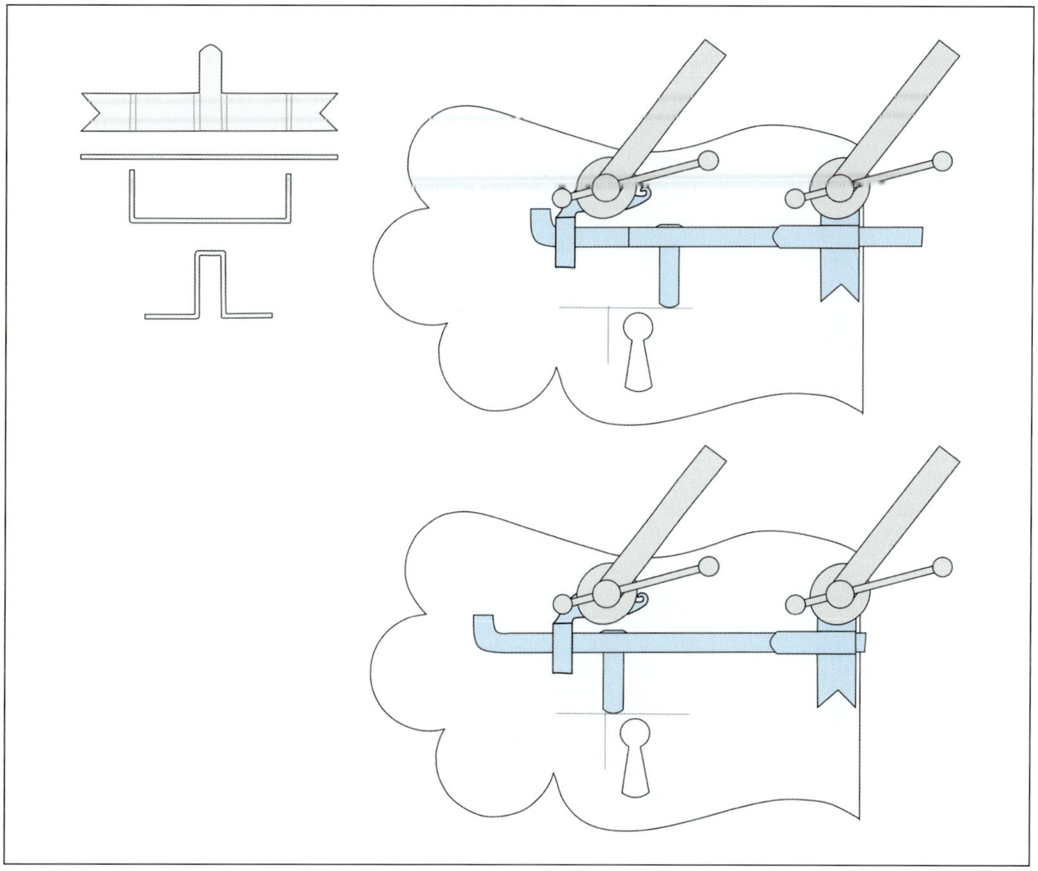

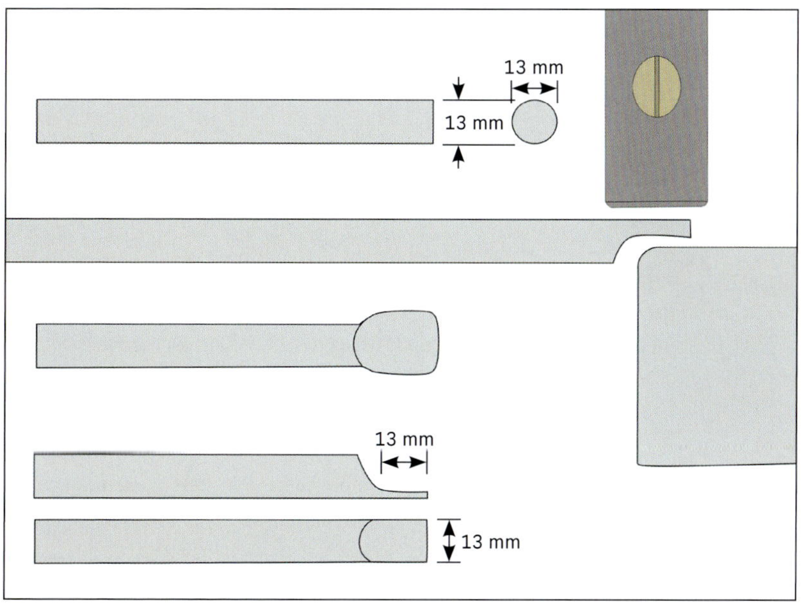

Der Schlüssel des Schrankschlosses funktioniert im Zusammenspiel mit einem Schlüsselloch-Niet, der an der Deckplatte befestigt ist. Der Schlüsselloch-Niet ist mit einem Montageblock verbunden, der dem Schließsystem zusätzliche Stabilität verleiht. Gleichzeitig ist der Niet auch Teil des Reifen-Systems, das die Schlüsselform bestimmt. Bei diesem Schloss befindet sich das Nietende im Inneren des Schlosses, sodass dieses auch mit einem Dietrich geöffnet werden kann, sollte man den Schlüssel verlegt haben. Der Montageblock besteht aus Rundstahl mit einem Durchmesser von 13 mm. Schmieden Sie ans Ende der Stange zunächst einen dünnen flachen Abschnitt. Schleifen Sie diesen Bereich grob in Form, bis er ungefähr 13 mm breit und etwas mehr als 3 mm stark ist.

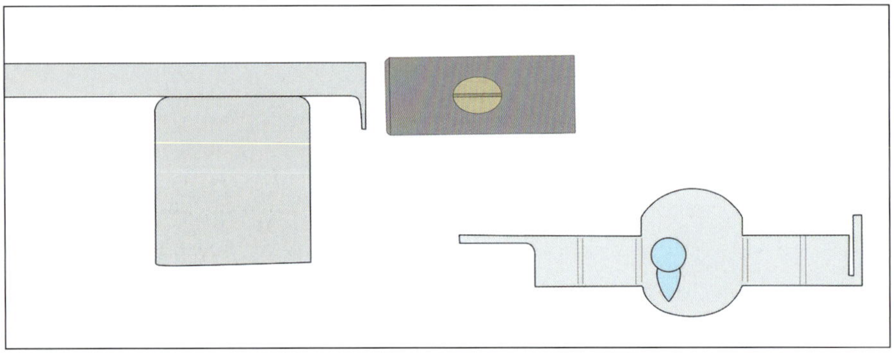

Biegen Sie den ausgedünnten Bereich um 90 Grad. Hämmern Sie die Stirnfläche so flach wie möglich und entfernen Sie Bearbeitungsspuren mit einer Feile. Das ist die Unterseite der Niethalterung. Feilen Sie die Außenkanten dekorativ in Form. Stellen Sie die Stange dann aufrecht auf die Deckplatte, um die Abmessungen der Niethalterung festzulegen.

Bohren Sie zunächst ein 4,2-mm-Loch in das vordere Ende der Stange. Schneiden Sie anschließend ein M5-Gewinde hinein. Trennen Sie die Halterung von der Stange. Bohren Sie mit einem 5,5-mm-Bohrer eine flache Senkung in die Oberseite des Halters. Verschrauben Sie einen Niet und vernieten Sie diesen. Setzen Sie die Halterung dazu in den Schraubstock. Runden Sie den Nietkopf zum Schluss mit der Feile ab.

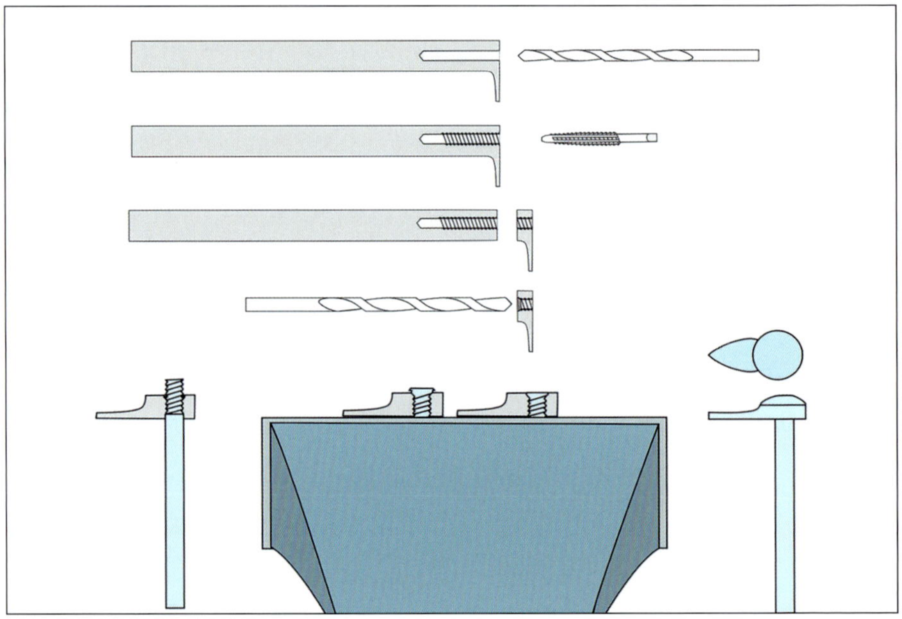

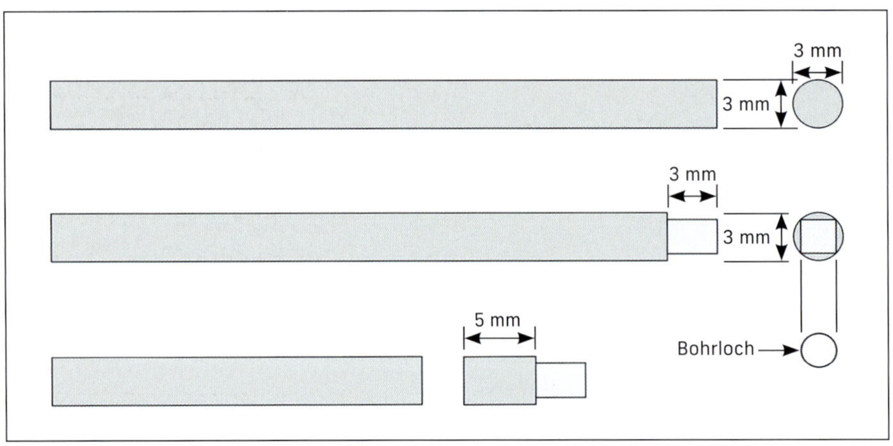

Dieses Schrankschloss besitzt eine einfache Stift-Sicherung, die aus einem kurzen Rundstab mit 3 mm Durchmesser gefertigt wird. Feilen Sie zunächst einen quadratischen Zapfen ans Ende der Rundstange. Schneiden Sie die Vorlage für die Deckplatte aus. Der Bohrer, mit dem das Loch zur Verankerung des Sicherungsstifts angebracht wird, hat den gleichen Durchmesser wie der Vierkantzapfen.

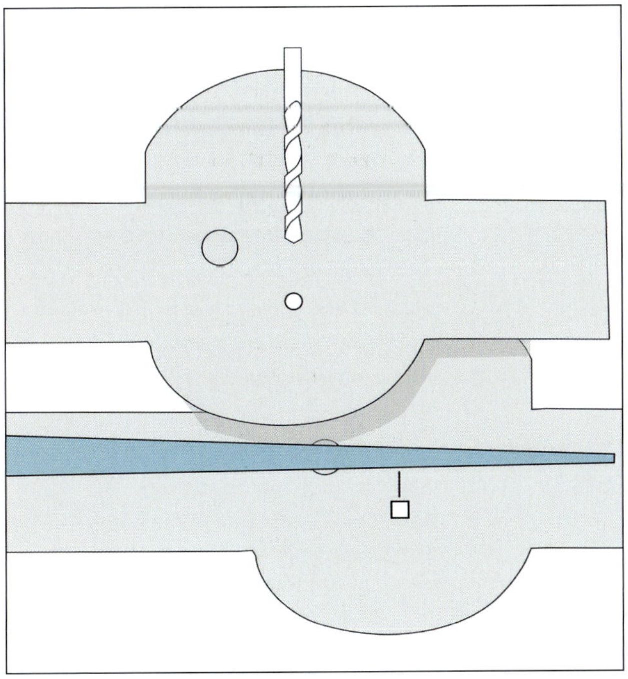

Passen Sie das Bohrloch mit Hilfe eines quadratischen Dorns an die Form des Zapfens an. Schneiden Sie den Niet so von der Stange ab, dass noch 5 mm Rundmaterial für das Vernieten übrig bleiben.

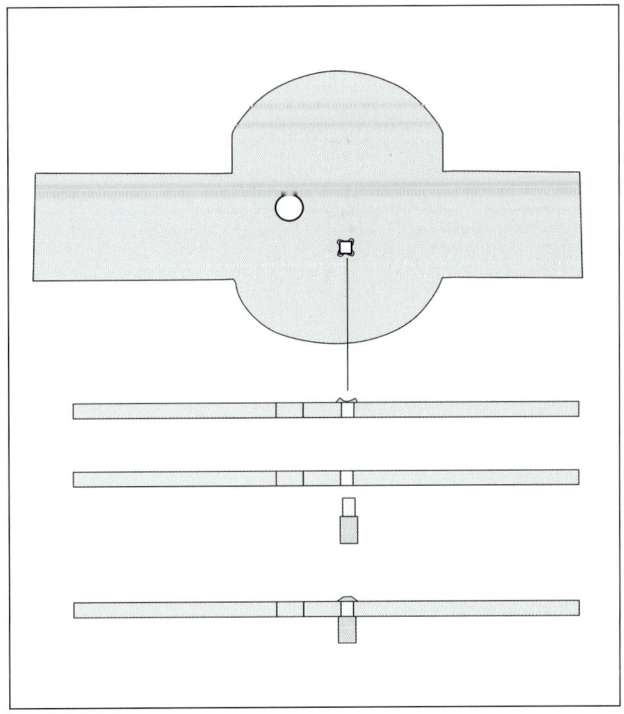

Da bei der Arbeit mit dem Dorn Metall verdrängt wird, das sich an den Ecken aufwirft, muss die Oberfläche der Niethalterung flach gefeilt werden. Sobald die Oberfläche wieder plan ist, kann das Niet-Sicherungssystem mit der Deckplatte vernietet werden. Säubern Sie die Oberfläche mit einer Feile.

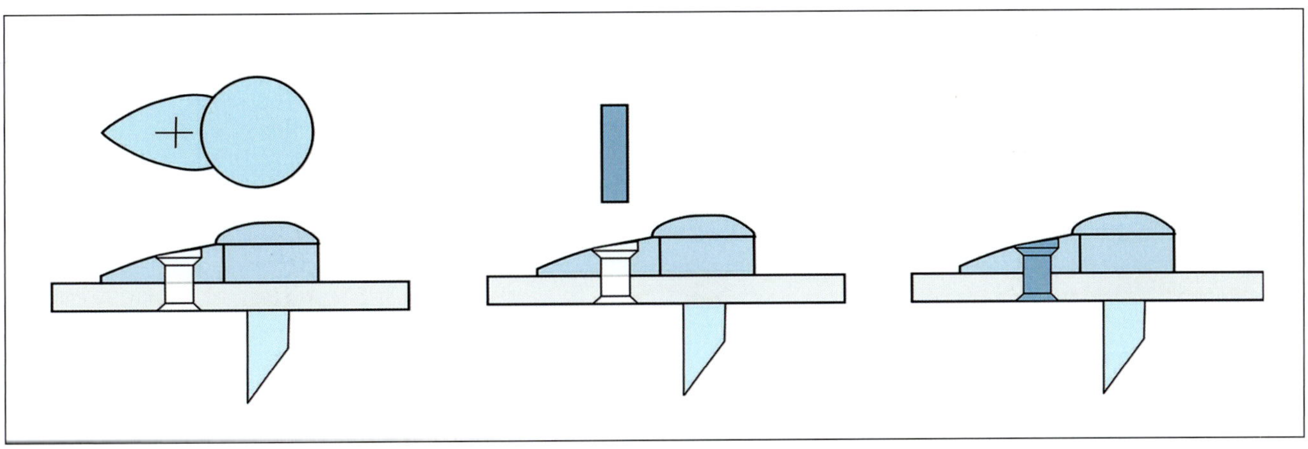

Bohren Sie ein Nietloch in die Niethalterung und in die Deckplatte. Bringen Sie sowohl in der Oberseite der Niethalterung als auch in der Unterseite der Deckplatte eine Senkung an. Vernieten Sie nun alles miteinander. Der Nietkopf in der Deckplatte muss nur flach gehämmert werden. Der Nietkopf auf der Oberseite der Niethalterung sollte glatt gefeilt werden. Biegen Sie die Deckplatte noch nicht zurecht.

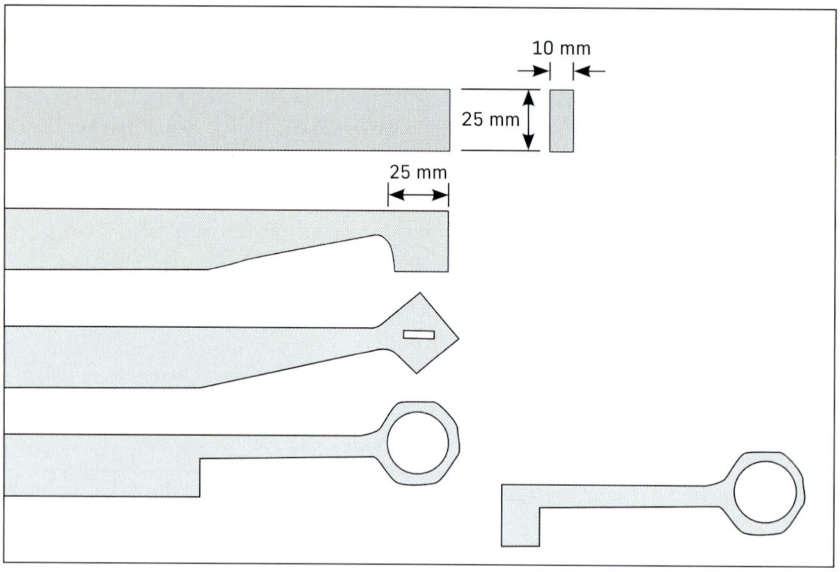

Der Schlüssel wird aus Flachmaterial (10 x 25 mm) geschmiedet.

Los geht es mit dem Griffbereich. Schmieden Sie 25 mm vor dem Ende einen Absatz. Drehen Sie den quadratischen Bereich so, dass die Diagonale auf einer Höhe mit der Oberkante des Flachstahls liegt. Meißeln Sie einen 13 mm breiten Schlitz. Dornen Sie den Schlitz kreisförmig auf einen Durchmesser von 19 mm auf. Weiten Sie die Rundung mit Hilfe des Amboss-Horns oder eines Dornes auf, bis der Innendurchmesser etwa 25 mm beträgt. Trennen Sie den Schlüssel mit dem Kaltmeißel ab.

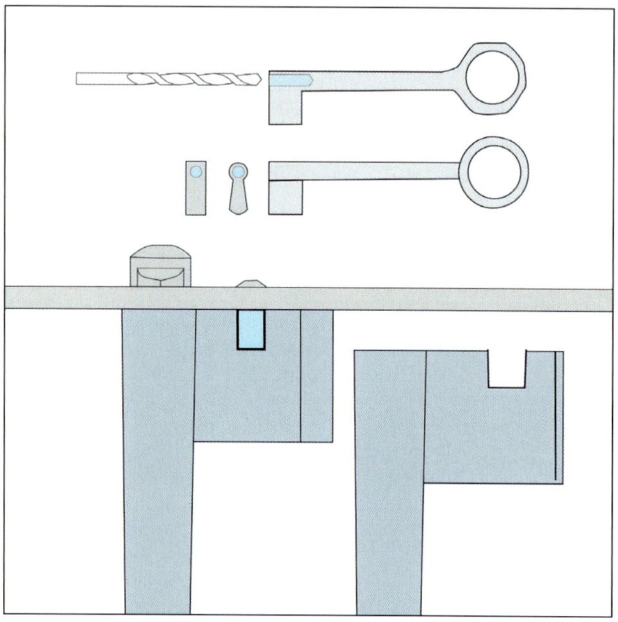

Bohren Sie ein Loch ins Ende des Schlüssels. Der Durchmesser beträgt 5,5 mm, die Tiefe 19 mm. Feilen Sie das Schlüsselende gleichmäßig in Form. Der endgültige Außendurchmesser beträgt etwas weniger als 10 mm. Übertragen Sie die Position und die Kontur des Sicherungsniets auf den Schlüsselbart. Sägen Sie die Aufnahme für den Sicherungsniet zunächst unter Maß und passen Sie die Aufnahme nach und nach mit der Feile an.

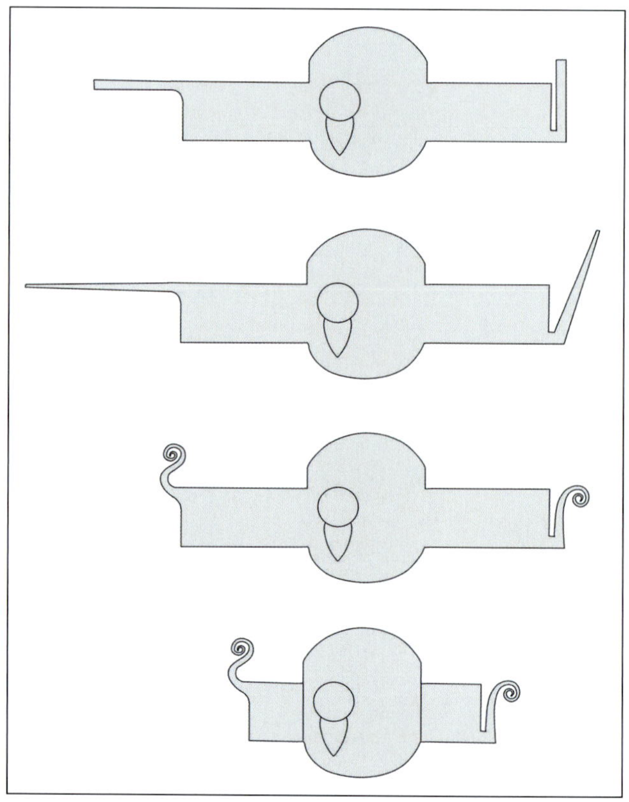

Die überstehenden Bereiche der Deckplatte werden nun zu Schnörkeln geschmiedet. Biegen Sie die Deckplatte in die endgültige Form.

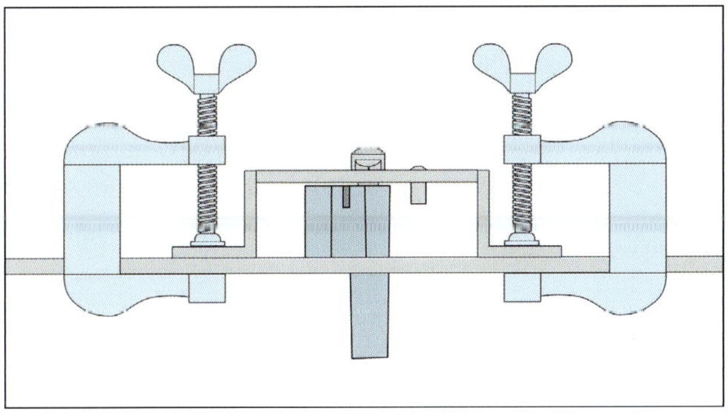

Führen Sie den Schlüssel durch die Rückenplatte und drehen Sie ihn leicht, damit er nicht herausfallen kann. Setzen Sie die Deckplatte auf den Schlüssel und richten Sie diese an den Bezugslinien auf der Rückenplatte aus. Klemmen Sie Deckplatte und Rückenplatte zusammen. Ziehen Sie den Schlüssel ab und setzen Sie ihn wieder ein. Wiederholen Sie diesen Vorgang mehrfach. Korrigieren Sie die Positionierung der Deckplatte mit einem leichten Hammer, falls die Verriegelung noch nicht reibungslos funktioniert. Sobald alles passt, wird die Deckplatte mit der Rückenplatte vernietet.

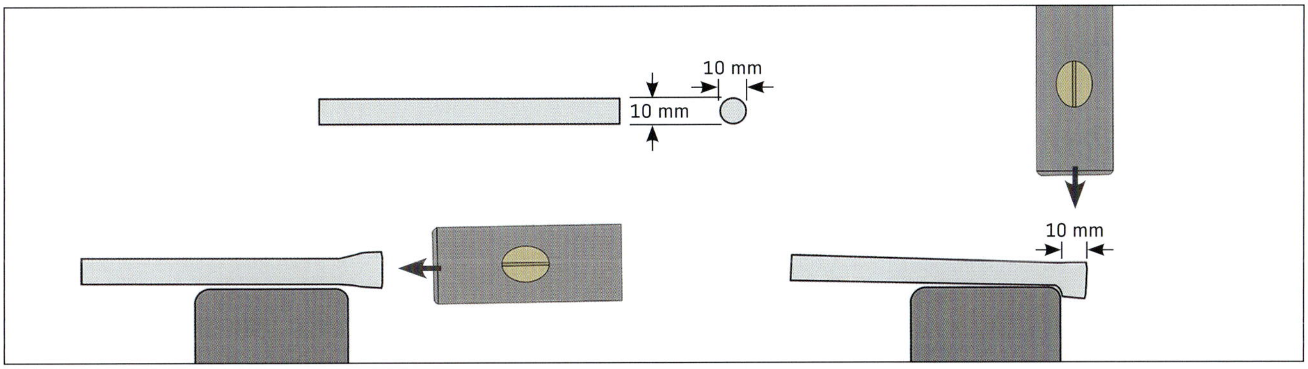

Die Feder wird aus Kohlenstoffstahl-Rundmaterial (10 mm Durchmesser) geschmiedet. Das Ende der Stange wird mit Hammerschlägen leicht gestaucht. Dadurch entsteht am Ende der Stange zusätzliches Material. Dieses wird benötigt, um den Anschlag zu schmieden, der die Feder verankert. Erstellen Sie 10 mm vom Ende der Stange entfernt einen Absatz.

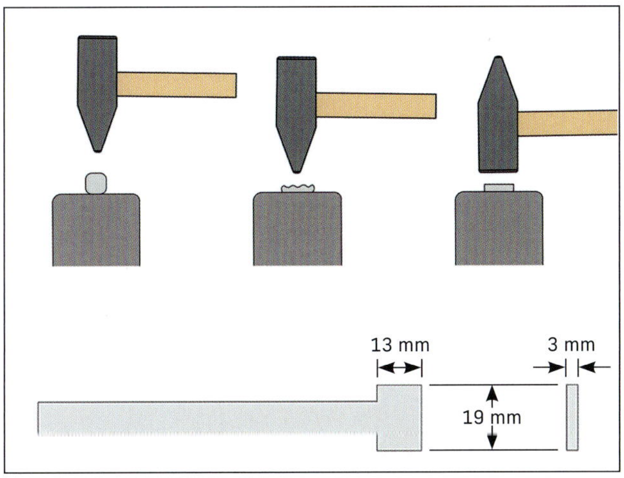

Beginnen Sie mit dem Formen des Anschlags und schmieden Sie das Ende der Stange aus. Der Anschlag sollte mindestens 3 mm stark und 19 mm breit sein.

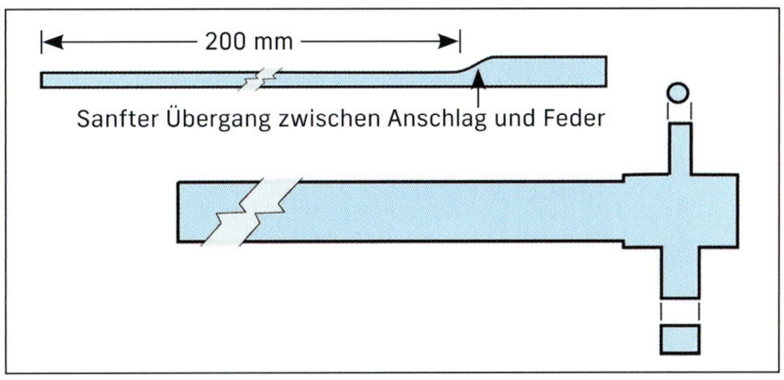

Schmieden Sie ausgehend vom Anschlag einen 200 mm langen flachen Abschnitt, der 2 x 8 mm misst. Dieser Bereich wird zur Feder. Formen Sie die Seiten des Anschlags zu einem runden und zu einem quadratischen Zapfen.
Die Schultern der beiden Zapfen sollten breiter sein als der Bereich der Feder. Dadurch wird verhindert, dass die Feder an der Rückenplatte reibt und auch, dass sich die Windungen der Feder mit der Deckplatte verklemmen.

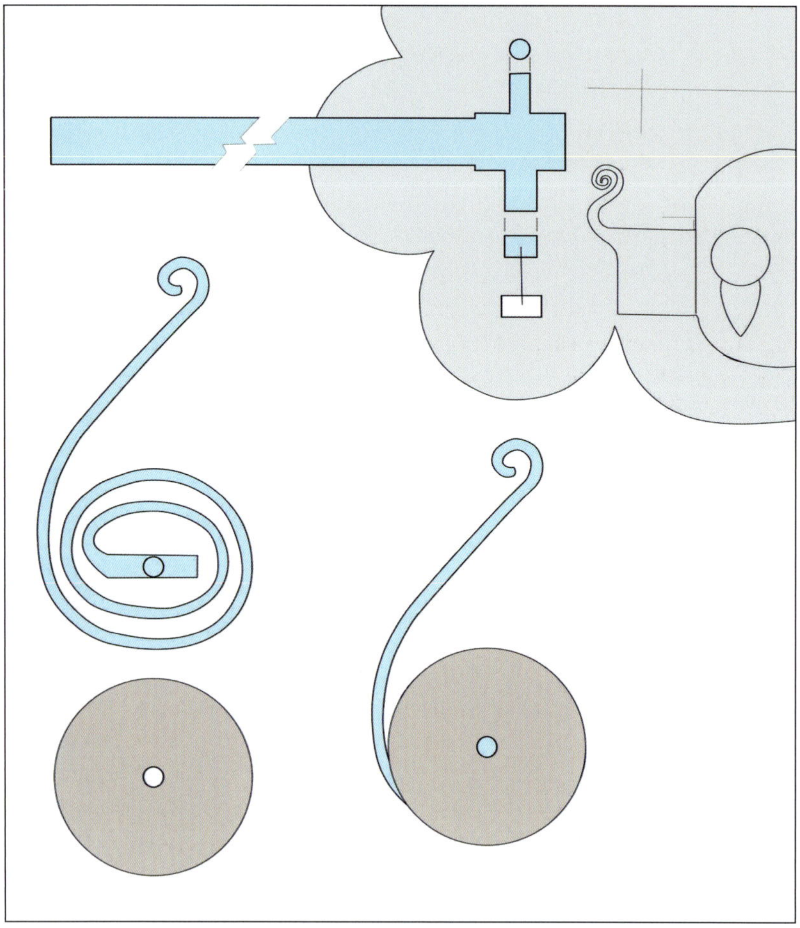

Die Feder passt nur in einer Richtung in das Schloss. Der quadratische Befestigungsblock wird an der Rückenplatte befestigt. Die Windung der Feder sollte im Uhrzeigersinn erfolgen. Der Federarm, der gegen den Bolzen drückt, wird zu einer kurzen Schnecke gebogen. Dieser Schritt erfolgt allerdings erst, nachdem die Feder an der Rückenplatte angebracht ist und die richtige Länge der Feder bestimmt wurde. Biegen Sie die Feder – beginnend am Anschlag – zu einer lockeren Spirale. Dieser Abschnitt passt in die Mitte des gebogenen Details an der Unterseite der Grundplatte. Formen Sie die Spirale gleichmäßig, denn jede scharfe Biegung erzeugt einen Belastungspunkt, der die Feder schwächt. Der Durchmesser der letzten Windung darf höchstens 25 mm betragen, damit sie unter die Deckplatte passt. Schneiden Sie die Federabdeckung aus einem Stück 1,5-mm-Blech. Die Abdeckung ist eine runde Scheibe mit einem Durchmesser von 25 mm. Bohren Sie mittig ein Loch, das zum runden Zapfen auf dem Anschlag der Feder passt.

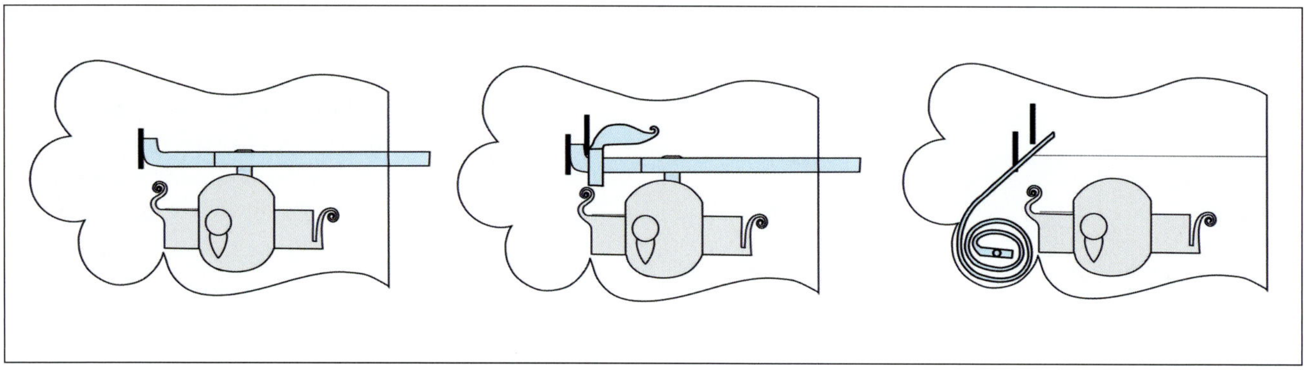

Positionieren Sie den Riegel so auf der Rückenplatte, als würde er das Schloss verriegeln. Reißen Sie das Ende des Riegels auf der Rückenplatte an. Setzen Sie die hintere Riegelführung direkt vor das Ende des Riegels. Reißen Sie auch diese Stelle auf der Rückenplatte an. Entfernen Sie den Riegel und positionieren Sie die Feder so, dass der Kontaktpunkt für die Feder direkt auf oder leicht oberhalb der Referenzlinie für die Riegeloberseite liegt. Die Feder sollte etwas vor der Referenzlinie des Riegelendes sitzen, wenn dieser sich in der verriegelnden Position befindet. Das spannt die Feder bei Betätigung des Riegels.

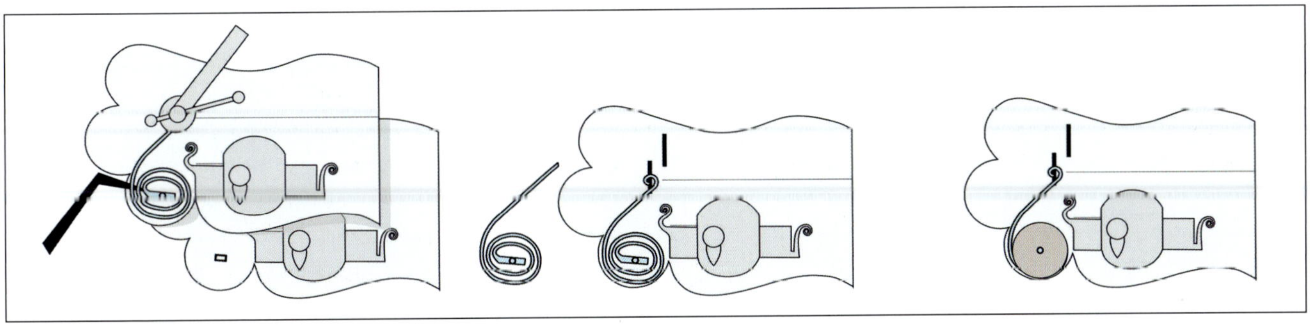

Klemmen Sie die Feder fest. Reißen Sie die Position des Vierkantzapfens auf der Rückenplatte an. Meißeln Sie den Schlitz für den Zapfen in die Rückenplatte. Positionieren Sie die Feder auf der Rückenplatte. Bringen Sie das Ende der Feder auf Länge und schmieden Sie ihr Ende zu einer Schnecke. Setzen Sie die Feder wieder in die Rückenplatte ein. Nehmen Sie die letzten Einstellungen vor. Es folgt die Wärmebehandlung der Feder. Sie wird blau angelassen. Erhitzen Sie den Anschlag noch einmal mit einem Brenner, um die Zapfen anzulassen. Vernieten Sie die Feder danach mit der Rückenplatte und dann die Abdeckung mit der Feder.

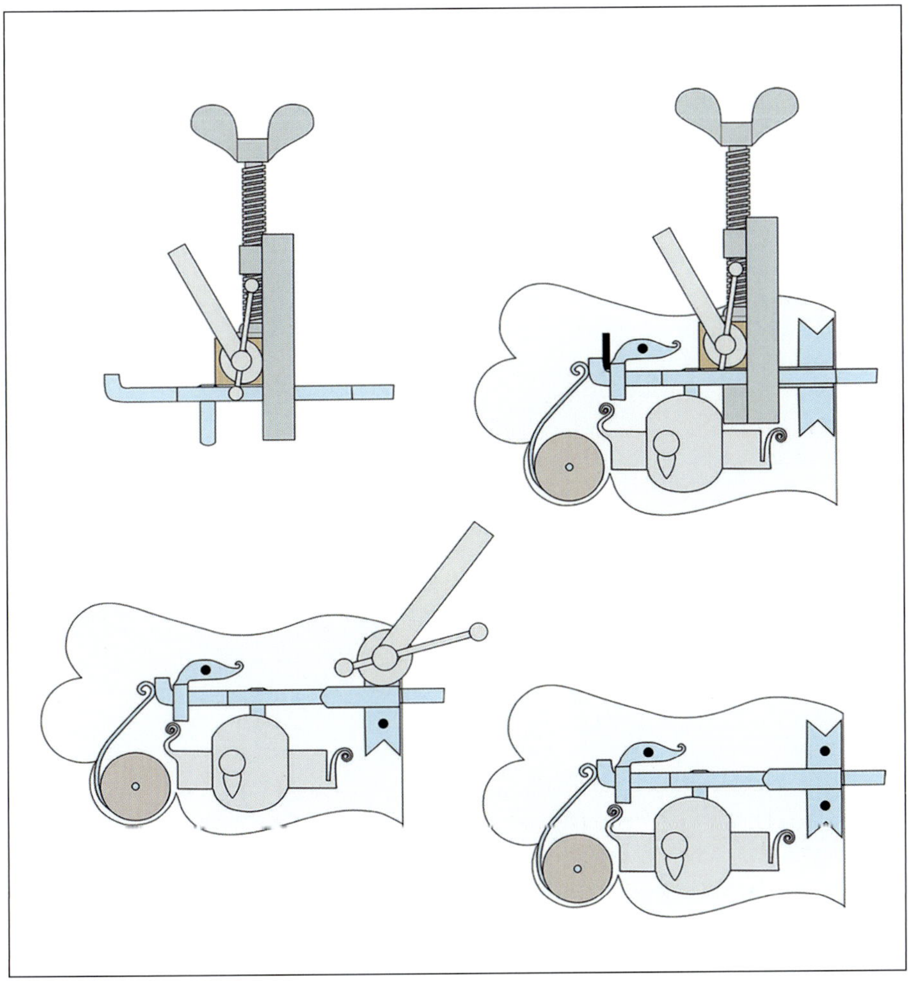

Befestigen Sie den Riegel an der Rückenplatte. Klemmen Sie dazu den Riegel zunächst an einen Vierkantblock oder ein kurzes Stück Winkeleisen. Die breitere Grundfläche des Blocks erleichtert das Positionieren und Festklemmen des Riegels an der Rückenplatte. Positionieren Sie den Klemmblock in der Mitte des Riegels, sodass er weder in den Weg der vorderen noch der hinteren Riegelführung kommt. Mit einem leichten Hammer lässt sich der Riegel entlang der oberen Referenzlinie ausrichten. Richten Sie die hintere Riegelführung an der zuvor angerissenen Referenzlinie aus und vernieten Sie sie. Halten Sie die vordere Riegelführung in Position, indem Sie eine Seite der Führung festklemmen. Lösen Sie die Klemme, die den Riegel hält, und testen Sie die Funktion des Riegels im Schloss. Wenn alles reibungslos funktioniert, vernieten Sie die offene Seite der vorderen Riegelführung. Entfernen Sie die Schelle und vernieten Sie noch die andere Seite.

PROJEKT 8:
KLASSISCHES MITTELALTERLICHES FEDERSCHLOSS

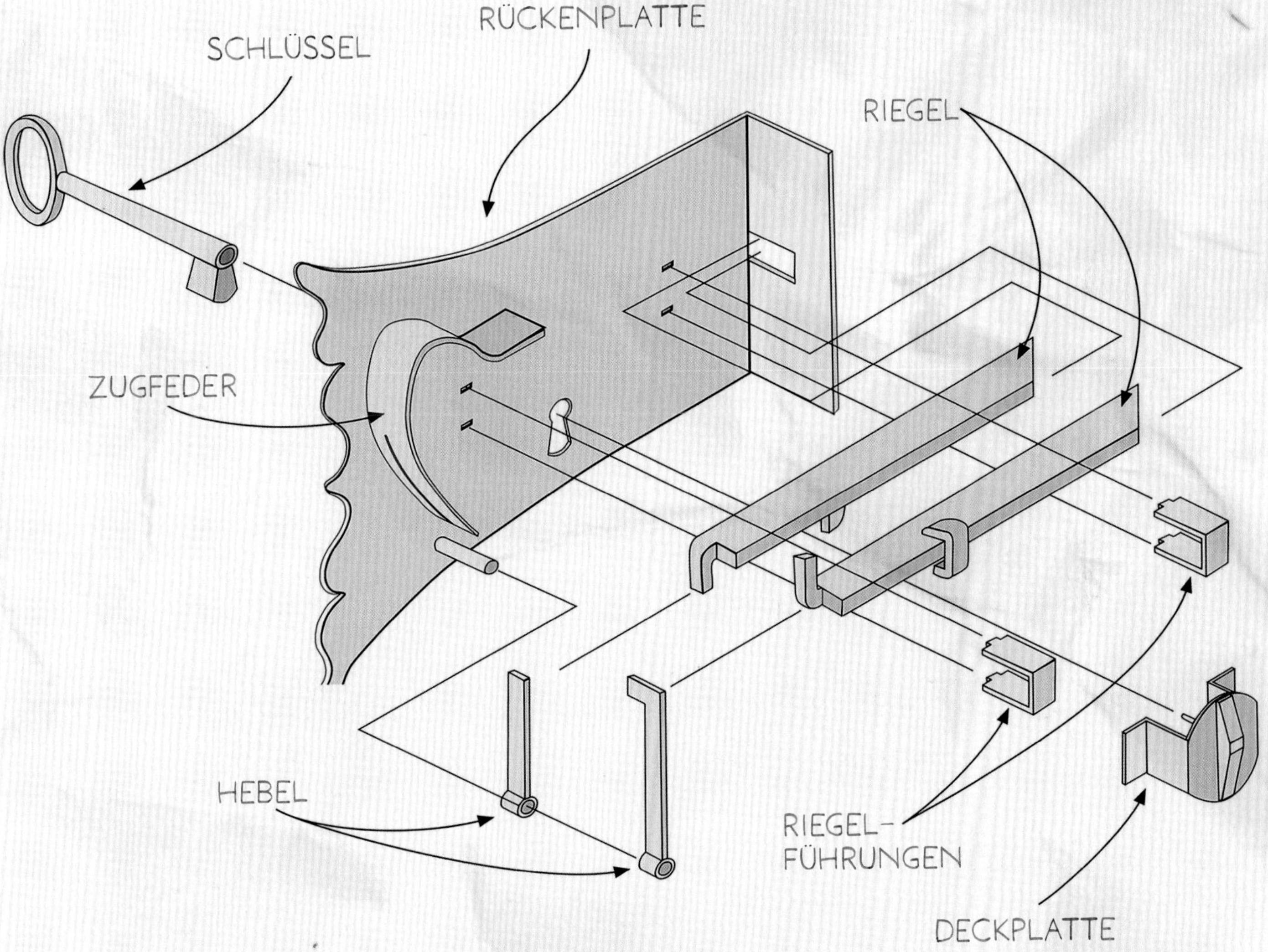

RÜCKENPLATTE
SCHLÜSSEL
RIEGEL
ZUGFEDER
HEBEL
RIEGEL-
FÜHRUNGEN
DECKPLATTE

RÜCKENPLATTE

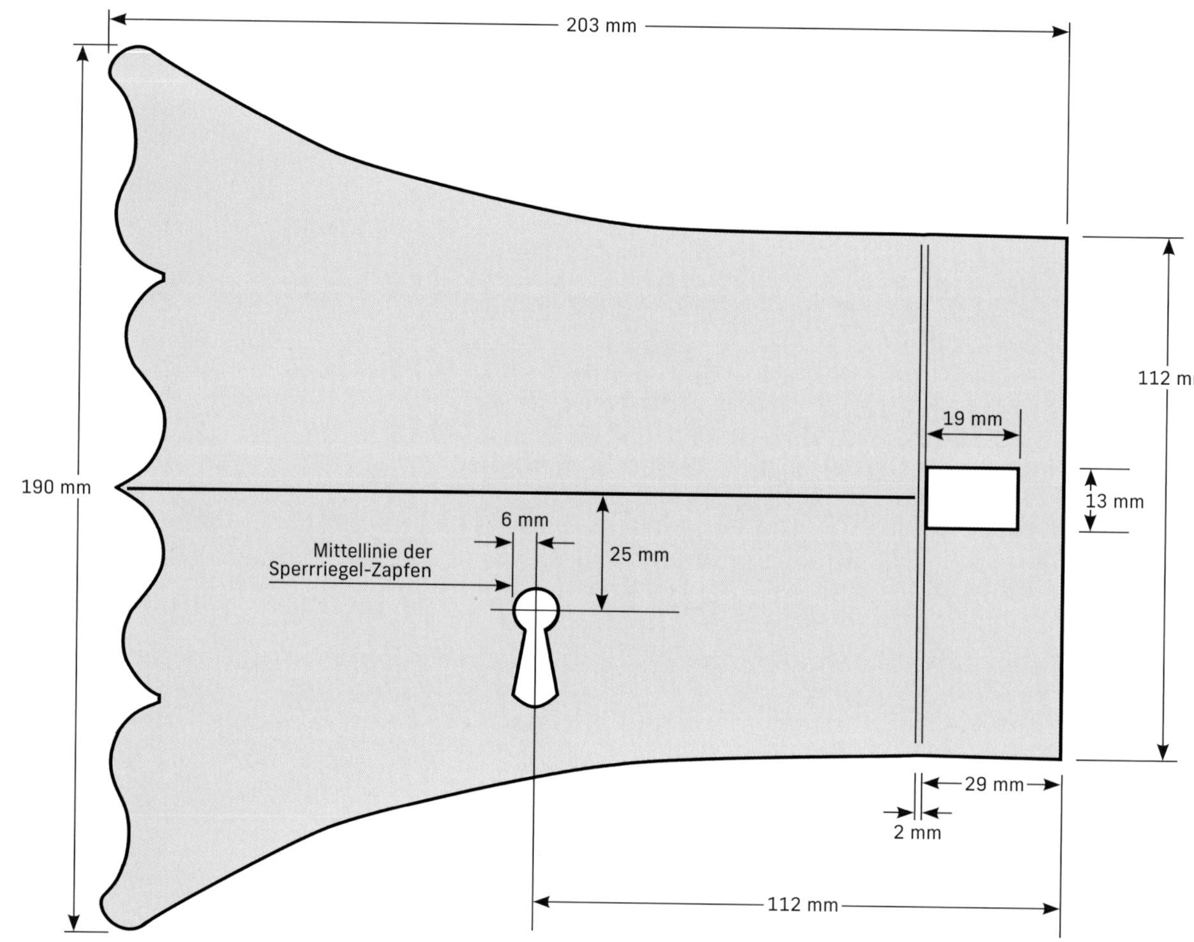

HEBEL

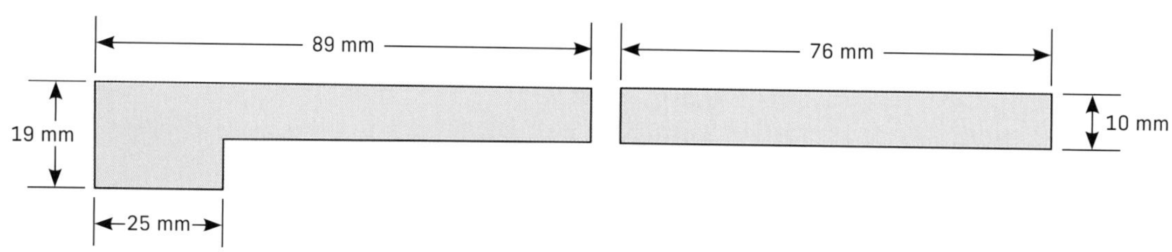

SPERRRIEGEL

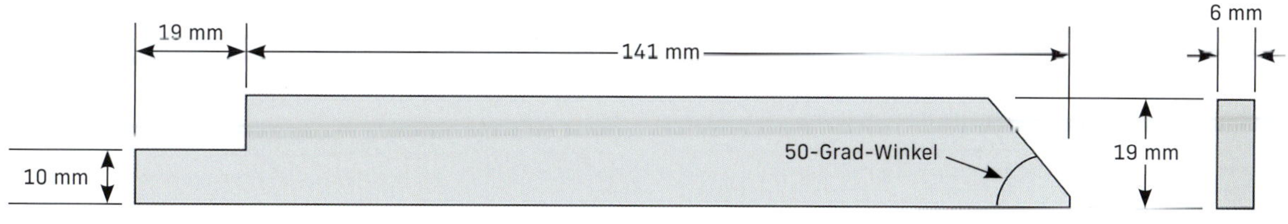

DECKPLATTE

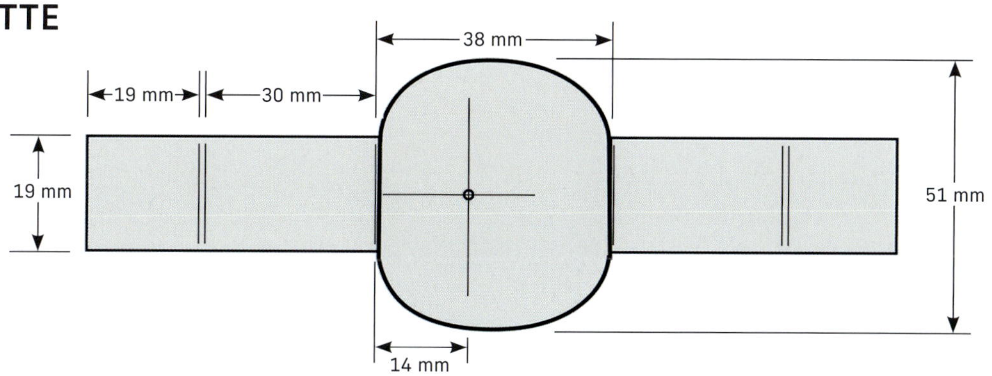

ZIERELEMENTE (OPTIONAL)

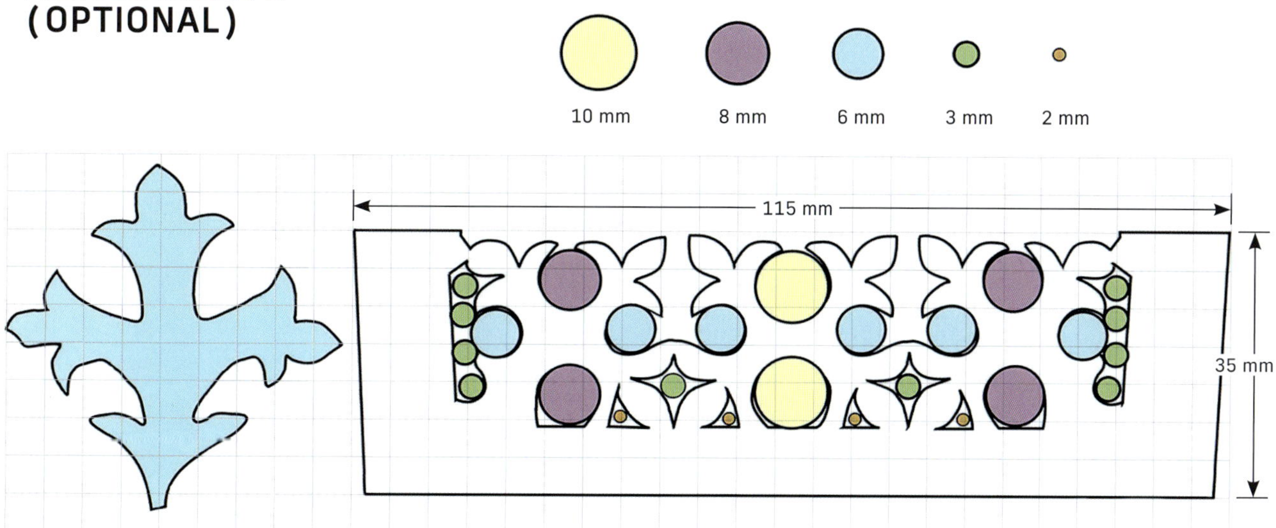

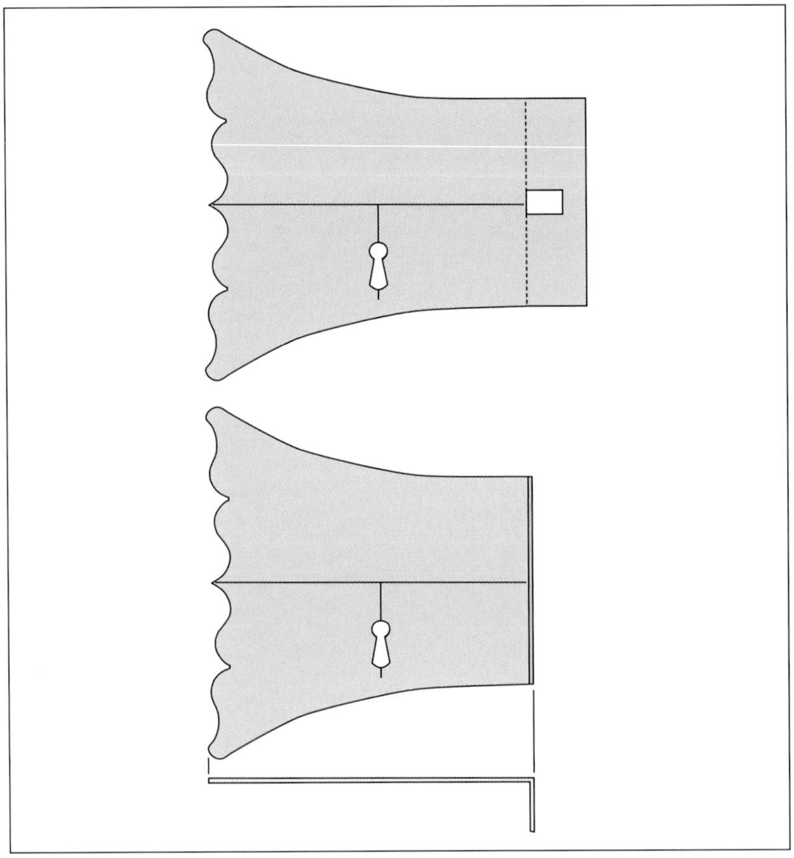

Das mittelalterliche Federschloss ähnelt im Aufbau und der Funktion dem Schrankschloss. Bei diesem Schloss ist der Mechanismus jedoch in einer schweren Türplatte verborgen. Der Mechanismus an sich ist flach und unauffällig gehalten, während die Deckplatte die dekorativen Elemente des Schlosses zeigt. Dieses Schloss verfügt über einen doppelten Sperrriegel und ein aufwendiges Reifensystem.

Schneiden Sie die Deckplatte aus und übertragen Sie alle Referenzlinien von der Vorlage auf die Deckplatte. Das Schlüsselloch und das Vierkantloch für die Sperrriegel auf der Endplatte können nun ausgeschnitten werden. Kehlen und biegen Sie die Endplatte im 90-Grad-Winkel.

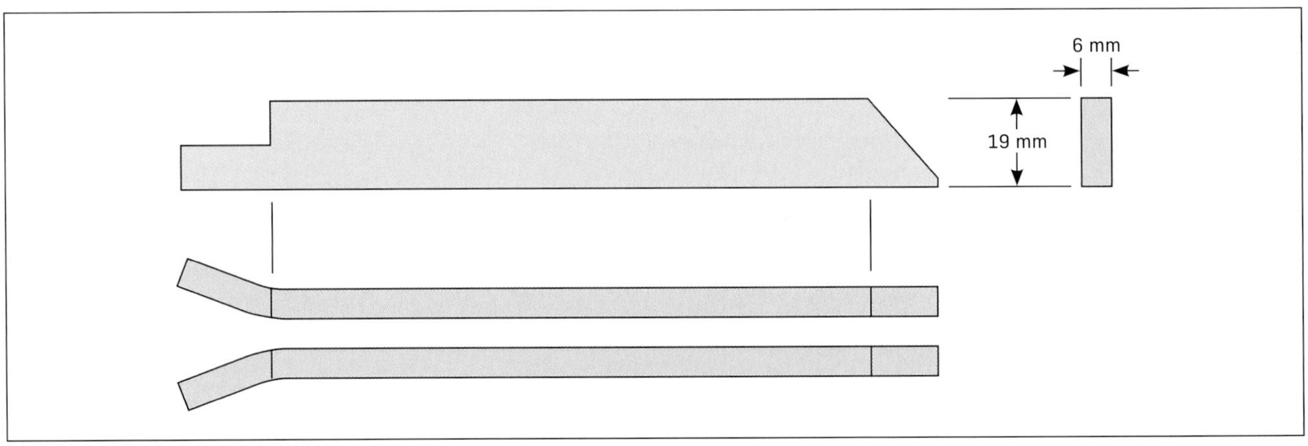

Die Rohlinge für den Sperrriegel werden aus Flachstahl (6 x 19 mm) ausgeschnitten. Das Ende jedes Sperrriegels muss im 90-Grad-Winkel gebogen werden. Beginnen Sie mit dem Biegen, indem Sie jeden Sperrriegel aufrecht in einen Schraubstock einspannen und schräg auf das Ende hämmern. Das kann in kaltem Zustand geschehen. Das Ende des unteren Sperrriegels muss so gebogen werden, dass es im Schloss nach unten zeigt. Das Ende des oberen Sperrriegels muss so gebogen werden, dass es nach oben ausgerichtet ist.

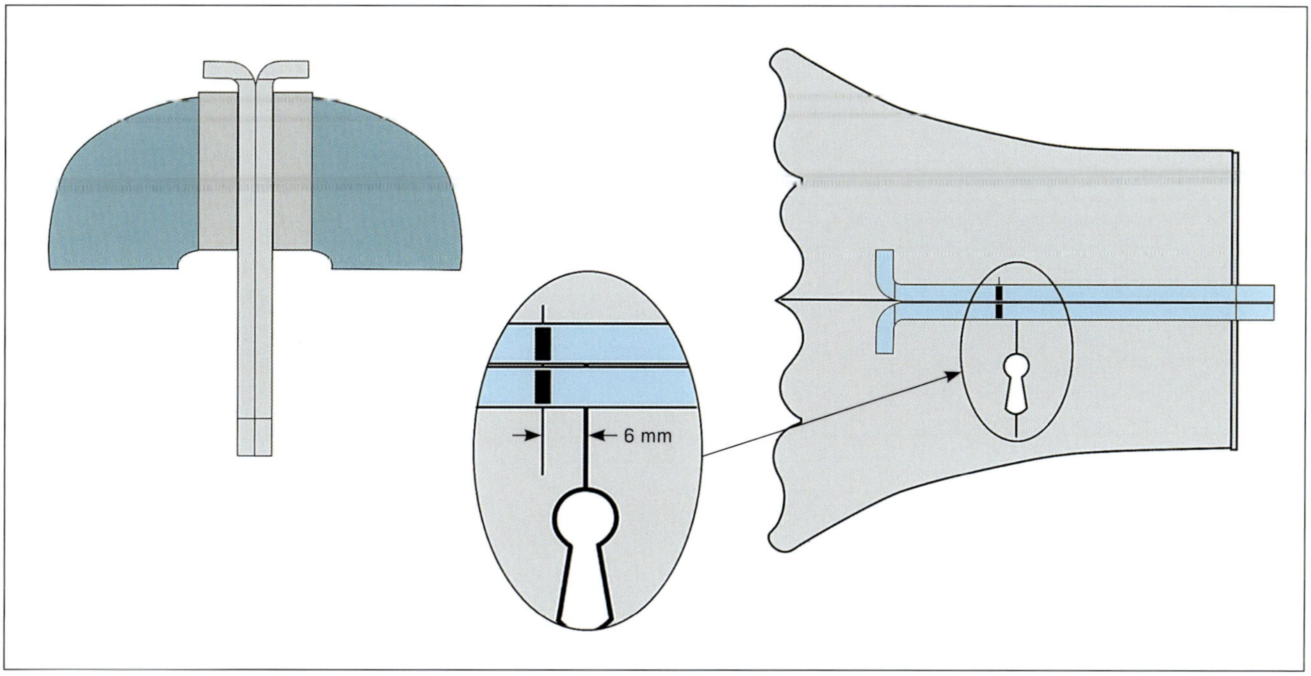

Legen Sie die beiden Sperrriegel zusammen und erhitzen Sie deren Enden. Spannen Sie dieses Paket nun in den Schraubstock und biegen Sie die Enden mit dem Hammer scharf um. Legen Sie beide Sperrriegel auf die Deckplatte. Die Referenzlinien auf dem Muster der Deckplatte zeigen die Mittellinie der Sperrriegel-Zapfen an. Markieren Sie diese Linie auf jedem Sperrriegel.

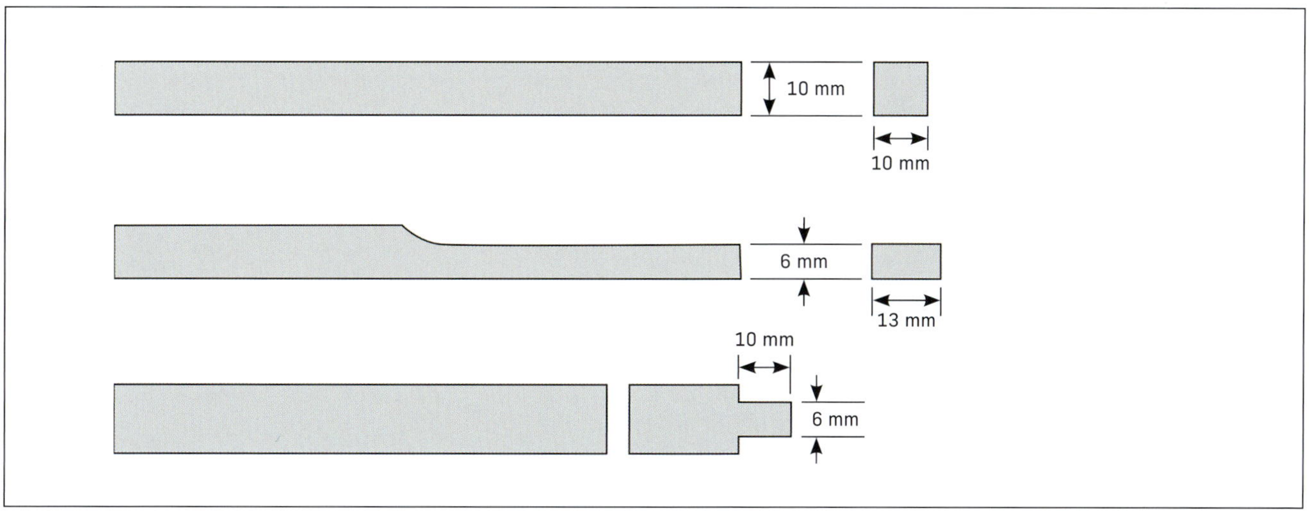

Die Sperrriegel-Zapfen werden aus 10-mm-Vierkantstahl gefertigt. Dazu wird jeweils ein kurzes Stück des Vierkantstahls auf eine Dicke von 6 mm herunter geschmiedet. So erhält man einen Flachstahl mit den Maßen 6 x 13 mm. Für den unteren Sperrriegel wird ein 6 mm großer, quadratischer Zapfen in die Mitte des 13 mm breiten Abschnitts des Sperrriegels geschnitten. Zeichnen Sie die Länge des Sperrriegel-Zapfens auf der Stange an. Schneiden Sie den Sperrriegel-Zapfen letztlich etwas länger als die auf der Vorlage angegebene Länge.

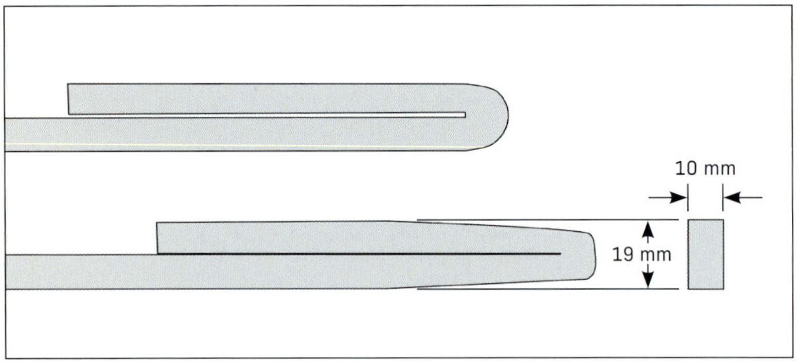

Der Zapfen für den oberen Sperrriegel wird um einen einfachen, handwerklich hergestellten Dorn geschmiedet, der die Innenform des Sperrriegels definiert. Der Dorn besteht entweder aus Flachstahl (10 x 19 mm) oder aus einem 10-mm-Vierkantstahl, der auf sich selbst zurückgefaltet wird und dessen Naht anschließend verschweißt wird. Das Schmieden einer leichten Verjüngung in der Nähe der Spitze erleichtert später die Handhabung.

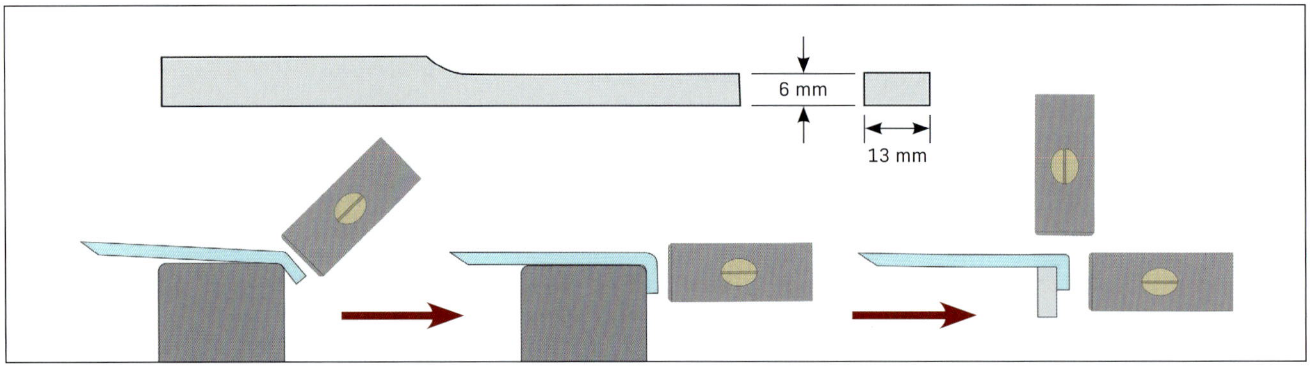

Der Zapfen wird aus einem kurzen Stück Flachstahl (6 x 13 mm) geschmiedet. Schmieden Sie dazu zunächst eine scharfe Kante am Ende des Stahls.

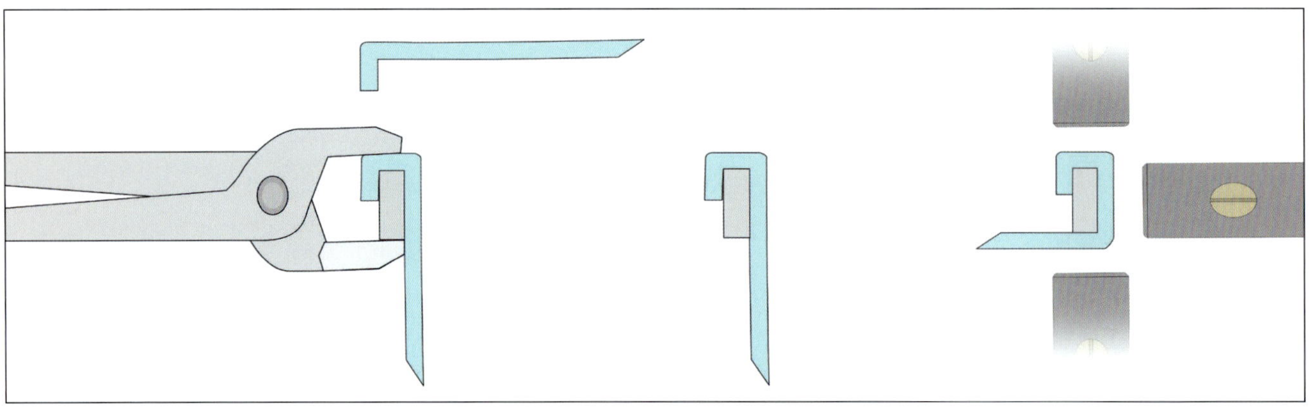

Klemmen Sie den Dorn aufrecht in den Schraubstock ein. Mit Schmiede- oder Gripzangen wird der 6 mm starke Flachstahl beim Biegen um den 19 mm breiten Dorn festgehalten. Klemmen Sie den Stahl an der 10-mm-Kante des Dorns fest. Legen Sie das Ende des Flachstahls gegen die 19 mm breite Bahnfläche des Dorns und biegen Sie ihn rundum. Sofern der Stahl noch warm genug ist, können Sie die Außenfläche des Stahls anschließend mit leichten Hammerschlägen verfeinern. Erhitzen Sie den Stahl ein weiteres Mal. Schieben Sie den Haken über den Dorn und biegen Sie nun auch die letzte Kante des Zapfens. Erhitzen Sie den Zapfen noch ein Mal, damit er sich dem Dorn so weit wie möglich anpasst. Die endgültige Form des Zapfens sollte dem Buchstaben J ähneln.

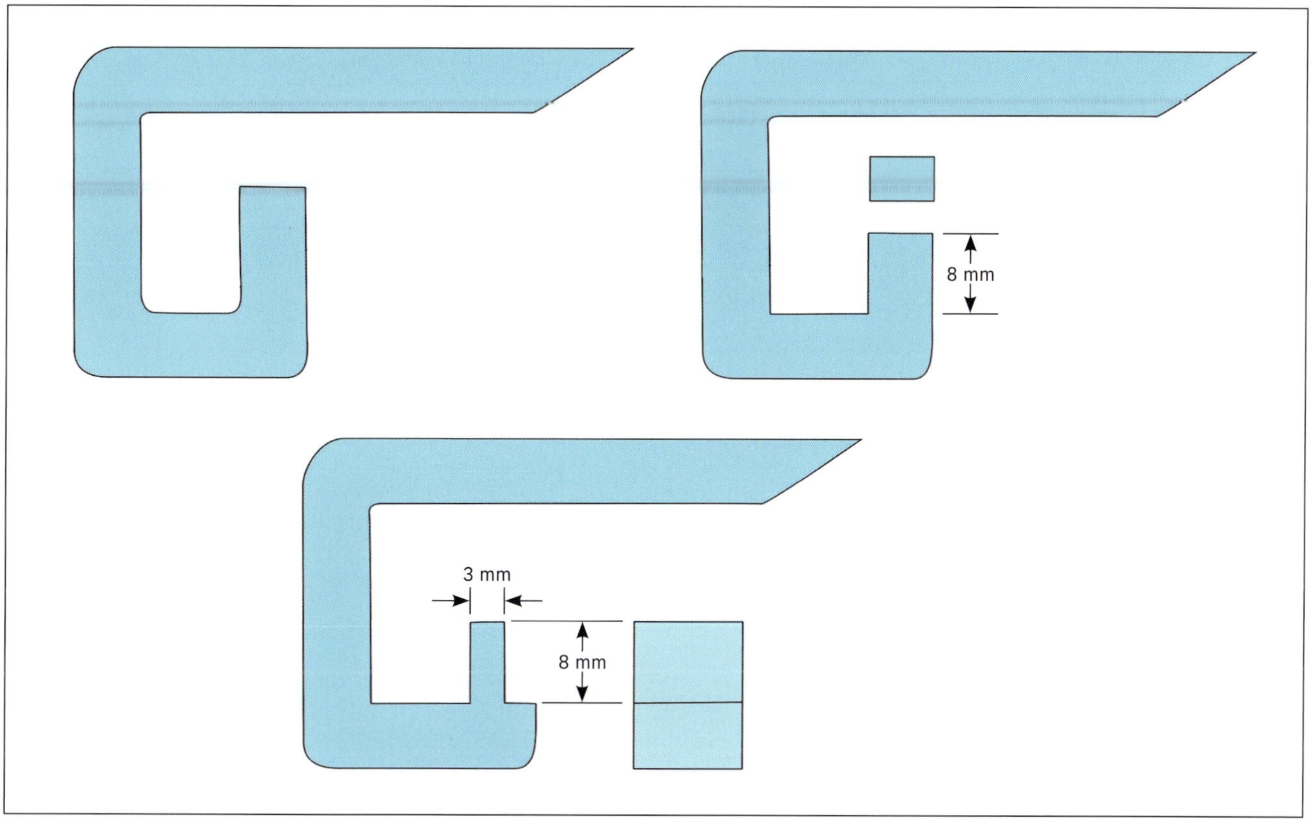

Feilen Sie definierte Kanten in die Innenseite der ersten Biegung und glätten Sie die Fläche. Der kurze Schenkel der Biegung wird zu einem Zapfen geschnitten. Messen Sie 8 mm von der Innenkante aus und schneiden Sie den Überstand ab. Schneiden Sie einen Zapfen (3 x 13 mm) auf der Innenseite des Stahls. Die äußere Schulter liegt auf gleicher Höhe wie die Biegung.

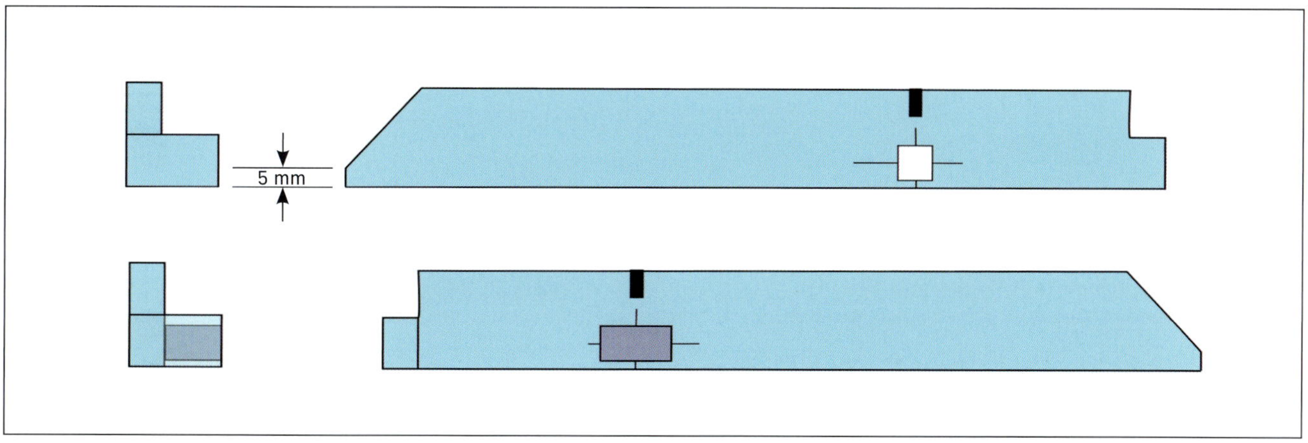

Die Mittellinie des Schlitzes für den Zapfen im unteren Sperrriegel liegt 5 mm über der Deckplatte. Schneiden Sie einen Schlitz für den Zapfen. Dieser Schlitz muss leicht schwalbenschwanzförmig sein, damit sich unter der Oberfläche des Sperrriegels der Nietkopf ausformen kann. Vernieten Sie den Zapfen und feilen Sie die Innenfläche des Bolzens plan.

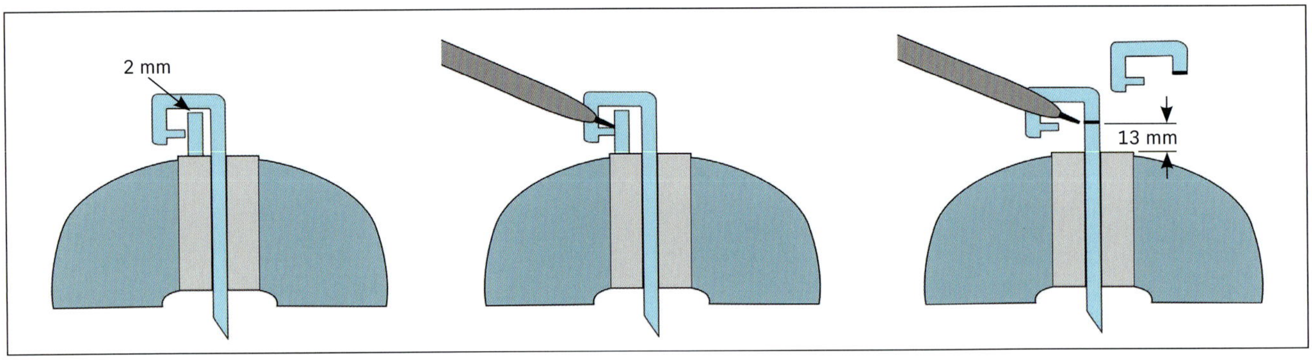

Klemmen Sie den oberen Sperrriegel-Zapfen so in den Schraubstock ein, dass der horizontale Arm des Zapfens etwa 2 mm über dem Sperrriegel liegt. Reißen Sie die Position des Zapfens auf dem Sperrriegel an. Zeichnen Sie auf dem vertikalen Arm des Sperrriegels eine Linie an, die sich 13 mm über den Schraubstockbacken befindet. Schneiden Sie den Sperrriegel-Zapfen auf diese Länge zu. Schneiden Sie den Schlitz für den oberen Sperrriegel-Zapfen. Vernieten Sie den Sperrriegel-Zapfen gerade so weit, dass er fest sitzt. Vervollständigen Sie den oberen Sperrriegel, indem Sie den Sperrriegel-Zapfen anlöten und die Bahnfläche plan feilen.

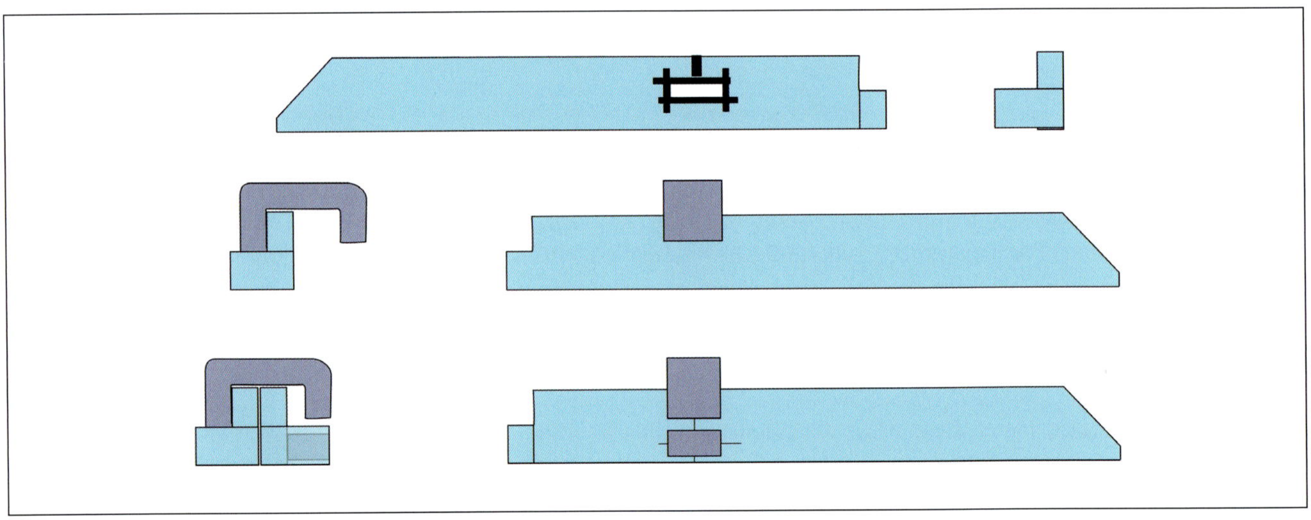

Setzen Sie die beiden Sperrriegel zusammen. Richten Sie alle Verdrehungen oder Biegungen, die verhindern, dass sie so eng wie möglich zusammen passen. Feilen Sie das Ende des Zapfens für den unteren Bolzen, bis es mit der Außenkante des Zapfens für den oberen Bolzen bündig ist. Feilen Sie einen leichten Radius an die Unterkante jedes Zapfens.

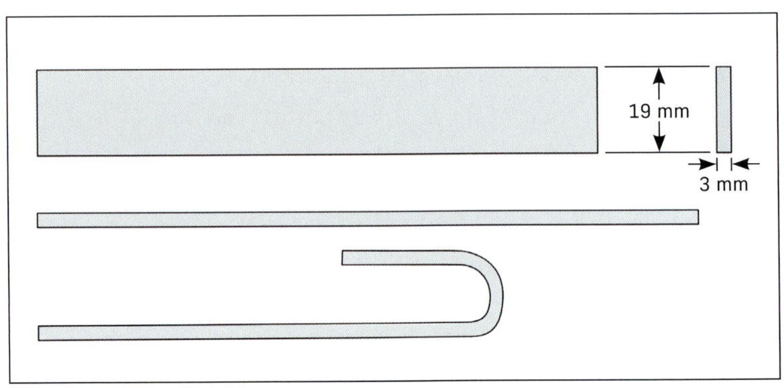

Die Sperrriegel-Führungen werden aus Flachstahl (3 x 19 mm) geschmiedet. Biegen Sie das Ende einer längeren Stange um.

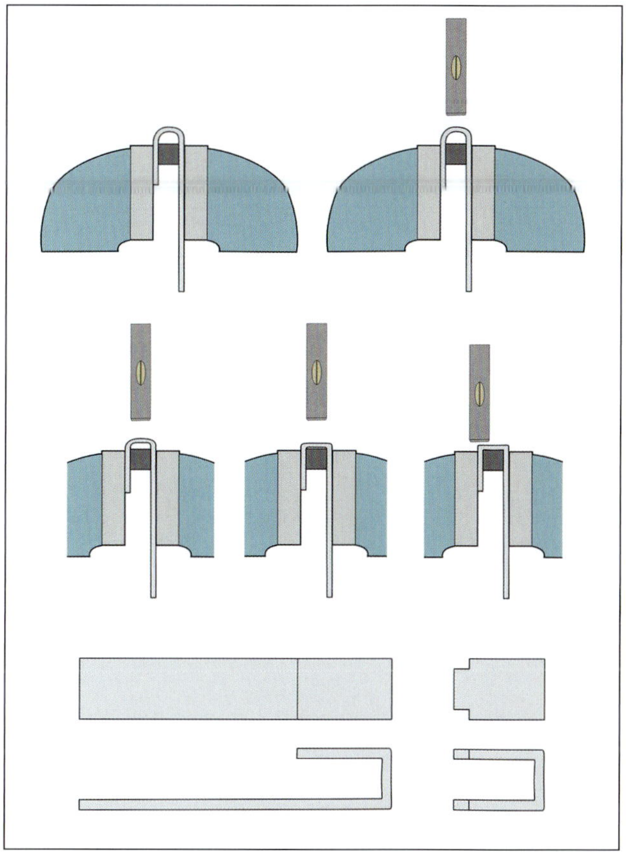

Stecken Sie ein kurzes Stück Vierkantstahl (13 mm) in die Biegung. Spannen Sie alles in den Schraubstock ein. Verwenden Sie einen leichten Hammer, um die Oberkante des Sperrriegels rechtwinklig zu biegen. Das Hämmern erfolgt im kalten Zustand, aber die Stange muss während des Prozesses immer wieder ins Feuer, um eine Kaltverfestigung des Metalls zu verhindern. Sobald die Außenkanten deutlicher definiert sind, konzentrieren Sie das Hämmern direkt auf die Position der Schenkel der Sperrriegel-Führung.

Um die Passform der Sperrriegel-Führungen anzupassen, muss entweder die Innenseite der Sperrriegel-Führung oder die Außenseite eines oder beider Bolzen durch Feilen angepasst werden. Wenn die Sperrriegel-Führung grundsätzlich über die Bolzen passt, aber an irgendeiner Stelle anstößt, muss die Innenseite der Sperrriegel-Führung gefeilt werden. Wenn die Bolzenführung in einigen Bereichen genügend Spiel hat, aber an bestimmten Stellen klemmt, muss der Sperrriegel an dieser Stelle gefeilt werden. Schneiden Sie einen 3 x 13 mm großen Zapfen an das Ende jedes Schenkels.

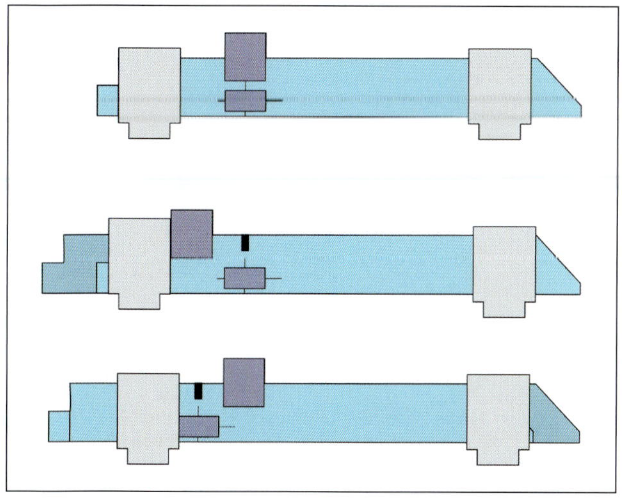

Die beiden Führungen sollen es den Sperrriegeln ermöglichen, aneinander vorbeizugleiten, unabhängig davon, wie sie im Verhältnis zueinander positioniert sind.

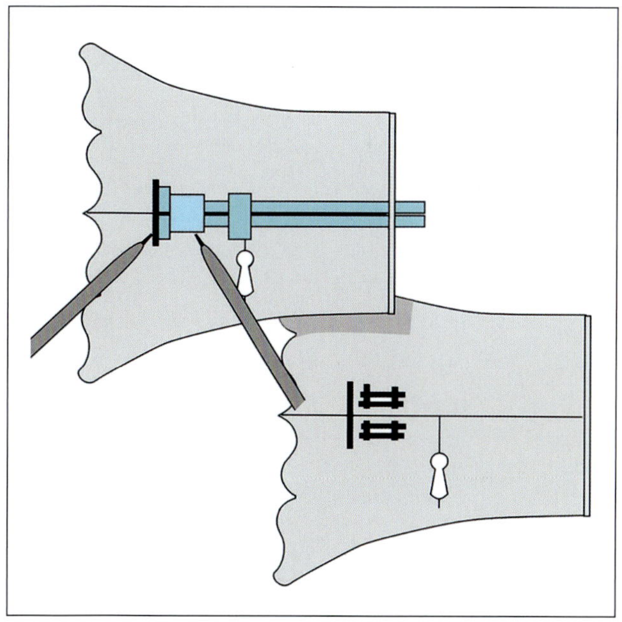

Positionieren Sie die arretierten Sperrriegel auf der Deckplatte. Reißen Sie die Position der Enden der Sperrriegel auf der Deckplatte an. Platzieren Sie die hintere Sperrriegel-Führung über den Sperrriegeln und direkt vor den Zapfen. Zeichnen Sie die Position der Zapfen auf der Deckplatte an. Schneiden Sie die Schlitze für die hintere Sperrriegel-Führung aus. Vernieten Sie die Sperrriegel-Führung jedoch nicht mit der Rückwand.

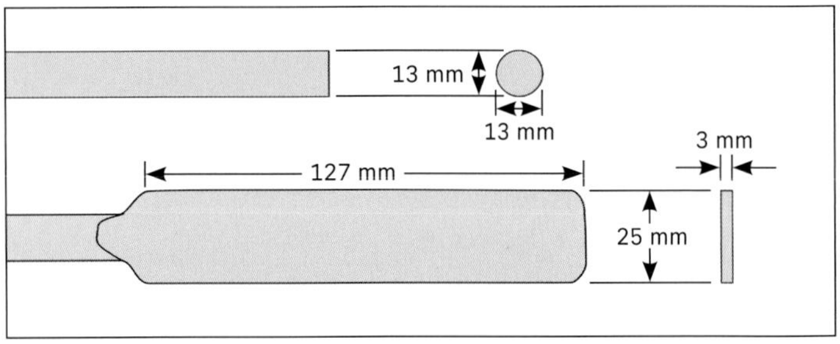

Die Feder dient dazu, die Sperrriegel in einer verriegelnden Position zu halten. Sie wird aus rundem Kohlenstoffstahl mit einem Durchmesser von 13 mm geschmiedet. Dünnen Sie ein 127 mm langes Stück auf 3 x 25 mm aus. Dieser Abschnitt wird zur Feder geformt.

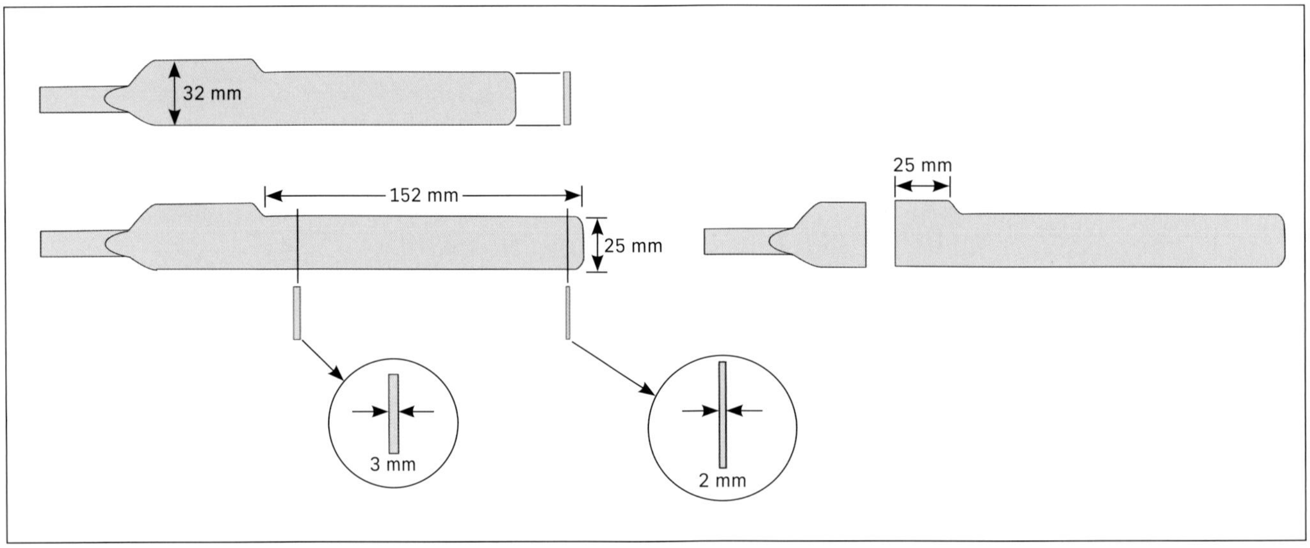

Am Ende des Federabschnitts wird ein 32 mm breites Teilstück geschmiedet. Mit Hilfe dieses Montageblocks wird die Feder an der Rückenplatte befestigt. Die Form der Feder wird weiter verfeinert, indem ein flacher Kegel geschmiedet wird, der an der Basis 3 mm und an der Spitze 2 mm dick ist. Die Länge liegt bei mindestens 152 mm. Glätten Sie die Oberfläche der Feder mit einer Feile. Messen Sie am 32 mm breiten Abschnitt 25 mm ab und schneiden Sie die Feder vom Stab.

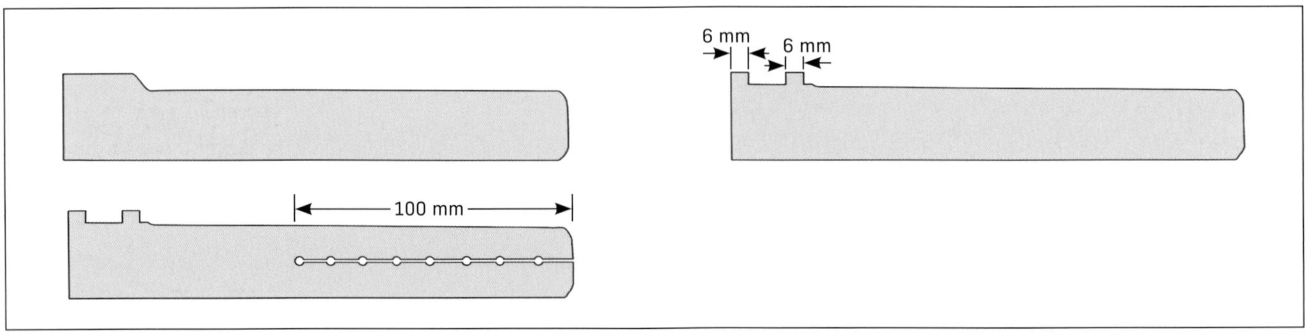

Mit Kaltmeißeln und Feilen werden die Zapfen im Montageblock für die Feder geformt. Die letzten 100 mm der Hauptfeder sind in zwei Abschnitte unterteilt. Bohren Sie eine Reihe von Löchern entlang der Mittellinie der Feder. Mit einer Bügelsäge lässt sich das Material zwischen den Löchern heraus trennen.

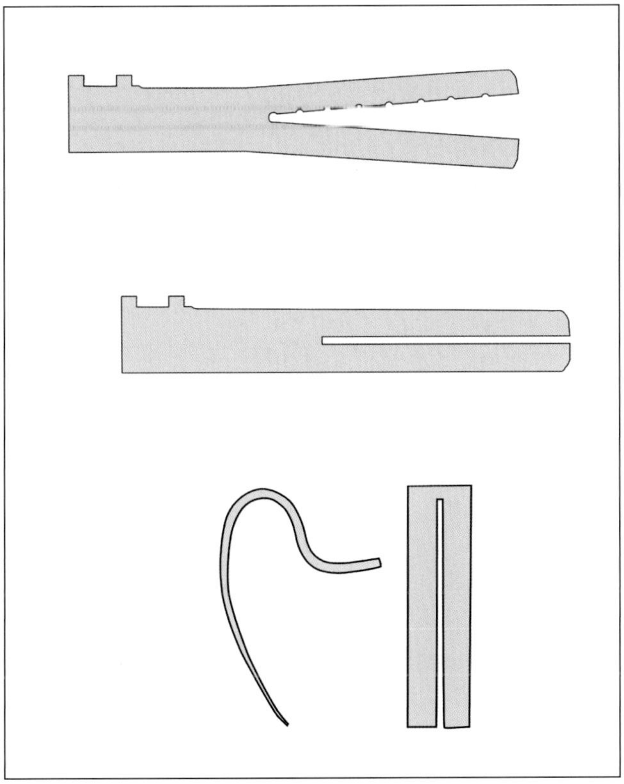

Erhitzen Sie die Feder und trennen Sie die beiden Hälften vorsichtig hebelnd mit einem Flachschraubendreher. Mit Meißel und Feilen lässt sich das Metall bis zum Boden der Bohrlöcher entfernen.

Biegen Sie die Feder in ihre endgültige Form. Die Feder sollte normalisiert werden, um Spannungen abzubauen, aber sie muss nicht wärmebehandelt werden.

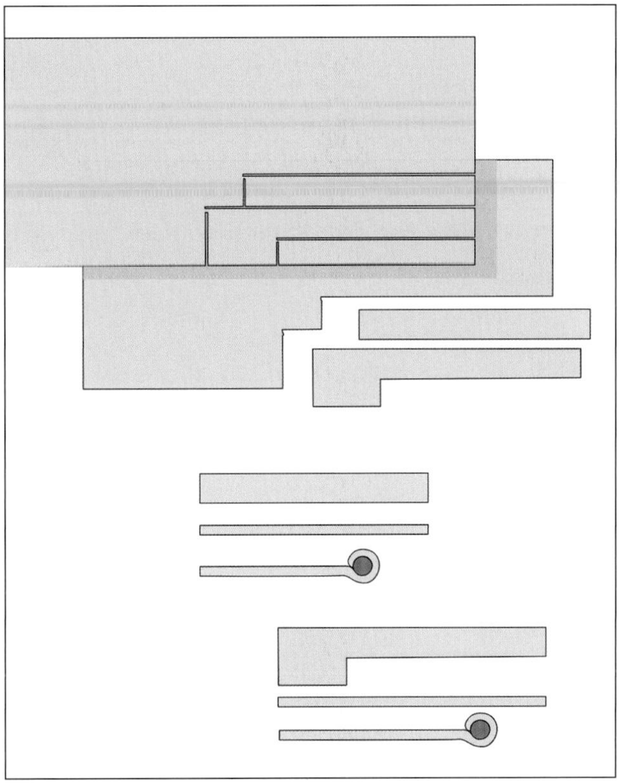

Jede Hälfte der Feder wird später gegen einen Hebel drücken, der mit einem der Sperrriegel verbunden ist. Die Hebel werden beide aus einem 3-mm-Blech geschnitten.

Stellen Sie ein einfaches Scharniergehäuse her, indem Sie eine kleine Schlaufe am Ende der Stange schmieden. Verwenden Sie dazu ein kurzes Stück Rundstahl (6 mm).

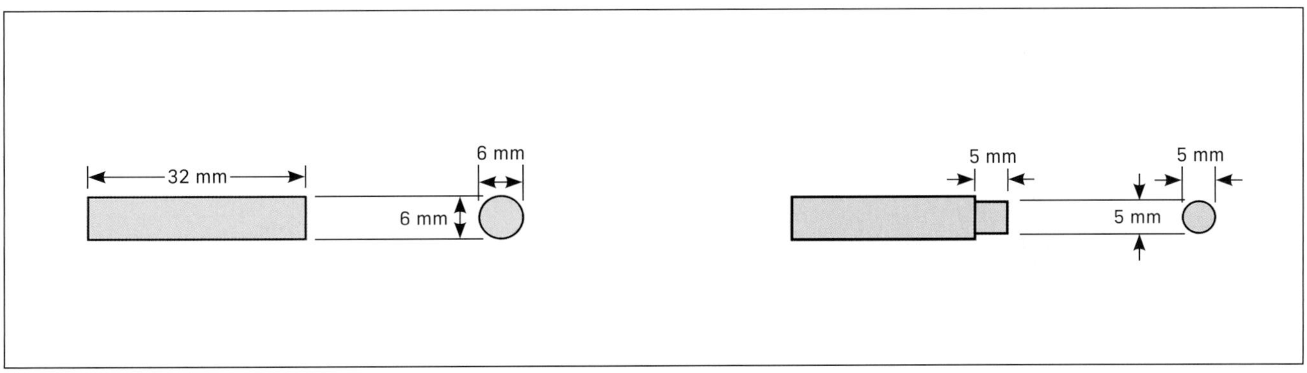

Der Drehzapfen wird aus einem 32 mm langen und 6 mm breiten Bolzen hergestellt. Feilen Sie mit einer Sicherheitsfeile einen Zapfen mit 5 mm Durchmesser an das Ende des 5 mm langen Zapfens.

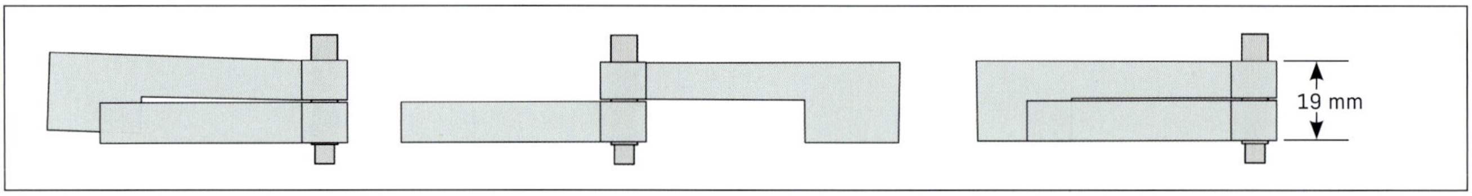

Schieben Sie beide Hebel auf den Stift. Passen Sie die Form der Hebel an, bis sie im rechten Winkel zum Stift sitzen. Der Spalt zwischen den Hebeln sollte parallel sein. Die Enden der Hebel haben noch nicht die richtigen Abmessungen oder Länge. Der Schablone wurde bewusst zusätzliches Material hinzugefügt, um Anpassungen zu ermöglichen, sobald die Sperrriegel im Schloss installiert werden. Feilen Sie die Arme eines jeden Hebels auf 10 mm Breite. Die Unterkante des Paddels am Arm des Hebels für den oberen Sperrriegel-Zapfen sollte auf der Deckplatte aufliegen. Feilen Sie die Unterkante des Paddels ab, um die Höhe des oberen Hebels einzustellen. Der Spalt zwischen den beiden Hebeln soll nicht mehr als 2 mm betragen. Die Gesamthöhe der beiden Hebel sollte etwa 19 mm betragen.

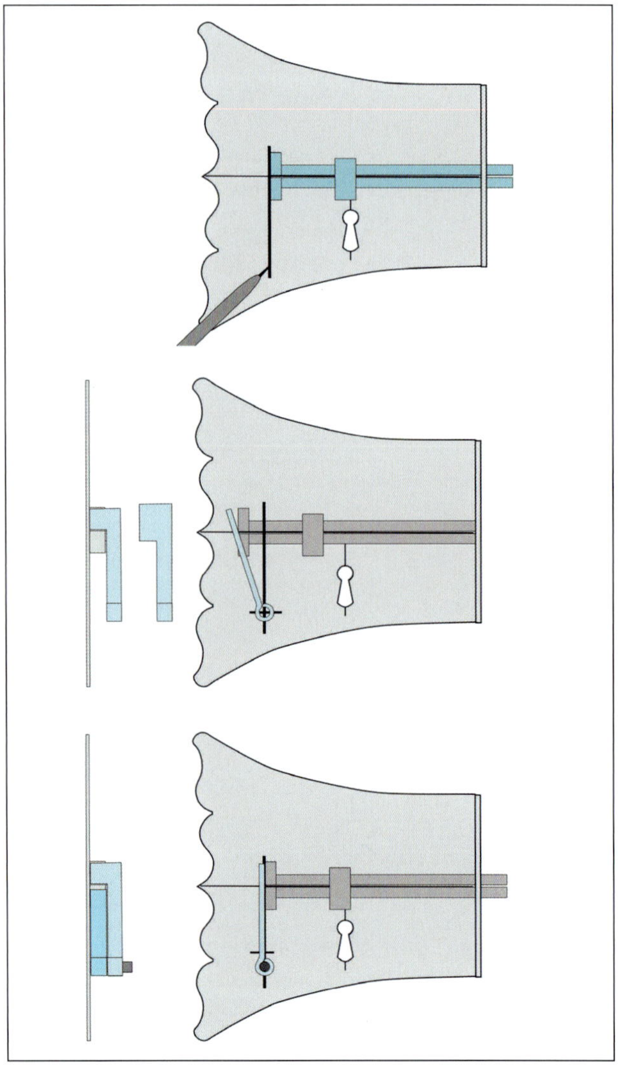

Bringen Sie die arretierten Sperrriegel auf der Deckplatte an. Die Position des Drehzapfens für die Hebel befindet sich in dieser Stellung direkt unter den Enden der Sperrriegel. Markieren Sie an dieser Stelle eine senkrechte Linie. Entriegeln Sie die Sperrriegel nun vollständig. Stellen Sie die Position des oberen Hebels ein, bis die Mitte des Paddels mit der Mitte des Endes des oberen Sperrriegels übereinstimmt. Schwenken Sie den Scharnierzylinder auf die Referenzlinie für den Scharnierniet. Markieren Sie die Position der Mittellinie des Zylinders auf der Rückenplatte.

Bohren Sie die Deckplatte und vernieten Sie dort den Scharnierbolzen. Bringen Sie die Bolzen an der Deckplatte wieder in eine vollständig verriegelte Position und setzen Sie den oberen Hebel gegen den oberen Sperrriegel. Kürzen Sie die Länge des Hebels, bis er mit der Oberkante des Schwanzes am Sperrriegel bündig ist. Schneiden Sie die Innenkante der Schaufel des oberen Hebels ab, bis sie über der Mittellinie zwischen den beiden Sperrriegeln liegt.

Montieren Sie den Hebel für den unteren Sperrriegel. Kürzen Sie die Länge des Hebels, bis er sich unterhalb der Mittellinie zwischen den beiden Sperrriegeln befindet. Zeichnen Sie die Position der Oberseite des Scharnierzylinders quer zur Mittellinie für den Scharnierniet an.

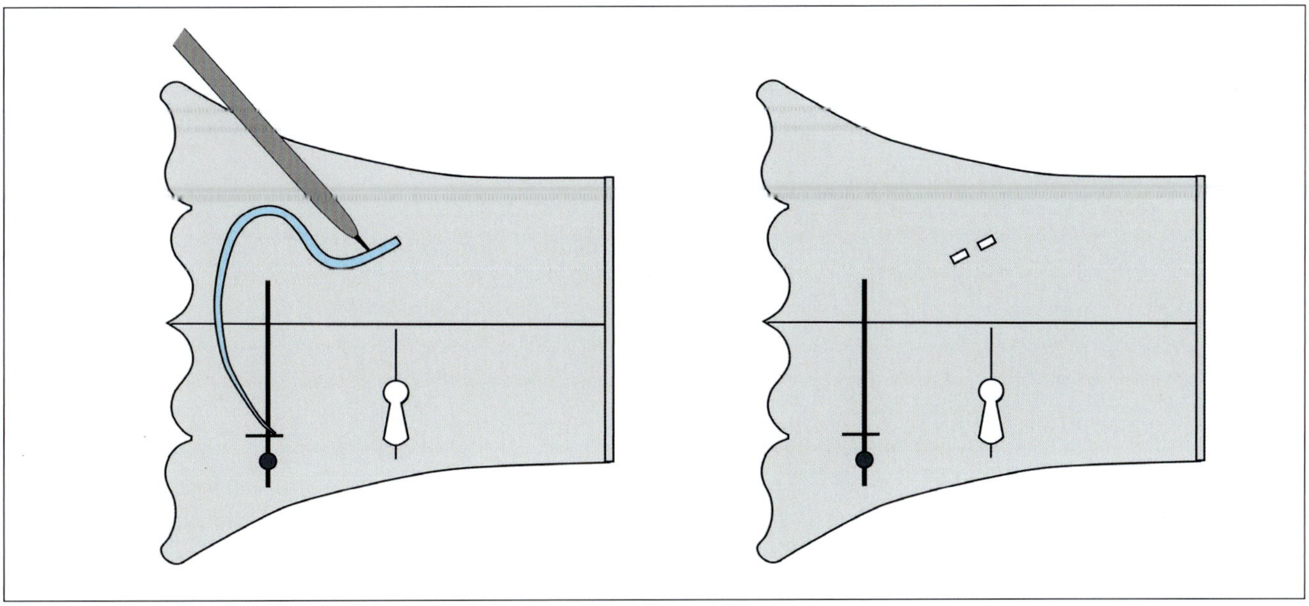

Entfernen Sie die Sperrriegel und Hebel und setzen Sie die Feder auf die Schablone. Positionieren Sie die Spitze der Feder über der Anreißlinie für die Oberseite des Scharnierzylinders und vor der Anreißlinie, die die Mittellinie für den Scharnierniet markiert. Reißen Sie die Position der Zapfen auf dem Befestigungsblock für die Feder auf der Deckplatte an. Bohren Sie die Mitte des Schlitzes auf. Verwenden Sie Meißel und Feilen, um den Schlitz zu formen, bis er mit dem Zapfen der Feder übereinstimmt.

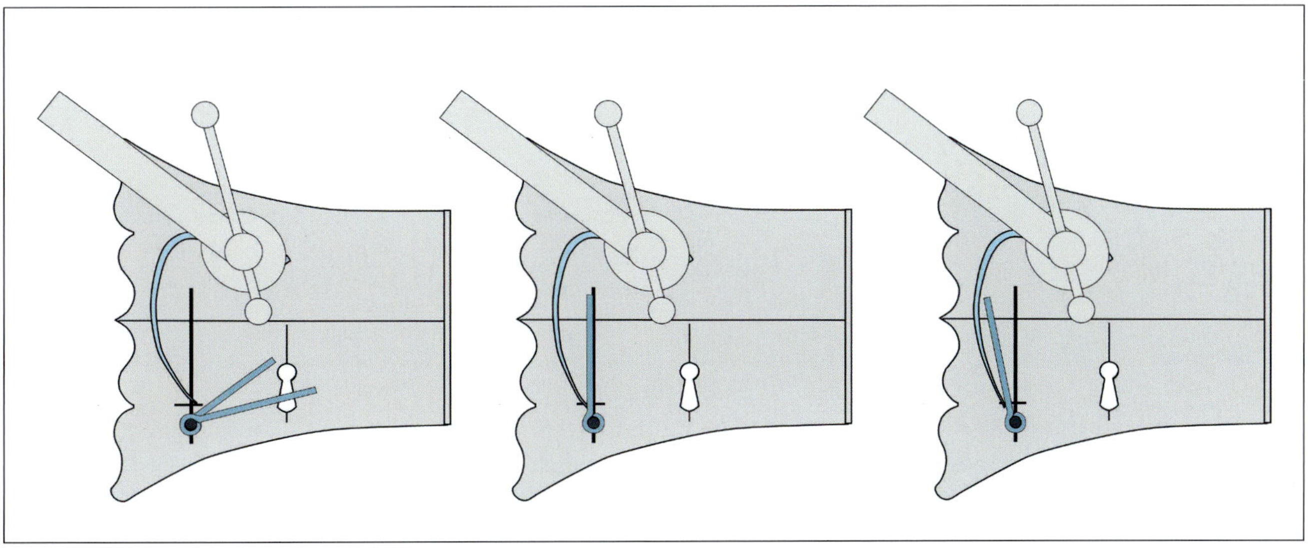

Setzen Sie die Feder in die Deckplatte ein und klemmen Sie sie fest. Bringen Sie die Hebel an und testen Sie die Federspannung. Die Feder sollte unter Spannung stehen, wenn die Hebel die Referenzlinien für die Enden der Sperrriegel erreichen, wenn sie vollständig verriegelt sind. Sie sollte auch eine gleichmäßige Spannung auf die Hebel ausüben, wenn diese von der verriegelnden in die entriegelte Position gedreht werden. Die Krümmung der Feder kann eingestellt werden, bis die richtige Federspannung erreicht ist. Wenn die richtige Federspannung erreicht ist, kann die Feder mit der Deckplatte vernietet werden.

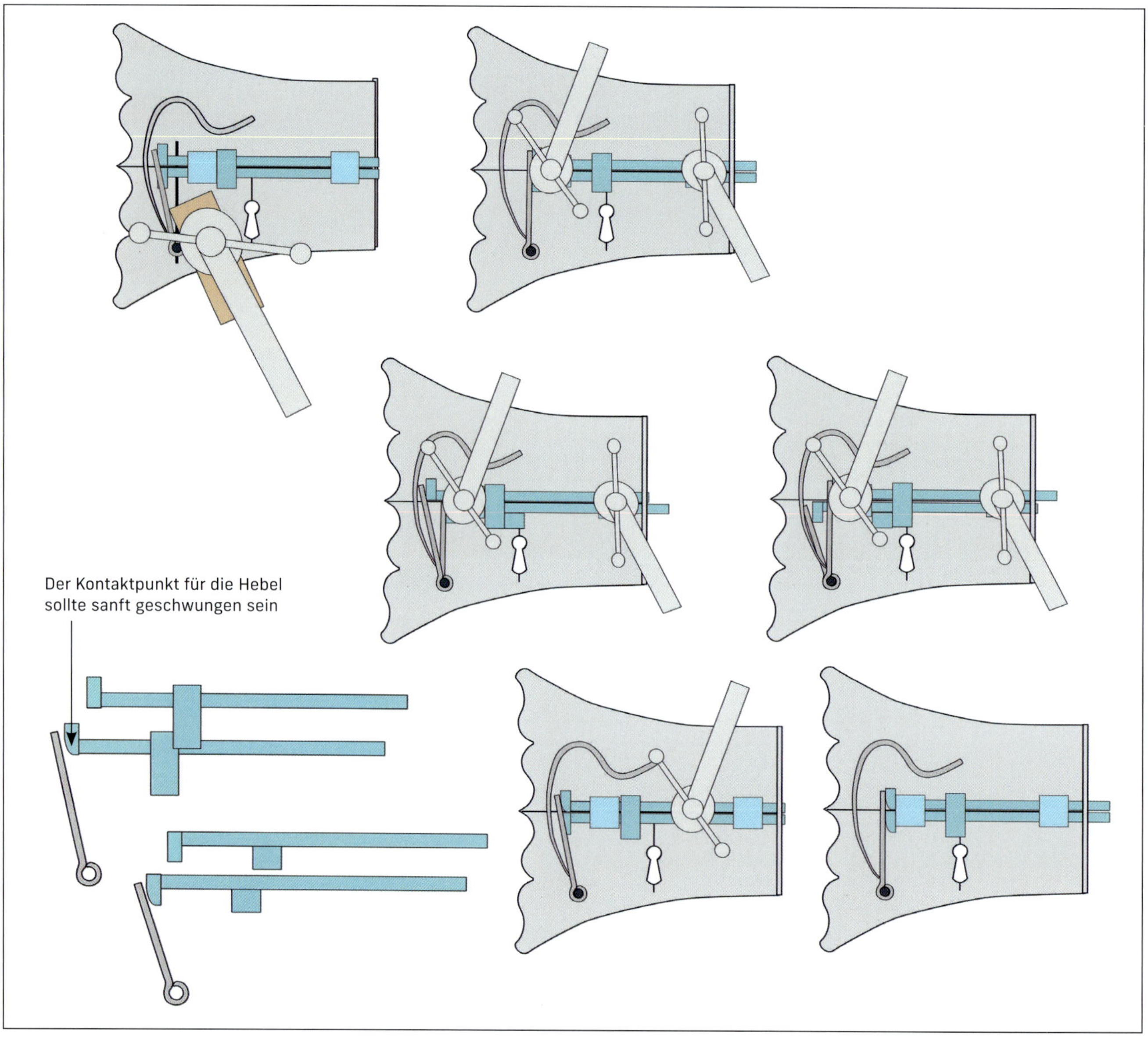

Die Sperrriegel können nun in das Schloss eingebaut werden. Drehen Sie die Hebel, bis sich die Enden unterhalb der Sperrriegel befinden. Setzen Sie die Sperrriegel in vollständig entriegelter Position auf die Rückenplatte. Legen Sie die Mitte der vorderen Sperrriegel-Führung über die abgeschrägte Kante der Riegel. Ritzen Sie zunächst die Schlitze für die vordere Sperrriegel-Führung an und schneiden Sie diese anschließend aus. Schneiden Sie die Kanten der Sperrriegel so zu, dass sie mit den Hebeln übereinstimmen. Bringen Sie die Hebel wieder in ihre Arbeitsposition. Montieren Sie die Sperrriegel und klemmen Sie beide Sperrriegel-Führungen an der Deckplatte fest. Testen Sie die Funktion der Sperrriegel. Sie sollten leicht von der verriegelnden in die entriegelte Position gleiten, unabhängig davon, ob sie zusammen oder unabhängig voneinander bewegt werden. Nehmen Sie gegebenenfalls die erforderlichen Einstellungen vor. Klemmen Sie die Sperrriegel an der Deckplatte fest. Entfernen Sie die Klammern von den Sperrriegel-Führungen und vernieten Sie die Führungen an ihrem Platz. Das Ende des Drehbolzens ist leicht vernietet. Dadurch wird das Ende aufgeweitet, damit sich die Hebel nicht vom Bolzen lösen können.

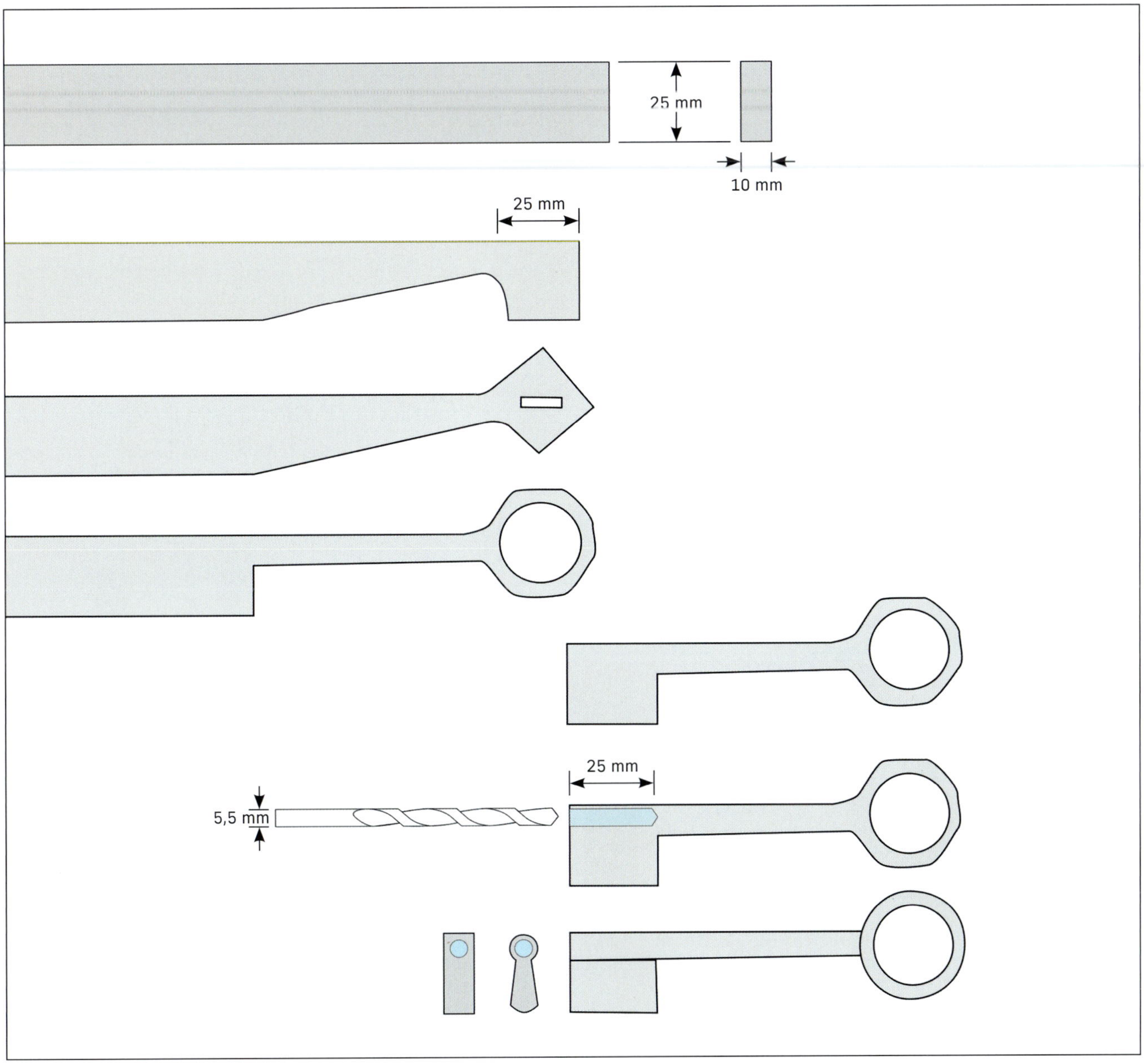

Der Schlüssel wird aus Flachstahl (10 x 25 mm) geschmiedet. Die Rundung des Schlüssels wird zuerst geschmiedet. Schmieden Sie einen Versatz, der 25 mm vom Ende der Stange entfernt ist. Drehen Sie den Vierkantstahl, bis die Diagonale des Vierkants mit dem oberen Ende der Stange übereinstimmt. Verwenden Sie einen 13 mm breiten Durchschlag, um einen Schlitz in der Mitte der ovalen Form anzubringen. Weiten Sie das Loch auf einen Durchmesser von 19 mm. Verfeinern Sie die Form weiter, indem Sie die Rundung über das Horn des Ambosses (ein im Schraubstock eingespannter Rundstahl geht auch) schmieden. Der Innendurchmesser sollte etwa 25 mm betragen.

Formen Sie den Schlüssel mit Kaltmeißeln weiter aus. Bohren Sie ein 7 mm weites und etwa 25 mm tiefes Loch in das Ende des Schlüssels. Mit dem Zapfenloch als Vorlage wird nun ein passendes Gegenstück ans Ende des Schlüssels gefeilt. Der endgültige Außendurchmesser wird bei etwas weniger als 10 mm liegen. Feilen Sie den Rest des Schlüssels fertig in Form.

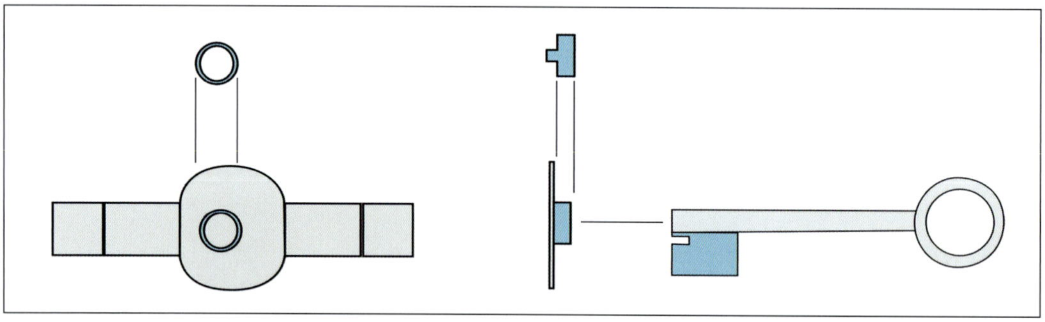

Auf der inneren Bahnfläche der Deckplatte befindet sich ein runder Reifen. Dieser Reifen passt in eine Kerbe, die in die vordere Bahnfläche des Schlüsselbarts geschnitten wurde.

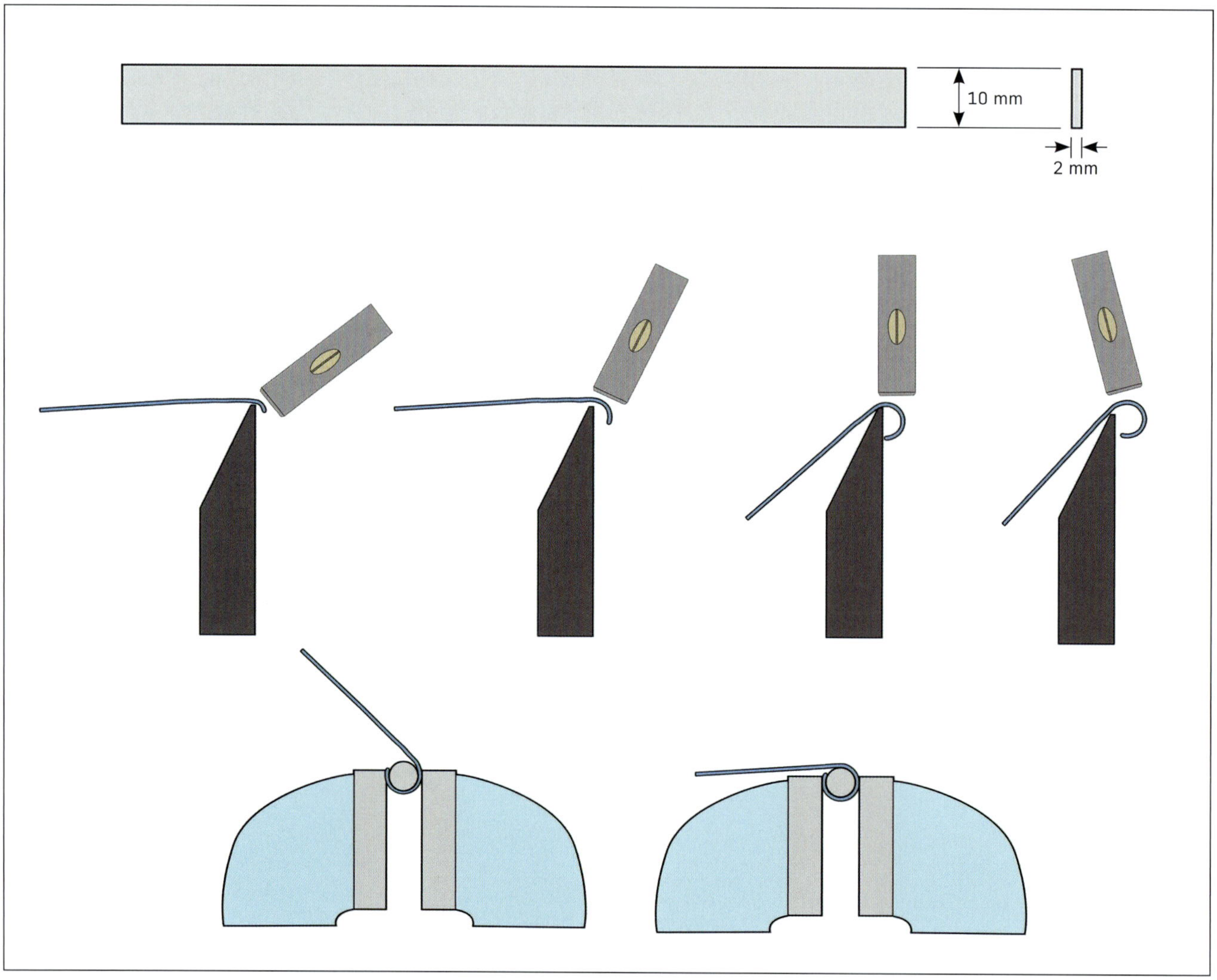

Der Reifen wird aus einem 10 mm breiten Streifen Stahlblech geformt. Wickeln Sie das Ende des Streifens um einen Stab mit einem Durchmesser von 13 mm. Normalisieren Sie den Reifen, bevor Sie ihn vom Ende des Streifens abschneiden. Hämmern Sie leicht auf die Außenkante des Reifens, bis er mit der Rundung der Stange übereinstimmt.

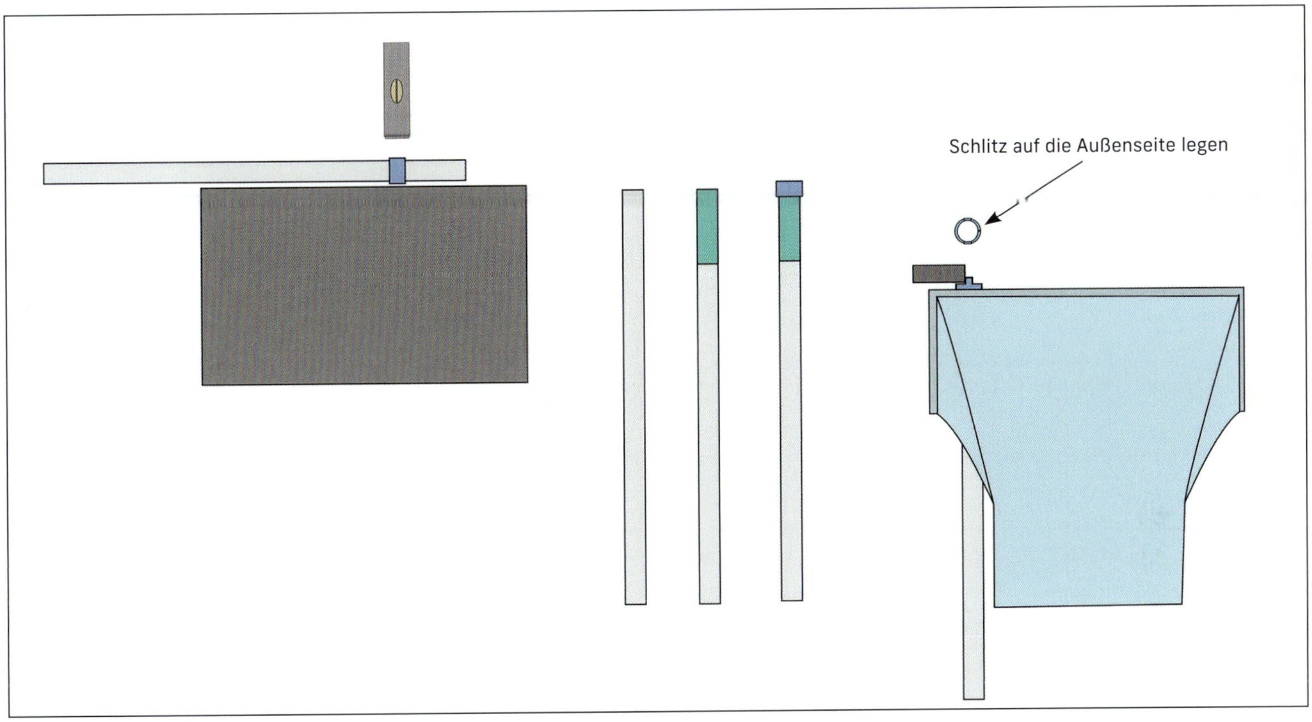

Umwickeln Sie das Ende der 13 mm-Stange mit Klebeband, damit der Ring allein durch seine Federspannung darauf hält. Positionieren Sie den Reifen so auf der Stange, dass die Oberkante des Reifens 3 mm über der Oberkante der Stange liegt. Spannen Sie den Reifen so in einen Schraubstock ein, dass der Schlitz des Reifens im 90-Grad-Winkel zur Position der Zapfen steht. Feilen Sie bis zur Oberfläche des Rundstabs, um auf diese Weise zwei Zapfen an der Oberkante des Reifens zu erzeugen, die 3 mm breit und mindestens 3 mm tief sind.

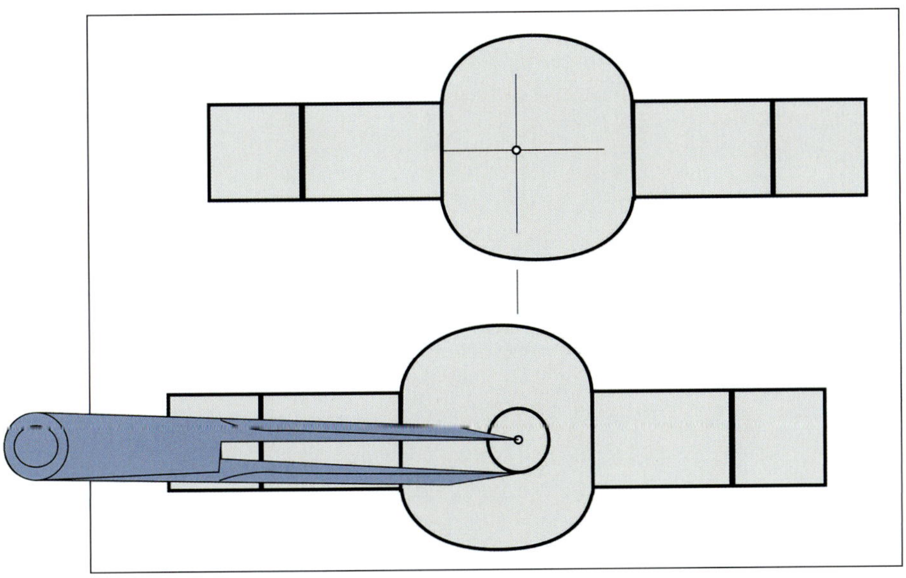

Schneiden Sie die Deckplatte aus. Führen Sie alle Streckvorgänge durch, aber lassen Sie die Deckplatte flach liegen, bis sie für den Einbau in das Schloss bereit ist. Markieren Sie mit einem Körner die Mitte der Drehzapfen-Position auf der Deckplatte. Bohren Sie an dieser Stelle ein 2-mm-Loch. Drehen Sie die Deckplatte um. Setzen Sie den Schenkel eines Zirkels in das durch die Deckplatte gebohrte Loch. Zeichnen Sie eine Referenzlinie mit einem Durchmesser von 13 mm für die Innenseite des Reifens. Richten Sie die Innenkante des Reifens mit dem auf der Deckplatte markierten Kreis aus. Übertragen Sie die Position der Reifen-Zapfen auf die Unterseite der Deckplatte.

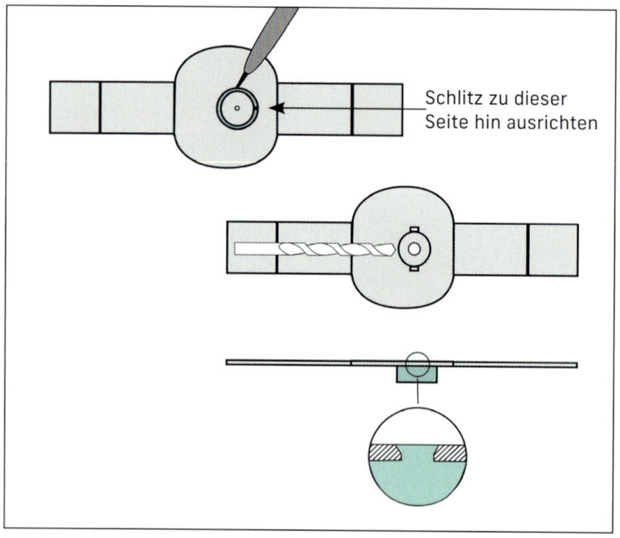

Die Zapfen sollten entlang der vertikalen Mittellinie der Deckplatte platziert werden. Der Schlitz im Ring sollte zur kurzen Seite der Deckplatte zeigen. Schneiden Sie die Schlitze für die Zapfen aus. Schrägen Sie zwei Kanten des Schlitzes an, damit sich unterhalb der Oberfläche der Nietkopf formen kann. Bohren Sie ein Loch für den Zapfen mit 5 mm. Vernieten Sie den Reifen und feilen Sie die Nietköpfe flach.

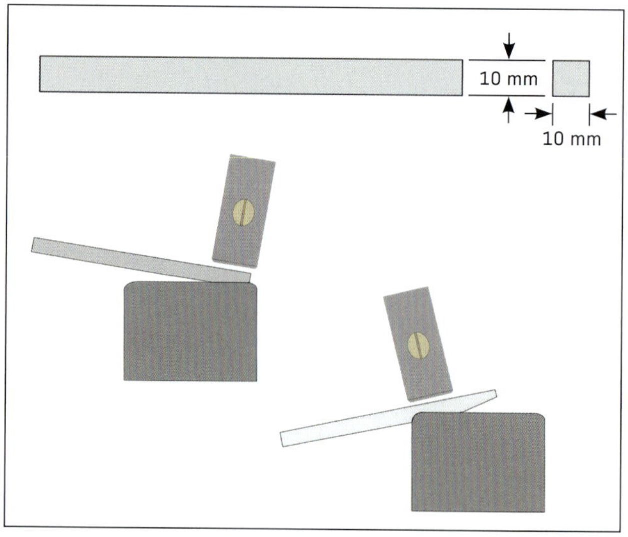

Der Drehzapfen für den Schlüssel ist an einem Montageblock befestigt, der dazu dient, den Drehzapfen mit der Deckplatte zu vernieten. Der Montageblock wird aus 10-mm-Vierkantstahl geschmiedet. Schmieden Sie an das Ende der Stange eine 25 mm lange Schräge. Legen Sie dazu das Ende der Stange in der Nähe der hinteren Ecke flach auf den Amboss und schlagen Sie schräg auf die Oberfläche. Schmieden Sie dahinter eine ähnliche Fase, indem Sie die Stange auf die nahe Ecke des Ambosses kippen.

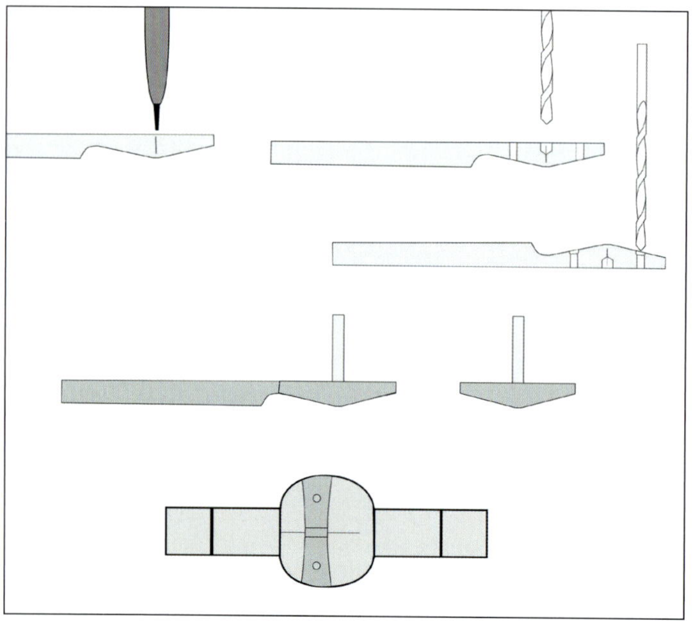

Übertragen Sie die Position der Oberseite der Schräge auf die Unterseite des Montageblocks. Bohren Sie ein 5 mm großes und 6 mm tiefes Loch in die Mitte des Blocks. Bohren Sie an jedem Ende des Blocks zwei 3 mm weite Löcher für die Nieten, mit denen der Block an der Deckplatte befestigt werden soll. Diese Löcher müssen sich zwischen der Außenkante des Reifens und der Außenkante der Deckplatte befinden. Verwenden Sie einen 4-mm-Bohrer, um die Oberseite des Lochs für den Nietkopf anzusenken. Verlöten Sie einen 5 mm starken und 32 mm langen Rundstab mit dem Niethalter. Schneiden Sie den Montageblock von der Stange ab. Führen Sie den Drehzapfen durch die Deckplatte und richten Sie den Montageblock an der Mittellinie der Deckplatte aus. Feilen Sie die Enden des Blocks, bis sie mit den Außenkanten der Deckplatte übereinstimmen.

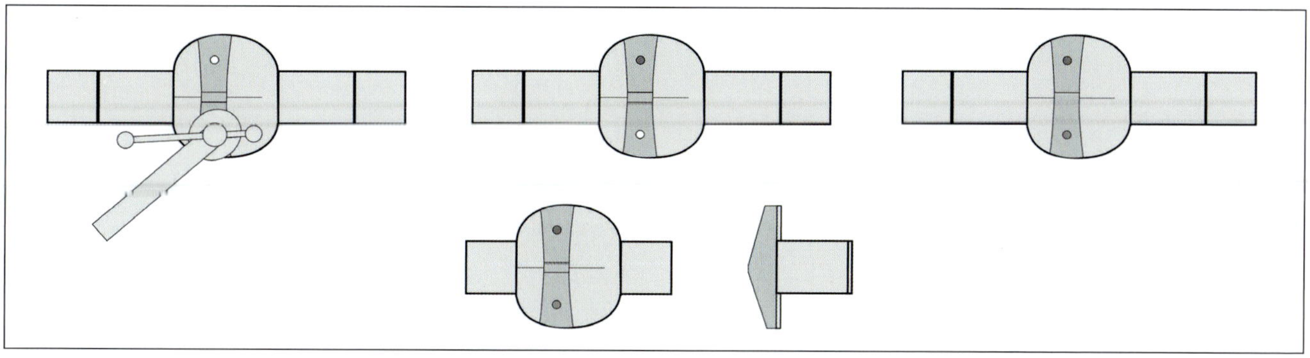

Klemmen Sie den Drehzapfen an der Deckplatte fest. Verwenden Sie eines der 3-mm-Löcher im Montageblock als Bohrführung, um ein 3-mm-Loch in die Deckplatte zu bohren. Vernieten Sie den Drehzapfen mit der Deckplatte. Bohren und vernieten Sie die andere Seite des Blocks. Feilen Sie die Nietköpfe bündig mit der Oberfläche des Montageblocks. Biegen Sie die Deckplatte in Form.

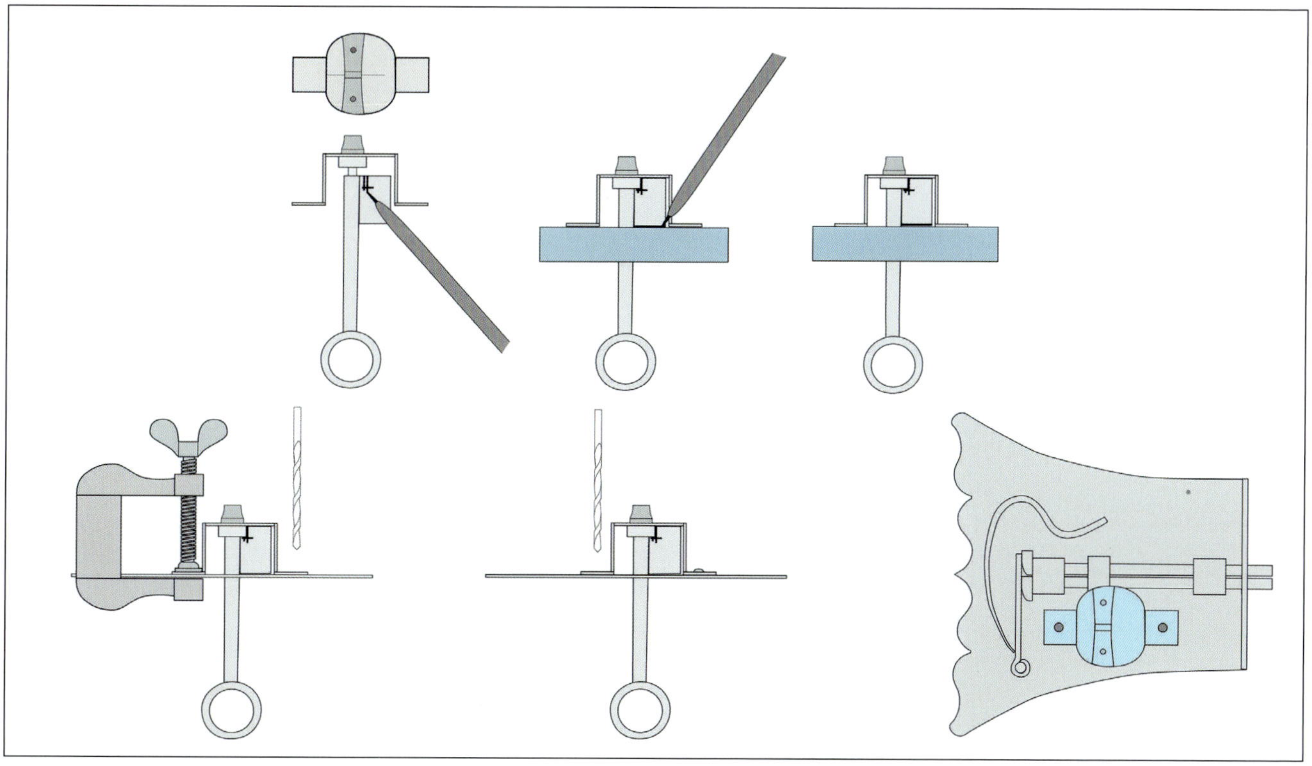

Stecken Sie den Schlüssel in den Reifenkasten und zeichnen Sie die Position der Ringstation auf dem Ende des Schlüsselbarts an. Schneiden Sie die Kerbe für die Station in den Schlüsselbart. Testen Sie den Schlüssel, um sicherzustellen, dass er sich frei drehen lässt. Legen Sie eine gerade Kante über die Unterseite der Deckplatte. Markieren Sie eine Linie auf der Unterseite des Schlüsselbarts. Schneiden Sie den Schlüsselbart zu, bis er über die gerade Kante hinausragt. Setzen Sie die Deckplatte für den Schlüssel auf die Deckplatte des Schlosses und stecken Sie den Schlüssel ein. Klemmen Sie die beiden Deckplatten zusammen. Passen Sie die Position der Deckplatte an, bis sich der Schlüssel frei drehen lässt. Bohren und vernieten Sie eine Seite der Deckplatte. Entfernen Sie die Klammer und vernieten Sie die andere Seite.

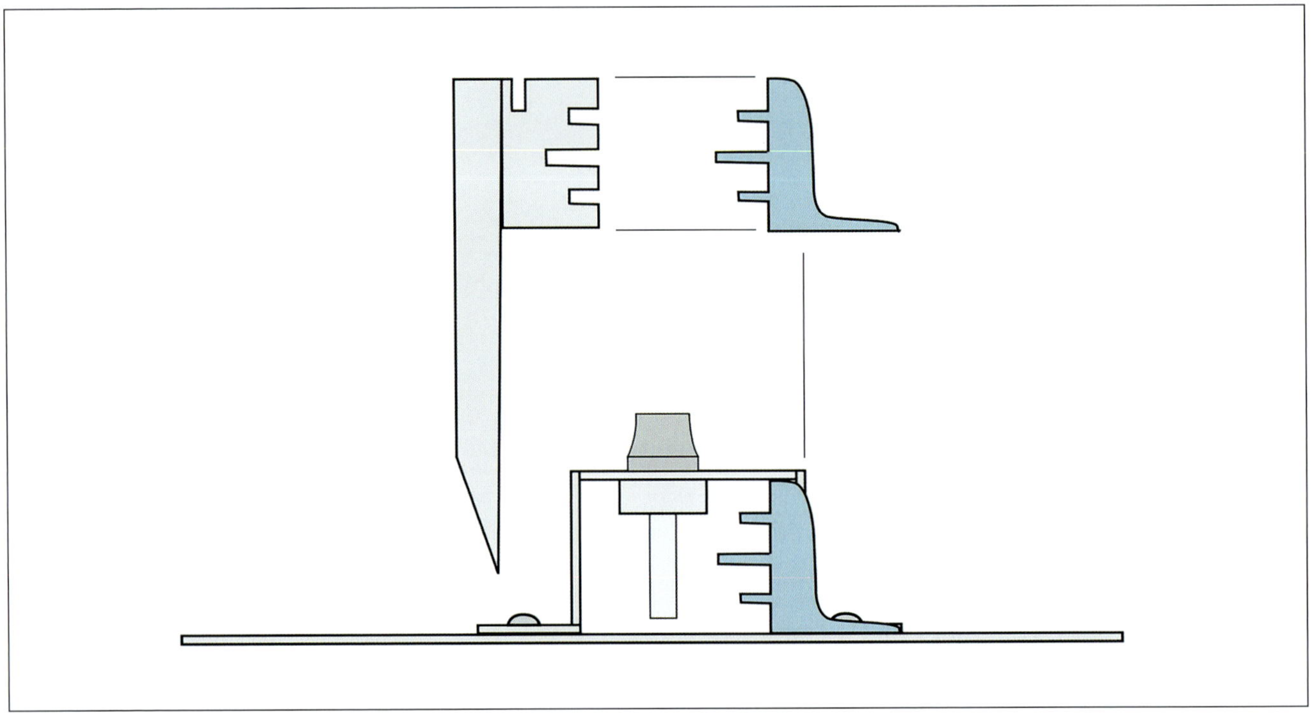

Die Hauptreifen für dieses Schloss sind nicht Teil der Deckplatte für den Schlüssel. Stattdessen werden die Reifen in eine separate Stange geschnitten, die mit der Deckplatte des Schlosses vernietet wird.

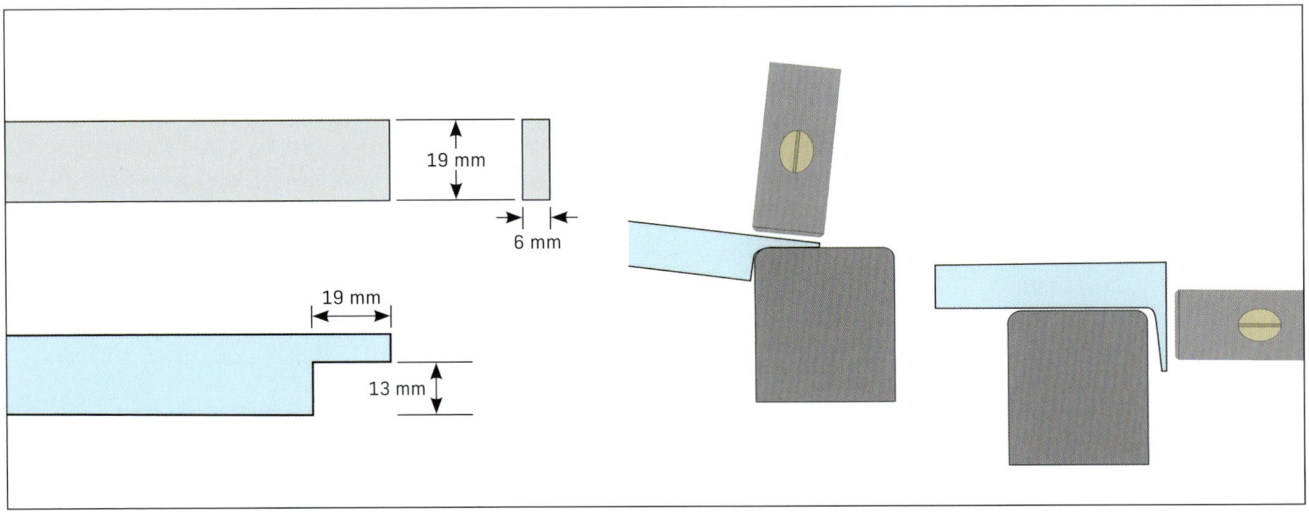

Diese Reifenplatte wird aus Flachstahl (6 x 19 mm) gefertigt. Schneiden Sie eine 19 mm lange und 13 mm tiefe Kerbe in das Ende der Stange. Schmieden Sie diesen Abschnitt zu einem blattförmigen Fuß, der zum Vernieten der Reifenplatte an der Deckplatte des Schlosses verwendet wird. Die Basis des Fußes wird dann um die Ecke der Stange geschmiedet, bis sie im 90-Grad-Winkel zu ihrer aktuellen Position steht. Dazu wird die Stange über die andere Seite des Ambosses gehalten und die gesamte Innenkante vorsichtig in eine neue Position auf der Stange gehämmert.

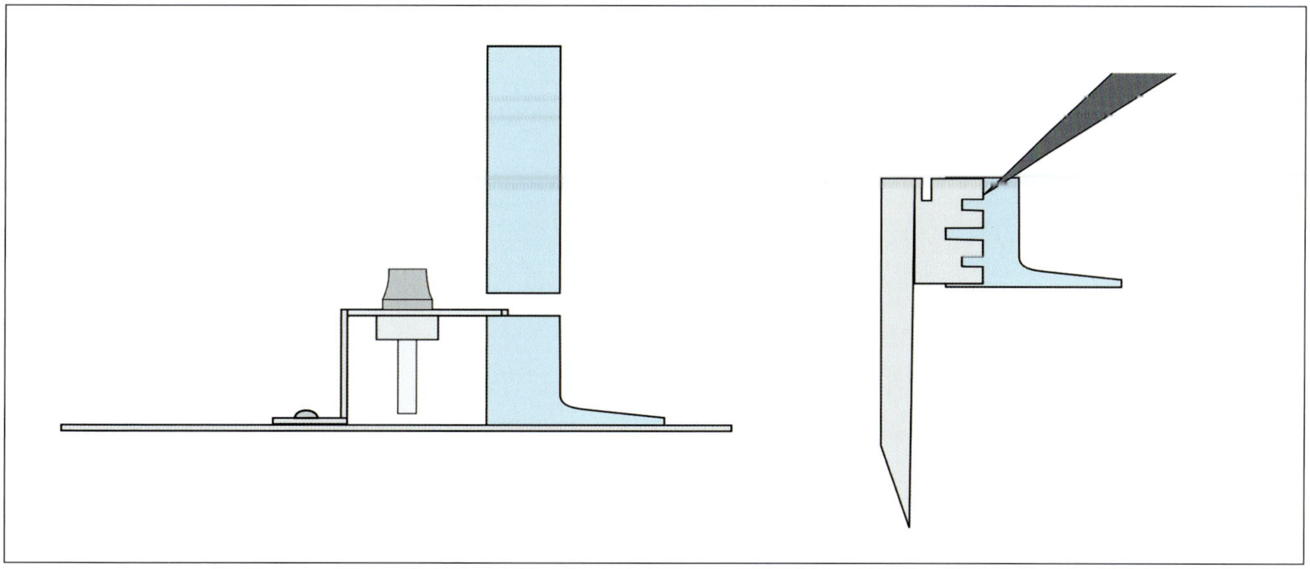

Schneiden Sie die Reifenplatte von der Stange ab. Feilen Sie die Basis flach. Feilen Sie die Oberseite der Platte, bis sie unter die Deckplatte des Schlüssels passt. Bohren Sie das Loch für die Niete in den Sockel. Die Aussparungen für die Zähne werden in den Schlüsselbart gefeilt. Der Schlüssel wird dann verwendet, um die Form auf die Station zu übertragen. Die Reifenplatte wird so geformt, dass sie in den Schlüssel passt. Entfernen Sie nur dann Material von der Passfeder, wenn das die letzte Möglichkeit ist, ein Problem zu beheben. Sobald die Reifenplatte so geformt ist, dass sie in den Schlüsselbart passt, kann sie zur endgültigen Montage ins Schloss eingebaut werden.

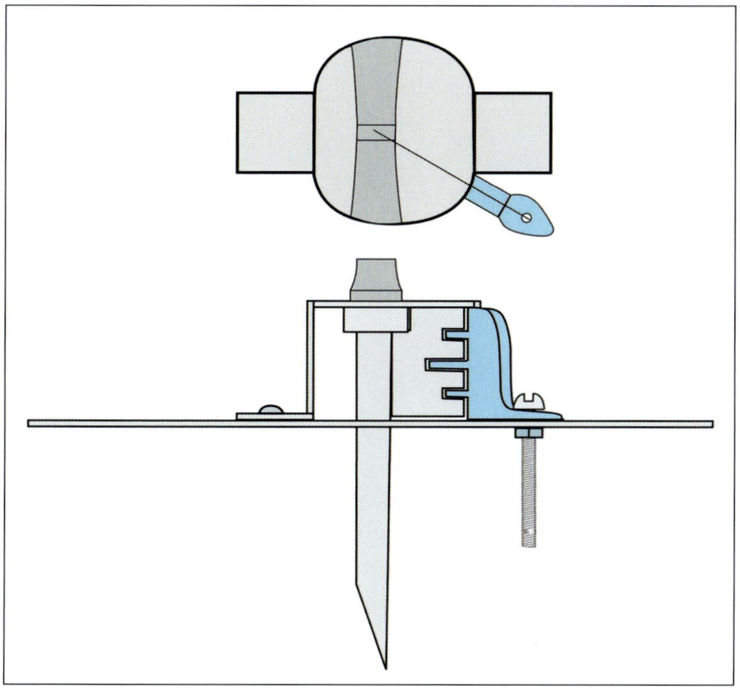

Stecken Sie den Schlüssel in das Schloss und schieben Sie die Reifenplatte in den Schlüsselbart. Die Reifenplatte muss zu diesem Zeitpunkt noch nicht perfekt passen. Sie dient nur dazu, die Position des Nietlochs im Boden der Reifenplatte auf die Deckplatte des Schlosses zu übertragen. Die Ausrichtung der Reifenplatte sollte einer radialen Linie folgen, die von der Mitte des Drehzapfens für den Schlüssel ausgeht. Verwenden Sie das Loch im Boden der Reifenplatte als Bohrführung und bohren Sie das Nietloch in die Deckplatte des Schlosses. Schrauben Sie den Sperrriegel vorübergehend an die Deckplatte des Schlosses und testen Sie den Schlüssel. Passen Sie die Reifenplatte feilend an, bis der Schlüssel zum Öffnen des Schlosses durch die Platte geführt werden kann. Nieten Sie die Reifenplatte fest. Führen Sie einen letzten Test mit dem Schlüssel durch.

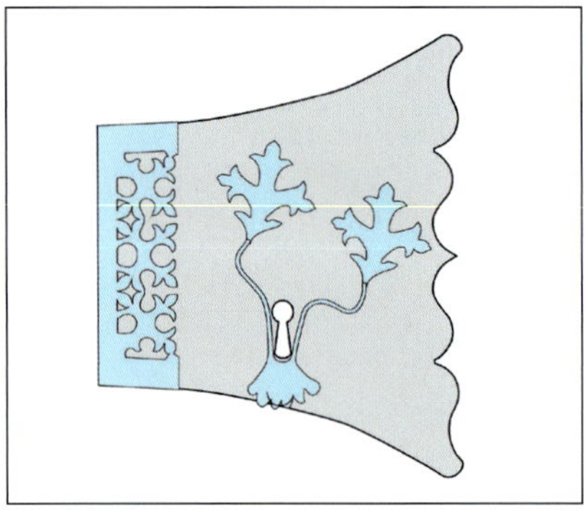

Die Außenseite der Deckplatte weist zwei verschiedene Arten von Zierelementen auf. Beide basieren auf einem Blattmuster. Das eine ist ein flaches Band aus miteinander verbundenen Blättern, das komplett aus Blech geschnitten ist. Das andere besteht aus geschmiedeten Ästen mit Blatt-Endstücken.

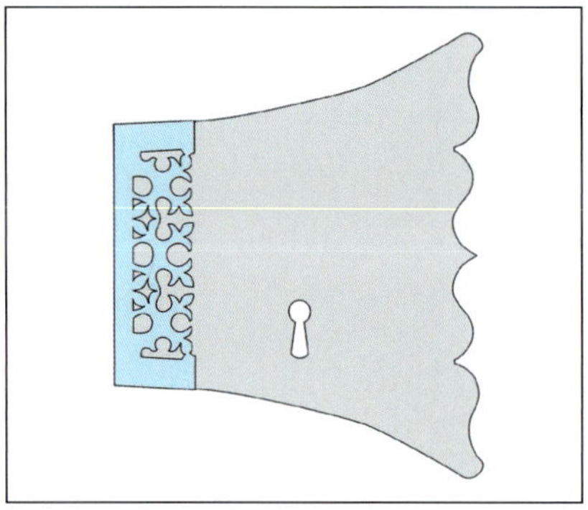

Das Blätterband aus Flachstahl bietet eine gute Möglichkeit, sich im Ausschneiden komplizierter Details zu üben. Der Großteil des Materials wird durch Bohren oder Sägen entfernt. Zum Ausschneiden der Blätter werden Meißel verwendet. Raue Kanten lassen sich mit Nadelfeilen beseitigen.

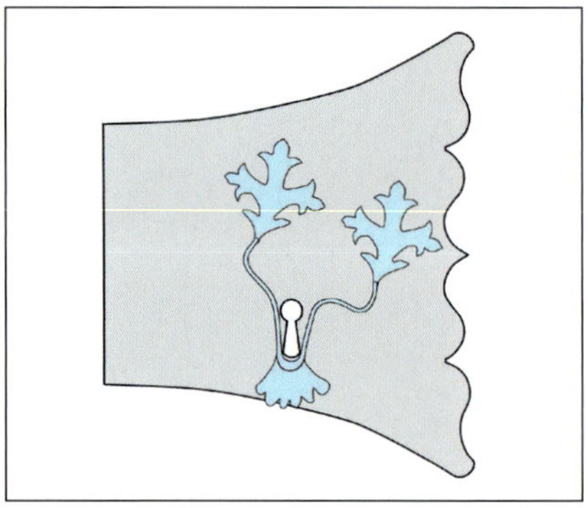

An der Außenseite der Deckplatte findet sich rund ums Schlüsselloch ein ornamentales Astdetail.

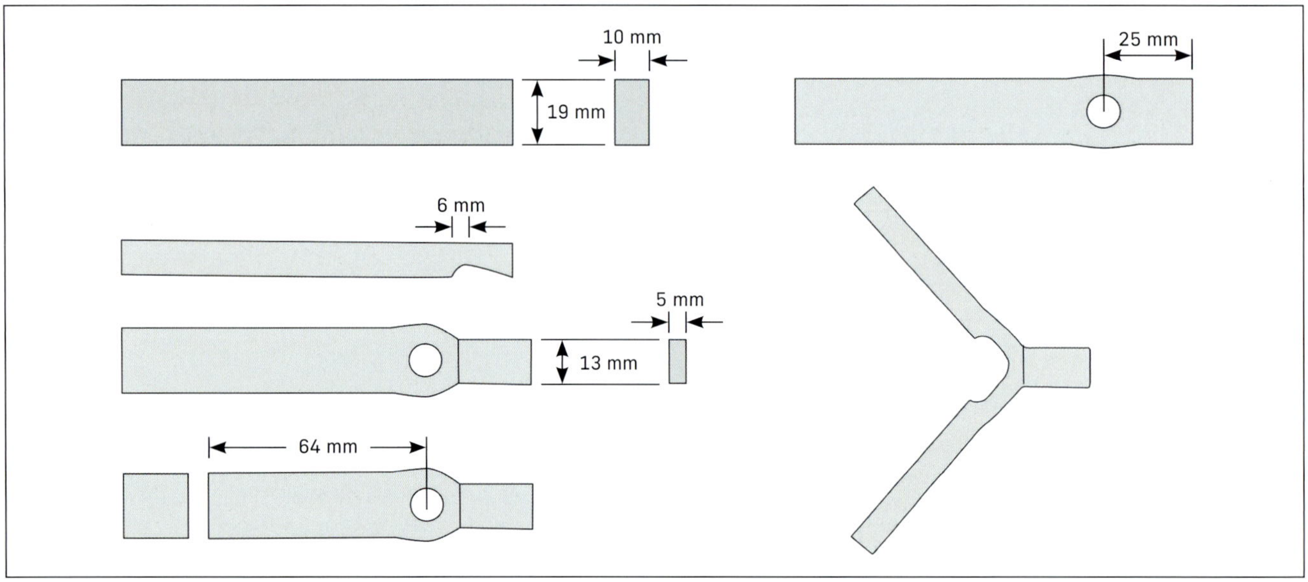

Das Zweigdetail auf der Schlossplatte wird aus Stangenmaterial (10 x 19 mm) geschmiedet. Schlagen Sie 25 mm vom Ende der Stange ein 10-mm-Rundloch durch. Erstellen Sie einen Versatz von 6 mm über den Rand des Lochs hinaus und schmieden Sie das Ende der Stange zu einem 5 x 13 mm großen Abschnitt, der mindestens 19 mm lang ist. Das wird später das Material für das Blattdetail bilden, welches das Schlüsselloch an der Basis der beiden Äste umgibt. Es muss quadratisch bleiben, da es beim Schmieden der anderen Elemente mit einer Zange gehalten wird. Schneiden Sie das Schmiedestück im Abstand von 64 mm von der Mitte des Durchschlags ab. Sägen Sie das abgeschnittene Ende der Stange entlang der Mittellinie bis zum Durchschlag.
Biegen Sie die beiden Arme auseinander, bis der Winkel etwa 100 Grad beträgt.

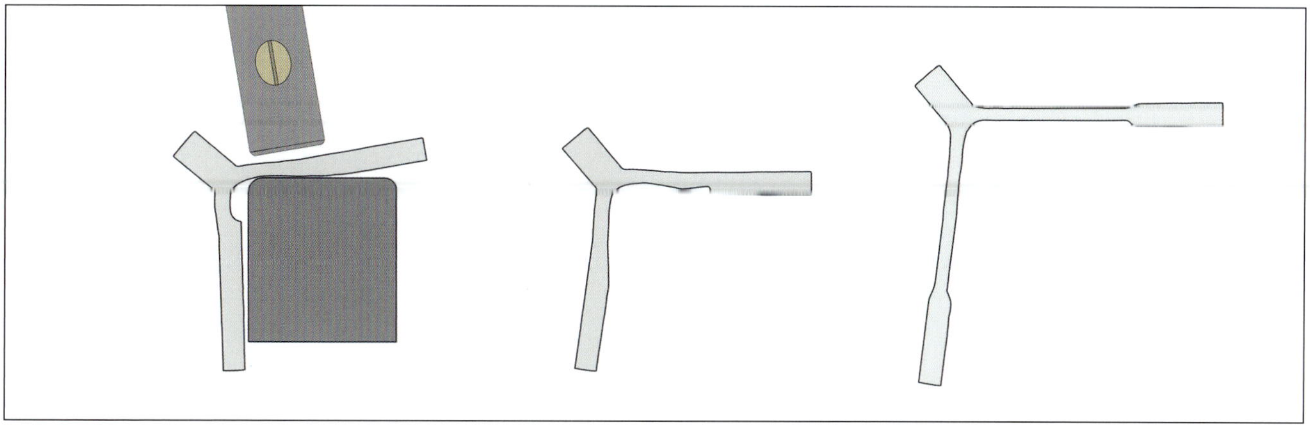

Hämmern Sie vorsichtig die Innenseite der Kerbe, in der sich die beiden Arme kreuzen, um an den Außenkanten eine sanfte Rundung zu erzeugen. Erstellen Sie 38 mm vom Ende entfernt einen Versatz und schmieden Sie das restliche Material auf einer Länge von 64 mm zu einem 5 x 10 mm breiten Stück. Wiederholen Sie den gleichen Vorgang für die andere Seite.

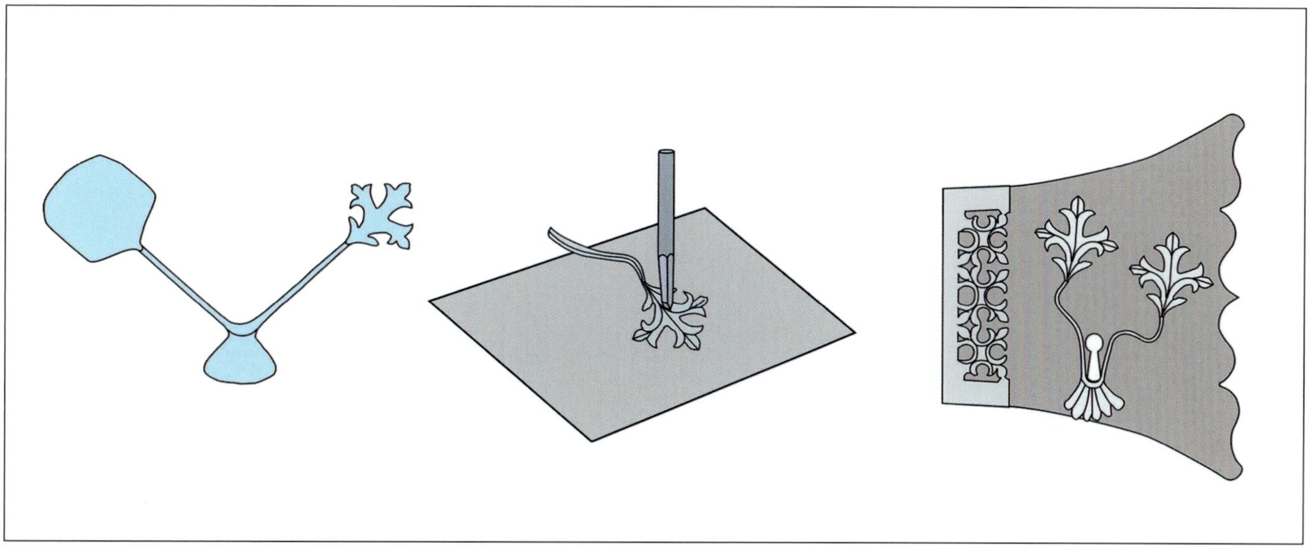

Die beiden Blöcke an den Enden der Zweige werden zu einem 50 x 50 mm großen Quadrat mit einer Dicke von 2 mm gehämmert. Das sind die Rohlinge für die Blätter. Die untere Kante des 5 x 13 mm großen Abschnitts an der Basis der beiden Äste wird auf eine Breite von 38 mm gehämmert. Die Blätter werden ausgeschnitten und in Form gefeilt. Mit einem Meißel wird das Adermuster auf der Oberfläche der Blätter eingetrieben. Sobald das Muster auf das Metall gezeichnet ist, wird ein schmaler Meißel entlang der Länge jeder Linie getrieben.
Das Verfahren ist das gleiche wie beim Schneiden von Stahlblech mit einem Meißel. Hier wird der Meißel jedoch nur so tief in die Oberfläche getrieben, dass eine sichtbare Linie entsteht. Auf diese Weise wird auch das Muster in der flachen Platte an der Vorderseite der Deckplatte hergestellt. Zum Abschluss werden alle Zierelemente auf die Außenseite der Deckplatte genietet. Achten Sie darauf, dass Sie beim Bohren und Nieten nicht den Schloss-Mechanismus auf der Innenseite beschädigen.
Beim fotografierten Muster wurde die verzunderte Oberfläche der Deckplatte belassen, um einen Kontrast zur blank polierten Zierplatte und den Zweigdetails zu schaffen.

Kapitel 9

RIEGELSCHLÖSSER

Projekt 9: Türschloss – Variante 1

Projekt 10: Türschloss – Variante 2

Projekt 11: Hebelschloss

Projekt 12: Sechstafeliges Truhenschloss

Projekt 13: Einfaches Vorhängeschloss

PROJEKT 9: TÜRSCHLOSS – VARIANTE 1

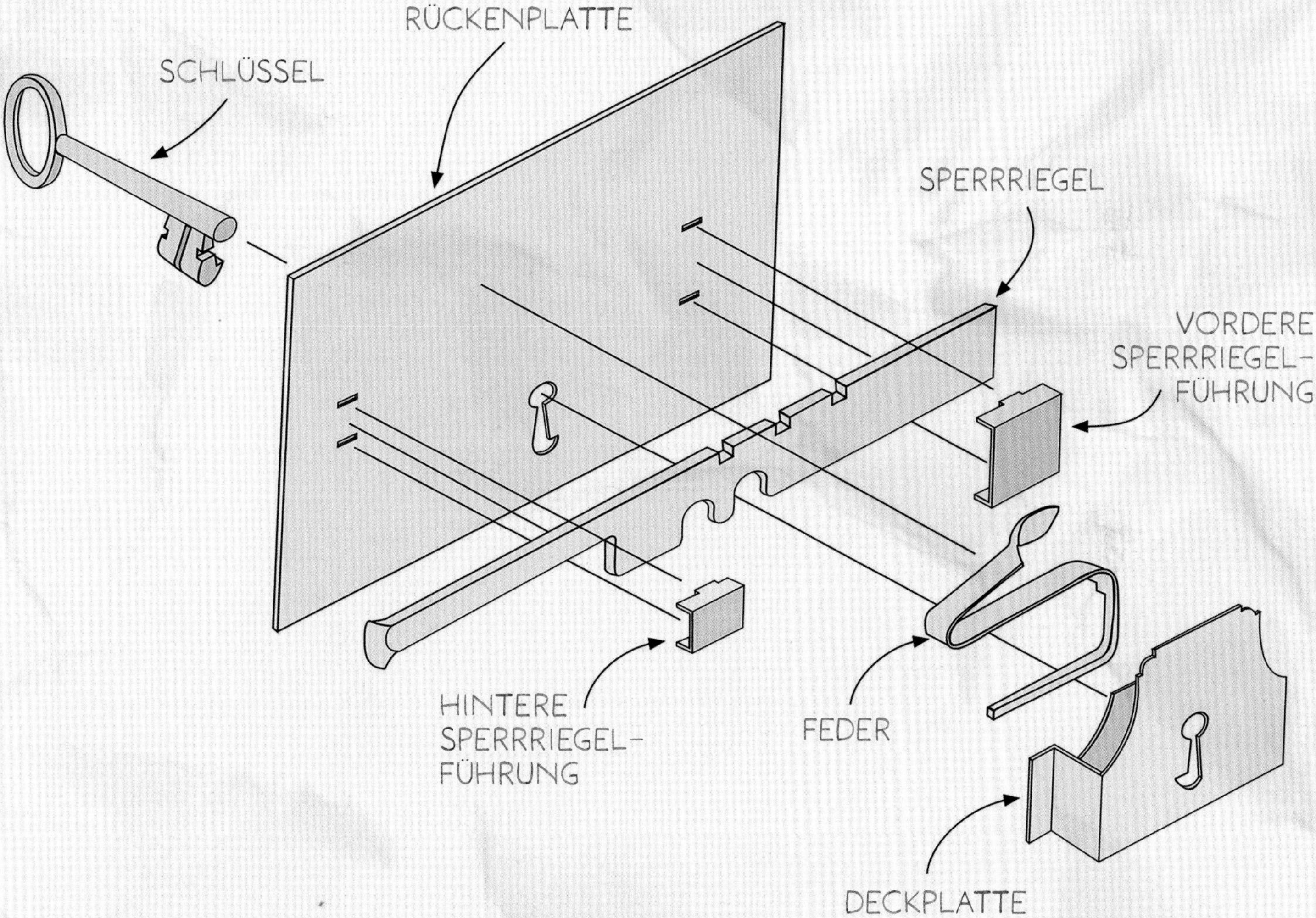
RÜCKENPLATTE
SCHLÜSSEL
SPERRRIEGEL
VORDERE SPERRRIEGEL-FÜHRUNG
HINTERE SPERRRIEGEL-FÜHRUNG
FEDER
DECKPLATTE

RÜCKENPLATTE

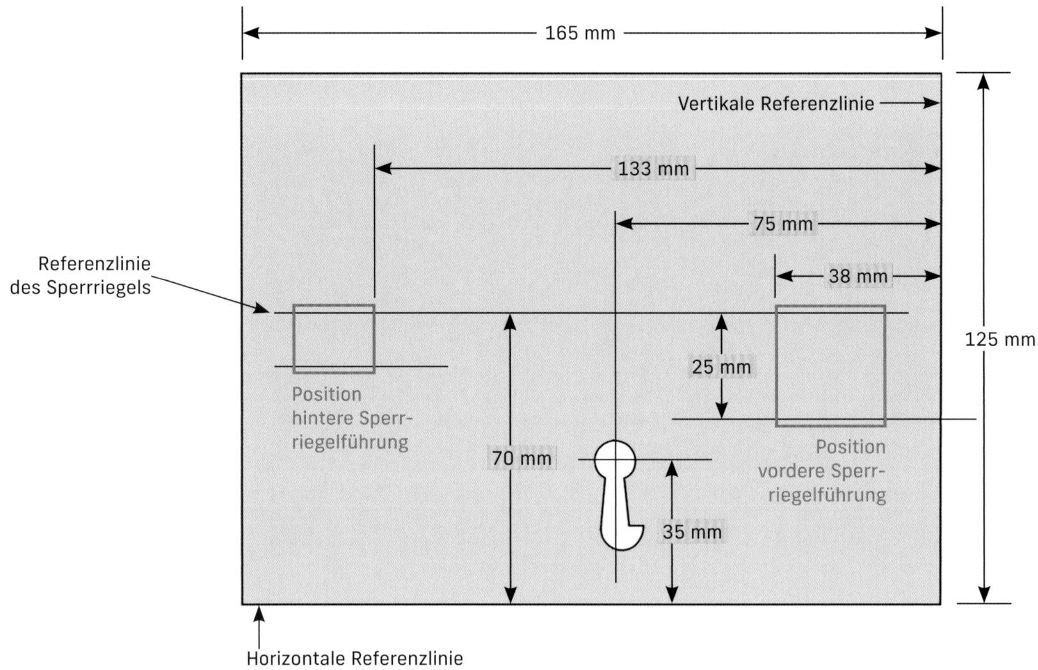

SPERRRIEGEL

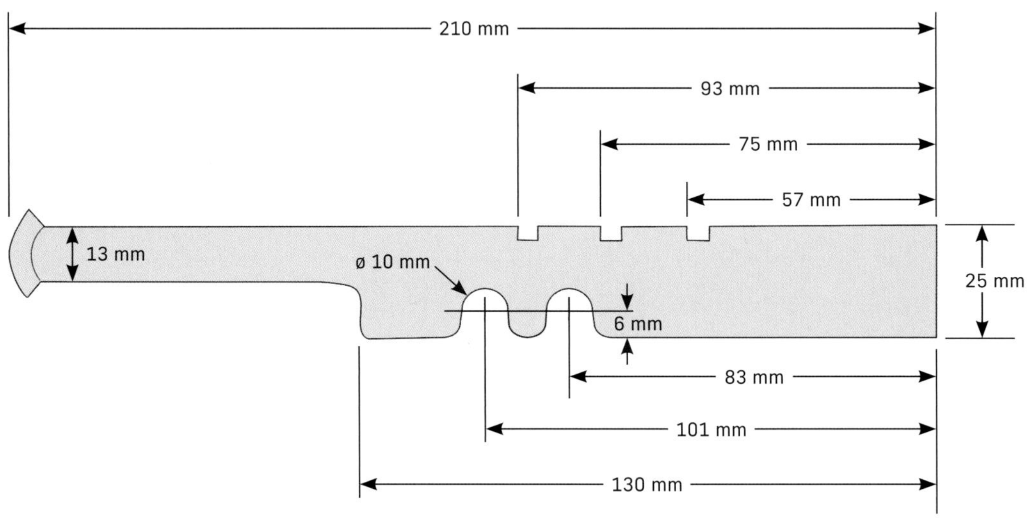

REIFENGEHÄUSE

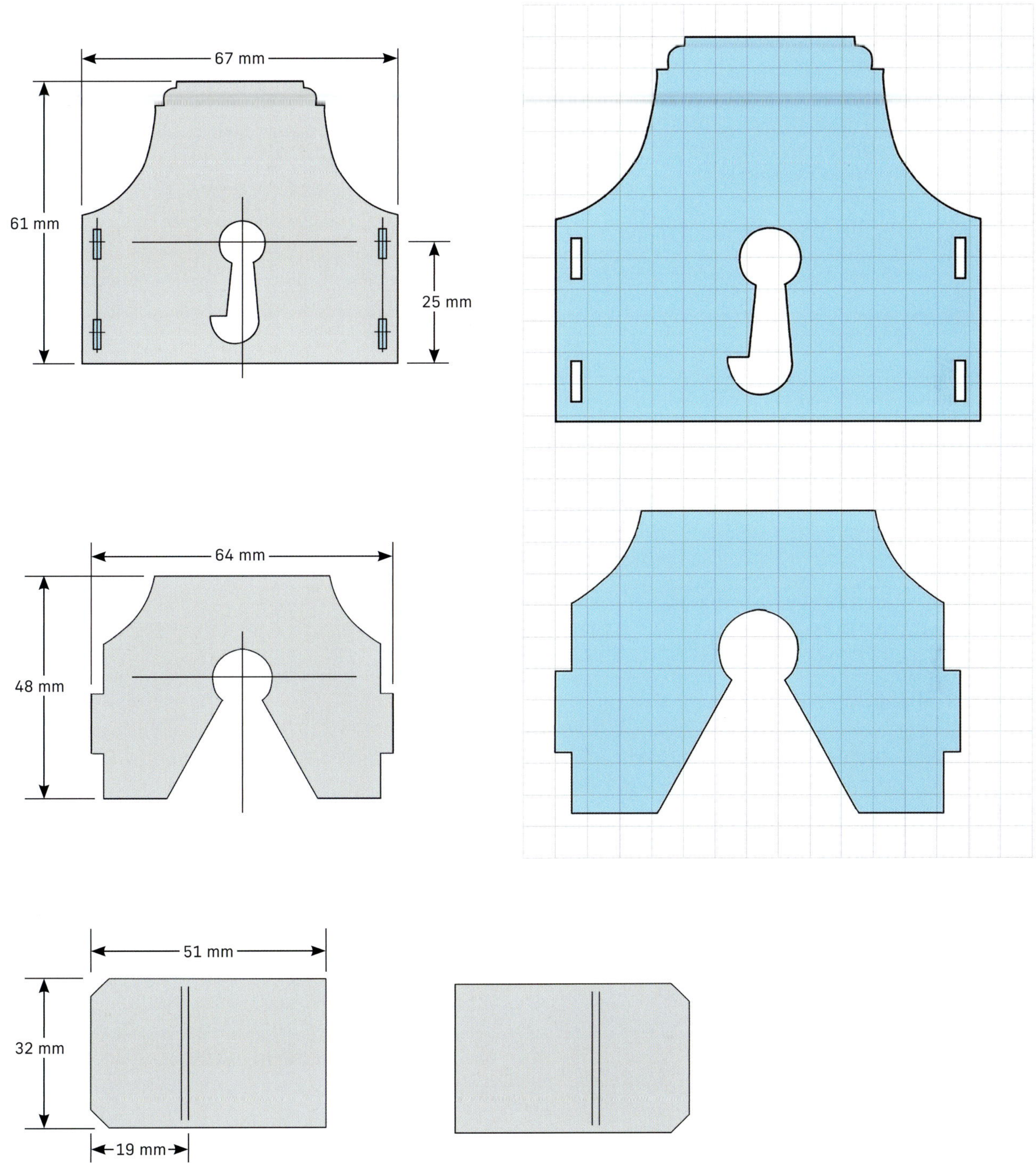

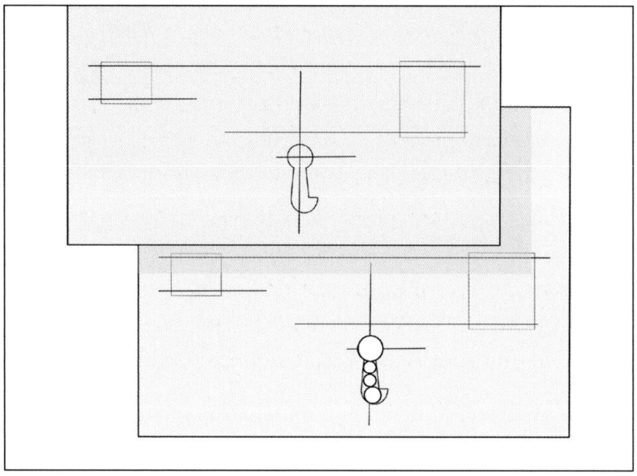

Dieses Schloss beruht auf einem Riegelmechanismus, der an der Rückenplatte befestigt ist. Um die Tür bei nicht verriegeltem Schloss geschlossen zu halten, nutzte man häufig Fallriegel oder Haspen. Diese einfache Schlosskonstruktion stellt einen guten Einstieg in die Riegelkonstruktion und das präzise Zusammenspiel zwischen Schlüssel und Sperrriegel dar. Schneiden Sie die Rückenplatte aus. Übertragen Sie alle Referenzlinien, die Lage des Sperrriegels und den Umriss des Schlüssellochs auf das Schild. Schneiden Sie das Schlüsselloch grob aus, indem Sie eine Reihe von Löchern bohren, die den größten Teil des Materials entfernen. Verwenden Sie einen schmalen Meißel, um das überschüssige Material abzutrennen. Versäubern Sie die Flächen mit einer Feile.

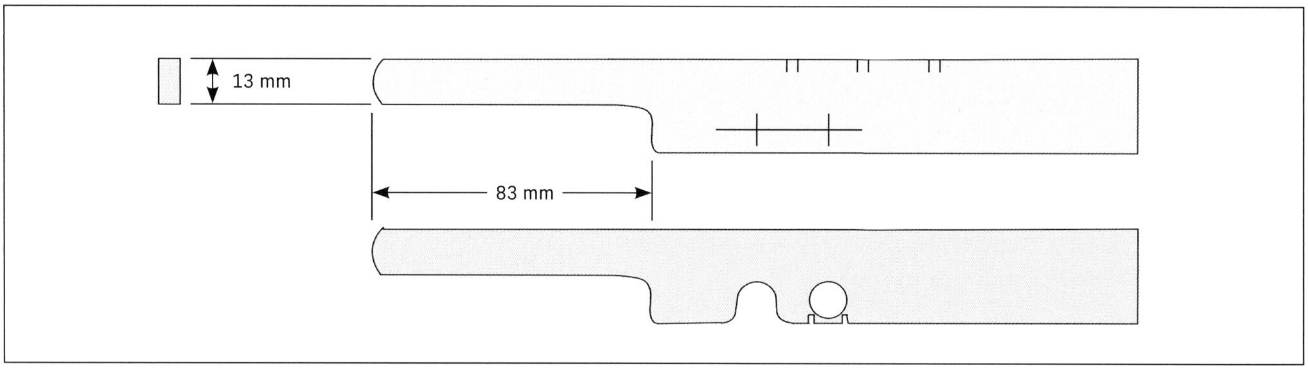

Der Sperrriegel wird aus einem 200 mm langen Stück Flachstahl (6 x 25 mm) hergestellt. Das Ende des Sperrriegels kann entweder in Form geschmiedet oder aus der Stange geschnitten werden. Das fertige Ende sollte 6 x 13 mm groß und mindestens 83 mm lang sein. Übertragen Sie die Position der Bohrlöcher, die zum Vorbohren des Sperrriegels verwendet wurden, sowie die Kerben entlang der Oberkante des Sperrriegels. Markieren Sie die Bohrstellen mit einem scharfen Körner und bohren Sie auf 10 mm. Verwenden Sie nach dem Bohren der Löcher eine Bügelsäge, um das Material zwischen den Zähnen zu entfernen.

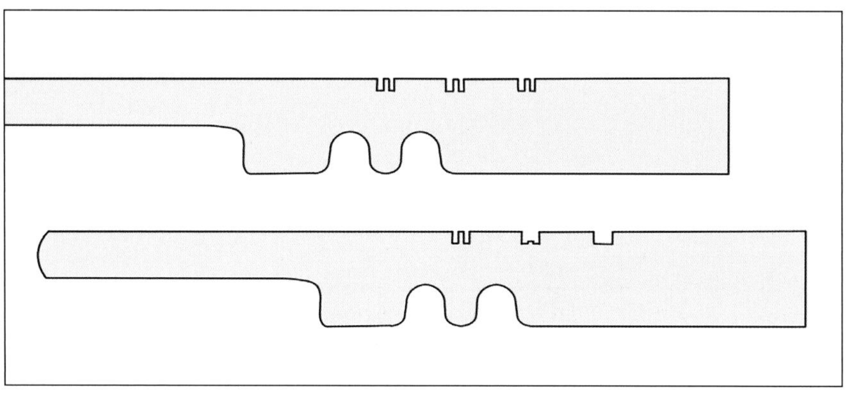

Die Kerben an der Oberseite des Sperrriegels werden mit einer Bügelsäge angezeichnet und mit einem schmalen Kaltmeißel und Feilen versäubert. Verwenden Sie eine Feile, um alle rauen Kanten zu glätten. An den Zähnen des Sperrriegels kann ein kleiner Radius gefeilt werden. Entfernen Sie nicht zu viel Material. Die endgültige Form wird später festgelegt, wenn der Sperrriegel an den Schlüssel angepasst wird.

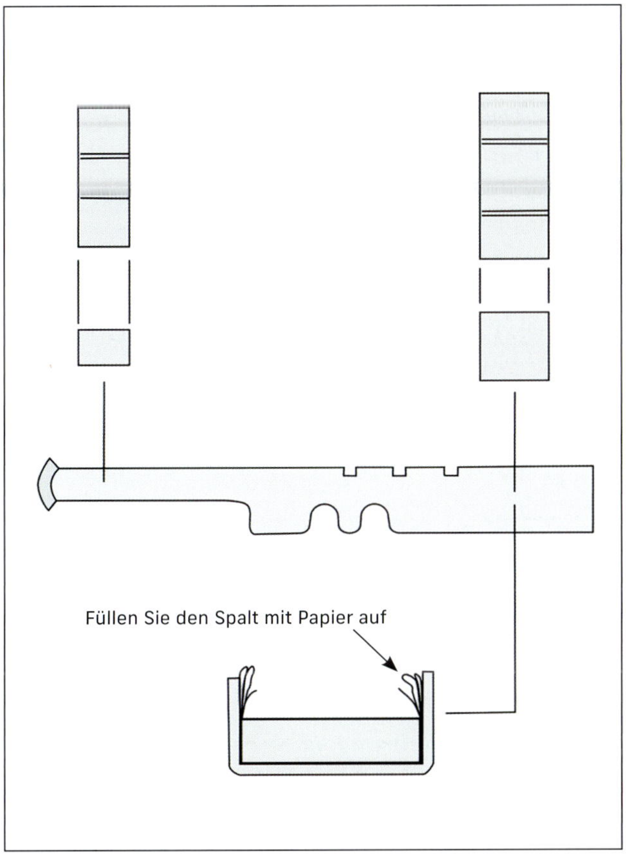

Schneiden Sie die Führungen für den vorderen und hinteren Sperrriegel aus und biegen Sie sie in Form. Verwenden Sie den Sperrriegel als Dorn, um die Führungen zuzuschneiden. Sie sollten über die gesamte Länge frei gleiten. Umwickeln Sie den Sperrriegel mit Papier, um den Spalt zwischen dem Sperrriegel und den Seiten der Sperrriegelführung zu füllen. So können Sie den Sperrriegel und die Sperrriegelführung als Einheit einspannen, ohne die Sperrriegelführung zu verformen. Spannen Sie den Sperrriegel in den Schraubstock ein. Entfernen Sie mit einem scharfen Messer das Papier auf der Oberseite des Sperrriegels.

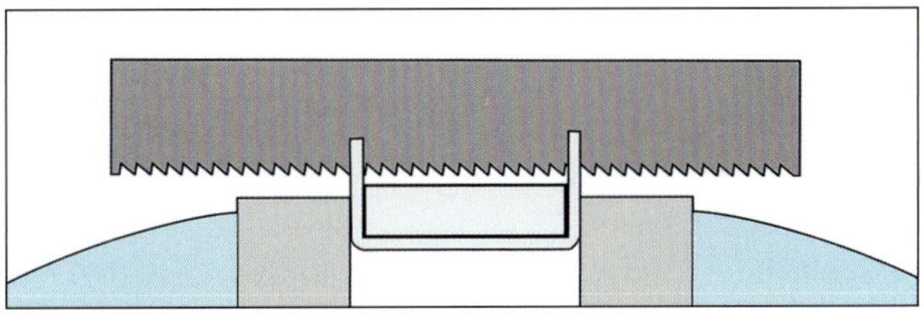

Schneiden Sie die Zapfen mit einer Bügelsäge aus. Die Sägeschnitte sollten deutlich oberhalb des Sperrriegels enden. Verfeinern Sie die Form mit einer Feile. Die Schultern der Zapfen sollten einen Millimeter über dem Sperrriegel liegen. Schneiden Sie die Zapfen an der hinteren Sperrriegelführung auf die gleiche Weise zurecht.

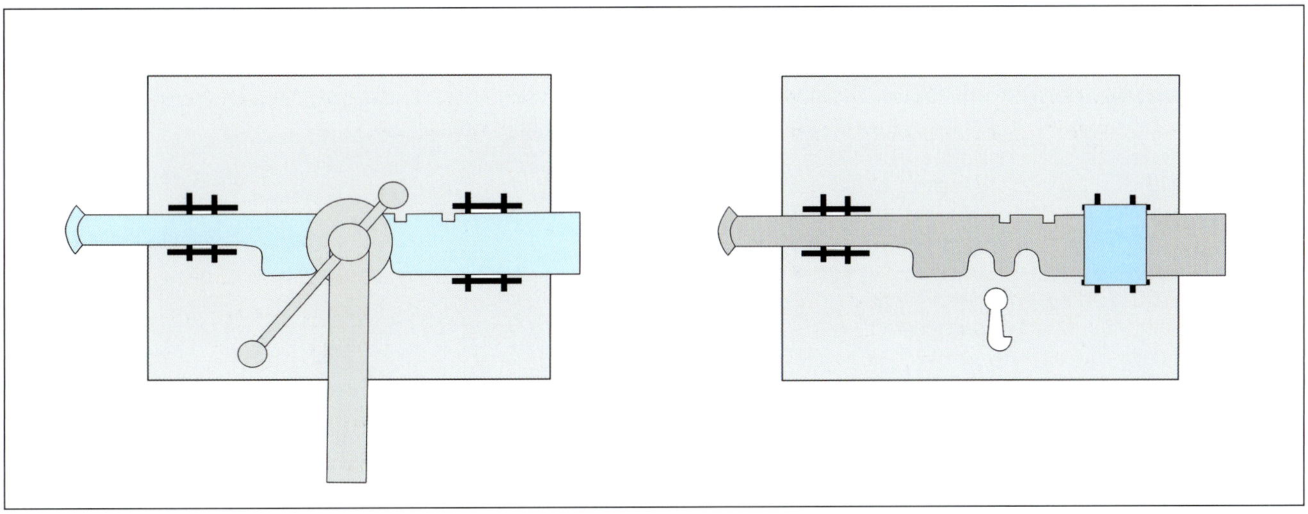

Klemmen Sie den Sperrriegel entlang der Referenzlinien auf die Rückenplatte. Legen Sie die vordere Bolzenführung über den Sperrriegel. Zeichnen Sie die Position der Zapfen auf der Rückenplatte an. Schneiden Sie die Schlitze aus und vernieten Sie die vordere Sperrriegelführung an der Rückenplatte. Montieren Sie die hintere Sperrriegelführung aber noch nicht.

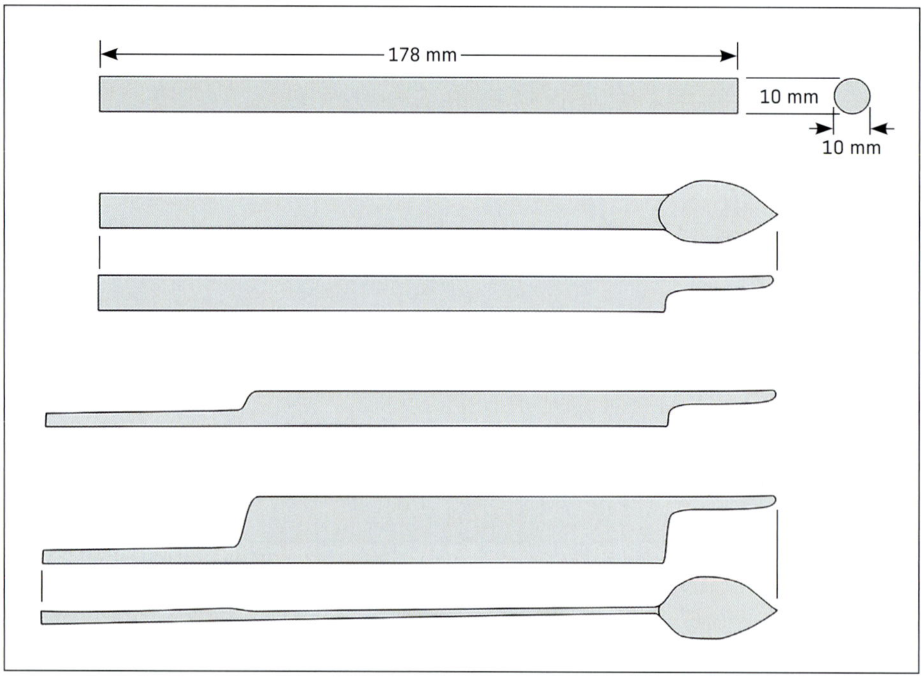

Die Feder wird aus einem 178 mm langen Rundstahl (Carbonstahl/Federstahl) mit 10 mm Durchmesser geschmiedet. Schmieden Sie eines der Stangenenden blattförmig.
Am gegenüberliegenden Ende der Stange wird ein dünnes Ende geschmiedet, das 75 mm lang, 5 mm dick und 6 mm breit ist.
Die Mitte der Stange wird zur Feder abgeflacht. Die Feder sollte mindestens 125 mm lang, 19 mm breit und 2 mm dick sein.

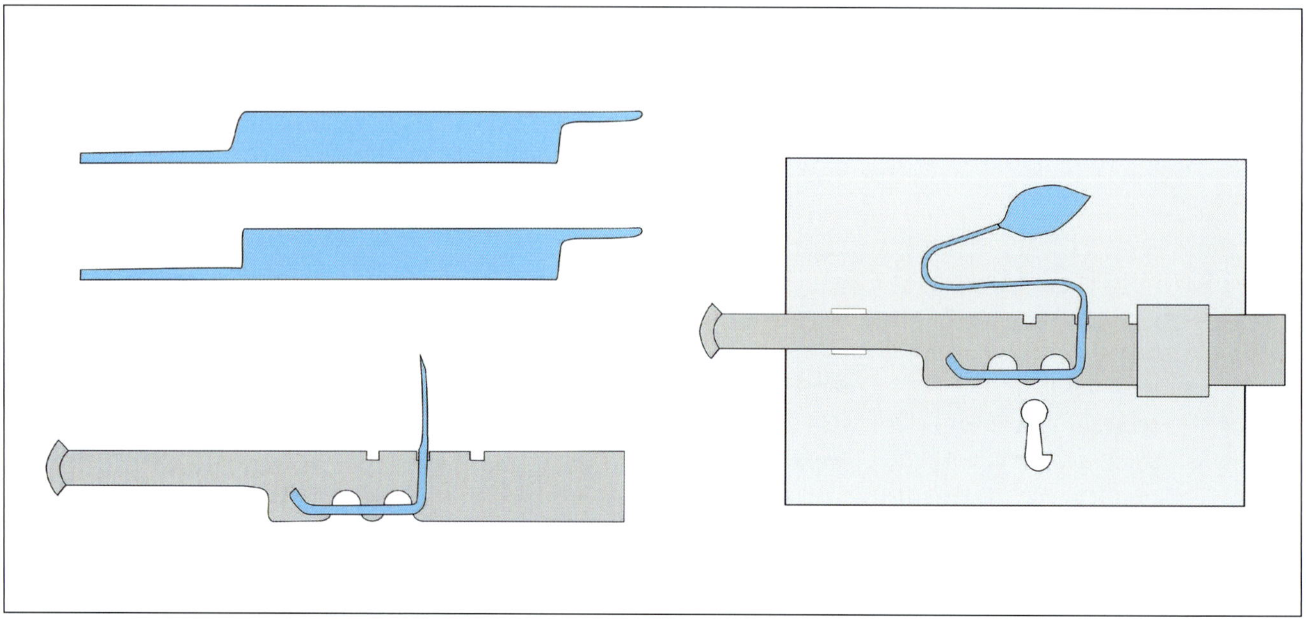

Dort, wo die Feder ins Ende übergeht, wird eine rechteckige Kante an der Unterseite der Feder gefeilt. Formen Sie das Ende der Feder bogenförmig. Setzen Sie die Feder in die mittlere Kerbe des Sperrriegels ein. Passen Sie die Form des Bogens an, bis die Unterkante des geraden Abschnitts des Federendes knapp über der Unterkante des Sperrriegels liegt. Um sich gut in die Rückenplatte einzufügen, wird der Rest der Feder mit gleichmäßigem Schwung gebogen. Vernieten Sie die Feder noch nicht mit der Rückenplatte.

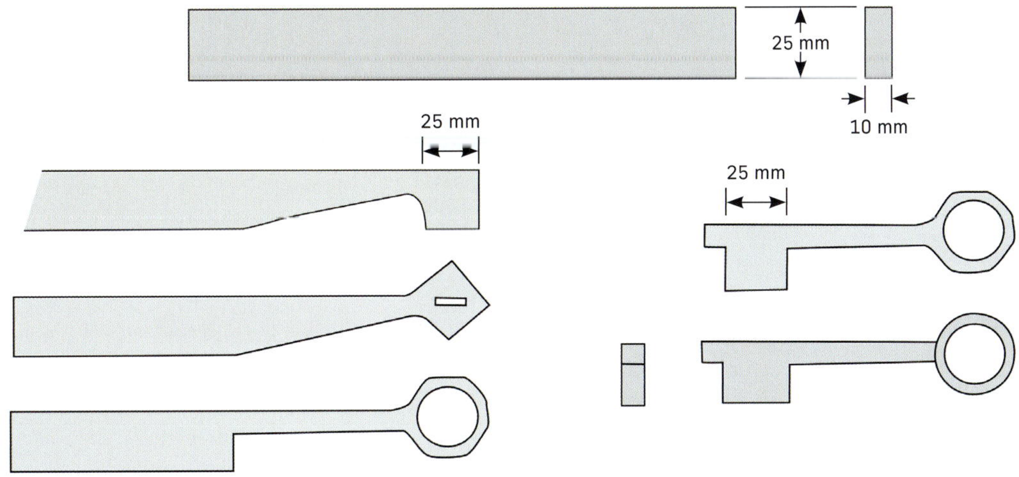

Der Schlüssel wird aus einem Stück Flachstahl (10 x 25 mm) geschmiedet. Schmieden Sie 25 mm vom Stangenende entfernt einen Versatz. Verwenden Sie einen 13 mm starken Durchschlag, um einen Schlitz im Ende der Stange anzubringen. Weiten Sie das Loch auf 25 mm. Arbeiten Sie die Form des Schlüsselschafts weiter aus. Biegen Sie das spätere Griffstück, bis es gleichförmig zum Schaft des Schlüssels übergeht. Schneiden Sie den Schlüsselrohling aus und arbeiten Sie mit einer Bügelsäge den Schlüsselbart und den Drehzapfen aus. Dann geht es weiter mit den Feinarbeiten.

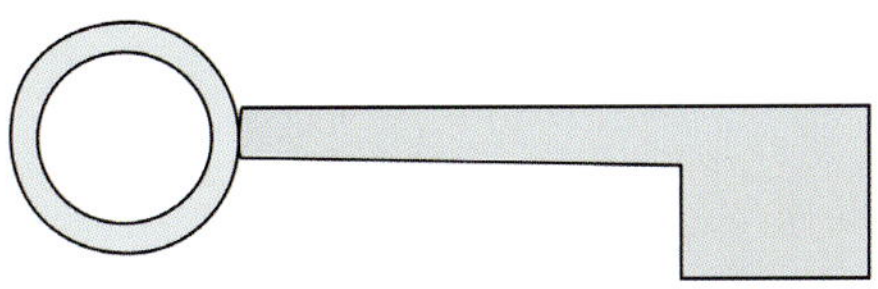

Der Schlüsselbart erhält die Form eines Golfschlägers. Die asymmetrische Form des Schlüsselbarts verhindert, dass der Schlüssel komplett durch das Schloss rutscht – denn das Schlüsselloch auf der anderen Schlossseite zeigt in die entgegengesetzte Richtung.
Die Form des Schlüsselbarts lässt sich aus dem Rohling herausschneiden. Sollte die optische Mittellinie des Schlüssels leicht geneigt sein, lässt sich das durch vorsichtiges Verbiegen des Schlüsselschafts korrigieren. Die Mittellinie des Schlüsselbarts sollte in einer Linie mit dem gerundeten Griffstück liegen. Diese ästhetische Anpassung beeinträchtigt die Funktion des Schlosses nicht.

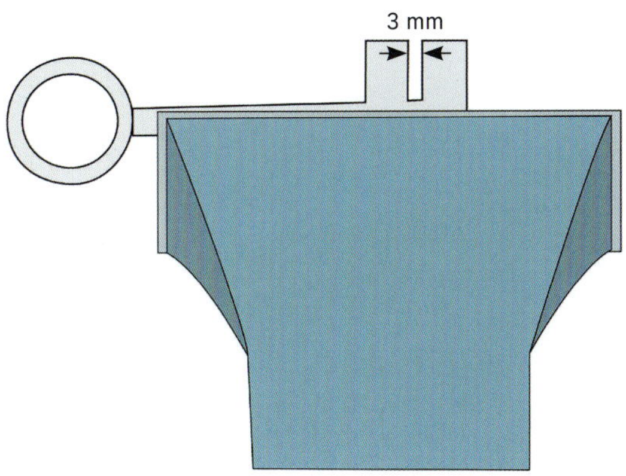

Setzen Sie den Schlüssel in den Schraubstock ein und schneiden Sie einen 3 mm breiten Schlitz in die Mitte des Schlüsselbarts.

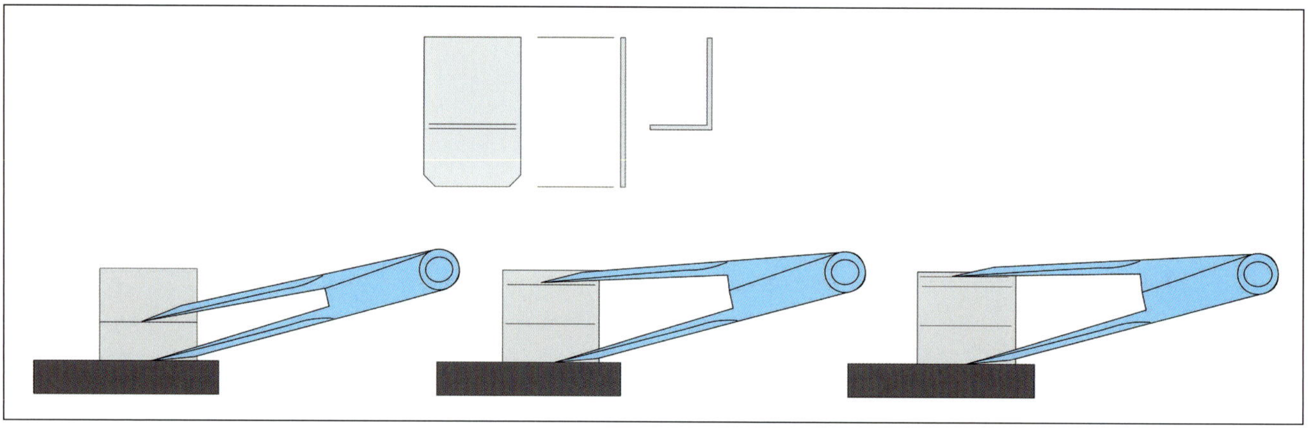

Schneiden Sie die Seitenplatten für das Reifengehäuse aus und biegen Sie sie in Form. Reißen Sie mit einem Zirkel Richtlinien an. Die erste Linie befindet sich 13 mm vom Boden entfernt. Die zweite ist 25 mm entfernt, die dritte 32 mm.

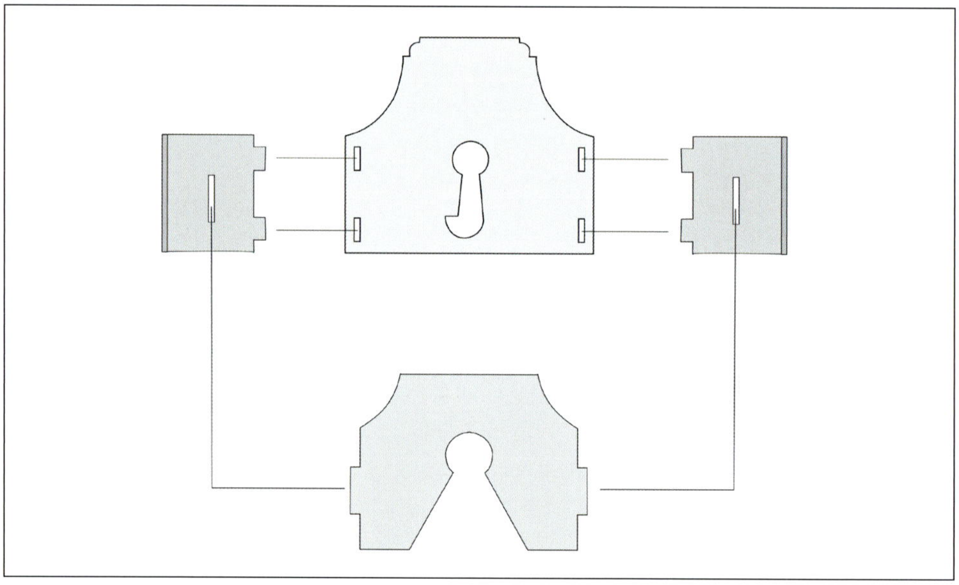

Bringen Sie mit Hilfe der Referenzlinien die Schlitze für die Zapfen an der Mittelplatte und an der Oberseite der Seitenwände an. Schneiden Sie die Deckplatte und die Mittelplatte zu. Setzen Sie die vier Platten zusammen.

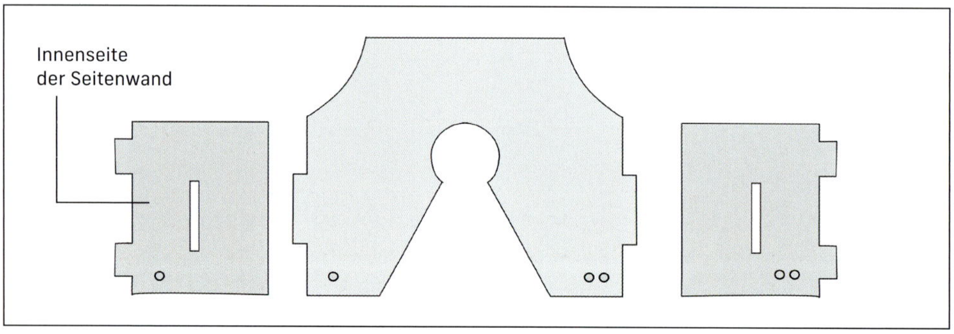

Benutzen Sie einen Körner, um jedes Bauteil zu kennzeichnen, damit sie später richtig zusammengesetzt werden können. Das Schlüsselloch der Deckplatte sollte in die entgegengesetzte Richtung zeigen wie das Schlüsselloch der Rückenplatte.

Die Mittelplatte kann nun bereits mit den Seitenwänden vernietet werden. Die Deckplatte hingegen darf nicht mit den Seitenwänden vernietet werden. Setzen Sie das Reifengehäuse auf die Rückenplatte. Verwenden Sie eine 10-mm-Schraube, um das Reifengehäuse provisorisch an der Rückenplatte zu befestigen. Positionieren Sie das Reifengehäuse wie abgebildet im 90-Grad-Winkel zur Schraube. Klemmen Sie das Reifengehäuse und die Rückenplatte zusammen und bohren Sie die Nietlöcher in die Unterseite auf der gegenüberliegenden Seite. Versetzen Sie anschließend die Klemme und bohren Sie die Nietlöcher auf der anderen Seite.

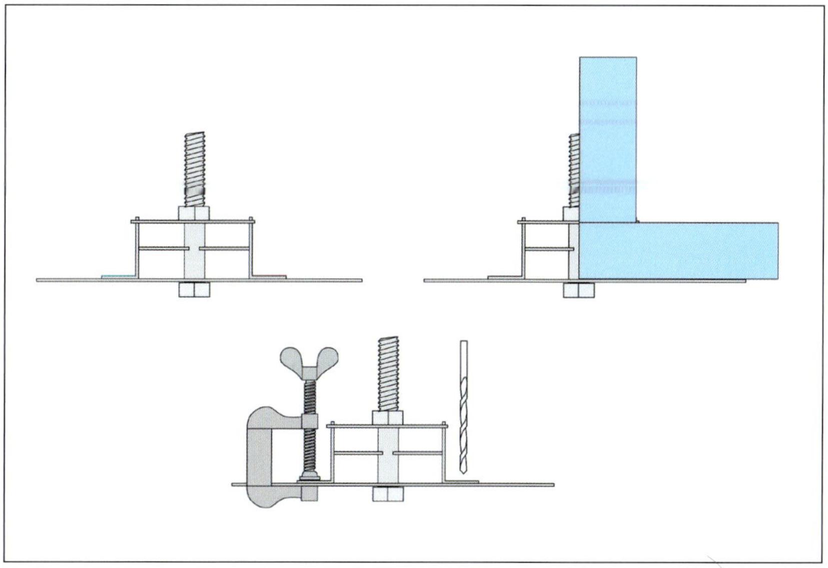

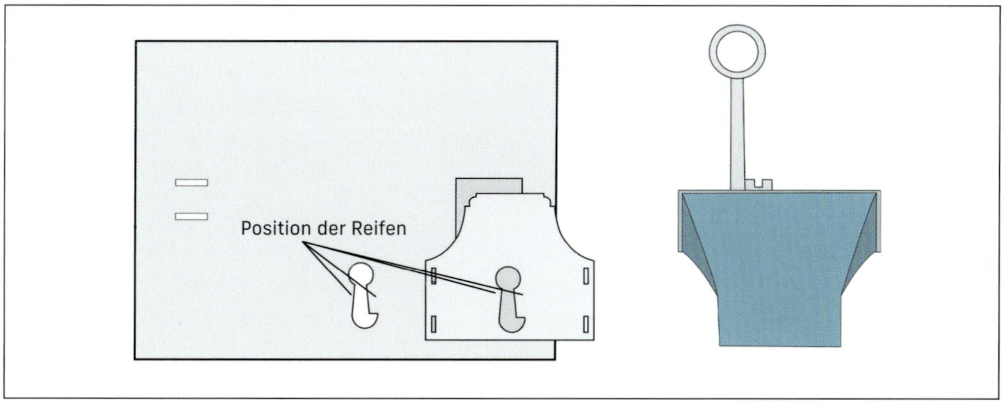

Jetzt können die Reifen ins Schloss eingebaut werden. Diese befinden sich auf der Innenseite der Rückenplatte und der Deckplatte. Schneiden Sie wie abgebildet eine rechteckige Kerbe (5 mm) in die Mitte des Schlüsselbarts.

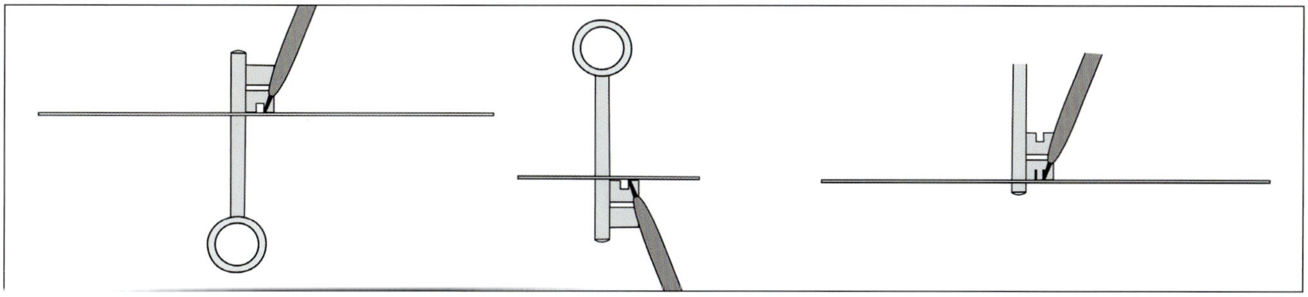

Führen Sie den Schlüssel (mit der Kerbe zur Rückenplatte ausgerichtet) ein. Verwenden Sie einen feinen Marker, um die exakte Position der Kerbe auf beide Seiten des Schlüssellochs zu übertragen. Stecken Sie den Schlüssel ins Schloss und übertragen Sie die Position der Kerbe beiderseits des Schlüssellochs auf die Innenseite der Deckplatte. Drehen Sie den Schlüssel um. Markieren Sie die ursprünglichen Anreißlinien auf der Rückenplatte, um die Position der Kerbe auf der anderen Seite des Schlüsselbarts zu markieren.

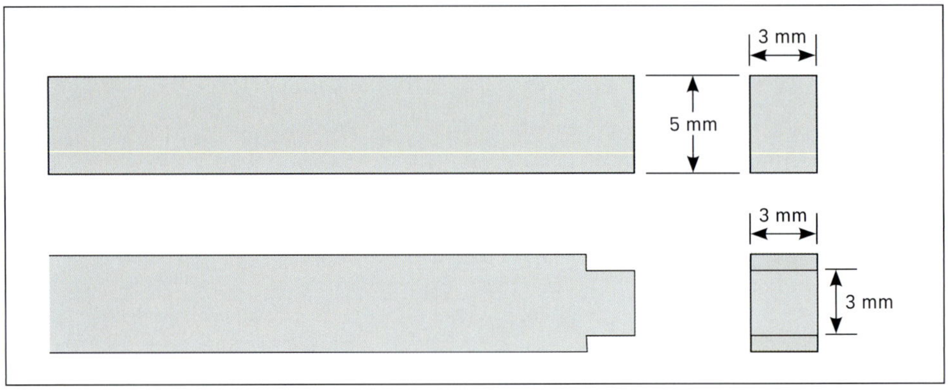

Die Reifen für die Stifte werden jeweils aus 3 mm starkem und 5 mm breitem Flachstahl hergestellt. Lassen Sie die Reifen auf der Stange, bis die gesamte Formgebung abgeschlossen ist. Meißeln oder feilen Sie einen quadratischen Zapfen ans Ende eines jeden Stifts. Insgesamt werden vier Stück benötigt.

Bohren Sie für jeden Reifen ein Loch in die Rückenplatte und die Deckplatte. Das Loch muss sich genau in der Mitte der angezeichneten Linien befinden. Die genaue Position der Löcher ist nicht entscheidend, solange sie sich innerhalb des mit dem Schlüssel eingeritzten Bogens befinden.

Verwenden Sie einen schmalen Meißel oder Nadelfeilen, um den Zapfen an die Platte anzupassen. Sobald die endgültige Anpassung erfolgt ist, werden die Reifen auf Länge geschnitten. Sie sollten ein wenig länger sein als nötig. Vernieten Sie die Reifen. Entfernen Sie alle Grate auf der Oberseite der Reifen, die während des Nietvorgangs entstanden sein könnten.

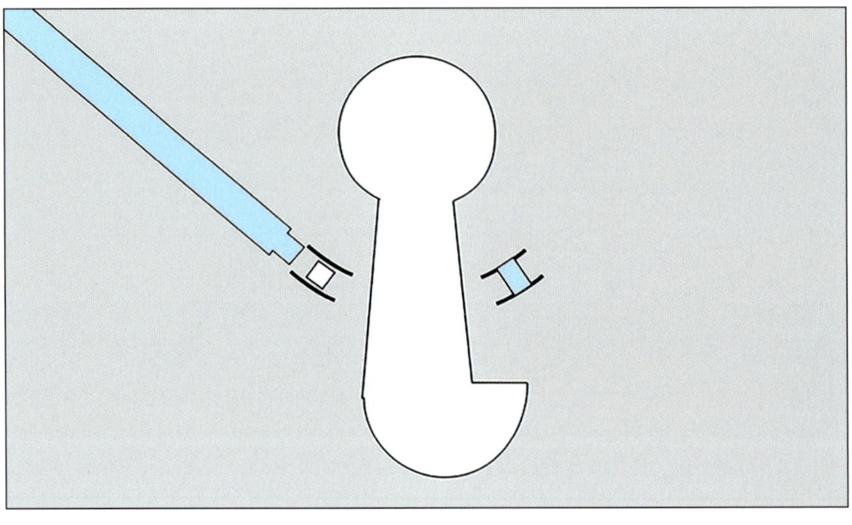

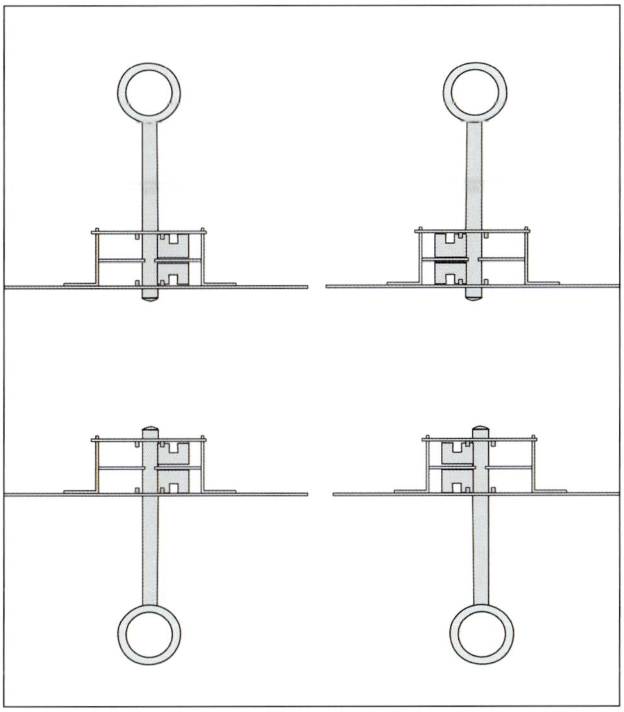

Setzen Sie das Reifengehäuse auf die Rückenplatte und führen Sie einen letzten Test des Schlüssels im Schloss durch – und zwar von beiden Seiten. Nehmen Sie eventuell notwendige Anpassungen vor.

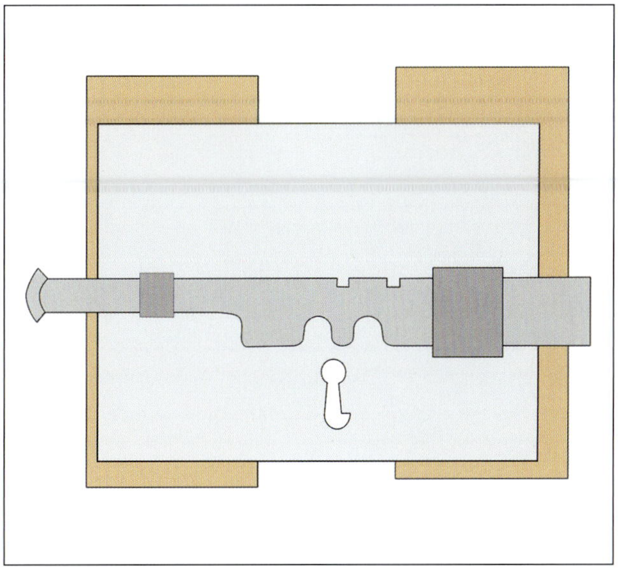

Nun erfolgen die letzten Arbeitsschritte, um den Sperrriegel anzupassen. Dadurch kann der Schlüssel den Sperrriegel später frei im Schloss bewegen. Entfernen Sie das Reifengehäuse von der Rückenplatte. Legen Sie zwei Stützblöcke auf eine ebene Fläche, sodass die Rückenplatte hoch genug von der Oberfläche angehoben wird, damit der Drehzapfen für den Schlüssel unter die Rückenplatte ragen kann. Setzen Sie den Sperrriegel in der vorderen Sperrriegelführung ein.

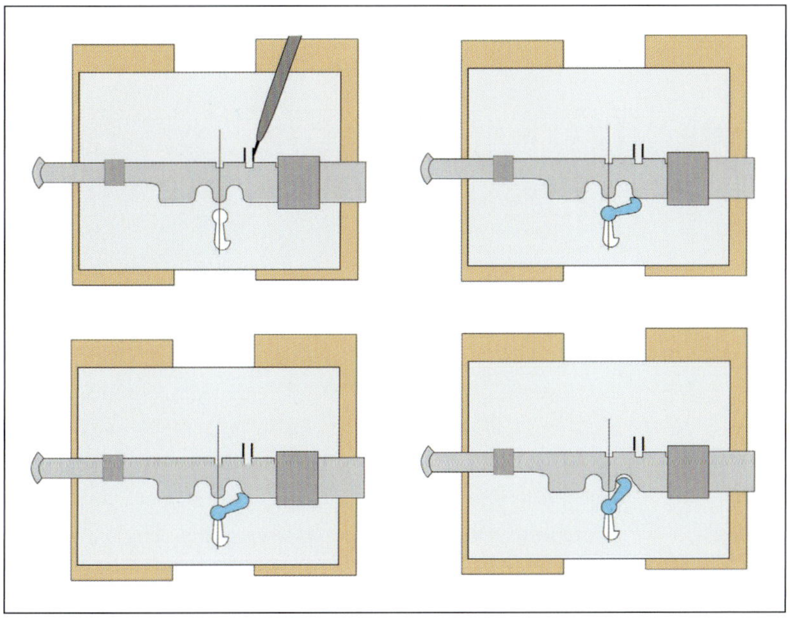

Setzen Sie die hintere Sperrriegelführung über den Sperrriegel, aber vernieten Sie sie nicht. Richten Sie den mittleren Zahn des Sperrriegels direkt auf die Mittellinie des Schlüssellochs aus. Reißen Sie die Position der mittleren Kerbe auf der Oberseite des Sperrriegels auf der Rückenplatte an. Fixieren Sie den Sperrriegel in dieser Position. Stecken Sie den Schlüssel in die Rückenplatte und drehen Sie ihn im Uhrzeigersinn, bis er auf die untere Ecke des Sperrriegels trifft. Entfernen Sie den Sperrriegel und feilen Sie diese Ecke leicht ab. Setzen Sie den Sperrriegel wie oben beschrieben wieder ein und testen Sie den Schlüssel erneut. Wiederholen Sie diesen Vorgang, bis der Schlüssel die Unterkante des Sperrriegels überwinden und den mittleren Zahn erreichen kann.

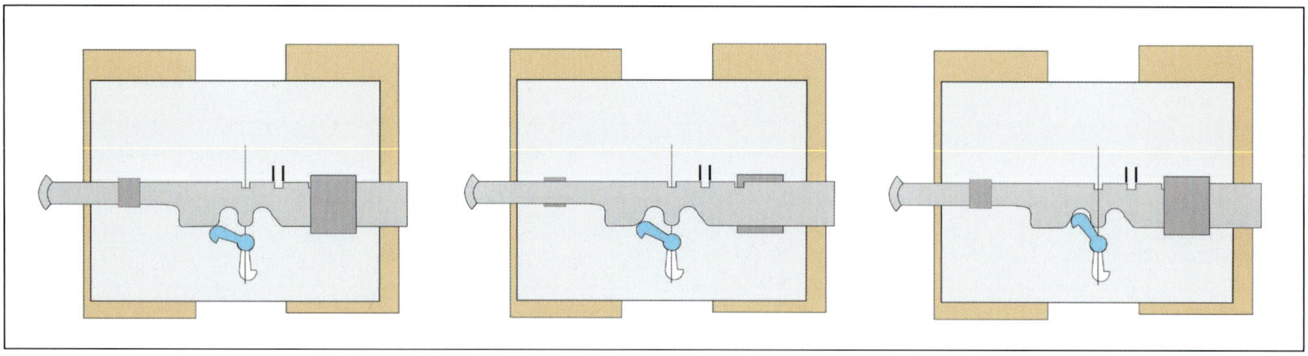

Drehen Sie nun den Schlüssel gegen den Uhrzeigersinn und gehen Sie auf der anderen Seite des Sperrriegels genauso vor. Entfernen Sie nur so viel wie nötig ist, damit sich der Schlüssel über die Ecke der Kerbe hinaus bewegen kann.

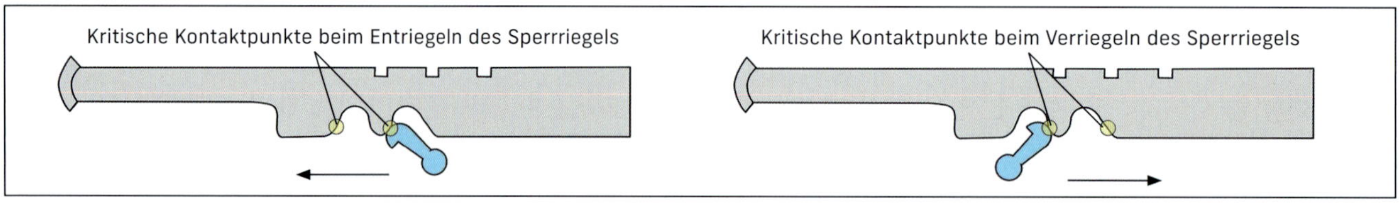

Behalten Sie im Blick, dass beide Seiten jeder Kerbe sowie der mittlere Zahn genau auf den Schlüssel abgestimmt sein müssen. Sonst funktioniert das Schloss nicht richtig. Falls Material vom Sperrriegel abgenommen werden muss, um den Schlüssel durchzulassen, geschieht das von der Seite des Sperrriegels aus, gegen die der Schlüssel drücken muss, um den Sperrriegel in genau diese Position im Schloss zurückzubringen. Dabei nicht zu viel Material entfernen. Sonst kann der Schlüssel den Sperrriegel nicht weit genug bewegen, da er zu früh herausrutscht – was zur Folge hätte, dass sich der Sperrriegel an der falschen Stelle im Schloss befindet.

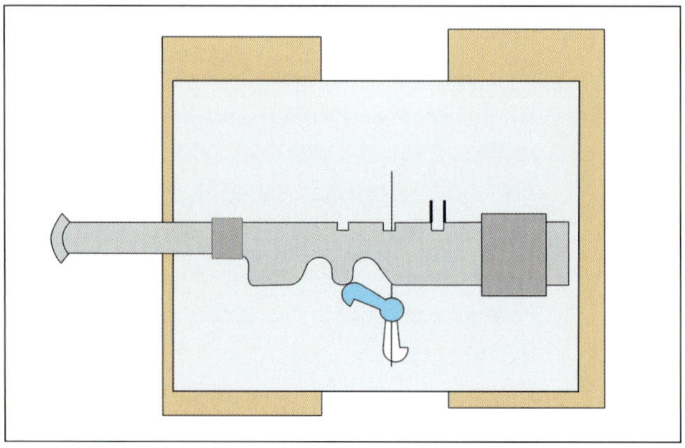

Auf die gleiche Weise wird die Feineinstellung des mittleren Zahns des Sperrriegels vorgenommen. Richten Sie die Anreißlinien für die Feder an der rechten Kerbe aus. Drehen Sie den Schlüssel im Uhrzeigersinn, bis er die Unterkante des mittleren Zahns erreicht. Feilen Sie diese Kante, bis der Schlüssel vorbeigleitet. Entfernen Sie dabei so wenig Material wie möglich.

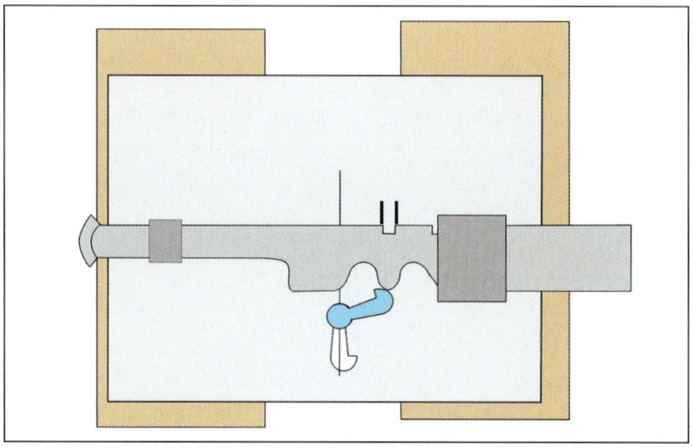

Richten Sie als nächstes die linke Kerbe an der Anreißlinie aus. Drehen Sie den Schlüssel diesmal gegen den Uhrzeigersinn, bis er den mittleren Zahn berührt, und feilen Sie diese Kante weg, bis der Schlüssel passieren kann.

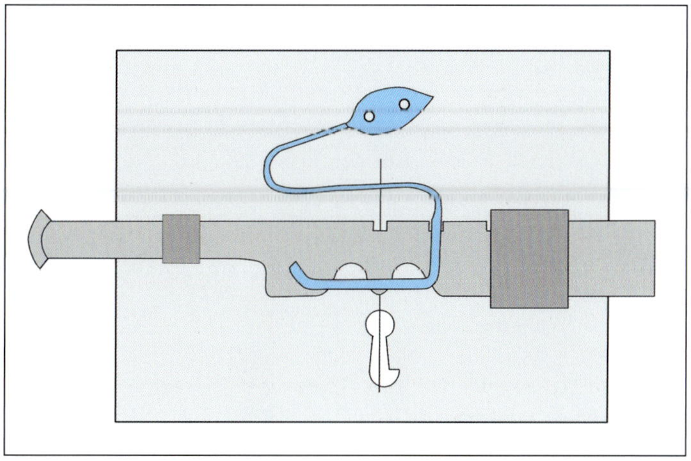

Setzen Sie die Feder so in die mittlere Kerbe, dass der mittlere Zahn des Sperrriegels zur Mittellinie des Schlüssellochs ausgerichtet ist. Reißen Sie die Position der Nietlöcher auf der Rückenplatte an. Bohren Sie die Nietlöcher in die Rückenplatte und schrauben Sie die Feder an ihren Platz. Die Feder sollte fest auf dem Sperrriegel sitzen und sich mit dem Schlüssel mit wenig Kraftaufwand anheben lassen. Falls die Feder zu stark gespannt ist, schnappt der Schlüssel möglicherweise beim Drehen nach vorne. Das kann dazu führen, dass der Sperrriegel aus seiner Position im Schloss herausgeschleudert wird. Die Federkraft lässt sich einstellen, indem man die Biegung der Feder verändert oder die Feder etwas ausdünnt.

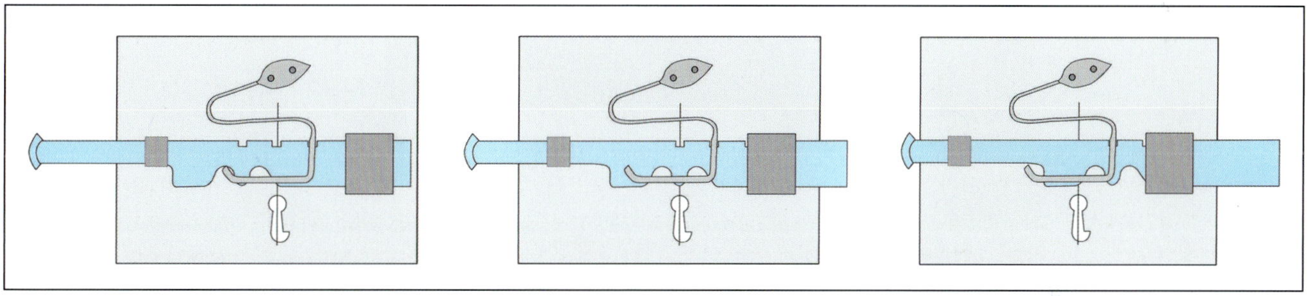

Der Schlüssel für das Schloss muss zweimal um 360 Grad gedreht werden, um vollständig zu öffnen oder zu sperren. Die Feineinstellung des Schlosses ist allerdings ein langwieriger Prozess, bei dem alle Kontaktpunkte und die Federspannung nach und nach angepasst werden, bis das Schloss reibungslos funktioniert.

Jetzt ist das Schloss bereit für die Endmontage. Nieten Sie die hintere Sperrriegelführung an ihren Platz. Vernieten Sie die Feder mit der Rückenplatte. Nieten Sie die Deckplatte an die Mittelplatte und dann den fertigen Stationskasten an die Rückenplatte.

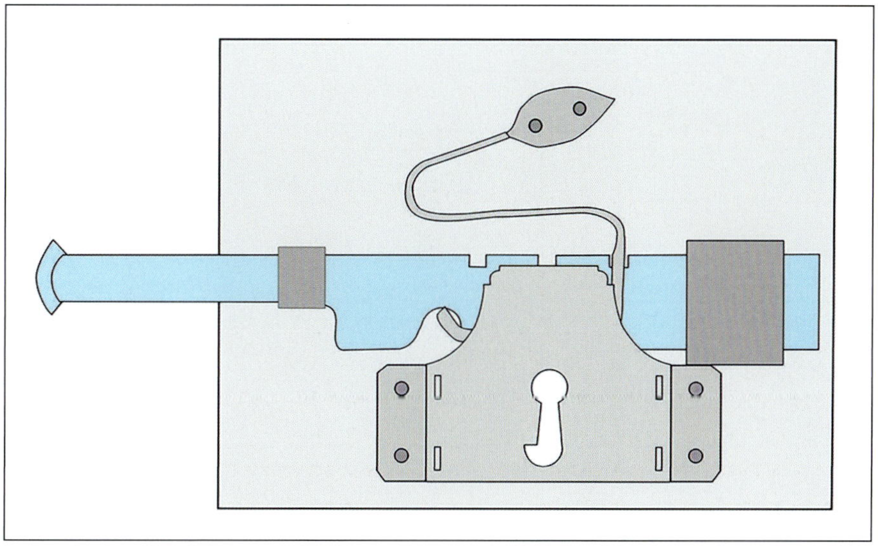

WEITERE ANWENDUNGSMÖGLICHKEIT: DAS TORSCHLOSS

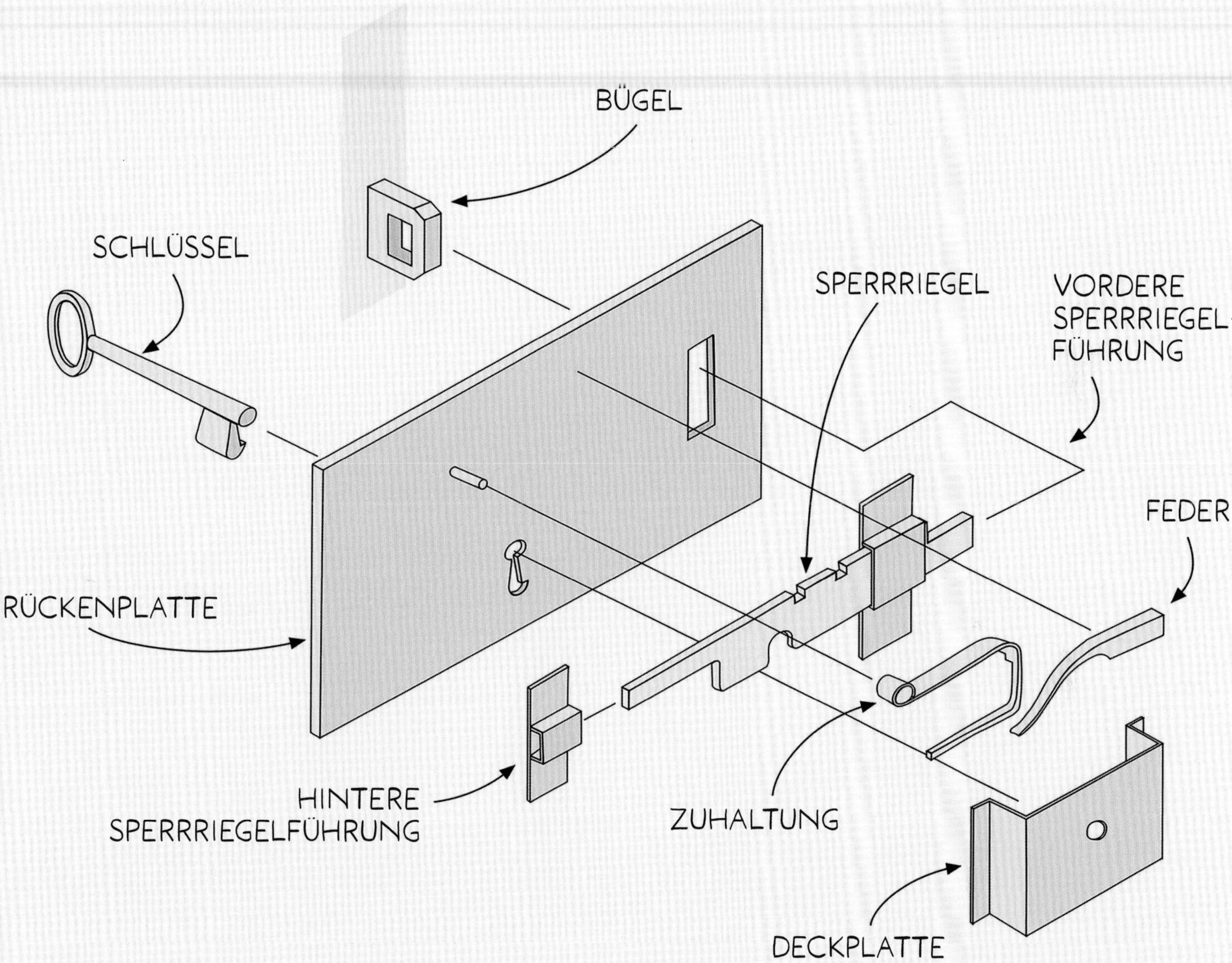

Das Torschloss ist ein gutes Beispiel dafür, wie man ein grundlegendes Schlossdesign verändern kann, um es an einen bestimmten Zweck anzupassen. In diesem Fall wird der zuvor gezeigte Türschlossmechanismus verwendet, um einen großen, in den Torrahmen eingebauten Schieberiegel zu sichern. Die beiden Hälften des Tors werden durch diesen Schieberiegel miteinander verbunden. Der Riegel des Schlosses selbst wird nur dazu verwendet, das Ende des Riegelgriffs zu sichern, nicht das Tor selbst.

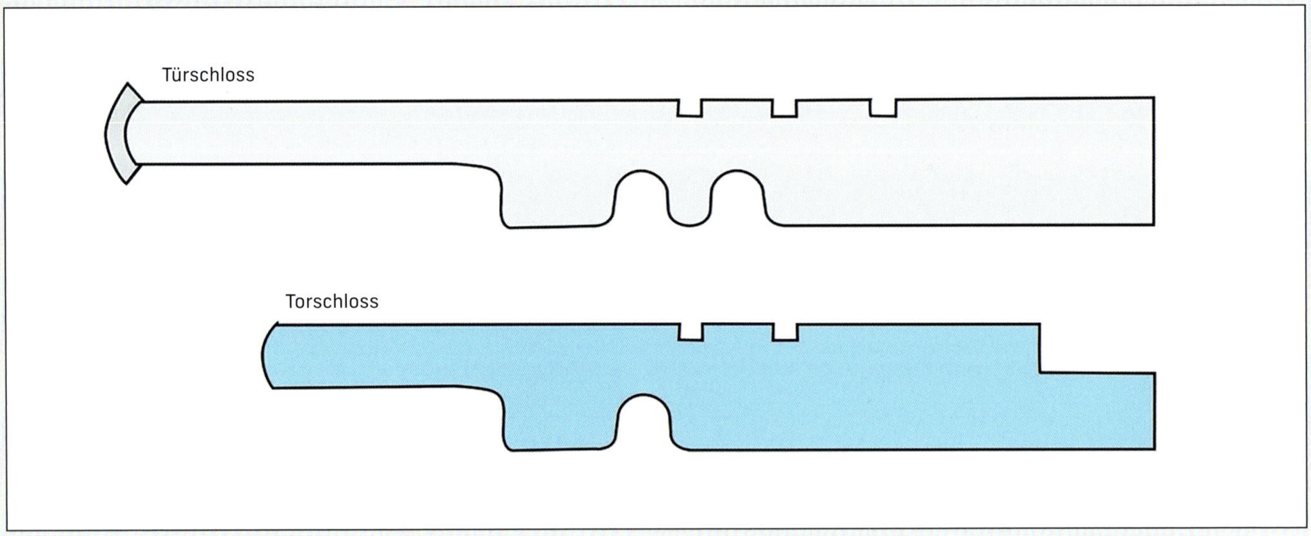

Die Konstruktion des Sperrriegels wurde dahingehend vereinfacht, dass der Schlüssel nur einmal gedreht werden muss, damit der Riegel den Griff im Schloss sichert. Die Kerbe an der Vorderseite des Sperrriegels ist auf den Bügel am Griff des Torriegels abgestimmt.

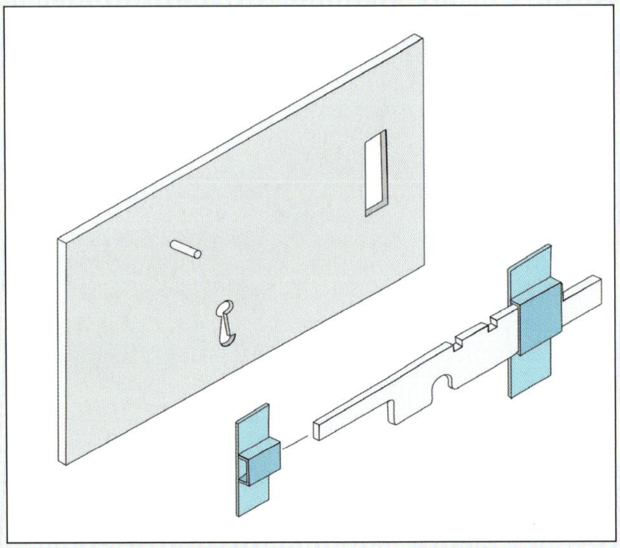

Die Sperrriegelführungen sind auf separaten Platten montiert, was zu einem gewissen Abstand zwischen dem Sperrriegel und der Deckplatte führt. Das verringert die Gefahr, dass der Sperrriegel festrostet. Die Sperrriegel-Führungen werden außerdem mit etwas mehr Spiel gefertigt, damit der Schlüssel alle Teile, die zu rosten beginnen, losrütteln kann.

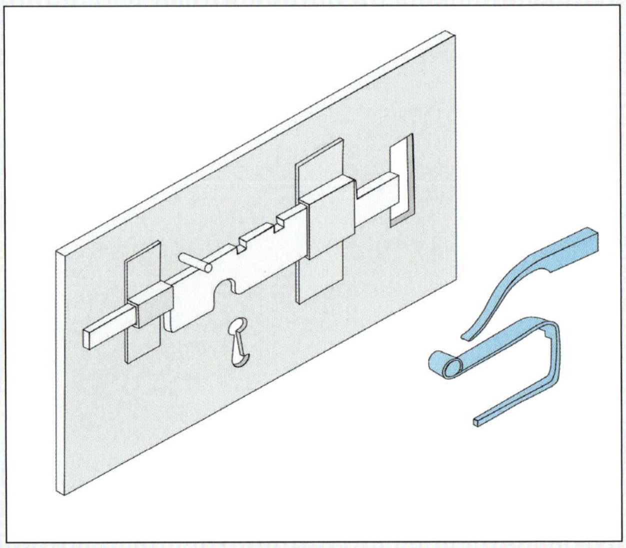

Die einteilige Feder des Türschlosses wurde zweigeteilt. Bei der Konstruktion von Feder und Zuhaltung wurde eine viel kräftigere Feder verwendet, die nicht so schnell durchrostet.

Um die korrekte Position der Zuhaltung auf der Deckplatte zu ermitteln, muss die linke Kerbe für die Zuhaltung an der Oberkante des Sperrriegels über der Mittellinie des Schlüssellochs liegen. Setzen Sie die Zuhaltung in die rechte Kerbe des Sperrriegels. Markieren Sie die Position des Drehzapfens für die Zuhaltung. Markieren Sie die Position der Oberkante der Zuhaltung auf der Deckplatte. Verwenden Sie diese Referenzlinie, um die Position der Zuhaltungsfeder zu bestimmen.

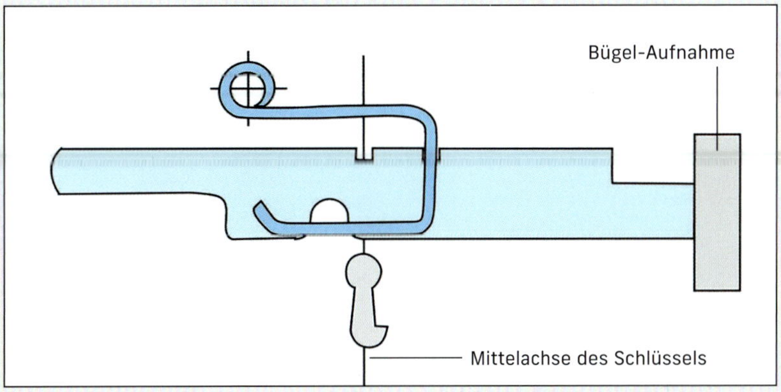

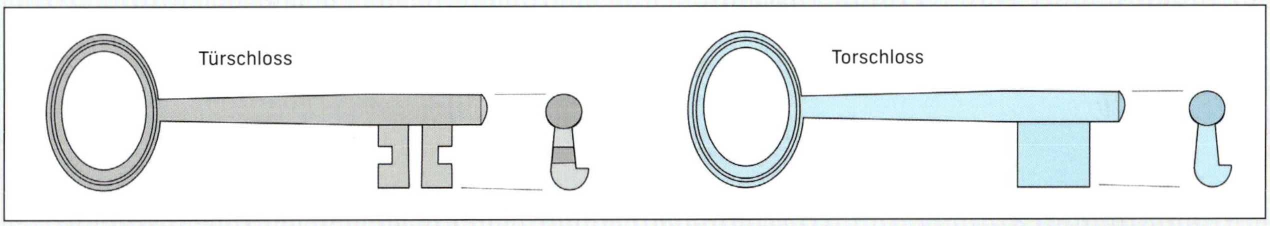

Der Schlüssel hat die gleiche Form wie zuvor. Die Reifen und die mittlere Stationsplatte jedoch wurden entfernt, um den Mechanismus zu vereinfachen.

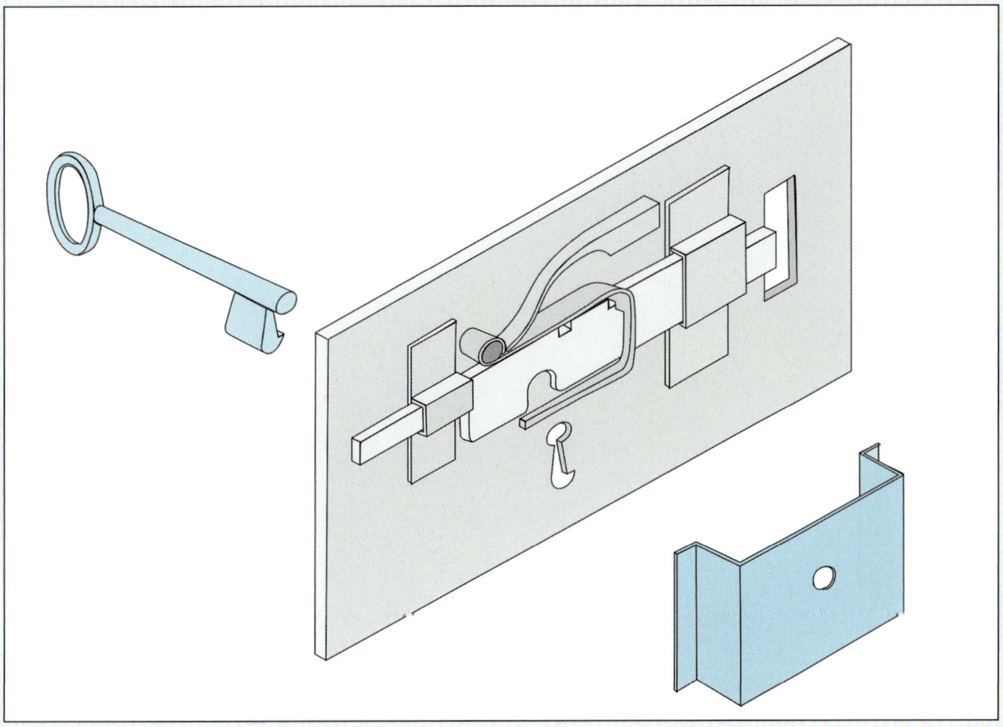

Das Schlüsselloch in der Deckplatte des Türschlosses wurde durch eine einfache Halterung ersetzt.

PROJEKT 10:
TÜRSCHLOSS – VARIANTE 2

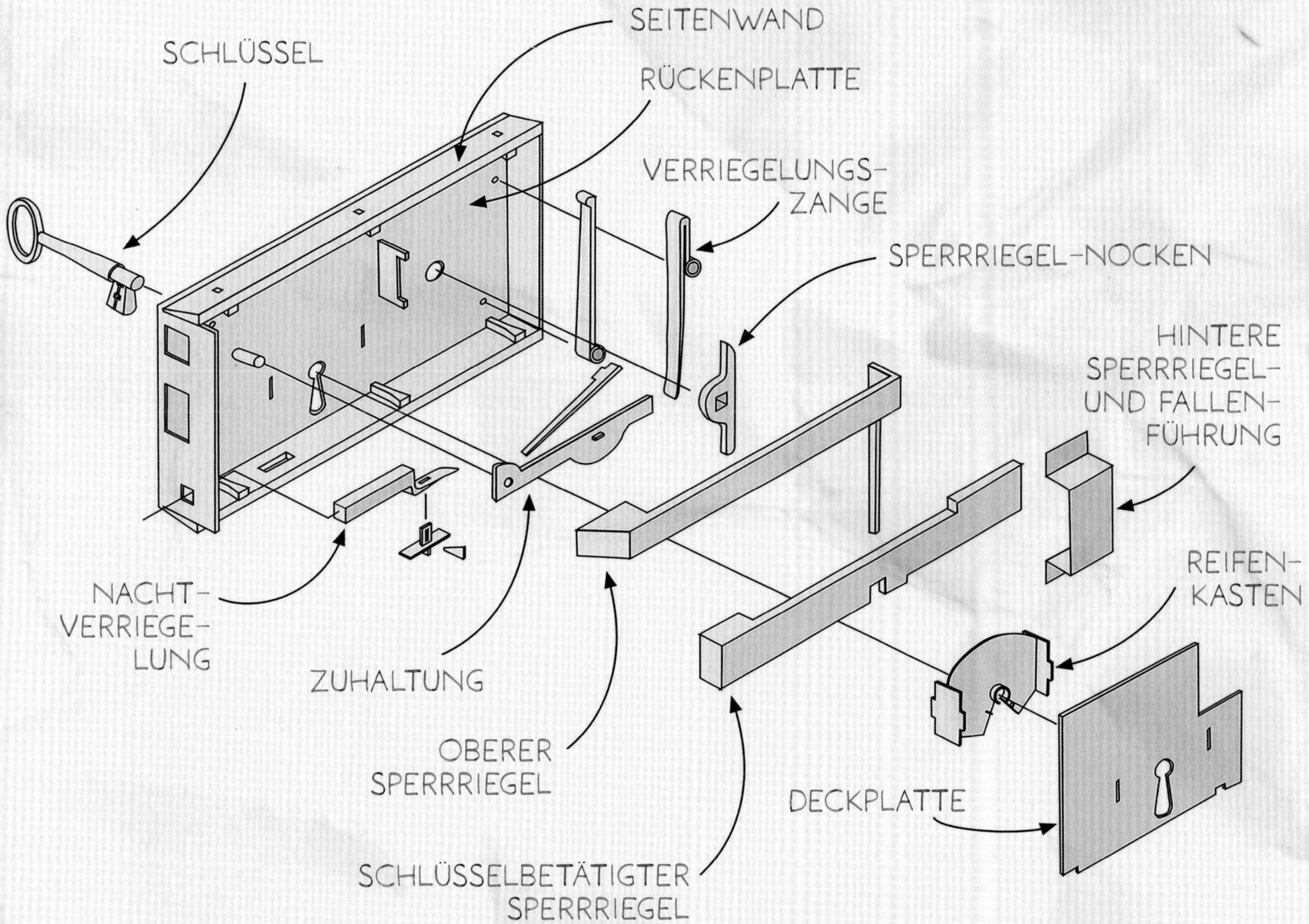
SCHLÜSSEL
SEITENWAND
RÜCKENPLATTE
VERRIEGELUNGS-
ZANGE
SPERRRIEGEL-NOCKEN
HINTERE
SPERRRIEGEL-
UND FALLEN-
FÜHRUNG
REIFEN-
KASTEN
NACHT-
VERRIEGE-
LUNG
ZUHALTUNG
OBERER
SPERRRIEGEL
DECKPLATTE
SCHLÜSSELBETÄTIGTER
SPERRRIEGEL

RÜCKENPLATTE UND SEITENTEILE

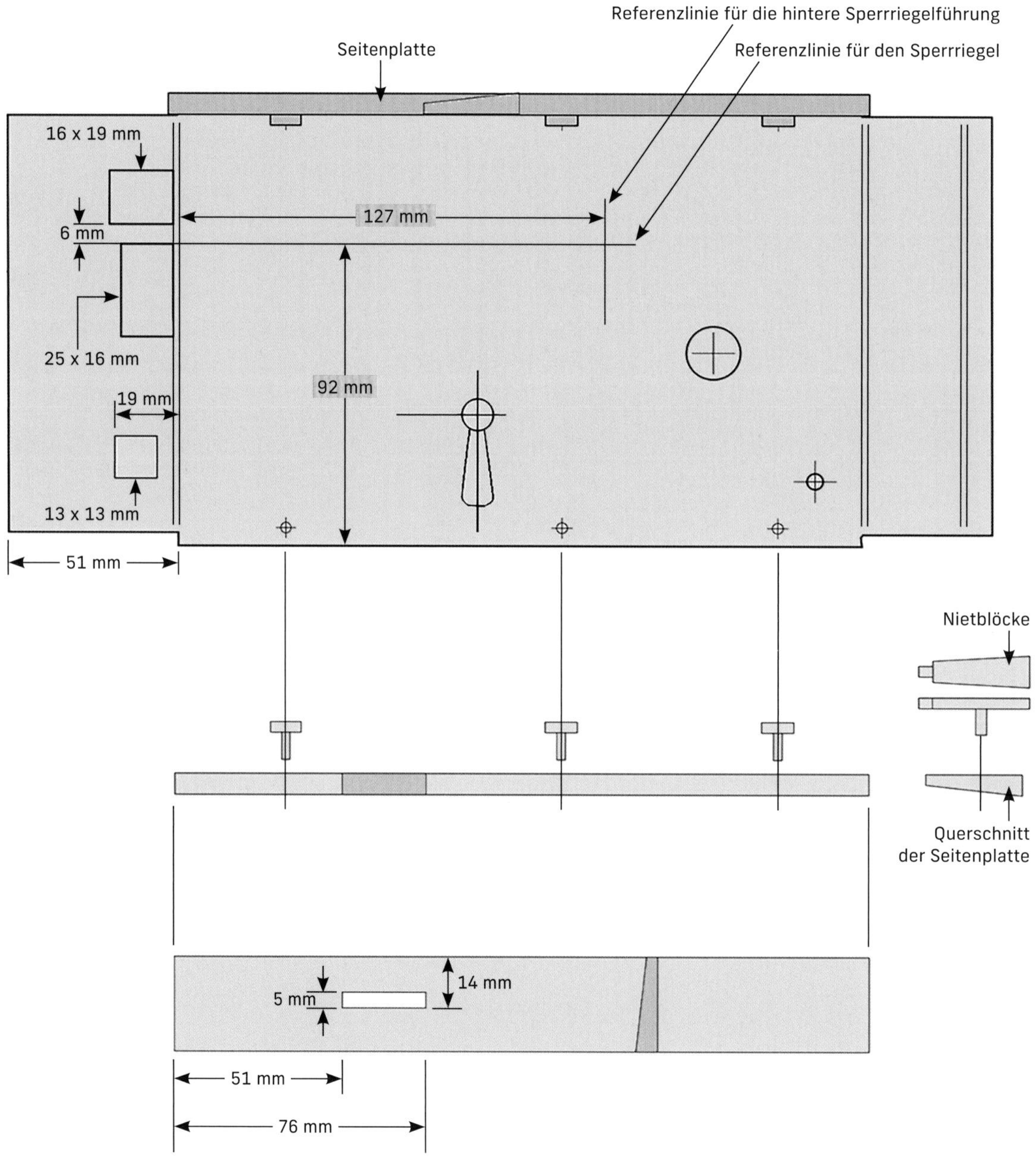

INNERE ABMESSUNGEN DER RÜCKENPLATTE

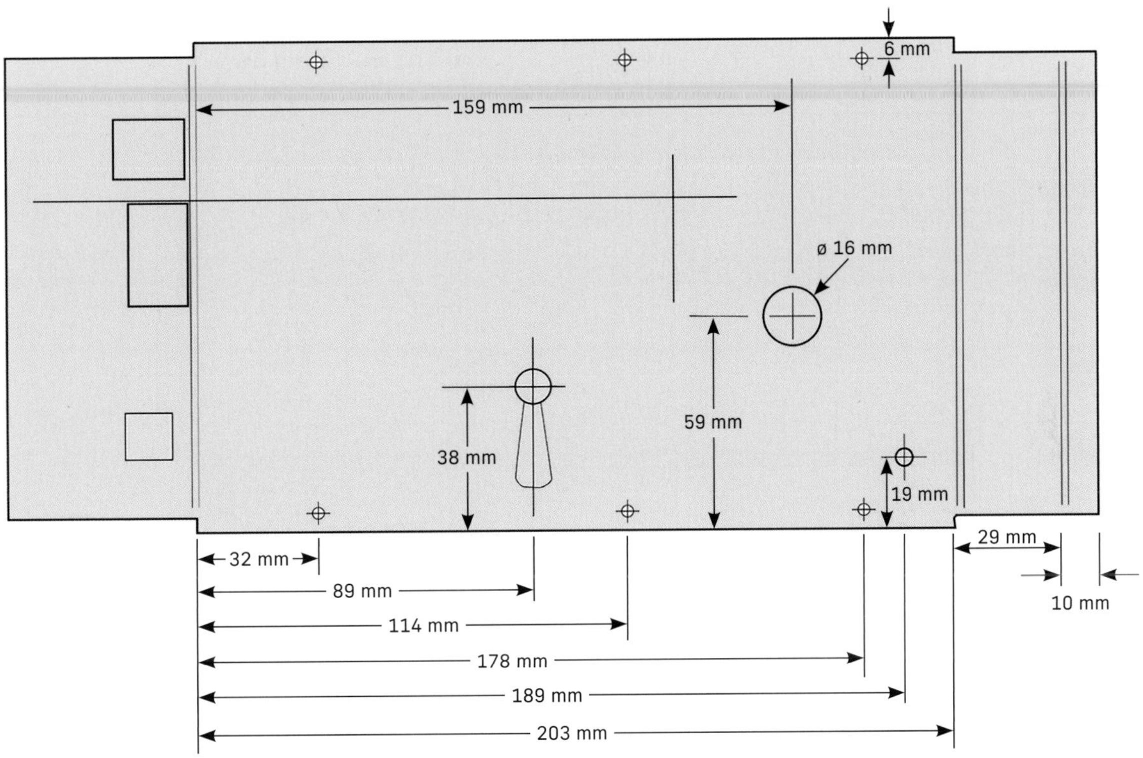

SCHLÜSSELBETÄTIGTER SPERRRIEGEL

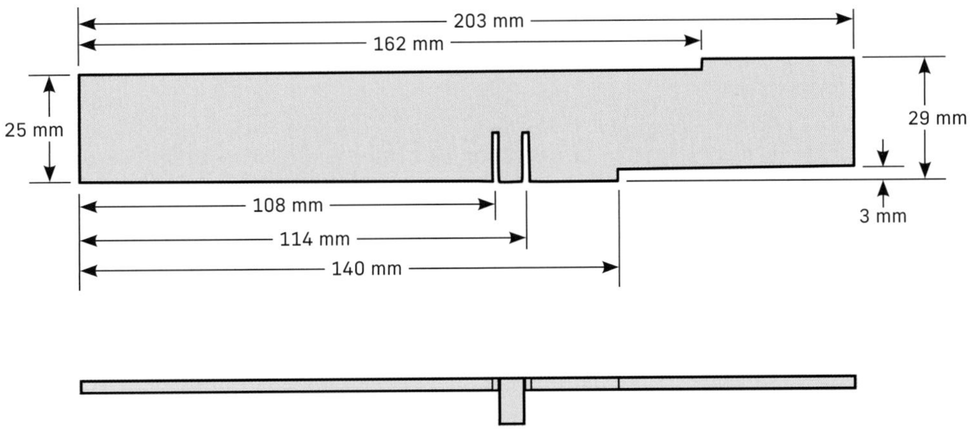

OBERER SPERRRIEGEL

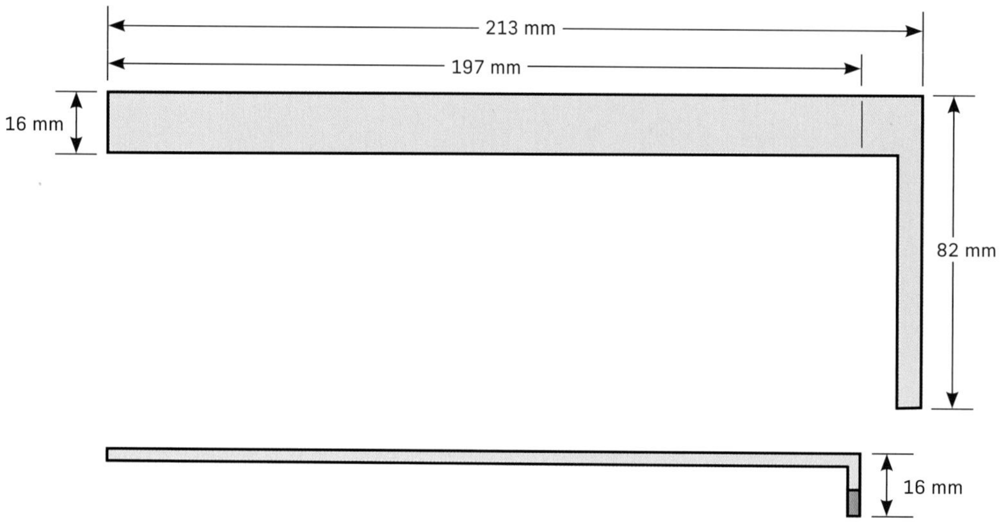

VERSCHLUSSFEDER UND HEBEL

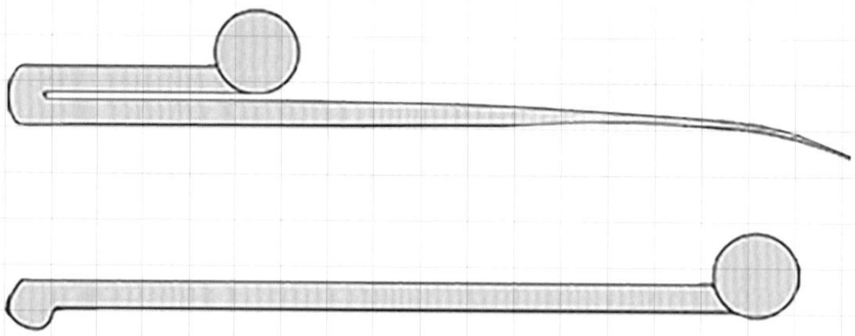

SPERRRIEGEL-NOCKEN UND SPERRRIEGEL-ZUHALTUNG

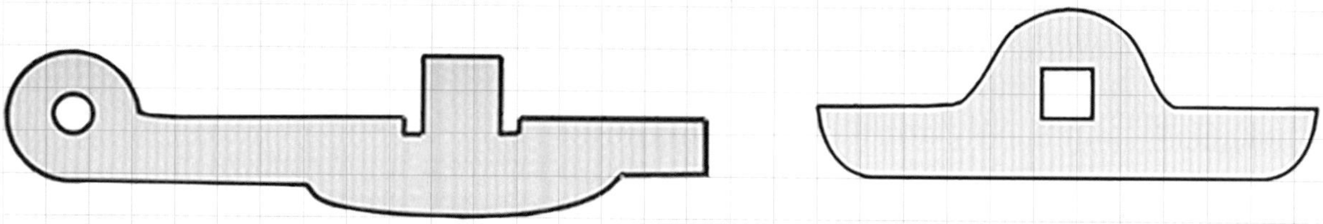

DECKPLATTE, REIFENGEHÄUSE UND UMRISSSCHABLONE

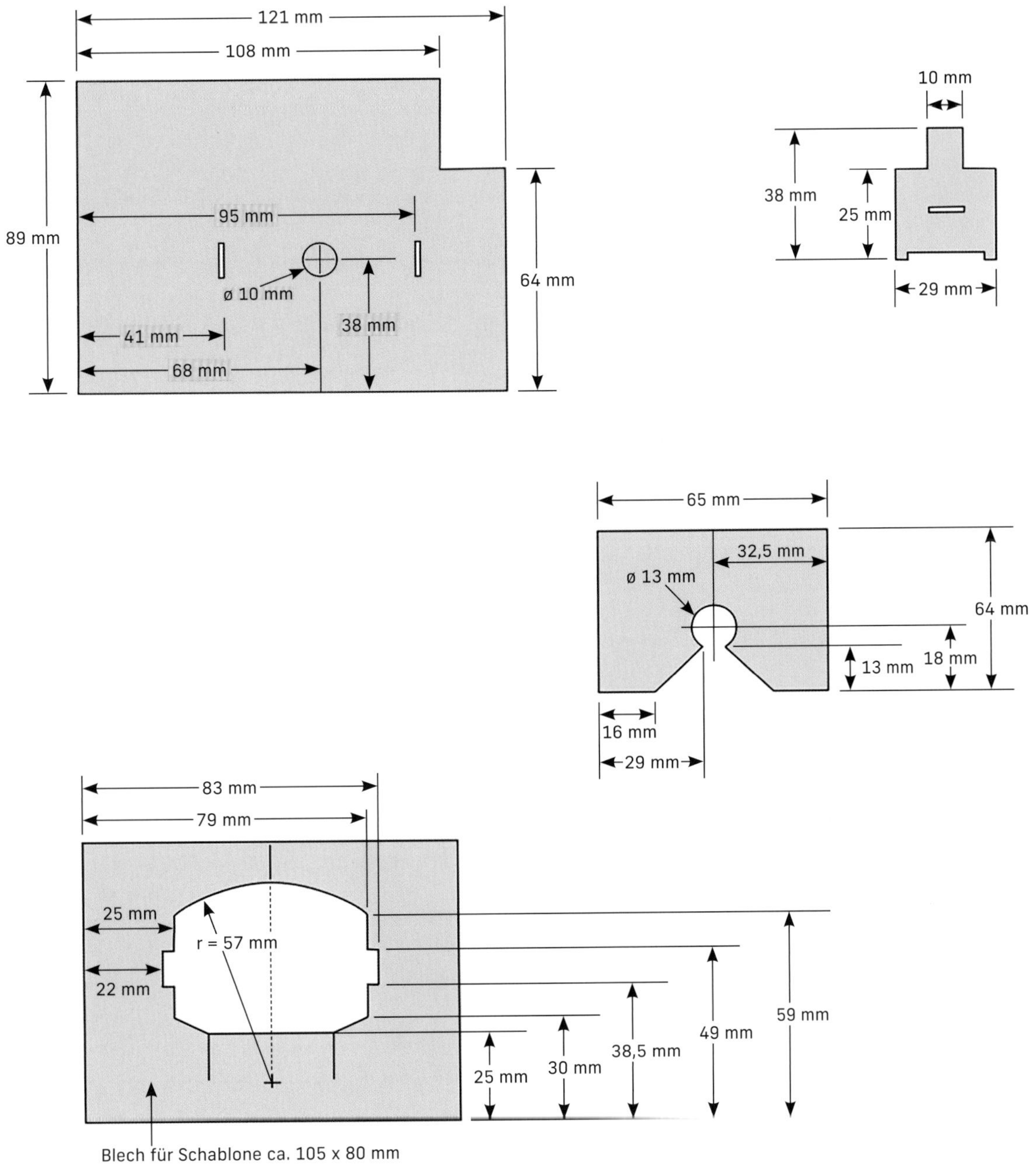

SPERRRIEGELFÜHRUNGEN, REIFEN, NACHTVERRIEGELUNG UND FALLENFEDER

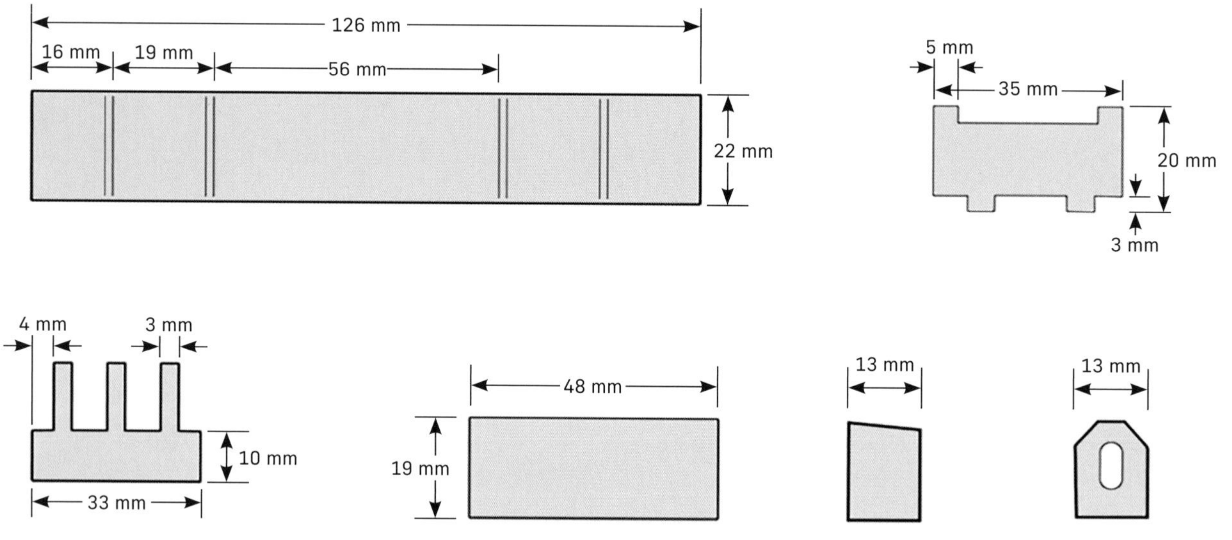

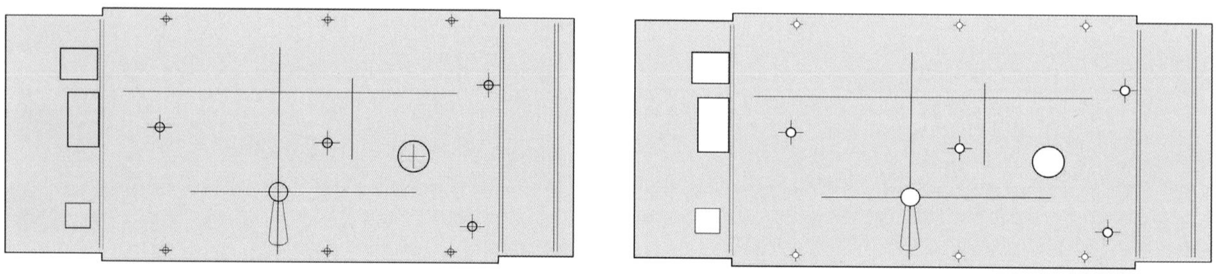

Das klassische Kastenschloss ist der Vorgänger des modernen Schlosses, das heute an jeder Tür zu finden ist. Es bildet eine Einheit, bei der eine federbelastete Falle mit einem schlüsselbetätigten Riegel kombiniert wird. Zur Betätigung der Falle befinden sich auf jeder Seite des Schlosses Türknöpfe. Der schlüsselbetätigte Sperrriegel kann von beiden Seiten der Tür aus bedient werden. Die meisten Kastenschlösser verfügen über einen kleineren Schieberiegel, der nur von innen zugänglich ist (Nachtverriegelung). Der gesamte Mechanismus ist in einem Metallgehäuse untergebracht, das sich an der Innenseite der Tür befestigen lässt. Schneiden Sie die Deckplatte aus und übertragen Sie alle Referenzlinien von der Vorlage auf die Deckplatte. Das Kastenschloss besteht aus vielen Teilen, die auf kleinem Raum zusammengefügt werden. Daher ist es wichtig, den Plänen exakt zu folgen. Zeichnen Sie die Öffnungen für den oberen Sperrriegel, den schlüsselbetätigten Sperrriegel und den Nachtriegel vor. Bohren Sie am Achspunkt ein 10 mm großes Loch. Daraus wird später das Schlüsselloch. Arbeiten Sie dessen Form aber noch nicht aus. Die anderen in der Vorlage angegebenen Löcher können zu diesem Zeitpunkt ebenfalls gebohrt werden.

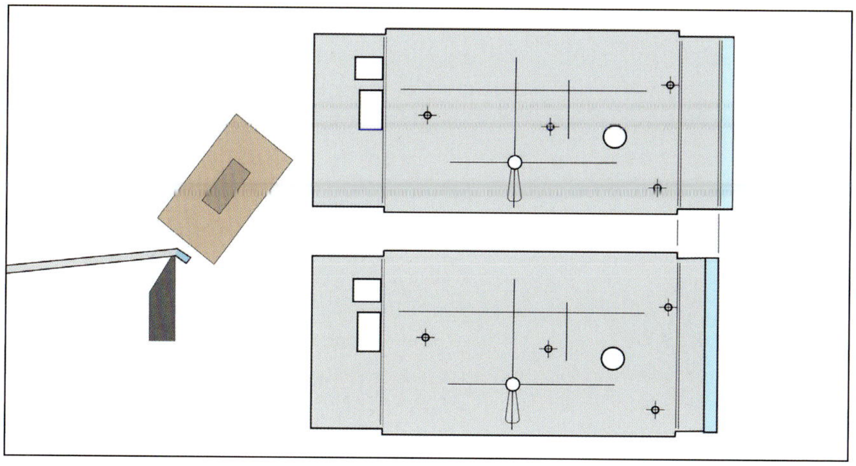

Als nächstes werden die Endplatten gebogen. Beginnen Sie mit dem Biegen des kurzen Stegs an der Endplatte. Hier ist zunächst die Verwendung eines Umschlageisens hilfreich. Biegen Sie den Falz schließlich mithilfe eines Holzhammers oder schweren Holzklotzes – so bleibt die Oberfläche intakt.

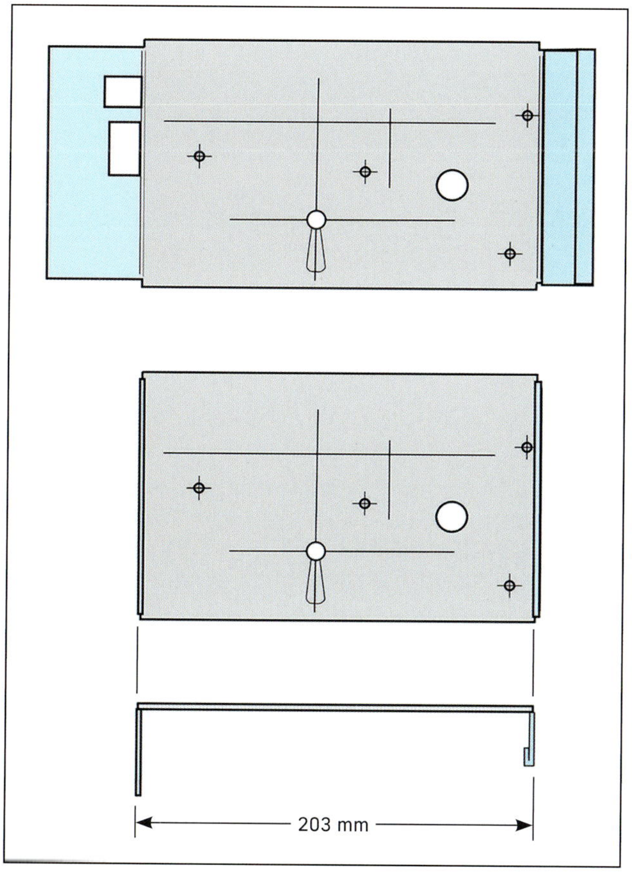

Biegen Sie die Vorder- und Rückenplatte in ihre endgültige Form. Die Gesamtlänge von der Außenseite der Vorderwand bis zur Außenseite der Rückenplatte sollte möglichst genau 203 mm betragen.

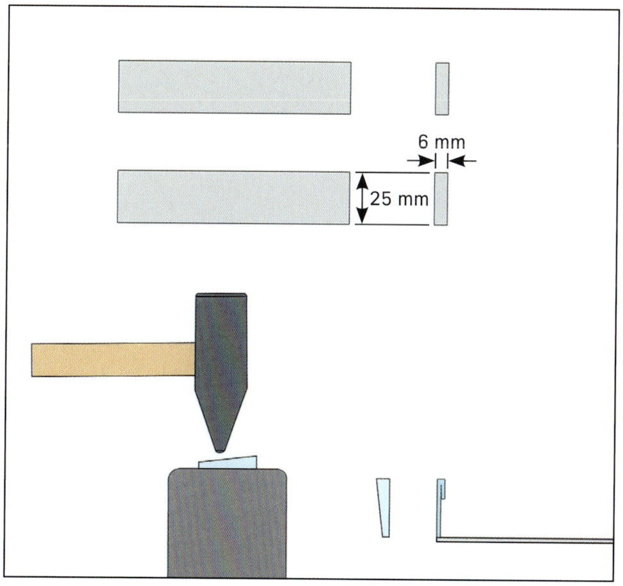

Mit zwei Seitenplatten werden die Kanten der Deckplatte abgedeckt. Das ist die Grundform des Kastenschlosses. Die Seitenteile werden aus Flachstahl (6 x 25 mm) geschmiedet. Erzeugen Sie dabei eine Keilform, die sich von 6 mm auf 3 mm verjüngt. Dadurch entsteht eine Seitenwand, die etwas breiter als erforderlich ist. Die Breite der Seitenteile kann dann so zugeschnitten werden, dass sie der Höhe der Rückenwand der Deckplatte entspricht. Die Länge der Seitenteile wird nach dem Anbringen an der Deckplatte zugeschnitten. Bearbeiten Sie die Seitenteile durch Feilen oder Schleifen, um einen Großteil der durchs Hämmern entstandenen Bearbeitungsspuren zu entfernen.

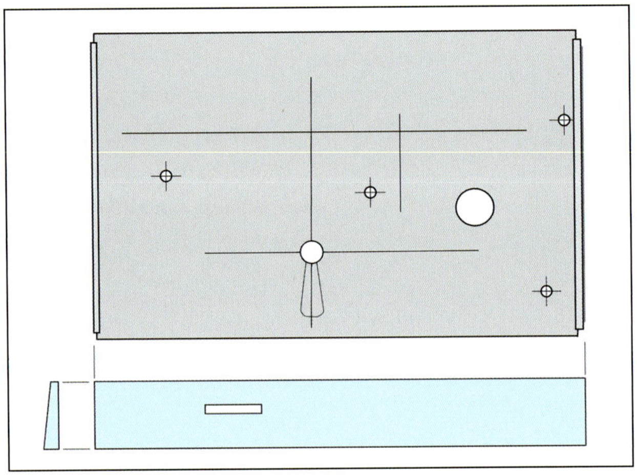

Schneiden Sie den Schlitz für den Griff der Nachtverriegelung in eine der Seitenwände. Säubern Sie die Innenkanten mit einer Feile, bis sie glatt und parallel ausgerichtet sind.

Die Seitenplatten werden mit der Deckplatte über Blöcke verbunden, die zwei um 90 Grad versetzte Zapfen besitzen. Ein Niet dient zum Befestigen des Blocks mit den Seitenplatten, der andere zum Vernieten der Seitenplatten mit der Deckplatte.

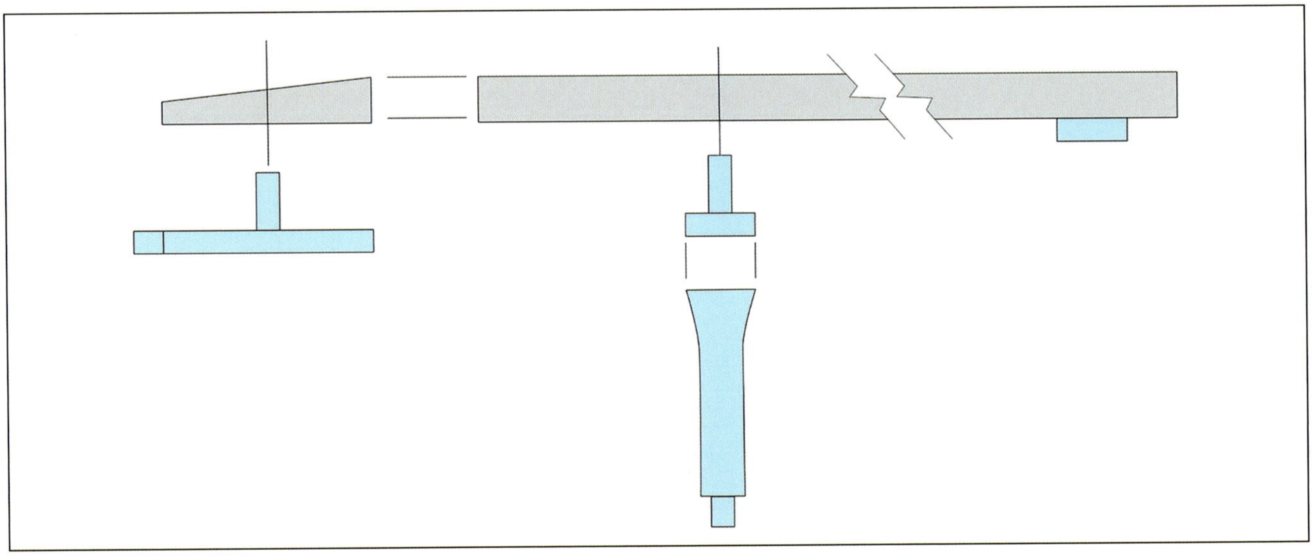

Die Blöcke werden am Ende eines längeren Vierkantstahls (10 mm) geschmiedet und abgelängt. Erzeugen Sie etwas weniger als 25 mm vom Ende des Vierkantstahls entfernt einen Versatz. Dünnen Sie diesen Abschnitt auf etwa 6 mm aus. Richten Sie eine Kante so aus, dass sich die gesamte zusätzliche Breite auf der gegenüberliegenden Seite befindet. Diese gerade Kante des Stahls wird zur Rückseite des Nietblocks. Lassen Sie die Stange auf Raumtemperatur abkühlen.

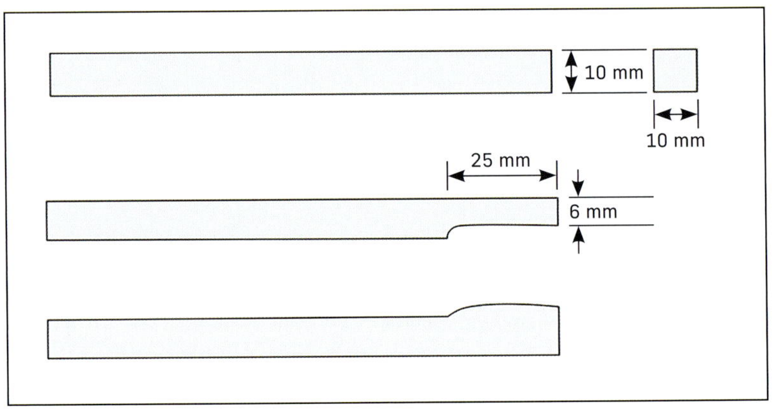

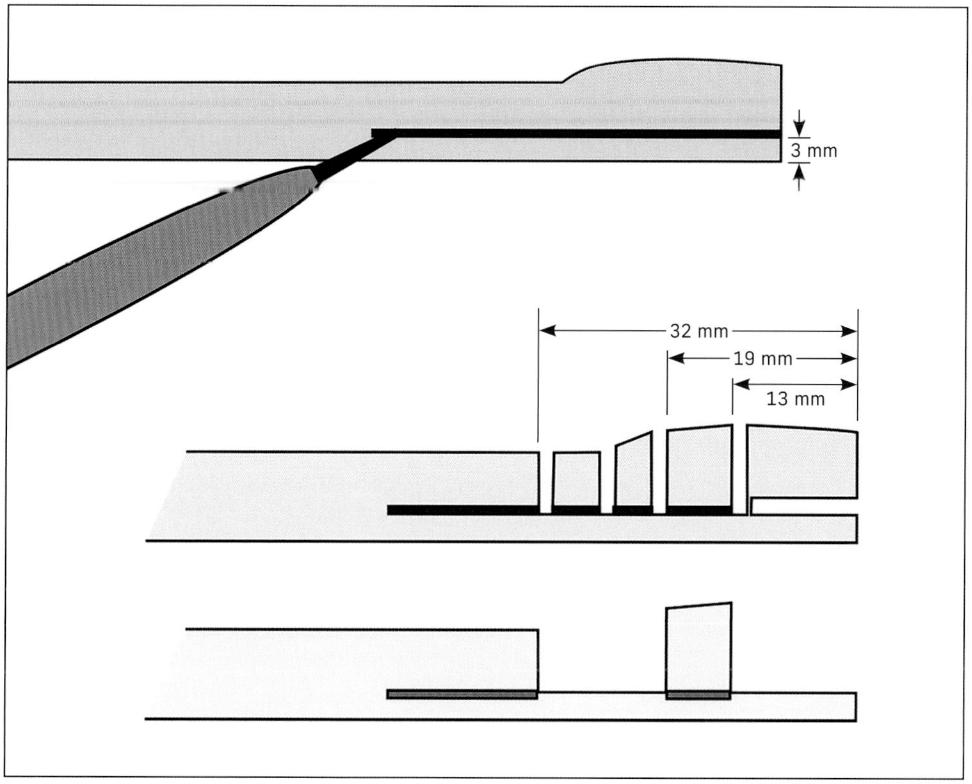

Zeichnen Sie 3 mm oberhalb der Kante der Vierkantstahls mit einem feinen Filzstift eine Grundlinie an. Sie definiert die Stärke der Rückseite des Nietblocks. Sägen Sie 13 mm vom Ende des Stahls bis zur Grundlinie. Machen Sie einen weiteren Sägeschnitt – beginnend am Ende der Stange und entlang der Grundlinie – zum ersten Sägeschnitt, um die Ecke der Stange zu entfernen. Machen Sie drei weitere Sägeschnitte bis zur Grundlinie: beginnend 19 mm vom Ende der Stange entfernt und endend 32 mm vom Ende der Stange. Mit einem schmalen Meißel lässt sich das Material zwischen den Sägeschnitten entfernen.

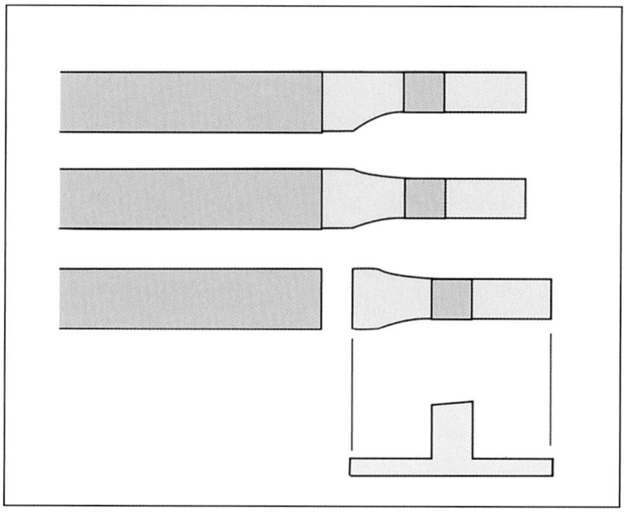

Feilen Sie die Innenseite des Nietblocks flach. Bearbeiten Sie die Seite des Nietblocks mit dem Hammer, um eine gleichmäßige Verjüngung zu erzeugen. Trennen Sie den Nietblock ab. Gehen Sie auf die gleiche Weise vor, um die anderen fünf Nietblöcke herzustellen.

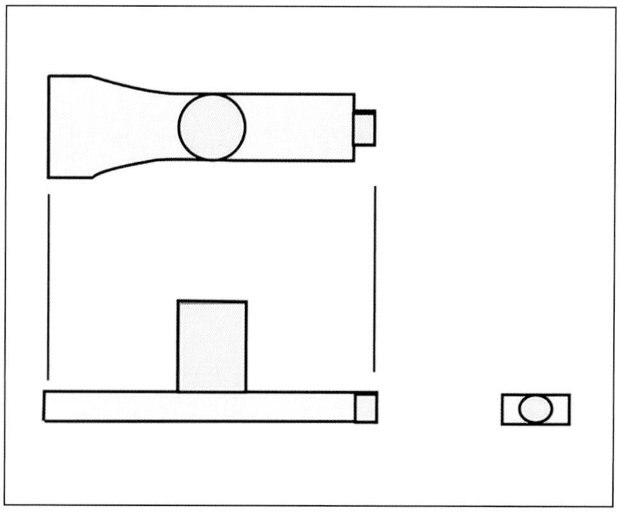

Der Zapfen, der an der Seite des Nietblocks herausragt, wird zu einem 6-mm-Rundzapfen gefeilt. In das schmale Ende des Nietblocks wird ein 3 mm langer, runder Zapfen gefeilt.

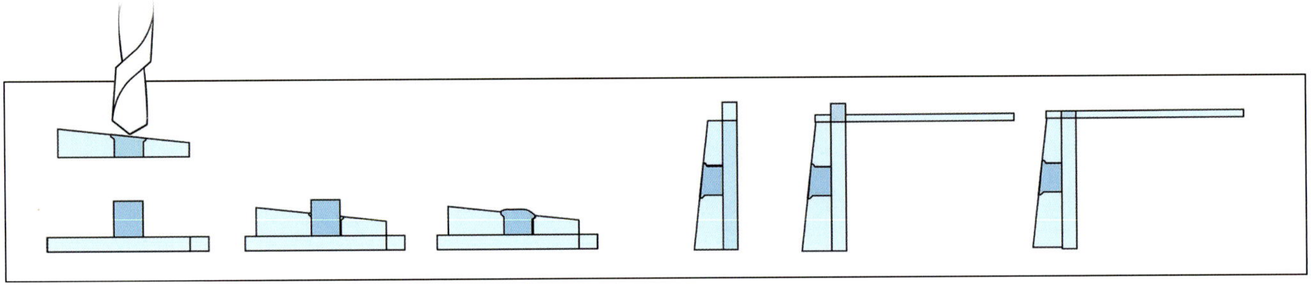

Übertragen Sie die Position der Nietblöcke vom Muster der Deckplatte auf die Seitenplatten. Achten Sie darauf, dass die Enden der Seitenplatten über die Außenseiten der Deckplatte hinausragen. Positionieren Sie jeden Nietblock so auf der Referenzlinie, dass die Schulter für den Zapfen an der Unterseite des Nietblocks mit der unteren (schmalen) Kante der Seitenplatte bündig ist. Übertragen Sie die Position des seitlichen Zapfens auf die Seitenplatte. Bohren Sie an dieser Stelle ein 6-mm-Loch. Senken Sie die Seitenplatte an, damit der Nietkopf bündig mit der Oberfläche gefeilt werden kann. Vermessen und installieren Sie jeden Block einzeln. Das obere Ende des Nietblocks wird abgeschnitten und bündig mit der oberen Fläche der Seitenplatte gefeilt. Dieses Ende des Blocks liegt auf dem Amboss auf und dient als Auflage, um die Seitenwände mit der Deckplatte zu vernieten. Sobald die Seitenteile vernietet sind, feilen Sie die Enden der Seitenteile bündig mit der Vorder- und Rückwand der Deckplatte.

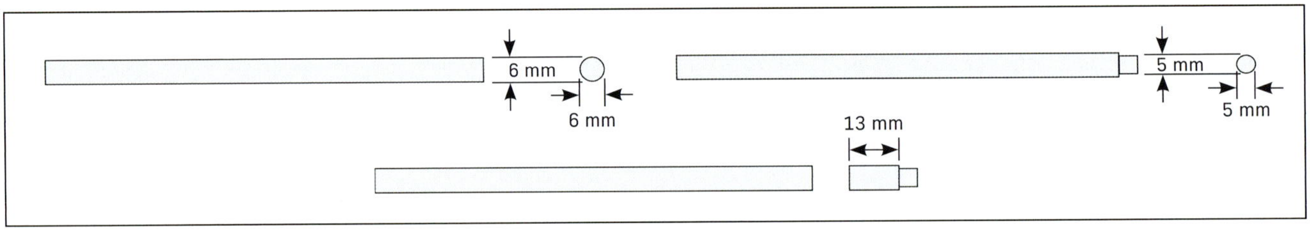

Für die Endmontage des Verschlussmechanismus werden zwei Stifte benötigt, die mit der Deckplatte vernietet werden müssen. Die Stifte werden aus 6-mm-Rundstahl gefertigt. Feilen Sie einen 5 mm langen Zapfen an das Ende des Rundstahls. Schneiden Sie den Stift etwa 13 mm von der Schulter des Zapfens entfernt von der Stange.

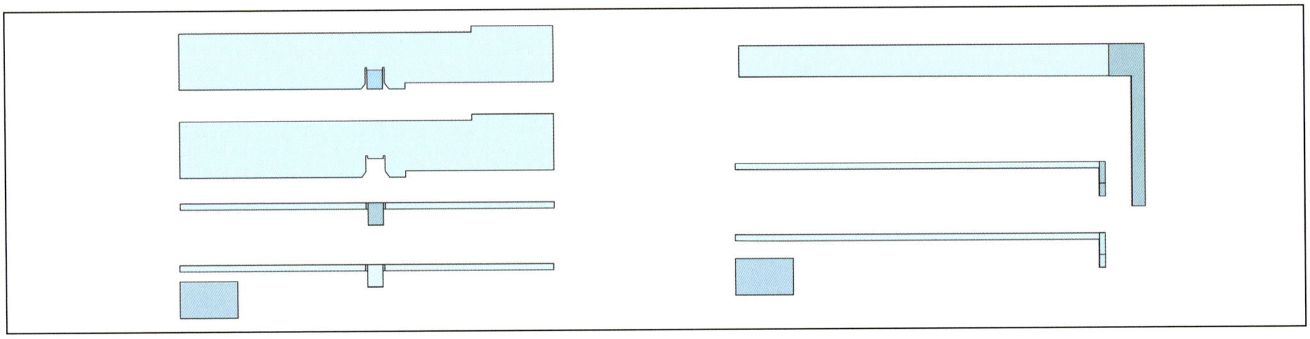

Der schlüsselbetätigte und der obere Sperrriegel werden durch Zusammenfügen ihrer einzelnen Bestandteile hergestellt. Verwenden Sie die Vorlage, um die Grundform der beiden Riegel aus 3 mm starkem Blech zu schneiden. Der Mittelteil in der Kerbe des schlüsselbetätigten Sperrriegels wird zur Rückseite des oberen Sperrriegels hin gebogen. Das Ende des oberen Sperrriegels wird in einem 90-Grad-Winkel gebogen. Das Ende eines jeden Sperrriegels ist stärker als dessen Hauptteil. Diese zusätzliche Stärke wird durch Hinzufügen eines zusätzlichen Blocks am Ende des jeweiligen Riegels erreicht. Der Endblock für den oberen Sperrriegel wird aus einem 44 mm langen Vierkantstahl (16 mm) hergestellt. Der schlüsselbetätigte Sperrriegel wird aus einem 44 mm langen Stück Flachstahl (13 mm x 25 mm) zugeschnitten.

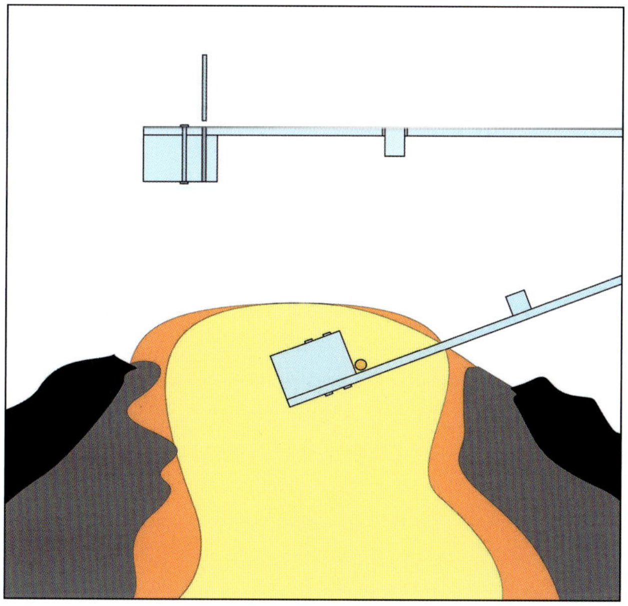

Verbinden Sie die beiden Teile jedes Sperrriegels über kurze Niete, um den Endblock des Sperrriegels im Feuer in Position zu halten. Legen Sie den Kupferdraht an die Innenecke des Sperrriegels und erhitzen Sie ihn langsam, bis das Kupfer in die Verbindung fließt.

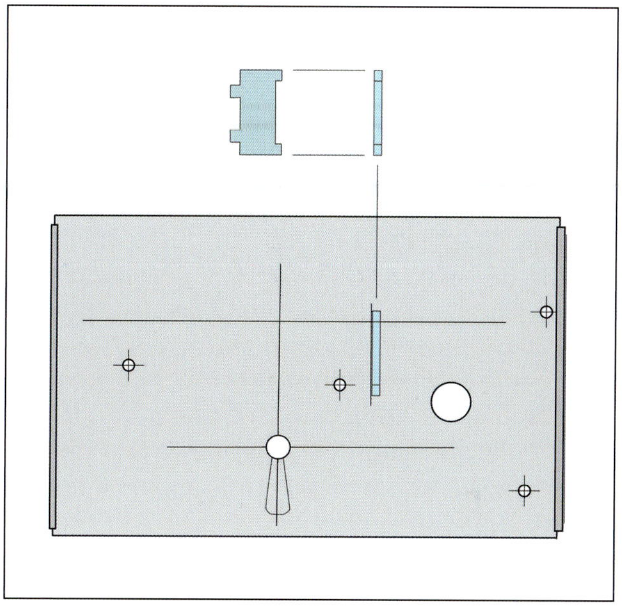

Übertragen Sie die Vorlage für die hintere Riegelführung auf ein Stück Flachstahl (3 mm). Passen Sie die Zapfen der Sperrriegelführung in die Schlitze der Deckplatte ein. Nieten Sie die Sperrriegelführung jedoch nicht fest.

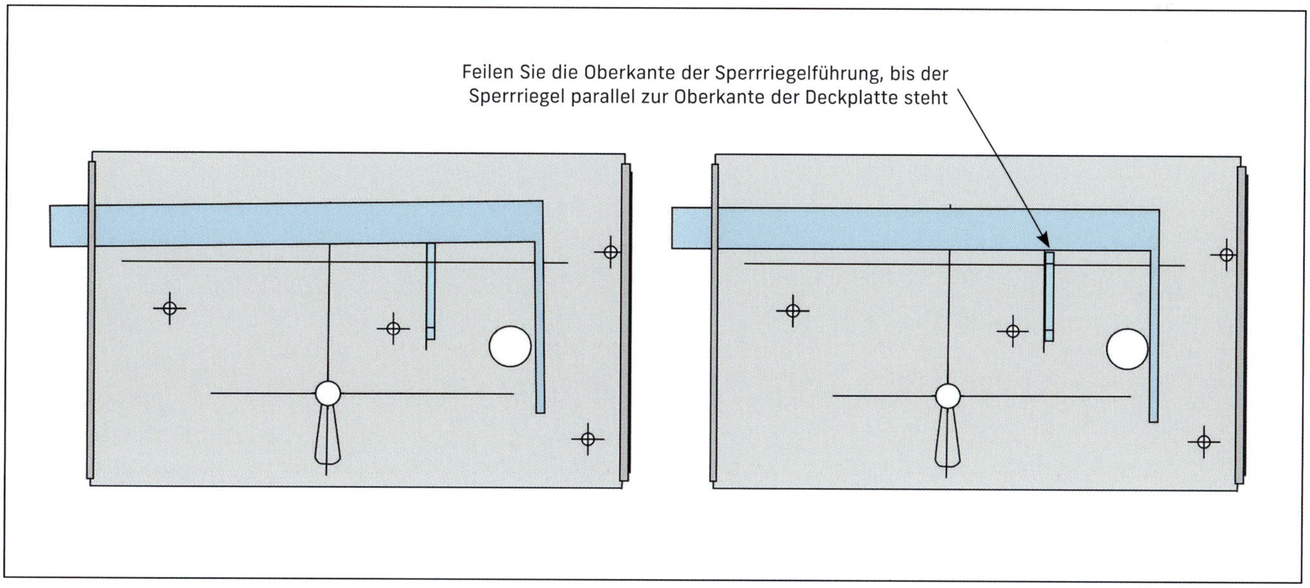

Der Sperrriegel verfügt nicht über eine eigene hintere Sperrriegelführung. Der lange horizontale Arm des Sperrriegels wird durch Gleiten entlang der Oberkante der hinteren Riegelführung geführt. Damit der Arm des Sperrriegels parallel zur Oberkante der Deckplatte sitzt, muss die Oberkante der hinteren Riegelführung abgefeilt werden.

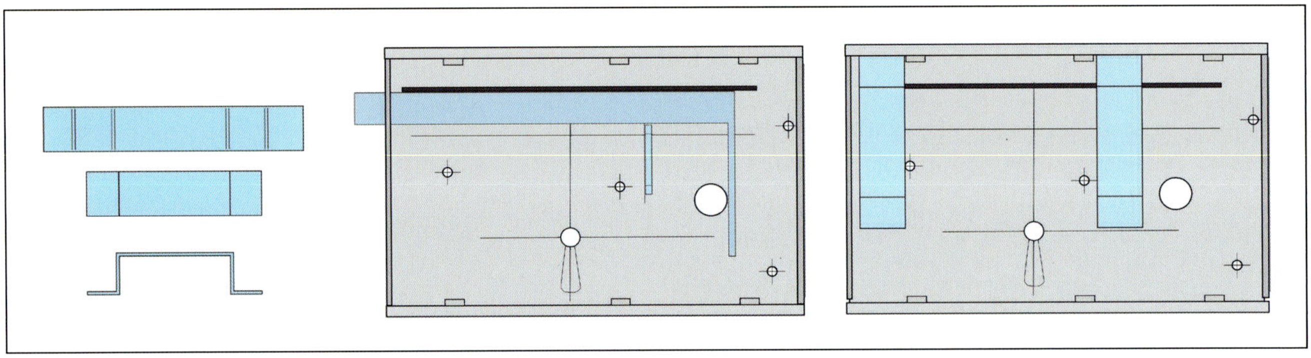

Der obere und der schlüsselbetätigte Sperrriegel werden von zwei Stahlblech-Halterungen in Position gehalten. Jeder Winkel spannt sich über die Oberseite der beiden Sperrriegel. Schneiden Sie das Muster der Halterungen aus einem Streifen Stahlblech aus. Biegen Sie die Halterungen in Form. Die Basis an der Oberseite jeder Halterung muss in den engen Raum zwischen der oberen Seitenplatte und dem Sperrriegel passen. Messen Sie den Abstand von der Kante des Sperrriegels zur Innenseite der Seitenwand. Übertragen Sie dieses Maß auf die Deckplatte. Die Grundplatte des Sperrriegels muss so zugeschnitten werden, dass die Innenkante des Schenkels des Sperrriegels oberhalb der Referenzlinie für die Oberkante des Riegels liegt. Testen Sie den Sperrriegel im Schloss, wobei die hintere Riegelführung in Position ist. Passen Sie die Form der Riegelführung an, bis sich der Sperrriegel frei bewegen kann. Verwenden Sie die hintere Führung als Muster für die Form der vorderen Riegelführung. Diese Führungen werden mit den Sperrriegeln an der Deckplatte befestigt. Bohren Sie ein 3-mm-Loch in die Mitte jeder Basis der Halterungen. Übertragen Sie die Positionen der Löcher auf die Deckplatte. Weiten Sie die Löcher in den Halterungen auf 7 mm. Bohren Sie ein 5-mm-Loch in die Deckplatte und schneiden Sie es mit einem M6x1-Gewinde.

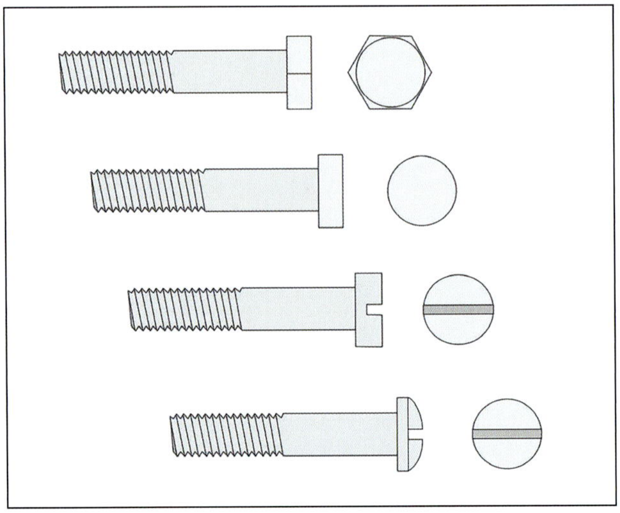

Die bei diesem Projekt verwendeten Bolzen bestehen aus Schlitzschrauben (M6x1) mit abgerundetem Kopfprofil – als Flachkopf bekannt. Sollten diese Schrauben nicht verfügbar sein, kann man sich behelfen, indem man Sechskantschrauben umformt. Der Schlitz wird mit einer Bügelsäge angebracht.

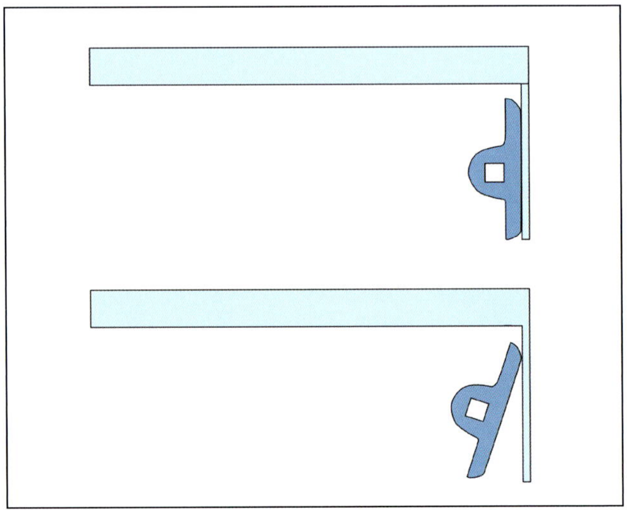

Der Sperrriegel wird durch einen Nocken betätigt, der in der Deckplatte sitzt.

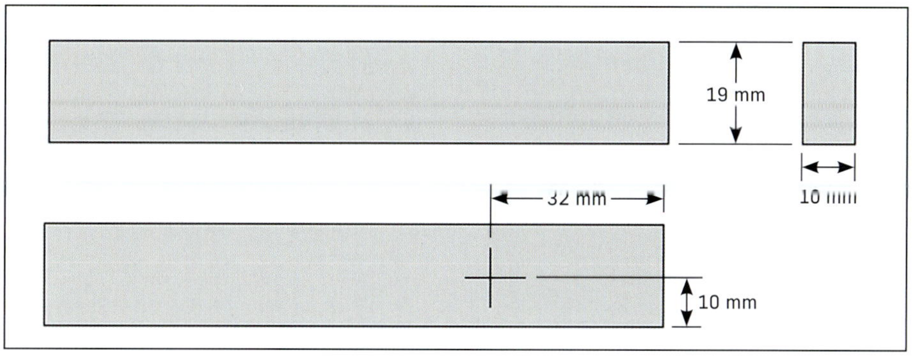

Der Nocken wird aus Flachstahl (10 x 19 mm) geschnitten. Das quadratische 6-mm-Loch in der Mitte des Nockens wird zuerst geschnitten. Hier ist Präzision gefragt, da es der Aufnahme eines 6-mm-Vierkantstahl dient. Wichtig ist dabei vor allem, die Bohrlöcher exakt zu setzen.

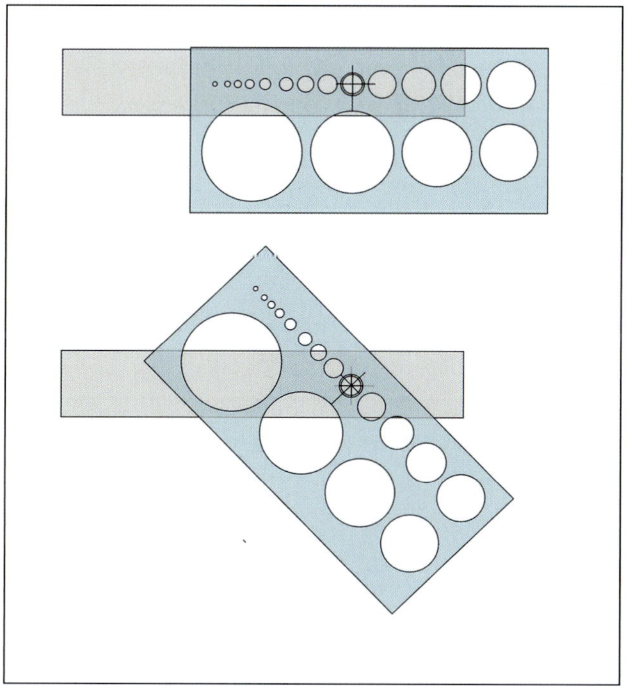

Legen Sie mit einer Kreisschablone die Positionen für den Körner fest. Zeichnen Sie anschließend mit einem feinen Marker einen Kreis (ø 5,5 mm), der 32 mm vom Ende der Stange und 10 mm von der Kante entfernt ist. Drehen Sie das Fadenkreuz der Lochschablone, bis es im 45-Grad-Winkel zur Kante der Stange steht. Übertragen Sie die Positionen der Fadenkreuze auf den Kreis. Setzen Sie die Markierung für den Körner an der Stelle, an der das Fadenkreuz den Kreis berührt sowie in der Mitte des Kreises.

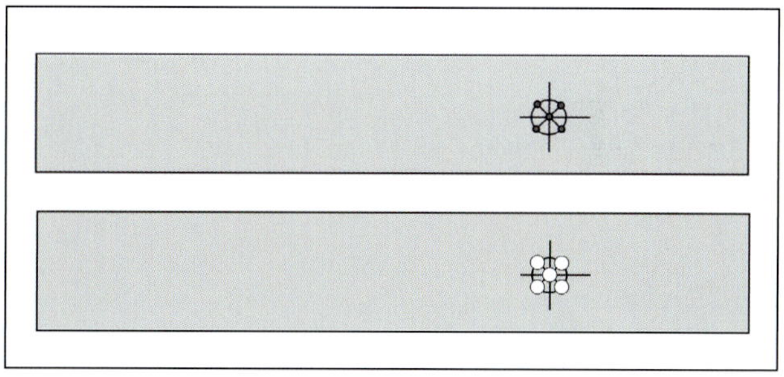

Bohren Sie fünf 2,5-mm-Löcher an jeder dieser Stellen.

Mit einem 3 mm breiten Kaltmeißel werden die Kanten des quadratischen Lochs definiert. Das geschieht von beiden Seiten aus. Die Schneide des Kaltmeißels drückt das Metall von den Außenkanten des Lochs in Richtung des Hohlraums in der Mitte. Durch die Metallanhäufung kann der Kaltmeißel irgendwann nicht mehr tiefer schneiden.

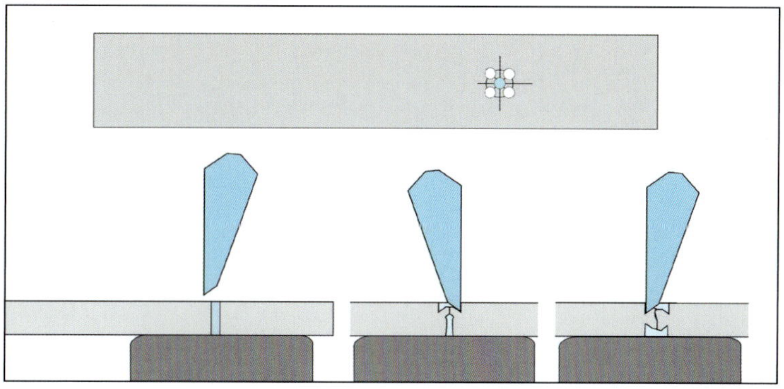

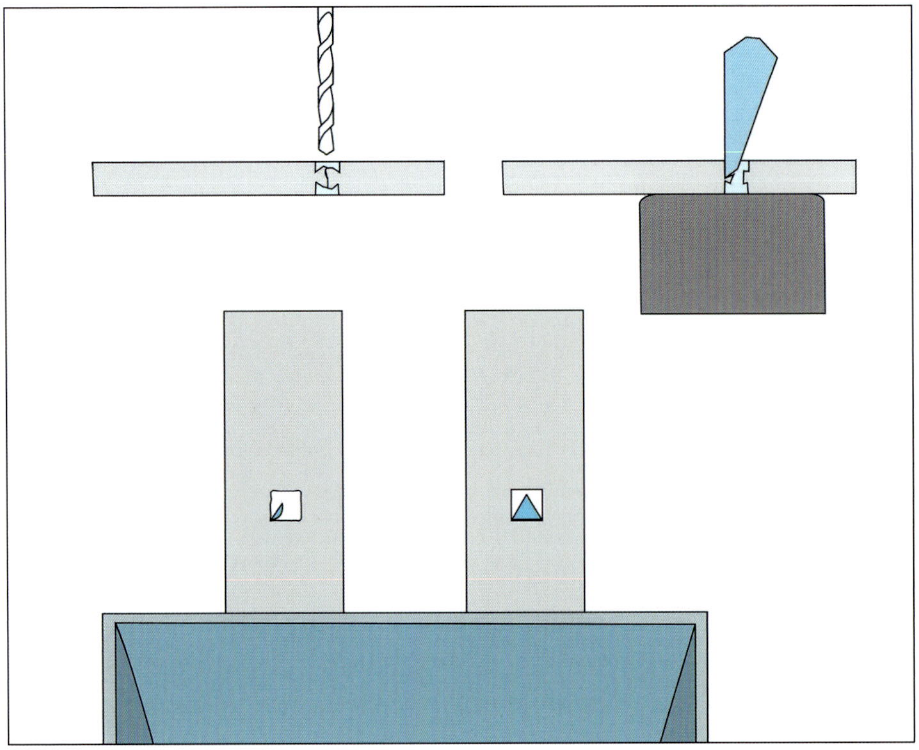

Dann ist es Zeit, die Mitte des quadratischen Lochs erneut aufzubohren. Nutzen Sie dazu einen 5-mm-Bohrer. Die Seiten des quadratischen Lochs dienen dabei der Führung des Bohrers. Sobald das Material entfernt ist, kann das restliche Material mit dem Meißel entfernt werden. Definieren Sie die Ecken mit einer halbrunden Nadelfeile und entfernen Sie alle Unebenheiten. Bearbeiten Sie das Loch nun mit einer Dreikantfeile so lange, bis ein 6-mm-Vierkantstahl – mit sehr wenig Spiel – ins Loch passt.

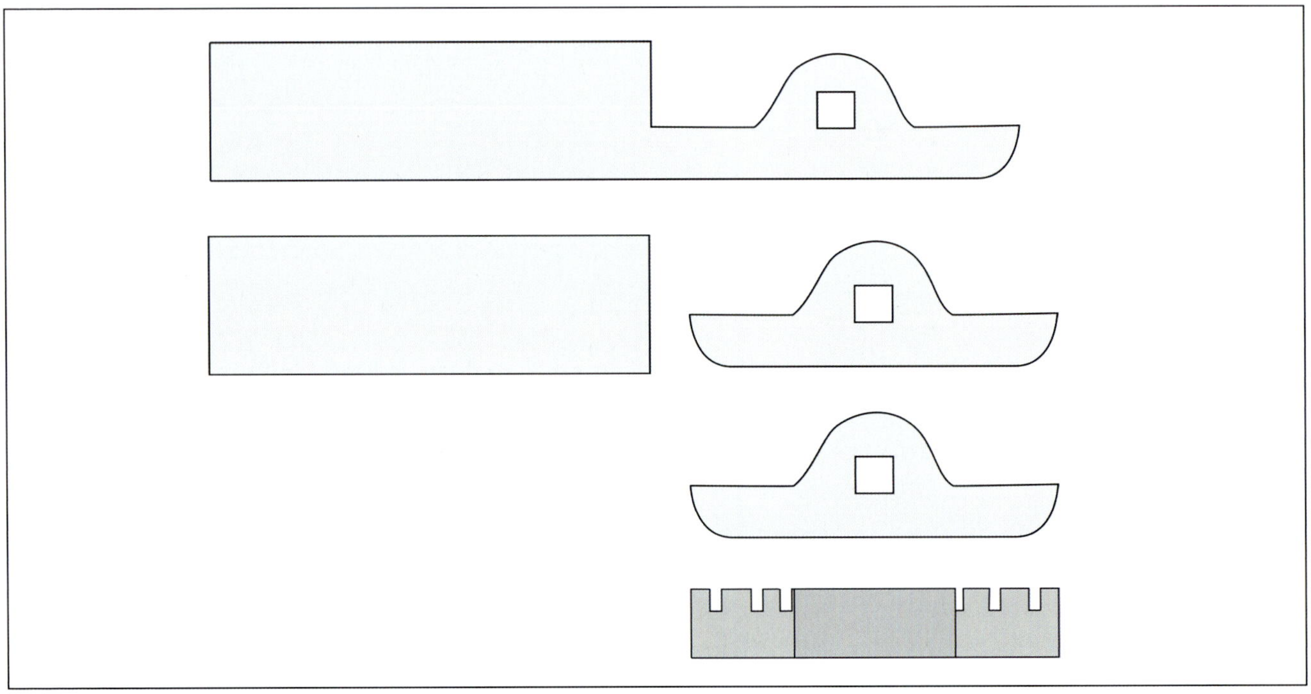

Jetzt wird das Profil des Hebels in Form geschnitten. Lassen Sie den Hebel dazu so lange wie möglich am Stahl.

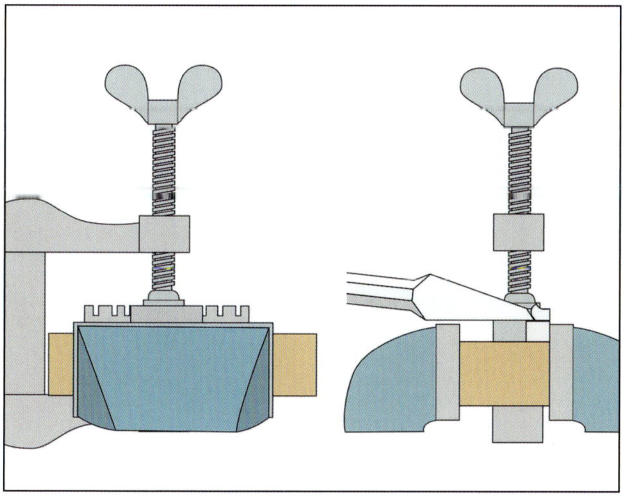

Mit einem Stützblock lässt sich der Hebel gut im Schraubstock fixieren. Schneiden Sie die Schenkel des Hebels auf ihre endgültige Dicke von 6 mm zu. Spannen Sie den Block so in den Schraubstock ein, dass die Oberkante des Blocks 6 mm unter der Oberfläche der Schraubstockbacken liegt. Legen Sie den Hebel gegen die hintere Backe des Schraubstocks und verwenden Sie eine Schraubzwinge, um den Hebel fest gegen den Stützblock zu drücken. Führen Sie mit einer Bügelsäge Entlastungsschnitte entlang der Oberkante der Schenkel durch. Senken Sie den Stützblock im Schraubstock ab, bis die gesamte Unterseite des Hebels vom Schraubstock gestützt wird. Meißeln Sie die Metallteile mit einem scharfen Meißel heraus. Heben Sie den Stützblock an, bis die Innenkante der Schenkel über der Oberkante der Schraubstockbacken liegen. Feilen Sie die Innenseite der Schenkel plan.

Führen Sie nun die Biegung von der Oberkante des Hebels bis zur Unterseite des Hebels weiter, um die 16-mm-Achse zu formen. Die Kreisschablone kann sich als hilfreich für die Feilarbeit herausstellen. Denn wenn Sie ein größeres Loch in der Schablone über ein kleineres Loch legen, werden Sie schnell auf etwaige Unregelmäßigkeiten aufmerksam. Arbeiten Sie die Form so lange aus, bis sich der Drehzapfen des Hebels reibungslos im Loch der Deckplatte drehen lässt. Beachten Sie, dass die Löcher in einer Lehre zum Zeichnen größer sind als angegeben. Damit wird der Dicke des Bleistifts Rechnung getragen, der zum Zeichnen des Kreises verwendet wird. Die Lehre sollte daher nur als Referenz und nicht zur exakten Größenbestimmung verwendet werden.

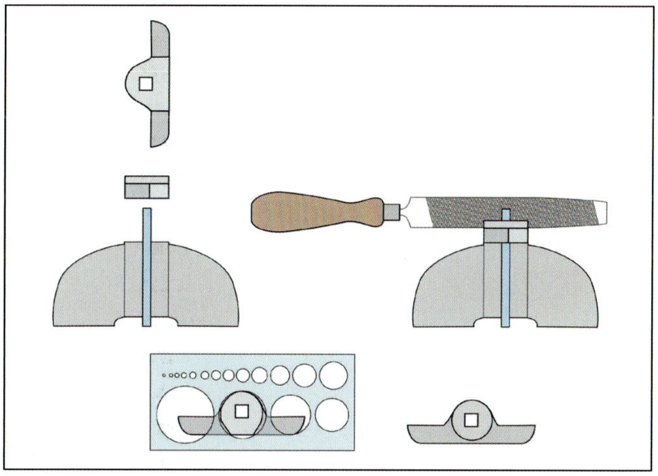

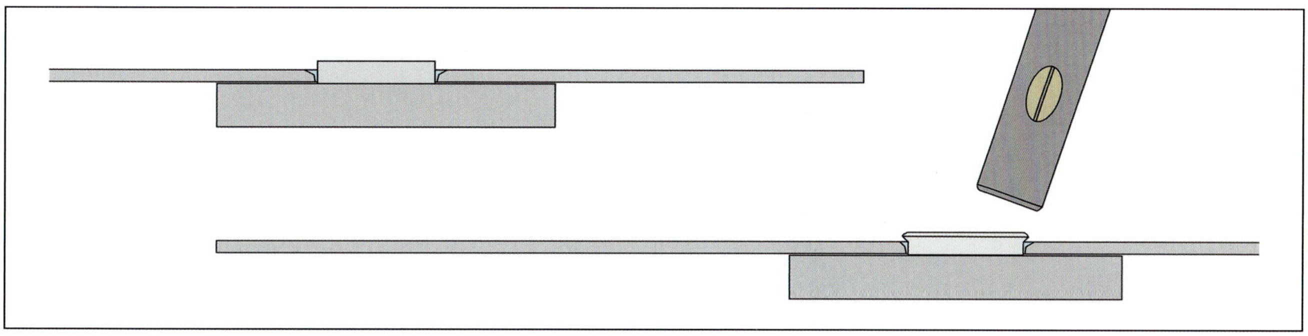

Senken Sie die Außenkante des Zapfenlochs an der Deckplatte an. Formen Sie die Außenkante des Drehzapfens mit einem leichten Hammer. Dadurch entsteht eine überstehende Kante, die ein Durchrutschen des Hebels verhindert. Sobald der Drehzapfen nicht mehr durch das Loch in der Deckplatte passt, ist die Ausarbeitung abgeschlossen. Der Hebel sollte sich dann immer noch frei drehen lassen.

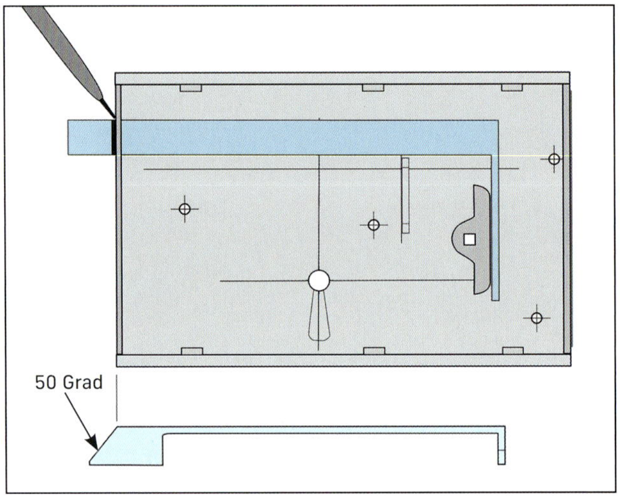

Bringen Sie den Sperrriegel in Position und legen Sie sein Ende an der Unterseite des Nockens an. Reißen Sie die vordere Kante der Deckplatte auf der Oberseite des Sperrriegels an. Markieren Sie von dieser Linie aus einen 50-Grad-Winkel, der bis zur Spitze des Sperrriegels reicht. Schneiden Sie das überstehende Ende ab und feilen Sie eine Schräge an die Oberseite.

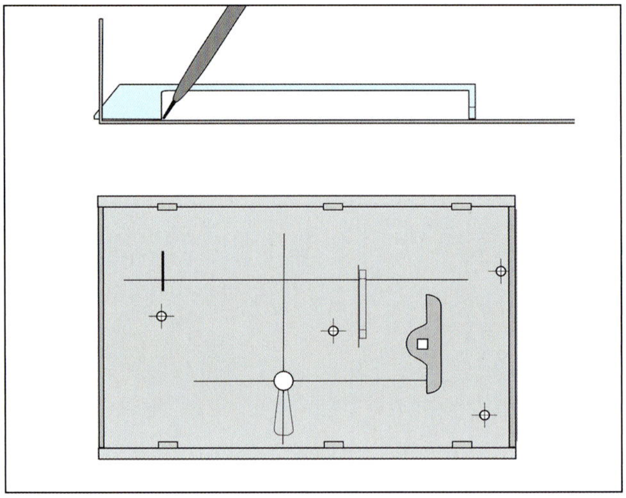

Setzen Sie den Sperrriegel so in das Schloss ein, dass die Spitze des Riegels 3 mm über die Vorderseite des Schlosses hinausragt. Zeichnen Sie die Position der Innenkante des Sperrriegels auf der Deckplatte an.

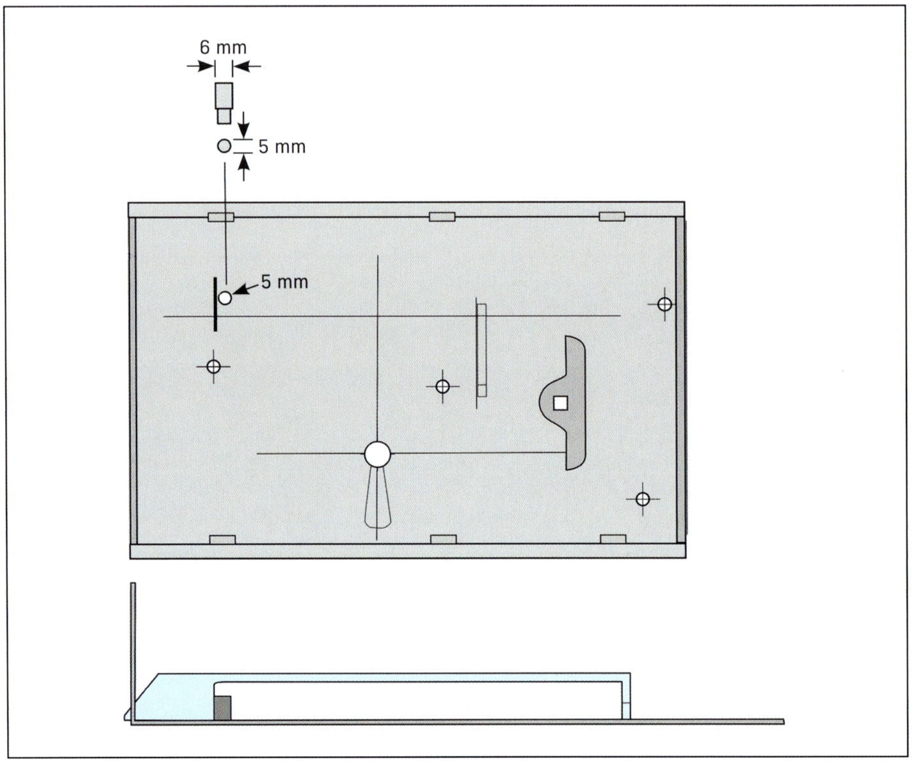

Körnen Sie die Platte 3 mm rechts von der Anreißlinie. Bohren Sie an dieser Stelle ein 5-mm-Loch und setzen Sie einen der zuvor angefertigten 6-mm-Niete ein. Vernieten Sie den Stift mit der Deckplatte. Testen Sie den Sperrriegel des Schlosses. Bearbeiten Sie die Innenkante des Sperrriegels so lange, bis der Riegel 2 mm über das Gehäuse ragt.

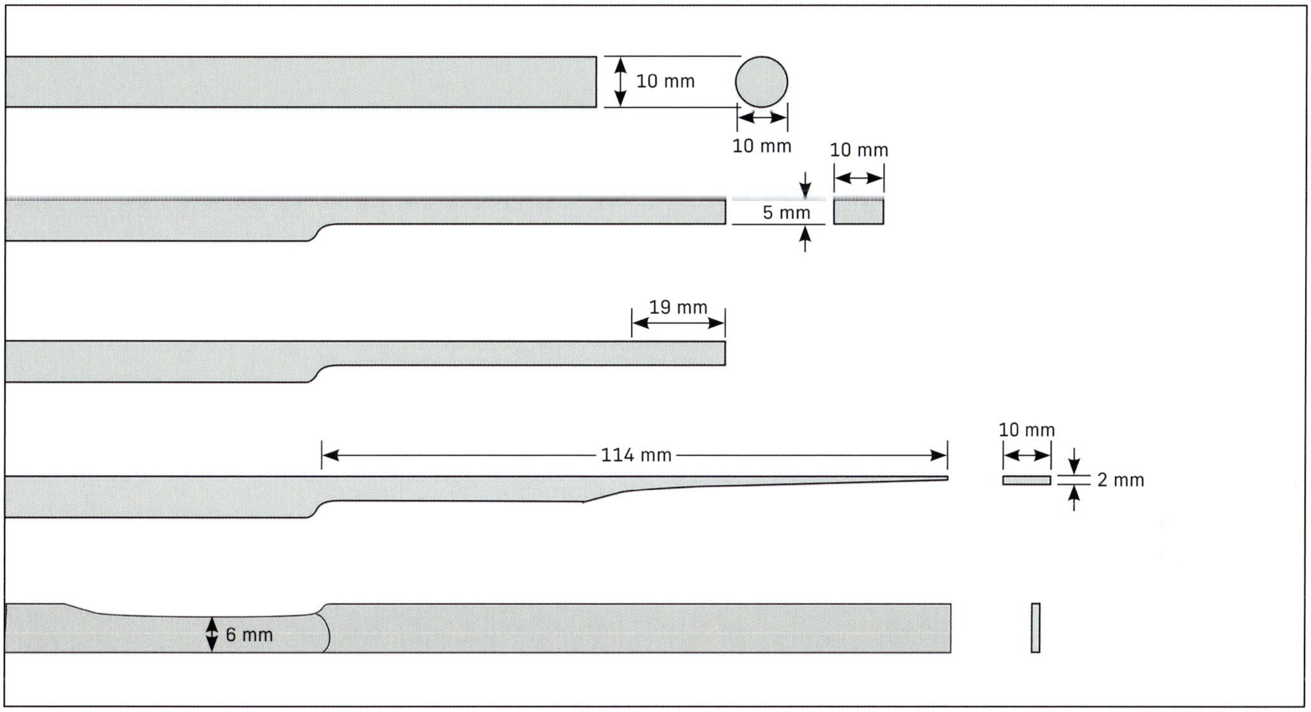

Die Feder für den Sperrriegel wird aus Rundstahl (Carbonstahl, Durchmesser 10 mm) geschmiedet. Etwa 50 mm vom Ende des Rundstahls wird ein Absatz angebracht. Schmieden Sie diesen Abschnitt, bis er 5 x 10 mm misst. Bringen Sie schmiedend eine Verjüngung an, die etwa 19 mm vor dem Ende des Rundstahls beginnt. Die Gesamtlänge der Feder sollte mindestens 114 mm betragen. Schmieden Sie kurz vor dem Übergang zur Feder einen flachen Bereich, der ungefähr 10 x 10 mm misst und 6 mm stark ist.

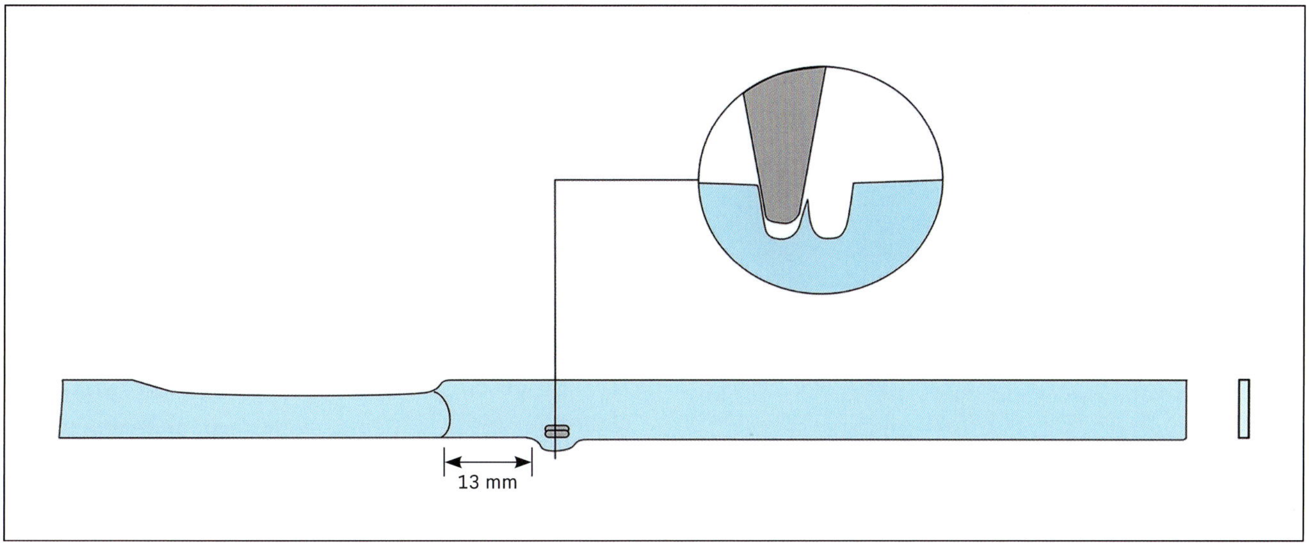

Verwenden Sie einen schmalen Kehlmeißel, um eine kleine Nase an der Außenkante der Feder anzubringen. Diese Nase wird zur Deckplatte zeigen und befindet sich etwa 13 mm vor dem ersten Übergang.

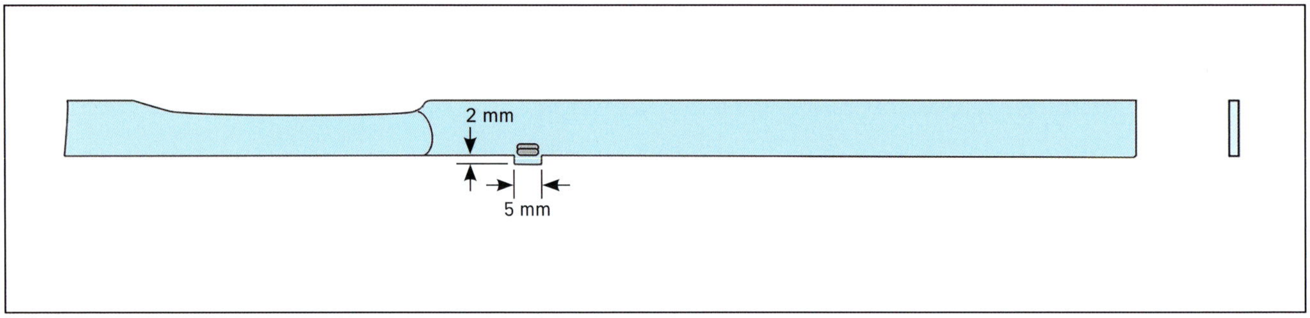

Setzen Sie das Werkstück in den Schraubstock ein und profilieren Sie die Unterkante mit Meißeln und Feilen. Feilen Sie die Nase zu einer Größe von 2 x 5 mm.

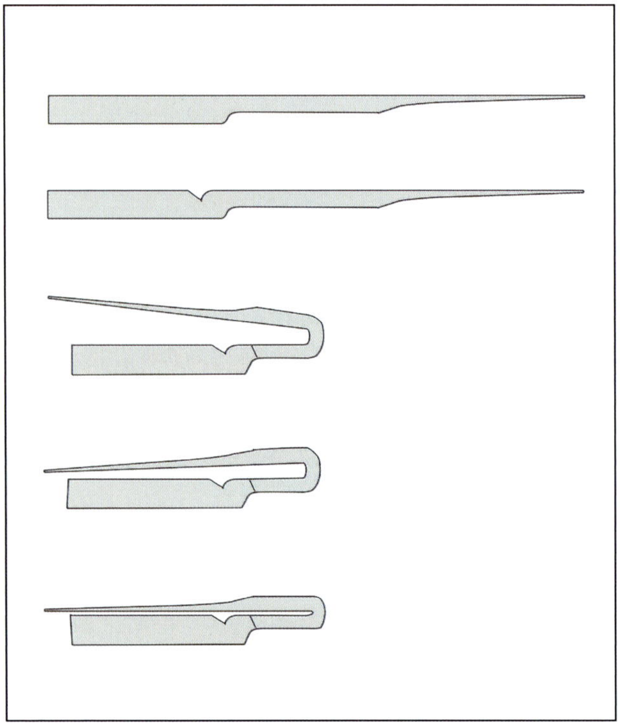

Feilen Sie die Feder, bis sie eben und frei von Fehlern ist. Auch die Ecke des Montageblocks, die von der Feder bedeckt sein wird, muss nun bearbeitet werden. Später sind diese Flächen nicht mehr zugänglich. Biegen Sie die Feder auf sich selbst zurück. Die Biegung sollte zunächst einen möglichst großen Radius haben. Arbeiten Sie diesen allmählich nach, bis die Form der Feder der Zeichnung entspricht.

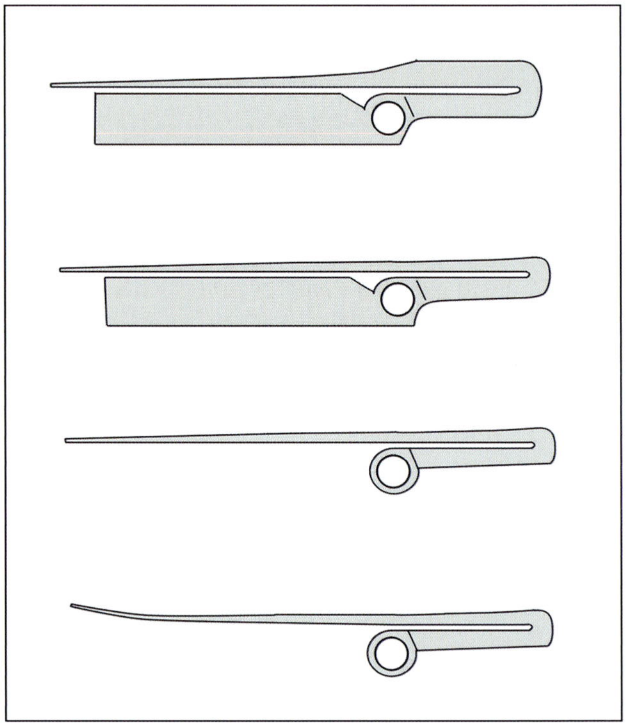

Durch das enge Biegen wird das Material an der Außenkante etwas dünner und besonders belastet. Um diese potenzielle Schwachstelle zu entschärfen, wird die Oberseite der Feder so lange gefeilt, bis der gebogene Bereich dicker ist als der Rest der Feder. Bohren Sie ein 6-mm-Loch in den Montageblock. Nehmen Sie so lange Material mit der Feile ab, bis die Form der Feder der Vorlage entspricht und das freie Ende der Feder nicht mehr an der Deckplatte reibt. Führen Sie die Wärmebehandlung der Feder so lange durch, bis sie vollständig blau ist.

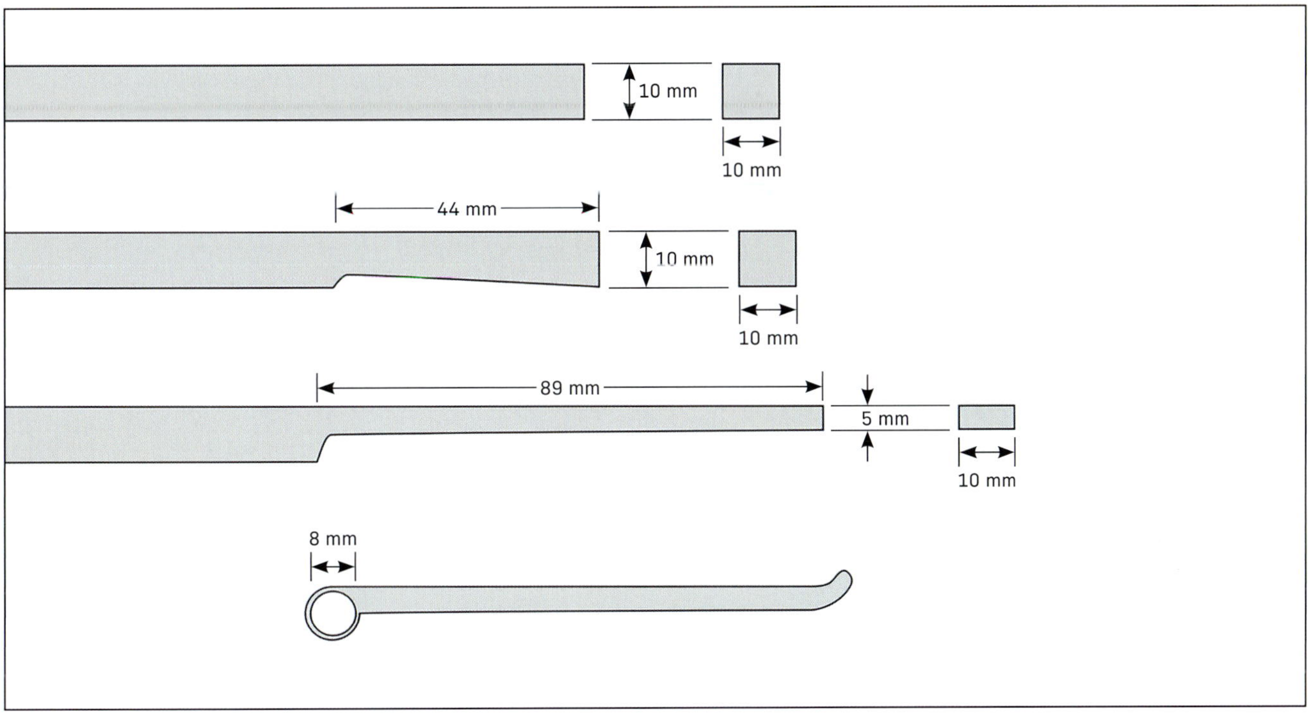

Die Feder für die Verriegelung drückt auf einen Hebel, der wiederum auf das Ende des Sperrriegels drückt. Der Hebel besteht aus einem kurzen Stück Vierkantstahl (10 mm). Etwa 44 mm vom Ende der Stange entfernt wird eine Kröpfung angebracht, und das Ende wird auf 5 x 10 mm herunter geschmiedet. Die Spitze des Hebels ist leicht gebogen. Bohren Sie ein 8 mm großes Loch in den 10 mm großen Vierkant an der Unterseite des Hebels und schneiden Sie ihn von der Stange. Säubern Sie die Außenkanten des Hebels mit einer Feile.

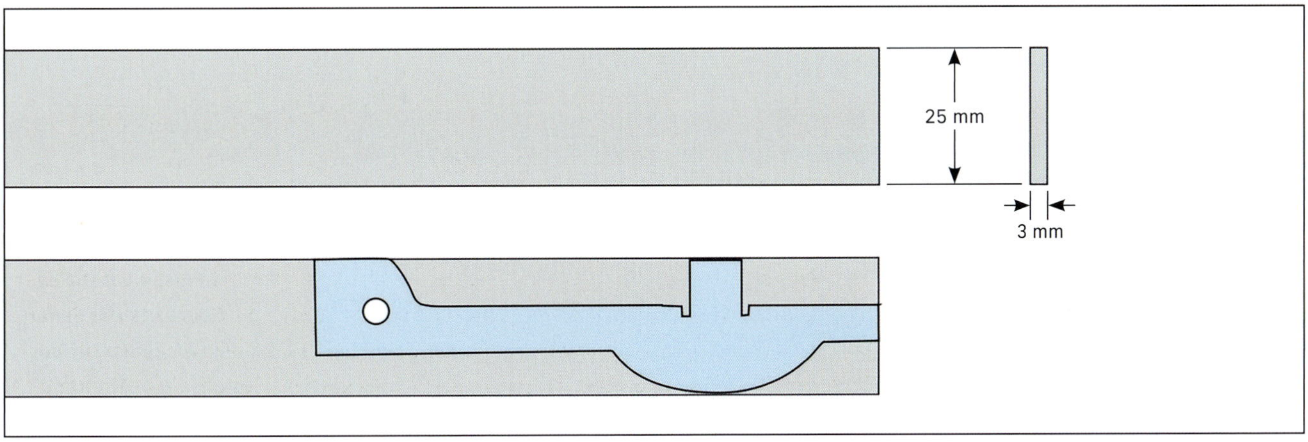

Mit der Zuhaltung wird verhindert, dass sich der Riegel aus seiner Position im Schloss bewegt. Es handelt sich dabei um einen federbelasteten Hebel, der in den aus dem Riegel herausragenden Stift einrastet. Die Zuhaltung wird aus Flachstahl (3 x 25 mm) hergestellt. Die Form lässt sich leicht mithilfe des Schraubstocks ausschneiden. Übertragen Sie das Muster der Zuhaltung auf das Material.

Schneiden Sie die Form der Zuhaltung aus, aber längen Sie das Ganze noch nicht ab. Erhitzen Sie die Zuhaltung in der Schmiede und biegen Sie den Lappen, bis er im rechten Winkel zur Seite sitzt. Bohren Sie das 6-mm-Achsloch am Ende des Rohlings. Schneiden Sie die Zuhaltung von der Stange.

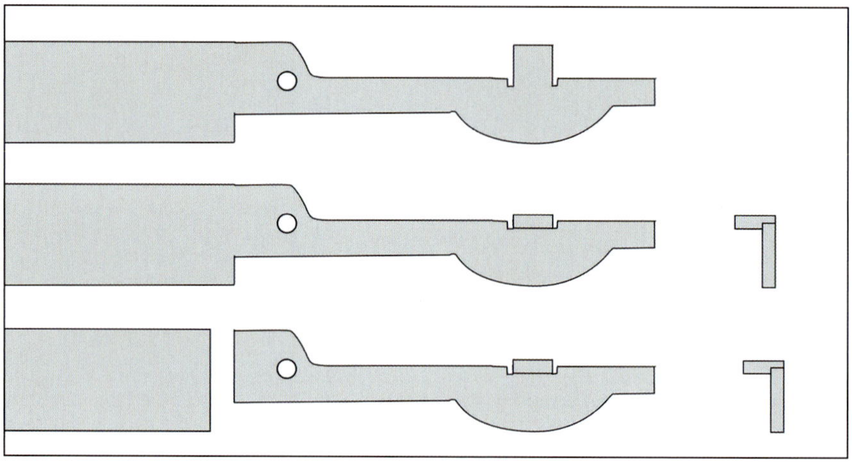

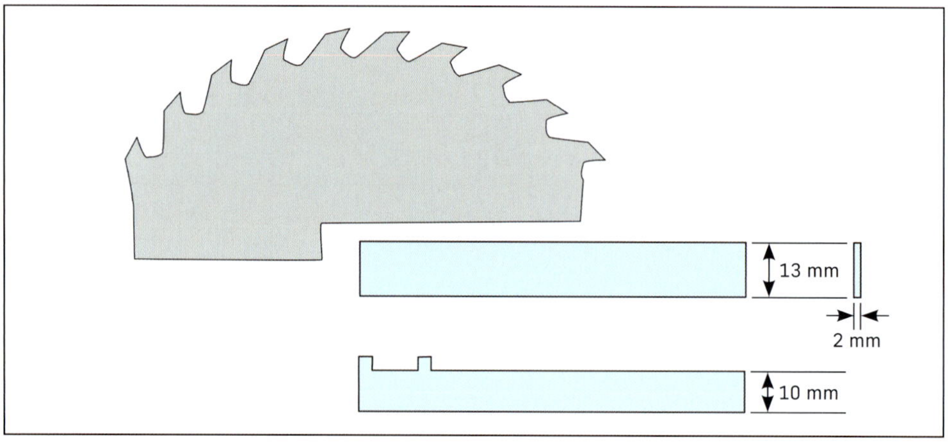

Die Feder, die die Zuhaltung hält, wird aus der Mitte eines Kreissägeblatts geschnitten, das mindestens 2 mm dick ist. Diese Feder muss aus Carbonstahl hergestellt werden, eine Wärmebehandlung ist jedoch nicht nötig. Der Federrohling sollte normalisiert werden, damit er gefeilt und gebogen werden kann.

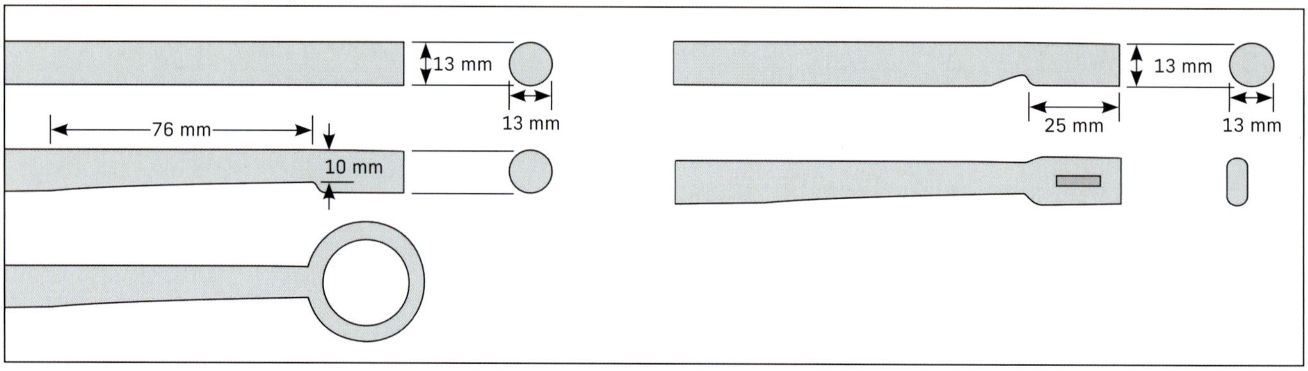

Der Schlüssel wird aus Rundstahl (13 mm) geschmiedet. Erstellen Sie 25 mm vom Ende der Stange einen Versatz. Schmieden Sie ein 76 mm langes Stück vor dem Versatz, das sich gleichförmig von 10 mm Durchmesser auf 13 mm erweitert. Der 25 mm lange Abschnitt am Ende der Stange wird ausgedünnt und später zum runden Griffstück des Schlüssels. Stanzen Sie ein 13-mm-Loch in die Mitte der Rundung. Weiten Sie das Loch mit einem Dorn auf 25 mm und feilen Sie die Form mit einer Feile zurecht.

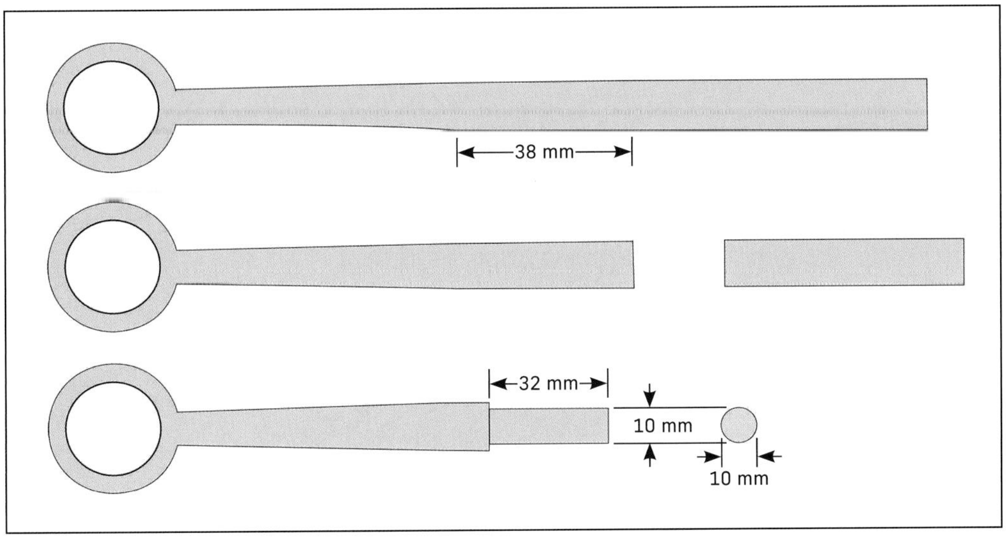

Dann geht es am anderen Ende des Schlüssels weiter. Messen Sie dort, wo sich der Rohling auf 13 mm erweitert, weitere 38 mm ab und schneiden Sie den Schlüsselrohling aus. Feilen Sie einen 10 x 32 mm großen, runden Zapfen an das Ende der Stange. Der Absatz am Schaft des Schlüssels soll verhindern, dass der Schlüssel vollständig durch das Schloss reicht.

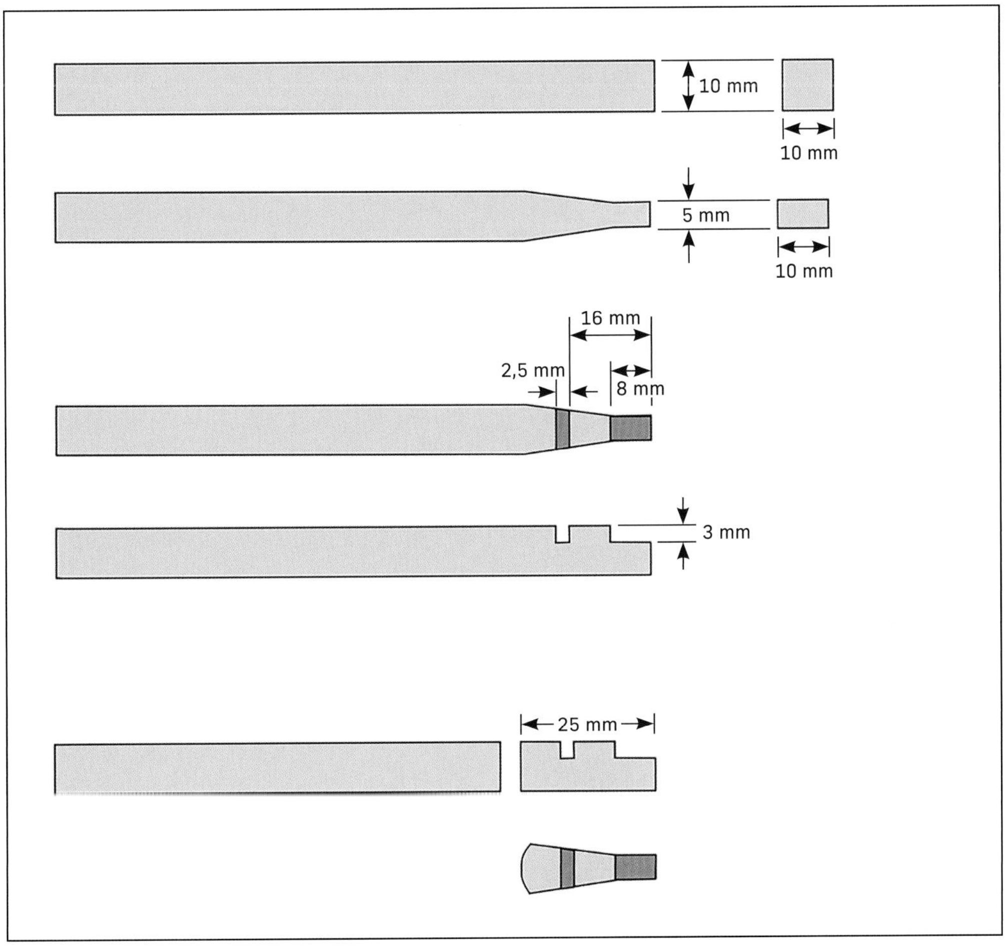

Der Schlüsselbart besteht aus zwei Stücken Vierkantstahl (10 mm), die 25 mm lang sind. Das Grundmaterial ist jedoch länger. Die gesamte Formgebung erfolgt, bevor der Bart von der Stange geschnitten wird. Schneiden Sie die Schlitze für die Reifen auf der Innenseite jedes Barts ein. Verjüngen Sie den Bart mithilfe von Meißel und Feile. Am Ende eines jeden Barts wird ein flacher Zapfen geformt.

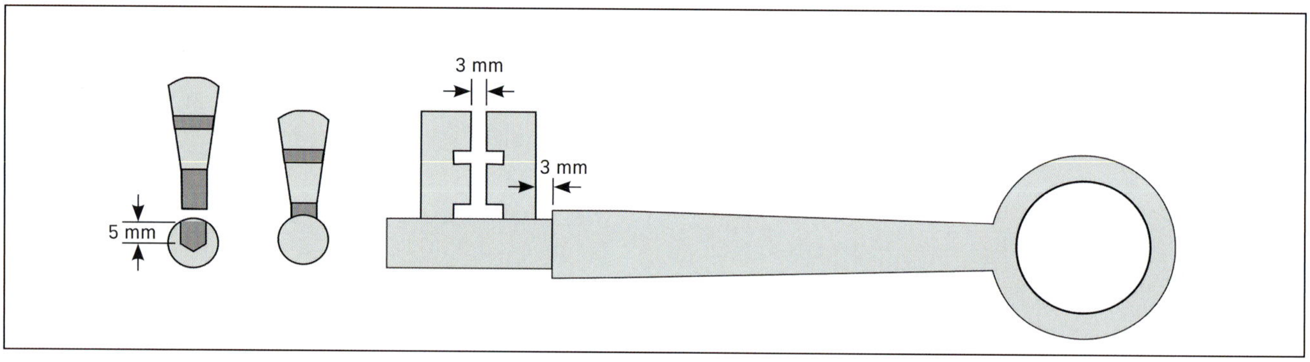

Bohren Sie mit einem Bohrer, der gleich stark ist wie die Zapfen am Schlüsselbart, ein 5 mm tiefes Loch in den Schaft des Schlüssels. Mit einem schmalen Meißel werden die Aussparungen für den Schlüsselbart in den Schaft des Schlüssels geschnitten. Verfeinern Sie die Aussparungen mit einem Bohrer, der die gleiche Stärke hat wie der Zapfen am Schlüsselbart. Anschließend kann das Zapfenloch mit einem schmalen Meißel zurecht gemeißelt werden. Die Zapfen sollten passgenau sein, damit sie beim Löten an Ort und Stelle bleiben.

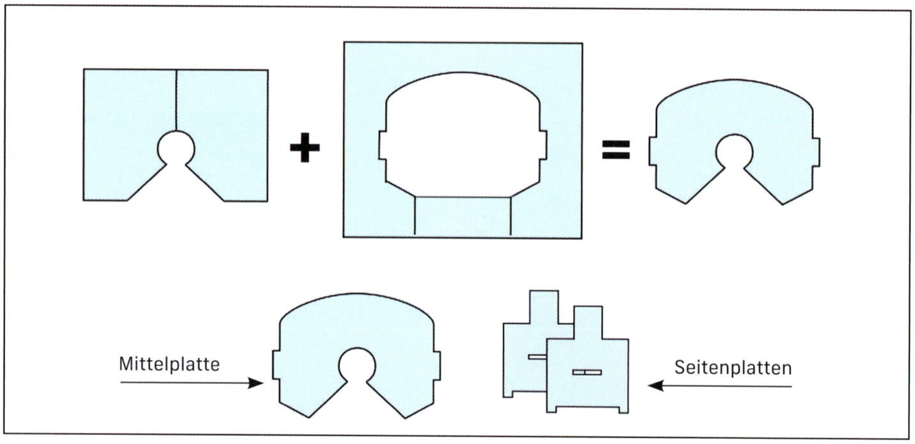

Nun können die Teile für das Reifengehäuse ausgeschnitten werden. Die Mittelplatte besteht aus zwei Teilen. Bei der ersten Vorlage wird die Mittelplatte nur teilweise ausgeschnitten. Das erleichtert das Verlöten der Reifen mit der Mittelplatte. Die zweite Vorlage zeigt den Umriss der fertigen Mittelplatte.

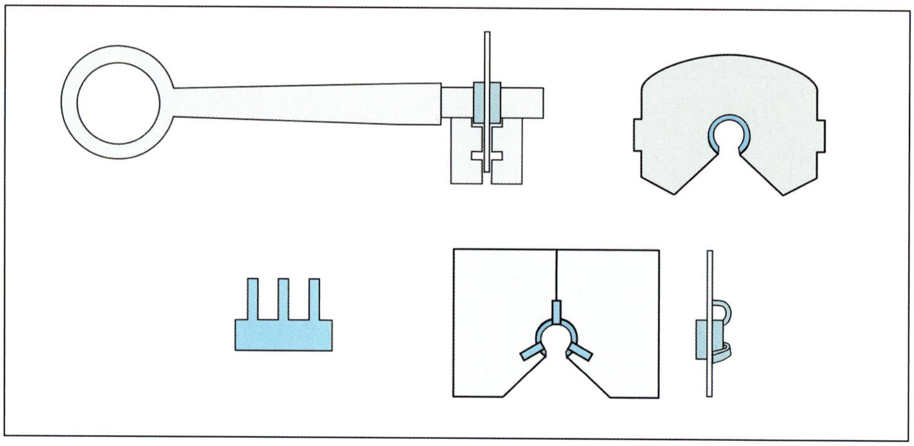

In der Mitte des Reifengehäuses befindet sich ein kreisförmiger Reifen, der sich um den Drehzapfen des Schlüssels wickelt. Dieser Reifen wird hergestellt, indem das Musterteil um eine Stange mit 10 mm Durchmesser gerollt wird. Die Vorlage für den zentralen Reifen hat drei Arme, die von der mittleren Platte ausgehen. Diese Arme dienen dazu, die Reifen während des Lötens zu stützen.

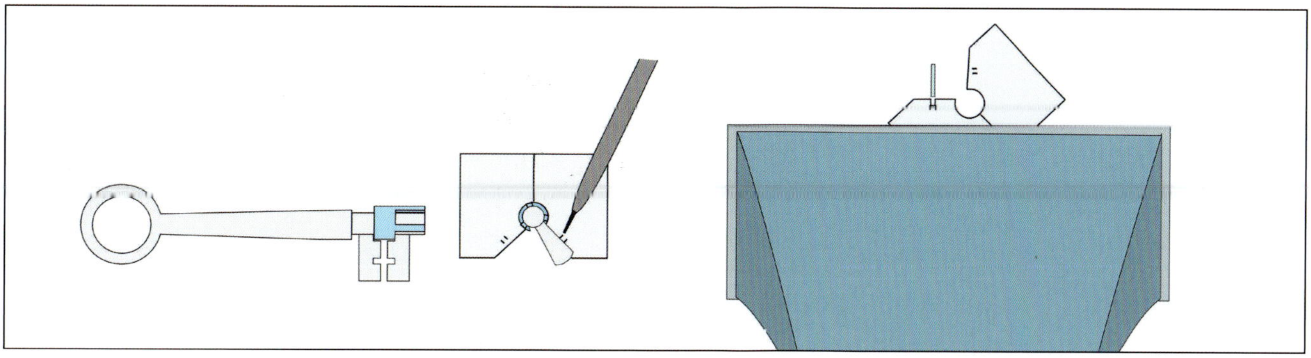

Die beiden anderen Reifen, die sich auf der Mittelplatte befinden, werden aus einem schmalen Stahlblechstreifen geschnitten. Sie werden an der Mittelplatte angebracht, noch bevor sie aus dem längeren Stahlblechstreifen geschnitten werden. Die Kerben auf dem Schlüssel dienen zum Anreißen der Position der Reifen auf der Mittelplatte. Setzen Sie den zentralen Reifen auf den Drehzapfen des Schlüssels. Setzen Sie diese Baugruppe in das Reifengehäuse ein. Drehen Sie den Schlüssel, bis er sich über einer Seite der Öffnung in der Mittelplatte befindet. Reißen Sie die Lage der beiden Seiten jeder Kerbe auf der Mittelplatte an. Die Reifen werden zwischen diesen beiden Ritzlinien liegen. Wiederholen Sie den gleichen Vorgang für die andere Seite der Mittelplatte. Sägen Sie einen 3 mm tiefen Schnitt in die beiden Reifen auf der Mittelplatte. Der Sägeschnitt muss so angepasst werden, dass er genau auf das Stahlblech passt, das Sie für die Reifen verwenden.

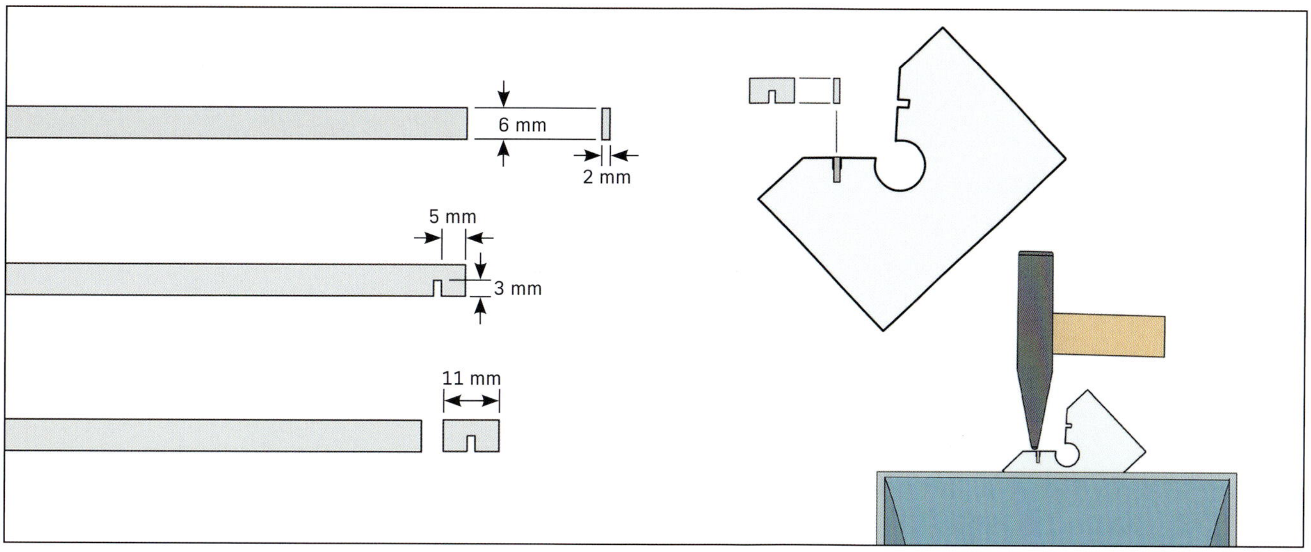

Die Reifen werden aus einem Stahlblechstreifen mit einer Breite von 11 mm geschnitten. In die Kante des Reifens wird ein Sägeschnitt mit einer Tiefe von 3 mm gemacht. Dieser Sägeschnitt wird entlang der Mittellinie des Reifens angebracht. Der Sägeschnitt muss so angepasst werden, dass er über das für die Mittelplatte verwendete Stahlblech passt. Die Breite jedes Reifens beträgt 6 mm. Die Mittelplatte wird in einen Schraubstock eingespannt, wobei der Einschnitt der Reifen nach oben zeigt. Der Reifen wird auf die richtige Größe zugeschnitten und eingeschoben. Mit einem kleinen Kreuz- oder Kehlmeißel wird die Kante des Sägeschnitts über die Außenkante des Reifens getrieben. Für die andere Seite gehen Sie auf die gleiche Weise vor. Prüfen Sie mit dem Schlüssel, ob alles an der richtigen Stelle sitzt. Dabei kann es vorkommen, dass sich der Schlüssel im Schloss nicht frei drehen lässt. Noch macht das aber nichts, denn dieser Test dient vor allem dazu, abschätzen zu können, ob im Großen und Ganzen alles stimmt.

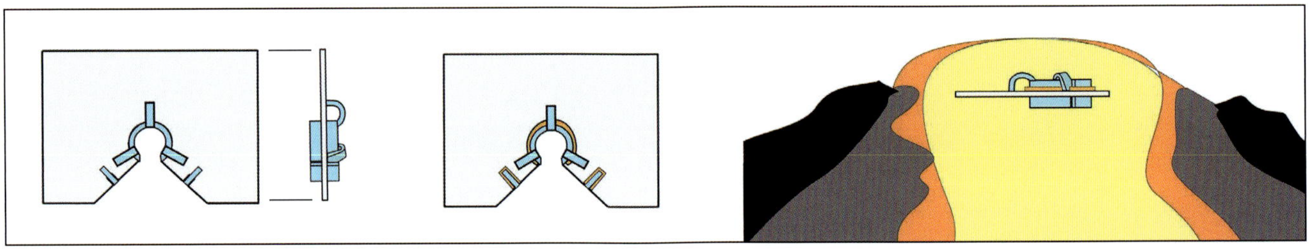

Setzen Sie den zylindrischen Reifen in die Mitte der Mittelplatte. Biegen Sie die Verlängerungen an der Oberseite des Reifens so weit, bis sie den Reifen gut stützen. Wickeln Sie Kupferdraht um das obere Ende des Mittelrohrs und über die oberen Kanten der beiden Reifen. Setzen Sie die Baugruppe vorsichtig in ein heißes, gut geschürtes Feuer, um die Mittelplatte langsam zu erhitzen, bis das gesamte Kupfer in die Verbindungsstellen geflossen ist. Reinigen Sie die Mittelplatte von allen Flussmitteln und dem Kupfer. Verwenden Sie eine Bügelsäge, um die Stützen des Reifens zu entfernen und die Enden des Reifens so abzuschneiden, dass sie mit der Öffnung in der Mittelplatte übereinstimmen. Glätten Sie alle scharfen Kanten mit einer Feile. Passen Sie alles soweit an, bis sich der Schlüssel reibungslos um die Mittelplatte drehen lässt.

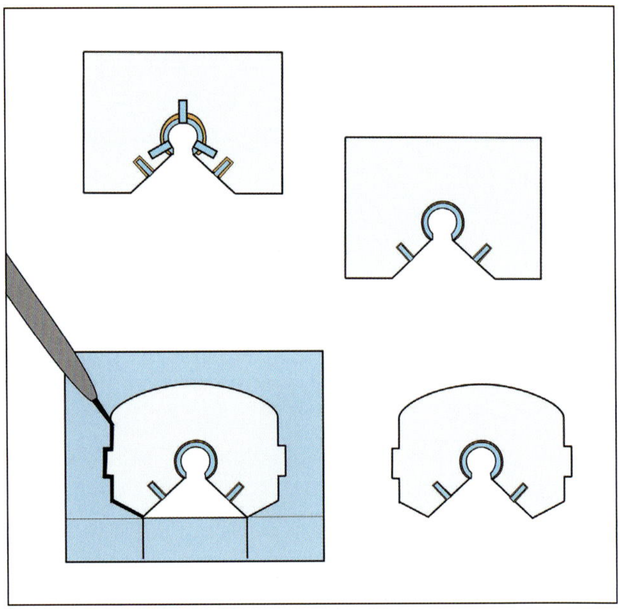

Schneiden Sie die Außenkanten der Mittelplatte entsprechend der Vorlage auf Seite 245.

Passen Sie die Zapfen der Mittelplatte an die Seitenplatten an. Die Mittelplatte kann nun mit den Seitenplatten des Reifengehäuses vernietet werden. Setzen Sie das fertige Reifengehäuse auf die Deckplatte. Schieben Sie den Schlüssel durch das Reifengehäuse und in das Zapfenloch der Deckplatte. Positionieren Sie das Reifengehäuse vorsichtig, bis sich der Schlüssel frei drehen lässt. Übertragen Sie die Position der Zapfen von den Seitenplatten auf die Deckplatte.

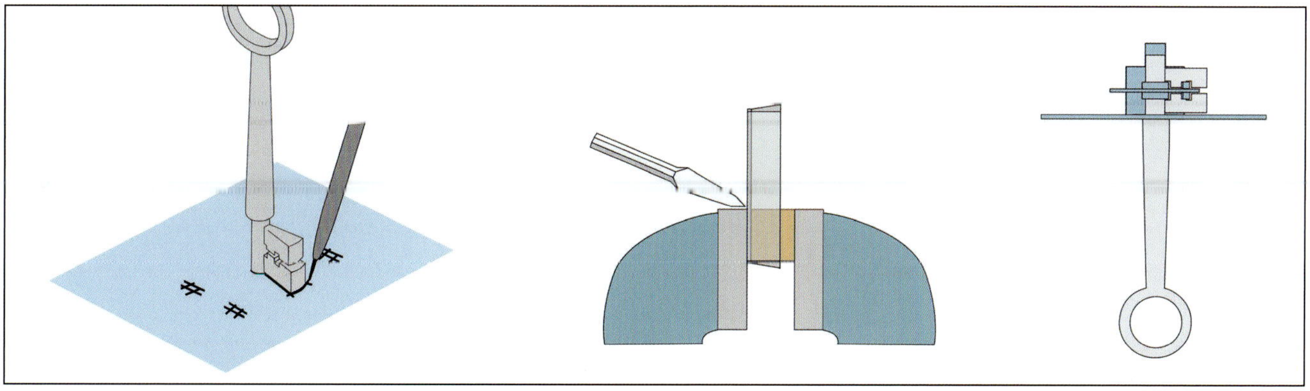

Entfernen Sie das Reifengehäuse. Reißen Sie die äußere Form des Schlüsselbarts an und formen Sie das Schlüsselloch aus. Schneiden Sie die Schlitze für das Reifengehäuse in die Deckplatte, nieten Sie es aber noch nicht fest. Möglicherweise wird ein Hartholzklotz benötigt, um die Backen beim Ausschneiden des Schlüssellochs um die Seiten des Schlosses herumzuführen. Setzen Sie das Reifengehäuse erneut innerhalb der auf der Deckplatte eingezeichneten Referenzlinien ein. Führen Sie den Schlüssel durch die Deckplatte ein und testen Sie ihn im Reifengehäuse. Nehmen Sie eventuell notwendige Anpassungen vor.

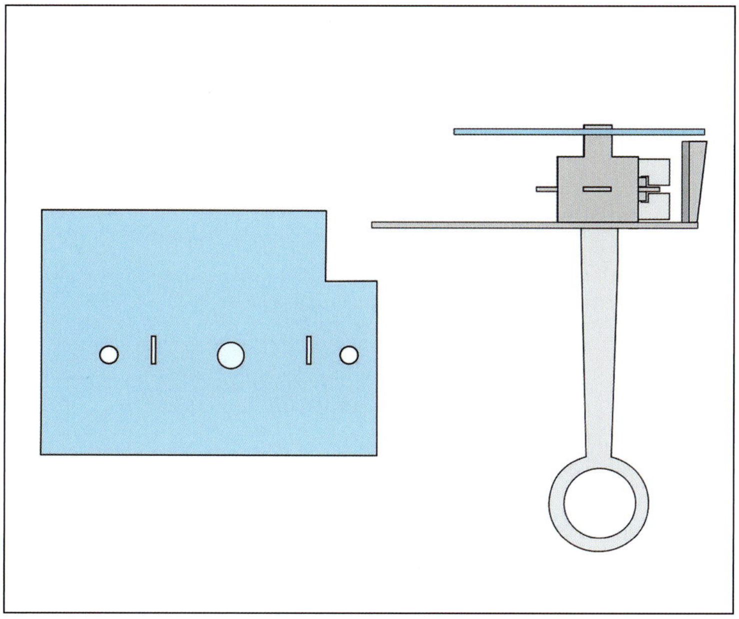

Die Deckplatte für den Schlüssel kann nun am Schloss angebracht werden. Die Zapfen an den Seiten des Reifengehäuses wurden extra lang belassen, damit sie die Deckplatte während dieses Vorgangs in Position halten.

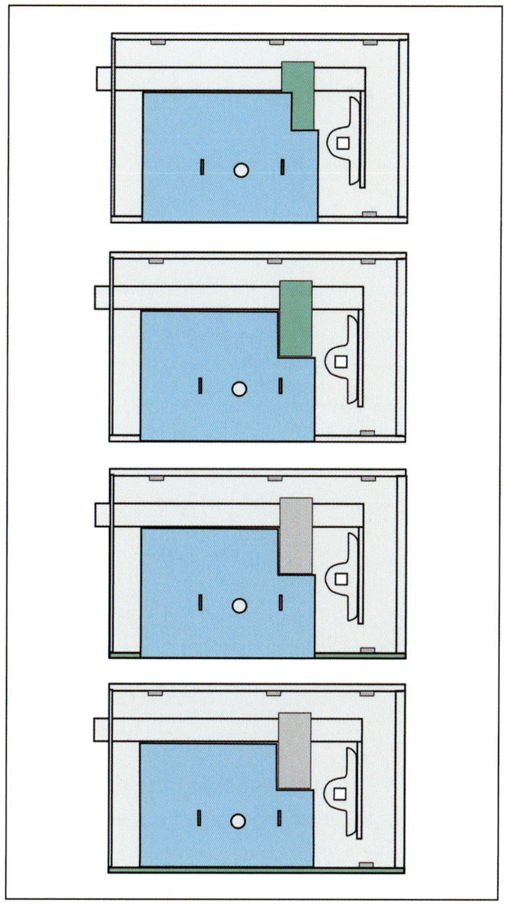

Beginnen Sie damit, die Aussparung der Deckplatte um die Halterung für die Sperrriegel zu legen. Schneiden Sie dann den Boden der Deckplatte zu, bis er mit der oberen Innenkante der Seitenplatte übereinstimmt.

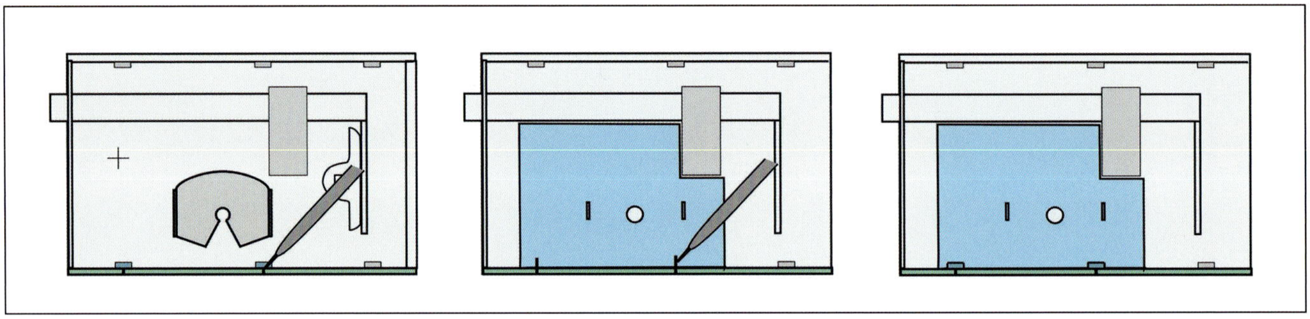

Übertragen Sie die Position der Nietblöcke auf die Oberkante der Seitenplatten. Übertragen Sie die Mittellinie jedes Nietblocks auf die Deckplatte des Schlosses. Arbeiten Sie vorsichtig von der Mittellinie jedes Blocks nach außen, bis die Deckplatte direkt auf den Seiten des Reifengehäuses aufliegen kann.

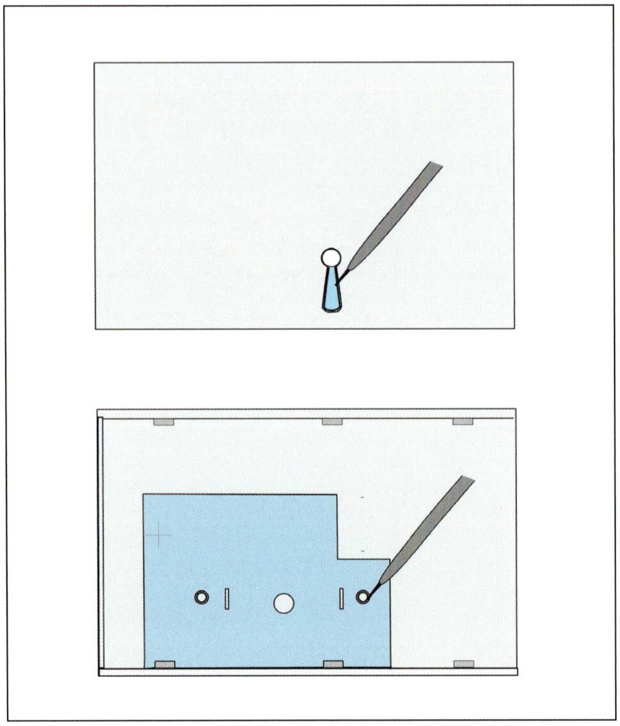

Nehmen Sie das Reifengehäuse aus dem Schloss. Setzen Sie die Deckplatte des Reifengehäuses auf die Innenseite der Abdeckplatte des Schlosses. Bringen Sie das Schlüsselloch in der Deckplatte des Reifenkastens in Linie mit dem Schlüsselloch in der Deckplatte des Schlosses. Reißen Sie die Umrisse des Schlüssellochs auf der Deckplatte des Reifengehäuses an. Reißen Sie auch die Position der beiden Sperrriegel an, mit denen die Deckplatte des Reifengehäuses an der Deckplatte des Schlosses befestigt wird.

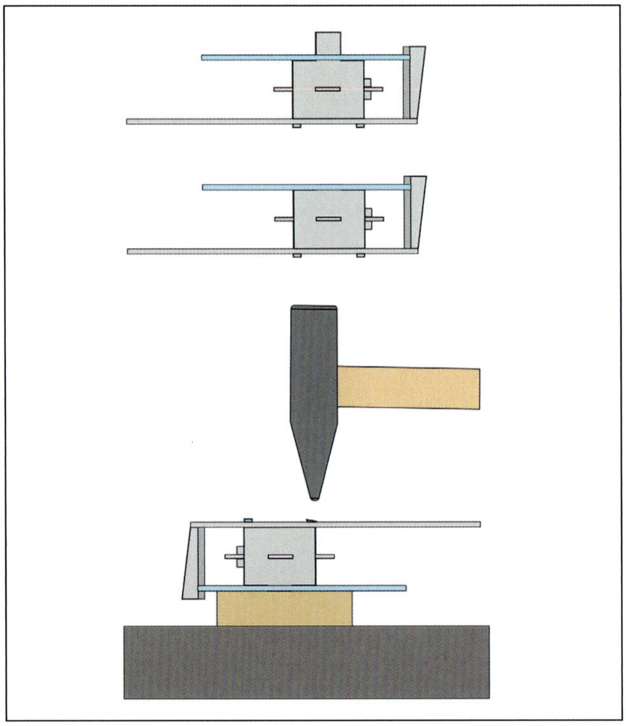

Schneiden Sie das Schlüsselloch in die Deckplatte des Reifenkastens. Bohren Sie die Löcher für die Sperrriegel. Schneiden Sie die Enden der Zapfen des Reifengehäuses so weit ab, bis sie bündig zur Oberfläche der Deckplatte sind. Setzen Sie das Reifengehäuse und die Deckplatte in das Schloss ein. Setzen Sie die Deckplatte auf einen Holzklotz und vernieten Sie das Reifengehäuse mit der Deckplatte des Schlosses. Das Holz dient dabei als Unterlage und verhindert so, dass die überstehenden Enden der Zapfen mit der Deckplatte vernietet werden.

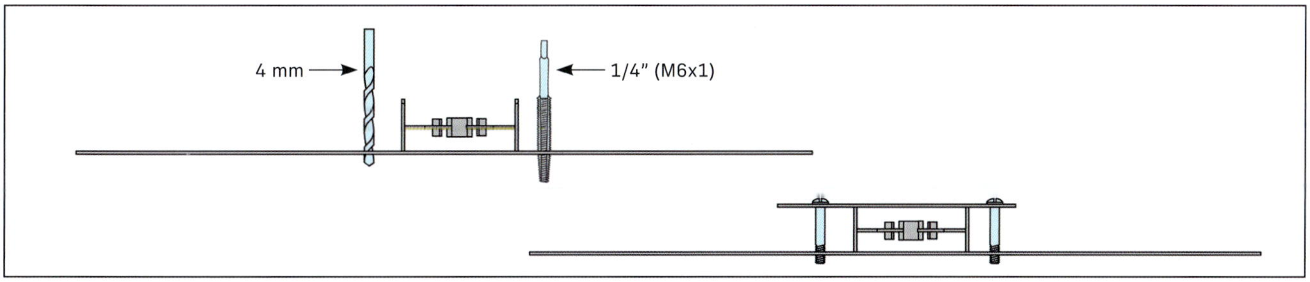

Die Deckplatte des Reifengehäuses ist verschraubt und dadurch abnehmbar. Die Deckplatte des Schlosses muss mit einem Gewinde versehen werden, um die Sperrriegel aufnehmen zu können, die die Deckplatte des Reifengehäuses in Position halten.

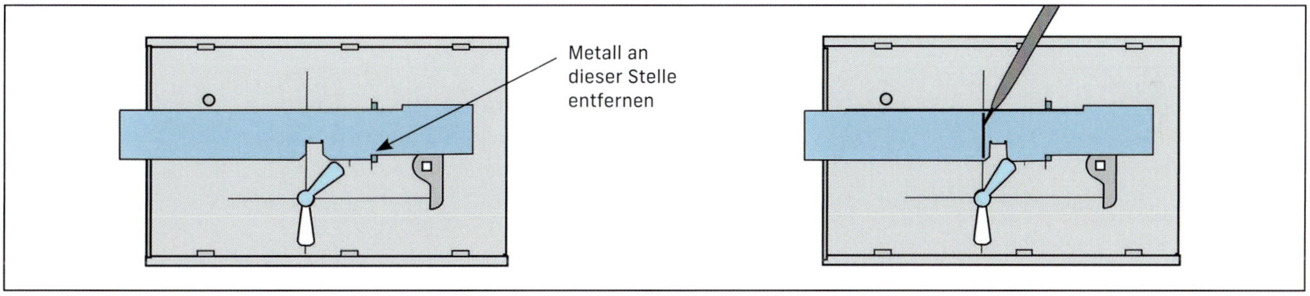

Setzen Sie den Riegel und den Schlüssel ins Schloss ein. Bringen Sie den Riegel in die verriegelnde Position. Drehen Sie den Schlüssel gegen den Uhrzeigersinn, bis er auf der Unterkante des Sperrriegels aufliegt. Bewegen Sie den Riegel in die entriegelte Position. Die Unterkante des Riegels sollte den Sperrriegel stoppen, bevor der Schlüssel in die Kerbe eindringen kann. Entfernen Sie langsam Material von dieser Ecke, bis der Schlüssel in die Kerbe eindringen kann.

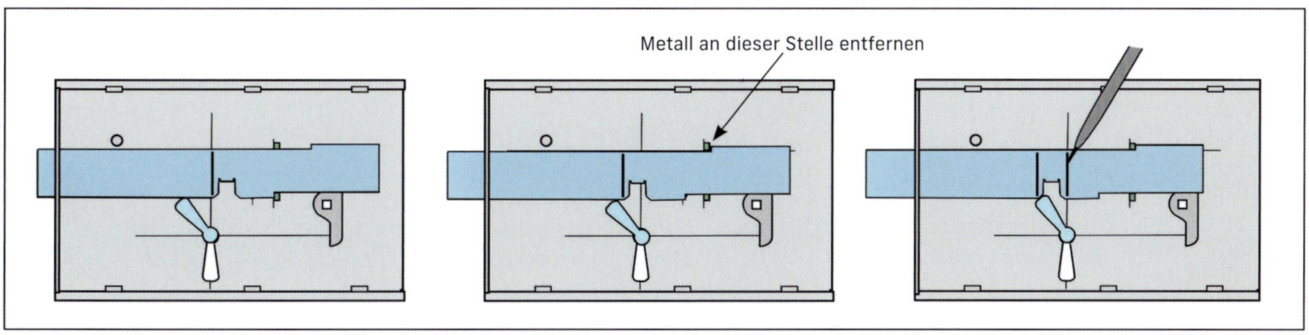

Ganz ähnlich geht man vor, um den komplett ausgefahrenen Sperrriegel einzustellen. Beginnen Sie diesmal mit dem Sperrriegel in der entriegelten Position. Drehen Sie den Schlüssel im Uhrzeigersinn und schieben Sie den Sperrriegel dadurch in die verriegelnde Position. Der Sperrriegel wird sich anfangs nicht weit genug bewegen lassen, um den Schlüssel in die Kerbe einrasten zu lassen, da er durch die Ecke an seiner Oberkante – die auf die Sperrriegelführung trifft – gestoppt wird. Feilen Sie die Schulter an der Oberseite des Sperrriegels vorsichtig so weit ab, bis der Schlüssel in die Kerbe einrastet, wenn sich der Sperrriegel in der verriegelnden Position befindet. Achten Sie darauf, nicht mehr Material abzutragen, als unbedingt notwendig ist. Diese beiden Anpassungen bestimmen letztlich die korrekte Position des Sperrriegels, wenn er sich in der verriegelnden oder entriegelten Position im Schloss befindet. Die Zuhaltung soll verhindern, dass sich der Sperrriegel aus diesen beiden Positionen heraus bewegt.

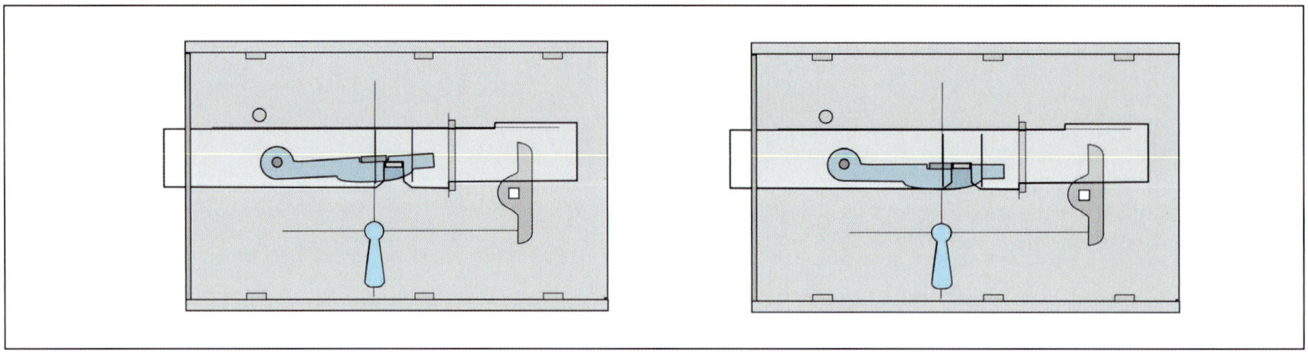

Die Zuhaltung befindet sich unterhalb des Sperrriegels. Der Arretierstift befindet sich direkt über der Längsachse des Schlüssels. Und die Unterkante der Zuhaltung ist bündig zur Unterkante des Riegels. Markieren Sie die Position des Drehzapfens und vernieten Sie den Zapfen mit der Deckplatte. Passen Sie die Höhe des Stifts an, sodass er unter den Sperrriegel passt. Setzen Sie die Zuhaltung in das Schloss ein. Heben Sie die Zuhaltung über den Arretierstift des Riegels. Schieben Sie den Sperrriegel in die entriegelte Position. Setzen Sie die Zuhaltung auf den Riegel. Stellen Sie den Zuhaltungsstift an der Zuhaltung so ein, dass er am Arretierstift des Sperrriegels vorbeigeführt werden kann. Der Riegel sollte nun in beide Richtungen verriegelt sein.

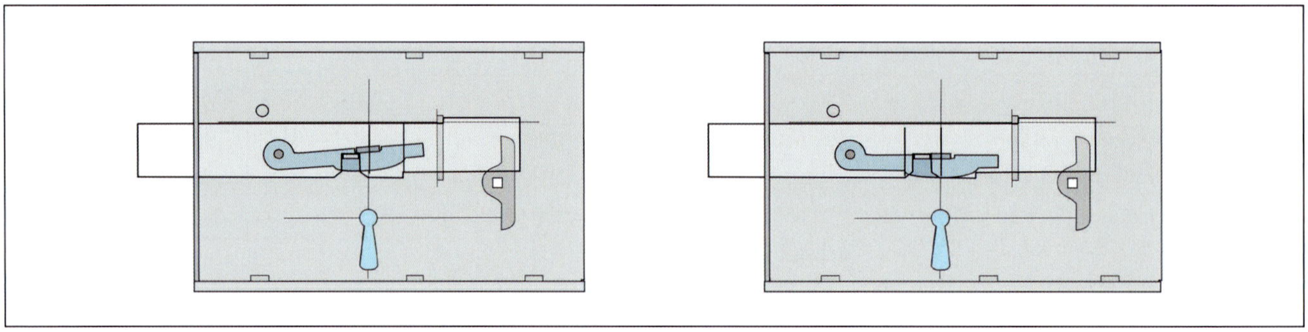

Wiederholen Sie diesen Vorgang mit dem Sperrriegel in der verriegelnden Position. Entfernen Sie immer nur gerade so viel Material, dass sich die Teile aneinander vorbei bewegen können.

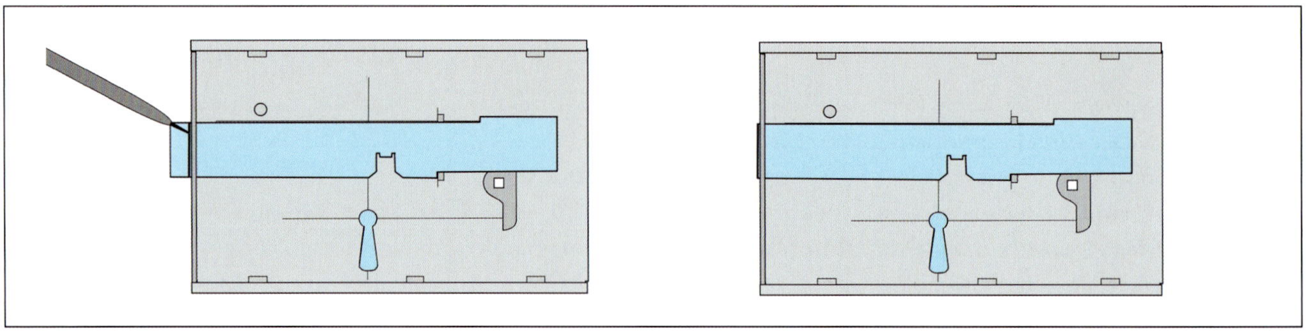

Sobald diese Anpassungen abgeschlossen sind, kann die Gesamtlänge des Sperrriegels an das Schloss angepasst werden. Bringen Sie den Sperrriegel dazu in die vollständig entriegelte Position. Feilen Sie das Ende des Sperrriegels so, dass das Ende etwa 2 mm über das Schloss hinausragt.

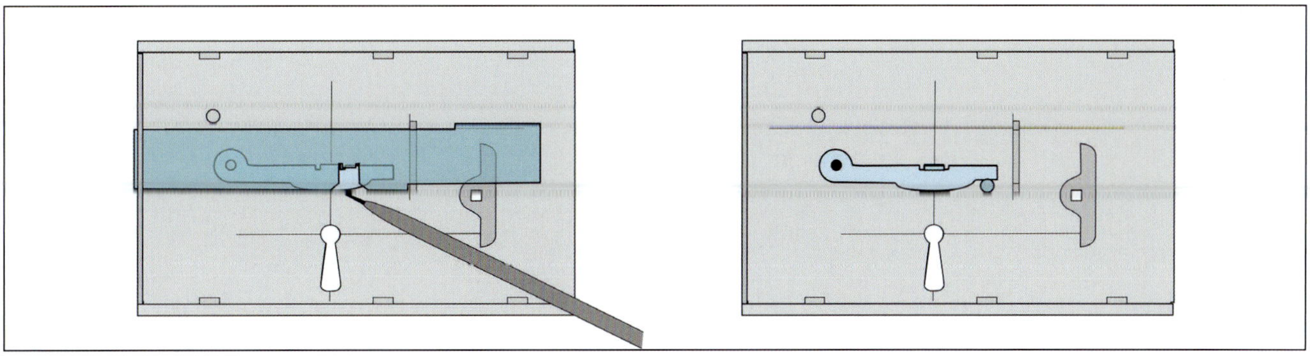

Die Zuhaltung benötigt zur Stütze der Vorderkante einen Niet. Richten Sie den Arretierstift der Zuhaltung am Arretierstift des Riegels aus. Markieren Sie die Position der Unterkante der Zuhaltung auf der Deckplatte. Markieren Sie die Position des Stifts und vernieten Sie den zweiten, zuvor angefertigten 6-mm-Rundstift an der Deckplatte. Bauen Sie den Riegel in das Schloss ein. Die Kante, an der die Zuhaltung auf dem Stift aufliegt, muss angepasst werden, bis sie auf gleicher Höhe mit der Unterkante des Sperrriegels ist.

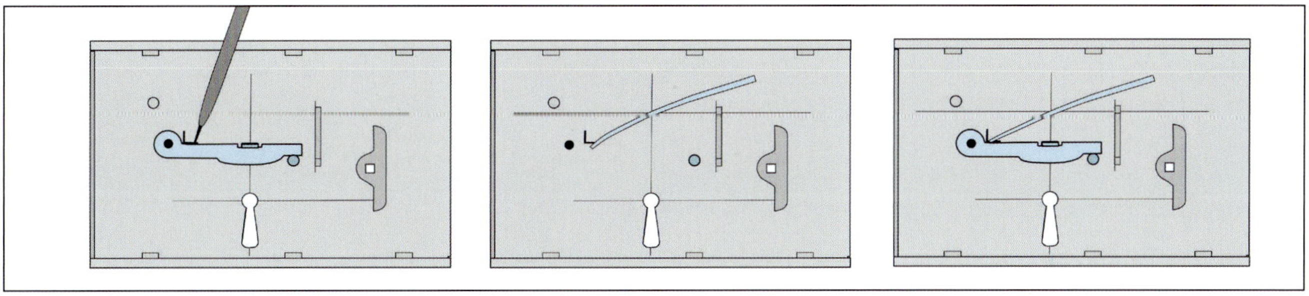

Der Sperrriegel für den Hebel benötigt einen Abstandhalter, der es ermöglicht, den Sperrriegel zu arretieren und gleichzeitig den Hebel zu drehen. Die dafür verwendete Blechhülse wird gefertigt, indem man einen Streifen Stahlblech (0,8 mm) zu einem Rohr rollt. Der Streifen sollte etwas breiter sein als die Höhe des Scharnierblocks des Hebels. Die Oberkante des Abstandhalters sollte etwa 1 mm über den Hebel hinausragen.

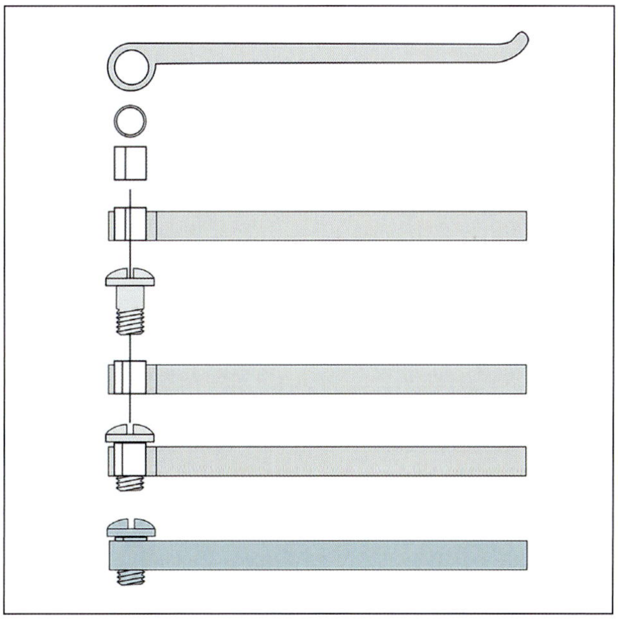

Markieren Sie die Position der Oberkante der Zuhaltung auf der Deckplatte. Nehmen Sie die Zuhaltung ab und positionieren Sie die Zuhaltungsfeder so, dass die Federspitze etwas unterhalb dieser Linie und etwa 3,2 mm vor der Schulter für den Achspunkt der Zuhaltung liegt. Schneiden Sie die Schlitze für die Zapfen der Zuhaltungsfeder aus, aber vernieten Sie die Feder noch nicht. Setzen Sie die Zuhaltung wieder ein und testen Sie die Federspannung, indem Sie den Schlüssel im Schloss drehen. Passen Sie die Spannung der Feder an, bis sich der Schlüssel leicht im Schloss drehen lässt. Vernieten Sie die Feder mit der Deckplatte.

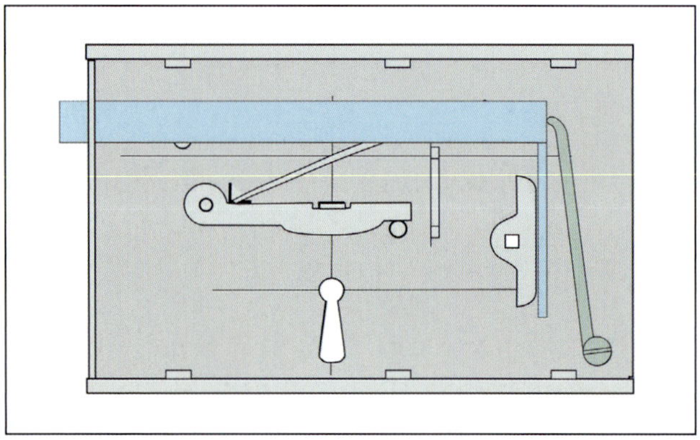

Kürzen Sie den Sperrriegel auf die richtige Länge und montieren Sie den Hebel.

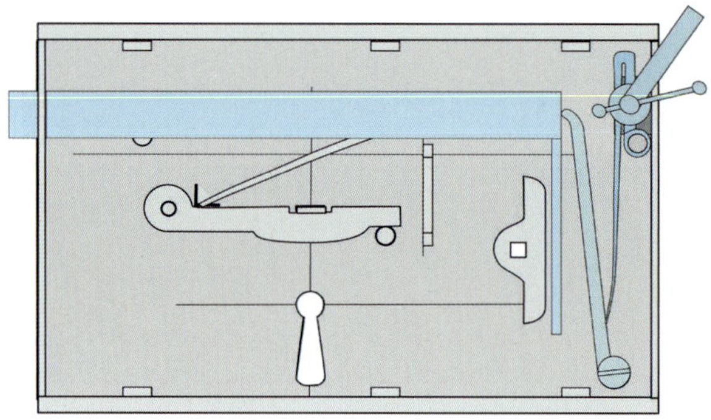

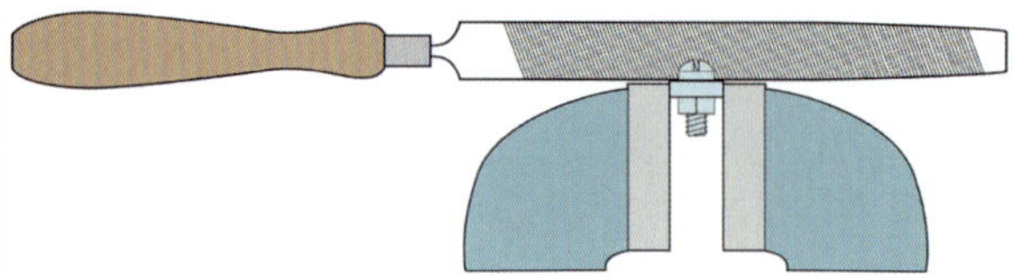

Die Federspannung wird eingestellt, indem man die Position der Feder zum Hebel ändert. Die richtige Position kann durch vorübergehendes Festklemmen der Feder an der Deckplatte ermittelt werden. Die Feder muss auf einem Stahlblechstreifen so angehoben werden, dass der Zapfen der Feder über der Deckplatte liegt. Die Feder kann entlang der Endplatte nach oben oder unten bewegt werden, um die Spannung einzustellen. Sie kann jedoch nicht von der Endplatte wegbewegt werden, da sie mit dem Ende des Sperrriegels kollidieren würde. Bohren und schneiden Sie das Loch für den Sperrriegel, der die Feder hält. Reißen Sie die Position des Zapfens an der Feder auf der Deckplatte an. Schneiden Sie den Schlitz passend für den Zapfen aus. Feilen Sie das Ende des Zapfens, bis er bündig mit der Oberfläche der Deckplatte abschließt. Der Kopf der Schraube, die die Feder fixiert, muss abgefeilt werden, damit er mit dem Befestigungsblock der Feder übereinstimmt.

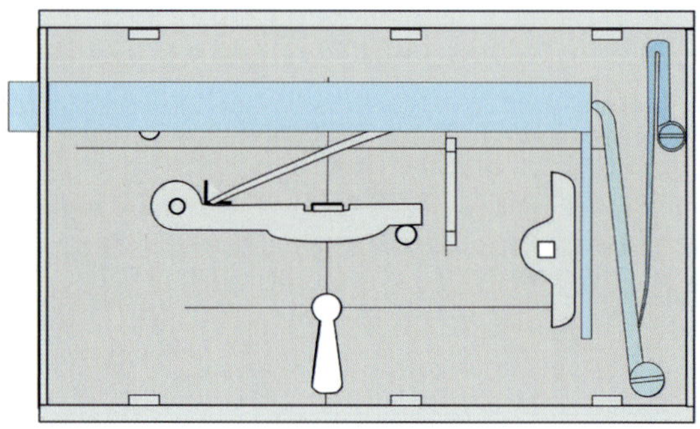

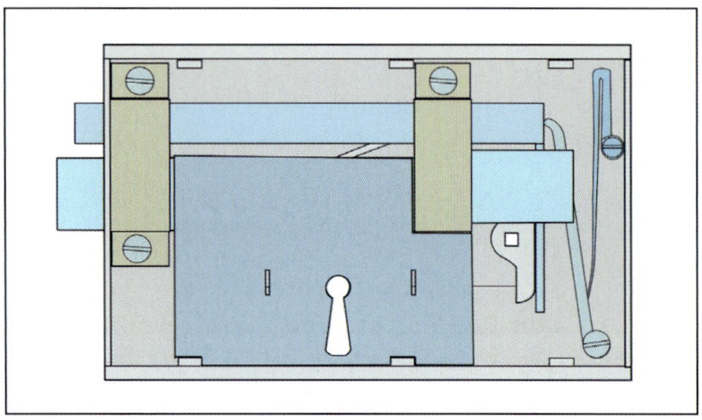

Montieren Sie den Riegel, den Sperrriegel und die Halterungen, die sie in Position halten. Führen Sie einen abschließenden Test des Schlosses durch, indem Sie das Schloss von beiden Seiten öffnen und schließen.

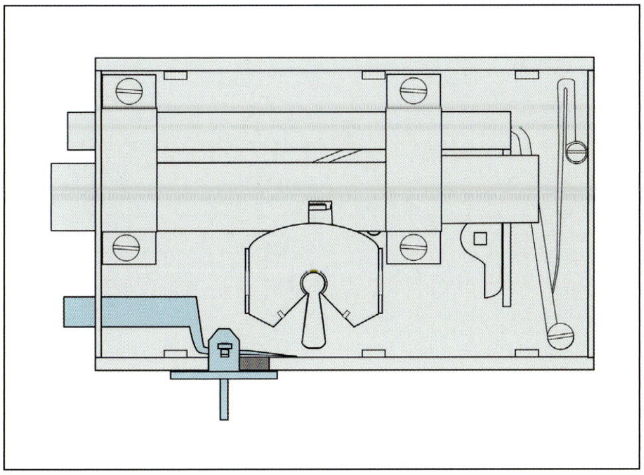

Der Schieberiegel für die Nachtfalle dieses Federschlosses wurde bei der Originalvorlage aus einem Bronzeguss hergestellt. Wir nehmen uns die Form zum Vorbild, fertigen diese jedoch aus Baustahl unter Verwendung der Ihnen bereits bekannten Techniken. Die Pläne/Schablonen für dieses Schloss enthalten die Schnittmuster für die Teile, die zur Herstellung des Schiebegriffs der Nachtfalle zusammengesetzt werden müssen.

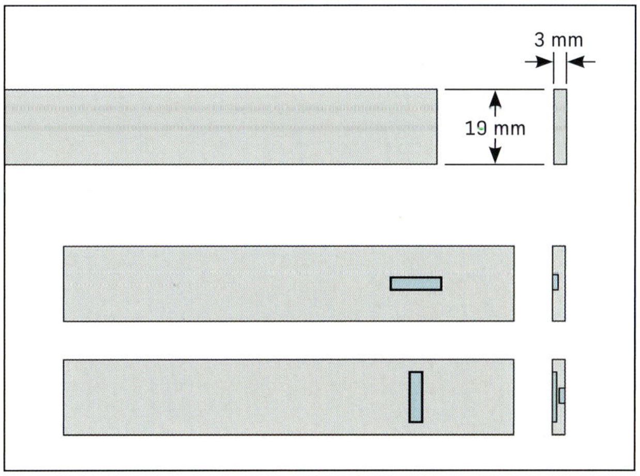

Alle Teile für den Griff der Nachtfalle werden aus Flachstahl (3 x 19 mm) geschnitten. Der Griff wird aus einem längeren Stück hergestellt, wobei die „Überlänge" beim Löten als Griff verwendet wird. Schneiden Sie mit einem 3-mm-Meißel eine flache Rille von 13 mm Länge in die Grundplatte. Die Rille ist mittig und verläuft in Richtung Längsachse. Schneiden Sie auf der anderen Seite der Grundplatte eine weitere, 13 mm lange Nut, die über die gesamte Breite der Grundplatte verläuft. Diese Rille befindet sich ebenfalls in der Mitte der Grundplatte.

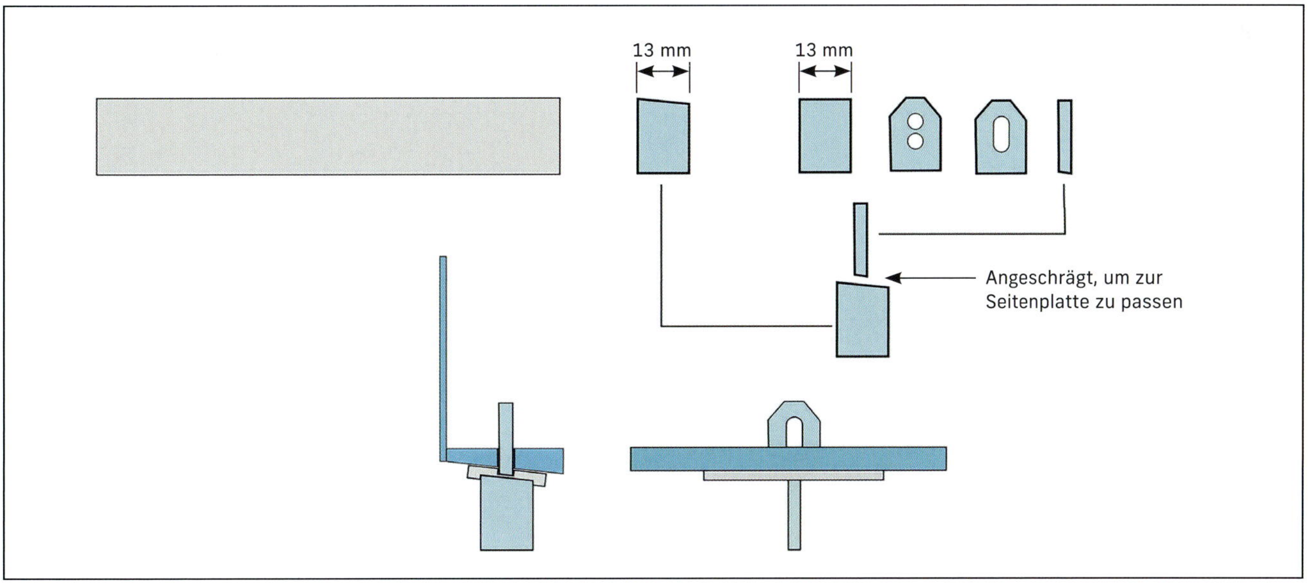

Die beiden Teile, die in diese Nuten passen, sind der Griff für die Nachtfalle und die Platte, die in das Schloss hineinragt und an der Nachtfalle befestigt wird. Die obere Kante des Griffs und die untere Kante der Verriegelungsplatte müssen abgeschrägt werden, damit sie zur Schräge an der Seitenplatte des Schlosses passen. Verdrahten Sie diese Teile vor dem Löten mit der Grundplatte.

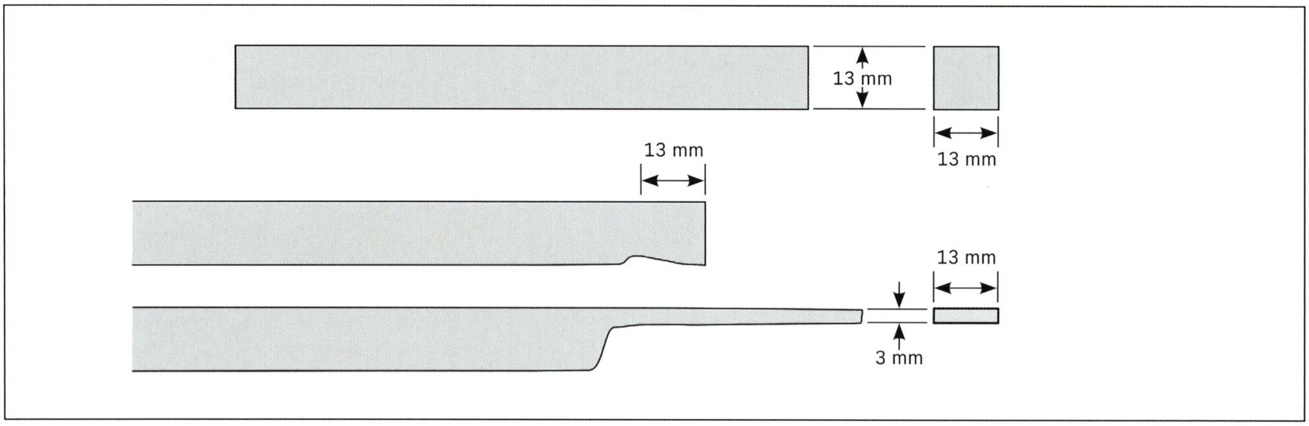

Der Sperrriegel für die Nachtfalle wird aus Vierkantstahl (13 mm) geschmiedet. Erzeugen Sie 13 mm vom Ende der Stange entfernt einen Versatz. Schmieden Sie diesen Abschnitt aus auf 3 x 13 mm.

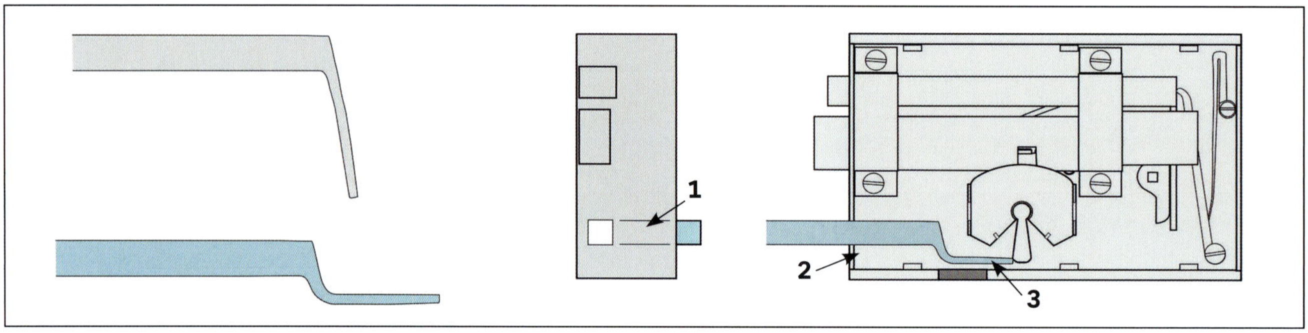

Biegen Sie den dünnen Abschnitt am Ende der Stange rechtwinklig, indem Sie ihn über eine abgerundete Kante des Ambosses biegen. Bringen Sie eine weitere Biegung an, um das Ende des dünnen Abschnitts parallel zum Hauptstab auszurichten. Passen Sie die Höhe dieser letzten Biegung an, bis die Verriegelung folgende drei Vorgaben erfüllt:

1) Der Vierkantstahl befindet sich in einer Linie mit dem Loch für die Nachtverriegelung in der Frontfläche der Deckplatte.

2) Er befindet sich außerdem parallel zur unteren Seitenwand.

3) Die Unterseite der letzten Biegung liegt etwa 3 mm oberhalb der Seitenplatte.

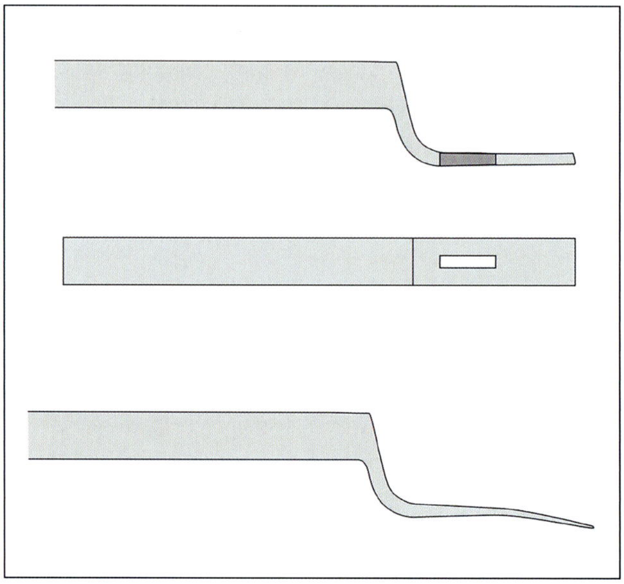

Schneiden Sie – kurz bevor der Boden in die Feder übergeht – einen 3 mm großen Schlitz in den Boden der Nachtverriegelung. Die Feder wird durch Ausdünnen der äußersten Spitze des Schenkels hergestellt. Gespannt wird die Feder, indem man die Spitze nach unten biegt.

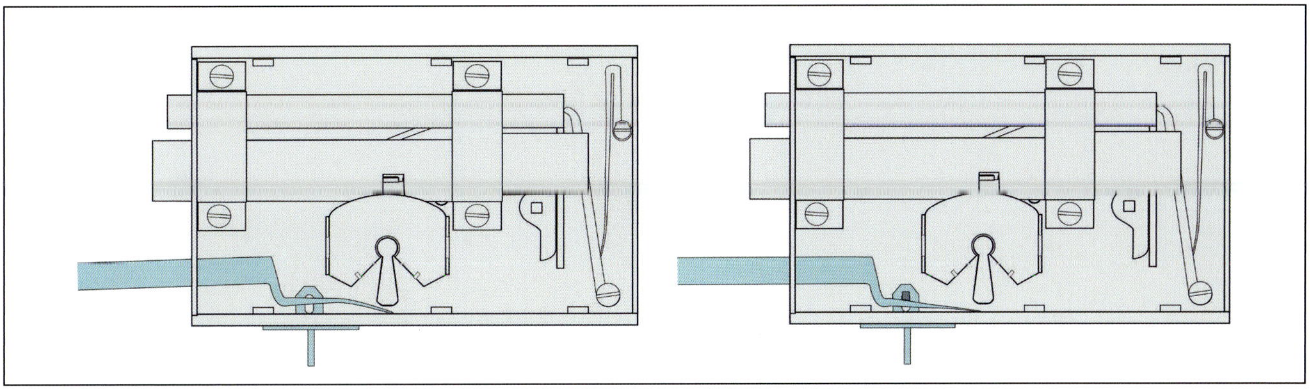

Biegen Sie das Ende der Feder nach unten, bis die Spitze mindestens 6 mm über die Unterseite hinaus ragt. Mit einem Niet wird der Griff in seiner Position fixiert. Fertigen Sie einige Niete mit unterschiedlichen Abmessungen an. Jeder Stift sollte 13 mm lang sein. Die Feder der Nachtverriegelung lässt sich mit einer Spitzzange einstellen. Führen Sie die Stifte in den Griff ein, bis die richtige Spannung erreicht ist.

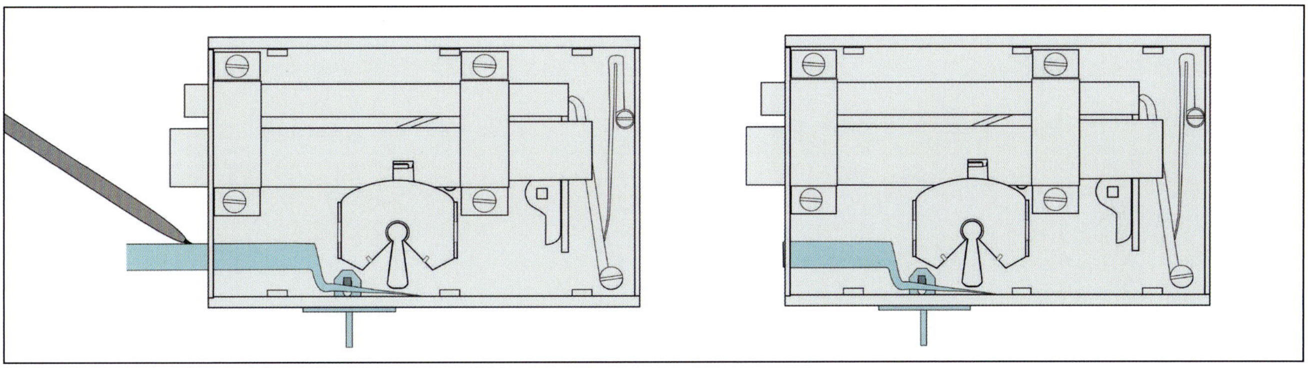

Schieben Sie die Nachtverriegelung in die entriegelte Position und zeichnen Sie die Position der Vorderseite des Schlosses auf der Nachtverriegelungsstange an. Schneiden Sie die Nachtfalle von der Stange und feilen Sie das Ende bündig mit der Außenseite des Schlosses.

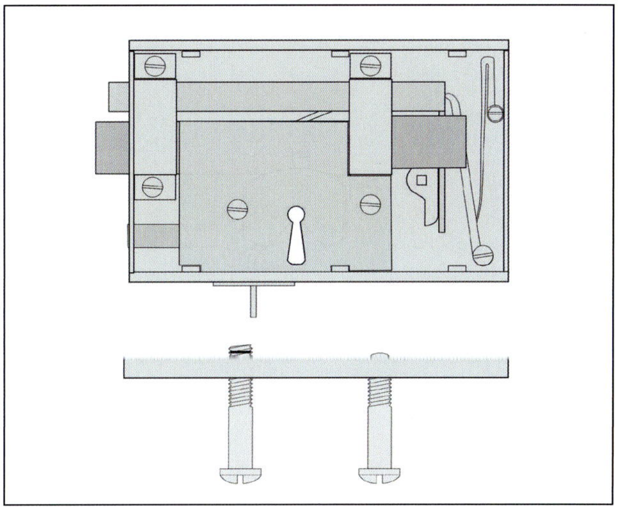

Bauen Sie die Nachtfalle wieder ein. Setzen Sie die Deckplatte auf das Reifengehäuse und schrauben Sie sie fest. Markieren Sie die Enden aller Sperrriegel, die mehr als 3 mm über die Deckplatte herausragen, mit einem feinen Filzstift. Schneiden Sie alle Sperrriegel ab und feilen Sie eine abgerundete Spitze auf jeden Sperrriegel, sodass die Gewinde nicht über die Außenkante der Deckplatte hinausragen.

PROJEKT 11:
HEBELSCHLOSS

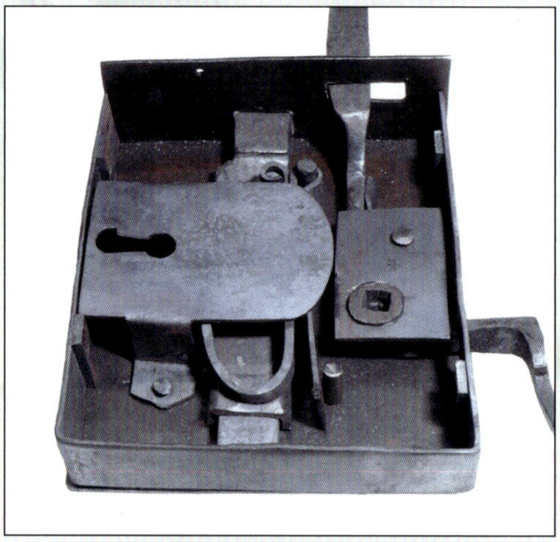

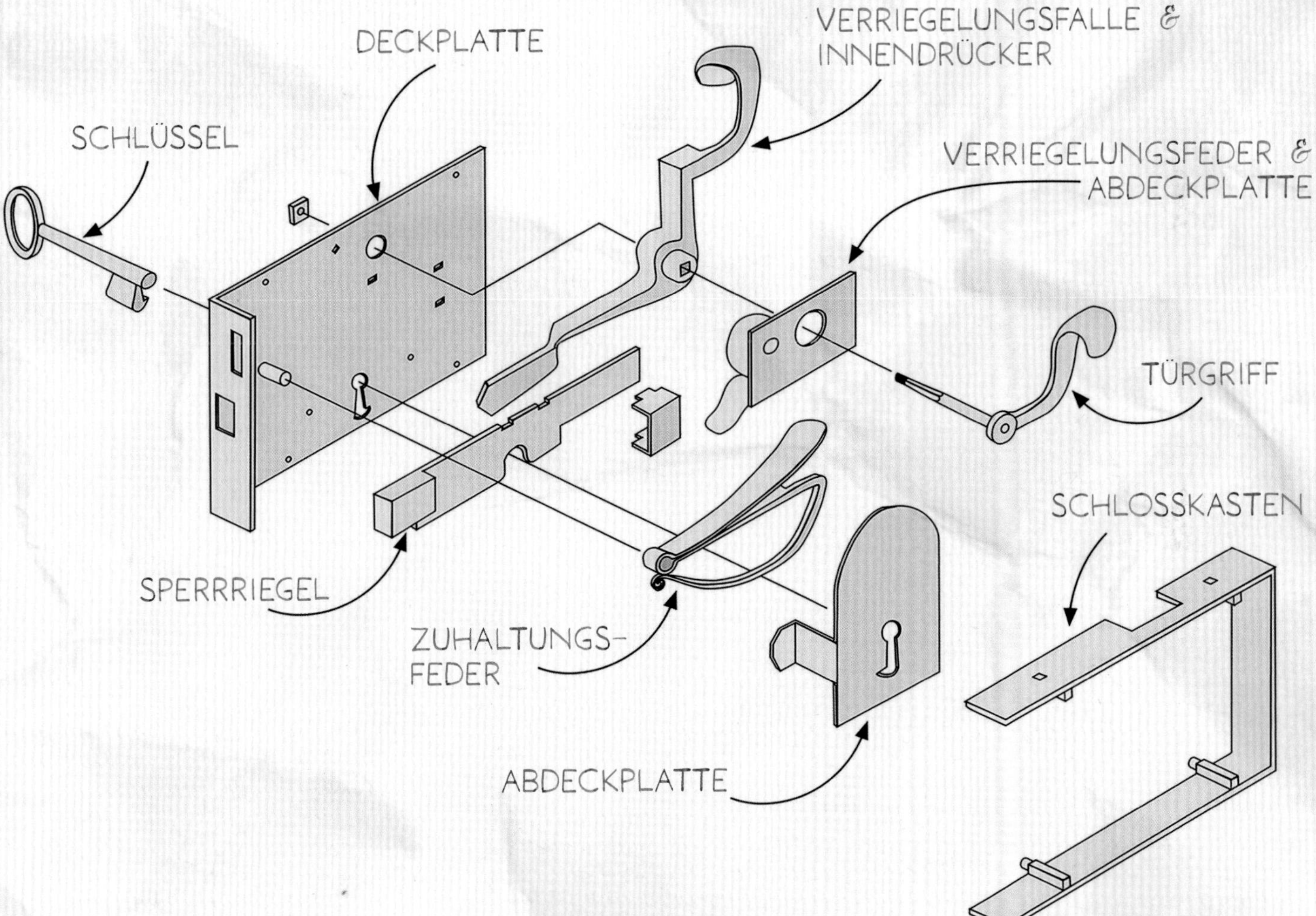
DECKPLATTE
VERRIEGELUNGSFALLE &
INNENDRÜCKER
SCHLÜSSEL
VERRIEGELUNGSFEDER &
ABDECKPLATTE
TÜRGRIFF
SCHLOSSKASTEN
SPERRRIEGEL
ZUHALTUNGS-
FEDER
ABDECKPLATTE

RÜCKENPLATTE, SPERRRIEGEL UND SCHLOSSKASTEN

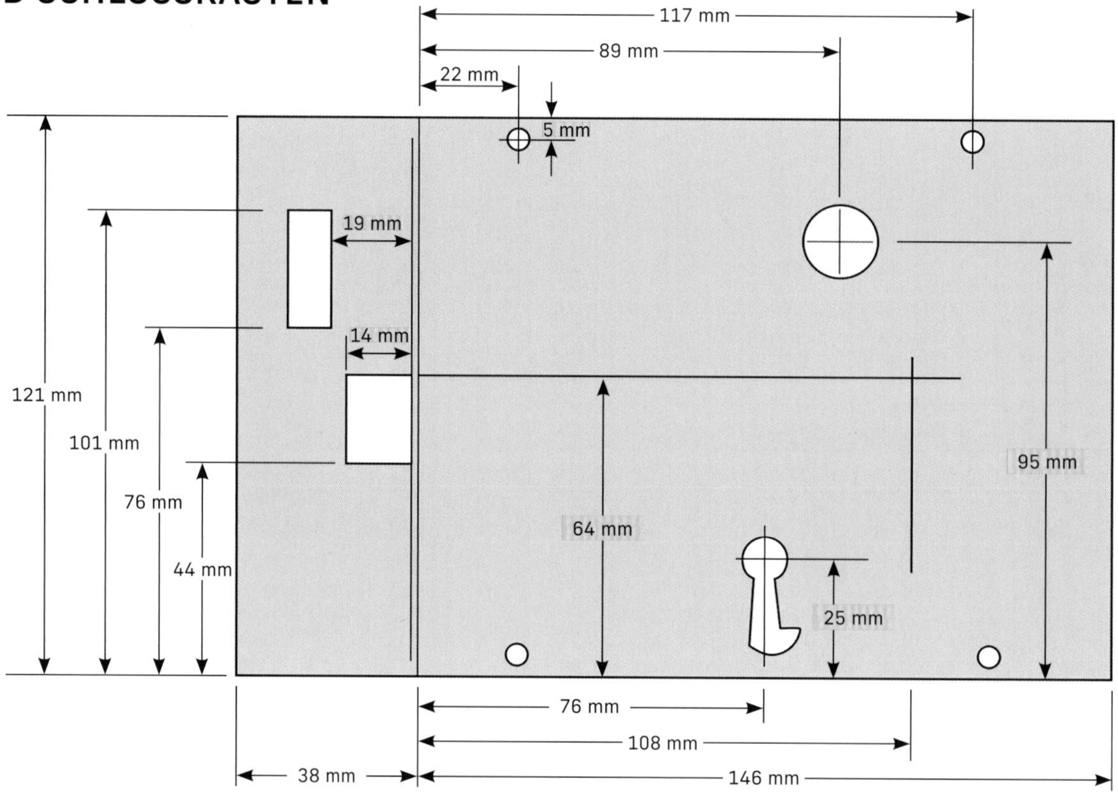

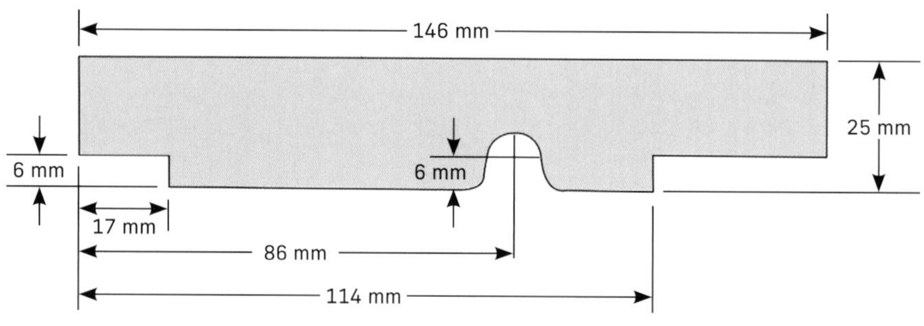

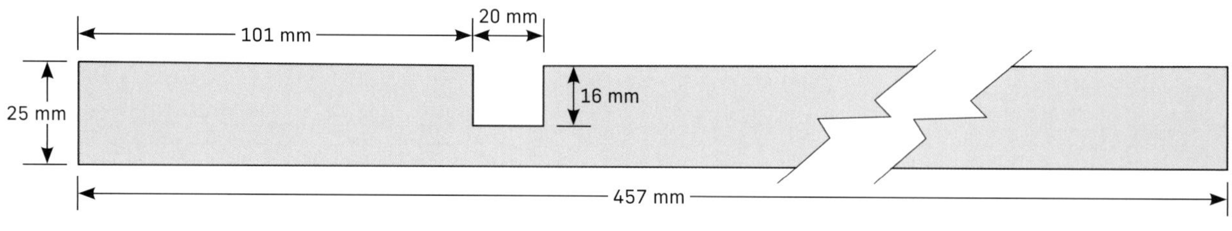

ABDECKUNG DER FEDER

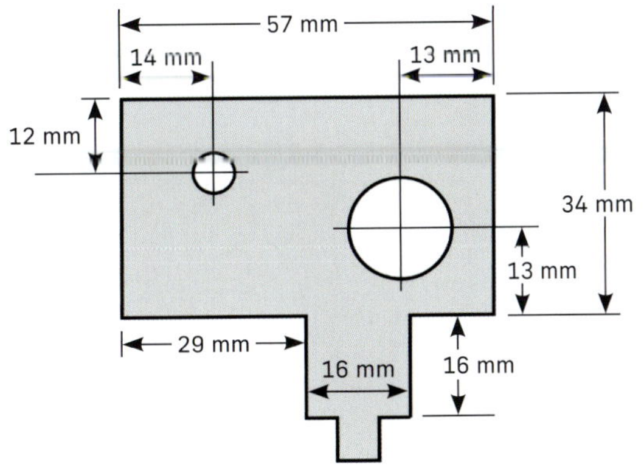

ZUHALTUNGSFEDER UND ABDECKPLATTE

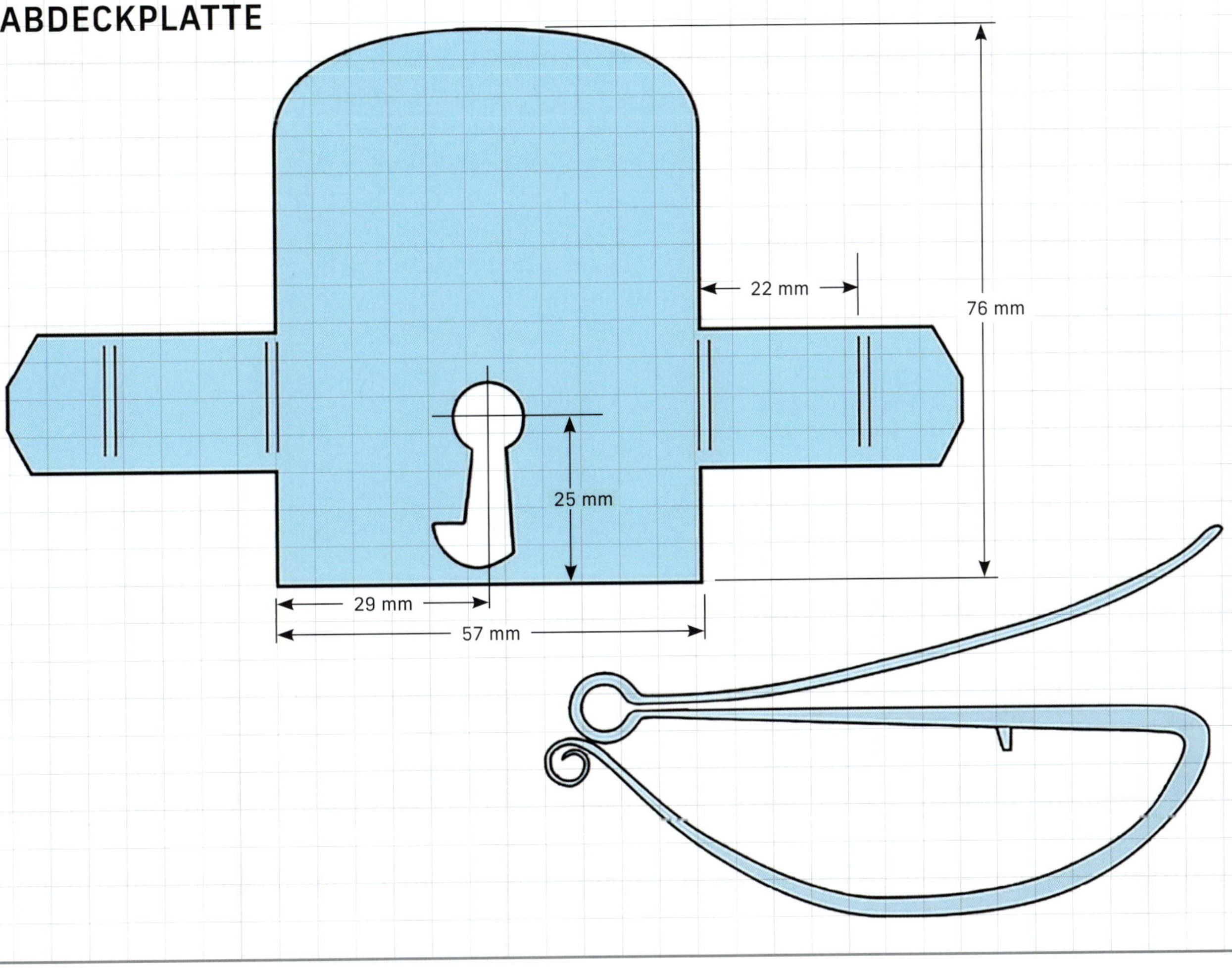

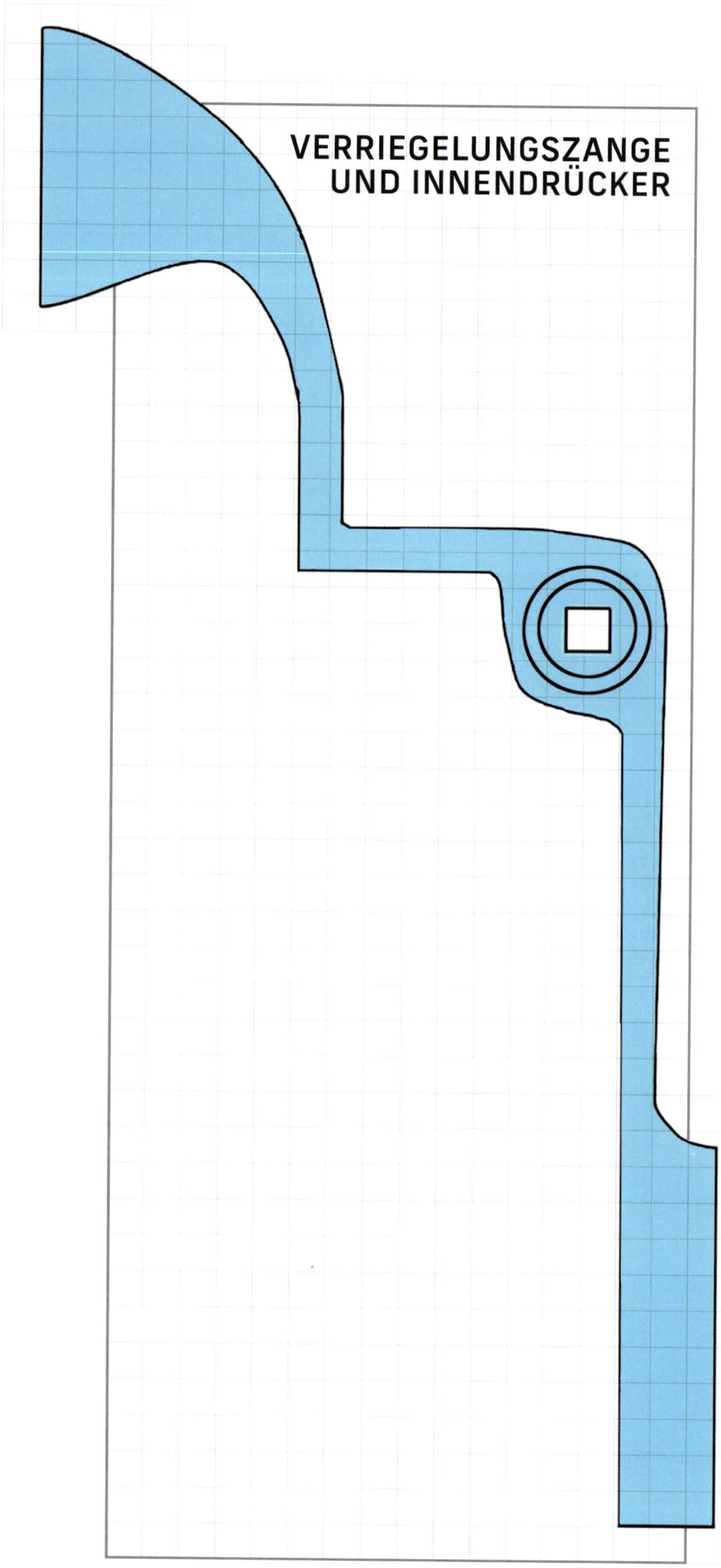

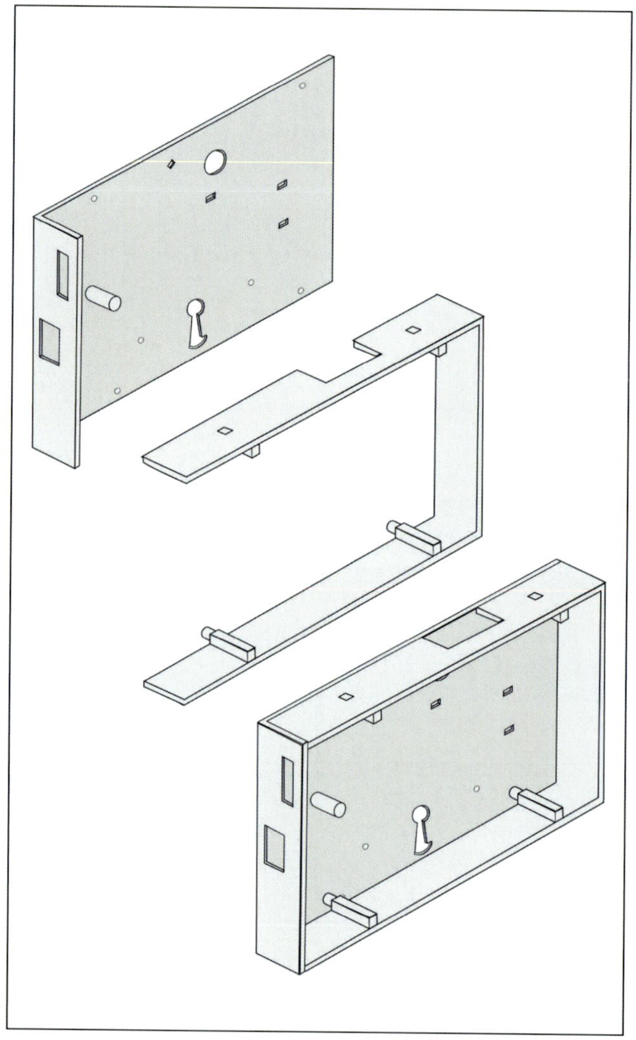

Das klassische Hebelschloss ist eine weitere Schlossvariante, die auf einer Türfalle und einem schlüsselbetätigten Riegel aufbaut. Die Besonderheit dieses speziellen Schlosses sind die großen gebogenen Griffe, mit denen der Sperrriegel betätigt wird. Das Originalschloss wurde vermutlich nicht in einer ländlichen Schmiede hergestellt. Dennoch handelt es sich um einen – für Schlosser-Verhältnisse – simplen Mechanismus mit einer einfachen Konstruktion und einfachen Schmiedeteilen, die wenig Ausarbeitung erfordern. Das einfache Kastengehäuse, das den Mechanismus des Schlosses umschließt, besteht aus zwei Teilen. Die Deckplatte und der vordere Rahmen des Kastens sind einteilig. Die anderen drei Seiten des Kastens werden von einem in Form gebogenen Stück Flachmaterial umrahmt.

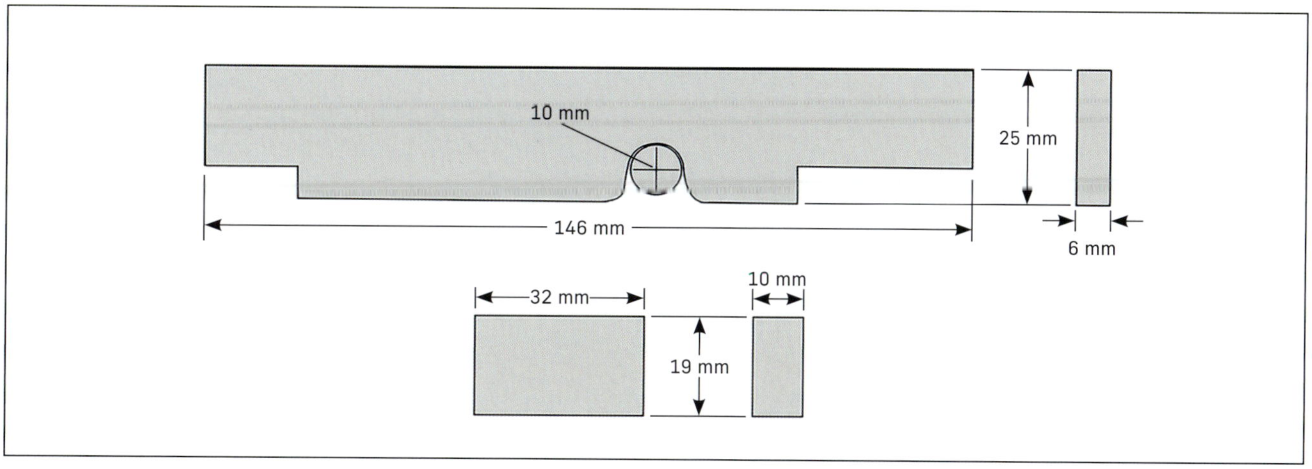

Der Riegel wird aus Stangenmaterial und einer 6-mm-Metallplatte zusammengesetzt. Schneiden Sie die Form aus der Metallplatte aus und übertragen Sie die Referenzlinien. Der Sperrriegelblock wird aus einem 32 mm langen Stück Flachstahl (10 x 19 mm) geschnitten.

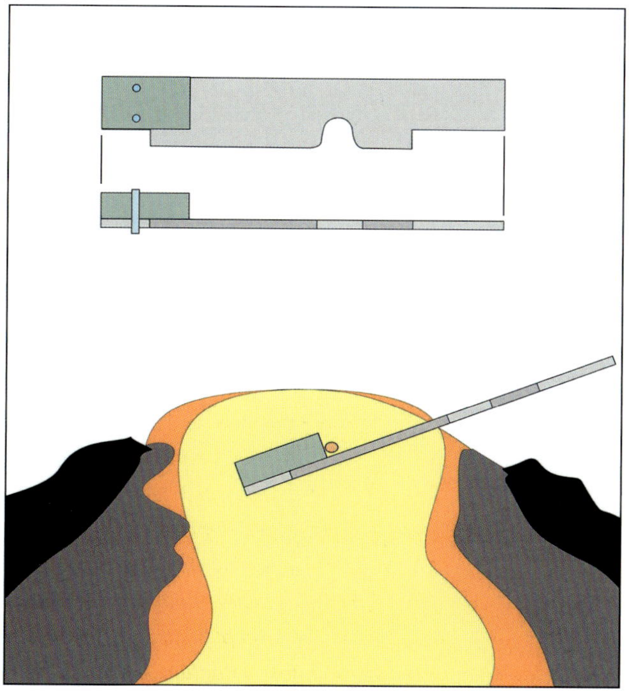

Vernieten Sie die beiden Teile des Sperrriegels und löten Sie den Sperrriegelblock an den Körper des Sperrriegels.

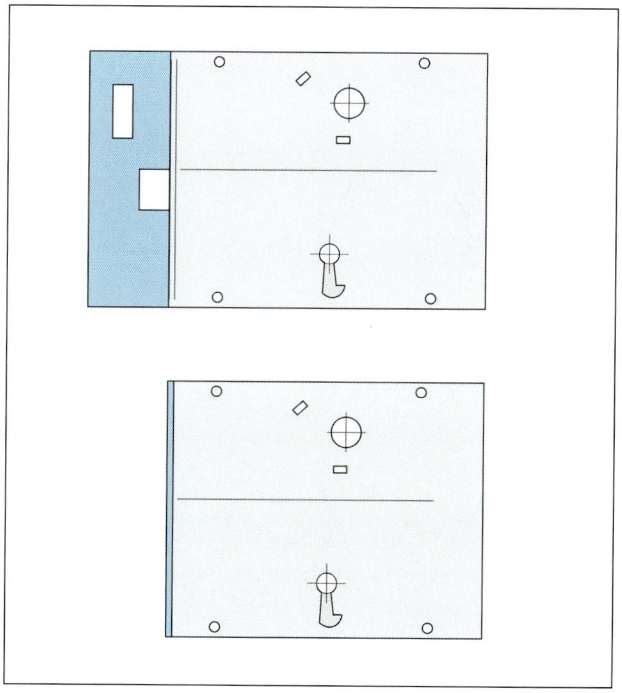

Schneiden Sie die Deckplatte aus und übertragen Sie die Referenzlinien, den Umriss des Schlüssels und die Position des Schlüssellochs auf die Platte. Schneiden Sie die Öffnung für den Sperrriegel sowie die Öffnung für den Fallenriegel aus. Bohren Sie das Loch für den Schlüssel. Biegen Sie die Vorderseite der Deckplatte.

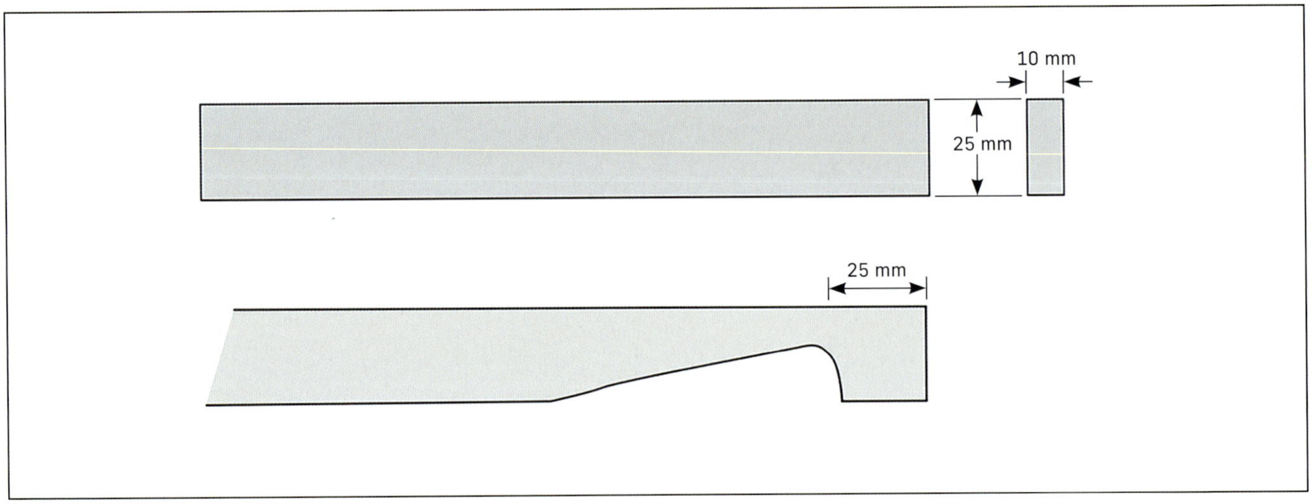

Der Schlüssel wird aus Flachstahl (10 x 25 mm) geschmiedet. Bringen Sie 25 mm vom Ende entfernt einen Versatz an.

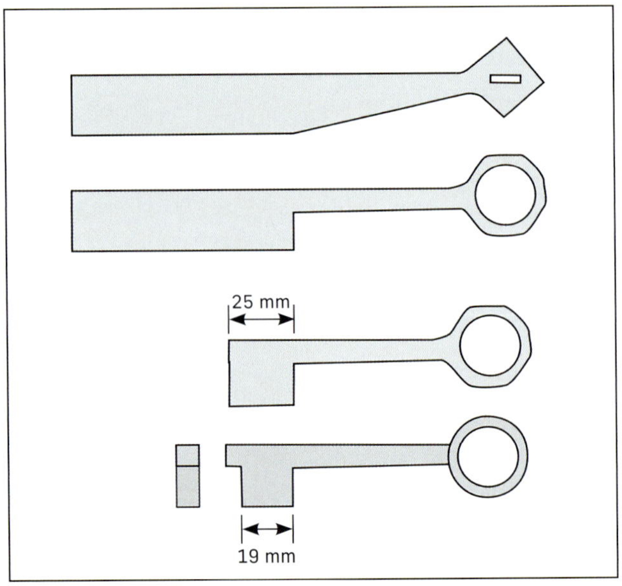

Verwenden Sie einen 13 mm breiten Durchschlag, um zunächst einen Schlitz im Ende der Stange anzubringen. Weiten Sie diesen anschließend auf 25 mm. Die Rundung lässt sich mit Hilfe des Ambosshorns herausarbeiten.
Nun geht es mit dem Schlüsselschaft weiter. Biegen Sie den gerundeten Griffbereich, bis er in Linie mit dem Schlüsselschaft liegt. Schneiden Sie die Rohform des Schlüssels aus. Mit einer Bügelsäge legen Sie die Form des Schlüsselbarts und des Drehzapfens an. Arbeiten Sie die Schlüsselform nach und nach detaillierter aus.

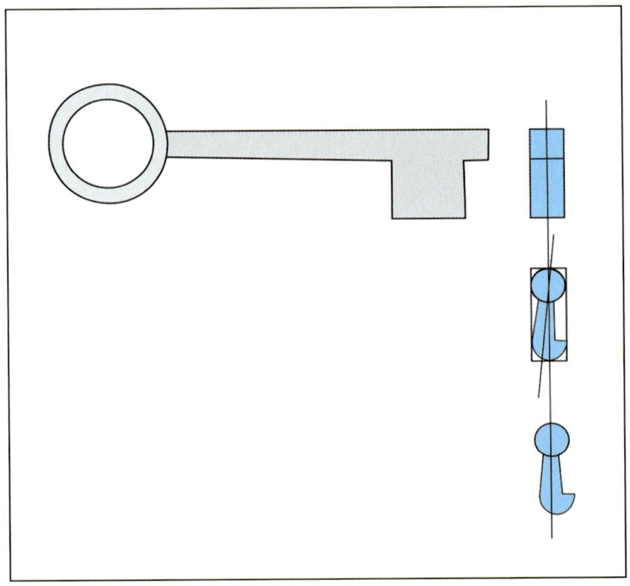

Der Schlüsselbart erhält die Form eines Golfschlägers. Durch die asymmetrische Form des Barts – das Schlüsselloch auf der anderen Seite des Schlosses ist gegenläufig geformt – rutscht der Schlüssel nicht komplett durch. Die genaue Form des Schlüsselbarts wird aus dem Rohling geschnitten. Möglicherweise steht er zunächst etwas schief. Falls das der Fall ist, lässt sich das durch Verdrehen des Schlüsselschafts korrigieren. Es handelt sich dabei um eine rein ästhetische Anpassung ohne Auswirkungen auf die Funktion des Schlosses.

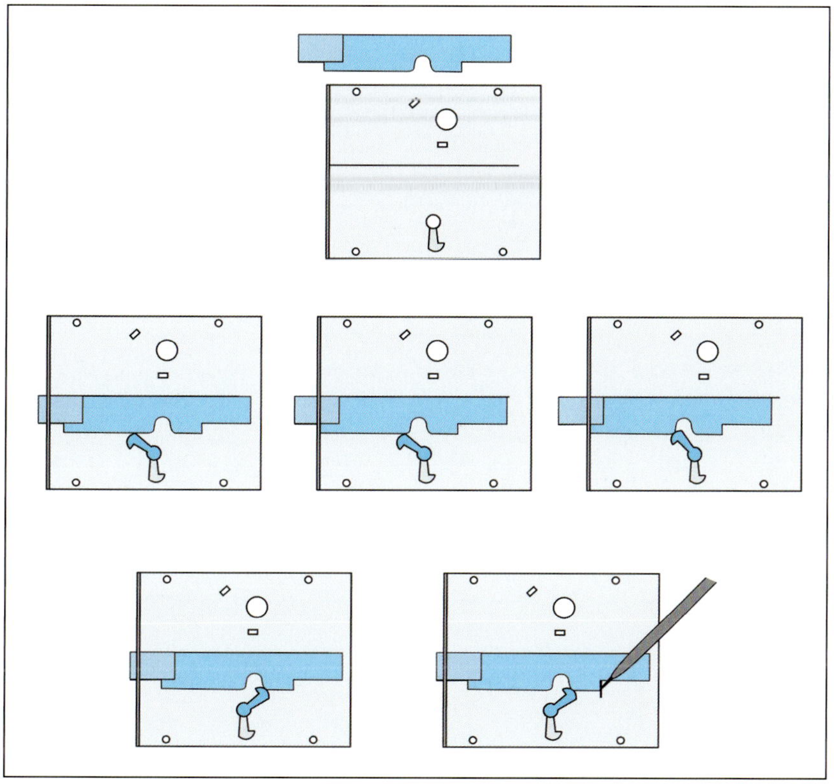

Setzen Sie den Sperrriegel auf die Deckplatte. Richten Sie ihn an der auf der Deckplatte angerissenen Referenzlinie aus. Schieben Sie ihn in die entriegelte Position. Stecken Sie den Schlüssel ins Zapfenloch und drehen Sie den Schlüssel im Uhrzeigersinn, bis er die Unterkante des Sperrriegels erreicht. Schieben Sie den Sperrriegel nun in die verriegelnde Position. Entfernen Sie anschließend mit der Feile gerade so viel Material an der Vorderkante des Sperrriegels, bis die Unterkante des Schlüssels in die Kerbe des Sperrriegels greift. Drehen Sie den Schlüssel gegen den Uhrzeigersinn. Schieben Sie den Sperrriegel in die entriegelte Position, bis die untere Kante des Schlüssels in die Kerbe auf der anderen Seite greift. Markieren Sie die Position, wo sich die hintere Kerbe und die Unterkante des Sperrriegels treffen, auf der Deckplatte. Das ist die Bezugslinie für die Außenkante der hinteren Sperrriegelführung.

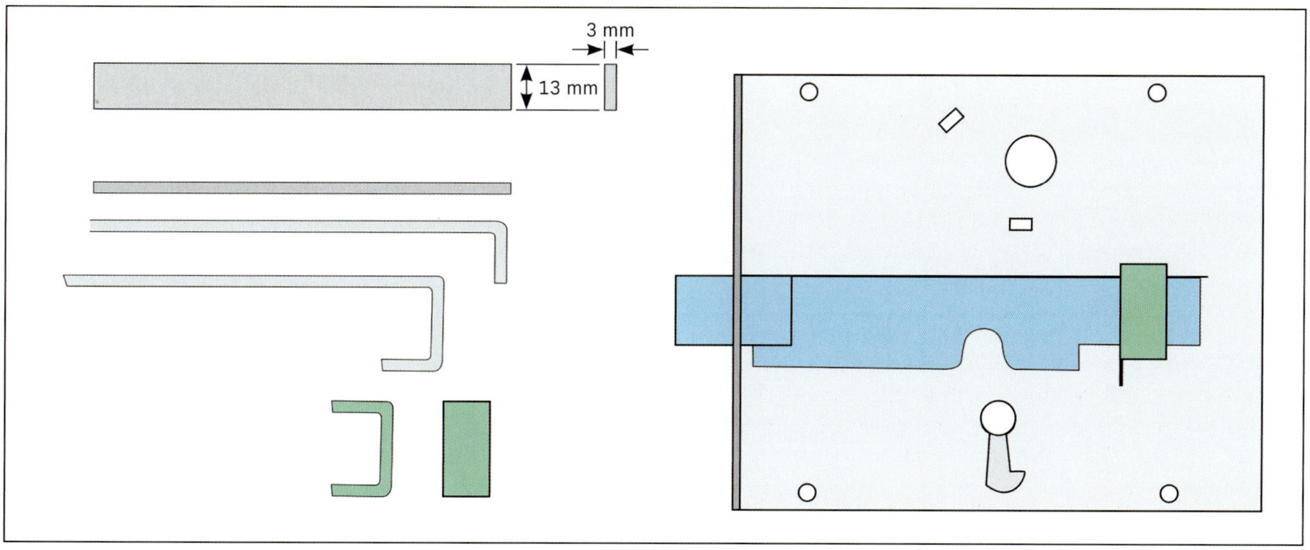

Die hintere Sperrriegelführung wird aus Flachstahl (3 x 13 mm) geschmiedet. Die Führung muss so geformt werden, dass sie frei über das Ende des Sperrriegels gleitet. Feilen Sie an der Unterseite jedes Schenkels runde Zapfen. Positionieren Sie die Sperrriegelführung leicht oberhalb der Referenzlinie für die hintere Sperrriegelführung. Markieren Sie die Position der Zapfen. Vernieten Sie die Sperrriegelführung aber nicht mit der Deckplatte.

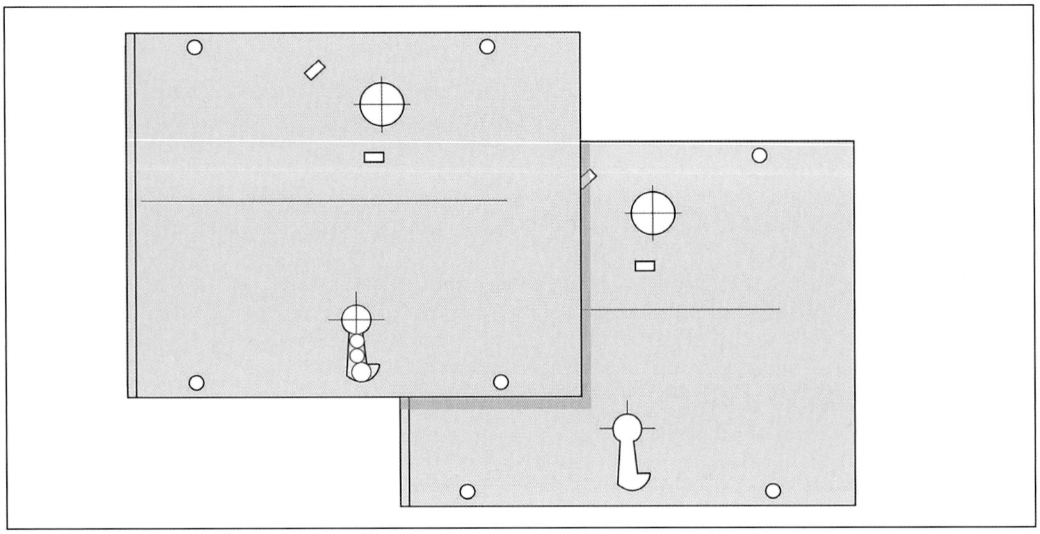

Formen Sie das Schlüsselloch, indem Sie mit dünnen Bohrern nach und nach Material abnehmen. Die präzise Formgebung erfolgt dann mit Meißeln und Feilen.

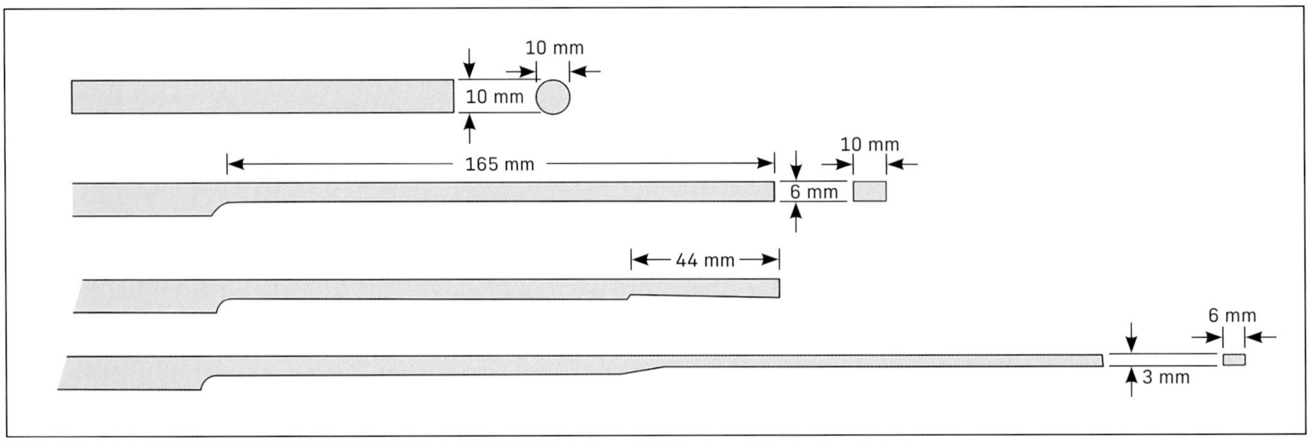

Die Zuhaltung und die Zuhaltungsfeder werden zu einer Einheit verbunden. Sie wird aus Carbonstahl-Rundmaterial (10 mm) geschmiedet. Schmieden Sie zunächst einen flachen Abschnitt, der 6 x 10 mm misst und 165 mm lang ist. Erzeugen Sie 44 mm vom Ende entfernt einen Versatz und schmieden Sie diesen Bereich flach auf 3 x 6 mm aus.

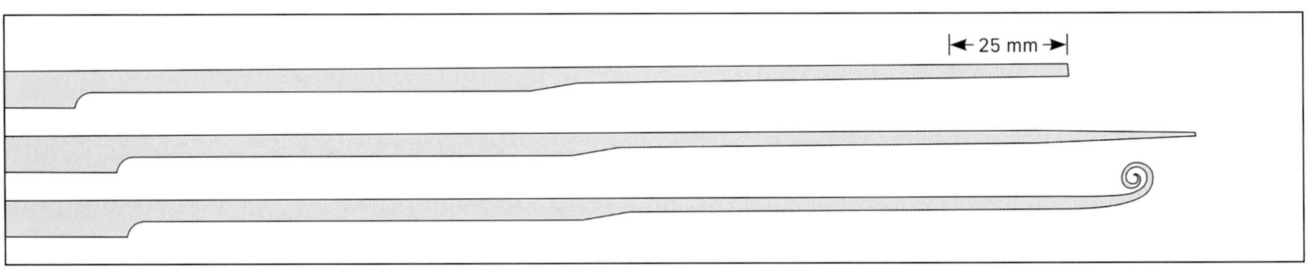

Beginnen Sie 25 mm vor dem Ende des abgeflachten Bereichs und schmieden Sie diesen Bereich auf eine Länge von insgesamt 44 mm aus. Schmieden Sie am sich verjüngenden Ende der Zuhaltung einen dekorativen Schnörkel.

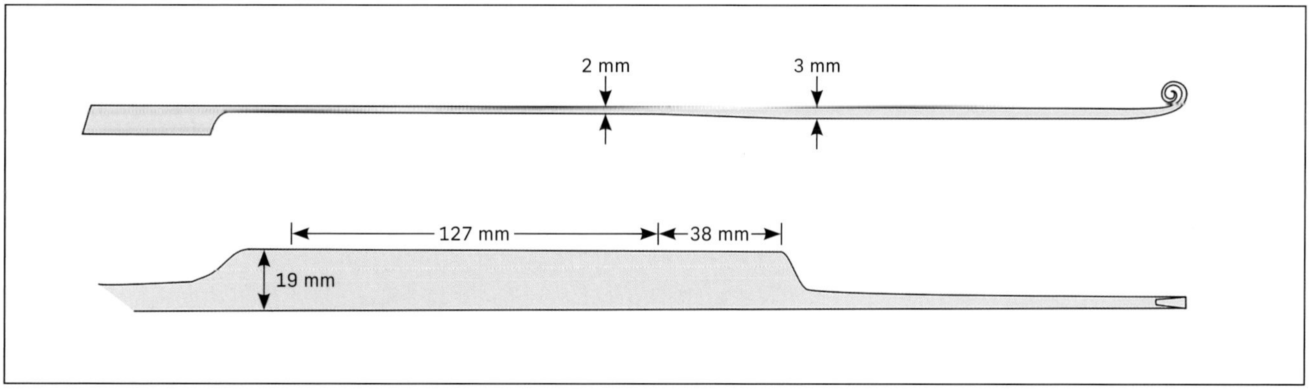

Der Rest der Stange wird zu einer 19 mm breiten Feder für die Zuhaltung geschmiedet. Dazu wird zunächst ab dem Versatz ein 3 x 19 mm breiter Abschnitt geschmiedet. Erzeugen Sie auf den nächsten 38 mm einen gleichmäßigen Übergang zu einem 2 x 19 mm messenden Abschnitt, der schließlich zur Feder der Zuhaltung wird. Schmieden Sie die Feder aus, bis sie mindestens 127 mm lang ist.

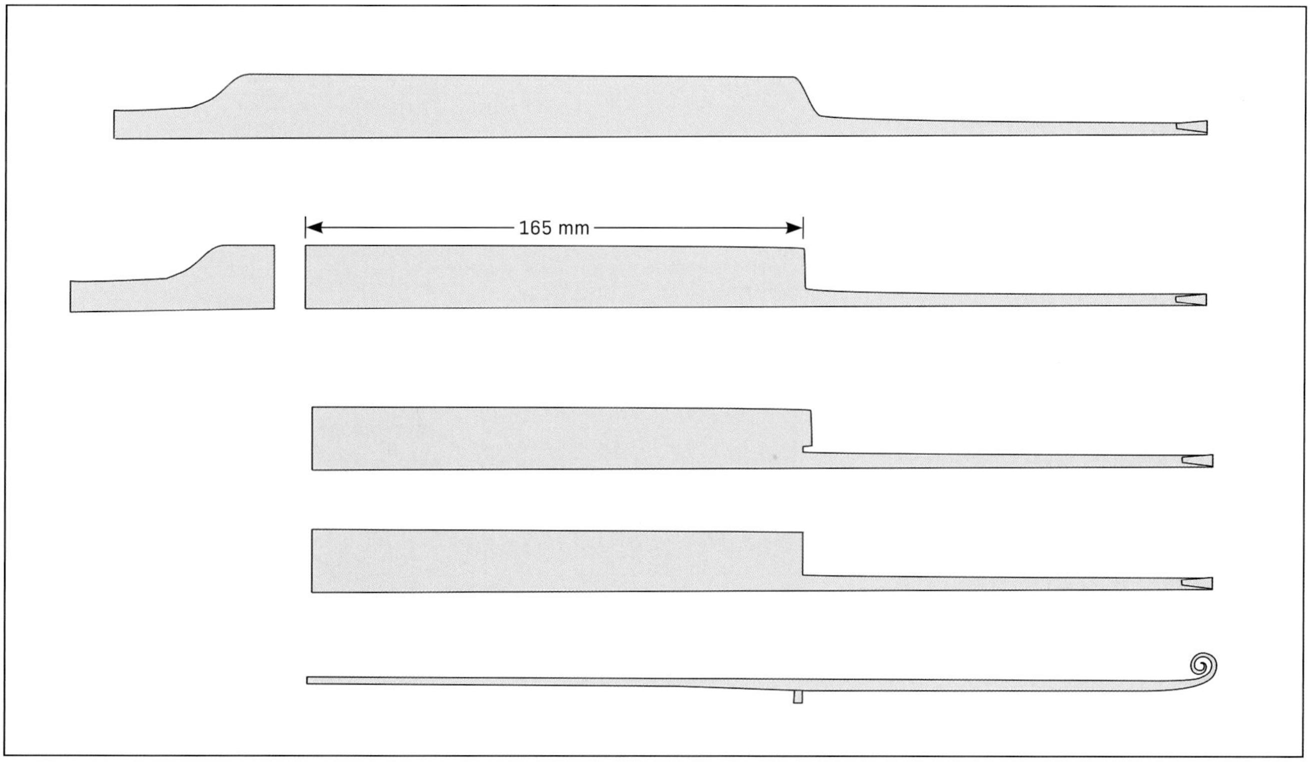

Messen Sie 165 mm ab, beginnend an der Stelle, wo der Federteil in den „Schwanz" der Zuhaltung übergeht, und schneiden Sie die Zuhaltung ab. Feilen Sie den Übergang rechteckig. Bringen Sie einen 6 mm tiefen, horizontalen Sägeschnitt an. Feilen Sie den Bereich zu einer rechtwinkligen Kante. Erhitzen Sie diesen Bereich und biegen Sie ihn rechtwinklig nach unten ab. Feilen Sie die Feder glatt und schmieden Sie das Bein der Zuhaltung in Form. Die Unterseite des Zuhaltungsschwanzes sollte etwas über der Unterkante des Sperrriegels liegen.

Erwärmen Sie die Feder vorsichtig und biegen Sie sie in Form. Die Biegung wird durch vorsichtiges Schmieden der Feder um einen 6-mm-Stab hergestellt. Die fertige Feder wird gehärtet und blau angelassen.

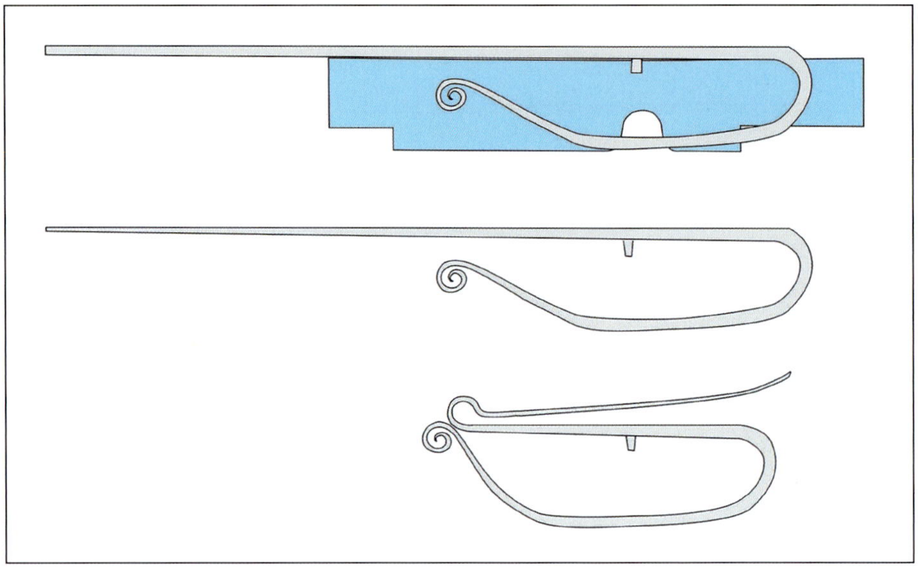

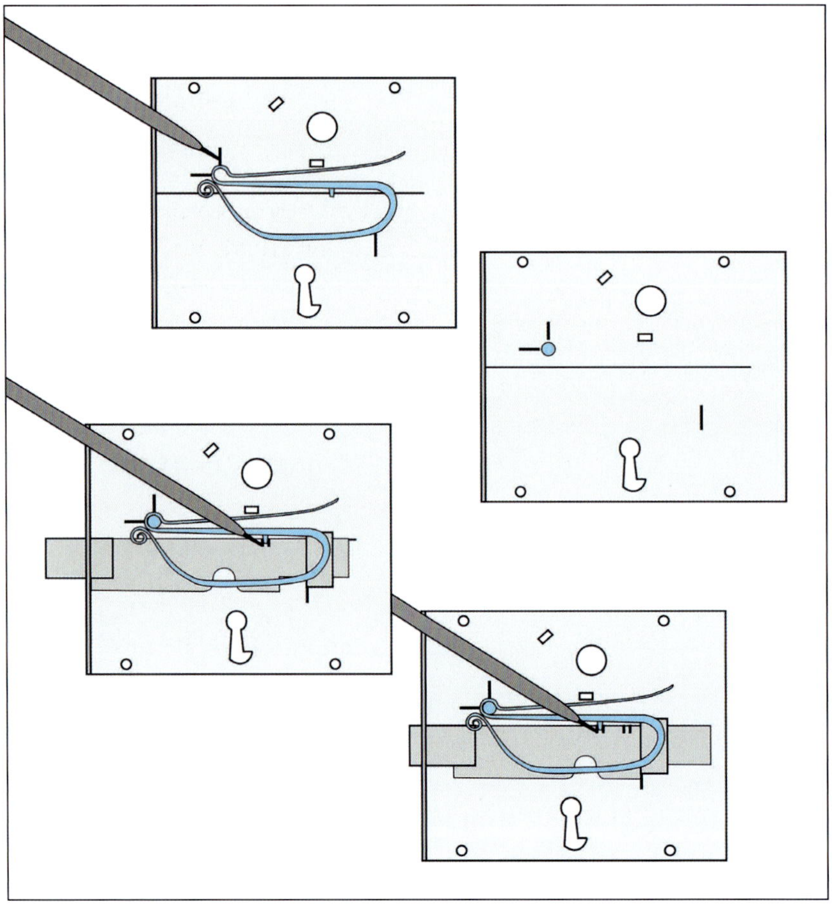

Setzen Sie die Zuhaltung so auf die Deckplatte, dass der horizontale Abschnitt der Zuhaltung mittig über dem Schlüsselloch liegt. Markieren Sie die Position des Drehzapfens für die Zuhaltung auf der Deckplatte. Bohren Sie ein Loch (5 mm) und setzen Sie einen 6-mm-Niet an dieser Stelle ein. Setzen Sie den Sperrriegel in der verriegelnden Position auf die Deckplatte. Platzieren Sie die hintere Bolzenführung über dem Sperrriegel. Schieben Sie den Sperrriegel in die verriegelnde Position. Stellen Sie dabei sicher, dass der Schlüssel noch in die Kerbe des Sperrriegels eindringen kann. Markieren Sie die Stelle, an der die Zuhaltung den Sperrriegel berührt. Bringen Sie den Sperrriegel in die entriegelte Position. Die untere Ecke des Sperrriegels, die an der vorderen Kante der hinteren Sperrriegelführung anliegt, muss ein wenig abgefeilt werden, damit der Schlüssel in die Kerbe passt. Entfernen Sie nur so viel wie nötig ist, damit der Schlüssel in die Kerbe des Sperrriegels greift. Markieren Sie die Stelle, an der die Zuhaltung den Sperrriegel berührt.

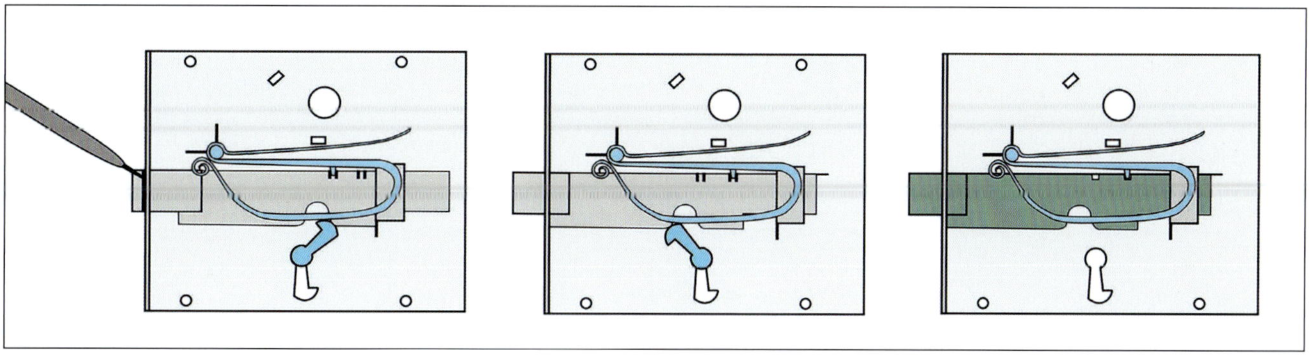

Bringen Sie den Sperrriegel mit dem Schlüssel von der verriegelnden in die entriegelte Position. Die Zuhaltung sollte innerhalb der Markierungen auf dem Sperrriegel liegen. Bringen Sie den Sperrriegel in die entriegelte Position. Markieren Sie die Position der Frontplatte auf dem Sperrriegel. Entfernen Sie den Sperrriegel. Schneiden Sie die Kerben für die Zuhaltung entlang der Oberkante des Sperrriegels. Schneiden Sie das Ende des Sperrriegels auf Länge.

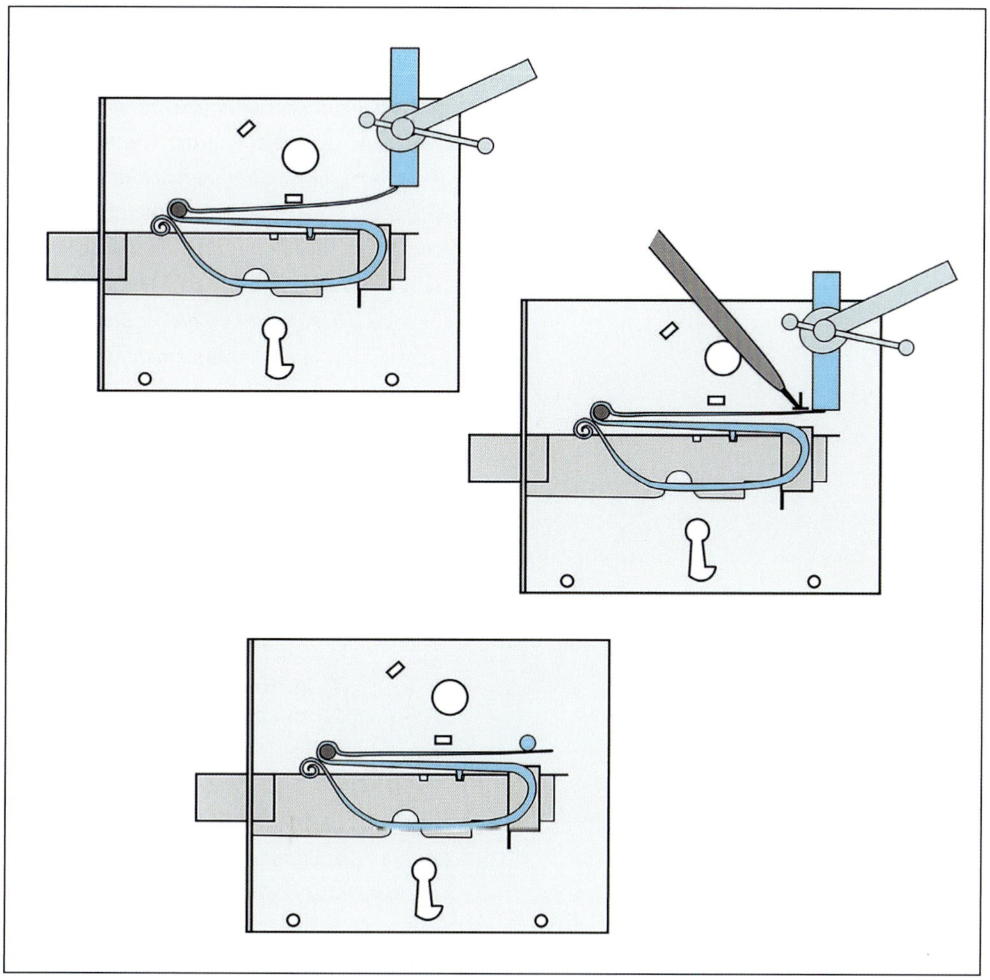

Die Feder für die Zuhaltung wird durch einen Niet in der Deckplatte stabilisiert. Befestigen Sie einen Klotz an der Deckplatte, sodass das Ende des Klotzes auf dem Ende der Feder ruht. Schlagen Sie mit einem Hammer auf die Stange, um sie nach vorne zu bewegen. Das erzeugt Druck auf die Feder. Testen Sie die Federspannung mit dem Schlüssel. Sobald die richtige Spannung erreicht ist, markieren Sie die Stelle, an der das Ende der Stange auf der Deckplatte liegt. Entfernen Sie den Klotz und die Zuhaltung. Bringen Sie an dieser Stelle einen Niet an. Führen Sie einen letzten Test mit dem Schlüssel durch. Wenn alles reibungslos funktioniert, kann die hintere Sperrriegelführung vernietet werden.

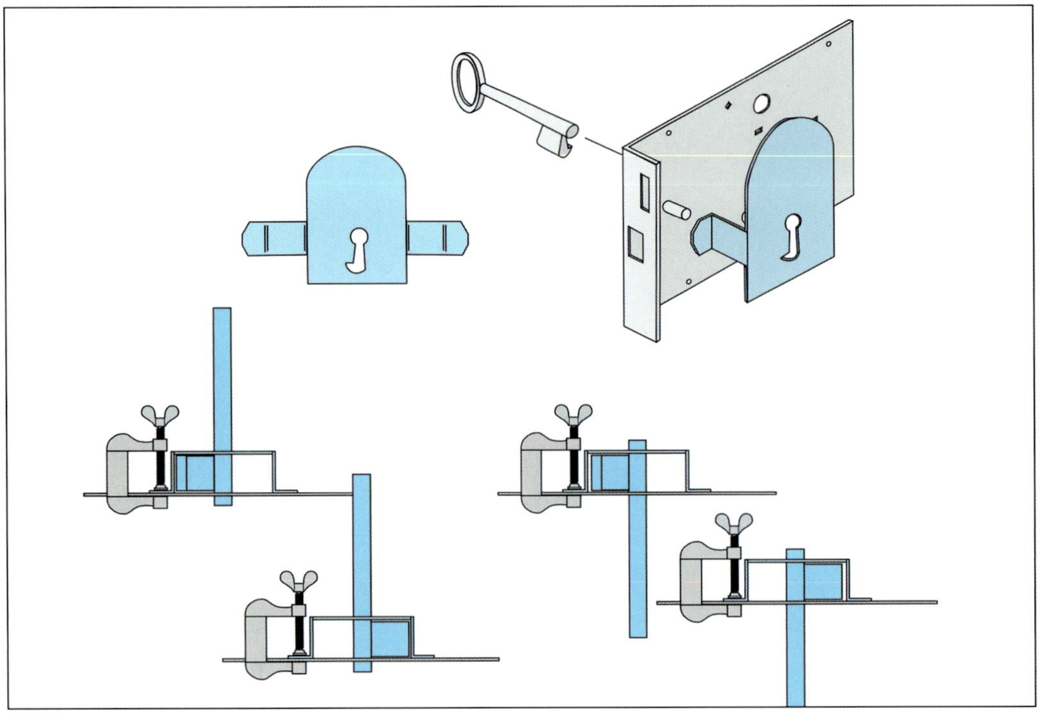

Der Reifenkasten für dieses Schloss besteht aus einem gebogenen Blech. Er beinhaltet das Schlüsselloch für die andere Seite des Schlosses. Schneiden Sie das Musterteil aus und formen Sie die Außenseite und das Schlüsselloch.

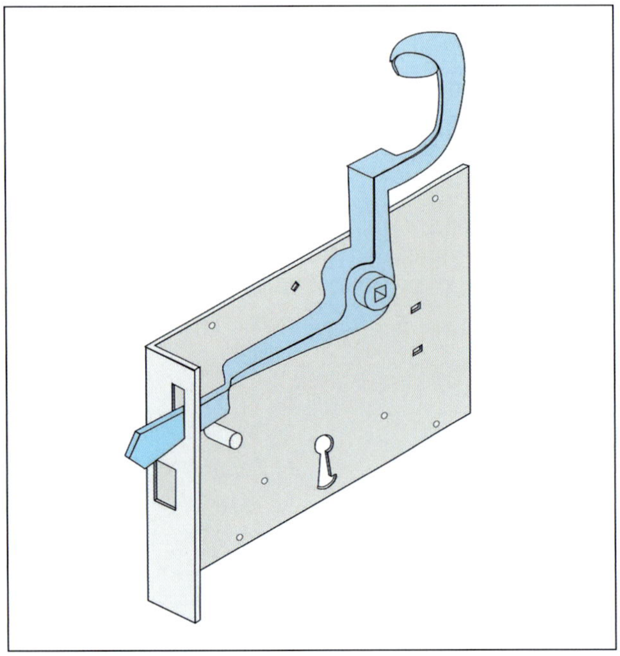

Die Verriegelung besteht aus zwei Teilen. Die Hauptfalle besteht aus einem Griff, dem Drehzapfen für die Fallenbaugruppe und der Fallenstange.

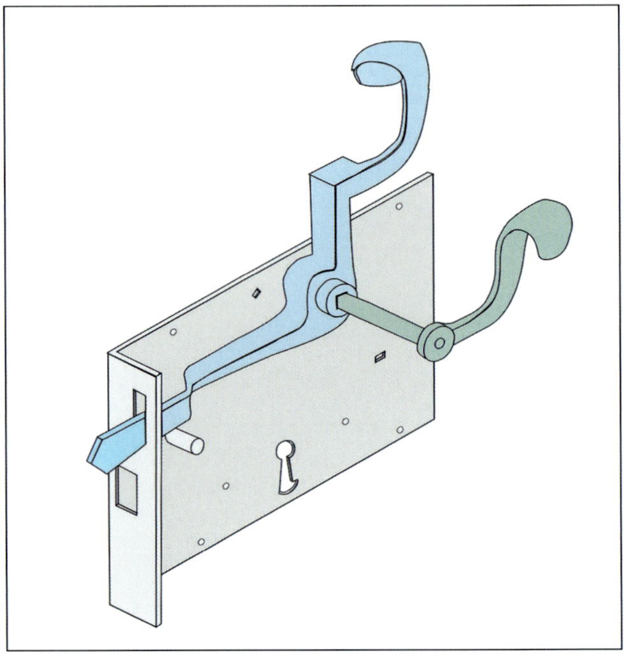

Der zweite Teil der Verriegelung ist der Griff, mit dem das Schloss von der anderen Seite der Tür aus geöffnet wird. Er ist etwas kleiner und wird mit dem Hauptschloss verschraubt.

Die Hauptfalle wird aus Vierkantstahl (13 mm) geschmiedet. Das Ausgangsmaterial kann dabei gerne etwas länger sein. Das erleichtert die Handhabung. Schmieden Sie 70 mm vom Ende entfernt einen Versatz. Drehen Sie die Stange um und schmieden Sie einen weiteren Versatz, der 13 mm vor dem ersten liegt. Ein dritter Versatz wird direkt vor dem zweiten geschmiedet. Dadurch entsteht eine Kante auf der Oberfläche der Stange.

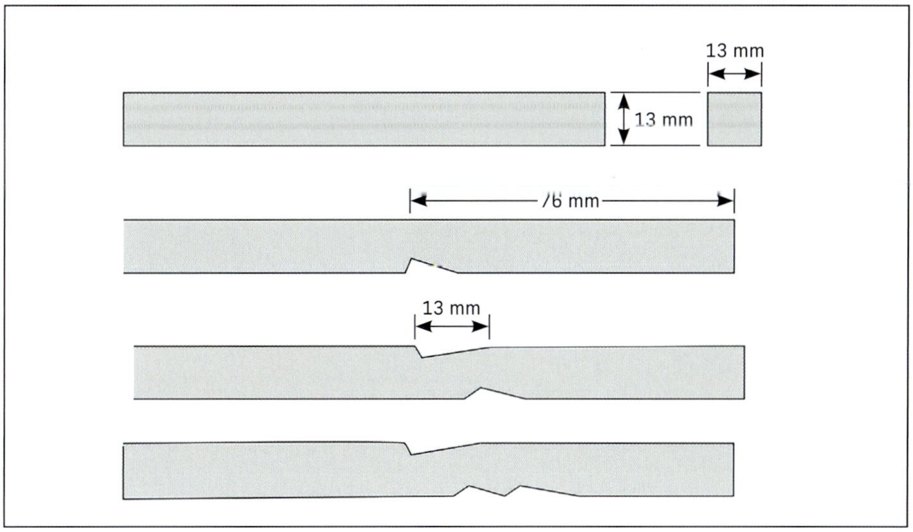

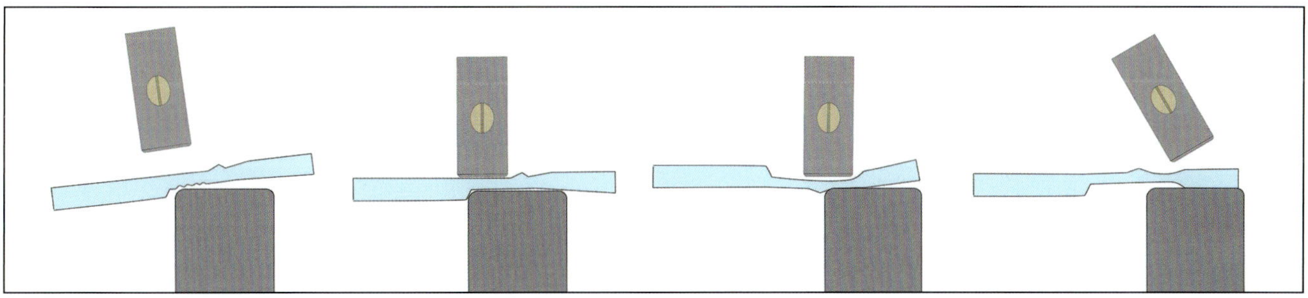

Schmieden Sie den Bereich zwischen dem ersten und dem zweiten Versatz auf 6 x 13 mm aus. Die Kante darf dabei nicht ausgeschmiedet werden. Sie wird gleich noch benötigt. Die Strecke zwischen der Kante und dem ersten Versatz sollte nun etwa 25 mm betragen. Schmieden Sie einen 25 mm langen Bereich vor dem dritten Versatz auf 6 x 13 mm aus.

Die Stange muss so gebogen werden, dass die weit hervorstehende Oberflächenkante zur Außenkante wird. Das ist allerdings kein ganz einfaches Unterfangen, da sich die dünnen Bereiche und die Kante nicht gleichförmig biegen lassen. Kühlt man die dünnen Bereiche jedoch gezielt ab, werden sie etwas starrer. Kombiniert man das Kühlen noch mit einer gezielten Erhitzung der Kante, geht das Ganze schon etwas leichter vonstatten.

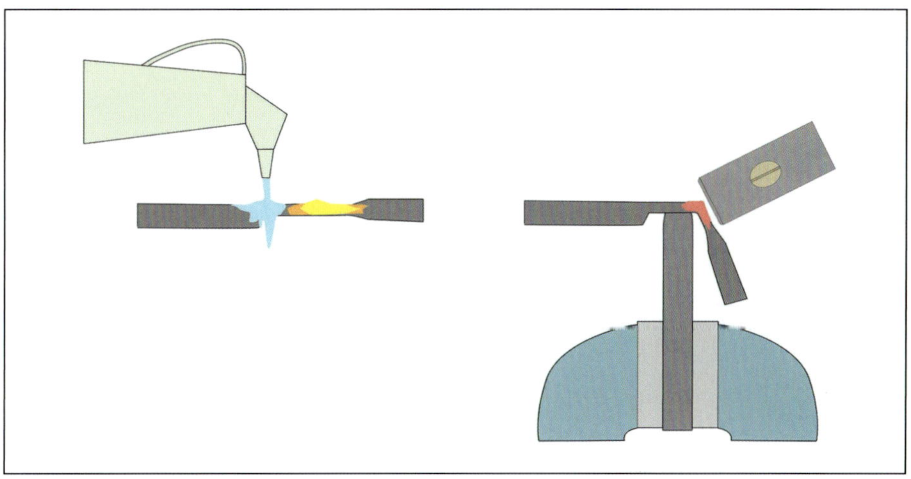

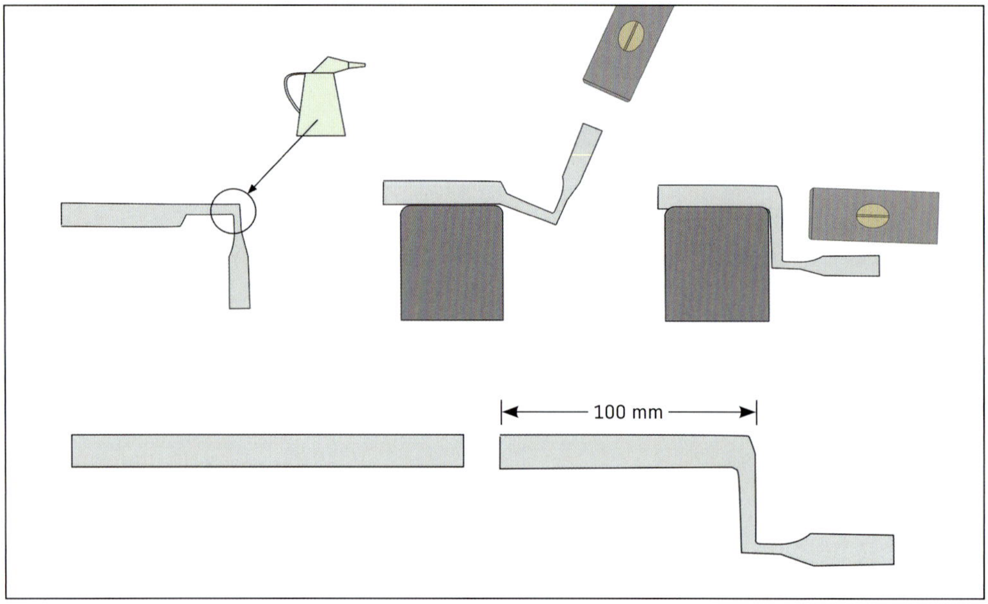

Dieses Eckteil muss so gedreht werden, dass es rechtwinklig zur Hauptstange steht. Um den Biegevorgang durchführen zu können, muss der gesamte Kantenbereich gekühlt werden, um sich bei der Herstellung des Übergangs nicht zu verformen. Längen Sie das Schmiedestück 100 mm vor dem ersten Versatz ab.

Mit dem Griffbereich nach unten zeigend, wird zunächst ein Versatz geschmiedet. Dieser befindet sich 70 mm vor dem Übergang zum nicht geschmiedeten Abschnitt. In diesem Bereich wird die Achse für den Griff angebracht. Stanzen Sie den Bereich dazu mittig aus, sodass ein 19 mm langes, rechteckiges Loch entsteht.

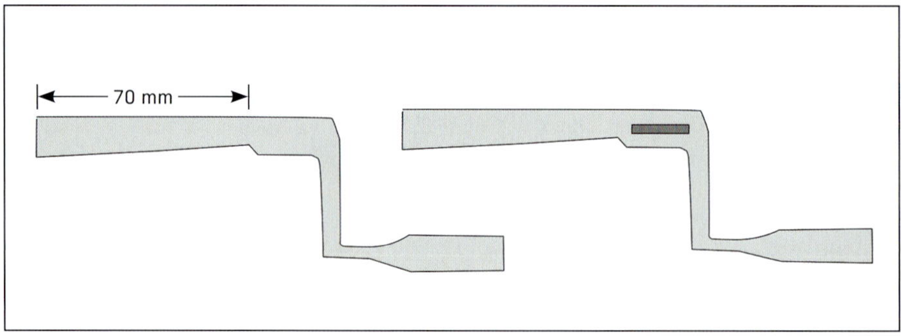

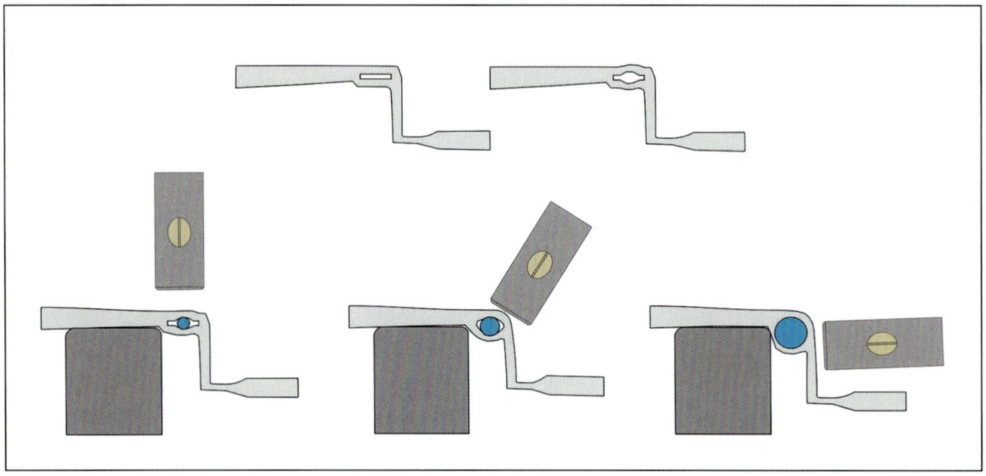

Erhitzen Sie den ausgestanzten Bereich und weiten Sie ihn auf 19 mm. Gehen Sie abwechselnd vor: Weiten Sie den Durchschlag mit dem Dorn, um die Eckkante dann wieder im nächsten Schritt von außen zu formen. Lassen Sie den Dorn dabei im Loch. So verhindern Sie, dass sich das Loch beim Schmieden der Ecke verformt.

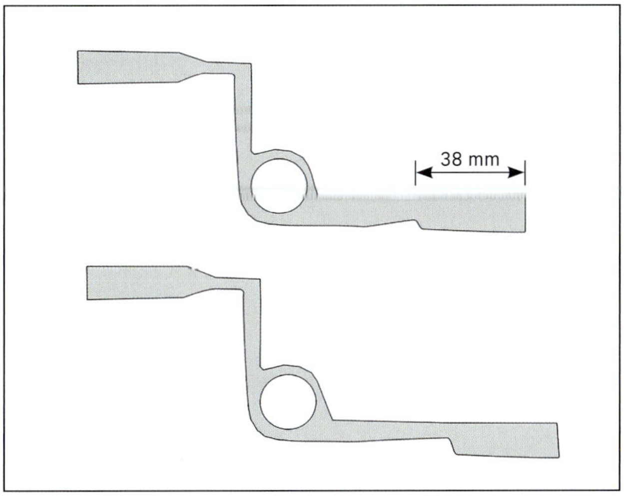

Drehen Sie die Stange um und schmieden Sie einen weiteren Versatz, der 38 mm vom Ende der Stange entfernt ist. Dieses Mal zeigt der Griffbereich dabei nach oben. Schmieden Sie den Abschnitt zwischen den beiden Versätzen auf 3 x 13 mm aus.

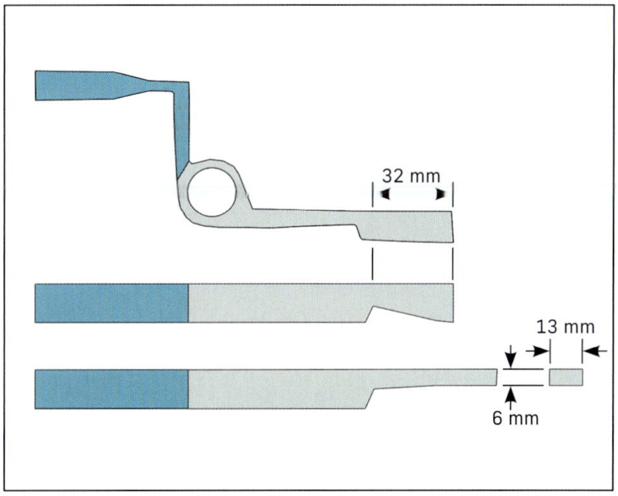

Drehen Sie das Schmiedestück auf die Seite, sodass das Griffteil nach rechts zeigt. Schmieden Sie den letzten Abschnitt am Ende der Stange auf 6 x 13 mm aus.

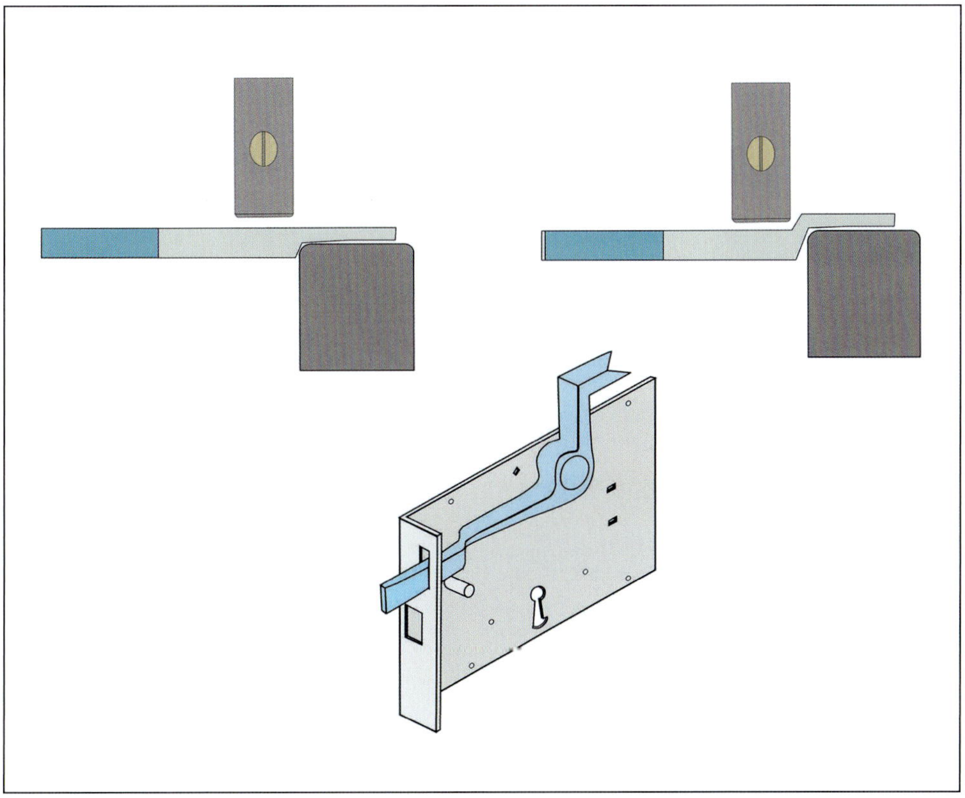

Der letzte Formgebungsschritt erfolgt mit Hilfe der nahen Kante des Ambosses. Schlagen Sie von oben auf die Stange, um das Ende der Verriegelungsstange so abzuwinkeln, dass die Innenseite mit der Außenkante der Verriegelung übereinstimmt. Bearbeiten Sie das Ende des Riegels mit dem Hammer, um ihn wieder an der Falle auszurichten. Sobald die Verriegelungsfalle mit der Öffnung in der Deckplatte des Schlosses übereinstimmt, sind Sie fertig.

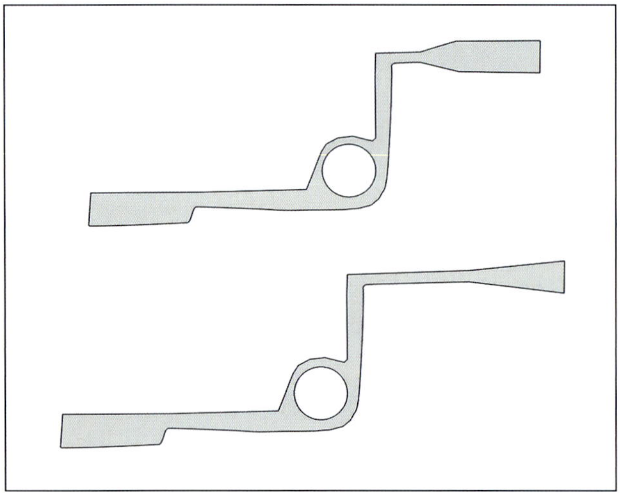

Nun kann der Türgriff der Falle fertiggestellt werden. Schmieden Sie das Ende zu einer vierseitigen Verjüngung. Sie beginnt am Ende des 6 x 13 mm messenden Bereichs, der an der Eckkante beginnt und am ursprünglichen 13-mm-Vierkantstahl endet. Die Gesamtlänge muss mindestens 89 mm betragen.

Hinweis: Die nächsten vier Schritte gelten auch für die Herstellung des Türgriffs, der an der Außenseite montiert ist. Um eine exakte Kopie eines Bauteils anzufertigen, ist es erforderlich, die Maße und Formen zu dokumentieren.

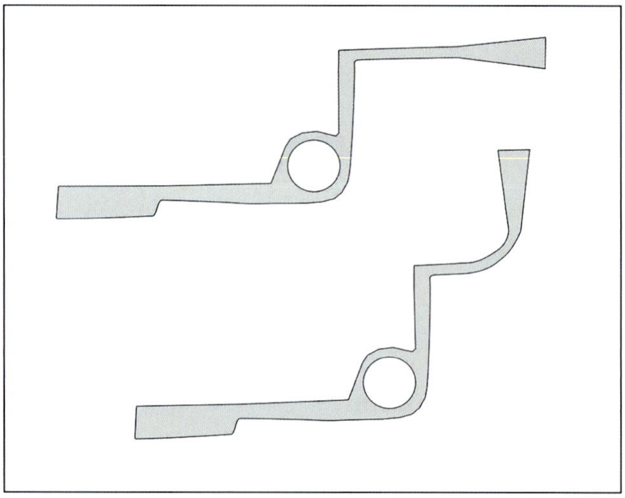

Schritt 1: Ermitteln und erfassen Sie zunächst die Abmessungen des Schmiedeteils. Schmieden Sie das Ende der Stange zu einer harmonisch geschwungenen, nach oben ausgerichteten 90-Grad-Biegung.

Schritt 2: Übertragen Sie den exakten Umriss dieser Form auf Papier oder Pappe, um sie für den anderen Griff reproduzieren zu können.

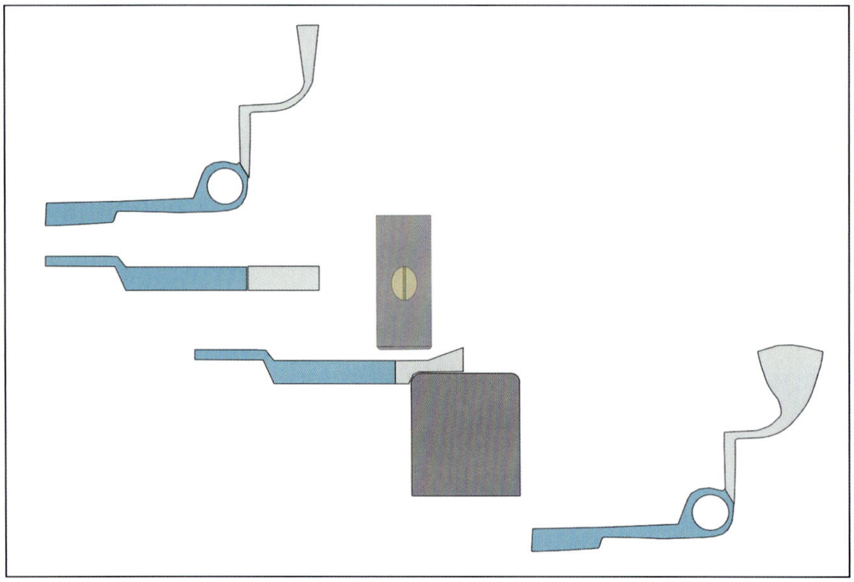

Legen Sie den Griff etwa 19 mm von der rechteckigen Außenkante entfernt flach auf den Amboss. Der Griff zeigt dabei nach links. Schmieden Sie als Übergang zum 6 x 10 mm messenden Bereich einen Versatz. Ab hier wird das Ende des Griffs mit dem Schmiedehammer verbreitert. Das Griffende wird so lange flach ausgeschmiedet, bis eine gebogene, flache Verjüngung entsteht, die an der Basis 10 mm Stärke hat und sich an der Spitze auf etwa 2 mm Stärke verjüngt.

Schritt 3: Ermitteln und dokumentieren Sie die Stärke, die der Griffbereich zu Beginn und an der Spitze hat.

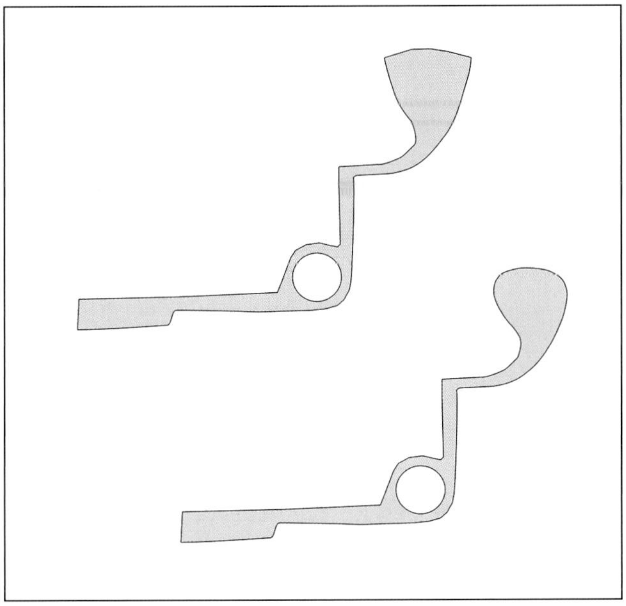

Arbeiten Sie die Form des Griffs mit einer Feile aus.

Schritt 4: Übertragen Sie die endgültige Form auf Papier oder Pappe.

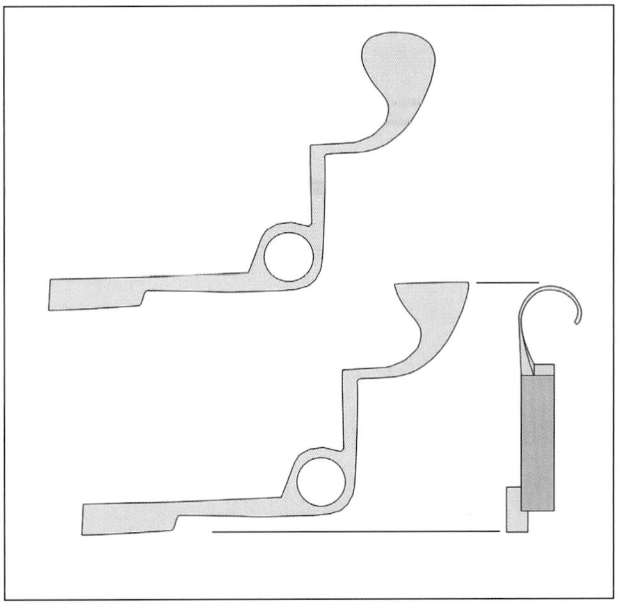

Zu guter Letzt wird das Griffende leicht nach unten geschmiedet.

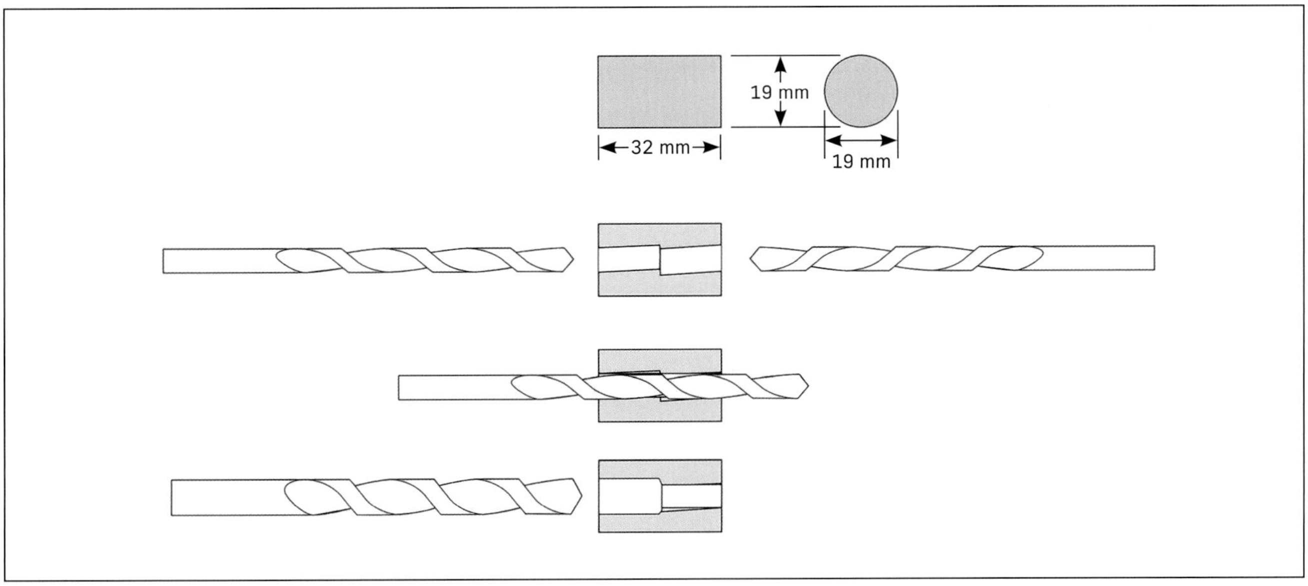

Der Griff rotiert um einen Drehzapfen, der aus einem 32 mm langen Stück Rundstahl (19 mm) besteht. Schneiden Sie den Drehzapfen aus und feilen Sie die Enden rechtwinklig ab. Körnen Sie die beiden Enden mittig und bohren Sie die Stange beiderseits mit einem 6-mm-Bohrer. Die Bohrlöcher sollten ineinander übergehen. Bohren Sie das Loch anschließend mit einem 10-mm-Bohrer von beiden Seiten aus etwa 13 mm tief auf.

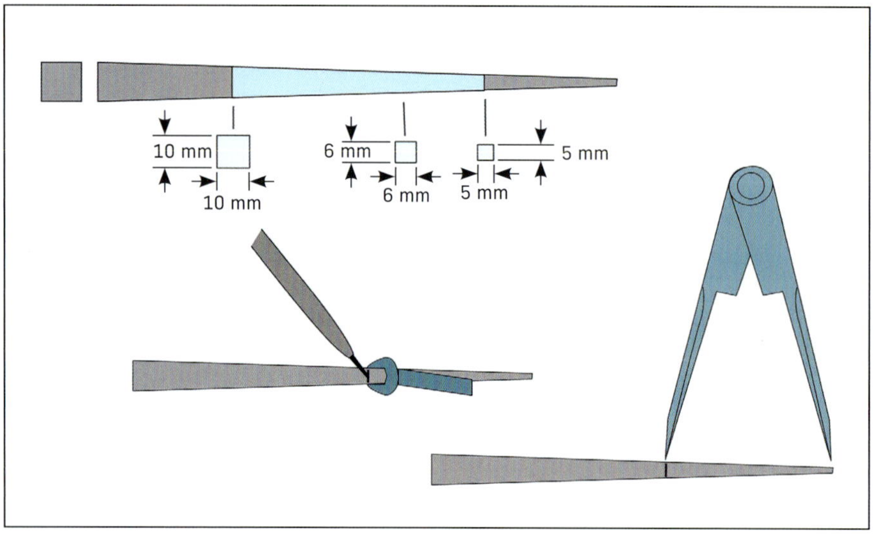

Zur Ausformung der Innenseite des Drehzapfens benötigen Sie einen vierkantigen Dorn, den Sie sich selbst aus Carbonstahl schmieden. Eine Wärmebehandlung ist nicht notwendig.
Der Dorn muss sich auf einer Länge von 75 mm verjüngen, und zwar von 10 mm auf 5 mm. Lassen Sie den Dorn im gleichen Winkel zur Spitze auslaufen. Verwenden Sie einen Messschieber oder einen Maulschlüssel, um den quadratischen 6-mm-Abschnitt auf dem Dorn zu bestimmen. Ermitteln Sie mit Hilfe eines Zirkels die Länge bis zur Spitze des Dorns.

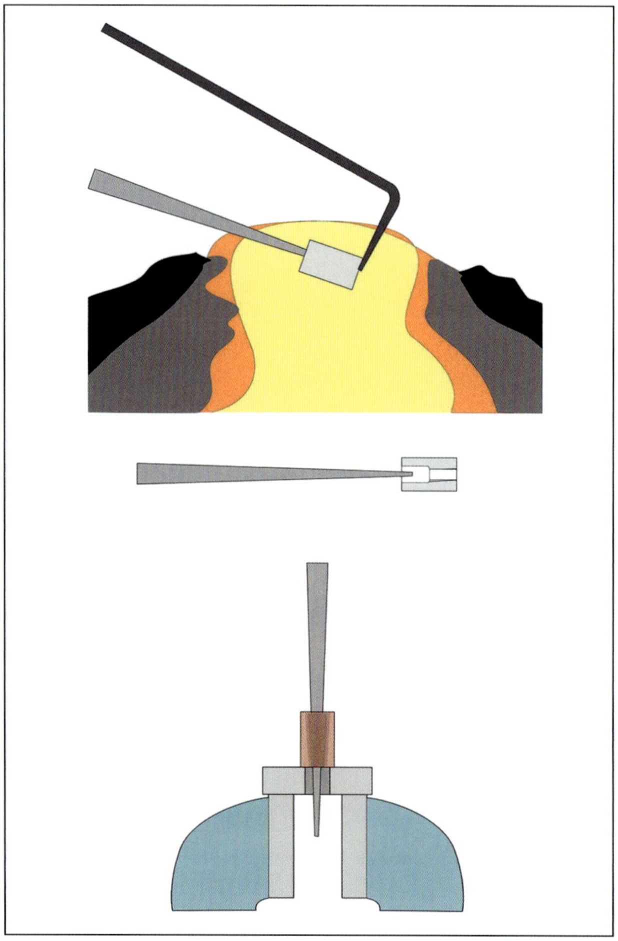

Erhitzen Sie den Drehzapfen im Feuer. Schieben Sie ihn bereits im Feuer direkt auf den Dorn. Verwenden Sie dazu einen gebogenen Haken. Stellen Sie den Drehzapfen auf einem Stahlblock ab, der mit einem 10-mm-Loch versehen ist. Treiben Sie den Dorn in den Drehzapfen, bis dessen Seiten dunkler werden. Wenn Sie den Drehzapfen auf den Amboss legen und von außen leicht hämmern, lässt sich der Dorn normalerweise gut lockern, so dass er sicher entfernt werden kann, ohne dass die Spitze beschädigt wird. Erhitzen Sie den Drehzapfen erneut.

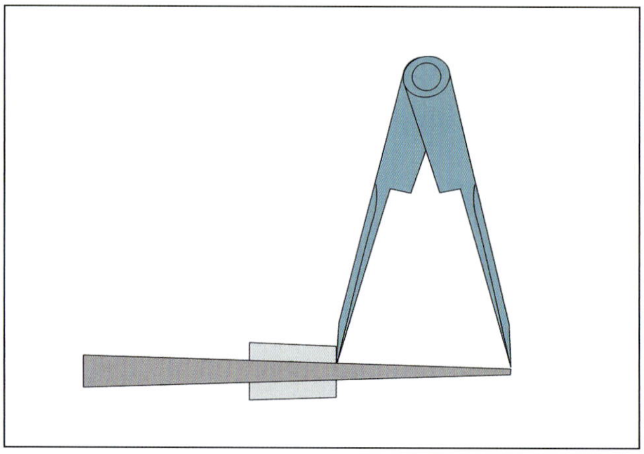

Treiben Sie den Dorn nach und nach so tief in den Drehzapfen, bis die Spitze des Dorns um den zuvor mit dem Zirkel ermittelten Wert hinausragt.

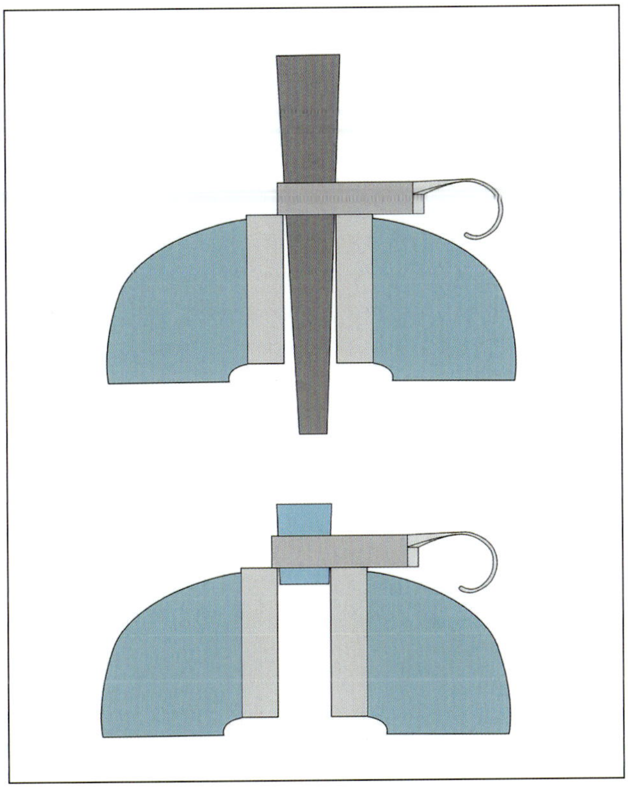

Auf diese Weise bekommt der Drehzapfen auch eine konische Außenform. Entfernen Sie alle Grate und rauen Stellen an der Außenseite des Zapfens, ändern Sie jedoch nicht seine grundsätzliche Form. Erhitzen Sie nun erneut das Zapfenloch im Griffteil. Spannen Sie den Griff in einen Schraubstock ein und formen Sie das Loch, bis das dünnere Ende des Drehzapfens in den Griff passt.

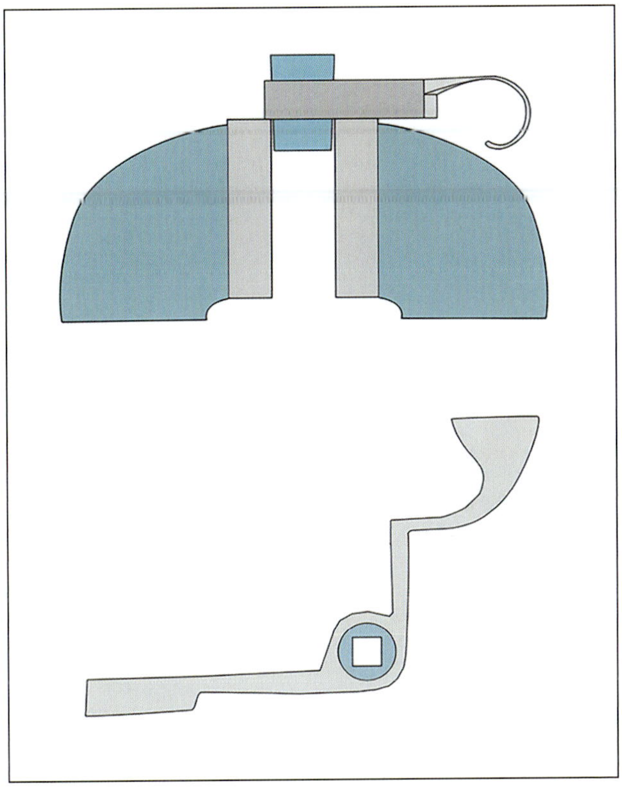

Erhitzen Sie den Griff erneut und treiben Sie dieses Mal den Drehzapfen so weit in den Griff, bis er auf beiden Seiten gleichmäßig herausragt. Spannen Sie den Drehzapfen in den Schraubstock ein und richten Sie ihn aus: Die Seitenkanten des Lochs müssen parallel zur Verriegelungsstange ausgerichtet sein. Jetzt kann der Drehzapfen mit dem Griff verlötet werden.

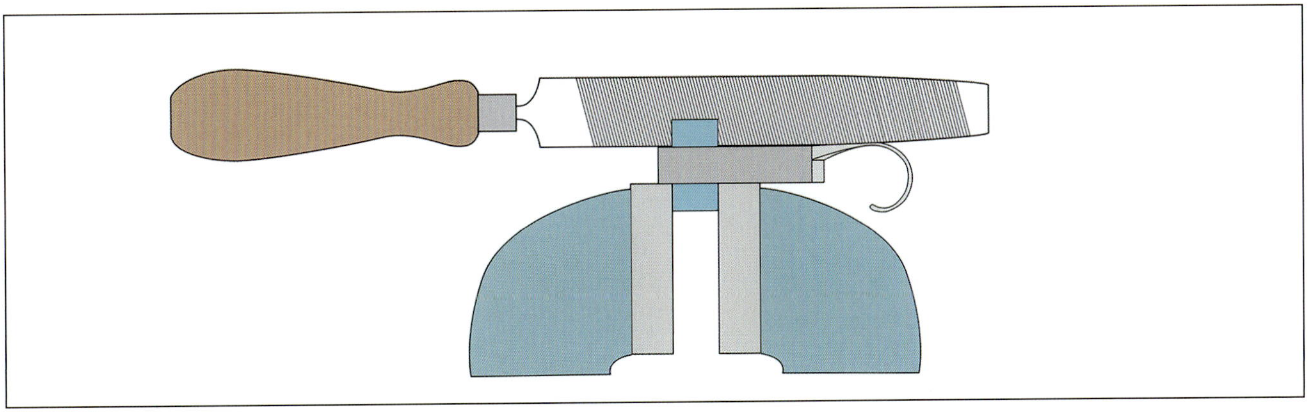

Verwenden Sie eine Feile mit glatter Kante, um auf jeder Seite des Bolzens einen runden Zapfen (16 mm) herzustellen.

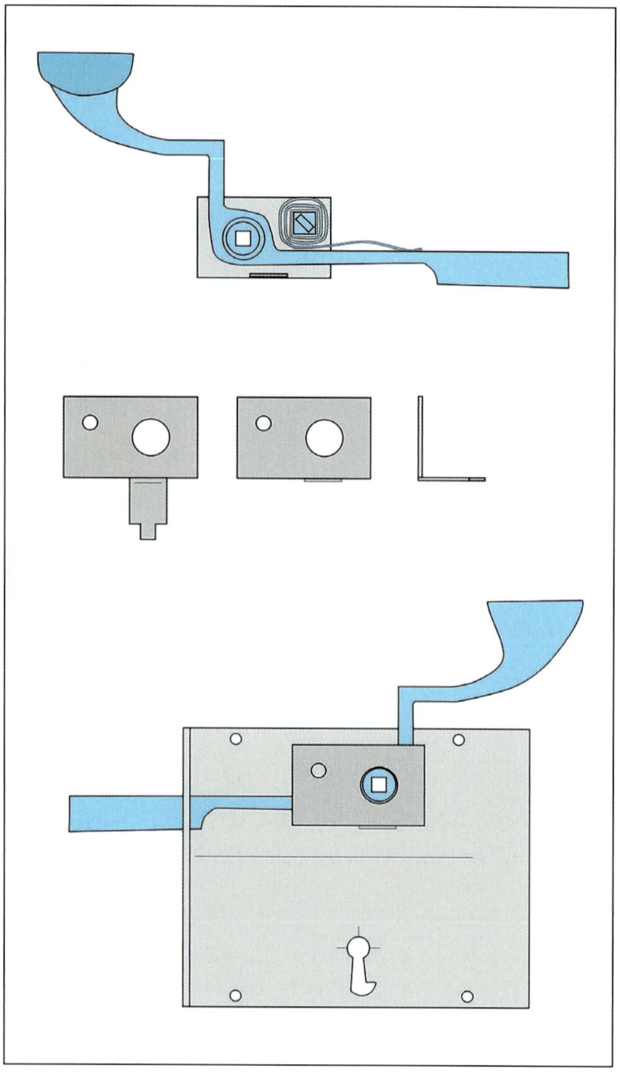

Die Verriegelungsstange wird durch eine einfach gehaltene, flache Feder, die Teil der Deckplatte des Drehzapfens ist, unter Spannung gehalten. In der Deckplatte befindet sich auch das andere Zapfenloch für den Verriegelungsgriff. Schneiden Sie die Deckplatte gemäß der Vorlage aus, bohren Sie das Zapfenloch und biegen Sie den Schenkel um 90 Grad. Stecken Sie den Verriegelungsgriff in das Schloss und setzen Sie die Deckplatte auf den Drehzapfen. Überprüfen Sie, ob die Ausrichtung des Schenkels mit dem Schlitz in der Deckplatte des Schlosses übereinstimmt und nehmen Sie gegebenenfalls Anpassungen vor.

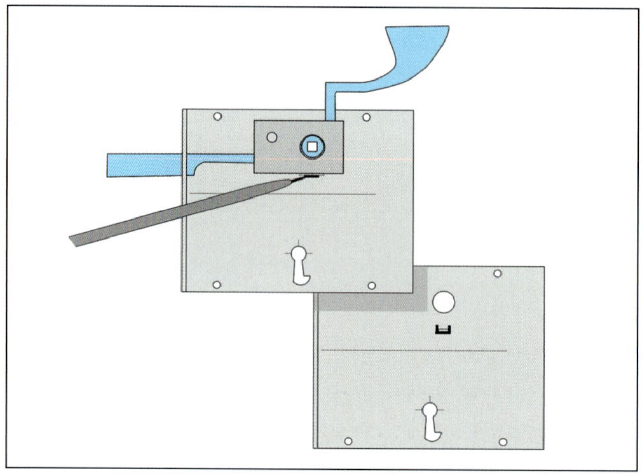

Reißen Sie die Position des Schlitzes für den Zapfen auf dem Schenkel der Verriegelungsplatte an. Mit Meißel und Feile wird der Zapfen in Form gebracht und angepasst. Die Verriegelung sollte sich bei aufgesetzter Deckplatte frei drehen lassen. Vernieten Sie die Deckplatte nicht.

Die Feder der Verriegelung wird über einen quadratischen Niet (10 mm) befestigt. Derselbe Niet wird auch verwendet, um die Deckplatte des Schlosses mit der Deckplatte der Fallenbaugruppe zu verbinden. Ein Ende des Niets läuft zu einem rechteckigen Zapfen aus, der etwa 3 mm stark ist. Das andere Ende des Niets hat einen runden 6-mm-Zapfen und ist für die Deckplatte der Verriegelungsbaugruppe gedacht. Die Länge des Niets zwischen den beiden Zapfen muss der Länge des Schenkels auf der Deckplatte des Drehzapfens entsprechen.

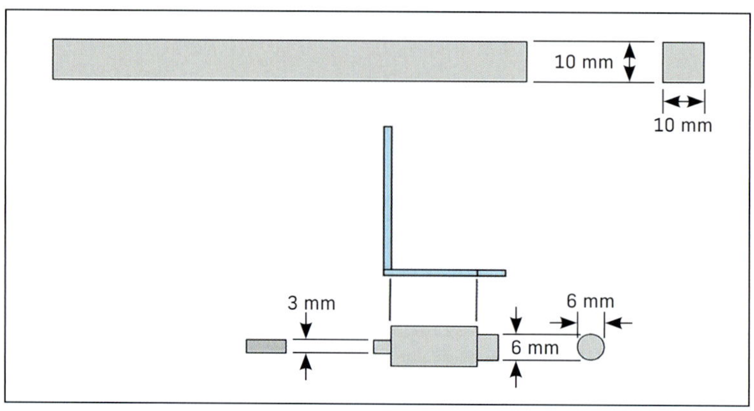

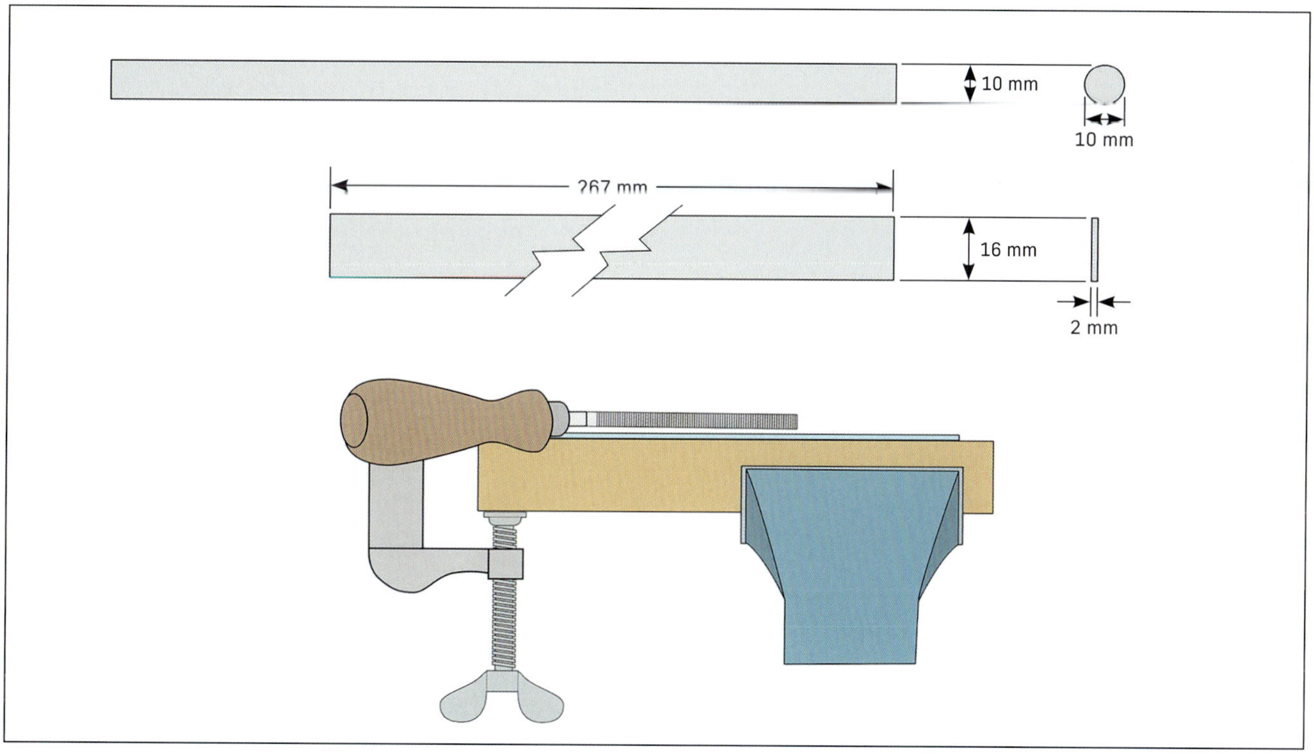

Die Feder besteht aus 2 mm dickem, 16 mm breitem und 267 mm langem Stahl. Sie kann aus einer 10-mm-Rundstange aus Carbonstahl geschmiedet werden. Zunächst muss die gesamte Oberfläche glatt gefeilt werden. Dazu ist es hilfreich, die Feder auf einem im Schraubstock eingespannten Hartholzblock abzustützen. Normalisieren Sie die gesamte Feder und lassen Sie sie langsam auf Raumtemperatur abkühlen.

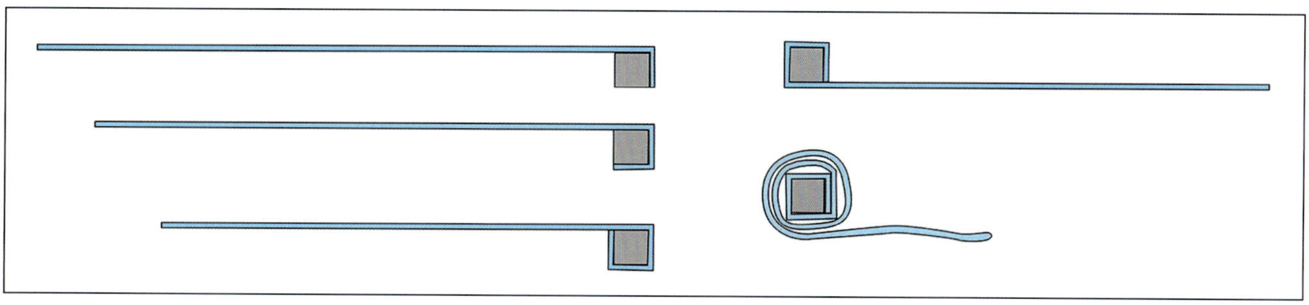

Schmieden Sie das Ende der Feder scharf um und schneiden Sie das Ende so zu, dass es über ein längeres Stück Vierkantstahl (10 mm) passt. Spannen Sie die Feder und den 10-mm-Vierkantstab in den Schraubstock ein und biegen Sie die Feder um die Kante. Wiederholen Sie diesen Vorgang zwei weitere Male, bis der Vierkantstahl vollständig von der Feder umwickelt ist. Lassen Sie die Feder langsam auf Raumtemperatur abkühlen. Spannen Sie den Vierkantstahl senkrecht in den Schraubstock ein und wickeln Sie die Feder weiter um den Stab, solange sie kalt ist. Am Ende muss die Feder einen etwa 50 mm langen, ungebogenen Abschnitt behalten. Entfernen Sie den Vierkantstahl, der zum Vorformen verwendet wurde, und ersetzen Sie ihn durch den Drehzapfen, der ins Schloss passt. Richten Sie die Feder so aus, dass die Umwicklung gegen den Uhrzeigersinn läuft. Schmieden Sie eine leichte Krümmung an das Ende der Feder.

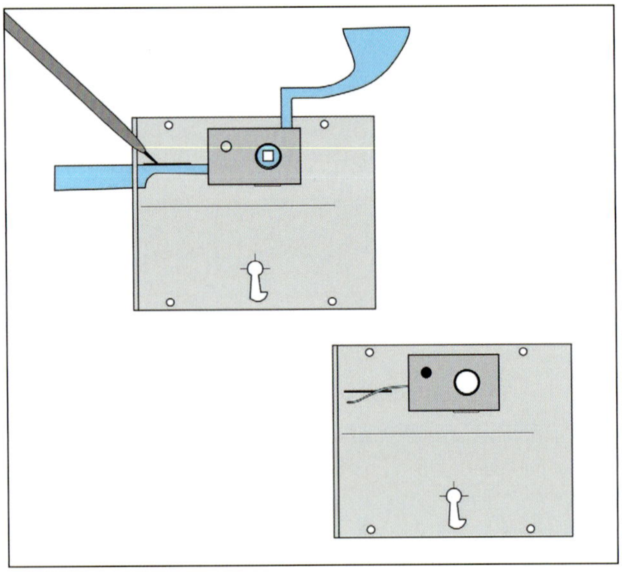

Setzen Sie die Verriegelungszange so in die Deckplatte ein, dass die Verriegelungsstange auf der Unterkante des Lochs in der Frontplatte des Schlosses aufliegt. Zeichnen Sie die Position der Verriegelungszange auf der Deckplatte an. Nehmen Sie die Falle und die Deckplatte wieder aus dem Schloss heraus und setzen Sie die Federbaugruppe in die Deckplatte ein. Stellen Sie die Feder so ein, dass das Ende etwas tiefer liegt als die angezeichnete Linie auf der Deckplatte.

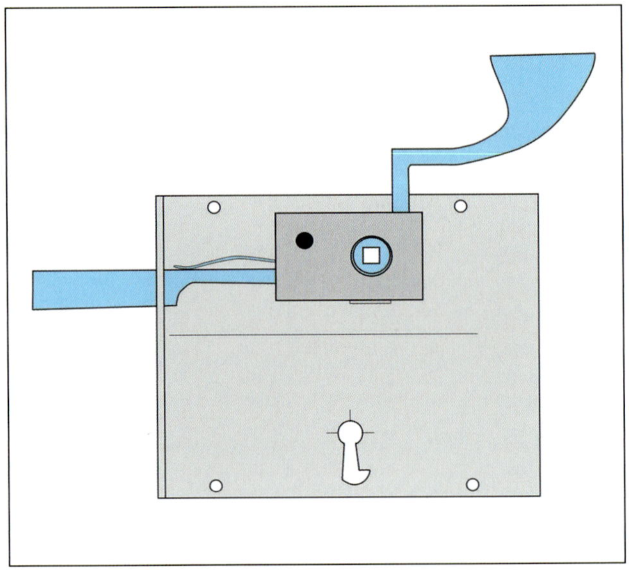

Setzen Sie die Falle und die Deckplatte wieder ein und prüfen Sie die Federspannung an der Falle, indem Sie die Fallenstange um etwa 6 mm anheben. Öffnen Sie den Riegel aber nicht vollständig, da das wahrscheinlich die Form der ungehärteten Feder verändern würde – was wiederum dazu führen würde, dass Sie noch mal ran müssen. Die Feder muss gehärtet und blau angelassen werden. Bauen Sie die Verriegelung, die Federbaugruppe und die Deckplatte wieder zusammen und vernieten Sie alles.

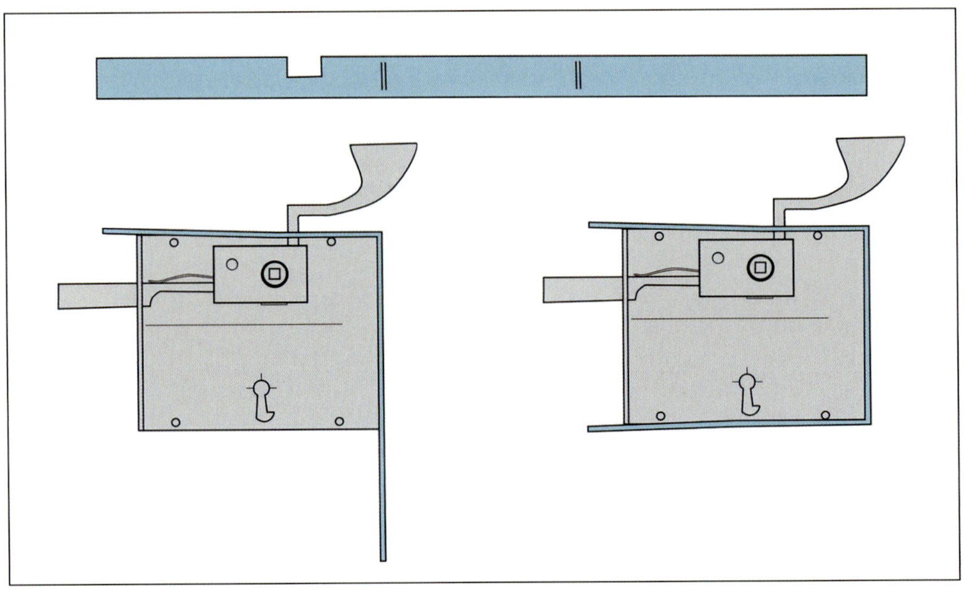

Schneiden Sie das 3 x 25 mm messende Bauteil aus, mit dem die verbleibenden drei Seiten des Schlosses abgedeckt werden sollen. Die Kerbe auf der einen Seite passt über den Türgriff. Biegen Sie die beiden Ecken so, dass der Kasten oben auf die Deckplatte passt. Die Enden des Kastens werden über die Frontplatte der Deckplatte hinausragen.

Schneiden Sie die Enden der Seitenteile zu, bis sie in die Frontplatte der Deckplatte passen. Klemmen Sie die Seitenplatte fest und testen Sie den Türgriff. Er sollte die Verriegelungsstange vollständig anheben können, ohne dass der Griff seitlich an die Aussparung in der Deckplatte stößt. Passen Sie die Größe der Aussparung bei Bedarf an.

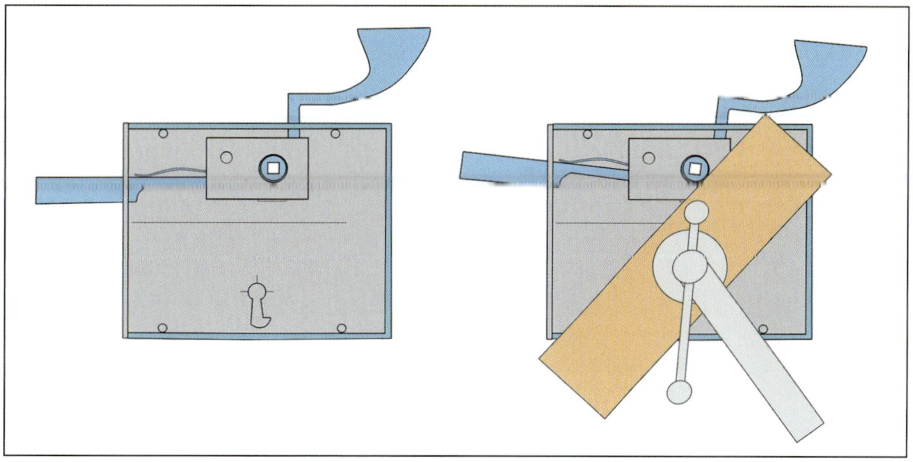

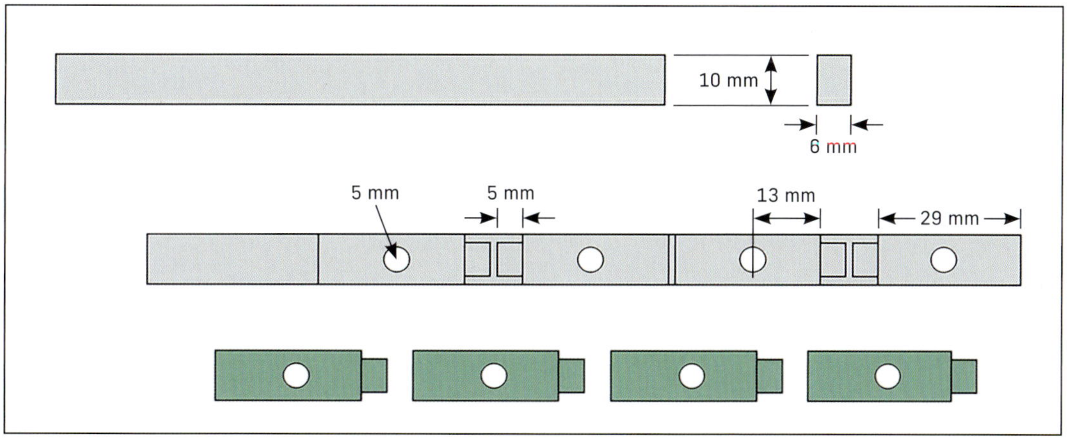

Die Klammern, die die Seitenplatte mit der Deckplatte verbinden, werden aus Flachstahl (6 x 10 mm) geschnitten. Am Ende jeder Halterung wird ein runder Zapfen mit einem Durchmesser von 6 mm gefeilt.

Übertragen Sie die Position der Löcher auf der Deckplatte auf die Seitenplatten. Die Halterungen werden über handelsübliche gerade Niete mit den Seitenplatten vernietet. Nieten Sie zuerst die Stifte an die Seitenplatte. Vernieten Sie dann die Seitenplatte mit der Deckplatte. Feilen Sie die Oberseite der Halterungen bündig mit der Seitenplatte.

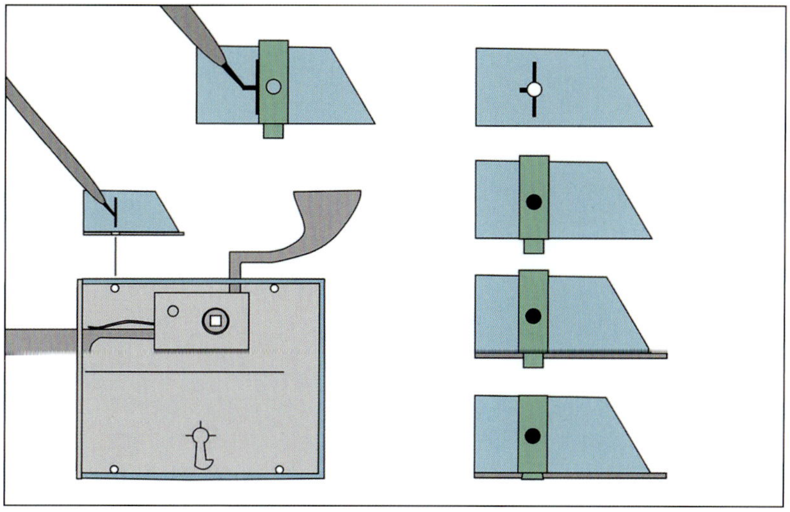

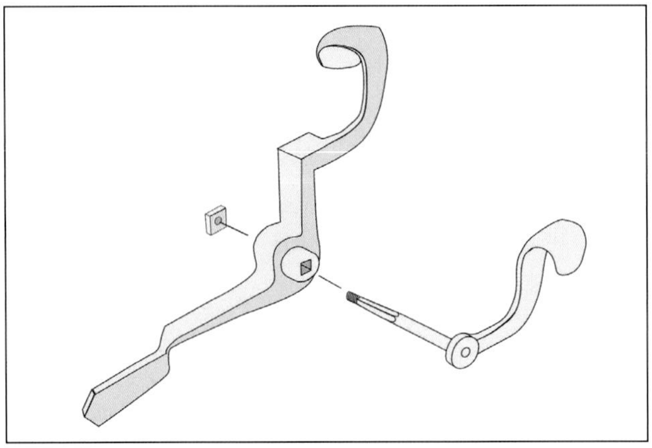

Der Griff für die Türaußenseite ist so gefertigt, dass er in den Drehzapfen des Hauptschlosses einrastet. Um den Schmiedeprozess zu vereinfachen, wird er aus zwei Teilen zusammengesetzt. Der Griff wird aus einem längeren Stück Vierkantstahl (13 mm) geschmiedet, hat die gleiche Grundform wie der Griff an der Hauptfalle, muss aber spiegelbildlich geformt sein.

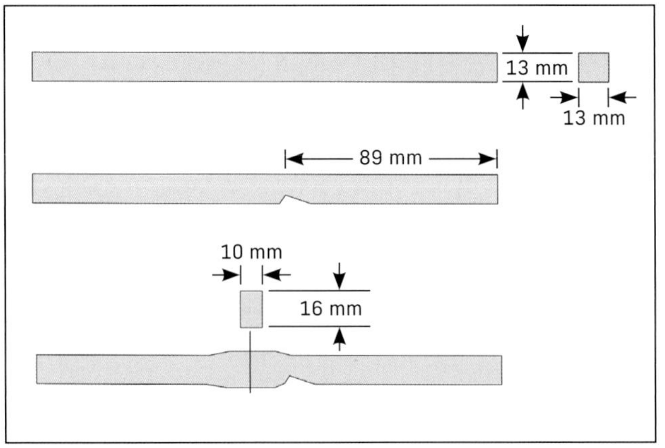

Schmieden Sie mindestens 76 mm vom Ende der Stange entfernt einen Versatz. Vor dem Versatz wird ein kurzes Stück auf 10 x 16 mm abgeflacht.

Nun kommen die beim ersten Griff ermittelten Maße ins Spiel: Schmieden Sie einen sich verjüngenden flachen Abschnitt, der mit den in Schritt 1 für den ersten Griff genommenen Maßen übereinstimmt. Fahren Sie mit der Formgebung des Griffs fort und achten Sie darauf, dass er mit den Maßen übereinstimmt, die in den vorherigen Schritten 2, 3 und 4 ermittelt wurden.

Hinweis: Bei diesem Griff muss der oberste Griffbereich in die entgegengesetzte Richtung gebogen werden wie beim zuvor angefertigten Griff.

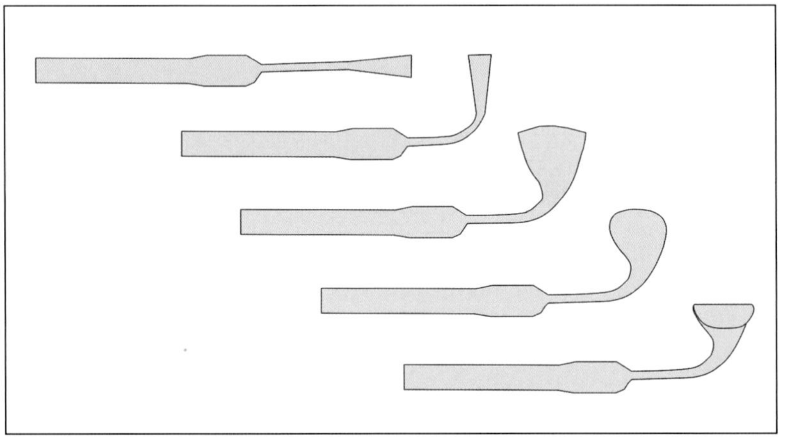

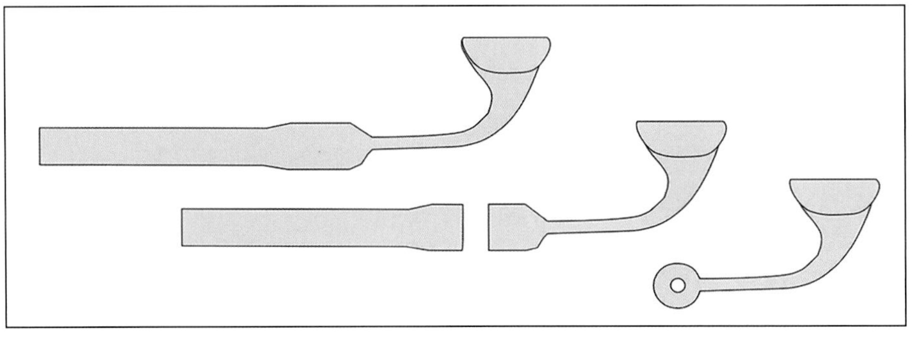

Längen Sie den Bereich des Türgriffs ab. Körnen Sie den Griff am zuvor abgeflachten Teil mittig. Reißen Sie abschließend mit einem Zirkel rund um die gekörnte Stelle einen Kreis an. Formen Sie diesen Bereich anschließend mit Meißel und Feile aus.

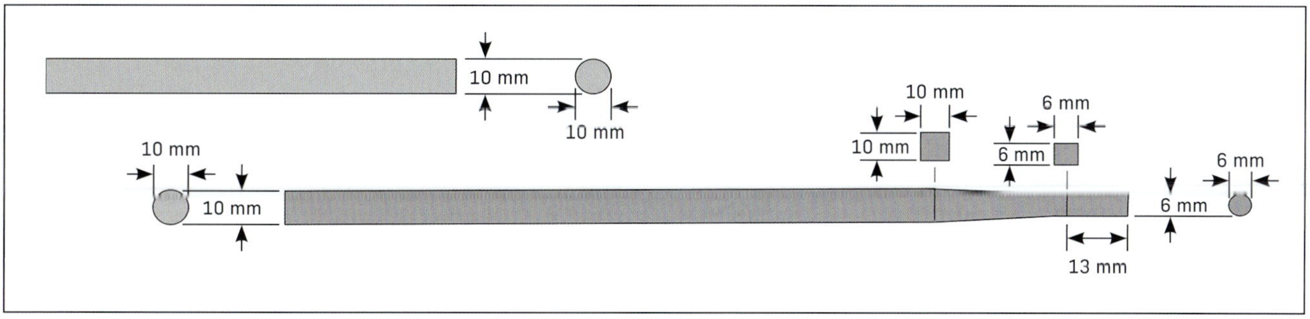

Der Schaft, der die beiden Griffe miteinander verbindet, wird aus Rundstahl (10 mm) hergestellt. Schmieden Sie das Ende der Stange verjüngend zu – die Form sollte in etwa der des Dorns entsprechen, der zum Formen des Lochs für den Drehzapfen verwendet wurde. Ganz am Ende der Schafts bleibt ein gerader Abschnitt stehen, der zu einem runden Zapfen gearbeitet wird. Feilen Sie einen runden Zapfen mit einem Durchmesser von 6 mm und einer Länge von mindestens 13 mm. Feilen Sie die flachen Seiten des Zapfens sorgfältig ab, bis sie mit der Verjüngung des Drehzapfens übereinstimmen. Schneiden Sie das Ende des Zapfens mit einem Gewindeschneider (M6x1).

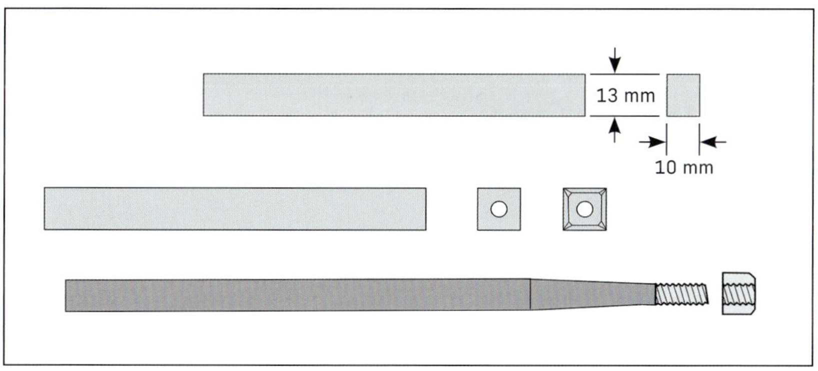

Die dazu passende Vierkantmutter wird hergestellt, indem man zunächst ein Gewinde in ein Stück Flachstahl (10 x 13 mm) schneidet. Feilen Sie die Schnittkanten und bringen Sie eine Fase an den oberen Ecken der Mutter an. Bauen Sie den Schaft ins Schloss ein und schneiden Sie den Rundstahl auf eine Länge zu, die ausreicht, um komplett durch die Tür und 38 mm darüber hinaus zu reichen.

Feilen Sie einen runden Zapfen ans Ende des Rundstahls. Bohren Sie das Loch so, dass der Zapfen hineinpasst. Die Innenseite des Bohrlochs im Türgriff sollte leicht abgesenkt werden. Richten Sie den Griff so genau wie möglich an der Verriegelung aus. Nieten Sie den Griff fest. Zusätzlich wird er auch noch mit dem Schaft verlötet.

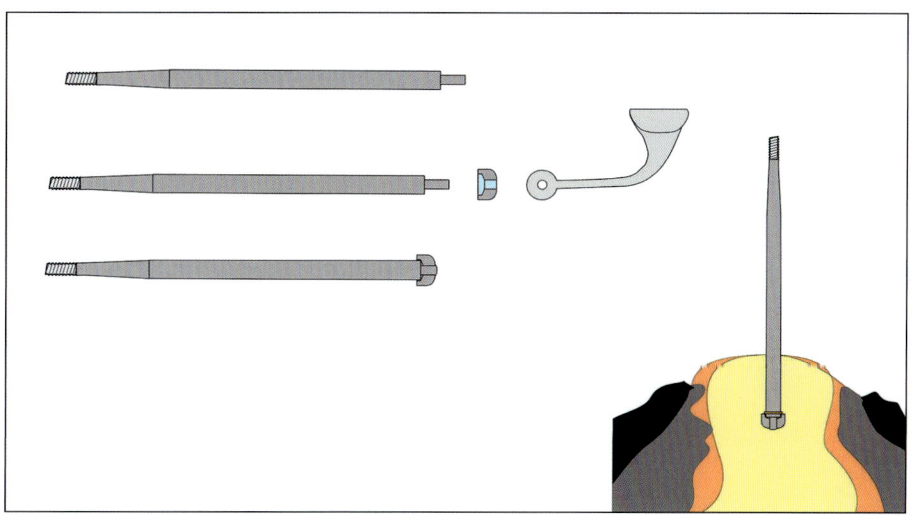

PROJEKT 12: SECHSTAFELIGES TRUHENSCHLOSS

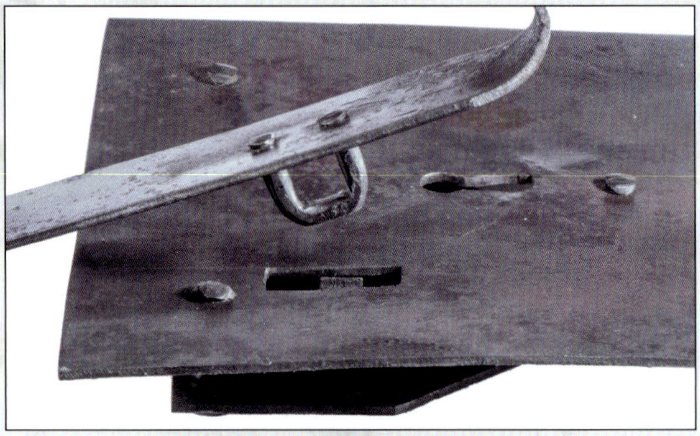

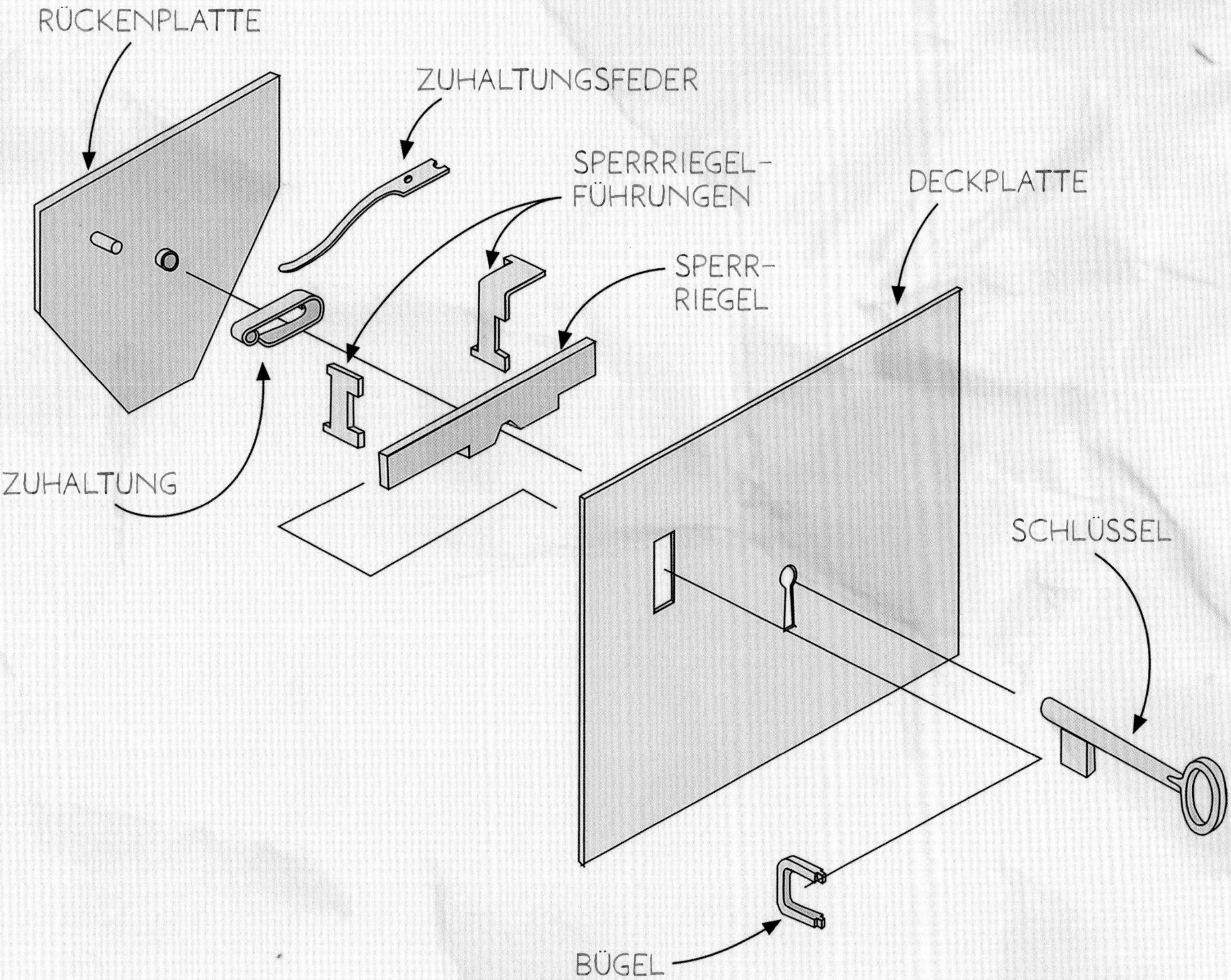
RÜCKENPLATTE
ZUHALTUNGSFEDER
SPERRRIEGEL-
FÜHRUNGEN
DECKPLATTE
SPERR-
RIEGEL
ZUHALTUNG
SCHLÜSSEL
BÜGEL

DECK- UND RÜCKENPLATTE

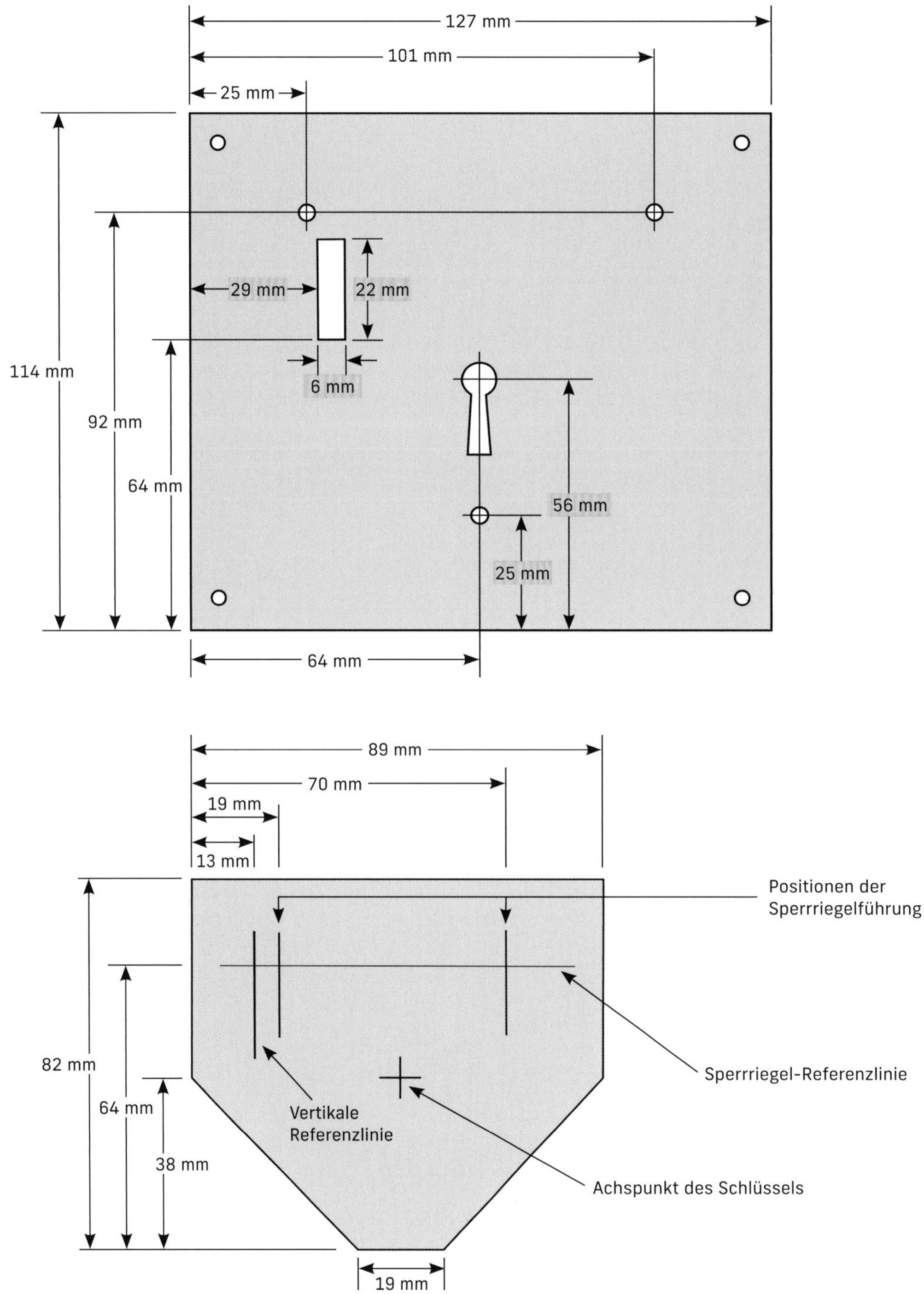

REIFENGEHÄUSE

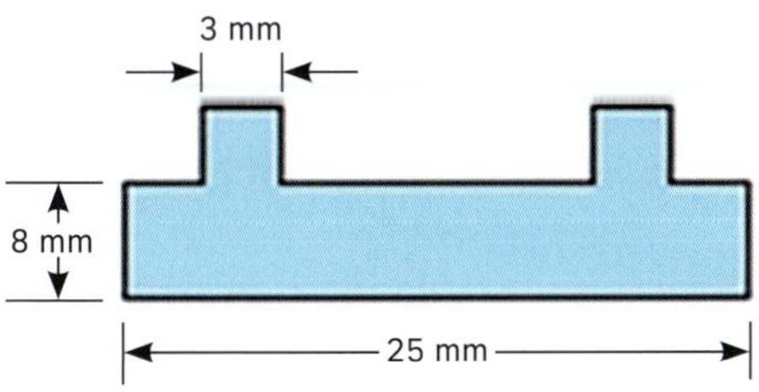

TRUHENSCHLOSS-HASPE

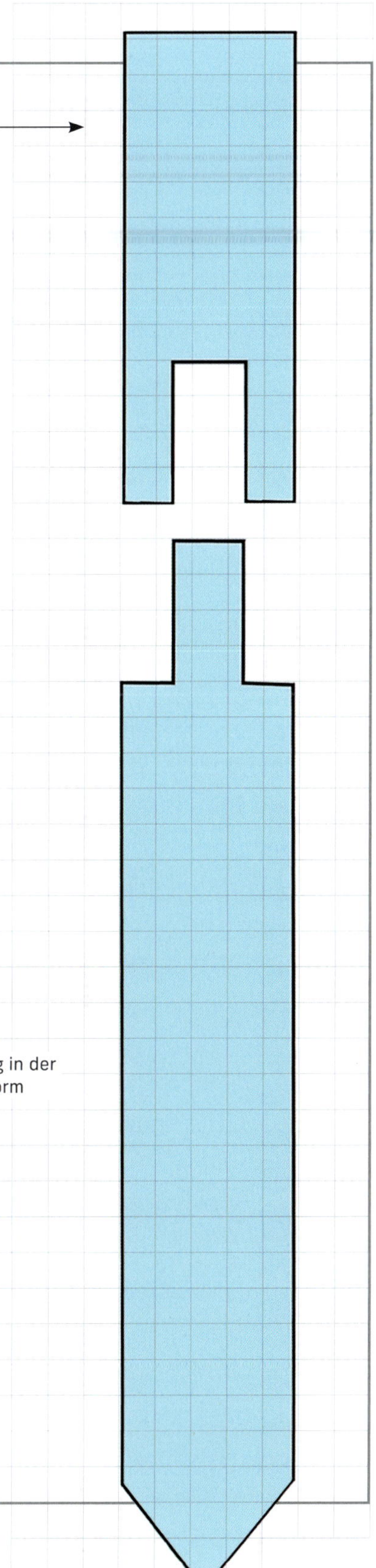

SPERRRIEGEL

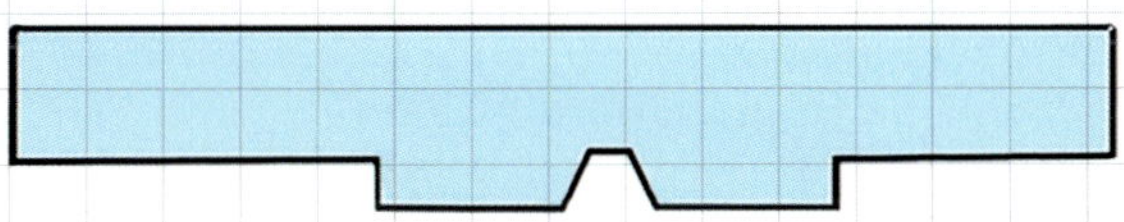

ZUHALTUNG

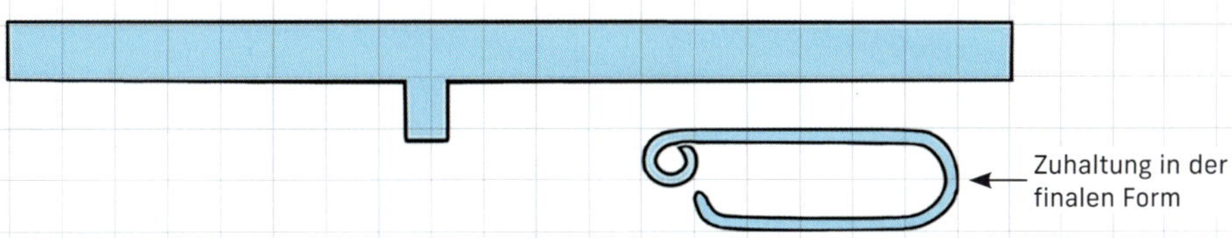

SPERRRIEGEL-FÜHRUNGEN

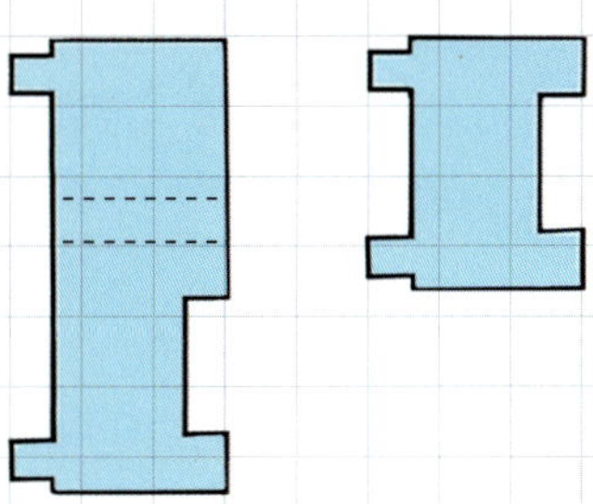

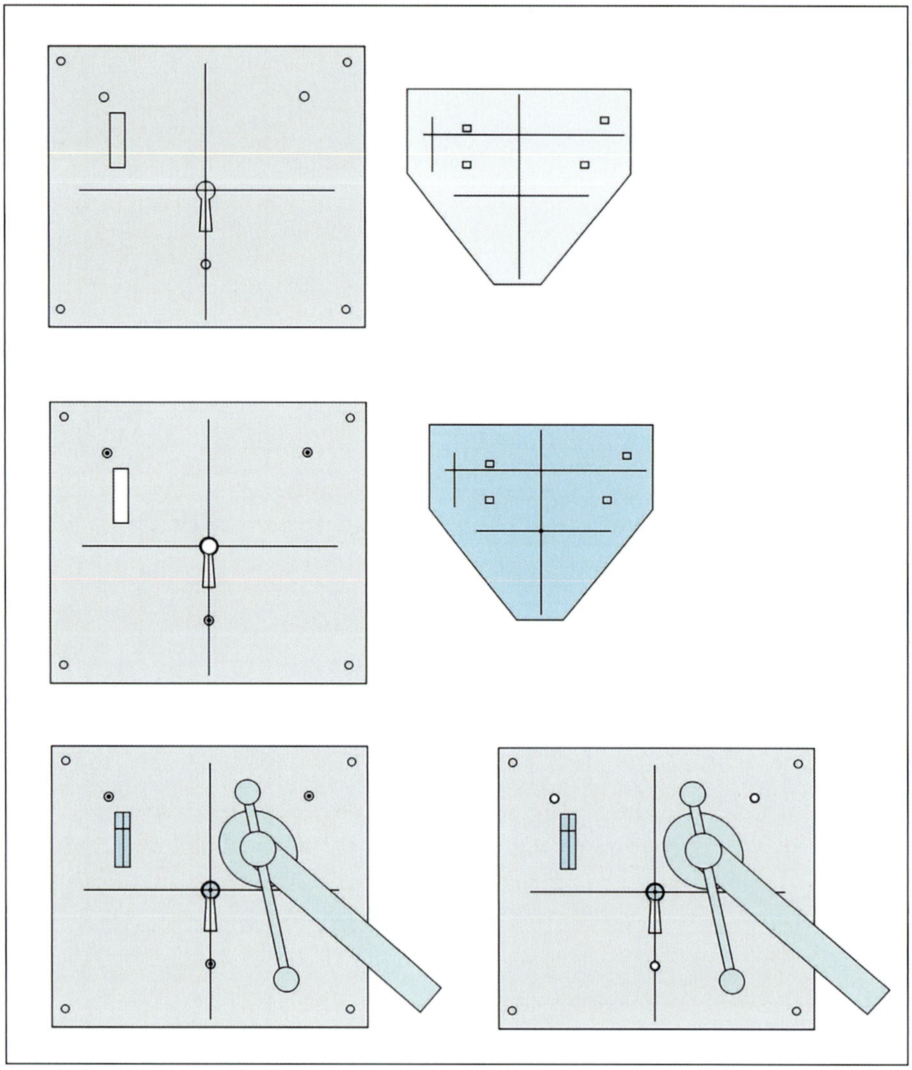

Diese Art von Schloss wurde häufig für Wäschetruhen und Werkzeugkästen verwendet. Es beruht auf einem Klappriegel, der am Deckel der Truhe befestigt ist. Der Schlossmechanismus auf der Vorderseite der Truhe dient zum Sichern eines kleinen Bügels, der mit dem Riegel vernietet ist.
Schneiden Sie alle Bauteile aus und versäubern Sie die Kanten. Bohren Sie ein 6-mm-Loch für den Schlüssel in die Deckplatte und körnen Sie dessen Mittelpunkt auf der Rückenplatte an. Schneiden Sie das Loch für den Bügel in die Deckplatte. Klemmen Sie die beiden Platten so zusammen, dass die Körnung auf der Rückenplatte und der Achspunkt des Schlüssellochs aufeinander liegen. Die vertikale Referenzlinie, die nun durch die Bügelaufnahme sichtbar ist, sollte parallel zu deren Kanten verlaufen. Bohren Sie anschließend die drei Löcher, die für die Distanzstifte zwischen der Deckplatte und der Rückenplatte benötigt werden.

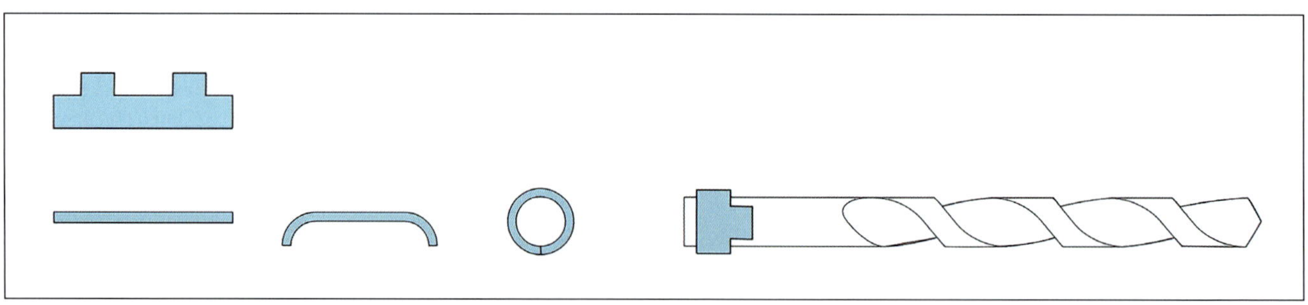

Als einziger Reifen in diesem Schloss dient ein flacher Ring, der sich auf der Grundplatte befindet. Er ist zugleich Achspunkt für den Schlüssel. Biegen Sie die beiden Enden des Reifens über ein Umschlageisen. Vervollständigen Sie die Formgebung, indem Sie den Reifen über einen 7-mm-Bohrer biegen.

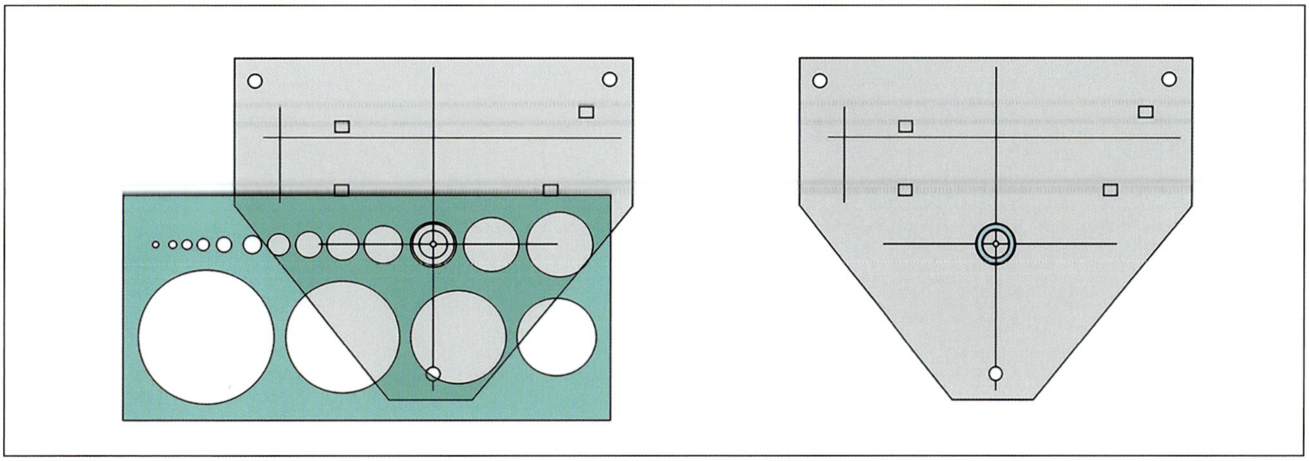

Reißen Sie mit einem Zirkel oder einer Lochschablone einen 6-mm-Kreis und einen 10-mm-Kreis um den Achspunkt auf der Rückenplatte an. Richten Sie den Reifen zwischen diesen beiden Kreisen aus und reißen Sie die Position der Zapfen auf der Rückenplatte an. Schneiden Sie die schlitzförmigen Aufnahmen für die Zapfen aus und vernieten Sie den Reifen.

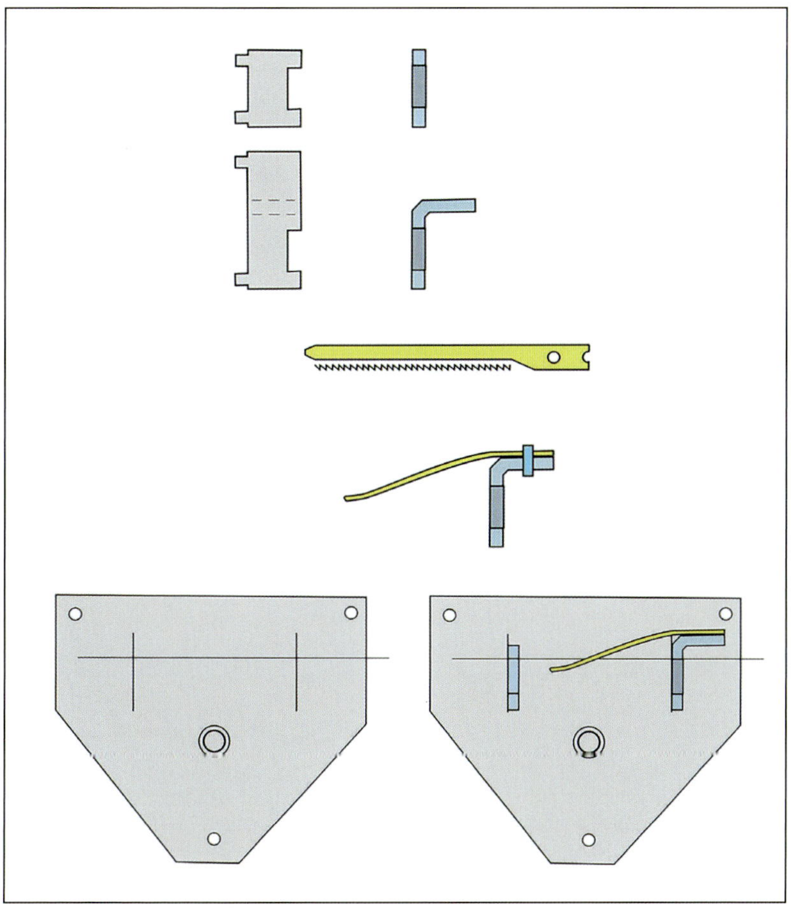

Biegen Sie die hintere Sperrriegelführung gemäß der Vorlage in Form. Achten Sie darauf, jede Sperrriegelführung an der rechten Seite der vertikalen Referenzlinien auszurichten. Die Oberkante der Kerbe für den Sperrriegel an jeder Führung sollte mit der horizontalen Referenzlinie für die Oberkante des Sperrriegels übereinstimmen. Übertragen Sie die Positionen der Zapfen auf die Rückenplatte. Die Oberkante der hinteren Sperrriegelführung dient als Befestigungsblock für die Zuhaltungsfeder. Diese Feder sollte mit der hinteren Sperrriegelführung vernietet werden – und zwar bevor die hintere Sperrriegelführung mit der Grundplatte vernietet wird. Die Zuhaltungsfeder fertigt man aus einem alten Stichsägeblatt, das mit einer Bohrung in der Aufnahme versehen ist. Dazu muss man nur die Zähne abschleifen und das Sägeblatt in Form biegen. Vernieten Sie die beiden Führungen und passen Sie anschließend den Sperrriegel daran an. Er muss sich leichtgängig von der verriegelnden in die entriegelte Position bewegen lassen. Stellen Sie die Höhe der Einkerbung in den Führungen so ein, dass der Sperrriegel etwas unterhalb der Oberkante der Führungen sitzt.

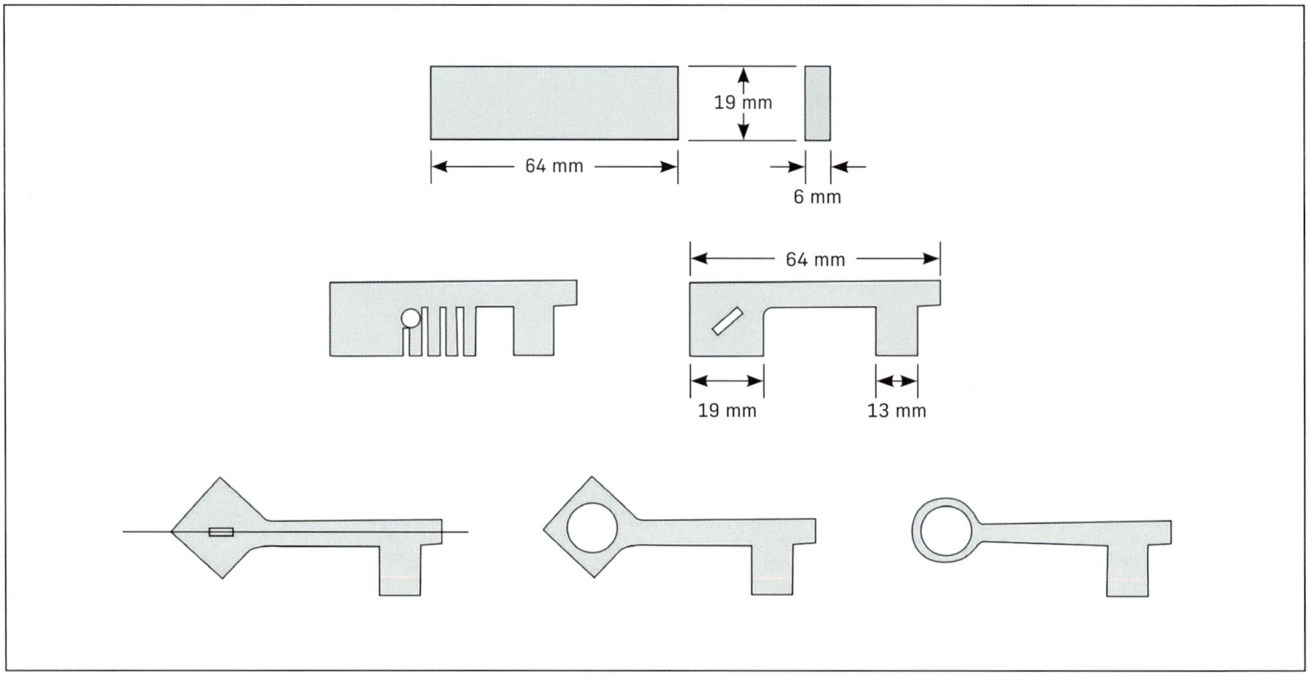

Der Schlüssel wird aus Flachstahl (6 x 19 mm) gefertigt. Verwenden Sie einen 8-mm-Bohrer, um den Bereich zwischen dem Schlüsselschaft und der Griffrundung grob in Form zu bringen. Entfernen Sie die Materialreste mit Meißel und Feile. Schlagen Sie einen 10-mm-Schlitz in den Bügel und weiten diesen anschließend mit einem Dorn auf 19 mm. Achten Sie dabei darauf, dass die Mittellinie der Rundung mit dem Verlauf des Schlüsselschafts übereinstimmt. Die Rundung kann über ein kleines Ambosshorn oder mit der Feile geformt werden. Meißeln und feilen Sie den Schlüsselbart in Form. Der Schlüsselschaft wird rund gefeilt mit einem Durchmesser von 6 mm. Meißeln Sie eine Kerbe in den Schlüsselbart, die es ermöglicht, dass der Schlüssel um den Reifen passt.

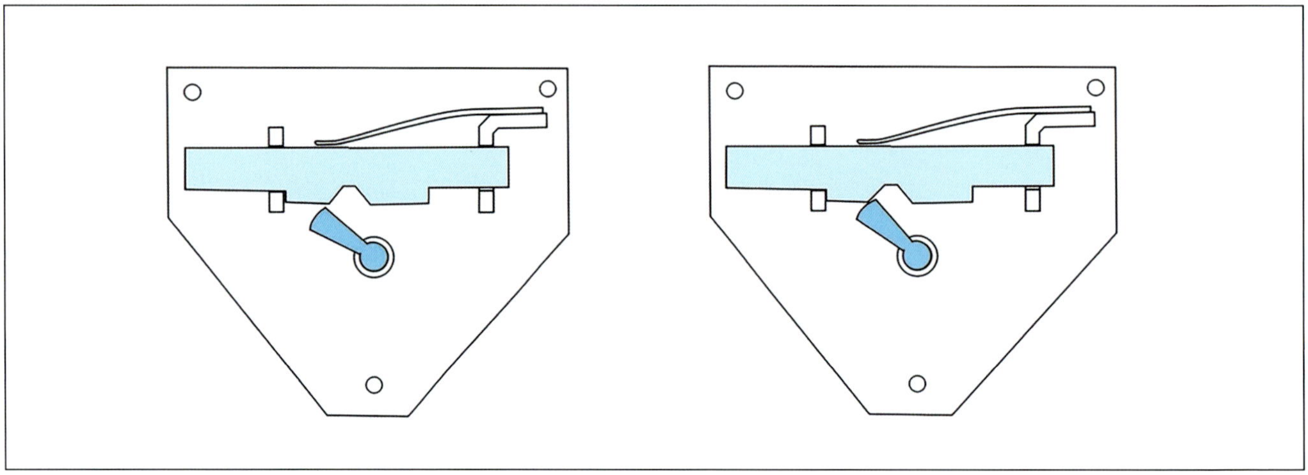

Setzen Sie den Sperrriegel in die Führungen ein und schieben Sie ihn ganz nach links. Drehen Sie den Schlüssel im Uhrzeigersinn, bis er den Sperrriegel berührt. Feilen Sie die untere Ecke der Kerbe vorsichtig ab, bis sich der Schlüssel über diese Ecke hinausbewegen kann, um die Oberseite der Kerbe im Sperrriegel zu erreichen.

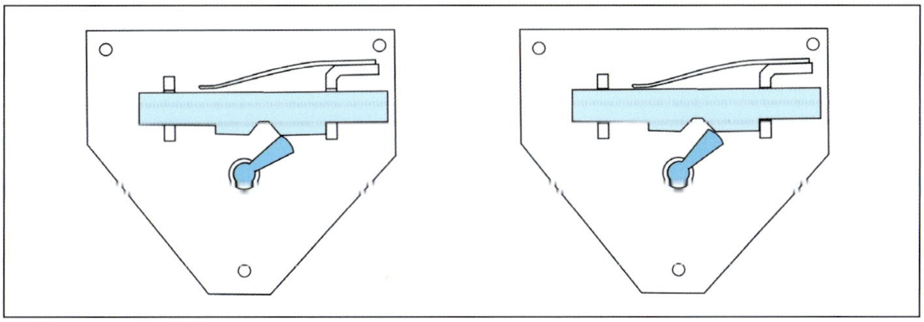

Bewegen Sie den Bolzen anschließend nach rechts und drehen Sie den Schlüssel gegen den Uhrzeigersinn, bis er den Sperrriegel berührt. Nehmen Sie auch an dieser Seite der Kerbe feilend Material ab, bis der Schlüssel passieren kann und auch hier die Oberseite der Kerbe erreicht.

Nehmen Sie den Sperrriegel aus dem Schloss und feilen Sie die Kerbe, bis sie breit genug ist, um die Unterkante des Schlüsselbarts aufzunehmen. Setzen Sie den Sperrriegel wieder in das Schloss ein und testen Sie den Schlüssel. Feilen Sie die Form des oberen Teils der Kerbe nach, bis sich der Schlüssel in beide Richtungen frei drehen lässt. Der Sperrriegel sollte auch dann fest an den vorderen und hinteren Sperrriegelführungen anliegen, wenn der Schlüssel nicht mehr in Kontakt zum Sperrriegel ist.

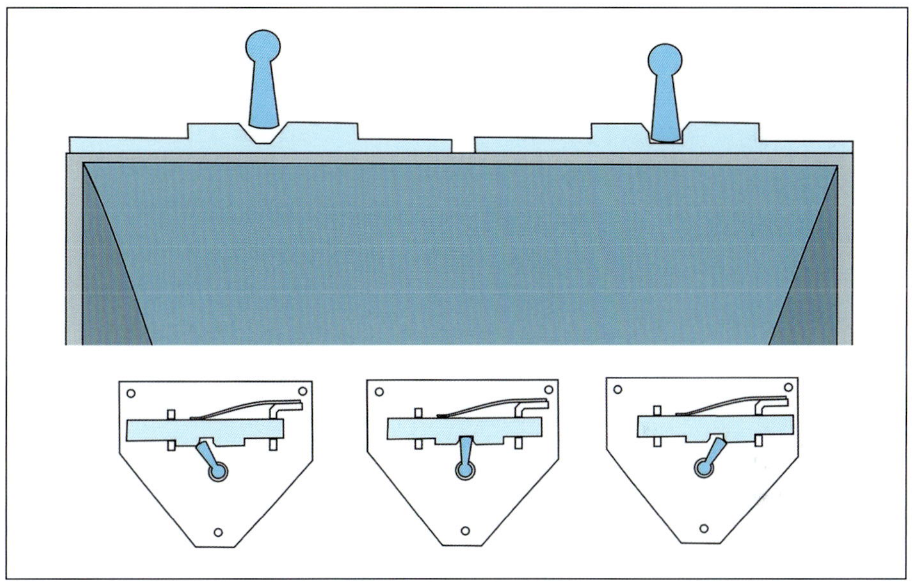

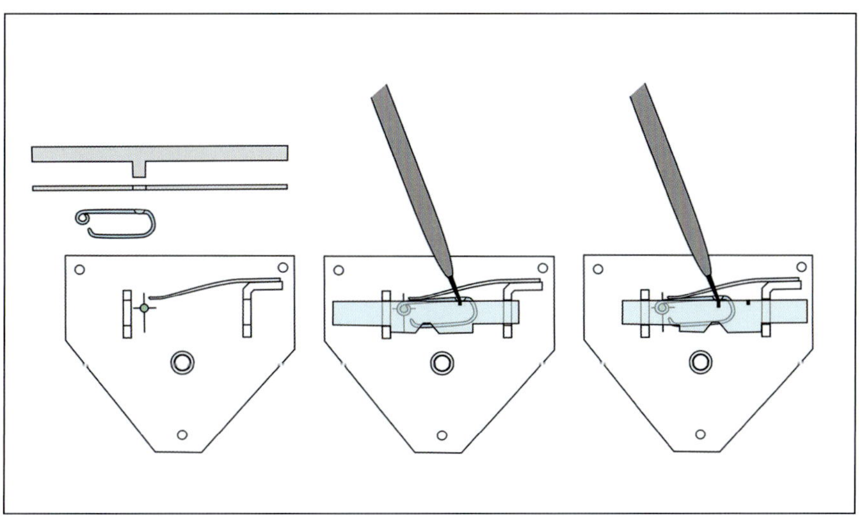

Schneiden Sie die Zuhaltung aus und biegen Sie sie in Form. Feilen Sie einen Radius an den Arretierstift. Bringen Sie den Drehzapfen für die Zuhaltung an. Setzen Sie die Zuhaltung auf den Stift. Schieben Sie den Sperrriegel gegen die vordere Sperrriegelführung und reißen Sie die Position des Arretierstifts, der sich auf der Zuhaltung befindet, auf der Oberseite des Sperrriegels ein. Schieben Sie den Sperrriegel zur hinteren Sperrriegelführung und reißen Sie die Position des Stifts auf der Oberseite des Sperrriegels ein.

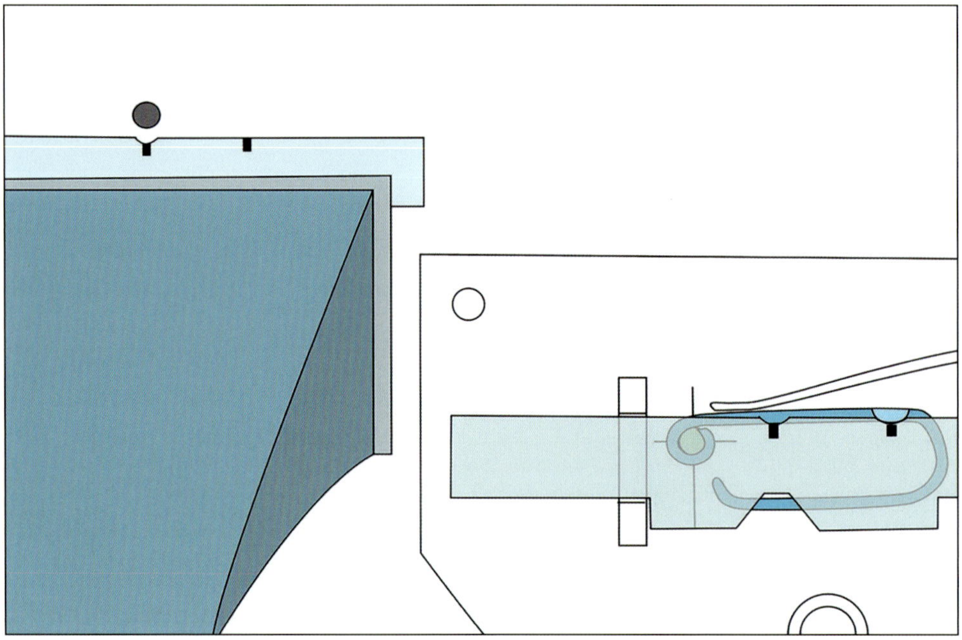

Die Kerben im Sperrriegel werden mit einer Rundfeile angebracht – ein wesentlicher Schritt für die Funktionsfähigkeit des Schlosses. Die Zuhaltung übt genügend Druck auf den Sperrriegel aus, um ihn in seiner Position – und die Kiste damit geschlossen – zu halten. Allerdings lässt sich der Verschlussmechanismus überwinden – sollte der Schlüssel einmal verlegt werden oder verloren gehen –, indem man einfach mit einem gebogenen Stück Draht ins Innere des Schlosses greift und auf den Sperrriegel drückt.

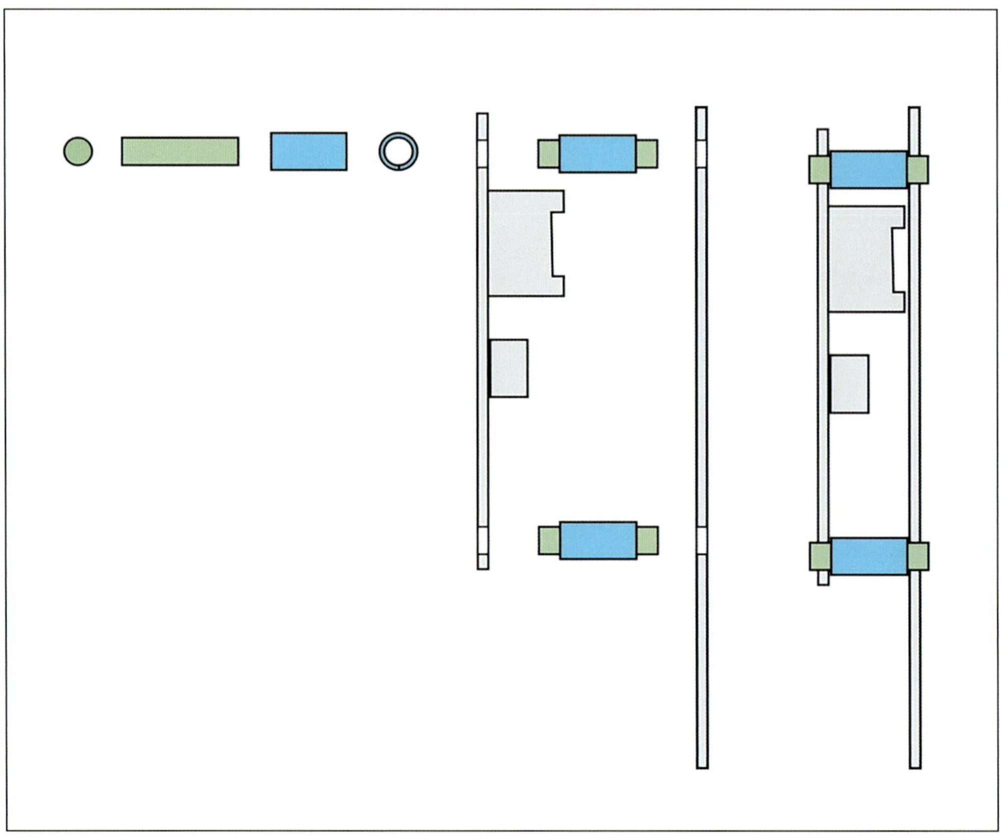

Die Rückenplatte wird hinter der Deckplatte in Position gehalten, indem man drei Stahlblechrohre als Abstandhalter zwischen die beiden Platten nietet. Die Hülsen werden am Ende eines längeren Stahlblechstreifens mit einer Breite von 13 mm geformt.

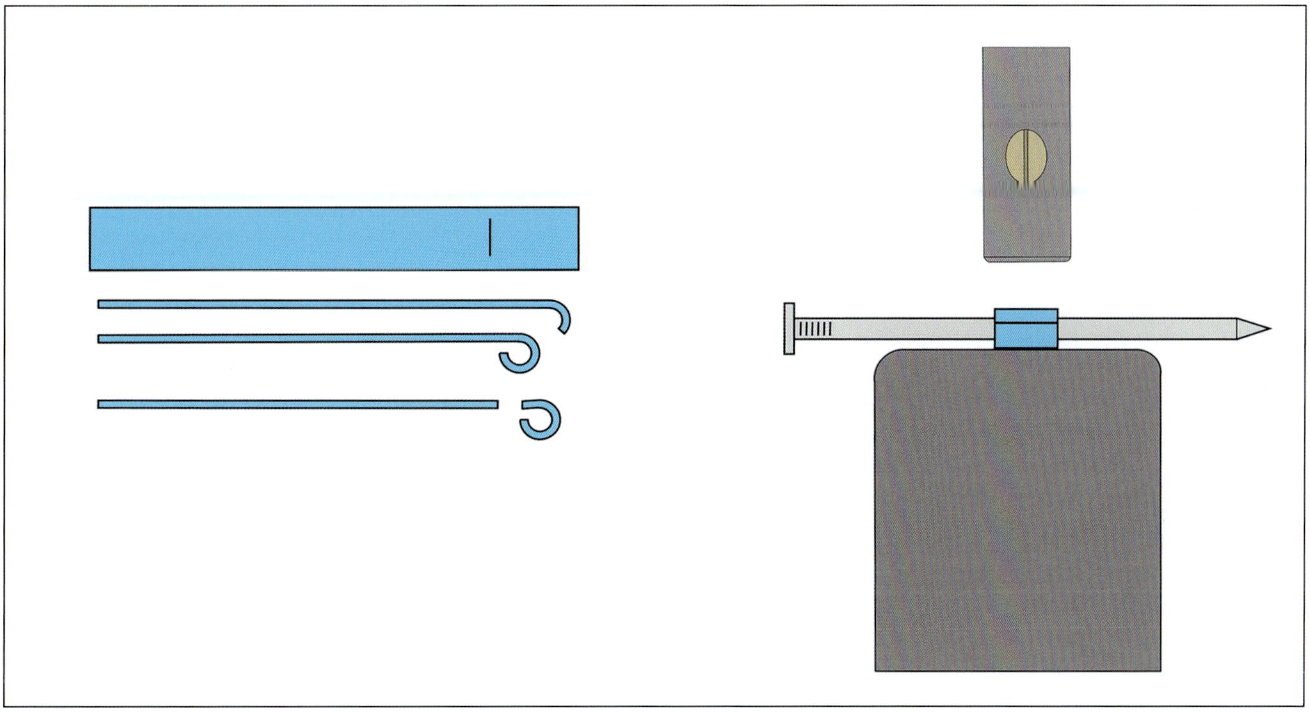

Die benötigte Länge für die 16er Hülsen sollte 17 mm betragen. Reißen Sie die Länge so am Stahlblech an, dass die Anreißlinie auf der Außenseite des Rohrs sichtbar ist. Rollen Sie das Ende des Metallstreifens zu einem Rohr. Schneiden Sie die Hülse auf Höhe der Anreißlinie ab. Zum Schluss wird die Hülse zur finalen Formgebung über einen etwa 4,5 mm starken Nagel gebogen und vorsichtig gehämmert.

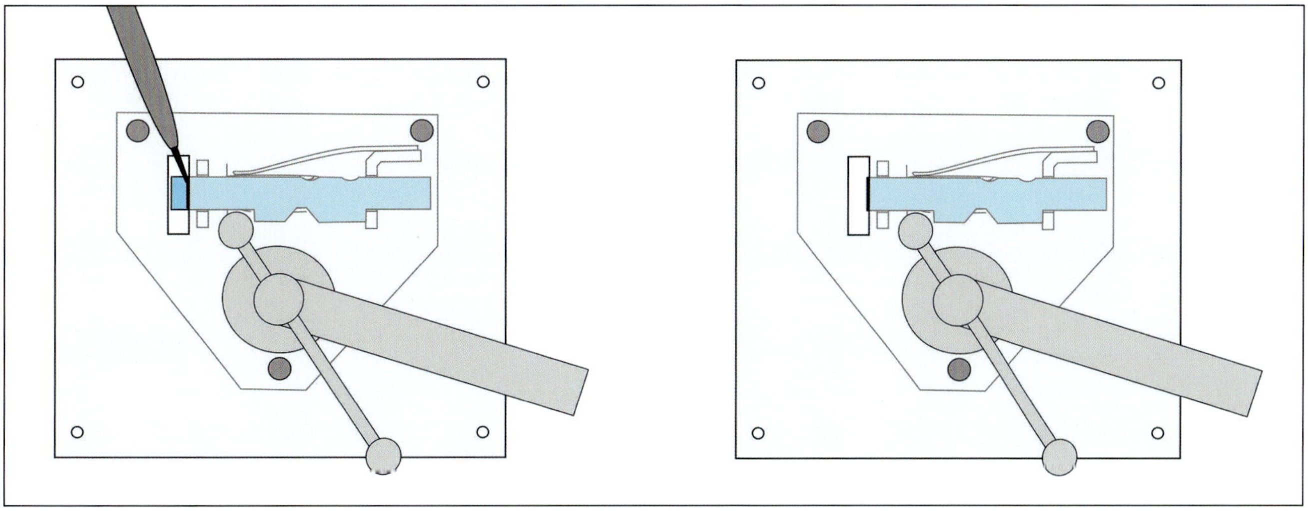

Montieren Sie die Rückenplatte und die Deckplatte. Die oben beschriebenen Nägel dienen dabei als Ausrichtungsstifte. Klemmen Sie die Bauteile zusammen. Schieben Sie den Sperrriegel in die entriegelte Position. Reißen Sie die Position der Bügel-Aufnahme in der Deckplatte am Ende des Bolzens an. Schneiden Sie den Sperrriegel auf die richtige Länge zu.

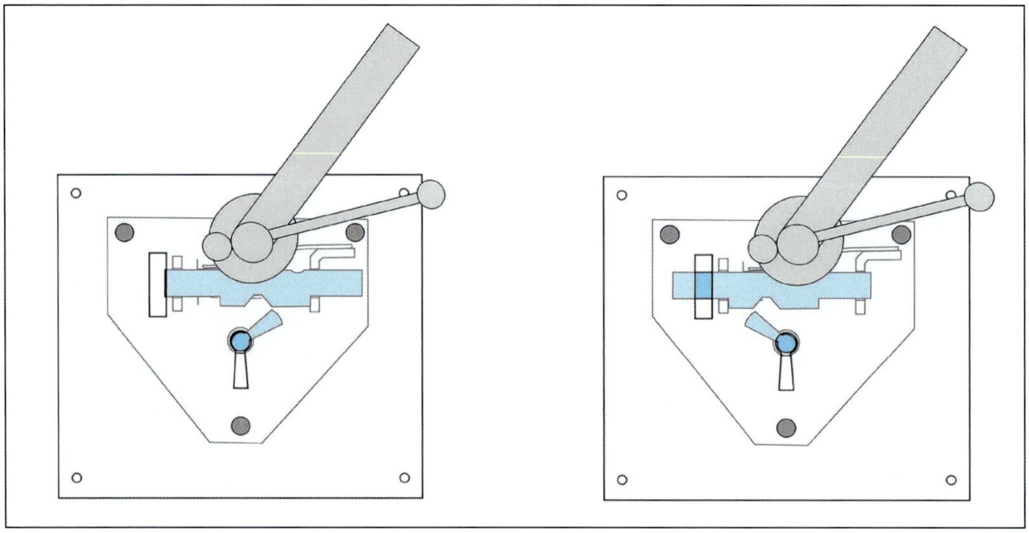

Klemmen Sie die Bauteile ein letztes Mal zusammen, um die Funktion des Schlosses mit dem Schlüssel zu testen. Nun müssen Sie nur noch die Niete auf Länge bringen und vernieten. Das Schloss ist soweit fertig zusammengebaut.

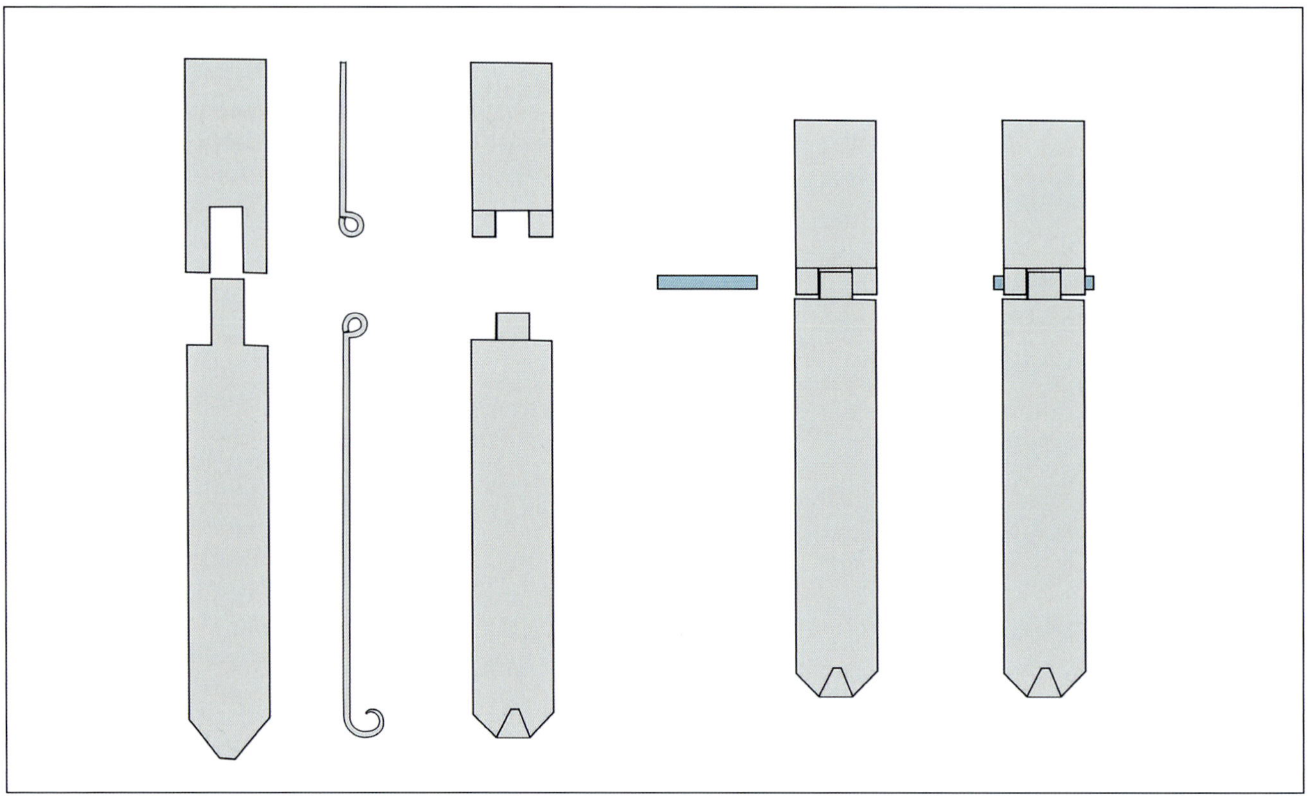

Schneiden Sie die benötigten Bauteile für die Scharnierfalle zu und rollen Sie die Scharnierrohre auf die gleiche Weise wie zuvor die Distanzhülsen. Als Scharnier-Niet kommt ein Nagel zum Einsatz. Vernieten Sie die Enden leicht, um den Niet zu fixieren. Das Ende des Scharniers wird mit einem kleinen Schnörkel versehen. Der ins Schloss eingesetzte Bügel dient später dazu, den Riegel aufzunehmen.

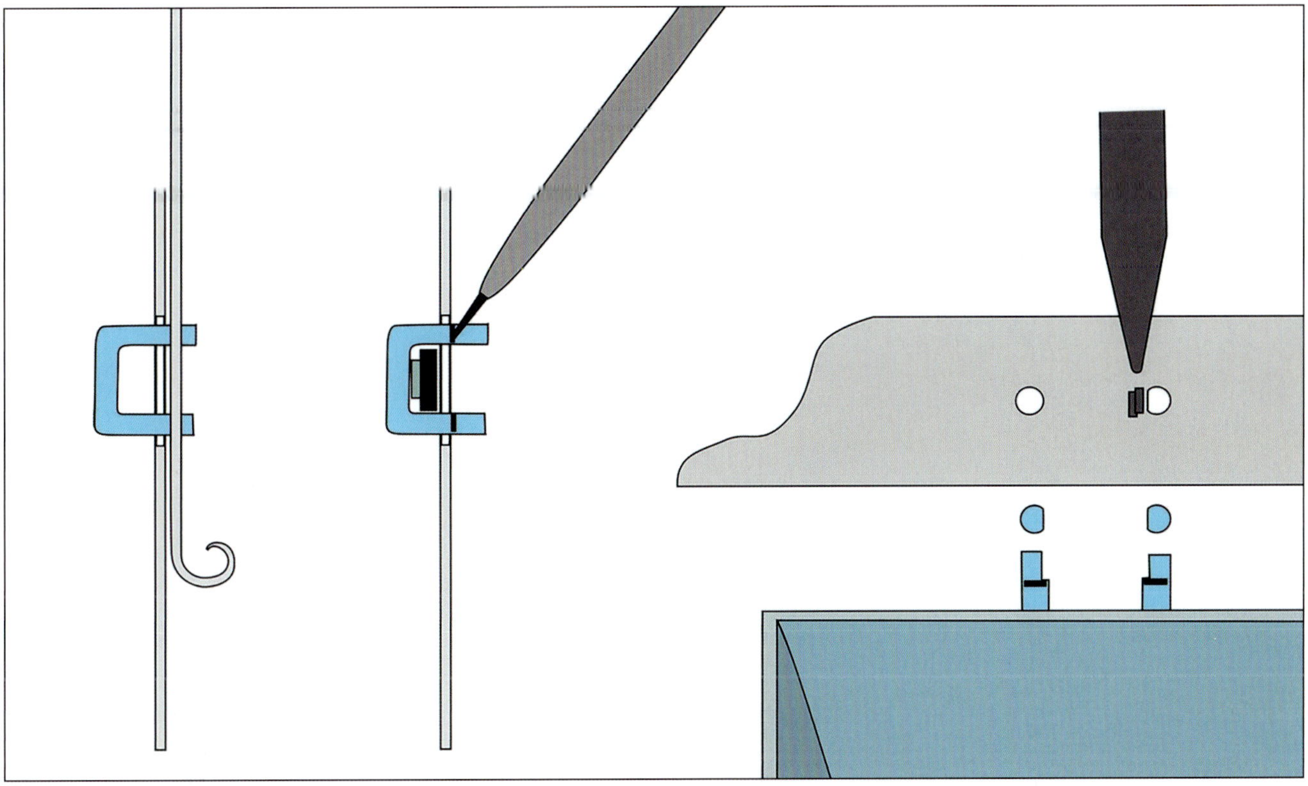

Der Bügel wird aus einem Nagel gebogen und in die Bohrungen des Schließbügels eingesetzt. Mit einem Abstandhalter aus Stahlblech wird die richtige Position des Bügels im Schließblech bestimmt. Markieren Sie die Stelle und fügen Sie am Ende jedes Schenkels des Bügels eine Zugabe von 3 mm hinzu. Schneiden Sie die Schenkel ab und feilen Sie diese auf der Innenseite flach. Die D-förmigen Löcher im Bügel unterhalb der Haspe werden mit einem schmalen Kehlmeißel erzeugt.

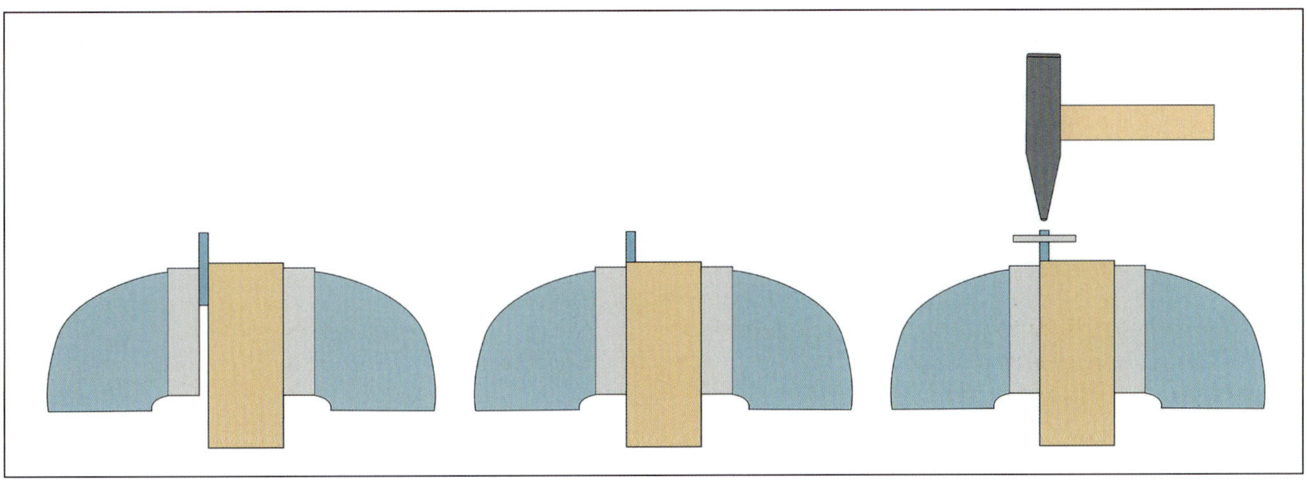

Pressen Sie den Bügel in einem Schraubstock in ein Stück Hartholz, etwa Ahorn. Wenn der Bügel vollständig in das Holzstück eingebettet ist, bietet er den nötigen Halt zum Vernieten, ohne sich zu verformen. Unter Zuhilfenahme eines leichten Hammers wird der Bügel mit der Haspel vernietet.

PROJEKT 13: EINFACHES VORHÄNGESCHLOSS

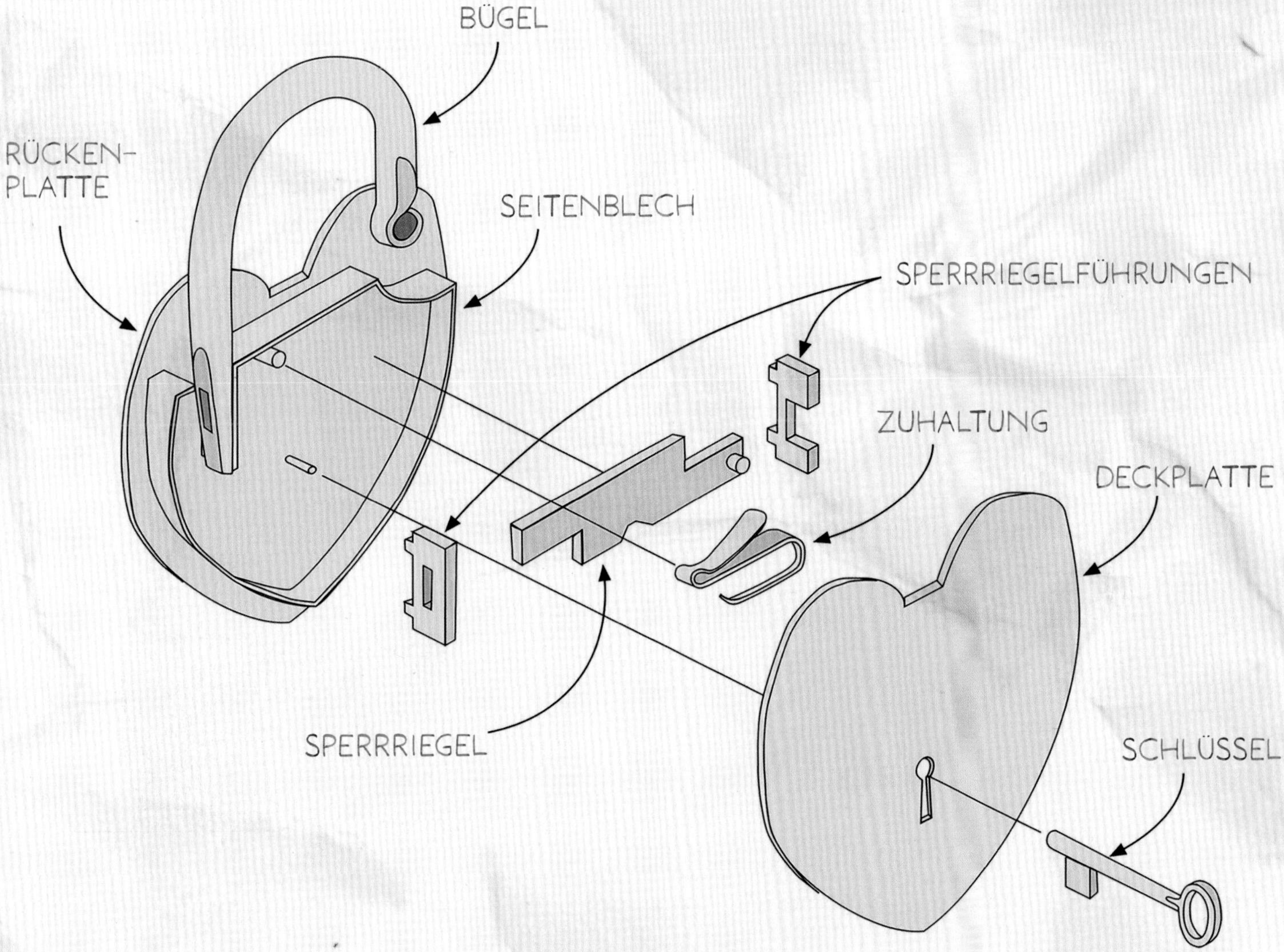
BÜGEL
RÜCKEN-
PLATTE
SEITENBLECH
SPERRRIEGELFÜHRUNGEN
ZUHALTUNG
DECKPLATTE
SPERRRIEGEL
SCHLÜSSEL

DECK- UND RÜCKENPLATTE

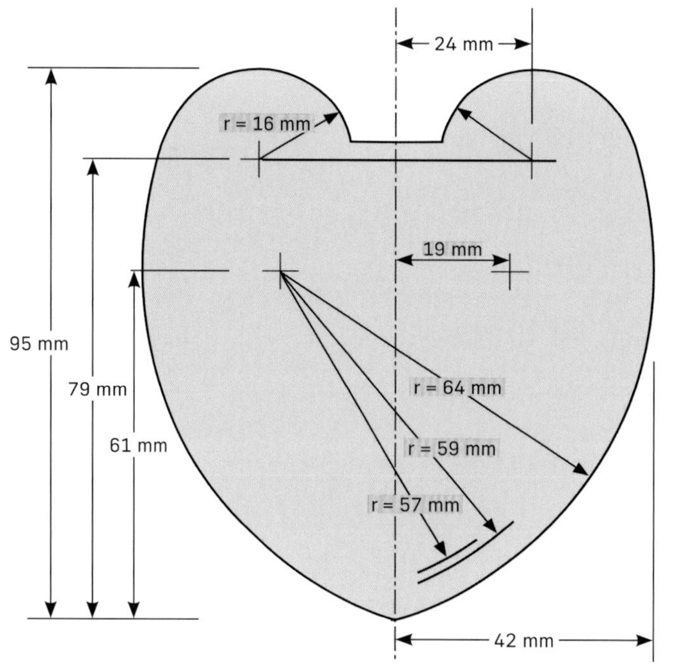

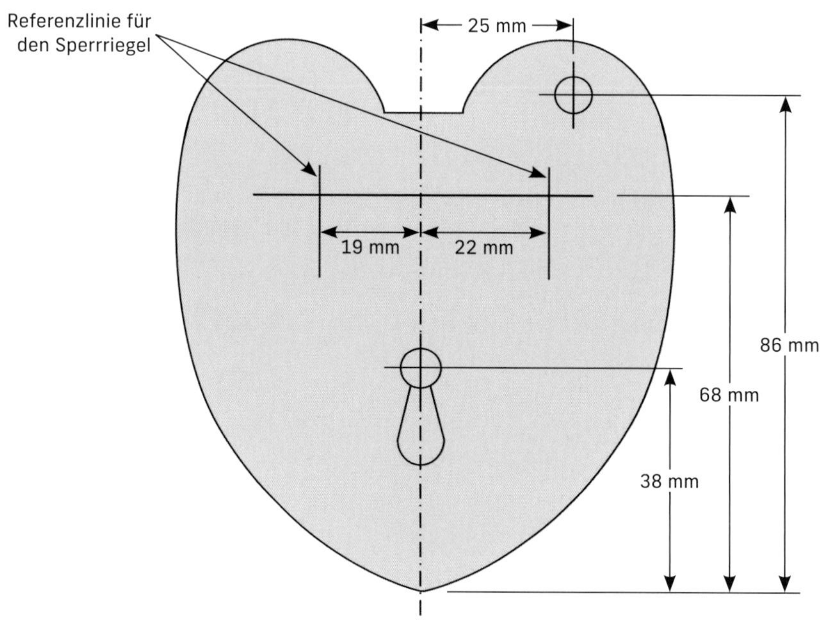

ZUHALTUNG, SPERRRIEGEL, SPERRRIEGELFÜHRUNGEN UND BÜGEL

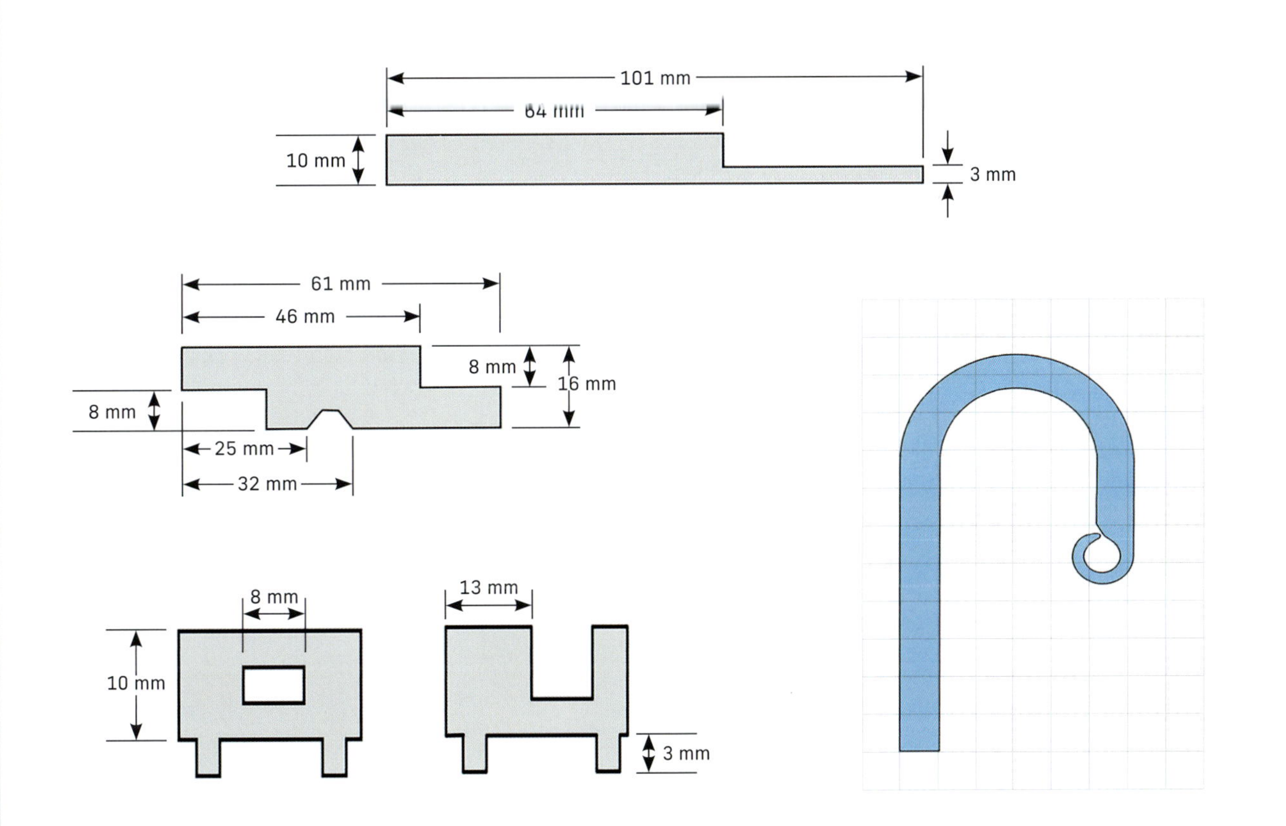

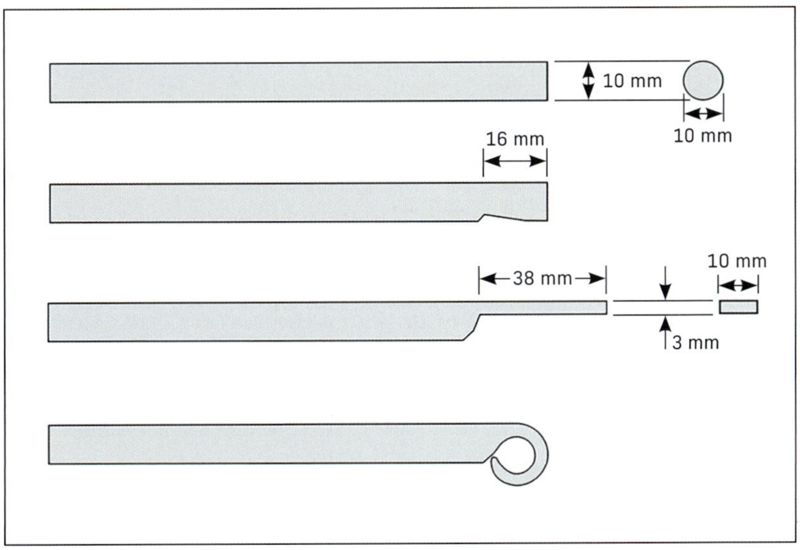

Bei dieser einfachen Vorhängeschloss-Konstruktion kommt ein Sperrriegelmechanismus zum Einsatz, der einen am Schlossgehäuse befestigten, klappbaren Bügel sichert. Der Bügel wird aus einem kurzen Stück Rundstahl (10 mm) geschmiedet. Schmieden Sie 16 mm vom Ende entfernt einen Versatz. Schmieden Sie diesen Bereich aus, sodass er 38 mm lang wird, 3 mm stark und 10 mm breit. Der ausgeschmiedete Bereich wird anschließend zu einem Scharnierzylinder gerollt, der um einen 10-mm-Rundstahl herum passt. Arbeiten Sie die Hufeisenform des Bügels so lange aus, bis sie mit der Vorlage übereinstimmt. Schneiden Sie den Bügel noch nicht von der Stange ab.

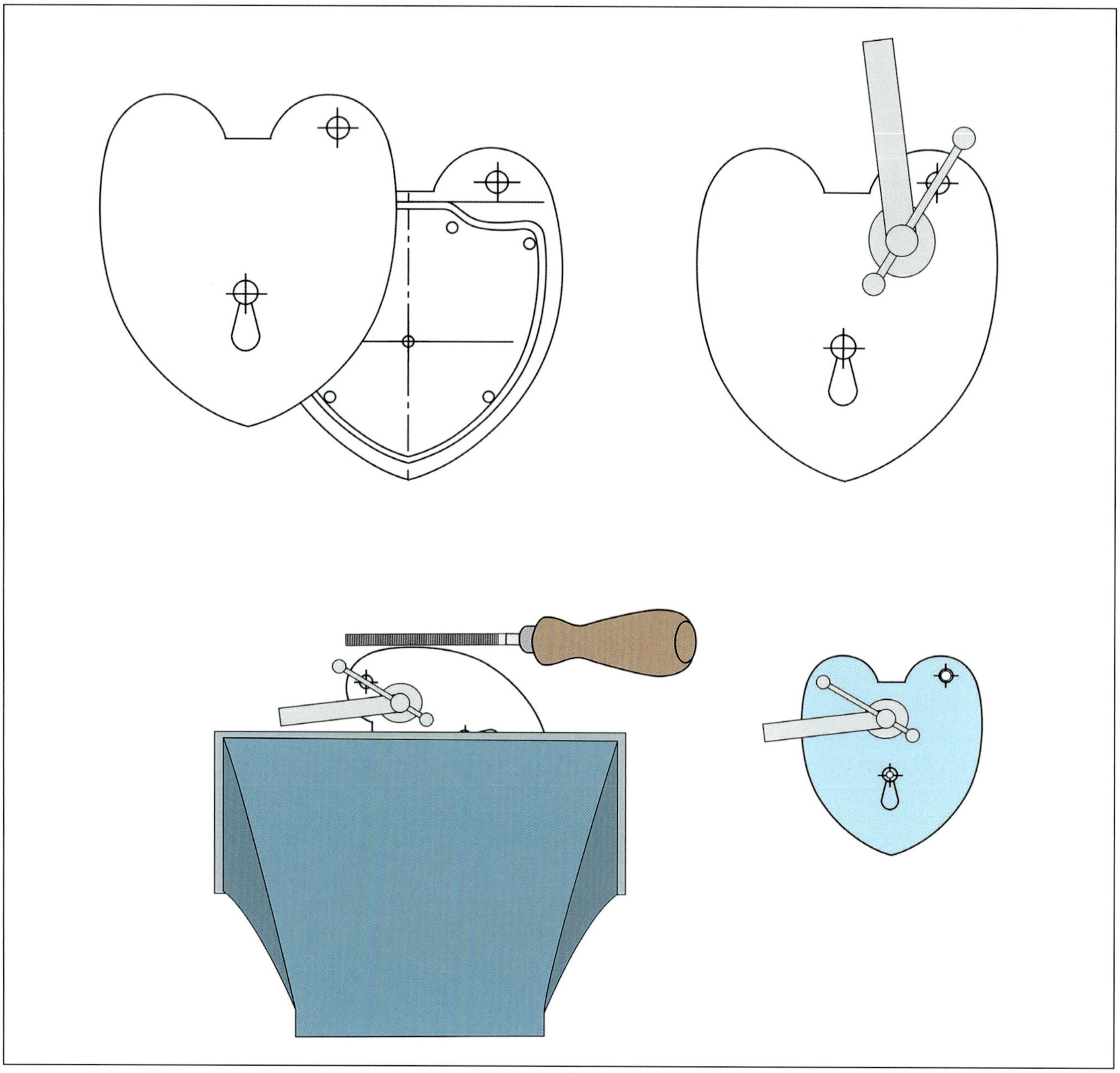

Stellen Sie alle weiteren Stahlblech- und Stangenteile entsprechend der Vorlagen her. Schneiden Sie die Front- und die Rückenplatte für das Schloss aus und formen Sie das Profil der Deckplatte. Setzen Sie die Bauteile aufeinander und fixieren diese mit einer Zwinge. Dadurch können sie in einem Rutsch bearbeitet werden. Spannen Sie die Platten anschließend in einen Schraubstock ein und verwenden Sie die Kontur der Deckplatte als Feilhilfe für die Rückenplatte. Die Platten bleiben auch dann im Schraubstock eingespannt, falls die Zwinge, die die Verschlussplatten zusammenhält, neu positioniert werden muss. Sollten wiederum die Platten im Schraubstock neu ausgerichtet werden müssen, wird dazu die Zwinge in Position belassen. Bevor Sie die Zwinge von den Platten entfernen, werden noch die Löcher für den Scharnier-Niet des Bügels (5 mm) und den Achspunkt des Schlüssellochs (3 mm) gebohrt.

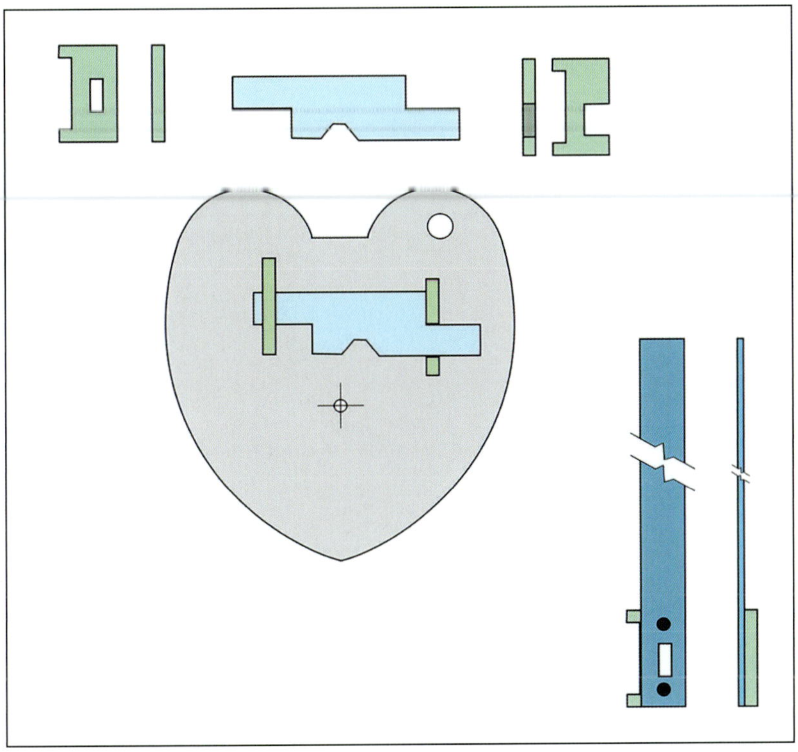

Schneiden Sie den Sperrriegel und die Sperrriegelführungen aus. Positionieren Sie die Führungen entsprechend der Vorlage auf der Rückenplatte. Markieren Sie die Positionen für die Schlitze und bringen Sie die vordere Sperrriegelführung an der Rückenplatte an. Die vordere Sperrriegelführung dient auch zur Verankerung eines der Enden der Seitenplatte. Ein Ende der Seitenplatte wird dazu mit der vorderen Sperrriegelführung vernietet. Die Niete sollten an jedem Ende der Sperrriegelführung angebracht werden. Verwenden Sie einen bündigen Niet, um die beiden Teile miteinander zu verbinden. Reißen Sie die Position der Öffnung für den Sperrriegel auf dem Ende der Seitenplatte an und schneiden Sie die Öffnung aus. Längen Sie das Ende der Seitenplatte bündig mit der Unterkante der Sperrriegelführung ab.

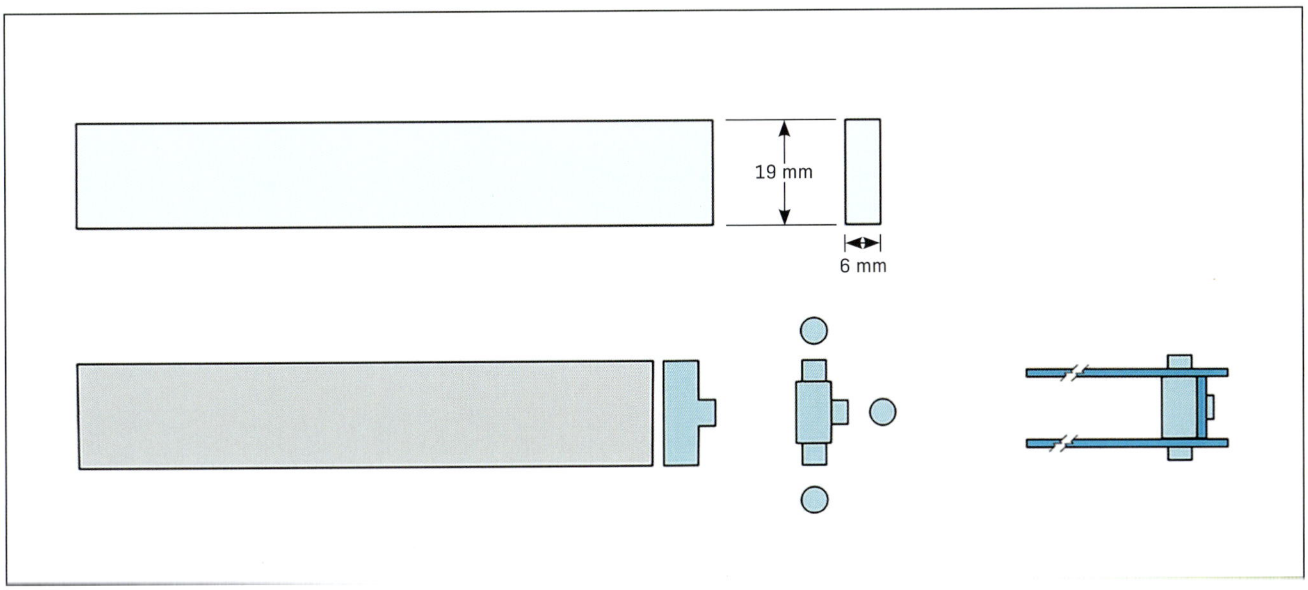

Die Seitenplatte wird über drei Nieten an der Deckplatte und der Rückenplatte befestigt – wie zuvor schon ganz ähnlich bei den Projekten Kastenschloss und Hebelschloss. Die Niete werden aus Flachstahl (6 x 19 mm) hergestellt. Für dieses Schloss wird an beiden Enden des Nietblocks ein Zapfen benötigt, um die vordere und hintere Deckplatte mit dem Seitenblech zu verbinden.

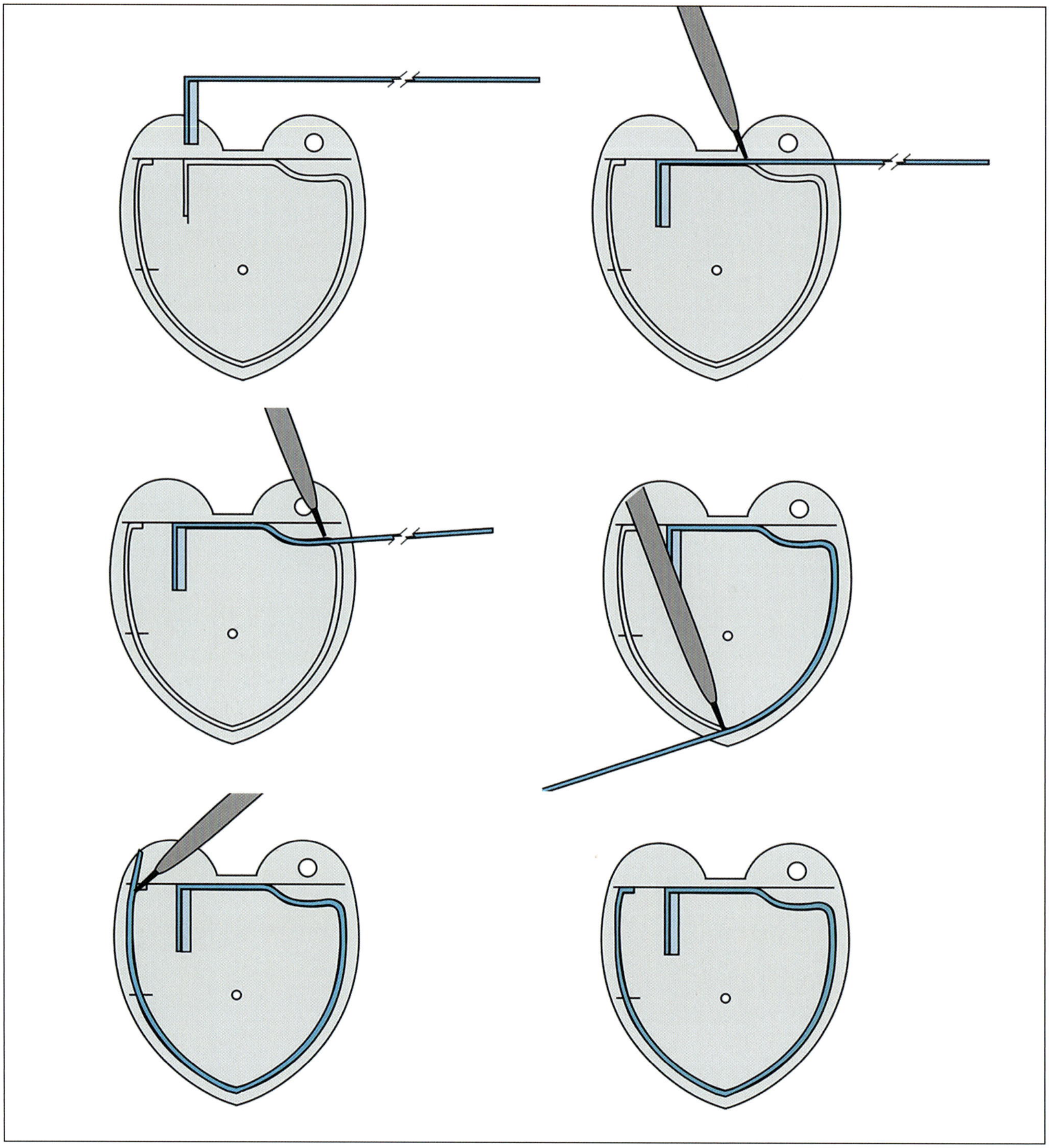

Biegen Sie einen rechten Winkel, der bündig zur Oberseite der vorderen Sperrriegelführung ist. Biegen Sie das Seitenblech im Uhrzeigersinn. Markieren Sie dabei mit einem Filzstift – wie in der Abbildung gezeigt – die Positionen unterhalb des Scharnier-Niets. Fahren Sie – Biegung für Biegung – fort, bis das Seitenblech mit dem Muster auf der Rückenplatte übereinstimmt.

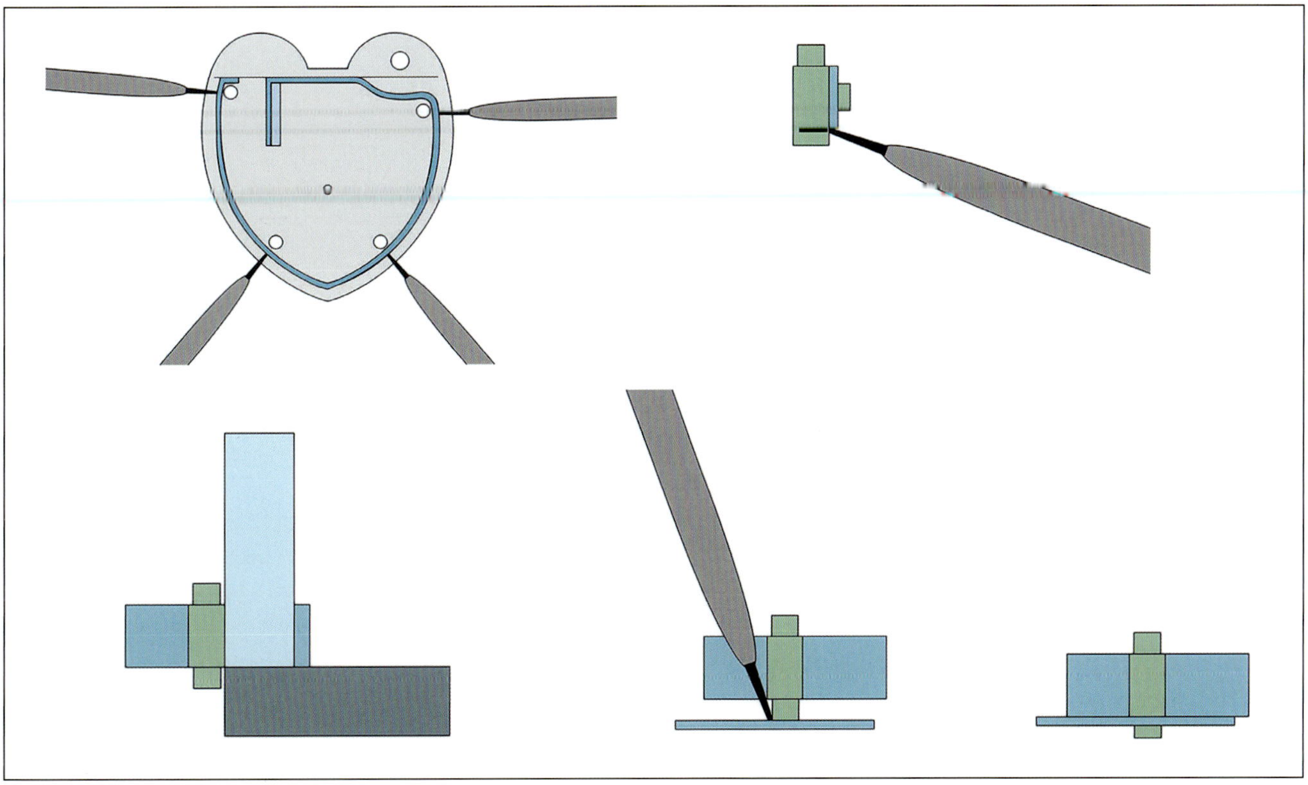

Nun werden die vordere Sperrriegelführung und das Seitenblech wieder eingesetzt. Biegen Sie das Seitenblech entlang der Referenzlinien auf der Rückenplatte zurück in die richtige Position. Übertragen Sie die Positionen der Nietblöcke vom Muster auf die Außenseite des Seitenblechs. Bohren Sie an jeder Stelle ein 5-mm-Loch in die Mitte des Seitenteils und befestigen Sie die Nietblöcke. Reißen Sie die Position der oberen und unteren Kante des Seitenblechs auf die Enden des Nietblocks an. Feilen Sie einen runden Zapfen (5 mm) an jedes Ende des Blocks. Vernieten Sie die Blöcke mit dem Seitenblech. Richten Sie die Nietblöcke so aus, dass die Mittellinie jedes Blocks rechtwinklig zur Seitenwand ist. Übertragen Sie die tatsächlichen Positionen der Nieten auf den Nietblöcken auf die Rückenplatte. Bohren Sie das 5-mm-Loch für den Nietblock in die Rückenplatte.

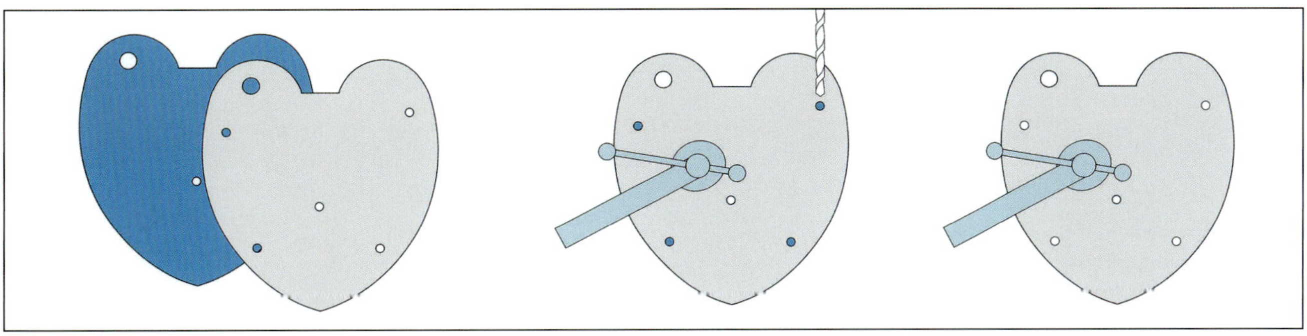

Klemmen Sie die Rückenplatte so auf die Deckplatte, dass die Bohrlöcher für den Bügelniet und das Schlüsselloch genau aufeinander liegen. Die Rückenplatte dient anschließend als Bohrschablone, um die Fixierungspunkte des Nietblocks in die Deckplatte zu bohren.

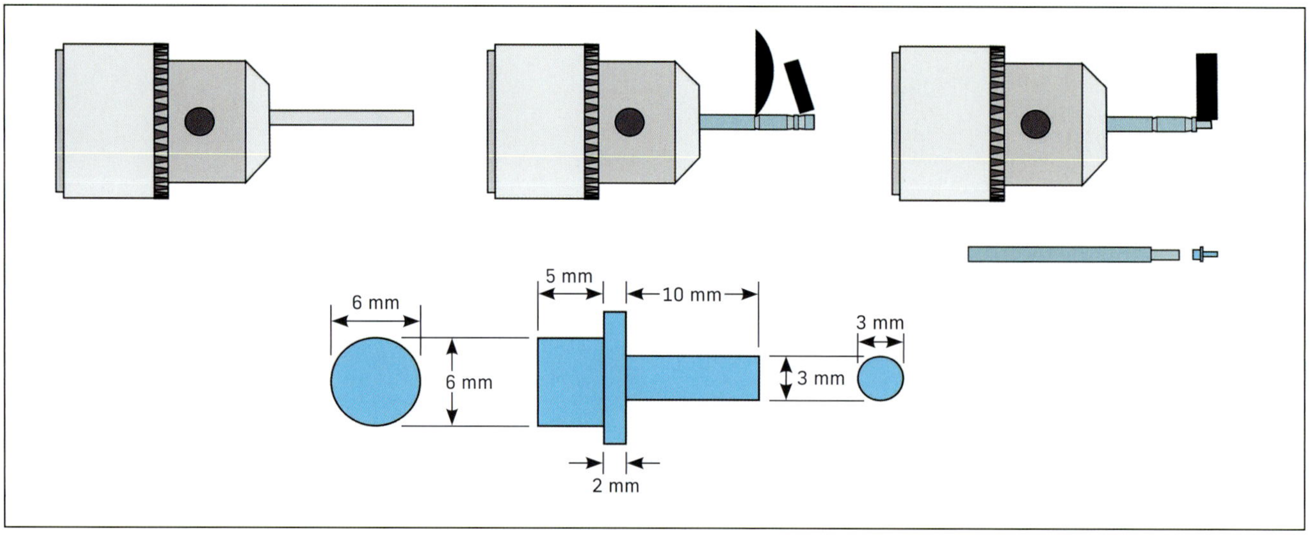

Der Schlüssel für das Vorhängeschloss dreht sich um einen Stift, der an der Rückenplatte befestigt ist. Verwenden Sie eine Ständerbohrmaschine oder eine in einen Schraubstock eingespannte Handbohrmaschine als behelfsmäßige Drehbank, um den Stift in Form zu feilen. Der Stift wird aus Rundstahl (10 mm) gefertigt. Mit einer halbrunden Feile lassen sich die Absätze des Stifts anzeichnen. Die finale Anpassung erfolgt mit passenden Feilen. Feilen Sie einen 10 mm langen Niet mit einem Durchmesser von 3 mm ans Ende des Rundstahls. Lassen Sie einen 2 mm breiten Absatz stehen und feilen Sie oberhalb davon einen 6 mm starken Niet. Längen Sie diesen 5 mm von der Schulter entfernt ab.

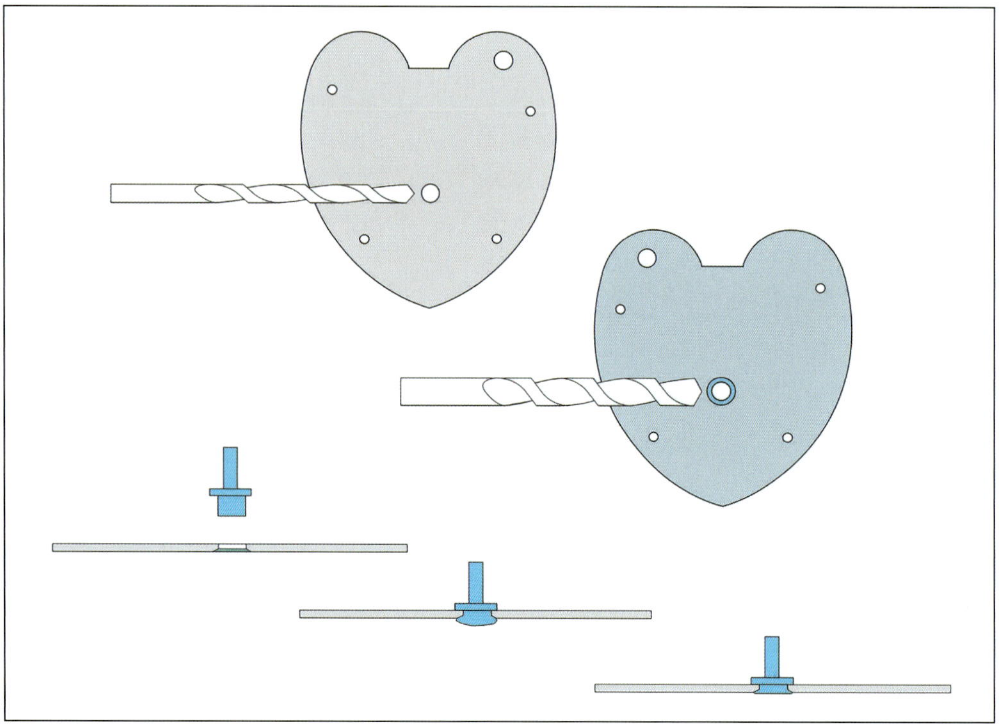

Bohren Sie ein Loch (6 mm) in die Rückenplatte. Senken Sie die Außenseite der Rückenplatte an und vernieten Sie den Stift. Der Stift kann durch die Backen eines Schraubstocks oder durch Bohren eines 5 mm großen Lochs in eine Stange, die breit genug ist, um den Stift über die Bahnfläche zu heben, unterstützt werden. Feilen Sie den Nietkopf, bis er nur noch 1 mm aus der Rückenplatte hervor steht.

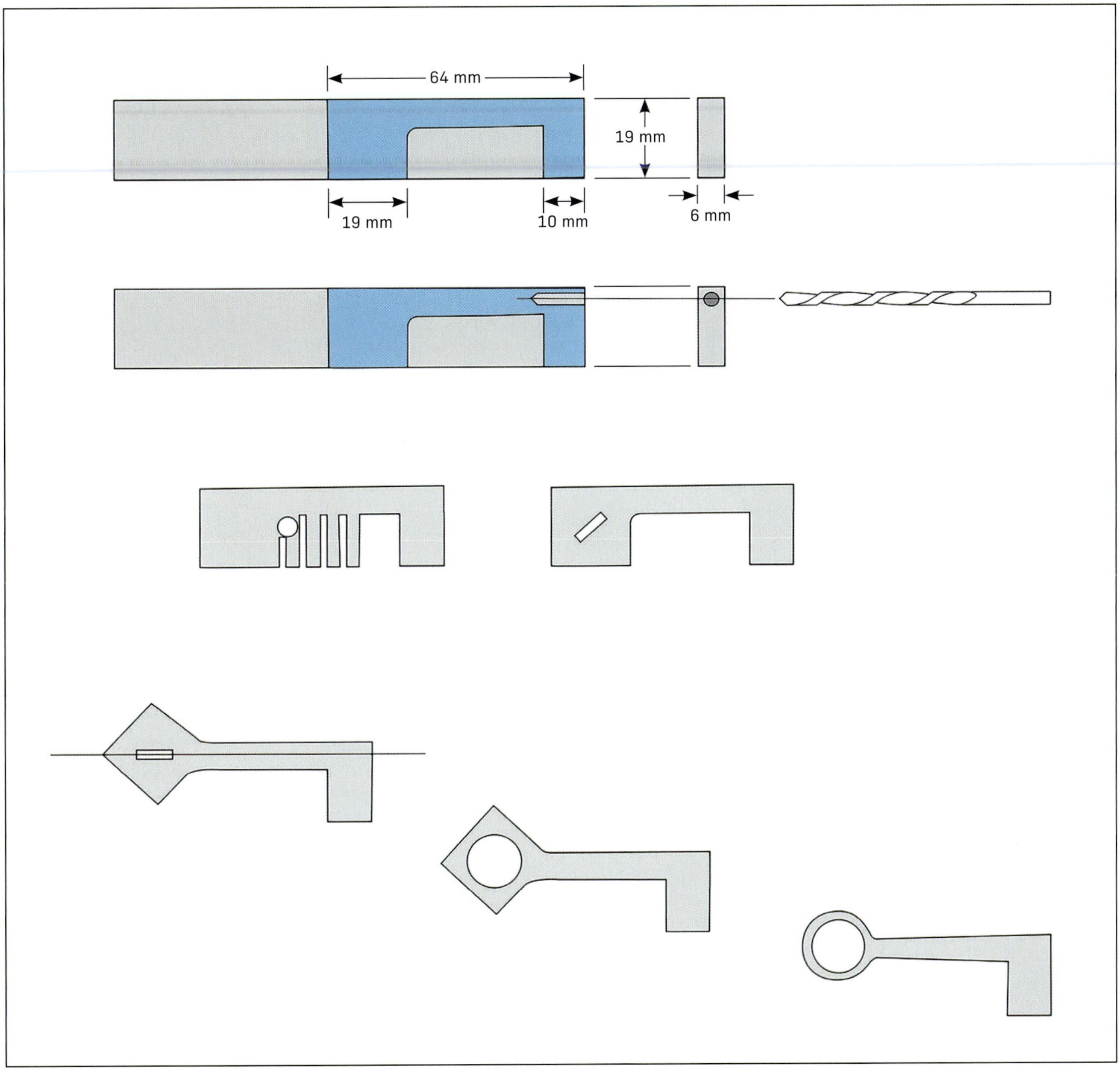

Der Schlüssel wird aus Flachstahl (6 x 19 mm) hergestellt. Bohren Sie zunächst ein 3 mm großes und mindestens 19 mm tiefes Loch ins Ende der Stange. Das Loch muss so genau wie möglich zentriert sein, damit der Schlüssel später richtig funktioniert. Probieren Sie den Schlüsselrohling aus. Wenn er sich dreht und dabei senkrecht zur Rückenplatte bleibt, ist das Loch im Schaft des Schlüssels zentriert. Arbeiten Sie den Rest des Schlüsselrohlings mit Meißel und Feile aus. Mit einem 8-mm-Bohrer lässt sich der Bereich zwischen Schlüsselschaft und Griff vorformen. Schlagen Sie einen 10-mm-Schlitz in den Bügel und weiten Sie die Öffnung auf 16 mm. Richten Sie den Griffbogen so aus, dass die Mittellinie der Rundung mit dem Verlauf des Schlüsselschafts übereinstimmt. Die Rundung wird feilend ausgearbeitet. Anschließend wird der Schlüsselbart mit Meißel und Feile in Form gebracht. Der Schaft des Schlüssels wird rund gefeilt (6 mm).

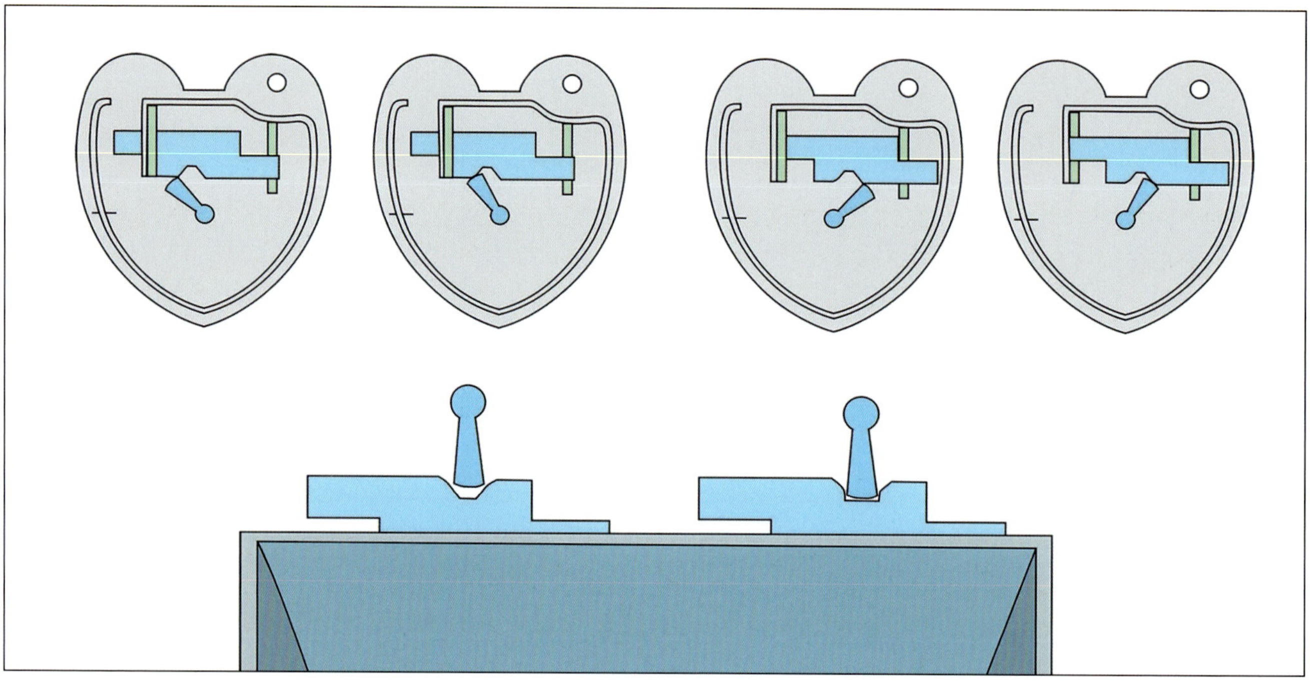

Setzen Sie den Sperrriegel in die Führungen ein und schieben Sie den Sperrriegel ganz nach links. Drehen Sie den Schlüssel im Uhrzeigersinn, bis er den Sperrriegel berührt. Feilen Sie die Seite der Kerbe vorsichtig, bis der Schlüssel die Oberseite der Kerbe erreichen kann. Bewegen Sie den Sperrriegel nach rechts und drehen Sie den Schlüssel gegen den Uhrzeigersinn, bis er den Sperrriegel berührt. Nun feilen Sie an dieser Seite die Kerbe, bis der Schlüssel auch hier die Oberseite der Kerbe erreichen kann. Entfernen Sie den Sperrriegel aus dem Schloss und feilen Sie die Kerbe, bis der Schlüsselbart hineinpasst.

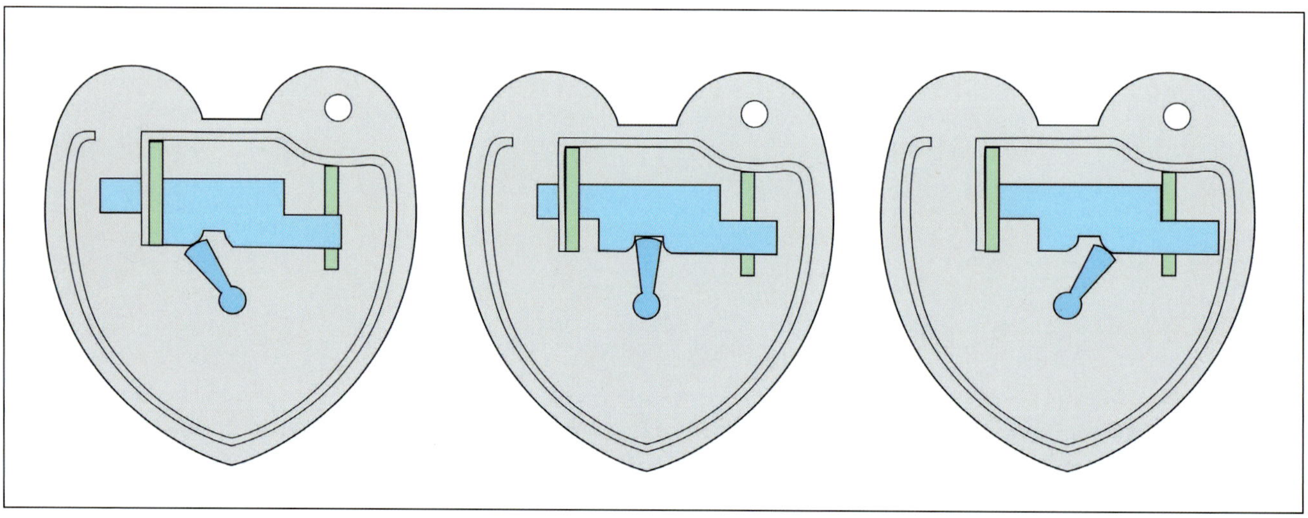

Setzen Sie den Sperrriegel wieder in das Schloss ein und testen Sie den Schlüssel. Feilen Sie die Form des oberen Teils der Aussparung nach, bis sie breit genug ist, damit sich der Schlüssel in beide Richtungen frei drehen kann. Der Sperrriegel sollte auch dann fest an den vorderen und hinteren Sperrriegelführungen anliegen, wenn der Schlüssel nicht mehr in Kontakt zum Sperrriegel ist.

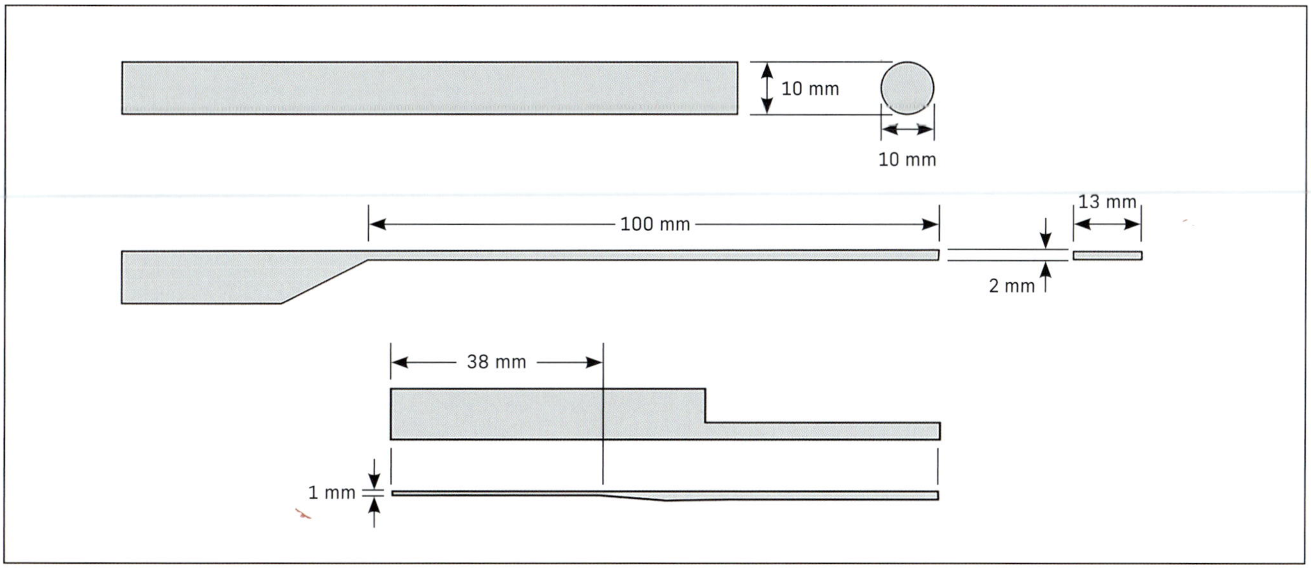

Die Zuhaltung und die Zuhaltungsfeder werden aus rundem Carbonstahl (10 mm) hergestellt. Schmieden Sie ein 100 mm langes Stück auf 2 x 13 mm aus. Übertragen Sie die Form der Zuhaltung auf den Rohling und schneiden Sie sie aus. Das Ende der Feder wird auf einer Länge von 38 mm auf 1 mm Stärke gefeilt. Erzeugen Sie einen gleichmäßig verlaufenden Übergang zwischen dem dickeren Teil der Zuhaltung und der Feder.

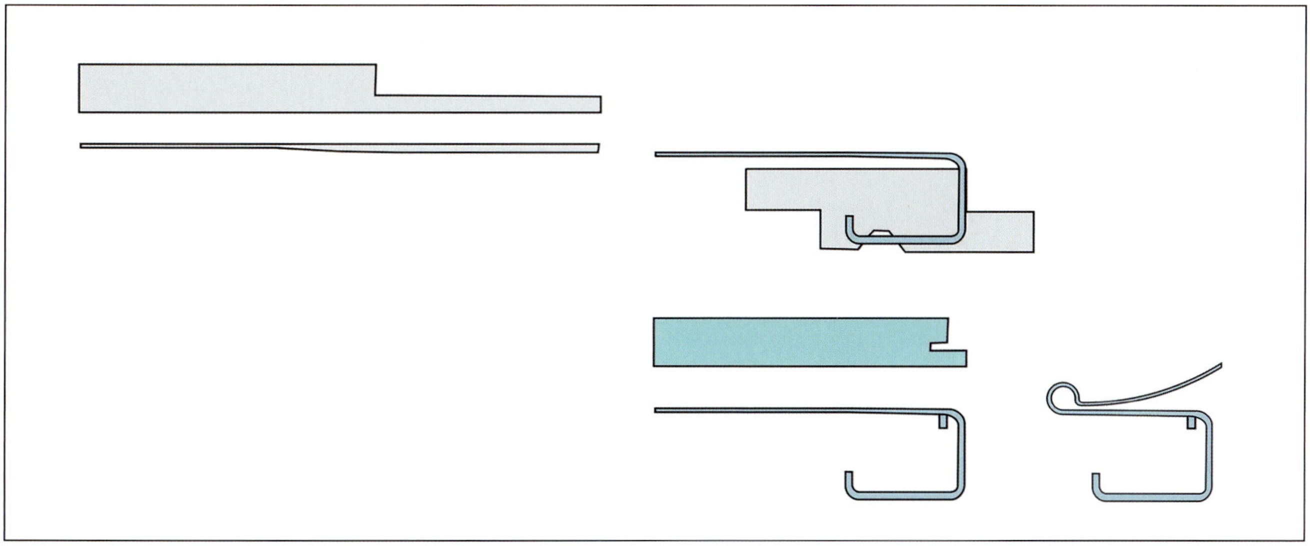

Biegen Sie das Ende der Zuhaltung so, dass es knapp über dem unteren Ende des Sperrriegels sitzt. Sägen Sie eine 6 mm lange Kerbe an der Schnittstelle zwischen der Feder und dem Ende der Zuhaltung. Biegen Sie diesen Abschnitt der Feder nach unten, sodass er auf der Oberkante des Sperrriegels aufliegt. Biegen Sie die Feder in Form und formen Sie eine Schlaufe, die über einen Nagel passt. Biegen Sie den Rest der Feder nach oben, bis sie die obere Referenzlinie für die Seitenplatte auf dem Rückenplatten-muster leicht überschreitet. Schneiden Sie das Ende so zu, dass es in das Schloss passt. Feilen Sie einen 3 mm starken, runden Zapfen an das Ende des Stifts. Setzen Sie den Stift ein und schieben Sie die Zuhaltung über den Stift.

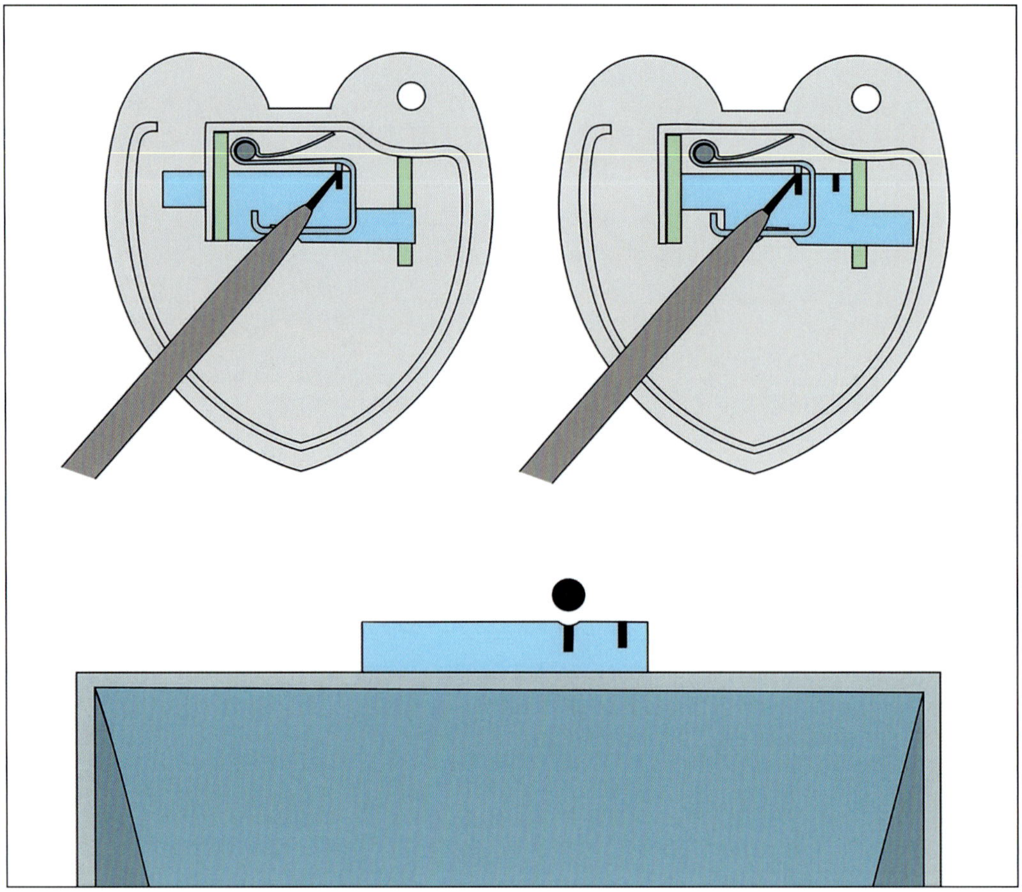

Schieben Sie den Sperrriegel gegen die vordere Sperrriegelführung und zeichnen Sie am Sperrriegel die Position der Zuhaltung an. Schieben Sie den Sperrriegel gegen die hintere Bolzenführung und zeichnen Sie die Position des Arretierstifts auf dem Sperrriegel an. Auf Höhe der Markierungen werden mit einer Rundfeile kleine Einkerbungen erstellt. Das fertige Schloss wird auch dann einfach zu öffnen sein, wenn man den Schlüssel einmal verlegen oder verlieren sollte.

Am Ende des Sperrriegels muss ein Niet für einen Abstandhalter angebracht werden. Dieser Niet liegt an der Innenseite der Deckplatte an und hält den Sperrriegel in der hinteren Sperrriegelführung in Position. Legen Sie ein kleines Stück Stahlblech auf die Seitenplatte, sodass es das Ende des Sperrriegels abdeckt. Dadurch wird die Lage der Deckplatte simuliert. Testen Sie den Schlüssel im Schloss und feilen Sie die Oberseite des Niets vorsichtig ab, bis er genau unterhalb der Deckplatte sitzt.

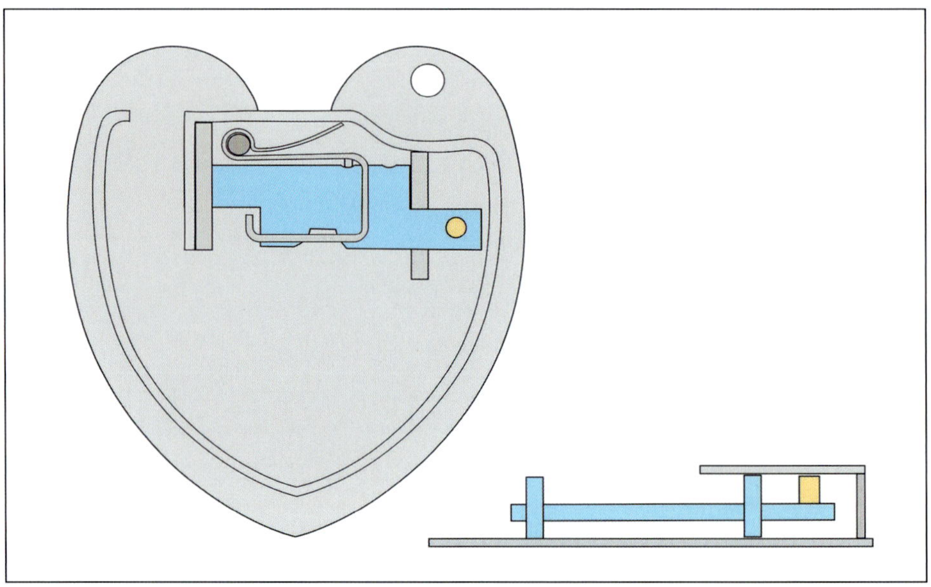

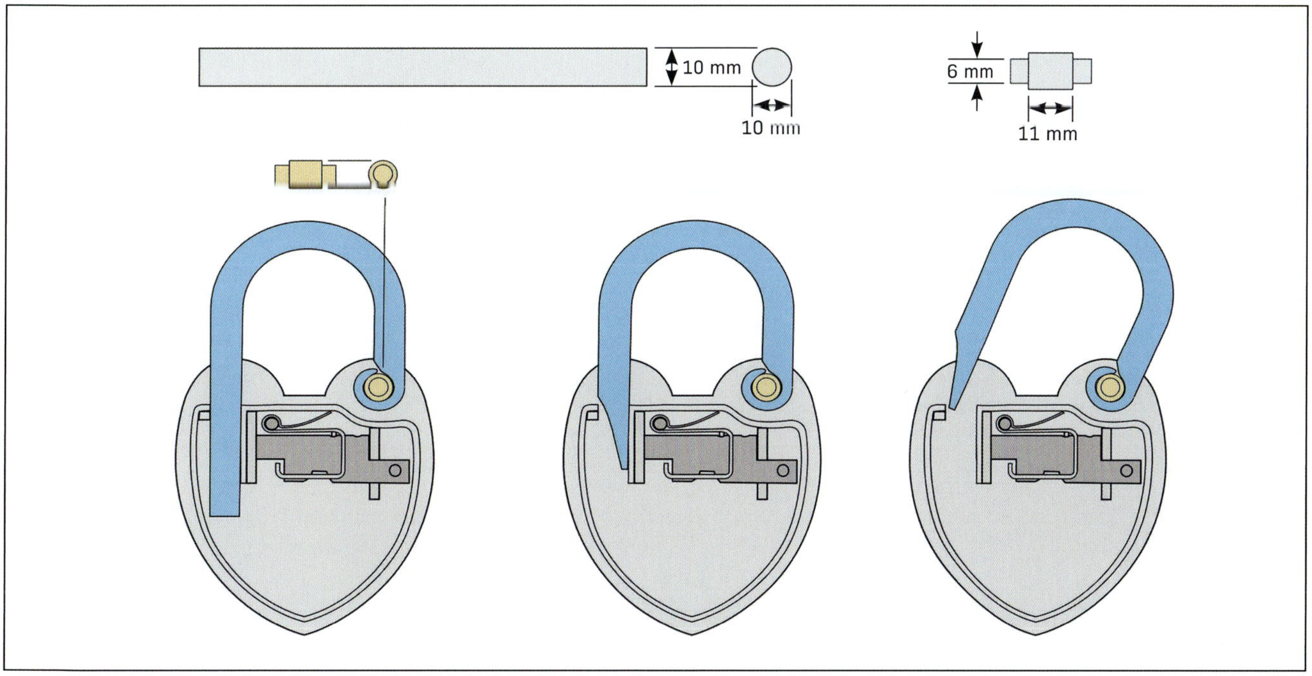

Der Bügel rotiert um einen 10-mm-Rundstift. Feilen Sie an jedes Ende des Rundstifts einen 6-mm-Zapfen. Der dadurch entstehende Absatz verhindert, dass die Rückenplatte und die Deckplatte gegen den Scharnierzylinder des Bügels drücken, wenn der Bolzen vernietet wird. Das freie Ende des Bügels wird schräg geschmiedet. Setzen Sie den Achsniet für den Bügel in die Rückenplatte. Bearbeiten Sie das Ende des Bügels so, dass es in die Öffnung des Schlosses passt. Entfernen Sie den Sperrriegel. Zeichnen Sie die Position der vorderen Sperrriegel-Führungsöffnung auf dem Bügel an. Schneiden Sie die Öffnung ins Ende des Bügels und testen Sie den Bügel, bis er reibungslos funktioniert.

Schneiden Sie das Schlüsselloch in die Deckplatte. Legen Sie die Deckplatte über die Nietblöcke und klemmen Sie sie fest. Testen Sie den Schlüssel im Schloss. Nehmen Sie gegebenenfalls letzte Anpassungen vor. Das ist das letzte Mal, dass Sie auf den Mechanismus zugreifen können, ohne das Schloss zu beschädigen. Um den Zusammenbau des Schlosses abzuschließen, muss nur noch die Deckplatte mit der Seitenplatte vernietet werden.